W0204309

E-Book inside.

Mit folgendem persönlichen Code
können Sie die E-Book-Ausgabe
dieses Buches downloaden.

9r65p-6ybe7-
01800-rn28l

Registrieren Sie sich unter
www.hanser-fachbuch.de/ebookinside
und nutzen Sie das E-Book
auf Ihrem Rechner*, Tablet-PC
und E-Book-Reader.

Der Download dieses Buches als E-Book unterliegt gesetzlichen Bestimmungen bzw. steuerrechtlichen Regelungen, die Sie unter www.hanser-fachbuch.de/ebookinside nachlesen können.

* Systemvoraussetzungen: Internet-Verbindung und Adobe® Reader®

Gayer/Hauptmann/Ebert

Microsoft Dynamics NAV 2018 – Grundlagen

Bleiben Sie auf dem Laufenden!

Unser **Computerbuch-Newsletter** informiert Sie monatlich über neue Bücher und Termine. Profitieren Sie auch von Gewinnspielen und exklusiven Leseproben. Gleich anmelden unter

www.hanser-fachbuch.de/newsletter

Hanser Update ist der IT-Blog des Hanser Verlags mit Beiträgen und Praxistipps von unseren Autoren rund um die Themen Online Marketing, Webentwicklung, Programmierung, Softwareentwicklung sowie IT- und Projektmanagement. Lesen Sie mit und abonnieren Sie unsere News unter

www.hanser-fachbuch.de/update

Michaela Gayer
Christian Hauptmann
Jürgen Ebert

Microsoft Dynamics NAV 2018 – Grundlagen

Das Anwenderbuch zur Abwicklung von Geschäftsprozessen

HANSER

Alle in diesem Buch enthaltenen Informationen, Verfahren und Darstellungen wurden nach bestem Wissen zusammengestellt und mit Sorgfalt getestet. Dennoch sind Fehler nicht ganz auszuschließen. Aus diesem Grund sind die im vorliegenden Buch enthaltenen Informationen mit keiner Verpflichtung oder Garantie irgendeiner Art verbunden. Autoren und Verlag übernehmen infolgedessen keine juristische Verantwortung und werden keine daraus folgende oder sonstige Haftung übernehmen, die auf irgendeine Art aus der Benutzung dieser Informationen – oder Teilen davon – entsteht.

Ebenso übernehmen Autoren und Verlag keine Gewähr dafür, dass beschriebene Verfahren usw. frei von Schutzrechten Dritter sind. Die Wiedergabe von Gebrauchsnamen, Handelsnamen, Warenbezeichnungen usw. in diesem Buch berechtigt deshalb auch ohne besondere Kennzeichnung nicht zu der Annahme, dass solche Namen im Sinne der Warenzeichen- und Markenschutz-Gesetzgebung als frei zu betrachten wären und daher von jedermann benutzt werden dürften.

Bibliografische Information der Deutschen Nationalbibliothek:

Die Deutsche Nationalbibliothek verzeichnet diese Publikation in der Deutschen Nationalbibliografie; detaillierte bibliografische Daten sind im Internet über http://dnb.d-nb.de abrufbar.

Dieses Werk ist urheberrechtlich geschützt.
Alle Rechte, auch die der Übersetzung, des Nachdruckes und der Vervielfältigung des Buches, oder Teilen daraus, vorbehalten. Kein Teil des Werkes darf ohne schriftliche Genehmigung des Verlages in irgendeiner Form (Fotokopie, Mikrofilm oder ein anderes Verfahren) – auch nicht für Zwecke der Unterrichtsgestaltung – reproduziert oder unter Verwendung elektronischer Systeme verarbeitet, vervielfältigt oder verbreitet werden.

© 2019 Carl Hanser Verlag München, www.hanser-fachbuch.de
Lektorat: Sylvia Hasselbach
Copy editing: Walter Saumweber, Ratingen
Umschlagdesign: Marc Müller-Bremer, München, www.rebranding.de
Umschlagrealisation: Stephan Rönigk
Gesamtherstellung: Kösel, Krugzell
Ausstattung patentrechtlich geschützt. Kösel FD 351, Patent-Nr. 0748702
Printed in Germany

Print-ISBN: 978-3-446-45465-1
E-Book-ISBN: 978-3-446-45690-7

Inhalt

Vorwort

Integrierte Unternehmenslösungen (ERP-Lösungen) bieten eine durchgängige Unterstützung der Geschäftsprozesse in Unternehmen und führen – über Abteilungsgrenzen hinweg – sämtliche Geschäftsdaten zusammen. Mit der Produktlinie „Microsoft Dynamics" stellt Microsoft flexible Unternehmenslösungen zur Verfügung, die einfach zu bedienen sind und gleichzeitig rasch und kostengünstig implementiert werden können.

Microsoft Dynamics NAV ist hierbei speziell für kleine und mittelständische Unternehmen konzipiert. In Dynamics NAV 2018 bietet neben dem Windows-Client auch der Webclient und die Tablet- bzw. Smartphone-App Zugriff auf eine Arbeitsoberfläche, die auf die Rolle und Bedürfnisse des jeweiligen Benutzers zugeschnitten ist. Die Menüs und Fenster im Client können hierbei nicht nur individuell von den einzelnen Benutzern, sondern auch auf Ebene von Benutzerrollen konfiguriert werden. Rollencenter als „Homepage" geben dem Benutzer einen raschen Überblick aller wesentlichen Funktionen und Daten.

Dieses Buch enthält eine umfassende und praxisnahe Einführung und Anleitung zur Arbeit mit Microsoft Dynamics NAV 2018.

Dieses Buch wurde bereits für die Versionen NAV 2009 und NAV 2013 erstellt. Wir Autoren möchten uns hier für die großartige Vorarbeit der damaligen Autoren Andreas Luszczak und Robert Singer bedanken. Michaela Gayer war bereits Teil des Autorenteams in der Version NAV 2013 und ist auch für die Version NAV 2018 wieder als Autorin tätig.

Ein rascher Einstieg

Kurz und prägnant – das war eine der grundlegenden Leitlinien bei der Erstellung dieses Buchs. Durch Konzentration auf zentrale Themen erhalten Sie in kurzer Zeit das notwendige Wissen, um mit Dynamics NAV 2018 arbeiten zu können.

Dennoch spannt sich der Bogen der betrachteten Geschäftsprozesse vom Einkauf über die Produktion bis hin zum Vertrieb. Möglich ist dies nur dadurch, dass darauf verzichtet wurde, alle Aspekte im jeweiligen Fachgebiet im Detail zu beschreiben. Stattdessen beschränken sich die Ausführungen auf die jeweiligen Kernpunkte, die mit Schrittanleitungen genauer erklärt sind. Zahlreiche Hinweise und Erläuterungen zu weiterführenden Funktionen und Möglichkeiten bieten auch kundigen Benutzern nützliche Informationen.

Diesem Konzept entsprechend ist das vorliegende Buch inhaltlich folgendermaßen aufgebaut: In den Kapiteln 1 bis 3 werden grundlegende Konzepte, die Handhabung des Clients sowie Punkte zur Systemeinrichtung erklärt. Die Kapitel 4 bis 9 erläutern anschließend die Abwicklung von Geschäftsprozessen in den Bereichen Lager, Beschaffung, Vertrieb, Produktion, Produktionsplanung und Finanzmanagement. In Dynamics NAV 2018 werden diese Bereiche von unterschiedlichen Rollen bearbeitet. Welche Rolle Sie wählen sollten, wird zu Beginn jedes dieser Kapitel angegeben.

Der Client in Dynamics NAV zeichnet sich hierbei durch vielfältige Anpassungsmöglichkeiten aus. Die Standardansicht stellt einen guten Kompromiss dar, ist aber wahrscheinlich nicht das Optimum für Ihren Einsatzzweck. In Kapitel 2 wird erklärt, wie Sie Anpassungen durchführen können – nutzen Sie diese Möglichkeiten! Die Fenster in Dynamics NAV 2018 werden zwar dann nicht mehr so aussehen, wie in den Abbildungen im Buch gezeigt. Wenn Sie ein zur Arbeit benötigtes Element nicht finden, können Sie es aber über die Konfiguration leicht wieder einblenden – und zwar genau so, wie Sie es brauchen.

Ziel dieses Buchs ist es, Ihnen nicht nur die Handhabung von Dynamics NAV zu erläutern, sondern auch und vor allem die Hintergründe und Zusammenhänge der Abbildung von Geschäftsprozessen in Dynamics NAV verständlich zu machen.

Installation und Systemverwaltung einerseits und die Entwicklung von Programmanpassungen andererseits sind nicht Thema dieses Buchs. Weiterführende Informationen dazu und zu Detailthemen finden Sie z. B. auf der Videotraining-Plattform Learn4NAV.

Für Fragen, Korrekturen und Anmerkungen senden Sie bitte eine E-Mail an

office@michaela-gayer.at.

1 Einführung in Microsoft Dynamics NAV

Der Vorteil integrierter Unternehmenslösungen - auch unter dem Begriff ERP-Lösung (ERP = Enterprise Resource Planning; Planung von Unternehmensressourcen) bekannt - besteht darin, durch eine umfassende Unterstützung aller Unternehmensbereiche die Geschäftsprozesse über Abteilungsgrenzen hinweg durchgängig zu unterstützen. Produktivität und Effizienz des Unternehmens werden erheblich gesteigert, indem durch Verknüpfung der Daten aus allen Bereichen ein nahtloses Zusammenspiel der Mitarbeiter möglich wird. So kann beispielsweise ein Vertriebsmitarbeiter ohne lange Rückfragen sofort Auskunft über Artikelverfügbarkeit und mögliche Liefertermine geben und parallel dazu die Bonität des Kunden bewerten.

Trotz dieser offenkundigen Stärke von ERP-Lösungen werden die Möglichkeiten häufig nicht genutzt. In vielen Fällen liegt der Grund in Problemen bei der Implementierung und dem Projektmanagement, etwa wenn Stammdaten wie Kundenpreise oder Provisionen fehlen und daher im Zuge der Auftragserfassung ständig manuell - mit der Gefahr von Erfassungsfehlern - ermittelt werden müssen. Auch unvollständige oder nicht implementierte Prozessschritte können den Erfolg des Gesamtprojekts gefährden, beispielsweise wenn Bewegungen im Lager verspätet erfasst werden und Abfragen zur Artikelverfügbarkeit im Vertrieb daher falsche Ergebnisse liefern.

Wie zahlreiche Studien belegen, entstehen derartige Probleme häufig durch die ungenügende Nutzung von ERP-Lösungen - verursacht durch geringe Akzeptanz, hohe Komplexität und eingeschränkte Verbreitung im Unternehmen. Um diesen Problemen zu begegnen, wurde bei der Entwicklung von Microsoft Dynamics NAV konsequent darauf geachtet, den Mitarbeitern in Unternehmen ein Werkzeug zur Verfügung zu stellen, dass diese produktiv und effizient nutzen können.

Microsoft Dynamics NAV bietet daher folgende Vorteile:

- hohe Akzeptanz durch einfache Bedienung und vertraute Benutzeroberfläche, zugeschnitten auf die jeweilige Benutzerrolle,
- leichte Anpassbarkeit von Benutzeroberfläche und Verarbeitungslogik, dadurch einfache Abbildung von Arbeitsabläufen und Geschäftsprozessen,
- hohe Verbreitung im Unternehmen durch unterschiedliche Zugriffmöglichkeiten wie Windows-Client, SharePoint-Client und Webclient.

Dieses Kapitel erläutert die Kernkonzepte von Microsoft Dynamics NAV, indem – ausgehend von Grundlagen zu ERP-Systemen – die Funktionalität und Technologie im Überblick erklärt werden. Neben dem Rollenkonzept und den Neuerungen von Dynamics NAV 2018 wird in weiterer Folge das Geschäftsmodell zur Implementierung von Dynamics NAV in Unternehmen grob erläutert.

Die Darstellung aller Möglichkeiten und Funktionen von Microsoft Dynamics NAV würden den Umfang eines Buchs bei weitem übersteigen. Die anschließenden Kapitel konzentrieren sich daher auf die Kernfunktionen der Lösung mit dem Ziel, dass Sie grundlegende Geschäftsprozesse selbstständig und durchgehend bearbeiten können.

HINWEIS: Grundlage für die Abbildungen und Übungsaufgaben in diesem Buch ist das deutsche Standard-Demosystem zu Microsoft Dynamics NAV 2018 mit dem Demomandanten „CRONUS AG". Aufgrund von Benutzerrechten und umfangreichen Möglichkeiten zur Anpassung, Konfiguration und den Lizenzeinstellungen in Ihrem Unternehmen kann Ihre Benutzeroberfläche in Dynamics NAV von den Darstellungen in diesem Buch abweichen. Falls Sie nicht auf das Standard-Demosystem zugreifen können und Schwierigkeiten bei der Arbeit im Testmandanten Ihres Unternehmens haben, wenden Sie sich am besten an Ihren Systembetreuer.

Abbildungen und betriebssystembezogene Anleitungen beziehen sich auf Windows Server 2016 bzw. Windows 10 als Betriebssystem. Wenn Sie ein anderes Windows-Betriebssystem verwenden, kann die Fensterdarstellung geringfügig abweichen.

1.1 Was ist Microsoft Dynamics NAV?

Microsoft Dynamics NAV ist eine vollständig integrierte Unternehmenslösung für kleine und mittlere Unternehmen, die als ERP-Lösung Geschäftsprozesse in allen Bereichen eines Unternehmens unterstützt. Die Lösung bietet umfangreiche Standardfunktionen für Finanzmanagement, Marketing und Vertrieb, Beschaffung, Logistik, Produktion und weitere Bereiche wie Projektmanagement oder Personalverwaltung.

Dynamics NAV basiert hierbei auf den Erfahrungen einer langjährigen Entwicklung – die Ursprünge reichen bis ins Jahr 1986/1987 zurück, als die erste Version von Navision (Navigator) in Dänemark auf den Markt gekommen ist. Ab 1990 unter dem Namen „Navision" weiterentwickelt und international erfolgreich eingesetzt, bildet das Produkt nach Übernahme der Firma „Navision Software A/S" durch die Microsoft Corporation im Mai 2002 einen Eckpfeiler im Produktportfolio des Geschäftsbereichs „Microsoft Business Solutions".

Die Produktbezeichnung „Navision" wurde im Zuge der Weiterentwicklung durch den Namen „Microsoft Dynamics NAV" abgelöst. Heute zählt die Lösung in der aktuellen Version „Microsoft Dynamics NAV 2018" zu den führenden ERP-Systemen weltweit.

1.1.1 Grundlagen zu Enterprise Resource Planning (ERP)

Die Kernaufgabe von ERP-Systemen besteht darin, alle Abteilungen und Funktionen eines Unternehmens in einem System mit einer gemeinsamen Datenbank zu verbinden. Eine ERP-Lösung stellt damit eine durchgängige Informationsquelle für alle Unternehmensbereiche dar, über die Daten zum Geschehen im Unternehmen ohne Verzögerung bereichsübergreifend verfügbar sind.

Im Unterschied zu Systemstrukturen, die Daten bereichsbezogen unabhängig voneinander in Inselsystemen verwalten und höchstens durch Schnittstellen verbunden sind, können in ERP-Systemen alle Abteilungen auf die zur Abwicklung von Geschäftsprozessen benötigten Informationen unternehmensweit ohne Verzögerung zugreifen (siehe Bild 1.1). So können beispielsweise für die Prüfung des Kreditlimits im Verkauf auch aktuelle Kundenzahlungen berücksichtigt werden, die in der Debitorenbuchhaltung erfasst werden.

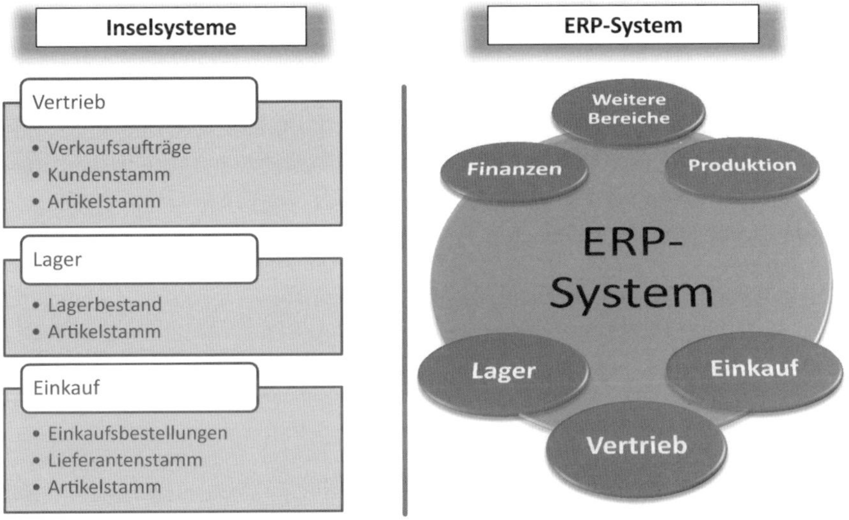

Bild 1.1 Vergleich der Struktur von Inselsystemen und ERP-Systemen

Einschränkungen des Zugriffs auf Daten aus anderen Bereichen sind in ERP-Systemen nicht aufgrund von Einschränkungen durch die Systemarchitektur gegeben, sondern werden gezielt durch entsprechende Berechtigungseinstellungen gesteuert. Auf diese Weise ist einerseits der Schutz sensibler Daten gewährleistet, während andererseits alle jeweils benötigten Daten zur Verfügung stehen.

ERP-Systeme dienen zur Abbildung durchgehender Geschäftsprozesse über Abteilungsgrenzen hinweg. Obwohl die Grundstruktur der Geschäftsprozesse abhängig von der jeweiligen Branche ähnlich ist, sind in vielen Unternehmen auch spezifische Abläufe vorhanden, die einen Wettbewerbsvorteil bieten. Aus diesem Grund werden ERP-Systeme durch Konfiguration und Modifikation an die Anforderungen des jeweiligen Unternehmens angepasst.

1.1.2 Aufbau und Funktionen von Dynamics NAV

Microsoft Dynamics NAV bietet eine durchgängige Unterstützung für die Geschäftsprozesse in allen Unternehmensbereichen. Durch die offene Architektur können Anpassungen und Erweiterungen der Lösung leicht realisiert werden, um die individuellen Anforderungen einzelner Unternehmen abzubilden.

Microsoft Dynamics NAV ist modular aufgebaut, wobei die einzelnen Module untereinander vollständig integriert sind. Die Kernbereiche der Lösung umfassen folgende Funktionen:

- **Finanzmanagement**
  Der Bereich „Finanzmanagement", in den aufgrund der engen Integration der Module Transaktionen aus allen Bereichen zusammenlaufen, bildet die Basis von Dynamics NAV, auf der umfangreiche Analyse- und Reporting-Möglichkeiten aufbauen. Das Finanzmanagement beinhaltet neben Finanzbuchhaltung und Anlagebuchhaltung die Verwaltung von Verbindlichkeiten, Forderungen, Bankkonten und Lagerbewertung.
- **Verkauf, Marketing und Service**
  Der Bereich „Verkauf, Marketing und Service" beinhaltet Funktionen zur Planung und Steuerung der Marketing- und Vertriebsaktivitäten. Dazu gehören die Verwaltung der Stammdaten von Kontakten, Interessenten und Kunden, der Kundenaktivitäten und das Kampagnenmanagement. Im Servicebereich können Kundendienstanfragen und Serviceverträge gezielt bearbeitet werden.
- **Supply-Chain-Management**
  Der Bereich „Supply-Chain-Management" umfasst die komplette Lieferkette mit Einkauf, Lager, Verkauf, Produktion und Logistik. Indem die gesamte Lieferkette durchgehend verwaltet und geplant werden kann, ist eine effiziente Steuerung zur Senkung von Durchlaufzeiten und Kosten bei gleichzeitig höherer Lieferbereitschaft möglich. Zusätzlich bietet das Projektmanagement-Modul die Möglichkeit zur kaufmännischen Verwaltung von Projekten.
- **Business Intelligence/Reporting**
  Der Bereich „Business Intelligence/Reporting" stellt Funktionen zur Verfügung, die für die Darstellung zentraler Unternehmensdaten in leicht verständlicher Form – grafisch oder tabellarisch – verwendet werden. Über ein einfach bedienbares Analysewerkzeug können alle wesentlichen Informationen auf einfache Weise ausgewertet werden – die Daten selbst stehen ja durch die direkte Integration direkt und aktuell zur Verfügung.

Weitere Funktionen wie die internationale Einsetzbarkeit durch Unterstützung mehrerer Sprachen, Währungen und Mandanten, das integrierte Dokumentenmanagement mittels Datensatzverknüpfung und die Funktionalität zur Beleggenehmigung unterstützen die Arbeit in allen Bereichen.

Aufbauend auf das weltweite Microsoft Dynamics NAV-Standardsystem stehen lokalisierte Versionen für den Einsatz in unterschiedlichen Ländern zur Verfügung. Zentrales Kennzeichen lokalisierter Versionen ist nicht die Sprache – diese kann über die Sprachauswahl vom Benutzer im lizenzierten Umfang individuell gewählt werden – sondern eine vom weltweiten Standard abweichende Funktionalität aufgrund von rechtlichen Vorschriften und lokalen Gegebenheiten.

Als Ergänzung zum Dynamics NAV-Grundsystem stehen zudem zahlreiche zertifizierte Zusatz- und Branchenlösungen von Microsoft-Partnerunternehmen zur Verfügung, die nahtlos in das Standardsystem integriert sind und die spezifischen Anforderungen einzelner Branchen bereits im Standard abbilden.

1.1.3 Technologie und Systemarchitektur

In Microsoft Dynamics NAV 2018 wurde weiterhin auf die rollenbasierte Benutzeroberfläche gesetzt. So ist der rollenbasierte Client nicht nur in Form eines Windows-Clients zur lokalen Installation am PC verfügbar, sondern auch als Webclient in den gängigsten Browsern und als App für Tablet und Smartphone. Es werden dabei sowohl Android als auch IOS und Windows Phone als Betriebssystem unterstützt.

Für die Entwicklung von Anpassungen kommt die integrierte Entwicklungsumgebung C/SIDE (Client/Server Integrated Development Environment) zum Einsatz. C/SIDE weist eine grafische Oberfläche auf, über die Dynamics NAV auf einfache Weise modifiziert werden kann. Der *Object Designer*, der über die Menüleiste in der Entwicklungsumgebung (vormals „Classic-Client") aufgerufen wird, beinhaltet die benötigten Entwicklungswerkzeuge, über die Microsoft-Partner und Kunden bestehende Standardobjekte – Tabellen, Formulare, Reports und Schnittstellen – modifizieren und neue Objekte erstellen können.

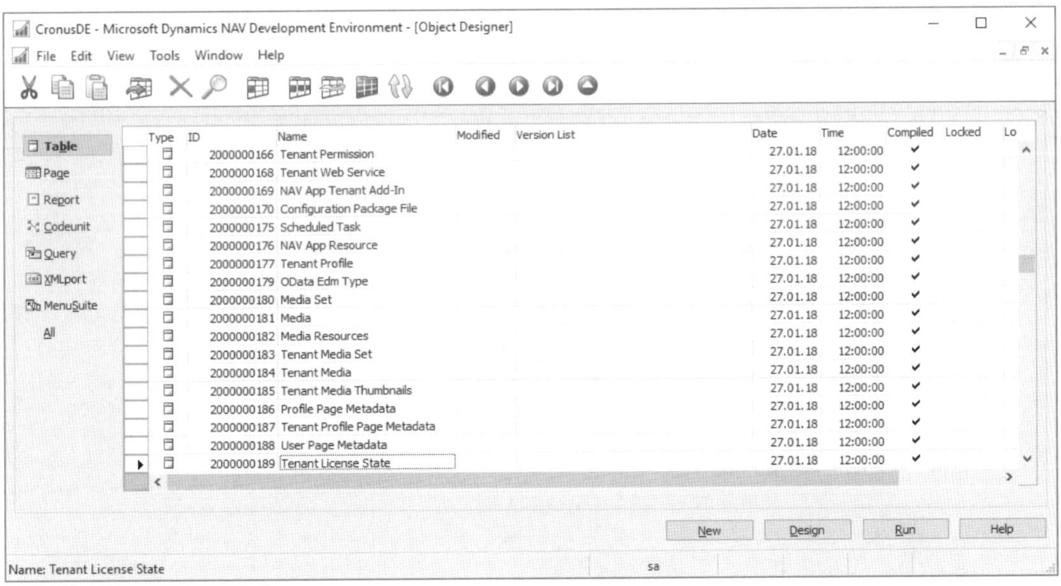

Bild 1.2 Der Object Designer in der Entwicklungsumgebung

Zusätzlich steht seit Dynamics NAV 2018 die Möglichkeit zur Verfügung, mittels Visual Studio Code und der Programmiersprache AL Erweiterungen für Dynamics NAV zu erstellen.

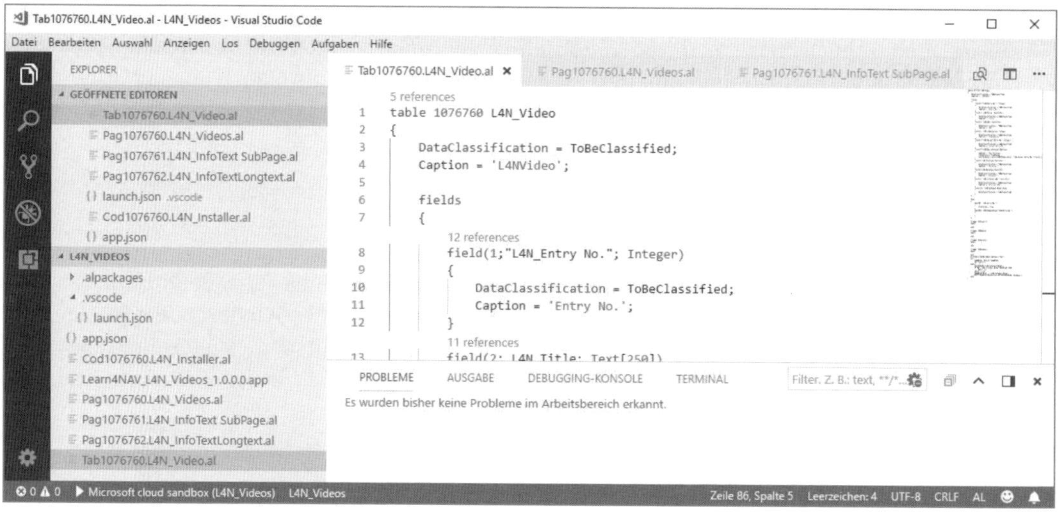

Bild 1.3 Visual Studio Code mit einem AL-Projekt

Die 3-Schicht-Architektur zeichnet sich dadurch aus, dass Datenbanksystem, Anwendungslogik und grafische Präsentation voneinander getrennt werden. Indem die Anwendungslogik von Clientfunktionen getrennt wird, weist die Lösung sowohl eine höhere Sicherheit als auch eine höhere Skalierbarkeit auf. So können in einer Produktivumgebung sowohl die Datenbankschicht als auch die Anwendungsschicht jeweils auf mehrere Server verteilt sein.

Als Datenbank ist für Dynamics NAV 2018 die Microsoft SQL Server-Datenbank erforderlich, die ein hochskalierbares, zuverlässiges Datenmanagement mit integrierten Analyseanwendungen verbindet.

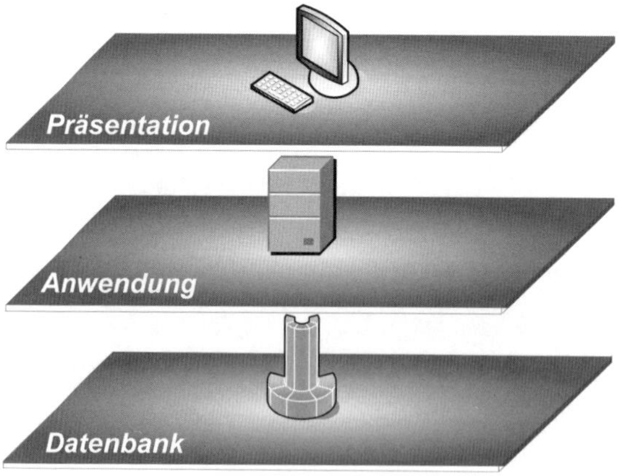

Bild 1.4 3-Schicht-Architektur in Dynamics NAV

1.1.4 Datenstruktur und Belegprinzip

Wie jede ERP-Lösung bildet Microsoft Dynamics NAV ein Modell der Organisation und der Geschäftsprozesse eines Unternehmens ab. Innerhalb der Lösung sind daher zwei unterschiedliche Arten von Daten enthalten:

- Daten, die Objekte beschreiben (beispielsweise einen Artikel)
- Daten, die Vorgänge beschreiben (beispielsweise eine Lagerbewegung)

Um die Geschäftsprozesse unterschiedlicher Unternehmen in einer Lösung abbilden zu können, wird zusätzlich die Möglichkeit zur Einrichtung der Lösung über Konfigurationseinstellungen benötigt. Insgesamt können somit drei Datentypen unterschieden werden:

- Konfigurationsdaten
- Stammdaten
- Transaktionsdaten

Microsoft Dynamics NAV eignet sich für Unternehmen unterschiedlicher Branchen und unterschiedlicher Größe. Nachdem in diesen Unternehmen unterschiedliche Geschäftsprozesse realisiert sind, gibt es auch in Dynamics NAV verschiedene Prozessvarianten. Welche dieser Varianten im konkreten Unternehmen zum Einsatz kommt, wird über die Konfigurationsdaten bestimmt.

So kann beispielsweise in der Lagereinrichtung festgelegt werden, ob unterschiedliche Lagerorte geführt werden und daher bei jeder Lagerbewegung ein Lagerort angegeben werden muss. Konfigurationsdaten bestimmen die Einrichtung von Dynamics NAV, werden im Zuge der Implementierung festgelegt und nicht verändert, solange sich die Geschäftsprozesse nicht ändern.

Stammdaten beschreiben Objekte wie Artikel, Sachkonten oder Lieferanten und werden nur verändert, wenn sich das betreffende Objekt ändert. So ändert sich beispielsweise die Beschaffungsart im Artikelstamm, wenn ein Artikel zugekauft statt – wie vorher festgelegt – selbst gefertigt werden soll. Im Stammdatenbereich kommen allerdings häufig neue Objekte hinzu, beispielsweise neue Artikel oder neue Kunden.

Transaktionsdaten wie Lagerbewegungen, Einkaufsbestellungen oder Rechnungen beschreiben die Vorgänge bei der Abwicklung der Geschäftsprozesse. Sie entstehen bei jedem Geschäftsfall, der in Dynamics NAV erfasst wird. Die Erfassung und Buchung von Transaktionen erfolgt in Übereinstimmung mit dem Belegprinzip.

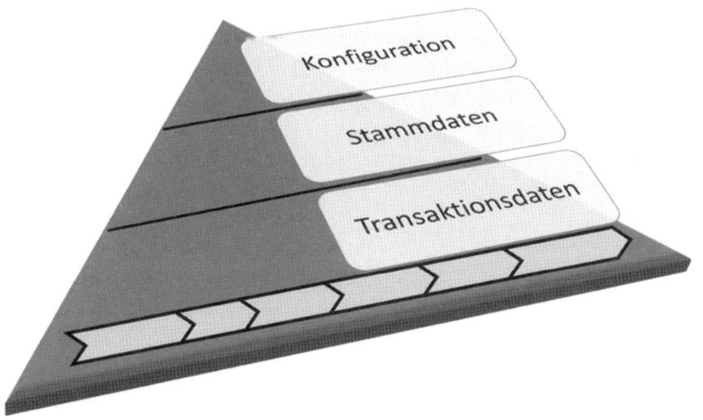

Bild 1.5 Prinzip der Datenstruktur in Dynamics NAV

1.1.5 Integration mit anderen Microsoft-Produkten

Aufgrund der gemeinsamen technologischen Basis kann Microsoft Dynamics NAV problemlos mit anderen Microsoft-Lösungen verbunden werden. Hierbei sind die folgenden Produkte und Systeme von besonderer Bedeutung:

- **Office 365:** direkter Zugriff auf Dynamics NAV über Microsoft Office Excel und Word, Kommunikation und Abgleich von Kontaktdaten mit Microsoft Office Outlook.
- **Dynamics 365:** diverse Konnektoren z. B. für Dynamics 365 Customer Engagement, Flow, PowerApps und vieles mehr.
- **Microsoft Windows:** Nutzung der Möglichkeiten von Client- und Server-Betriebssystemen.
- **Microsoft SharePoint:** Integration von Dynamics NAV für Teamwebseiten und Unternehmensportale in SharePoint Server.
- **Microsoft SQL Server:** Datenbanksystem und Analyseplattform als Basis für Business Intelligence (BI) in Dynamics NAV.

1.2 Implementierung von Microsoft Dynamics NAV

Der Vertrieb von Microsoft Dynamics NAV erfolgt auf Basis eines indirekten Vertriebskonzepts, bei dem eine große Anzahl zertifizierter Microsoft Dynamics NAV-Partner weltweit ihre qualifizierte Unterstützung zur Einführung von Dynamics NAV anbieten. Dadurch ist gewährleistet, dass Unternehmen für ihre Dynamics NAV-Einführung einen Implementierungspartner finden, der einerseits räumliche Nähe und Verfügbarkeit und andererseits die notwendige Kenntnis der jeweiligen Branche mitbringt.

Auf Basis fundierter Branchenkenntnis haben Microsoft Dynamics NAV-Partner eine Vielzahl von Branchenlösungen entwickelt, mit denen sich die jeweiligen Branchenanforderungen flexibel abbilden lassen. Zur Sicherstellung der Qualität werden nur international etablierte Branchenlösungen nach einem anspruchsvollen Zertifizierungsprozess mit dem Gütesiegel „Certified for Microsoft Dynamics NAV“ für die internationale Lösungszertifizierung ausgezeichnet.

Die Bereitstellung und Implementierung von Microsoft Dynamics NAV ist sowohl On-Premises, also im Unternehmen auf eigenen Servern, als auch Cloud-basiert in Form eines Hosting-Modells möglich. Seit Frühjahr 2018 wird auch direkt von Microsoft eine Cloud-Version als Teil von Dynamics 365 angeboten.

1.3 Neuerungen in Microsoft Dynamics NAV 2018

Im Frühjahr 2018 hat Microsoft eine Cloud-Version von Dynamics NAV auf den Markt gebracht. Der Produktname lautet dafür Dynamics 365 Business Central. Diese Version wird direkt bei Microsoft gehostet, wird aber von Microsoft-Partnern verkauft und supportet. Die Anwendung entspricht hier weitestgehend Dynamics NAV mit dem großen Unterschied, dass bei Business Central kein Windows-Client zur Verfügung steht.

Auf der technischen Seite sind die größten Neuerungen die Einführung einer neuen Programmiersprache namens Dynamics AL und die Nutzung von Visual Studio Code als Entwicklungsumgebung. Die Programmiersprache Dynamics AL steht zusätzlich zu der bisher verwendeten Programmiersprache (C/AL) zur Verfügung und bietet dem Entwickler die Möglichkeit, Erweiterungen zu entwickeln. Möchte man für die Online-Version Dynamics 365 Business Central entwickeln, ist das nur über Dynamics AL möglich.

In der Anwendung kamen mit der Version NAV 2018 keine neuen Module hinzu, es wurden jedoch zahlreiche Komfortfunktionen wie z.B. Benutzeraufgaben, Mitarbeiterzahlungen und Stapelbuchen von Belegen integriert.

2 Grundlagen der Systembedienung

Hohe Benutzerfreundlichkeit ist schon seit jeher eines der zentralen Kennzeichen von Microsoft Dynamics NAV, wodurch der Benutzer auch die komplexen Anforderungen eines integrierten Systems einfach bewältigen kann.

Mit der Einführung drei verschiedener rollenbasierender Clients – dem Windows-Client, dem Webclient und der Universal App in Dynamics NAV 2018 wurden weitere Möglichkeiten zur Systembedienung umgesetzt, die durch eine auf die Bedürfnisse des jeweiligen Benutzers zugeschnittene Oberfläche ein noch effizienteres Arbeiten ermöglichen.

> **HINWEIS:** Die Abbildungen und Beschreibungen in diesem Kapitel sind auf keine bestimmte Rolle bezogen. Weitere Hinweise zur Profilzuordnung finden Sie in Kapitel 3.

2.1 Clientkonzepte und Systemzugriff

Die Benutzeroberfläche traditioneller Businesslösungen (ERP-Systeme) – wie auch von Dynamics NAV in älteren Versionen (bis Version 5.0) – ist nach rein funktionalen Gesichtspunkten gegliedert. Abhängig von den jeweiligen Berechtigungseinstellungen steht dem Anwender damit immer eine Vielzahl von Schaltflächen und Datenfeldern zur Verfügung, von denen ein Großteil in der täglichen Arbeit nicht benötigt wird.

Um hier Abhilfe zu schaffen, ist seit Dynamics NAV 2009 der rollenbasierte Client verfügbar. Dieser bietet durch vorkonfigurierte Rollencenter und eine flexible Oberfläche einen raschen Zugriff auf häufig benötigte Funktionen.

Daneben wird bis Dynamics NAV 2009 weiterhin der Classic-Client unterstützt, der für die Benutzer- und Datenbankverwaltung sowie für die Arbeit in der Entwicklungsumgebung benötigt wird.

In Dynamics NAV 2018 wurde der rollenbasierende Gedanke noch erweitert. Der Classic-Client für den Benutzer wurde abgeschafft, dafür wurden zwei neue Clients implementiert. Dem bereits seit der Version Dynamics NAV 2009 vorhandenen rollenbasierenden Client wurden zwei zusätzliche Clients zur Seite gestellt. Da alle drei Clients rollenbasierend aufgebaut sind, spricht man nicht mehr von einem rollenbasierenden Client, sondern von einem Windows-Client.

2.1.1 Client-Varianten

Der Windows-Client ist der einzige Client, der den vollen Funktionsumfang bietet. Webclient und Universal App lassen sich sehr gut für Benutzer einsetzen, die nur wenige Aufgaben in Microsoft Dynamics NAV 2018 erledigen (wie zum Beispiel die Zeiterfassung der Mitarbeiter) und sonst nicht mit dem System arbeiten.

In der folgenden Tabelle 2.1 sehen Sie die wesentlichen Unterschiede der Möglichkeiten, die die drei Clients bieten.

Tabelle 2.1 Übersicht der Unterschiede zwischen den Dynamics NAV-Clients

Funktion	Windows-Client	Webclient	Universal App
Direkter Zugriff ohne Clientinstallation	X	✓	✓
Security (Anmeldung)	✓	✓	✓
Benutzerpersonalisierung	✓	X	X
Gesamtes Hauptmenü (Abteilungen)	✓	X	X
Spaltenbreiten ändern	✓	✓	X
Spalten ein-/ausblenden	✓	✓	X
Farblich hervorgehobene Felder	✓	X	X
Verwendung von Funktionstasten und Shortcuts	✓	X	X
Benachrichtigungen/Notizen	✓	X	X

2.1.2 Benutzeranmeldung

Nach dem Aufruf des Windows-Clients von Dynamics NAV 2018 über das Startmenü bzw. die zugehörige Kachel unter Windows oder per Doppelklick auf das entsprechende Symbol auf dem Desktop erfolgt die Benutzeranmeldung normalerweise automatisch im Hintergrund über die Windows-Authentifizierung (Active Directory), wobei keine separate Kennworteingabe erforderlich ist. Soll Dynamics NAV im Ausnahmefall – beispielsweise für den Test von Berechtigungseinstellungen – mit einem anderen als dem aktuell angemeldeten Windows-Benutzer gestartet werden, kann der Programmaufruf über die Auswahl *Ausführen als* im Kontextmenü (rechte Maustaste) des Dynamics NAV-Symbols mit einem anderem Windows-Benutzer erfolgen.

Im Zuge der Anmeldung öffnet Dynamics NAV den bei der letzten Anmeldung geöffneten Mandanten. Die Berechtigungen des Benutzers innerhalb von Dynamics NAV ergeben sich aus den Sicherheitseinstellungen, die dem Benutzer in der Dynamics NAV-Berechtigungsverwaltung zugeordnet worden sind.

2.1.3 Grundlagen der Oberfläche

Das Grundkonzept der rollenbasierten Clients besteht darin, jedem Benutzer eine genau auf seine tägliche Arbeit zugeschnittene Oberfläche zu bieten. Dazu sollen einerseits alle für die Routinearbeit benötigten Informationen und Funktionen ohne Zwischenschritte direkt verfügbar sein und andererseits alle nicht oder selten benötigten Elemente so angeordnet sein, dass sie bei der Routinearbeit nicht stören.

Um die Verwaltung zu vereinfachen, werden Benutzer aufgrund der ihnen zugewiesenen Aufgaben zu Benutzerrollen zusammengefasst. Für grundlegende Benutzerrollen wie „Einkäufer/in" oder „Buchhalter/in" sind in Dynamics NAV vorkonfigurierte Rollencenter vorhanden, die den jeweiligen Anforderungen entsprechend geändert werden können.

Im Unterschied zu herkömmlichen Clientkonzepten lässt sich in Dynamics NAV 2018 die erforderliche Anpassung der Benutzeroberfläche an einzelne Benutzerrollen in vielen Fällen durch einfache Konfiguration durchführen – anstelle von aufwendiger Programmierung. Die Anpassungen kann entweder der jeweilige Benutzer individuell für sich oder der Bereichsverantwortliche auf Ebene von Benutzerrollen selbstständig durchführen. Die Oberfläche der rollenbasierten Clients wird somit je nach Anforderung und Umfang der Änderung auf drei Ebenen angepasst:

- Personalisierung (individuelle Änderungen, nur im Windows-Client verfügbar)
- Konfiguration (Änderungen für Benutzerrollen)
- Modifikation (Programmierung zusätzlicher Elemente)

Im Rahmen von Personalisierung und Konfiguration sind die Gestaltungsmöglichkeiten auf die im jeweiligen Fenster programmtechnisch vorhandenen Elemente (Datenfelder, Spalten, Schaltflächen) begrenzt. Diese können individuell angeordnet sowie ein- und ausgeblendet werden. Aufgrund der Vielzahl vorbereiteter Elemente sind diese Möglichkeiten in vielen Fällen ausreichend, um die gewünschte Oberfläche zu erzeugen.

Ein weiteres wesentliches Element der Clients ist das Rollencenter, das als rollenbezogene Startseite dem Benutzer einen raschen Überblick aller wesentlichen Informationen wie Aufgaben, Berichte und Auswertungen bietet.

Auf diese Weise wird mit den Clients auf der einen Seite die anfängliche Systemkonfiguration und spätere Anpassung im laufenden Betrieb vereinfacht und auf der anderen Seite die Effizienz der Mitarbeiter durch einen umfassenderen Überblick sowie einen geringeren Bedienungsaufwand verbessert. Indem die Oberfläche so konfiguriert wird, dass die häufig benutzten Bedienelemente bedarfsgerecht angeordnet werden, erfordern die Clients einen geringeren Schulungsaufwand und reduzieren das Risiko von Bedienungsfehlern.

2.2 Der Windows-Client

Der Windows-Client ist der zentrale Client, um Dynamics NAV 2018 zu benutzen, da dieser über den vollen Funktionsumfang verfügt. Abbildungen und Beschreibungen in diesem Buch beziehen sich hauptsächlich auf den Windows-Client.

2.2.1 Navigationsmöglichkeiten und Clientstruktur

Nach dem Öffnen des Windows-Clients wird zunächst die Dynamics NAV-Startseite mit dem Rollencenter im Seitenbereich gezeigt. Da die Oberfläche in hohem Maß individuell konfigurierbar ist, können die dargestellten Elemente je nach individuellen Einstellungen des Benutzers und der ihm zugeordneten Rolle von der gezeigten Standardform abweichen.

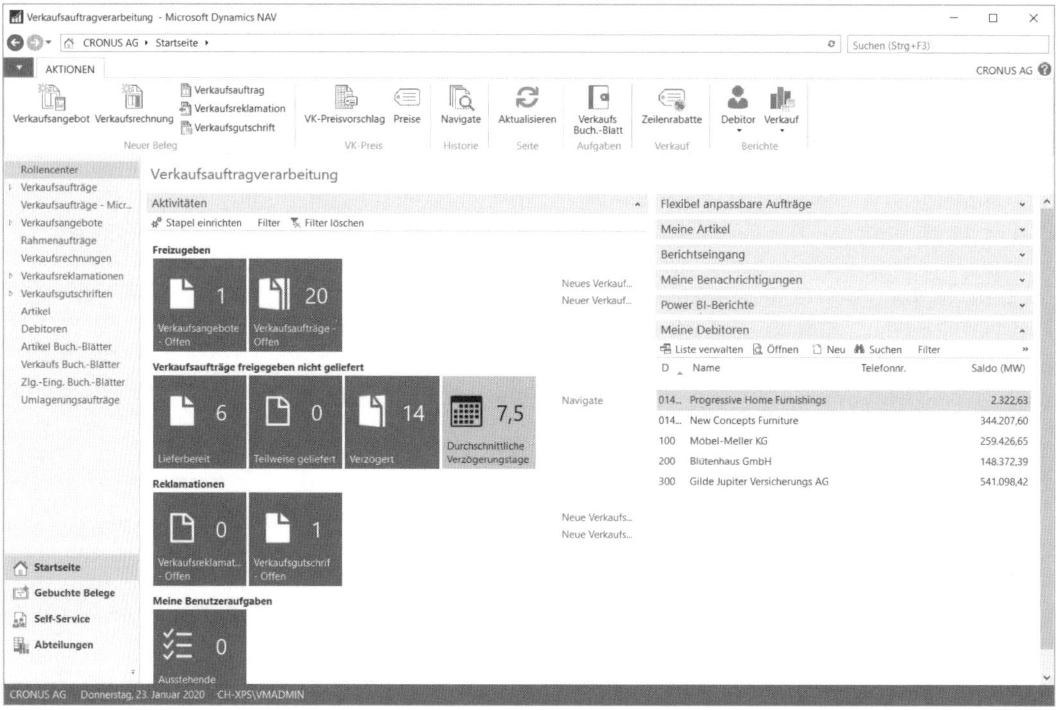

Bild 2.1 Der Windows-Client (Rollencenter Auftragsverarbeitung)

Das Hauptfenster des Windows-Clients enthält folgende Elemente:

- **Titelleiste**
- **Adressleiste**
- **Suchfeld**
- **Menüband**
- **Statusleiste**
- **Navigationsbereich** (mit Menübereich und Menüoptionen)
- **Seitenbereich** (Rollencenter, Listenplätze und Abteilungsseiten)

2.2.2 Titelleiste, Adressleiste und Suchfeld

Die Titelleiste am oberen Rand des Client-Hauptfensters zeigt neben dem Namen der Anwendung auch den Titel der aktiven Seite.

Die Adressleiste unterhalb der Titelleiste bietet Navigationsmöglichkeiten, wie sie aus Windows und aktuellen Internetbrowsern bekannt sind. Dazu wird der Navigationsverlauf vom System gespeichert, in dem über die Schaltflächen *Zurück* und *Vorwärts* zu den zuvor aufgerufenen Seiten geblättert werden kann. Die Adressleiste zeigt den Pfad der aktuell angezeigten Seite und ermöglicht den Wechsel zu anderen Elementen aus dem Navigationsbereich.

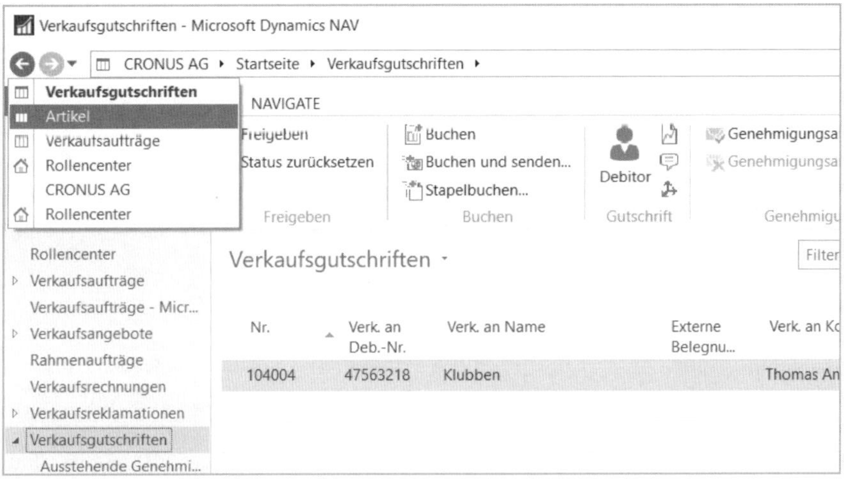

Bild 2.2 Navigation über die Adressleiste

Rechts neben der Adressleiste befindet sich das Suchfeld, das alternativ zu Adressleiste und Navigationsbereich zum Öffnen von Seiten benutzt werden kann.

HINWEIS: Das Suchfeld ermöglicht einen raschen Zugriff auf Menüoptionen, wenn Sie den Menüpfad nicht kennen. So können Sie beispielsweise rasch in den Artikelstamm wechseln, indem Sie im Suchfeld den Begriff „artikel" eintippen und in dem dann gezeigten Suchfenster die Menüoption *Artikel* wählen. ■

2.2.3 Menüband

Das Menüband unterhalb der Adressleiste enthält allgemeine Funktionen für die Arbeit in Microsoft Dynamics NAV und ist in folgende Registerkarten gegliedert:

- **Applikationsmenü** (dargestellt durch ▾)
- **Start**

- **Aktionen**
- **Navigate**
- **Hilfe**

> **HINWEIS:** Das Menüband kann über die Tastenkombination *Strg+F1* oder mittels Doppelklick auf eine der Registerkarten (ausgenommen) je nach Bedarf ausgeblendet und wieder eingeblendet werden.

Bild 2.3 Menüband im Rollencenter Auftragsverarbeitung

Über das Applikationsmenü können die individuellen Einstellungen für Arbeitsdatum, Sprache, Server und Mandanten des jeweiligen Benutzers geändert werden.

Das Arbeitsdatum wird bei jedem Start des Clients mit dem aktuellen Tagesdatum vorbelegt und stellt den Vorschlagswert für das Datum von Buchungen dar.

Demgegenüber bleibt die Auswahl der Sprache, die bestimmt, ob Konstanten wie Fenster- und Feldnamen in Deutsch oder einer anderen Sprache gezeigt werden, auf Dauer in der Benutzeranpassung gespeichert. Um die Spracheinstellung zurückzusetzen, wird im Sprachauswahlfenster wieder die ursprüngliche Sprache ausgewählt. Zu beachten ist in diesem Zusammenhang, dass die hier gewählte Spracheinstellung die Benutzeroberfläche des jeweiligen Anwenders betrifft. Die Sprache, in der externe Belege gedruckt werden, kann unabhängig davon auf Ebene einzelner Kunden (Debitoren) und Lieferanten (Kreditoren) hinterlegt werden.

Die Auswahl von Server und Mandant bestimmt, in welcher Firma gearbeitet wird – Details zum Mandantenkonzept erfahren Sie in Kapitel 3.

Die Auswahlmöglichkeiten auf den Registerkarten *Aktionen*, *Navigate* und *Bericht* bieten Zugriff auf die Bearbeitungs- und Abfragemöglichkeiten für die jeweilige Seite. Wenn ein Bearbeitungsfenster (Listenplatz, Aufgabenseite) im Seitenbereich aktiv ist, enthält das Applikationsmenü standardmäßig die folgende Basisauswahl.

- **Seite – Seitenlink kopieren:** Ermöglicht das Speichern des aktuellen Seitenlinks in der Zwischenablage, um ihn zu einem späteren Zeitpunkt erneut zu verwenden oder an andere Benutzer weiterzugeben.
- **Drucken und senden:** Ermöglicht das Drucken oder die Ausgabe der aktuellen Seite in Microsoft Word, Microsoft Excel oder für E-Mail-Empfänger an Microsoft Outlook.
- **Anpassen:** Ermöglicht das individuelle Anpassen einzelner Seiten. Details zum Anpassen der Benutzeroberfläche sind in Abschnitt 2.4, „Konfiguration des Windows-Clients“, beschrieben.
- **Hilfe:** Zeigt die Hilfeoptionen.

Die Registerkarte *Start* enthält standardmäßig die folgende Basisauswahl.

- **Ansicht:** Wechselt zum Ansichtsmodus.
- **Bearbeiten:** Wechselt zum Bearbeitungsmodus.
- **Neu:** Wechselt zum Neuanlagemodus.
- **Löschen:** Löscht den markierten Datensatz.
- **Aktualisieren:** Bewirkt einen Abgleich mit der Datenbank (Speichern eigener Änderungen, Aktualisieren der Anzeige mit Änderungen anderer Benutzer).
- **Filter löschen:** Löscht einen im Filterbereich eingetragenen Filter.
- **Go to** bzw. **Suchen:** Ermöglicht das Suchen nach bestimmten Datensätzen.

HINWEIS: Details zu einzelnen Funktionen wie die Verwendung von Filtern finden Sie in diesem Abschnitt.

Zusätzlich enthalten die Registerkarten *Aktionen*, *Navigate* und *Bericht* je nach aufgerufener Seite unterschiedliche Auswahlmöglichkeiten, die individuell angepasst werden können. Welche der jeweils programmtechnisch vorgesehenen Möglichkeiten tatsächlich gezeigt werden, wird über individuelle Einstellungen und Einstellungen auf Ebene von Benutzerrollen bestimmt.

2.2.4 Statusleiste

Die Statusleiste am unteren Rand des Hauptfensters zeigt den aktiven Mandanten, das Arbeitsdatum und die Benutzerkennung. Neben der reinen Anzeige von Informationen bietet die Statusleiste auch die Möglichkeit, Mandanten und Arbeitsdatum per Doppelklick auf das entsprechende Feld zu ändern – analog zur entsprechenden Funktion im Applikationsmenü.

2.2.5 Navigationsbereich

Der Navigationsbereich am linken Rand des Hauptfensters dient zur Auswahl des im Seitenbereich gezeigten Inhalts. In Übereinstimmung mit dem rollenbasierten Konzept von Microsoft Dynamics NAV 2018 zeigt der Navigationsbereich nicht die vollständige Menüstruktur mit allen verfügbaren Menüoptionen. Stattdessen bietet das Menü *Startseite* einen direkten Zugriff auf die in der jeweiligen Benutzerrolle häufig benötigten Seiten. Der Zugriff auf die komplette Menüstruktur erfolgt über das Menü *Abteilungen*.

Im unteren Teil des Navigationsbereichs werden die Menüschaltflächen zum Aufruf der Menüs rollenabhängig gezeigt, wobei die Menüs *Startseite* und *Abteilungen* immer verfügbar sind. Weitere Menüs – wie beispielsweise *Gebuchte Belege in* für den direkten Zugriff auf die Abfrage gebuchter Dokumente – sind von der jeweiligen Benutzerrolle abhängig.

Der obere Teil des Navigationsbereichs zeigt die Menüoptionen (Verknüpfungen zu den Seiten/Listenplätzen) des gewählten Menüs. Das Menü *Startseite* enthält das Rollencenter als erste Menüoption, darunter werden die Menüoptionen für die vom Benutzer normalerweise verwendeten Seiten gezeigt.

HINWEIS: Der Bereich der Menüschaltflächen und Menüoptionen kann individuell konfiguriert werden, wie in Abschnitt 2.4, „Konfiguration des Windows-Clients“, beschrieben.

2.2.6 Seitenbereich

Im Seitenbereich, der den zentralen Teil des Client-Hauptfensters darstellt, wird die entsprechende Seite nach Auswahl einer Menüoption gezeigt. Hierbei sind drei Arten von Seiten zu unterscheiden:

- **Rollencenter**
- **Listenplätze**
- **Abteilungen**

2.2.7 Rollencenter

Das Rollencenter gibt dem Benutzer einen Überblick der für ihn wichtigen Informationen. Es wird als Startseite beim Aufruf des Clients angezeigt und kann später über das Menü *Startseite* wieder aufgerufen werden.

Dynamics NAV 2018 enthält eine Reihe von vorkonfigurierten Rollencentern, die für typische Aufgaben von grundlegenden Benutzerrollen wie Einkäufer/in oder Buchhalter/in eingerichtet sind. Welches Rollencenter angezeigt wird, wird durch die Zuordnung des Benutzers zu einer Rolle über die Profilzuordnung bestimmt. Details zur Profilzuordnung können Sie in Kapitel 3 nachlesen.

Rollencenter können entsprechend der jeweiligen Anforderung individuell und auf Ebene von Benutzerrollen angepasst werden und enthalten die folgenden Bereiche.

- **Aktivitäten:** Zeigt Dokumentenstapel mit der Anzahl jeweils offener Dokumente, wobei mittels Mausklick zur jeweiligen Bearbeitungsseite gewechselt werden kann. So zeigt der erste Stapel im Beispiel ein offenes Verkaufsangebot, das über einen einfachen Mausklick zeilenweise in einem Listenplatz aufgelistet und bearbeitet werden kann.
- **Eigene Listen:** Kann die Listen *Meine Kreditoren*, *Meine Artikel* und/oder *Meine Debitoren* enthalten. Die in der Liste jeweils gezeigten Datensätze – Kreditoren (Lieferanten), Artikel oder Debitoren (Kunden) – können in der jeweiligen Listen-Titelleiste von jedem Benutzer individuell ausgewählt werden.
- **Meine Benachrichtigungen:** Zeigt Notizen für den angemeldeten Benutzer.
- **Diagramme:** Ermöglicht einen raschen Überblick wesentlicher Informationen.

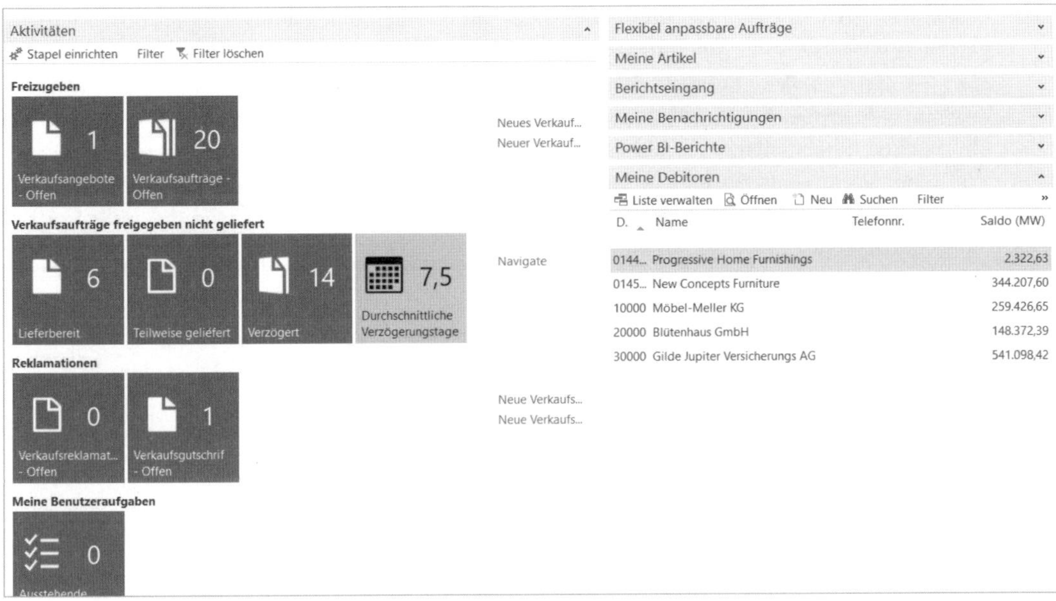

Bild 2.4 Bereiche im Rollencenter Auftragsverarbeitung

HINWEIS: Sie können Benachrichtigungen erzeugen, indem Sie beim Erfassen von Hinweisen in der Infobox *Notizen* – beispielsweise in der Artikelkarte (siehe Kapitel 3) – das Kontrollkästchen *Benachrichtigen* markieren.

2.2.8 Listenplätze

Während Rollencenter dazu dienen, einen Gesamtüberblick offener Aufgaben zu erhalten, werden Listenplätze als Ausgangspunkt für die Arbeit in den einzelnen Aufgabenbereichen – wie Artikelstamm, Kreditoren (Lieferanten) und Verkaufsaufträge – benutzt.

Zentrales Element eines Listenplatzes ist die Anzeige von Datensätzen des jeweiligen Bereichs in Form einer Liste. Das Menüband und die Infoboxen bieten einen direkten Zugriff auf wesentliche Zusatzinformationen und Bearbeitungsmöglichkeiten zur jeweils markierten Zeile. Der Filterbereich ermöglicht die Auswahl der angezeigten Datensätze.

Die im Listenbereich gezeigten Spalten beinhalten die zentralen Datenfelder der jeweiligen Tabelle, zusätzliche Informationen zum jeweils markierten Datensatz werden in Infoboxen rechts neben der Liste angezeigt. Infoboxen enthalten in diesem Zusammenhang oft summierte Werte in Form von berechneten Feldern (siehe den Abschnitt „Systembedienung"), die eine Anzeige zugehöriger Detaildaten per Doppelklick ermöglichen.

Das Menüband ermöglicht einen direkten Aufruf von häufig benötigten Aktionen, wobei diese in die Gruppen *Start*, *Aktionen*, *Navigate*, *Bericht* gegliedert sind. Der Filterbereich ermöglicht – wie weiter unten im Detail beschrieben – das Filtern und Sortieren von Datensätzen durch Eintragung von entsprechenden Kriterien.

Die Einstellung, welche Bereiche in einem Listenplatz angezeigt werden, kann – wie bereits erwähnt – über das Applikationsmenü links im Menüband geändert werden. Damit kann ein Benutzer beispielsweise den Diagrammbereich, der ausgewählte Informationen in grafischer Form zeigt, zusätzlich einblenden. Darüber hinaus sind auf diese Weise auch weitergehende Anpassungen der Benutzeroberfläche möglich (siehe den Abschnitt 2.4, „Konfiguration des Windows-Clients“).

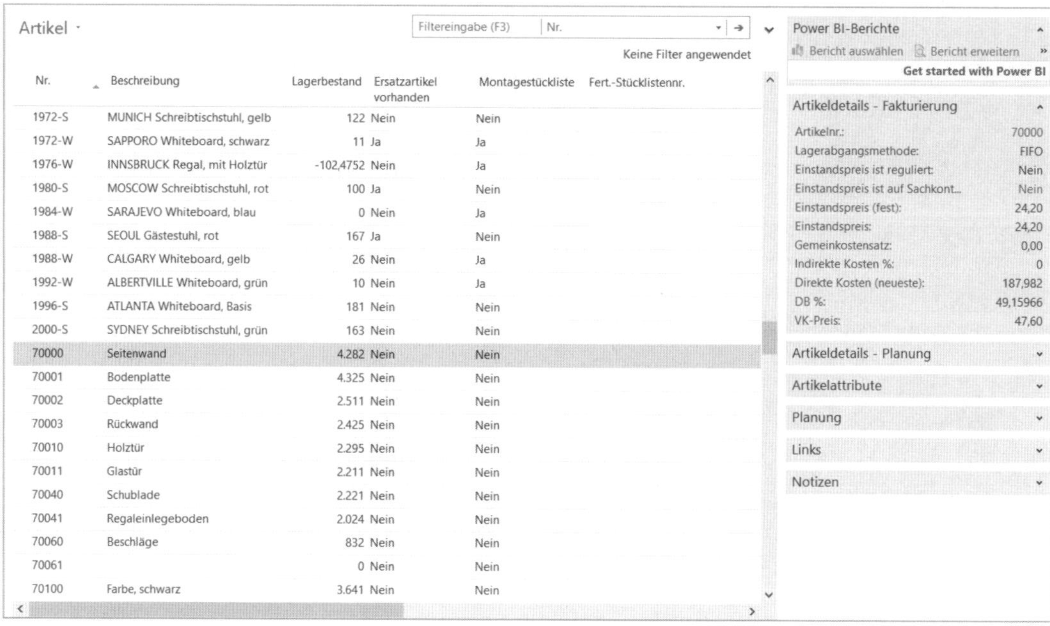

Bild 2.5 Elemente von Listenplätzen am Beispiel der Artikelübersicht

Per Doppelklick oder durch Betätigen der *Eingabe*-Taste in einer Zeile der Liste wird die Aufgabenseite im Standardmodus (meist Bearbeiten) für den betroffenen Datensatz geöffnet. Um die Aufgabenseite in einem anderen Modus zu öffnen, muss die entsprechende Funktion explizit gewählt werden – beispielsweise über das Kontextmenü (rechte Maustaste) oder über die Schaltfläche *Bearbeiten* auf der Registerkarte *Start*.

HINWEIS: Um einen Listenplatz in einem eigenen Fenster zu öffnen – beispielsweise wenn Sie die Artikelübersicht parallel zu den Kreditoren sehen wollen – wählen Sie im Applikationsmenü den Befehl *Seite/In neuem Fenster öffnen*.

2.2.9 Abteilungen

Das Menü *Abteilungen* bietet Zugriff auf die komplette Menüstruktur von Dynamics NAV und ermöglicht damit den Aufruf aller Seiten im Windows-Client, für die der Benutzer eine entsprechende Berechtigung besitzt.

Über die Links im Seitenbereich des Menüs *Abteilungen* werden daher vom Benutzer alle nicht auf der Startseite oder in zusätzlichen spezifischen Menüs enthaltenen Seiten aufgerufen. Zu diesen Seiten zählen Listenplätze, Aufgabenseiten, Berichte und Dokumentabfragen sowie modulbezogene Einstellungs- und Konfigurationsfenster.

Bild 2.6 Gliederung des Menüs Abteilungen

Falls ein Link häufiger benötigt wird, kann er individuell oder auf Ebene von Benutzergruppen in die Startseite und das Rollencenter kopiert werden (siehe den Abschnitt 2.4, „Konfiguration des Windows-Clients").

2.2.10 Systembedienung

Ausgehend von der Navigation über Rollencenter, Abteilungen und spezifische Menüs erfolgt die inhaltliche Arbeit im Windows-Client über Listenplätze und Aufgabenseiten. Zwischen den einzelnen Elementen des Windows-Clients bestehen hierbei die folgenden Zusammenhänge:

- **Rollencenter** bieten einen rollenbasierten Gesamtüberblick und werden für die Navigation zu Listenplätzen verwendet, in denen Aufgaben zu erledigen sind.
- **Listenplätze** bieten einen Überblick einzelner Aufgabenbereiche – wie Artikelstamm oder offene Aufträge – in einer tabellarischen Ansicht und ermöglichen den Aufruf von Bearbeitungsfunktionen.
- **Aufgabenseiten** dienen zur Neuanlage, Bearbeitung und Ansicht von Detaildaten.

2.2.10.1 Aufgabenseiten

Aufgabenseiten werden aus der zugehörigen Listenseite per Doppelklick, Drücken der *Eingabe*-Taste oder das Kontextmenü (rechte Maustaste) geöffnet.

Aufbau von Aufgabenseiten

Aufgabenseiten dienen dazu, Datensätze wie Artikel, Debitoren (Kunden) oder Verkaufsaufträge neu anzulegen oder zu bearbeiten. Mit dem Menüband und den Infoboxen entspricht der grundsätzliche Aufbau von Aufgabenseiten der Struktur von Listenplätzen. Im Unterschied zu diesen wird jedoch im Hauptbereich von Aufgabenseiten – statt eines Überblicks mehrerer Datensätze – ein Datensatz im Detail gezeigt. Aufgabenseiten werden zudem nicht im Seitenbereich des Client-Hauptfensters, sondern in einem eigenen Fenster geöffnet.

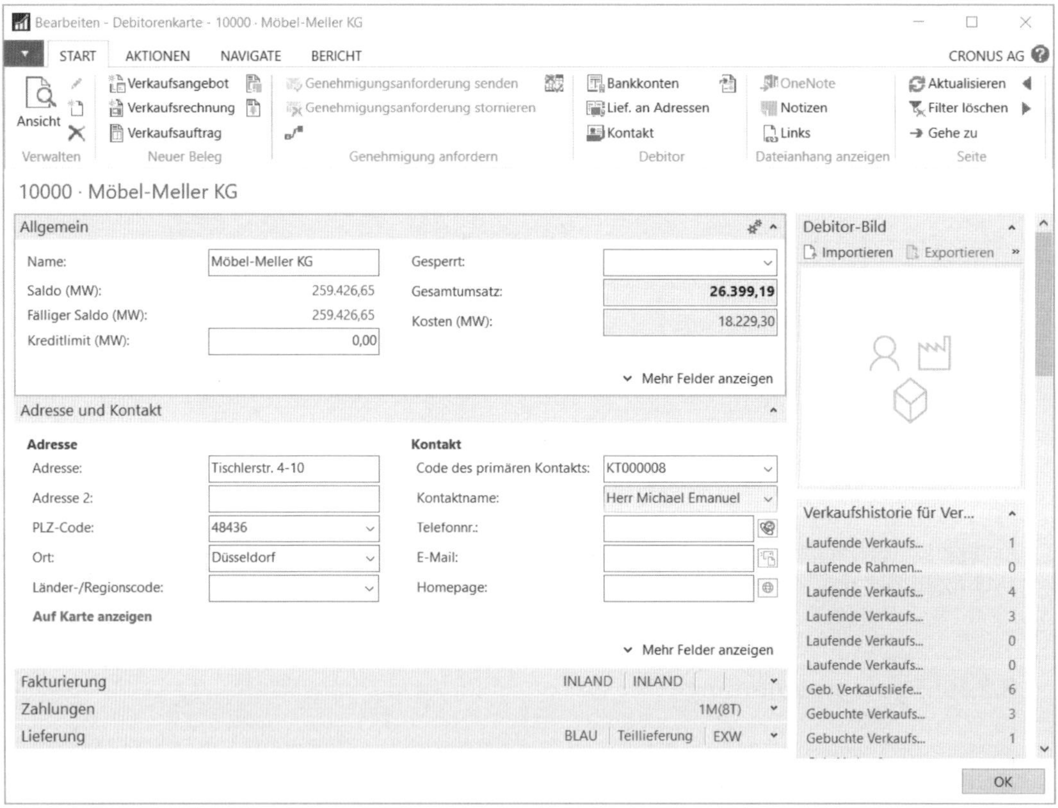

Bild 2.7 Elemente von Aufgabenseiten am Beispiel der Debitorenkarte

Während Listenplätze keine Änderung von Daten zulassen, können Aufgabenseiten sowohl im Ansichtsmodus als auch im Bearbeitungs- und Neuanlagemodus geöffnet werden. Um zwischen den verschiedenen Modi zu wechseln, kann der Benutzer die gewünschte Auswahl in der Aufgabenseite über die Registerkarte *Start* oder die entsprechende Tastenkombination treffen. Der gewählte Modus wird in der Titelleiste der Aufgabenseite angezeigt.

Wie in Listenplätzen kann das Menüband in Aufgabenseiten angepasst werden, um einen möglichst raschen Zugriff auf häufig benötigte Funktionen zu erhalten.

Ein besonderes Element der Aufgabenseiten stellen die Inforegister dar: Diese dienen einerseits wie konventionelle Registerkarten zur Gliederung der Daten, ermöglichen aber zusätzlich die Anzeige wesentlicher Informationen direkt am Reiter. So sind beispielsweise einige Informationen des Kunden direkt auf den zugeklappten Inforegistern zu sehen. Um die übrigen Felder des Inforegisters zu zeigen, wird das Symbol *Aufklappen* rechts am Reiter betätigt. Welche Inforegister in diesem Zusammenhang angezeigt werden und welche Felder direkt sichtbar sind, lässt sich individuell konfigurieren (siehe den Abschnitt 2.4, „Konfiguration des Windows-ClientsAnchor“).

2.2.10.2 Editierbare Listen

Während bei Stammtabellen aufgrund der großen Anzahl von Feldern die Bearbeitung über Aufgabenseiten erfolgt, ist für kleinere Tabellen oft keine eigene Aufgabenseite vorgesehen. Derartige Tabellen sind häufig in den Menüoptionen und Links zur Moduleinrichtung zu finden, beispielsweise die Verwaltung der Lieferbedingungen über den Link *Lieferbedingungen*. In solchen Tabellen erfolgen die Bearbeitung und Neuanlage direkt in den Zeilen der Listenansicht. Der Wechsel zwischen den Bearbeitungsmodi lässt sich wie in Aufgabenseiten über die Registerkarte *Aktionen* in der Menüleiste durchführen.

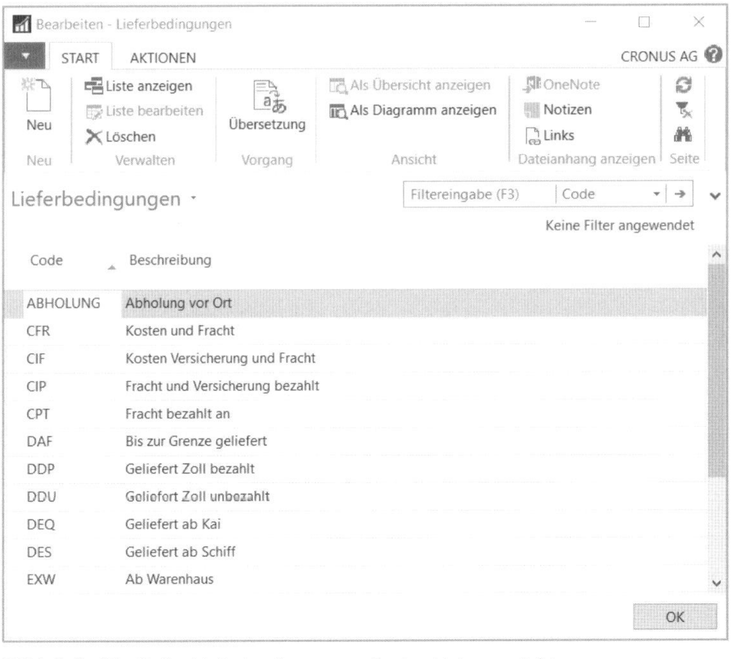

Bild 2.8 Die Seite Lieferbedingungen in der Listenansicht

2.2.10.3 Arbeit in Datensätzen

Die Arbeit in Dynamics NAV kann über zwei Möglichkeiten erfolgen:

- **Mausbedienung**
- **Tastenkombination**

Grundsätzlich sind alle verfügbaren Funktionen am Menüband sichtbar. Einige Funktionen wie der Aufruf von Aufgabenseiten zur Bearbeitung eines Datensatzes sind zusätzlich auch über das Kontextmenü (rechte Maustaste) zu erreichen.

So kann beispielsweise in der Debitorenübersicht ein neuer Kunde über das Menüband *(Start/Neu)* und die Tastenkombination *Strg+N* angelegt werden. Ein Überblick über Tastenkombinationen und zentrale Bearbeitungsfunktionen ist in der Dynamics NAV-Hilfe zu finden.

Im Zuge der Bearbeitung kann in einer Aufgabenseite – neben der Mausbedienung – die *Eingabe*-Taste oder die *Tab*-Taste zum Wechsel zwischen den Feldern genutzt werden. Über die Tastenkombination *Alt+F6* lässt sich das aktiven Inforegister auf- und zuklappen. Eintragungen in einer Aufgabenseite werden sofort gespeichert, sobald der Benutzer einen Datensatz verlässt. Ein separates Speichern von Änderungen ist daher nicht vorgesehen, ein Aktualisieren der Datenbank während der Eingabe kann aber über den Datenbankabgleich (Schaltfläche *Aktionen/Aktualisieren*) abgerufen werden.

> **HINWEIS:** Die Funktion *Rückgängig*, die über das Kontextmenü (rechte Maustaste) aufgerufen werden kann, betrifft nur das gerade aktive Eingabefeld. Sobald Sie ein Feld verlassen haben, können Sie die Eintragungen im betroffenen Feld nicht mehr über diese Funktion rückgängig machen.

Wenn die gewünschten Eintragungen vollständig sind, kann die Bearbeitung der Aufgabenseite über die Schaltfläche *OK* am unteren Fensterrand abgeschlossen werden. Alternativ lässt sich die Seite auch über das Schließen-Symbol oder über die Tastenkombination *Alt+F4* schließen. Im Neuanlagemodus steht im Drop-down-Menü der Schaltfläche *OK* zusätzlich die Auswahl *OK & Neu* zur Verfügung, mit der direkt zur Eintragung des nächsten Datensatzes gewechselt wird.

Um den Inhalt eines Eingabefelds zu löschen, wird die Taste *Entf* betätigt. Soll hingegen ein ganzer Datensatz gelöscht werden, kann im Listenplatz oder in der Aufgabenseite die Schaltfläche *Start/Löschen* oder die Tastenkombination *Strg+Entf* gewählt werden. Vor dem Löschen eines Datensatzes prüft Dynamics NAV, ob das Löschen zulässig ist. Ist dies nicht der Fall – beispielsweise bei offenen Buchungen –, wird das Löschen des gewählten Datensatzes verhindert und eine Fehlermeldung in einem separaten Meldungsfeld angezeigt.

Fehlermeldungen während der Bearbeitung von Eingabefeldern werden innerhalb der Aufgabenseite angezeigt. So wird beispielsweise nach dem Eintragen eines ungültigen Verkäufercodes die Änderung nicht gespeichert und das betreffende Feld wird mit dem Fehlersymbol gekennzeichnet.

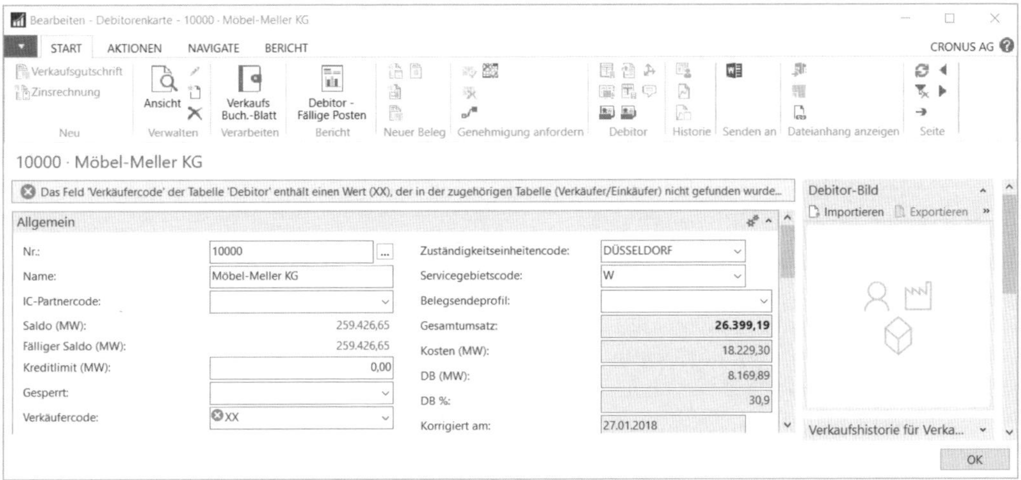

Bild 2.9 Fehlermeldung während der Eingabe (Beispiel: Debitorenkarte)

Um in einer Seite alle Feldinhalte des aktuellen Datensatzes zu zeigen, kann die Tastenkombination *Strg+Alt+F1* oder im Applikationsmenü der Untermenübefehl *Hilfe/Info zu dieser Seite* gewählt werden. Die Seiteninformationen werden dann in einem eigenen Fenster gezeigt.

Das Kopieren eines oder mehrerer Datensätze, um sie in eine andere Anwendung wie Microsoft Excel einzufügen, kann direkt aus Listenplätzen erfolgen. In Aufgabenseiten sind die Windows-Standardfunktionen Kopieren und Einfügen nur bezogen auf das jeweils vom Benutzer ausgewählte Feld verfügbar.

Soll in einer Liste der Inhalt eines Felds aus dem darüberliegenden Feld kopiert werden, kann dies im betroffenen Feld über die *F8*-Taste oder die Auswahl *Zelle kopieren* im Kontextmenü nach Betätigen der rechten Maustaste erfolgen.

HINWEIS: Wenn Sie in Aufgabenseiten einen neuen Datensatz als Kopie eines bestehenden Datensatzes erstellen wollen, können Sie Stammdatenvorlagen und spezifische Kopierfunktionen – beispielsweise im Artikelstamm – verwenden. Diese sind im Neuanlagemodus über die Registerkarte *Aktionen* im Menüband verfügbar.

In editierbaren Listen kann ein Datensatz über die Tastenkombination *Strg+Umschalt+C* (oder die Option *Zeilen kopieren* im Kontextmenü nach Betätigen der rechten Maustaste) kopiert und über die Tastenkombination *Strg+Umschalt+V* eingefügt und vor dem Speichern geändert werden. ■

Die Felder in einer Aufgabenseite können nach folgenden Feldtypen unterschieden werden:

- **Textfelder** können beliebige Zeichen beinhalten.
- **Zahlenfelder** akzeptieren nur Zahlen, wobei Grundrechnungsarten bei der Eintragung verwendet werden können (z. B. Eintragung von „98 * 1,19“ anstelle des Ergebnisses von 98,00 plus 19 %).

- **Datumsfelder** akzeptieren nur Datumseintragungen, wobei Trennzeichen weggelassen werden können und der aktuelle Monat und/oder das Jahr nicht eingetragen werden muss (z. B. „23" für den 23. des aktuellen Monats). Das Arbeitsdatum kann durch ein „a" eingefügt werden.
- **Kontrollkästchen** können mittels Mausklick oder über die Leertaste aktiv gesetzt werden.
- **Auswahlfelder** ermöglichen die Auswahl eines Werts aus einer Liste. Details dazu sind weiter unten beschrieben.
- **FlowFields (berechnete Felder)** zeigen Beträge oder Mengen, die während der Anzeige aus anderen Tabellen berechnet werden – ein Klick auf den als Link dargestellten Betrag im berechneten Feld öffnet die Anzeige der Berechnungsbasis. In der Debitorenkarte zum Beispiel wird dazu der Debitorensaldo aus der Summe der Debitorenposten berechnet. Mit einem Klick auf den Link mit dem Betrag werden die Debitorenposten geöffnet.
- **AssistButtons** dienen zur Auswahl einer Eingabehilfe zu einem Textfeld, beispielsweise zur Auswahl einer Nummernserie für die Debitorennummer bei Neuanlage eines Kunden.

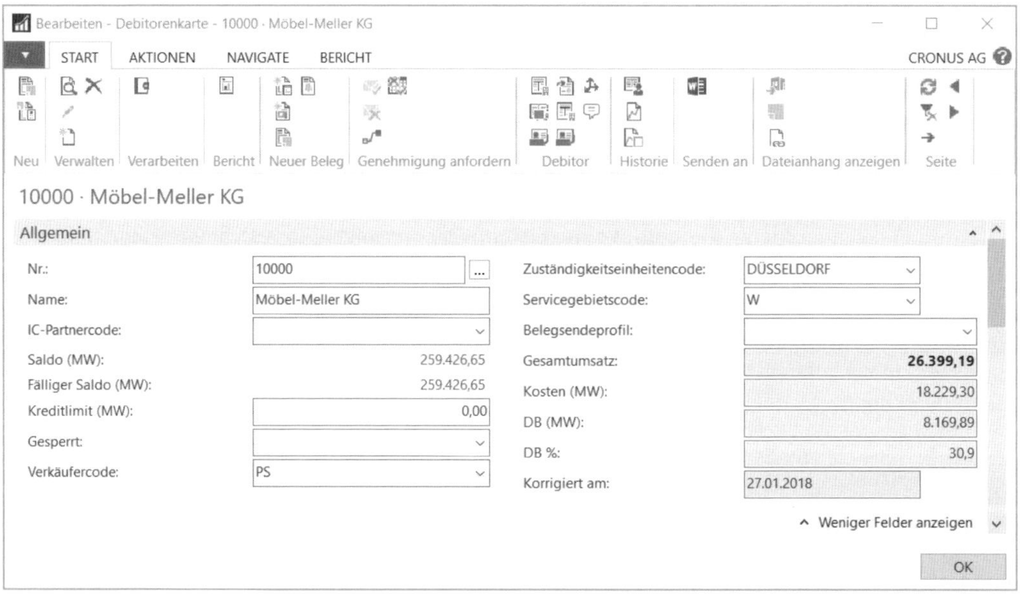

Bild 2.10 Feldtypen in Aufgabenseiten am Beispiel der Debitorenkarte

Um mögliche Werte für ein Auswahlfeld zu erhalten, kann die Referenzsuche im jeweiligen Feld über die Tastenkombination *Alt+Pfeil nach unten*, die Taste *F4* oder die entsprechende Schaltfläche im jeweiligen Feld geöffnet werden. Die Basis für die Auswahlliste wird hierbei in zwei Kategorien unterteilt:

- Vom Programm fest vorgegebene Werte, die beispielsweise für das Feld *Gesperrt* nur die Wahl zwischen *Liefern*, *Fakturieren* oder *Alles* zulassen.
- In einer Referenztabelle hinterlegte Werte, die vom Anwender bearbeitet werden können – beispielsweise der Zustellercode, für den die Stammtabelle über die Suche und den Link *Zusteller* aufgerufen wird.

Das Suchfenster für eine Referenztabelle wird auch automatisch geöffnet, wenn im Auswahlfeld mit der Eintragung von Zeichen begonnen wird (Funktion *Suchen* während der Eingabe). In dieser Suche wird die Anzeige automatisch auf jene Datensätze gefiltert, deren Anfangszeichen mit dem Eintrag übereinstimmen – beispielsweise nach dem Eintragen von „e" in den Zustellercode alle Zusteller mit „E" an der ersten Stelle des Codes.

HINWEIS: Wollen Sie nicht nach dem Code, sondern beispielsweise nach dem Namen filtern, betätigen Sie einfach die Taste *Pfeil nach rechts*, um in die entsprechende Spalte zu wechseln. Die aktive Spalte ist am Trichtersymbol neben dem Spaltentitel zu erkennen.

Vor dem Spaltenwechsel aktivieren Sie das Suchfenster über die Taste *Pfeil nach unten*.

Alternativ können Sie auch mit der Maus auf den entsprechenden Spaltentitel klicken.

Neben der Suchmöglichkeit bietet die Tabellenreferenz eine zweite Funktion: Sie kann dazu benutzt werden, über die Schaltflächen *Neu* und *Erweitert* am unteren Rand des Suchfensters direkt in die Verwaltungsmaske der referenzierten Haupttabelle zu wechseln. So kann beispielsweise aus der Zustellersuche direkt in die Zustellerverwaltung gewechselt werden, um einen Zusteller zu bearbeiten oder neu anzulegen. Auf diese Weise kann auch in der Auftragsverwaltung ein neuer Kunde direkt aus der Debitorensuche angelegt werden, womit der Benutzer die Menüoption Debitoren zur Kundenverwaltung nicht zeitraubend über den Navigationsbereich suchen muss.

2.2.10.4 Zeilenbearbeitung in Aufgabenseiten

Auf manchen Seiten ist ein Inforegister *Zeilen* vorhanden, das Positionen zum Datensatz der jeweiligen Haupttabelle enthält. So zeigt beispielsweise das Inforegister *Zeilen* in der Aufgabenseite der Verkaufsaufträge die Auftragspositionen des jeweiligen Auftrags.

Im Unterschied zur Arbeit in den anderen Inforegistern kann das Menüband nicht für die Bearbeitung der Zeilen verwendet werden. Anstelle des Menübands, das sich auf die jeweilige Haupttabelle bezieht, werden für den Aufruf von Aktionen im Inforegister *Zeilen* die Schaltflächen *Zeile* bzw. *Funktionen* im Inforegister selbst benutzt.

Hinsichtlich der Tastenkombinationen ist zu beachten, dass sich diese auf das markierte Element beziehen.

Eine neue Zeile wird im Inforegister *Zeilen* auch dadurch angelegt, dass mittels Mausklick oder Pfeiltaste *Pfeil nach unten* in die Zeile unterhalb der letzten bereits erfassten Zeile gewechselt wird. Um eine neue Zeile zwischen zwei bestehende Zeilen einzufügen oder eine bestehende Zeile zu löschen, kann auch die gewünschte Zeile mit der rechten Maustaste markiert und die entsprechende Aktion im Kontextmenü aufgerufen werden.

Um einen Filter innerhalb der Zeilen zu benutzen, öffnen Sie nach dem Markieren einer Zeile den Filterbereich über die Tastenkombination *Umschalt+F3* oder die Schaltfläche *Filter* im Inforegister *Zeilen*. Nach dem Eintragen der gewünschten Filterkriterien und Betätigen der Taste *OK* werden die Filterkriterien in die Zeilen übernommen.

Zusätzlich steht auch der Schnellfilter im Zeilenbereich zur Verfügung. Im Kontextmenü (rechte Maustaste) wählen Sie dazu die Option *Bis zu diesem Wert filtern*, um den Wert eines Zeilenfelds als Filter zu übernehmen.

Um einen Zeilenfilter zu entfernen, klicken Sie auf die Schaltfläche *Filter löschen* im Inforegister *Zeilen*.

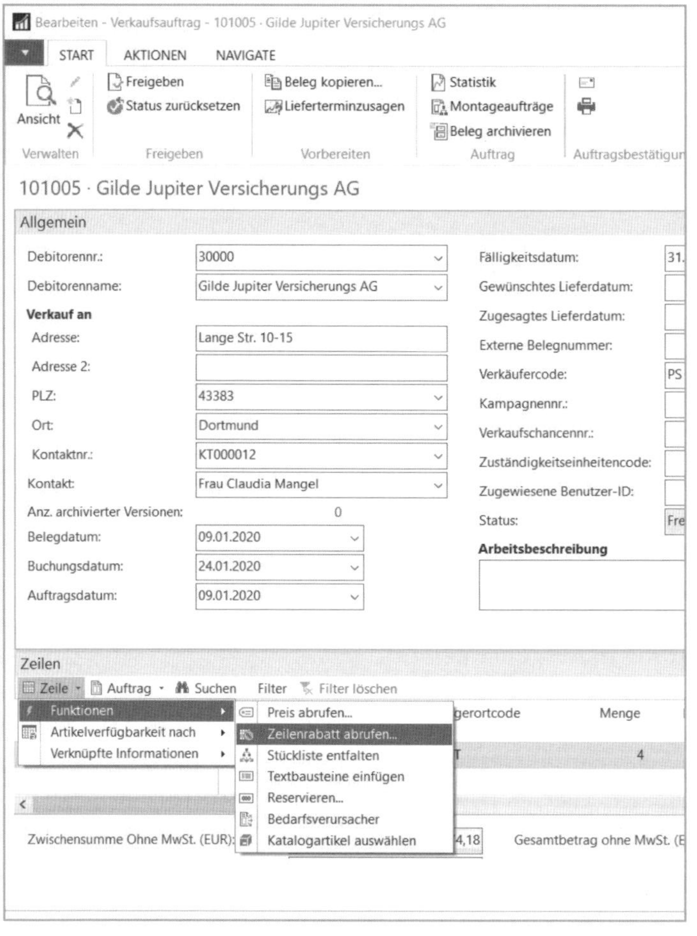

Bild 2.11 Schaltflächen im Inforegister Zeilen

2.2.10.5 Filter, Suche und Sortierung

Listenplätze enthalten häufig eine große Anzahl von Datensätzen. Nachdem im Zuge der täglichen Arbeit aber oft nur ein bestimmter Datensatz – beispielsweise ein Kunde – zur Bearbeitung benötigt wird, ist es erforderlich, rasch den gewünschten Datensatz zu finden. Dazu dienen die Funktionen *Filter*, *Suche* und *Sortierung*.

Zu beachten ist in diesem Zusammenhang der Unterschied zwischen verschiedenen Arten von Filtern:

- **Suche** dient zur Suche einzelner Datensätze nach einem bestimmten Suchbegriff. Es kann manuell zum nächsten oder vorherigen Datensatz, der dem Suchbegriff entspricht, gesprungen werden.
- **Schnellfilter** dient zum Filtern einer Liste nach einem Feld.
- **Erweiterter Filter** dient zum Filtern einer Liste nach mehreren Filterkriterien.
- **Summenberechnung einschränken** dient zum Filtern der Berechnung eines kalkulierten Feldes, beispielsweise zur Eingrenzung des gezeigten Lagerbestands auf einem Lagerort.
- **Referenzsuche** dient in einem Auswahlfeld zur Suche eines Datensatzes aus einer referenzierten Tabelle wie weiter oben beschrieben, beispielsweise zur Auswahl einer Kundennummer in einem Auftrag.

2.2.10.5.1 Die Suche verwenden

Um die Suche zu nutzen, wählen Sie entweder die Tastenkombination *Strg+F* oder auf der Registerkarte *Aktionen* die Schaltfläche *Suchen*.

1. Wählen Sie bei der Option *Zeile suchen mit* die Spalte, in der gesucht werden soll. Wählen Sie hier beispielsweise *Name*.
2. Tragen Sie nun in dem Feld *Übereinstimmung* den gewünschten Suchbegriff, beispielsweise „A/S“ ein.
3. Mit einem Klick auf die Schaltfläche *Weitersuchen* wird der erste, und danach der nächste Datensatz, der dem Suchbegriff entspricht, angesprungen. Mit der Schaltfläche *Vorherige* wird zum jeweils vorherigen Suchergebnis gesprungen.

Bild 2.12 Suchfenster in der Debitorenliste – Suche nach allen Debitoren, deren Name den Begriff „A/S“ beinhaltet

HINWEIS: Die Datensätze auf der Seite werden durch die Betätigung der Suche nicht gefiltert.

Zum Suchen in einer Aufgabenseite wählen Sie die Tastenkombination *STRG+G* oder auf der Registerkarte *Start* die Schaltfläche *Gehe zu*. Die Schaltflächen zur Navigation heißen hier *Weiter* und *Zurück* anstatt *Weitersuchen* und *Vorherige*. ■

2.2.10.5.2 Schnellfilter einsetzen

Um einen Schnellfilter – im Beispiel einen Filter auf das Namensfeld in der Debitorenübersicht (Kundenstamm) – einzusetzen, gehen Sie wie folgt vor:

1. Wählen Sie zur Anzeige der Debitorenübersicht über die Suche den Link *Debitoren* oder – falls vorhanden – die Menüoption *Debitoren* auf der Startseite.
2. Im Auswahlfeld rechts im Filterbereich der Debitorenübersicht treffen Sie die Auswahl *Name*, um auf die Namensspalte zu filtern.
3. Tragen Sie anschließend im Filterfeld die gewünschte Anfangsbuchstabenfolge ein (z. B. „Mö") und aktivieren Sie den Filter über die *Eingabe*-Taste oder das Symbol rechts neben dem Filterfeld. Der Listenbereich zeigt nun diejenigen Debitoren an, deren Name mit der eingetragenen Buchstabenfolge beginnt.

Bild 2.13 Schnellfilter auf Kundennamen „Mö" in der Debitorenübersicht

2.2.10.5.3 Verwendung von Filterkriterien

Beim Filtern nach Anfangszeichenfolge wird die Groß-/Kleinschreibung im Schnellfilter nicht beachtet. Im Schnellfilter kann aber auch ein Filterausdruck mit Platzhaltern wie im erweiterten Filter verwendet werden – beispielsweise „*Mö*" zur Anzeige aller Datensätze, bei denen das gefilterte Feld die Zeichenfolge „Mö" enthält.

Die folgende Tabelle gibt einen Überblick der wesentlichen Filterkriterien, detailliertere Informationen enthält die Dynamics NAV-Hilfe.

Tabelle 2.2 Übersicht der wichtigsten Filterkriterien

Bedeutung	Zeichen	Beispiel	Erklärung
Gleich	=	ROT	Datensätze mit Feldinhalt „ROT“
Ungleich	<>	<>ROT	Feldinhalt nicht gleich „ROT“
Intervall	..	1..2	Feldinhalt „1“ bis „2“ (inklusive)
Größer	>	>1	Feldinhalt größer „1“
Kleiner	<	<2	Feldinhalt kleiner „2“
Oder	|	1|2	Feldinhalt gleich „1“ oder gleich „2“ Hinweis zur deutschen Tastatur: Eingabe des Zeichens „|“ durch gleichzeitiges Betätigen der Tasten (Alt Gr) und (<)
Und	&	>1&<>2	Feldinhalt größer „1“ und ungleich „2“ („2“ wird ausgenommen)
Platzhalter	* ?	*E* ?U*	Feldinhalt enthält „E“ Ein Zeichen beliebig (erste Stelle beliebig, danach ein „U“, danach beliebig)

Konstanten können durch ein einfaches Hochkomma „'“ (Tastenkombination *Umschalt+#* auf deutscher Tastatur) begrenzt werden – z. B. „'ROT'“. Ein Filter auf Datensätze, bei denen ein bestimmtes Feld nicht ausgefüllt ist, wird demnach mit dem Kriterium „=''“ abgebildet. Das Gleichheitszeichen „=“ muss nicht eingetragen werden.

2.2.10.5.4 Filtervariablen

Zusätzlich zu fixen Filterbegriffen, die der Benutzer festlegt, können in NAV 2018 auch Variablen als Filter verwendet werden.

Die folgende Tabelle gibt einen Überblick über die wesentlichen Filtervariablen.

Tabelle 2.3 Übersicht der wichtigsten Filtervariablen

Variable	Erklärung
%Benutzer	Filtert ein Textfeld auf die aktuelle Benutzer-ID
%Jetzt	Filtert ein Datumsfeld auf das Systemdatum des Computers (nicht auf das eingestellte Arbeitsdatum)
%Woche	Filtert ein Datumsfeld auf die aktuelle Woche
%Monat	Filtert ein Datumsfeld auf den aktuellen Monat
%Quartal	Filtert ein Datumsfeld auf das aktuelle Quartal
%Jahr	Filtert ein Datumsfeld auf das aktuelle Jahr
%PeriodeX	Filtert ein Datumsfeld auf eine bestimmte Buchhaltungsperiode; X steht dabei für die Nummer der Periode
%MeineDebitoren	Filtert auf die unter *Meine Debitoren* eingetragenen Debitoren
%MeineKreditoren	Filtert auf die unter *Meine Kreditoren* eingetragenen Kreditoren

Tabelle 2.3 Übersicht der wichtigsten Filtervariablen *(Fortsetzung)*

Variable	Erklärung
%MeineArtikel	Filtert auf die unter *Meine Artikel* eingetragenen Artikel
%Ich	Gleichbedeutend mit %User
%Mandant	Filtert ein Textfeld auf den aktuellen Mandantennamen

2.2.10.5.5 Erweiterte Filter

Um in Fortsetzung der Schritt-für-Schritt-Anleitung zum Schnellfilter einen erweiterten Filter einzusetzen, gehen Sie wie folgt vor:

1. Klicken Sie rechts im Filterbereich auf die Schaltfläche *Aufklappen*, um den erweiterten Filterbereich einzublenden.
2. Wählen Sie neben der Feldbezeichnung in der Filterkriterienzeile zunächst die Tabellenspalte aus, auf die sich das gewünschte Kriterium bezieht – beispielsweise die Spalte *Name*.
3. Tragen Sie anschließend das zutreffende Filterkriterium in der Filterzeile ein – beispielsweise „ *Mö* " zur Anzeige aller Debitoren, die die Zeichenfolge „Mö" im Namen aufweisen.
4. Wenn Sie weitere Filterzeilen hinzufügen wollen, klicken Sie auf die Schaltfläche *Filter hinzufügen* in der nächsten Filterzeile.

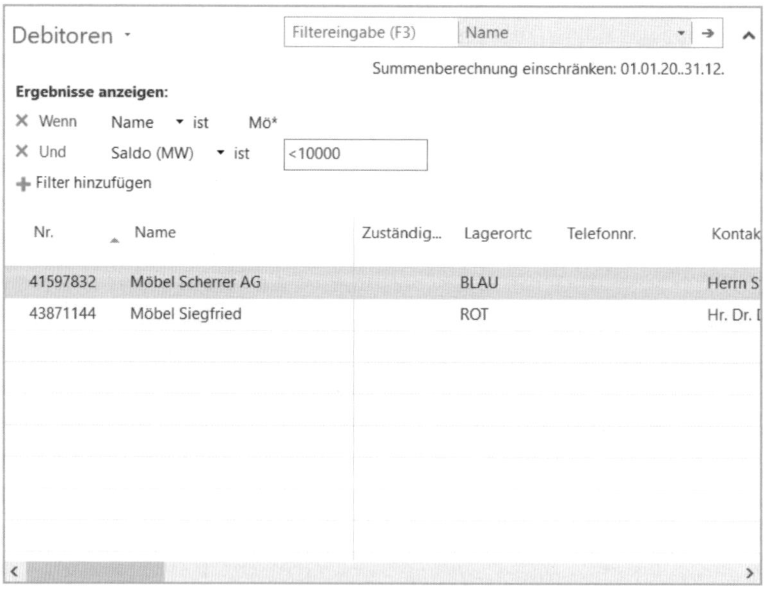

Bild 2.14 Eintragen von Filterkriterien im erweiterten Filter

HINWEIS: Falls die betrachtete Tabelle sehr viele Spalten enthält, werden in der Auswahlliste zunächst nur die Feldnamen der sichtbaren Spalten angezeigt – weitere Feldnamen können Sie über die Auswahl *Alle Spalten* einblenden.

Um hier in einer umfangreichen Auswahl die Markierung rasch zu positionieren, tippen Sie den ersten Buchstaben der gesuchten Feldbezeichnung und wählen das entsprechende Feld anschließend mit den Peiltasten *Pfeil nach unten* und *Pfeil nach oben*.

2.2.10.5.6 Löschen eines Filters

Um den eingetragenen Filter zu löschen, gehen Sie wie folgt vor:

1. Öffnen Sie im Menüband die Registerkarte *Start*.
2. Klicken Sie auf die Auswahl *Filter löschen*, um alle Filterkriterien zurückzusetzen.

HINWEIS: Filterkriterien werden beim Schließen eines Listenplatzes automatisch gelöscht.

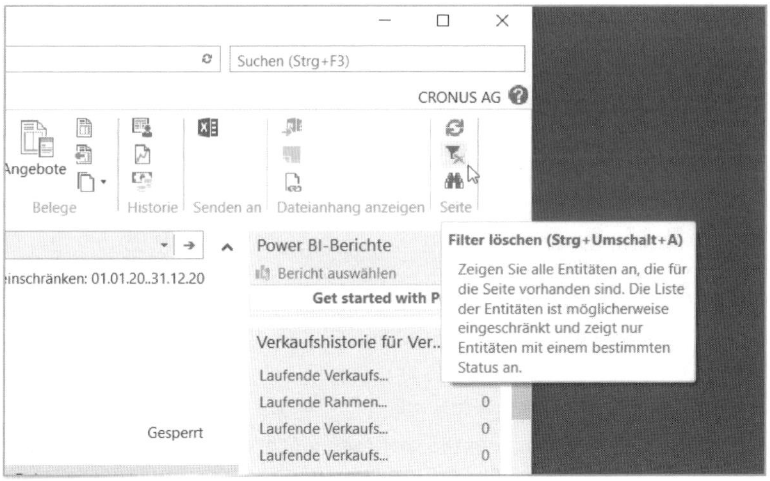

Bild 2.15 Löschen eines Filters

2.2.10.5.7 Einschränken einer Summenberechnung

Um eine Summenberechnung einzuschränken – zum Beispiel einen Datumsfilter zur Saldenberechnung im Kontenplan – gehen Sie wie folgt vor:

1. Wählen Sie zur Anzeige des Kontenplans über die Suche den Link *Kontenplan*.
2. Im Seitentitel-Menü *Kontenplan* des Filterbereichs klicken Sie auf *Summenberechnung einschränken*.

3. Anschließend tragen Sie die benötigte Filterzeile ein (wie zuvor für den erweiterten Filter beschrieben).

Im Beispiel werden durch Eintragung eines Datumsbereichs, der die Summenberechnung auf Posten mit einem Buchungsdatum von 01.01.2020 bis 31.01.2020 einschränkt, Sachkontenbuchungen außerhalb dieses Datumsbereichs in der Bewegungssumme und im Saldo nicht berücksichtigt.

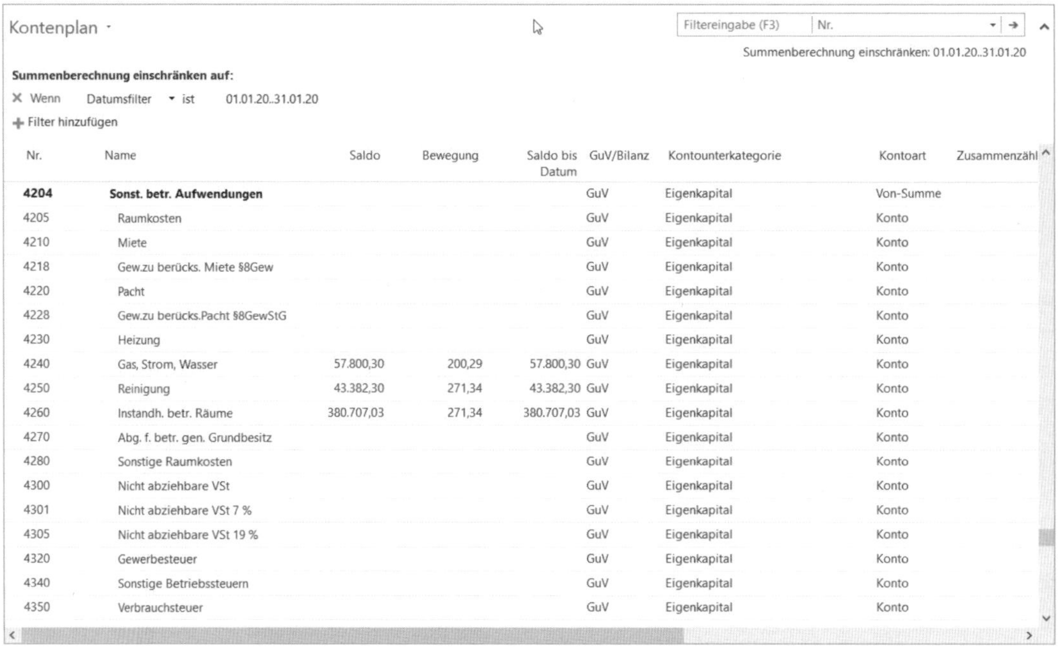

Bild 2.16 Einschränkung der Summenberechnung im Kontenplan

2.2.10.5.8 Listen sortieren

Um in einer Liste die Sortierung zu ändern, wird die Sortierzeile im Filterbereich benutzt. Dazu gehen Sie wie folgt vor:

1. Öffnen Sie die Liste, die Sie gerne sortieren möchten.
2. Klicken Sie auf den Titel der Spalte, nach der Sie sortieren möchten. Falls eine Sortierung der Spalte möglich ist, wird Ihnen in der Spaltenüberschrift durch einen nach oben gerichteten bzw. einen nach unten gerichteten Pfeil die Sortierreihenfolge angezeigt. Durch nochmaliges Klicken auf die Spaltenüberschrift können Sie die Sortierreihenfolge ändern.

HINWEIS: Die Sortierung kann nicht in jeder Spalte geändert werden.

2.2.10.6 Kopieren und Excel-Export

Daten aus Listenplätzen können einfach in andere Anwendungen übernommen werden, indem sie in die Zwischenablage kopiert werden. Dazu werden die gewünschten Zeilen mit der Maus bei gedrückter *Strg*-Taste einzeln oder bereichsweise mit der *Umschalt*-Taste links im Raster zur Auswahl markiert. Wollen Sie alle Zeilen markieren, wählen Sie die Tastenkombination *Strg+A* oder klicken auf das kleine graue Kästchen in der Überschriftenzeile neben dem ganz linken Feld. Über die Tastenkombination *Strg+Umschalt+C* oder das Kontextmenü (rechte Maustaste) werden die Datensätze anschließend kopiert und können in einer anderen Windows-Anwendung, wie z. B. Microsoft Excel, mit dem entsprechenden Einfügen-Befehl bzw. der Tastenkombination *Strg+V* eingefügt werden.

Die Daten der aktuellen Aufgabenseite oder des aktuellen Listenplatzes können aber auch über die Schaltfläche *Drucken und senden* im Applikationsmenü in eine Excel-Arbeitsmappe, eine Word-Datei oder eine E-Mail-Nachricht ausgegeben werden. Die Auswahl der zu exportierenden Datensätze in Listenplätzen erfolgt hierbei nicht durch Markieren von Zeilen, sondern durch Eingabe entsprechender Kriterien im Filterbereich.

2.2.11 Hilfe

Um die Hilfe zum Windows-Client aufzurufen, stehen im Applikationsmenü mehrere Möglichkeiten zur Verfügung:

- **Microsoft Dynamics NAV-Hilfe** öffnet die klassische Hilfe und NAV 2018. Hier können Sie nach bestimmten Aufgaben, Pages oder Funktionen suchen.
- **Info zu dieser Seite** zeigt Ihnen zur aktuell am Bildschirm angezeigten Seite weitere Hintergrundinformationen an.
- **Info zu Microsoft Dynamics NAV** zeigt Ihnen Lizenz-, Datenschutz- und Nutzungsinformationen zu NAV 2018 an.

2.3 Nutzung der Berichtsfunktionen

Berichte dienen zur Ausgabe von Daten in einer Form, die eine spätere Betrachtung unabhängig von Dynamics NAV möglich macht. Zu diesen Ausgabeformen zählen einerseits der Papierausdruck und andererseits die elektronische Ausgabe als Excel-, Word- oder PDF-Datei. Aufgrund ihrer Verwendung können Berichtsausgaben in zwei unterschiedliche Kategorien gegliedert werden:

- **Belege** – wie Lieferscheine und Rechnungen, die gesetzlichen und anderen verbindlichen Vorschriften unterliegen und auf unveränderlichen Buchungen basieren.
- **Auswertungen** – für Analysezwecke und interne Listen als Arbeitsunterlage.

Stapelverarbeitungen haben mit Berichtsabrufen gemein, dass eine größere Anzahl von Datensätzen verarbeitet wird. Das Ziel einer Stapelverarbeitung ist jedoch keine Druckausgabe, sondern eine Aktualisierung in der Datenbank – beispielsweise die Buchung von Wertdifferenzen durch die periodische Lagerregulierung.

In vielen Fällen ist allerdings eine Kombination von Stapelverarbeitung und Bericht realisiert, um parallel zu Buchungen und Datensatzaktualisierung auch einen Ausdruck für Protokoll- und Analysezwecke zu erhalten.

2.3.1 Grundkonzept der Berichtsausgabe

Im Zuge der Berichtserstellung werden programmintern immer zwei unterschiedliche Aufgaben verarbeitet:

- Die Ermittlung der benötigten Daten
- Die Ausgabe dieser Daten im definierten Layout

Aus diesem Grund wurde die Berichtserstellung in den Berichtsfunktionen systemintern aufgeteilt:

- Der Datenabruf und die Berechtigungsprüfung erfolgen im Dynamics NAV-Kernsystem.
- Die Datenausgabe erfolgt mithilfe der SQL Reporting Services.

Durch die Nutzung der Funktionalität der SQL Reporting Services stehen die darin enthaltenen, umfangreichen Präsentationsmöglichkeiten wie Sortiermöglichkeiten, Grafiken und Excel-/Word-/PDF-Ausgabe im Bericht zur Verfügung.

2.3.2 Berichtsdialog und Druckausgabe

Der Aufruf eines Berichts in Dynamics NAV kann an unterschiedlichen Stellen erfolgen:

- Über die Registerkarte *Bericht* im Menüband von Rollencentern, Listenplätzen und Aufgabenseiten
- Über die Links der Kategorie *Berichte und Analysen* im Menü *Abteilungen*
- Über das Applikationsmenü mit dem Untermenübefehl *Drucken und senden/Seite drucken* in Listenplätzen und Aufgabenseiten (Druckausgabe der gezeigten Daten analog zum Excel-Export)
- Über die Suche

2.3.2.1 Druckausgabe

Um einen Bericht – im Beispiel die „Debitor – Top 10 Liste“ – abzurufen, gehen Sie wie folgt vor:

1. Wählen Sie zum Ausdruck der „Debitor – Top 10 Liste“ über die Suche den Link *Debitor – Top 10 Liste.*
2. Nach Aufruf des Berichts wird der Berichtsdialog angezeigt, der einen Filterbereich und einen Optionenbereich enthält.
3. Im Optionenbereich wählen Sie die gewünschten Einstellungen – beispielsweise „15“ im Feld *Menge,* um die Top 15-Kunden zu drucken.

HINWEIS: Der Bereich *Optionen* im Berichtsdialog ist abhängig vom jeweiligen Bericht. Je nach möglichen Berichtseinstellungen werden unterschiedliche Optionen angezeigt – beispielsweise das schon erwähnte Feld *Menge* oder die Diagrammart. In Berichten ohne Auswahlmöglichkeit zur Darstellung entfällt der Optionenbereich.

4. Im Filterbereich können Sie einen Filter festlegen – beispielsweise, um nur Kunden einer bestimmten Region im Bericht zu berücksichtigen. Die Filtereintragung erfolgt analog zur Eintragung eines erweiterten Filters in Listenplätzen.
5. Über die Schaltfläche *Drucken* wählen Sie die Ausgabe auf einen Drucker oder direkt in ein PDF-, Word- oder Excel-Format. Alternativ können Sie über die Schaltfläche *Vorschau* eine Seitenansicht wählen.

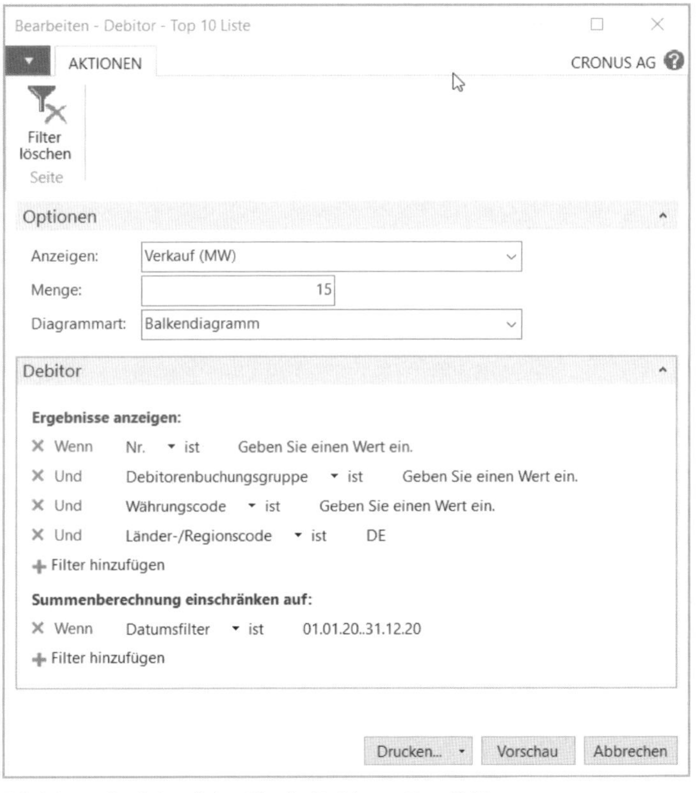

Bild 2.17 Berichtsdialog für die Debitor – Top 10 Liste

2.3.3 Filter und Sortierung

Im Filterbereich sind ein oder mehrere Inforegister zur Eintragung eines Filters für die Berichtsausgabe enthalten – beispielsweise um eine Kundenliste auf ein bestimmtes Gebiet einzugrenzen. Jedes Inforegister im Filterbereich entspricht einer Tabelle, die im Bericht ausgegeben wird. Der jeweilige Tabellenname wird hierbei im Registernamen angezeigt. In den Filterzeilen kann auf die Felder der jeweiligen Tabelle gefiltert werden, die Eintragung der Filterkriterien erfolgt wie beim erweiterten Filtern in Listenplätzen.

In vielen Berichten kann auch eine Sortierreihenfolge angegeben werden. Je nach Bericht erfolgt die Eintragung des Sortierkriteriums im Filterbereich des Berichtsdialogs oder – unter Nutzung der Funktionen der SQL Reporting Services – erst im Vorschaufenster.

2.3.4 Druckerauswahl und Formen der Berichtsausgabe

Nach dem Festlegen von Optionen und Filter wird die direkte Druckausgabe über die Schaltfläche *Drucken* abgerufen, die das Windows-Standardfenster zur Druckerauswahl öffnet. Für die Druckausgabe wird vom System normalerweise der unter Windows festgelegte Standarddrucker vorgeschlagen. Um den Druckervorschlag für einen Anwender und einen bestimmten Bericht zu ändern, kann eine entsprechende Einstellung in den Druckerauswahloptionen hinterlegt werden.

Anstelle der direkten Druckausgabe lässt sich über die Schaltfläche *Vorschau* im Berichtsdialog eine Seitenansicht für Analysezwecke und zur Überprüfung des Ergebnisses aufrufen.

Neben der Vorschau selbst bietet die Seitenansicht eine Reihe von Funktionen, die über die Menüleiste aufgerufen werden:

- Blätterfunktion und direkter Wechsel zu einer bestimmten Seitennummer bei mehrseitigen Berichten.
- Druckausgabe über die entsprechende Schaltfläche.
- Vorschau des Drucklayouts und Ändern der Seiteneinrichtung.
- Speichern der Berichtsausgabe als PDF-, Word- oder Excel-Datei.
- Ändern des Zoomfaktors.
- Suche einer Zeichenfolge im Bericht (die Schaltflächen *Suchen* und *Nächster* werden nach dem Eintragen des Suchtexts aktiv).

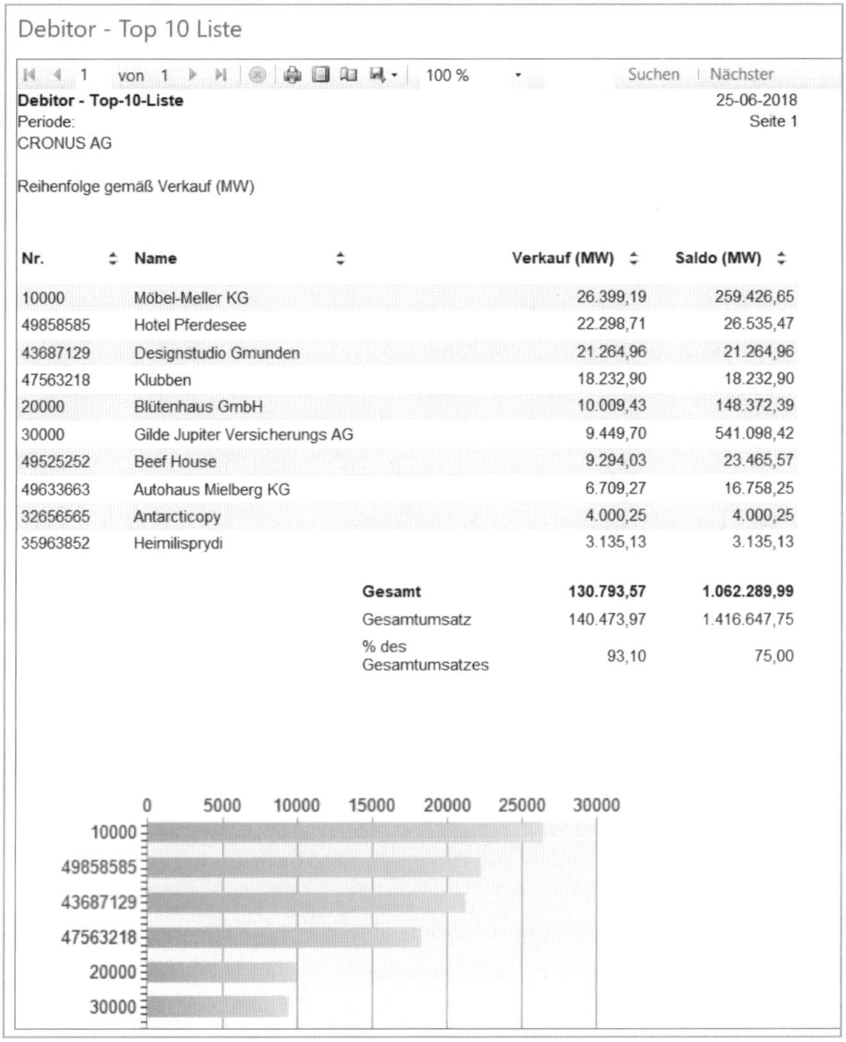
Debitor - Top 10 Liste

1 von 1 100 % Suchen | Nächster

Debitor - Top-10-Liste 25-06-2018
Periode: Seite 1
CRONUS AG

Reihenfolge gemäß Verkauf (MW)

Nr.	Name	Verkauf (MW)	Saldo (MW)
10000	Möbel-Meller KG	26.399,19	259.426,65
49858585	Hotel Pferdesee	22.298,71	26.535,47
43687129	Designstudio Gmunden	21.264,96	21.264,96
47563218	Klubben	18.232,90	18.232,90
20000	Blütenhaus GmbH	10.009,43	148.372,39
30000	Gilde Jupiter Versicherungs AG	9.449,70	541.098,42
49525252	Beef House	9.294,03	23.465,57
49633663	Autohaus Mielberg KG	6.709,27	16.758,25
32656565	Antarcticopy	4.000,25	4.000,25
35963852	Heimilisprydi	3.135,13	3.135,13
	Gesamt	**130.793,57**	**1.062.289,99**
	Gesamtumsatz	140.473,97	1.416.647,75
	% des Gesamtumsatzes	93,10	75,00

Bild 2.18 Vorschau der Debitor – Top 10 Liste

HINWEIS: Bei manchen Belegen sind die Druckausgabe und das Speichern nicht in der Seitenansicht verfügbar. Dies liegt beispielsweise daran, dass solche Belege die Anzahl der Ausdrucke über einen Drucker speichern und die Vorschau nicht als Ausdruck gezählt wird.

2.3.5 Stapelverarbeitung

Stapelverarbeitungen dienen zur Durchführung periodischer Aktivitäten, die eine größere Anzahl von Daten verarbeiten – beispielsweise die Lagerregulierung im Zuge des Monatsabschlusses.

Nach Aufruf der entsprechenden Menüoption wird für die Stapelverarbeitung ein Berichtsdialog gezeigt, der mit Optionsbereich und Filterbereich dem Berichtsdialog für den Berichtsabruf gleicht. Anstelle der Schaltflächen *Drucken* und *Vorschau* wird jedoch die Schaltfläche *OK* angezeigt, über die die Stapelverarbeitung gestartet wird.

Stapelverarbeitungen werden online ausgeführt, das Ergebnis steht daher sofort nach Ende des Abrufs zur Verfügung. Umgekehrt ist es daher aber ratsam, rechenintensive Verarbeitungen nicht in Zeiten hoher Serverbelastung zu starten.

2.4 Konfiguration des Windows-Clients

Die einfache Art und Weise, in der die Benutzeroberfläche an die Bedürfnisse der Benutzer und Benutzergruppen angepasst werden kann, ist einer der wesentlichen Vorteile von Dynamics NAV 2018. In den meisten Fällen lässt sich auf eine Programmierung verzichten und die benötigten Änderungen können durch einfache Konfiguration vom jeweiligen Benutzer oder Bereichsverantwortlichen selbst durchgeführt werden.

Im Rahmen der Konfiguration können beispielsweise folgende Änderungen individuell durchgeführt werden:

- Auswahl der Anzeige von Spalten und Feldern
- Anpassen der Menüs im Navigationsbereich
- Hinzufügen und Entfernen von Schaltflächen im Menüband

Um die Konfiguration der Oberfläche effizient zu gestalten, sollte vor Beginn der Durchführung von Anpassungen ein durchgehendes Konzept erstellt und umgesetzt werden.

2.4.1 Konzepte zur Konfiguration

Ausgangspunkt für das Konzept zur Konfiguration des Windows-Clients ist die Anforderung von Unternehmen, die Oberfläche von Anwendungen möglichst einfach an die Anforderungen der einzelnen Arbeitsplätze (Benutzerrollen) anpassen zu können. Dynamics NAV 2018 ist hier über die Möglichkeit zur individuellen Einrichtung der Oberfläche – die jeder Benutzer selbst vornehmen kann – hinausgegangen, indem eine zusätzliche Konfigurationsebene für Benutzerrollen implementiert worden ist.

Für die Anpassung der Oberfläche des Windows-Clients kann somit das folgende Ebenenmodell herangezogen werden:

Tabelle 2.4 Möglichkeiten zur Anpassung der Benutzeroberfläche

Bezeichnung	Ebene	Durchführender	Erklärung
Personalisierung	Benutzer	Endbenutzer	Individuelle Anpassung von programmtechnisch vorhandenen Anzeigeelementen
Konfiguration	Benutzerrolle	Bereichsverantwortlicher	Anpassung von programmtechnisch vorhandenen Anzeigeelementen auf Ebene von Benutzerrollen
Modifikation	System	Programmierung	Umfangreichere Änderungen wie neue Elemente oder neue Rollencenter

Personalisierung und Konfiguration unterscheiden sich von der Modifikation dadurch, dass nur programmtechnisch bereits vorhandene Elemente ein- und ausgeblendet werden können – also Elemente, die systemseitig im jeweiligen Fenster für die Anzeige zur Verfügung gestellt worden sind.

Im Zuge der Konfiguration werden in der Personalisierungs- und Konfigurationsebene nur die Einstellungen gespeichert, die eine Änderung im Vergleich zur programmtechnischen Standardkonfiguration darstellen. Hierbei setzt die Personalisierungsebene auf der Konfigurationsebene auf und enthält nur die Abweichungen der Personalisierung von der Konfiguration. Die tatsächliche Darstellung an der Oberfläche ergibt sich für einen Benutzer daher aus den Änderungen, die für seine Rolle konfiguriert sind, und darauf aufsetzend aus seinen individuellen Anpassungen.

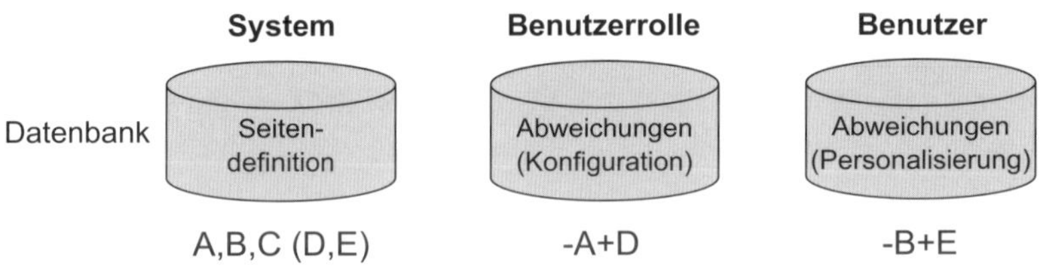

Bild 2.19 Zusammenhänge bei der Konfiguration der Benutzeroberfläche

Einstellungen auf Ebene von Benutzer und Benutzerrolle werden in der Datenbank gespeichert und sind damit unabhängig vom Client-PC verfügbar. Eine Ausnahme davon bildet die Fensterpositionierung, die von Bedingungen am einzelnen Client – etwa der Bildschirmgröße – abhängt und auf dem Client gespeichert wird.

Die Benutzerrolle eines Anwenders wird über die Profilzuordnung der Benutzeranpassung definiert. Die Profilzuordnung bestimmt einerseits, welche Anpassungen der Benutzeroberfläche auf der rollenspezifischen Konfigurationsebene für einen Anwender zum Tragen kommen, andererseits wird über die Profilzuordnung auch das Rollencenter auf der Startseite des Benutzers bestimmt.

Für alle Benutzer ohne explizite Profilzuordnung ist ein Profil in der Profilverwaltung als Standardprofil gekennzeichnet. Dieses wird von Dynamics NAV für die betroffenen Benutzer als Benutzerrolle herangezogen.

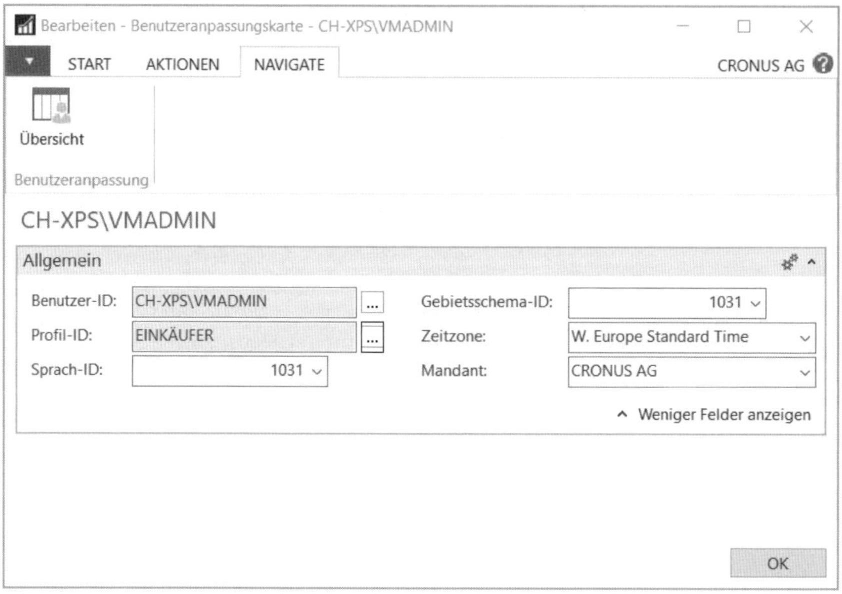

Bild 2.20 Definition der Benutzerrolle durch Auswahl des Profils

Das Verfahren zur Anpassung der Benutzeroberfläche, das weiter unten beschrieben wird, ist für Anpassungen auf Konfigurations- und Personalisierungsebene gleich.

Das Vorgehen zur rollenspezifischen Konfiguration unterscheidet sich von der Personalisierung aber dadurch, dass der Windows-Client zur Konfiguration im Konfigurationsmodus gestartet werden muss. Als Voraussetzung hierfür muss zuvor in der Profilverwaltung eine entsprechende Besitzer-ID für das zu konfigurierende Profil eingetragen sein.

Der Konfigurationsmodus wird geöffnet, indem der Clientaufruf mit den folgenden Parametern ausgeführt wird:

-configure -profile:<profileID> (dabei ist *profileID* die jeweilige Profil-ID, z. B. „VERTEILER“)

Wird der Konfigurationsmodus häufig benötigt, kann eine eigene Programmverknüpfung für den Konfigurationsmodus am Desktop des Clientrechners erstellt werden. Am einfachsten erfolgt dies durch Kopieren der Originalverknüpfung zum Windows-Client, wobei in der Kopie die benötigten Parameter ergänzt werden.

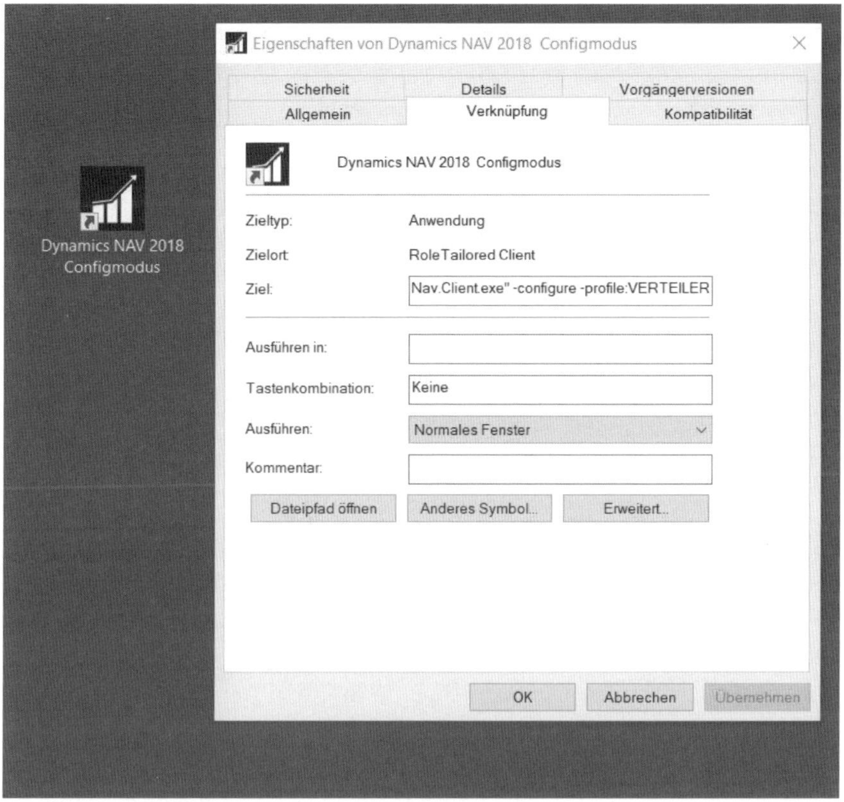

Bild 2.21 Clientverknüpfung zum Konfigurationsmodus

2.4.2 Vorgehensmodell zur Implementierung

Das Konzept des Windows-Clients kann die Einführung von Dynamics NAV stark vereinfachen, indem sehr rasch eine Benutzeroberfläche zur Verfügung gestellt werden kann, die an die Bedürfnisse der unterschiedlichen Benutzerrollen angepasst ist.

Um dies zu erreichen, darf nicht jeder Benutzer die Personalisierung seiner Oberfläche von Grund auf selbst gestalten. Sinnvoll ist es vielmehr, Benutzer aufgrund des jeweiligen Aufgabengebiets zu Benutzerrollen zusammenzufassen und auf dieser Ebene eine Konfiguration durchzuführen. In diesem Fall müssen einzelne Benutzer nur die für sie speziell zutreffenden Ausnahmen anpassen.

Innerhalb von Dynamics NAV sind dazu zwei Schritte erforderlich:

- Zuordnen von Benutzern zu Benutzerprofilen
- Anpassen des Navigationsbereichs an das Aufgabengebiet über die rollenspezifische Konfiguration

Je nach Anforderungen und geplantem Aufwand können zusätzliche Schritte für eine weitergehende Konfiguration durchgeführt werden.

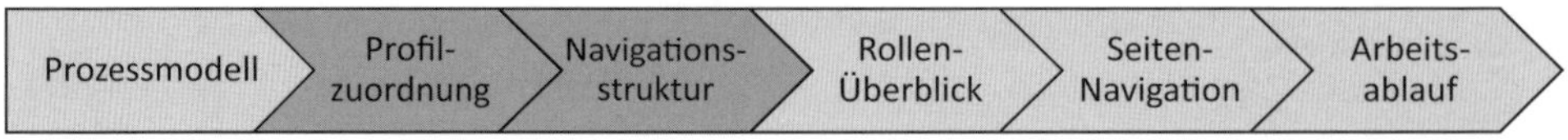

Bild 2.22 Vorgehensschritte zur Konfiguration des Windows-Clients

Das Vorgehensmodell enthält hier die folgenden Schritte.

- **Prozessmodell:** Ein Prozessmodell, das die Verantwortlichkeiten enthält, ist Basis für eine geeignete Gliederung der Benutzergruppen (Rollen) und die Konfiguration der Oberfläche.
- **Profilzuordnung:** Im einfachsten Fall werden die Benutzer nach den im Standard enthaltenen Basisrollen gruppiert und dem entsprechenden Profil zugeordnet. Feinere Gliederungen können über zusätzliche Profile realisiert werden.
- **Navigationsstruktur:** Das Anpassen des rollenspezifischen Navigationsbereichs durch Entfernen nicht benötigter und Hinzufügen häufig benötigter Listenplätze ermöglicht eine einfache Navigation.
- **Rollen-Überblick:** Eine entsprechende Gestaltung des Rollencenters gibt dem Benutzer einen guten Überblick des Status der für ihn wesentlichen Bereiche und bietet einen direkten Zugriff auf die entsprechenden Listenplätze.
- **Seiten-Navigation:** In Listenplätzen und Aufgabenseiten können durch zweckentsprechend gestaltete Infoboxen und eine geeignete Anordnung von Feldern, Spalten und Inforegistern die erforderlichen Navigationsschritte verringert werden.
- **Arbeitsablauf:** Eine entsprechende Anordnung der Schaltflächen im Menüband zeigt dem Benutzer den typischen Ablauf seiner Arbeitsschritte.

Die zentrale Aufgabe im Rahmen der Konfiguration besteht in der Zuordnung der Benutzer zum jeweils passenden Profil und in der Konfiguration der Startseite für die einzelnen Profile. Die übrigen Schritte können je nach Anforderung auch in einer späteren Optimierungsphase durchgeführt werden oder gänzlich entfallen.

2.4.3 Anpassen des Navigationsbereichs

Der Windows-Client bietet umfangreiche Möglichkeiten zur individuellen Gestaltung des Navigationsbereichs. Im Rahmen der Konfiguration können folgende Änderungen erfolgen:

- Hinzufügen und Entfernen von Menüschaltflächen
- Änderung der Reihenfolge von Menüoptionen
- Hinzufügen und Entfernen von Menüoptionen

2.4.3.1 Anpassungsmöglichkeiten

Um den Navigationsbereich anzupassen, wird im Applikationsmenü der Untermenübefehl *Anpassen/Navigationsbereich anpassen* aufgerufen. Alternativ kann der Aufruf auch über ein Symbol unten im Navigationsbereich erfolgen.

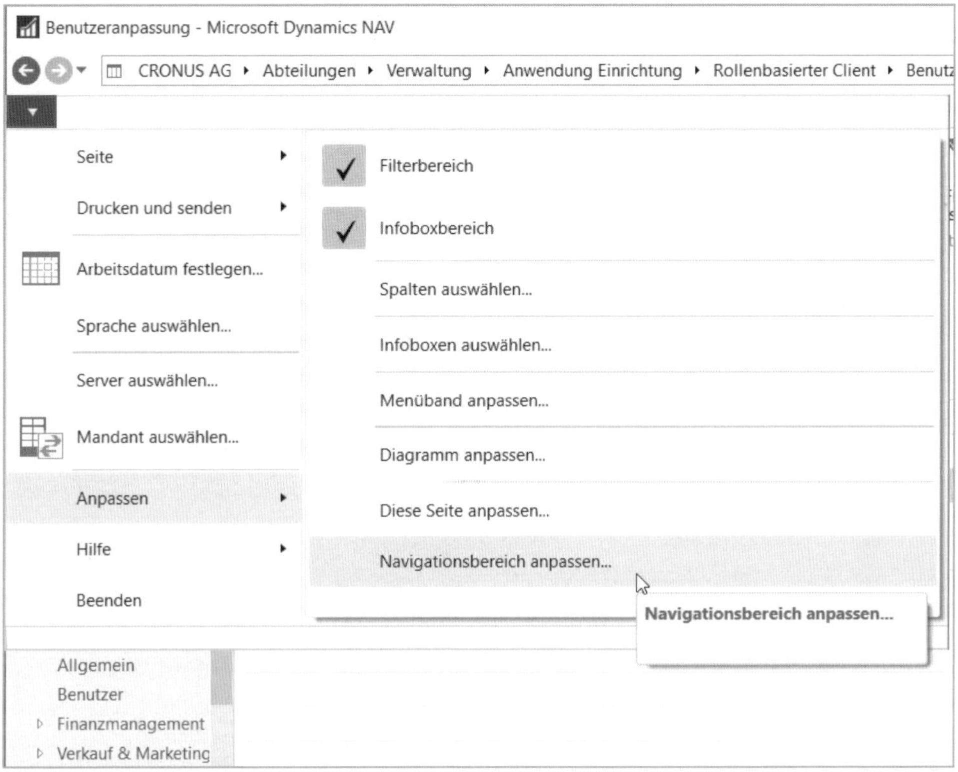

Bild 2.23 Aufruf der Konfiguration des Navigationsbereichs

Das Dialogfeld zum Anpassen des Navigationsbereichs bietet dann über entsprechende Schaltflächen die Möglichkeit zum Hinzufügen, Umbenennen, Verschieben und Löschen von Menüschaltflächen. Nach Auswahl einer Menüschaltfläche im linken Teil des Dialogfelds können im rechten Teil des Dialogfelds (Bereich *Listen*) die zugehörigen Menüoptionen hinzugefügt, umbenannt, verschoben und gelöscht werden. Für das Hinzufügen von Menüoptionen stehen die Links des Menüs *Abteilungen* zur Verfügung.

HINWEIS: Das Menü *Abteilungen* und der Zugriff auf das Rollencenter auf der Startseite können nicht geändert werden, da diese die Basis für die Navigation darstellen.

Um den Navigationsbereich anzupassen – beispielsweise zum Entfernen der Menüoption *Geb. Verkaufsgutschriften* aus dem Menü *Gebuchte Belege* – gehen Sie wie folgt vor:

1. Rufen Sie im Applikationsmenü den Untermenübefehl *Anpassen/Navigationsbereich anpassen* auf, um das Dialogfeld zur Verwaltung des Navigationsbereichs zu öffnen.
2. Markieren Sie im linken Teil des Dialogfelds das entsprechende Menü – zum Beispiel *Gebuchte Belege*.

HINWEIS: Über die Schaltfläche *Neu* in der Mitte des Dialogfelds können Sie zusätzliche Menüs individuell oder – im Konfigurationsmodus – auf Ebene von Benutzergruppen erstellen.

3. Im rechten Teil des Dialogfelds werden die Menüoptionen zum gewählten Menü angezeigt. Über die Schaltfläche *Hinzufügen* können Sie Menüoptionen hinzufügen. Das im Beispiel geforderte Entfernen erfolgt über die Schaltfläche *Löschen* nach dem Markieren der jeweiligen Menüoption.
4. Zum Aktivieren der Änderung klicken Sie auf die Schaltfläche *OK*. Je nach Änderung wird in einem Dialogfeld ein Neustart des Windows-Clients zur Übernahme der Änderung vorgeschlagen.

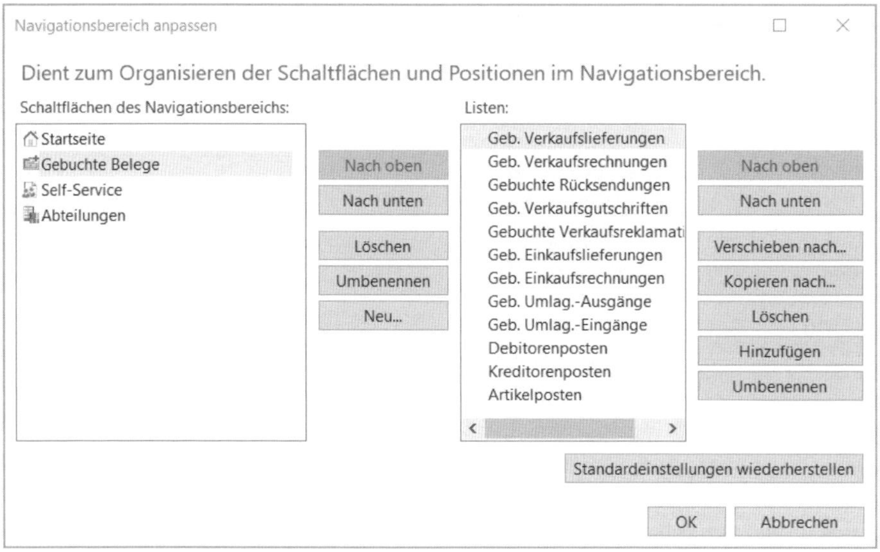

Bild 2.24 Anpassen des Navigationsbereichs

2.4.4 Anpassen von Seiten

Im Zuge der Konfiguration von Seiten kann das Rollencenter, jeder Listenplatz und jede Aufgabenseite auf die individuellen Bedürfnisse hin angepasst werden. Hierbei stehen folgende Möglichkeiten zur Verfügung:

- Anpassen der Bereiche im Rollencenter
- Anpassen des Menübands
- Anpassen des Infoboxbereichs
- Erweiterung und Reduzierung des Menübands, Filterbereichs, Infoboxbereichs und von Diagrammen
- Anpassen der Anzeige von Feldern, Spalten und Inforegistern

Wie die Konfiguration der Navigationsleiste wird auch die Konfiguration von Seiten über das Untermenü *Anpassen* im Applikationsmenü gestartet. Der Befehl *Anpassen/Diese Seite anpassen* stellt hierbei den allgemeinen Konfigurationsaufruf für die jeweilige Seite dar. Befehle wie *Anpassen/Spalten auswählen* erlauben aber auch einen direkten Zugriff auf die Konfiguration einzelner Elemente.

Das Anpassen des Menübands erfolgt über den Untermenübefehl *Anpassen/Menüband anpassen* im Applikationsmenü.

Welche Elemente innerhalb einer Infobox oder in den einzelnen Bereichen des Rollencenters angezeigt werden, wird ebenfalls über das Applikationsmenü und über *Anpassen/Infoboxen auswählen* gesteuert. Des Weiteren kann auch der gesamte Infoboxbereich ein- und ausgeblendet werden. Dazu kann die Funktion *Anpassen/Infoboxbereich* im Applikationsmenü verwendet werden.

HINWEIS: Eine Sonderfunktion bietet die Schaltfläche *Fixierung hinzufügen* bei der Konfiguration der Spalten zu Listenplätzen. Diese ermöglicht – wie auch aus Microsoft Excel bekannt – eine geteilte Anzeige des Listenbereichs, bei der die gewählten Spalten beim Ausführen eines seitlichen Bildlaufs sichtbar bleiben.

2.4.4.1 Bereiche ein-/ausblenden

Um Bereiche einer Seite ein- und auszublenden – beispielsweise den Infoboxbereich in der Debitorenübersicht – gehen Sie wie folgt vor:

1. Öffnen Sie den gewünschten Listenplatz – die Debitorenübersicht beispielsweise über die Suche und Debitoren.
2. Klicken Sie auf die Schaltfläche *Anpassen/Infoboxbereich*, um den Infoboxbereich abwechselnd ein- und auszublenden.

2.4.4.2 Anpassen des Menübands

Um einen Listenplatz individuell anzupassen – beispielsweise zum Entfernen einer Schaltfläche in der Debitorenübersicht – gehen Sie wie folgt vor:

1. Öffnen Sie den gewünschten Listenplatz – beispielsweise die Debitorenübersicht über die Suche und Debitoren.
2. Rufen Sie das Applikationsmenü und den Untermenübefehl *Anpassen/Menüband anpassen* auf, um das Dialogfeld für die Konfiguration der Seite zu öffnen.
3. Anschließend wählen Sie im Menüband die Gruppe aus, die Sie ändern möchten – beispielsweise die Gruppe *Start/Neuer Beleg*.
4. Im Bereich *Aktionen in dieser Reihenfolge anzeigen* markieren Sie die Schaltfläche, die im Menüband ausgeblendet werden soll – beispielsweise die Schaltfläche *Start/Neuer Beleg/Mahnung*.
5. Nach Betätigen der Schaltfläche *Löschen* wird die Schaltfläche aus dem rechten Teil des Dialogfelds entfernt.
6. Klicken Sie auf die Schaltfläche *OK*, um die Änderungen zu aktivieren.

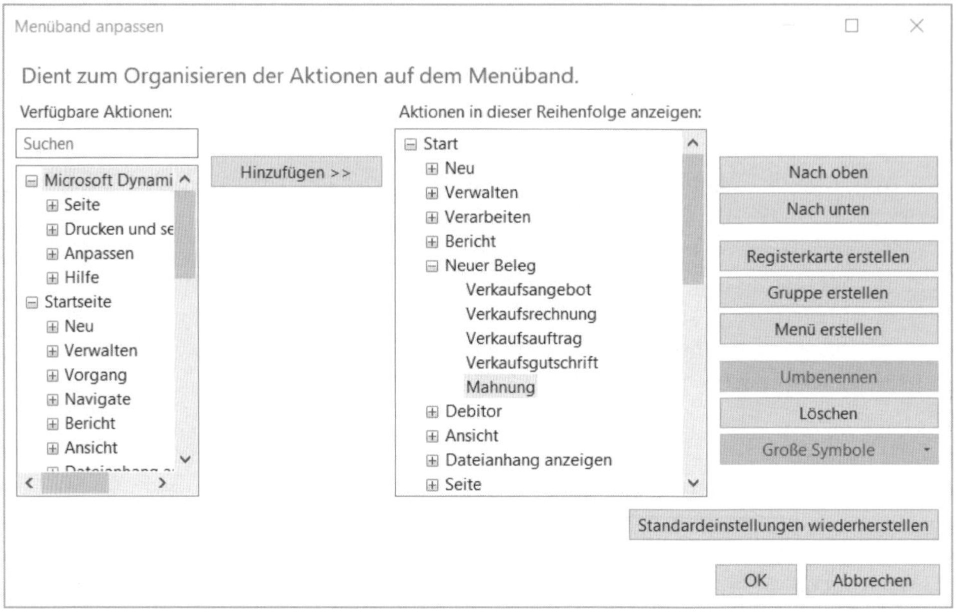

Bild 2.25 Dialogfeld zur Anpassung von Seiten

HINWEIS: Bei der Konfiguration der Schaltflächen im Menüband ist zu berücksichtigen, dass im Menüband nur Schaltflächen enthalten sein können, die auch als verfügbare Schaltflächen vorhanden sind.

Wenn daher im Menüband eine komplett neue Funktion eingefügt werden soll, muss sie zuvor – falls nicht bereits vorhanden – über die Programmierumgebung angelegt werden.

2.4.5 Anpassen von Aufgabenseiten

Eine Besonderheit stellt die Konfiguration der Anzeige von Inforegistern und Feldern in Aufgabenseiten dar. Um Inforegister und Felder zu konfigurieren, gehen Sie wie folgt vor:

1. Rufen Sie im Applikationsmenü den Untermenübefehl *Anpassen/Diese Seite anpassen* auf, um das Dialogfeld für die Konfiguration der Seite zu öffnen.
2. Im linken Teil des Dialogfelds wählen Sie die Kategorie *Inforegister*.
3. Im Bereich *Inforegister in dieser Reihenfolge anzeigen* wählen Sie das gewünschte Register aus und wählen danach die Schaltfläche *Inforegister anpassen*.

In der Konfiguration der Feldanzeige wird dann über die Schaltfläche *Wichtigkeit* gesteuert, wie ein Feld angezeigt werden soll:

- **Heraufgestuft** – direkt am Reiter des Inforegisters
- **Standard** – normal im Fenster
- **Zusätzlich** – nach Betätigen der Schaltfläche *Mehr Felder anzeigen* im Inforegister

HINWEIS: Zusätzlich können Sie hier definieren, welche Felder als Schnelleingabefelder fungieren. Betätigt der Benutzer beim Arbeiten mit Datensätzen die *Tab*-Taste wird das jeweils nächste Schnelleingabefeld fokussiert und alle dazwischenliegenden Felder übersprungen.

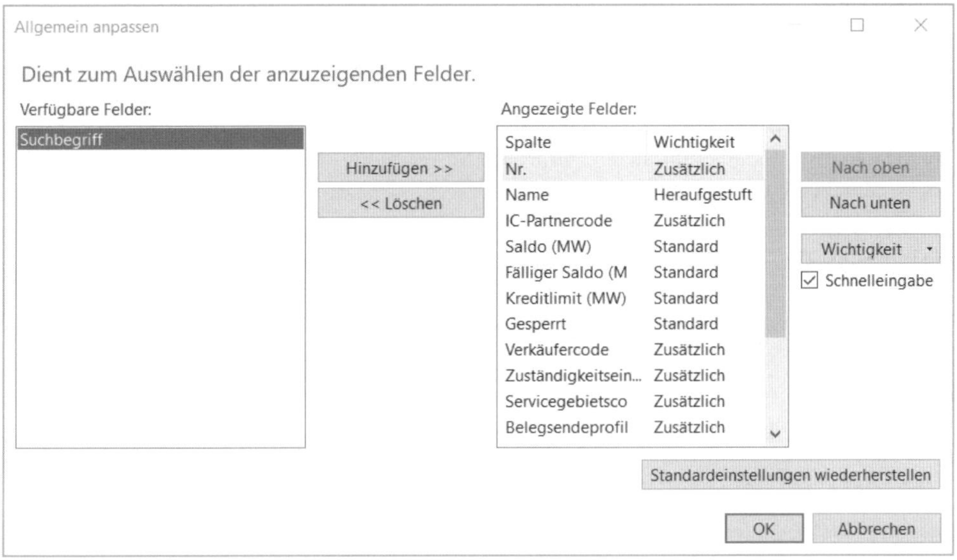

Bild 2.26 Dialogfeld zur Anpassung von Feldern auf Aufgabenseiten

2.5 Webclient und Universal App

Während der Windows-Client den Hauptclient von Dynamics NAV darstellt, stellt Microsoft zusätzlich den Webclient bzw. die Universal App zur Verfügung.

Die Universal App ist eine App, die aus dem jeweiligen App Store geladen und am Endgerät (Tablet oder Smartphone) installiert wird.

Die beiden Zugriffsvarianten ähneln sich in den Möglichkeiten sehr stark.

Die Verwendung des Webclients bzw. der Universal App eignet sich besonders für Benutzer, auf die Folgendes zutrifft:

- Der Benutzer verwendet nicht Windows als Betriebssystem.
- Der Benutzer verwendet nur wenige, eingeschränkte Funktionen in Dynamics NAV.
- Der Benutzer verwendet keinen PC und daher auch kein Windows-Betriebssystem.

2.5.1 Grundlagen zum Webclient

Im Unterschied zum Windows-Client ist keine Installation einer Clientsoftware notwendig. Es muss lediglich ein Internetbrowser mit der korrekten URL aufgerufen werden.

HINWEIS: Die Darstellung kann variieren, je nachdem welcher Browser im Einsatz ist.

Für die Anmeldung wird standardmäßig die Windows-Anmeldung weitergegeben. Ist der aktuelle Windows-Benutzer nicht in Dynamics NAV angelegt oder wird ein anderer Browser benutzt, kann man sich mittels der Funktion *Abmelden und Neu anmelden* mit den gültigen Logindaten zu Dynamics NAV verbinden.

Nach erfolgreicher Anmeldung erscheint das Rollencenter am Bildschirm. Welches Rollencenter angezeigt wird, ist im Windows-Client festgelegt. Es wird entweder das beim Benutzer hinterlegte Rollencenter oder, wenn kein Rollencenter beim Benutzer hinterlegt ist, das Standardrollencenter angezeigt

2.5.2 Systembedienung im Vergleich zum Windows-Client

Durch die Tatsache, dass man sich innerhalb eines Webbrowsers befindet, unterscheidet sich die Systembedienung in einigen Punkten zur Bedienung innerhalb des Windows-Clients.

Die wichtigsten Unterschiede werden nun erläutert.

2.5.2.1 Navigationsmöglichkeiten

Wie bei Webbrowsern üblich, erfolgt die Navigation fast ausschließlich über die Maus. Die folgenden Punkte weichen auch im Wesentlichen von der Bedienung des Windows-Clients ab.

- **Funktionstasten (Shortcuts):** Für Menüpunktaufrufe im Webclient nicht verfügbar. Die Menüpunkte müssen mittels Maus bedient werden.
- **Kontextmenü (rechte Maustaste):** Es wird das Standard-Kontextmenü des Webbrowsers aufgerufen, und nicht die Dynamics NAV-Funktionen.
- **Hauptmenüpunkt Abteilungen:** Dieser Menüpunkt ist im Webclient nicht vorhanden, es stehen nur die Menüpunkte des Rollencenters zur Verfügung. Benötigt man einen Menüpunkt außerhalb des Rollencenters, kann man diesen jedoch mit der Funktion *Nach Seite oder Bericht suchen* erreichen.
- **Listen und Aufgabenseiten:** Der Aufbau der Seiten entspricht dem Windows-Client. Zuerst erscheint für den jeweiligen Bereich ein Listenfenster am Bildschirm, durch das Aufrufen eines der Menüpunkte *Bearbeiten*, *Ansicht* oder *Neu* bekommt man dann die entsprechende Aufgabenseite angezeigt.
- **Abmelden**: Mit dieser Funktion meldet sich der aktuelle Benutzer vom Webclient ab.

3 Systemeinrichtung und grundlegende Stammdaten

Wie in Kapitel 1 gezeigt, bietet Microsoft Dynamics NAV als ERP-System eine durchgängige Informationsquelle für alle Unternehmensbereiche und beinhaltet daher ein Modell von Organisation und Geschäftsprozessen.

In diesem Kapitel werden die Grundlagen der Organisationsstrukturen und elementarer Systemeinrichtung in Dynamics NAV gezeigt. Dieses Wissen wird - abgesehen von Aufgaben der Systemadministration - zwar nicht direkt für die tägliche Arbeit benötigt, es erleichtert aber das Verständnis der Zusammenhänge.

TIPP: Wenn Sie gleich mit der praktischen Arbeit beginnen und daher sofort zu Kapitel 4 wechseln wollen, sollten Sie zumindest die Artikelstammverwaltung in Abschnitt 3.4, „Grundlegende Stammdaten", ansehen. Der Artikelstamm stellt eine wesentliche Basis für die Arbeit in allen Bereichen der Materialwirtschaft dar.

HINWEIS: Die Abbildungen und Beschreibungen in diesem Kapitel sind auf keine bestimmte Rolle bezogen. Der Aufruf der benötigten Seiten im Windows-Client wird über das Suchfeld rechts in der Adressleiste durchgeführt.

3.1 Berechtigungssystem und Benutzereinrichtung

Unternehmenslösungen wie Dynamics NAV enthalten vertrauliche Daten, weshalb ein entsprechendes Berechtigungssystem zur Steuerung der Zugriffsmöglichkeiten der einzelnen Benutzer erforderlich ist. Als Voraussetzungen müssen sich die Benutzer einerseits im System identifizieren („Authentifizierung") und andererseits müssen die entsprechenden Zugriffsmöglichkeiten für den authentifizierten Benutzer definiert sein.

Zur Einrichtung der Zugriffsmöglichkeiten identifizierter Benutzer enthält Dynamics NAV ein zweistufiges Berechtigungssystem, das wie folgt gegliedert ist:

- Einstellung des Objektzugriffs auf Ebene von Berechtigungsgruppen (Zugriffsrechtsätze)
- Zuordnung von Benutzern zu Zugriffsrechtsätzen

Jeder Zugriffsrechtsatz enthält eine Liste mit Objekten (z. B. Tabellen oder Berichte), auf die er Zugriff bietet. Für jeden Objektzugriff kann zusätzlich festgelegt werden, ob lediglich ein Lesezugriff oder auch ein Schreib- oder Löschzugriff gewährt wird.

Ein Benutzer wird dann einem oder mehreren Berechtigungssätzen zugeordnet und erhält dadurch den entsprechenden Zugriff auf alle Objekte der zugeordneten Berechtigungssätze.

Das Berechtigungssystem in Dynamics NAV wird aktiviert, indem einem Benutzer der Zugriffsrechtsatz „SUPER" zugewiesen wird. Dieser Benutzer kann als Systemadministrator weitere Administratoren und Benutzer anlegen.

Im Zusammenhang mit der Benutzerverwaltung ist zwischen den Zugriffsrechtsätzen und Benutzerberechtigungen auf der einen Seite und den Benutzerprofilen und der Oberflächenkonfiguration auf der anderen Seite zu unterscheiden:

- **Berechtigungssätze** legen fest, auf welche Objekte ein Benutzer zugreifen darf.
- **Benutzerprofile** bestimmen Menüstruktur und Rollencenter und legen damit fest, wo diese Objekte auf der Benutzeroberfläche zu finden sind.

3.1.1 Authentifizierung

Basis für das Berechtigungssystem ist die Identifizierung der Benutzer, die im System arbeiten - ein Vorgang, der mit dem Begriff „Authentifizierungsprozess" bezeichnet wird. Unter der Voraussetzung, dass das Berechtigungssystem aktiviert ist, können nur authentifizierte Benutzer einen Clientzugriff auf Dynamics NAV durchführen. Hierbei kann die Authentifizierung in Dynamics NAV 2018 auf folgende Art erfolgen:

- Windows-Authentifizierung - Start des NAV-Clients ohne separate Kennworteingabe (Single Sign-On).
- Microsoft Dynamics NAV-Kennwortauthentifizierung - Eingabe von Windows-Benutzernamen und Kennwort beim Start des NAV-Clients.
- Dienstauthentifizierung für Zugriffssteuerung - Authentifizierung durch den Dynamics NAV-Server (unabhängig von Windows-Benutzer/Active Directory) mit Eingabe von Benutzernamen und Kennwort.
- Office 365-Authentifizierung - Authentifizierung durch Cloud-basierte Dienste.

Wenn der Dynamics NAV-Server im lokalen Netzwerk installiert ist, wird für interne Be nutzer im Normalfall die Windows-Authentifizierung genutzt. Bei dieser wird von Dynamics NAV geprüft, ob der Benutzer ein gültiges Windows-Konto im Active Directory besitzt, das den Zugriff auf den Server erlaubt. Als zweite Voraussetzung für die Anmeldung muss der jeweilige Windows-Benutzer (oder eine zugeordnete Windows-Gruppe) in den zugelassenen Windows-Anmeldungen von Dynamics NAV eingetragen sein.

HINWEIS: Die Dynamics NAV-Hilfe enthält weitergehende Hinweise zur Einrichtung und Nutzung der Benutzerauthentifizierung.

3.1.2 Benutzerverwaltung

Alle Benutzer von Microsoft Dynamics NAV müssen in der Benutzerverwaltung angelegt werden, wobei abhängig von der Authentifizierungsart unterschiedliche Informationen einzutragen sind.

3.1.2.1 Benutzerstammdaten

Die Benutzerverwaltung wird über die Suche und den Link *Benutzer* geöffnet. Die Listenseite der Benutzerverwaltung zeigt einen Überblick aller vorhandenen Benutzer.

Ein neuer Benutzer kann hier über die Tastenkombination *Strg+N* oder die Schaltfläche *Neu* auf der Registerkarte *Start* angelegt werden. In der Benutzerkarte, die zum Eintragen der benötigten Benutzerdaten geöffnet wird, sind neben dem Benutzernamen vor allem folgende Daten relevant:

- **Lizenztyp** – Vollzugriff oder eingeschränkter Zugriff für den betreffenden Benutzer in Übereinstimmung mit dem jeweiligen Lizenzvertrag.
- **Authentifizierung** – entsprechend der gewählten Authentifizierungsart im jeweiligen Inforegister.
- **Benutzerberechtigungssätze** – Zuordnen der Berechtigungssätze zur Bestimmung der Berechtigungen des Benutzers in Dynamics NAV (siehe weiter unten).

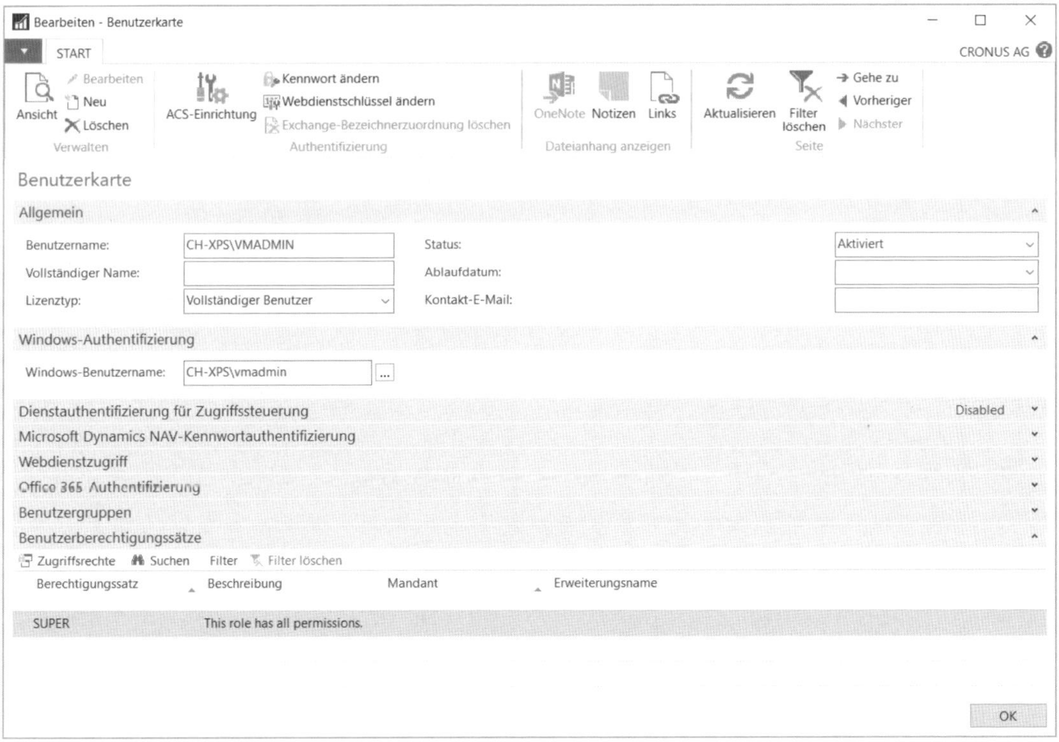

Bild 3.1 Benutzerkarte zur Verwaltung eines Benutzers

Beim Anlegen eines Benutzers mit Windows-Authentifizierung ist der Name des betreffenden Active Directory-Benutzers im Feld *Windows-Benutzername* einzutippen oder über den AssistButton aus Active Directory zu übernehmen.

3.1.2.2 Benutzereinrichtung

Die Benutzereinrichtung wird über die Suche und den Link *Benutzer Einrichtung* geöffnet. In den Zeilen der Benutzereinrichtung können auf Ebene des jeweiligen Mandanten nach Eintragen des Benutzers in der Spalte *Benutzer-ID* folgende Einstellungen festgelegt werden:

- Zulässiger Datumsbereich (für Buchungen) – gibt über die Spalten *Buchungen zugel. ab* und *Buchungen zugel. bis* die Möglichkeit, die für das Buchungsdatum allgemein offene Periode aus den Firmendaten auf Ebene des jeweiligen Benutzers zu überschreiben, beispielsweise zur Durchführung von Monatsabschlussbuchungen.
- Protokollzeit – aktiviert das Zeitprotokoll für den jeweiligen Benutzer.
- Zuständigkeitseinheiten – ermöglicht die Einschränkung der Beleganzeige auf die dem Benutzer zugewiesene Zuständigkeitseinheit für Verkauf, Einkauf und Service.

HINWEIS: Wenn Sie eine Zuständigkeitseinheit wählen, kann der betroffene Benutzer nur Aufträge bzw. Bestellungen zur gewählten Zuständigkeit sehen und bearbeiten.

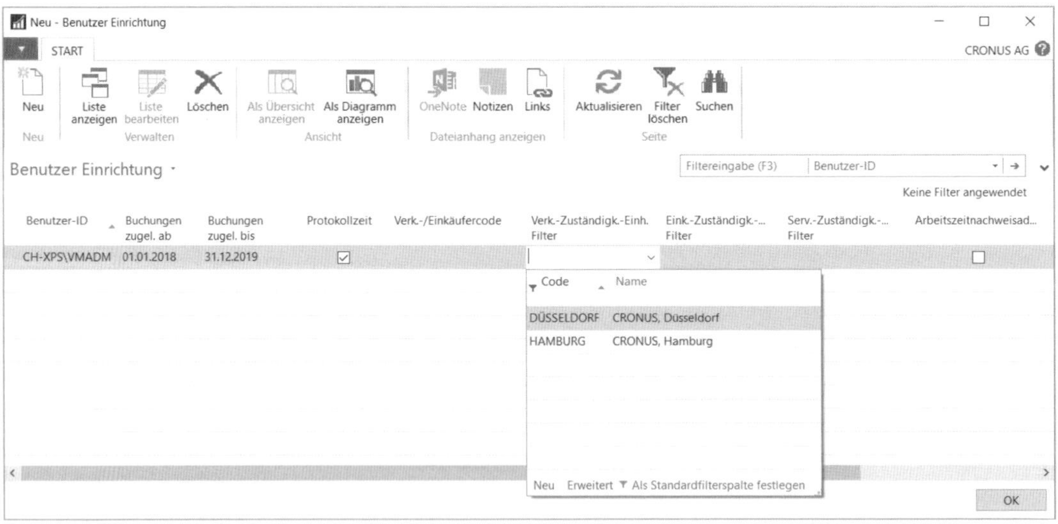

Bild 3.2 Auswahl einer Verkaufszuständigkeit für einen Benutzer

Mitarbeiter, die im Logistikmanagement-Modul von Dynamics NAV arbeiten, müssen im System zusätzlich als Lagermitarbeiter angelegt werden. Dazu kann über die Suche der Link *Lagermitarbeiter* geöffnet und für die betroffenen Benutzer eine Zeile mit Benutzerkennung und Lagerortcode eingetragen werden (siehe Kapitel 6).

3.1.2.3 Benutzerberechtigungssätze

Zugriffsrechtsätze (Berechtigungsgruppen) fassen Berechtigungen auf Objekte zu Gruppen zusammen, wie sie für unterschiedliche Aufgabenbereiche benötigt werden – beispielsweise für die Kundenstammverwaltung oder die Anlagenbuchhaltung. Neben einer systemweiten Zugriffssteuerung auf Datenbankebene können Rechte auch auf Ebene einzelner Mandanten und innerhalb von Mandanten auf Datensatzebene eingerichtet werden.

Der Aufruf der Berechtigungssätze erfolgt über die Suche und den Link *Berechtigungssätze*.

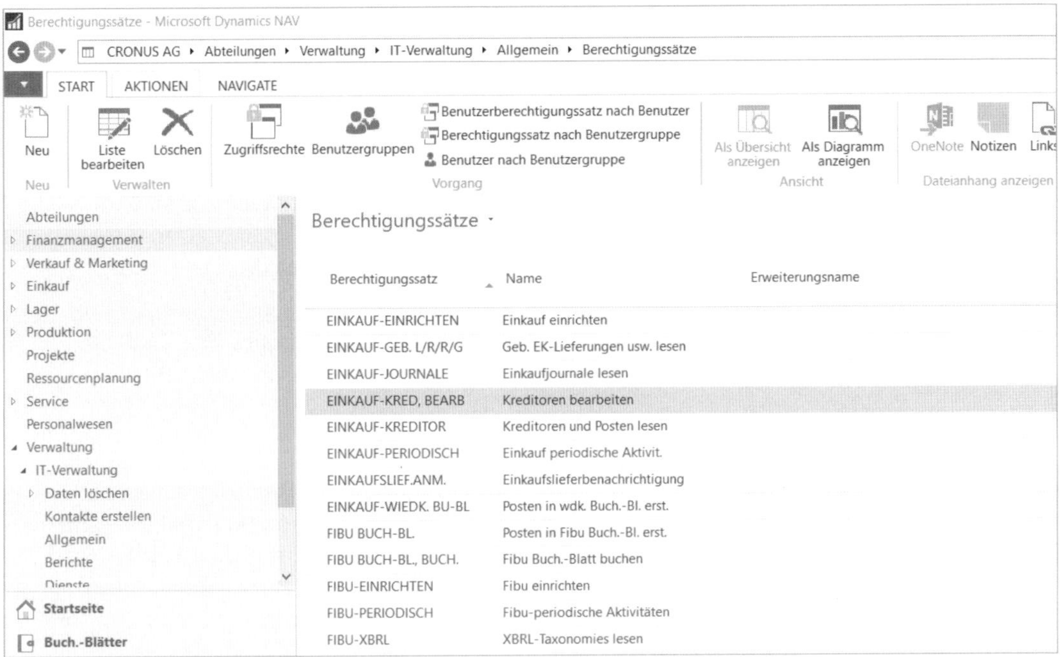

Bild 3.3 Verwaltung der Berechtigungssätze

3.1.2.4 Standardberechtigungssätze

Als Vorschlag für die Festlegung der Berechtigungssätze enthält die Demo-Datenbank von Dynamics NAV eine Reihe von Standardberechtigungssätzen, die die Einrichtung erleichtern. Die wichtigsten sind nachfolgend aufgeführt:

- SUPER – bietet administrativen Zugriff auf alle Elemente des Systems.
- SUPER (DATEN) – bietet administrativen Zugriff auf alle Tabellendaten (Stammdaten, Transaktionen), nicht jedoch auf Bereiche wie Datenbankverwaltung, Berechtigungsverwaltung oder Entwicklungsumgebung.
- BASIS – enthält grundlegende Zugriffsrechte für die Nutzung des Clients.

Weitere Berechtigungssätze – beispielsweise „VERKAUF-DEBIT, BEARB", der Zugriffsrechte auf übliche Tätigkeiten der Kundenstammverwaltung enthält – werden den Benutzern je nach Aufgabengebiet zusätzlich zum Berechtigungssatz „BASIS" zugeordnet.

HINWEIS: In einer komplett neuen Datenbank sind zunächst keine Zugriffsrechtsätze vorhanden. Um die Standardzugriffsrechtsätze zu übernehmen, können Sie diese mithilfe der RapidStart-Services importieren.

Die Zugriffsrechte von Standardberechtigungssätzen können geändert werden, wobei es aus Gründen der Übersichtlichkeit besser ist, die Standardberechtigungssätze unverändert zu lassen und für eigene Zwecke neue Berechtigungssätze zu erstellen. Diese können einfach auch als Kopie von Standardberechtigungssätzen angelegt und abgeändert werden.

HINWEIS: Wenn etwa die Funktion *Suchen*, die im Standardberechtigungssatz „BASIS" enthalten ist, für bestimmte Benutzer nicht verfügbar sein soll, können Sie dafür einen eigenen Berechtigungssatz - beispielsweise „X-BASIS" - anlegen.

In den Berechtigungssätzen können Sie dann den Berechtigungssatz „BASIS" markieren und über die Aktion *Berechtigungssatz kopieren* diesen in einen neuen Berechtigungssatz mit dem Namen „X-BASIS" kopieren. Dort entfernen Sie die Systemberechtigung für die Funktion *Suchen*.

Indem Sie den betroffenen Benutzern anstelle des Berechtigungssatzes „BASIS" den Berechtigungssatz „X-BASIS" zuweisen, haben diese keinen Zugriff auf die Funktion *Suchen*.

Die Standardberechtigungssätze sind für eine einzelaufgabenorientierte Steuerung der Zugriffsrechte eingerichtet, womit die einzelnen Berechtigungssätze relativ wenige Zugriffsrechte enthalten und den Benutzern im Gegenzug oft eine größere Anzahl von Berechtigungssätzen zugeordnet wird. Die Einschränkung der Zugriffsrechte im Standardkonzept erfolgt hierbei auf Ebene von Tabellendaten - der Standardberechtigungssatz „BASIS" bietet Zugriff auf alle Seiten und Berichte.

Ohne den entsprechenden zusätzlichen Zugriffsrechtsatz - beispielsweise „VERKAUF-DEBIT, BEARB" für den Kundenstamm - können allerdings die jeweiligen Daten nicht abgerufen werden.

Unabhängig von den Standardberechtigungssätzen kann aber auch ein Berechtigungskonzept realisiert werden, das komplett auf eigenen Berechtigungssätzen beruht - beispielsweise mit wenigen, aber umfassenden Berechtigungssätzen.

3.1.2.5 Zugriffsrechte

Die Definition der Objektberechtigungen für die einzelnen Berechtigungssätze erfolgt nach Auswahl des jeweiligen Berechtigungssatzes über die Schaltfläche *Zugriffsrechte* auf der Registerkarte *Start*.

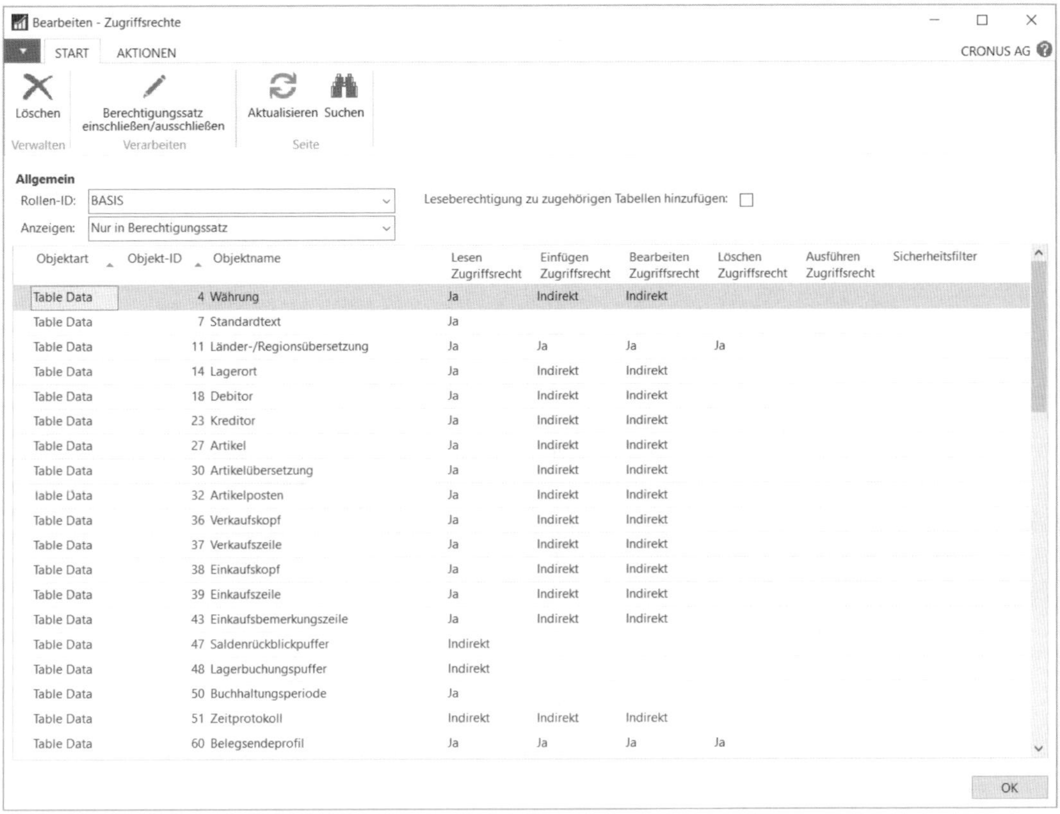

Objektart	Objekt-ID	Objektname	Lesen Zugriffsrecht	Einfügen Zugriffsrecht	Bearbeiten Zugriffsrecht	Löschen Zugriffsrecht	Ausführen Zugriffsrecht	Sicherheitsfilter
Table Data	4	Währung	Ja	Indirekt	Indirekt			
Table Data	7	Standardtext	Ja					
Table Data	11	Länder-/Regionsübersetzung	Ja	Ja	Ja	Ja		
Table Data	14	Lagerort	Ja	Indirekt	Indirekt			
Table Data	18	Debitor	Ja	Indirekt	Indirekt			
Table Data	23	Kreditor	Ja	Indirekt	Indirekt			
Table Data	27	Artikel	Ja	Indirekt	Indirekt			
Table Data	30	Artikelübersetzung	Ja	Indirekt	Indirekt			
Table Data	32	Artikelposten	Ja	Indirekt	Indirekt			
Table Data	36	Verkaufskopf	Ja	Indirekt	Indirekt			
Table Data	37	Verkaufszeile	Ja	Indirekt	Indirekt			
Table Data	38	Einkaufskopf	Ja	Indirekt	Indirekt			
Table Data	39	Einkaufszeile	Ja	Indirekt	Indirekt			
Table Data	43	Einkaufsbemerkungszeile	Ja	Indirekt	Indirekt			
Table Data	47	Saldenrückblickpuffer	Indirekt					
Table Data	48	Lagerbuchungspuffer	Indirekt					
Table Data	50	Buchhaltungsperiode	Ja					
Table Data	51	Zeitprotokoll	Indirekt	Indirekt	Indirekt			
Table Data	60	Belegsendeprofil	Ja	Ja	Ja	Ja		

Bild 3.4 Verwaltung der Zugriffsrechte

Zugriffsrechte bilden die Basis des Berechtigungssystems, in dem für jeden Berechtigungssatz der Zugriff auf die einzelnen Objekte festgelegt wird. Bei der Festlegung der Zugriffsrechte sind folgende Elemente zu berücksichtigen:

- Objektart
- Objekt-ID
- Zugriffsart
- Sicherheitsfilter

Wesentliche Objektarten in der Berechtigungsverwaltung sind „Tabellendaten" (steuern den Zugriff auf die in der jeweiligen Tabelle gespeicherten Tabellendaten), „Tabelle" (steuert den Zugriff auf die Tabelle selbst und bildet damit die Voraussetzung für den Zugriff auf die jeweiligen Tabellendaten), „Page" (Zugriff auf Seiten im Client) und „Report" (Zugriff auf Berichte).

Die Objekt-ID bezeichnet die interne Identifikationsnummer des betroffenen Objekts, wobei eine Zeile mit Objekt-ID „0" einen Zugriff auf alle Objekte der jeweiligen Objektart bedeutet.

Um in einer Seite arbeiten zu können, müssen entsprechende Zugriffsrechte auf die Tabelle, die Tabellendaten und die Seite vorliegen. Wenn daher in einem Berechtigungssatz beispielsweise der Zugriff auf die Zahlungsbedingungen ergänzt werden soll, müssen folgende Zeilen in den Zugriffsrechten eingerichtet werden:

- für die Tabellendaten (Objektart „Tabledata", Objekt-ID „3"),
- für die Tabelle (Objektart „Table", Objekt-ID „3"),
- für die Seite (Objektart „Page", Objekt-ID „4").

HINWEIS: Der Standardberechtigungssatz „BASIS" erlaubt den Zugriff auf alle Tabellen und Seiten, nicht aber auf alle Tabellendaten. Benutzer, die diesem Berechtigungssatz zugeordnet sind, benötigen daher nur den Zugriff auf die entsprechenden Tabellendaten zur Arbeit in einem neuen Bereich.

Die Zugriffsart wird in den Spalten *Lesen*, *Einfügen*, *Bearbeiten*, *Löschen* und *Ausführen* bestimmt. Neben einer leeren Auswahl (für „kein Zugriff") und der Auswahl „Ja" kann für die einzelnen Zugriffsarten auch die Auswahl „Indirekt" gewählt werden. Diese gibt an, dass der jeweilige Benutzer keinen direkten Zugriff auf das *betroffene* Objekt hat, von ihm ausgeführte Verarbeitungsprogramme aber einen Zugriff vornehmen dürfen.

So kann ein Benutzer mit der Zugriffsart „Indirekt" in der Spalte *Bearbeiten* für die Tabelle *309 (Nr.-Serienzeile)* zwar keine Nummernserie direkt ändern, indirekt ist aber beispielsweise über das Anlegen eines neuen Auftrags durchaus eine Änderung möglich (Hochsetzen der letzten vergebenen Nummer). Besitzt der Benutzer auch keinen indirekten Änderungszugriff auf die Nummernserienzeilen, kann er keinen neuen Auftrag anlegen.

Der Sicherheitsfilter ermöglicht für Tabellendaten die Einrichtung von Berechtigungen auf Datensatzebene, beispielsweise wenn Mitarbeiter nur auf Daten ihrer Kostenstelle zugreifen dürfen. Details zum Sicherheitsfilter sind in der Dynamics NAV-Hilfe enthalten.

3.1.2.6 Zuweisung von Zugriffsrechtsätzen

Das Zuweisen von Berechtigungssätzen wird über den jeweiligen Benutzer durchgeführt, wo die Berechtigungssätze eines Benutzers im Inforegister *Benutzerberechtigungssätze* der Benutzerkarte einzutragen sind.

Sollen Berechtigungen nicht systemweit, sondern nur für einen Mandanten gelten, kann eine entsprechende Eintragung in der Spalte *Mandant* erfolgen – beispielsweise um umfassende Rechte auf Daten in einem Testmandanten und eingeschränkte Benutzerrechte im Echtmandanten zu definieren.

3.1.2.7 Benutzergruppen

Weiters ist es auch möglich, Benutzergruppen zu definieren. In einer Benutzergruppe werden mehrere Berechtigungssätze verwaltet und diese Benutzergruppe kann dann einem Benutzer zugewiesen werden. Dieser erhält dann automatisch alle Berechtigungssätze der jeweiligen Benutzergruppe. Wird der Benutzergruppe ein neuer Berechtigungssatz hinzugefügt, so betrifft diese Änderung auch alle Benutzer der jeweiligen Gruppe.

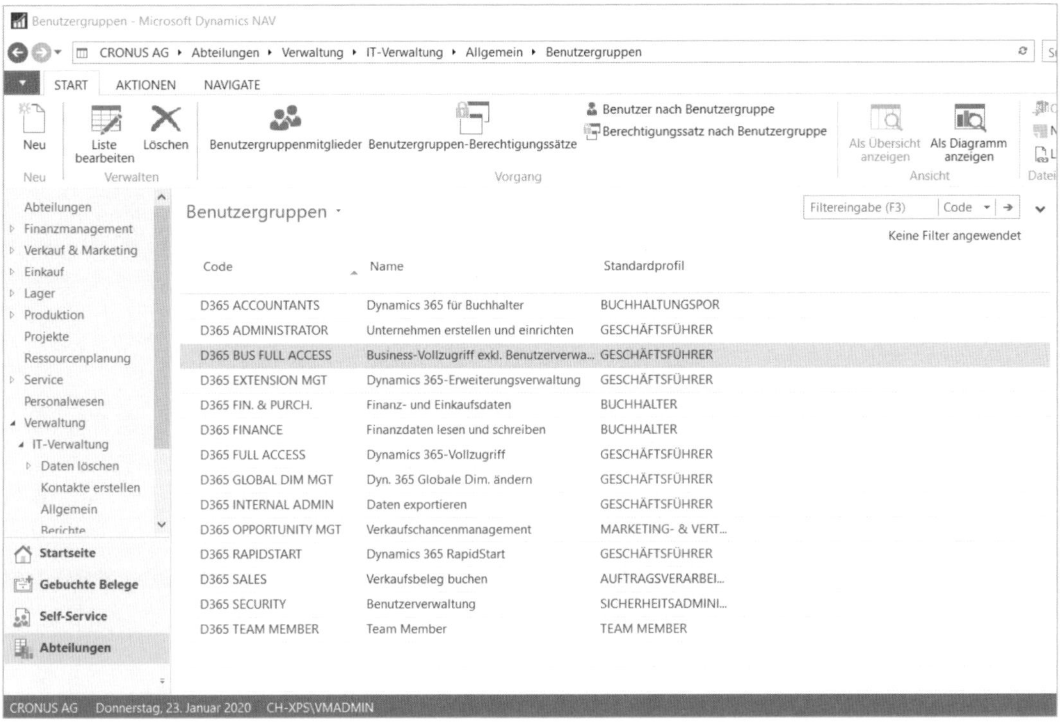

Bild 3.5 Benutzergruppen

3.1.3 Benutzerprofile

Benutzerprofile dienen zur Verwaltung der unterschiedlichen Benutzerrollen. Ein Benutzerprofil entspricht hierbei einer Benutzerrolle und bildet somit die Basis für die Konfiguration der Benutzeroberfläche. Benutzerprofile werden mandantenübergreifend verwaltet.

Grundlagen der Profilverwaltung

Nach dem Öffnen der Profilverwaltung über die Suche und den Link *Profile* werden die vorhandenen Profile mit Beschreibung und zugeordnetem Rollencenter gezeigt. Eines der Profile ist hierbei in der Spalte *Standardrollencenter* als Standardprofil gekennzeichnet, das als Vorschlagswert für Benutzer ohne eigene Profilzuordnung verwendet wird.

Für grundlegende Benutzerrollen sind in Dynamics NAV vorkonfigurierte Rollencenter vorhanden, die den entsprechenden Standardprofilen zugewiesen sind.

Während das Erstellen eines neuen Rollencenters eine Aufgabe für die Programmentwicklung darstellt, können neue Profile vom Systemadministrator selbstständig angelegt werden. In diesem Fall wird dem zusätzlichen Profil zwar ein bestehendes Rollencenter zugeordnet, die Konfiguration des Rollencenters und der übrigen Benutzeroberfläche kann aber unabhängig von anderen Profilen erfolgen.

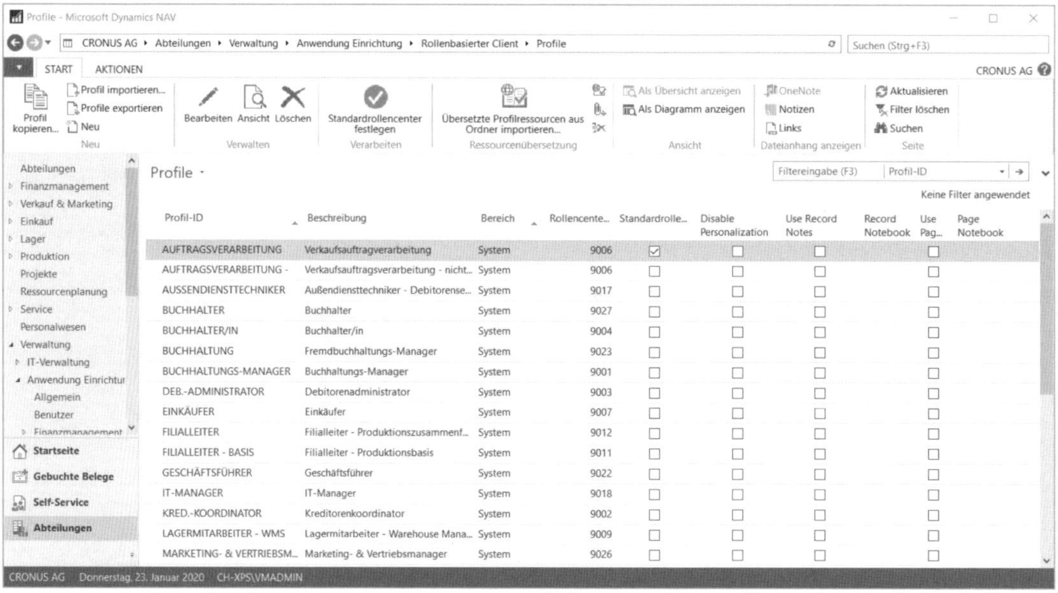

Bild 3.6 Profilverwaltung im Windows-Client

Anlegen eines Benutzerprofils

Um ein neues Profil – im Beispiel zu einem bestehenden Rollencenter – anzulegen, gehen Sie wie folgt vor:

1. Wählen Sie zum Aufruf der Profilverwaltung über die Suche den Link *Profile*.
2. Betätigen Sie die Tastenkombination *Strg+N* oder klicken Sie auf die Schaltfläche *Neu* auf der Registerkarte *Start* des Menübands, um die Profilkarte im Neuanlagemodus zu öffnen.
3. Im Neuanlagefenster tragen Sie eine eindeutige Profil-ID sowie eine Beschreibung für das neue Profil ein.
4. Für die Rollencenter-ID wählen Sie das passende Rollencenter vom Typ „Page" (Standardrollencenter beginnen mit Object ID 9000).

3.1.3.1 Grundlagen der Benutzeranpassung

Die Benutzeranpassung dient sowohl zur Profilzuordnung als auch zur Definition der Spracheinstellung und des Standardmandanten für die einzelnen Benutzer.

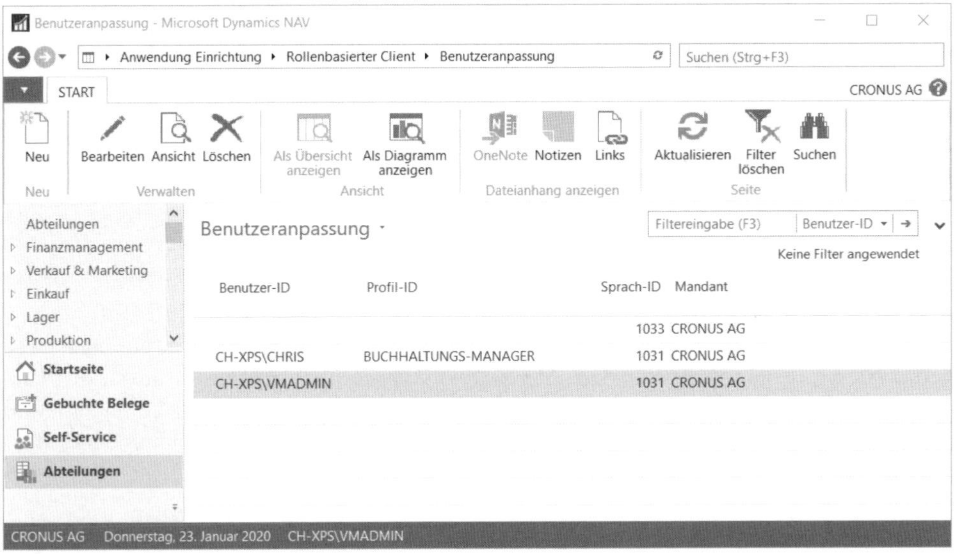

Bild 3.7 Verwaltung der Benutzeranpassung

Anleitung zur Benutzeranpassung

Um die Benutzeranpassung zur Profilzuordnung eines Benutzers anzulegen, gehen Sie wie folgt vor:

1. Wählen Sie zum Aufruf der Benutzeranpassung über die Suche den Link *Benutzeranpassung.*
2. Betätigen Sie die Tastenkombination *Strg+N* oder klicken Sie auf die Schaltfläche *Neu* auf der Registerkarte *Start* des Menübands, um die Benutzeranpassung im Neuanlagemodus zu öffnen.
3. Im Feld *Benutzer-ID* wählen Sie den entsprechenden Benutzer.
4. Im Feld *Profil-ID* legen Sie das zutreffende Profil fest.
5. Die Sprache der Benutzeroberfläche bestimmen Sie im Feld *Sprach-ID.*
6. Den Standardmandanten für den Benutzer wählen Sie im Feld *Mandant* aus.

Um einem Benutzer ein anderes Profil zuzuweisen, markieren Sie die entsprechende Zeile in der Übersicht und öffnen die Benutzeranpassungskarte im Bearbeitungsmodus.

3.2 Organisationsstrukturen

Als Businesslösung hat Dynamics NAV die zentrale Aufgabe, die Geschäftsprozesse der jeweiligen Unternehmensorganisation abzubilden. Dynamics NAV muss daher ein Modell der Aufbau- und Ablauforganisation des Unternehmens enthalten.

Nachdem zwar die Grundprinzipien der Organisation vieler Unternehmen gleich sind, die konkrete Organisationsform aber stark unterschiedlich ausfallen kann, muss Dynamics NAV durch eine entsprechende Einrichtung des Systems an den individuellen Anforderungen ausgerichtet werden. Hierbei sind zukünftige Entwicklungen soweit möglich zu berücksichtigen, um eine spätere Integration neuer Geschäftsfelder oder geänderter Prozesse einfach zu gestalten.

3.2.1 Gliederungsebenen im System

Auf oberster Ebene wird Dynamics NAV technisch und organisatorisch in ein oder mehrere Systeme (Instanzen) gegliedert. Ein System ist eine unabhängige Instanz von Dynamics NAV – sie beinhaltet eine eigene Datenbank mit den Anwendungsdaten und der jeweiligen Applikation. Werden Programme oder Konfigurationseinstellungen in einem System geändert, hat dies daher keine Auswirkung auf andere Systeme.

Systeme können unabhängig voneinander auf einem Gerät installiert werden, wobei sich bei größeren Installationen eine unabhängige Implementierung auf unterschiedlichen Servern empfiehlt. Im betrieblichen Alltag wird in diesem Zusammenhang häufig ein Entwicklungs- und ein Testsystem parallel zum Echtsystem betrieben, um Änderungen vor der Implementierung im Echtsystem gefahrlos testen zu können.

Die Auswahl des gewünschten Systems zur Arbeit in Dynamics NAV erfolgt im Windows-Client über das Applikationsmenü mit dem Befehl *Server auswählen*.

Innerhalb eines Systems können – abhängig von der erworbenen Lizenz – beliebig viele Mandanten enthalten sein. Mandanten sind rechtlich eigenständige Organisationseinheiten, die im System getrennt geführt werden. Jeder Mandant ist durch seinen Namen gekennzeichnet; der aktuell bearbeitete Mandant wird in der Statusleiste des Clients gezeigt.

HINWEIS: Im Unterschied zu anderen Businesslösungen wie Microsoft Dynamics AX, die die Daten aller Mandanten in gemeinsamen Datenbanktabellen enthalten und den Mandanten als Schlüsselfeld führen, werden in Dynamics NAV die einzelnen Mandanten in getrennten Tabellen geführt. Der Mandantenname ist dazu an den ersten Stellen eines jeden Tabellennamens enthalten. Davon ausgenommen sind lediglich übergreifende Systemtabellen wie der Benutzerstamm oder die Berechtigungseinstellungen, die für alle Mandanten gelten und daher in gemeinsamen Tabellen enthalten sind. ■

Im Bereich der Logistik können Mandanten weiter in Zuständigkeitseinheiten und Lagerorte gegliedert werden. Lagerorte bezeichnen hierbei physische Warenlager, die in der Bestandsführung getrennt betrachtet werden. Demgegenüber dienen Zuständigkeitseinheiten zur organisatorischen Gliederung nach Verantwortungsbereichen, die als Filterkriterium in Einkaufsbestellungen und Verkaufsaufträgen Anwendung finden können.

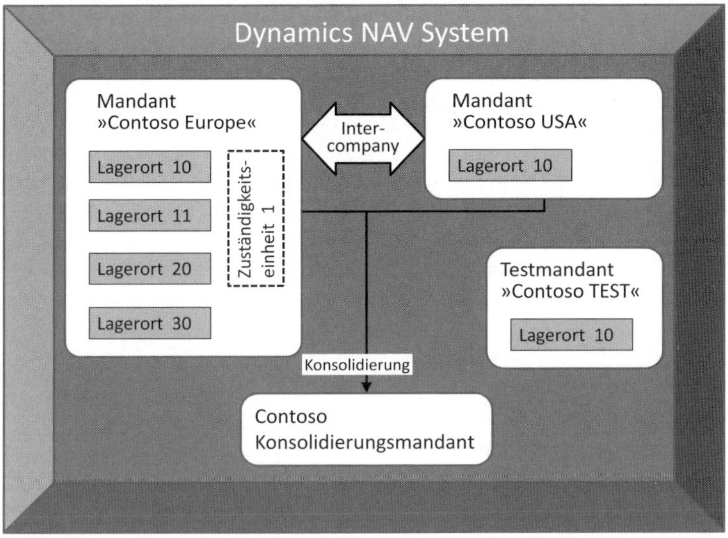

Bild 3.8 Unternehmensstruktur in Dynamics NAV am Beispiel einer fiktiven Firma „Contoso“

Im Finanzmanagement bilden Dimensionen eine weitere Strukturebene nach System und Mandant. Dimensionen wie Kostenstelle oder Kostenträger werden zur Gliederung der Buchungen im Sachkontenbereich verwendet, sodass Analysen und Berichte wie Bilanz und Erfolgsrechnung auch auf dieser Ebene erstellt werden können.

Die Beziehungen zwischen den Mandanten können einerseits über die Konsolidierung und andererseits durch die Intercompany-Funktionalität abgebildet werden:

- Die Konsolidierung dient dazu, die Finanzergebnisse mehrerer Unternehmen zum Konzernergebnis im Konsolidierungsmandanten zusammenzuführen. Sie ist durch Bilanzierungsvorschriften geregelt und beinhaltet einerseits das Eliminieren von Innenumsätzen und andererseits das Zusammenführen unterschiedlicher Kontenpläne, Geschäftsjahre und Währungen aus den Ergebnissen der konsolidierten Tochterunternehmen.
- Im Unterschied dazu bietet die Intercompany-Funktionalität die Möglichkeit, Verkaufs- und Einkaufsbelege sowie laufende Buchungen in Finanzjournalen zwischen den Konzernunternehmen automatisiert auszutauschen. Auf diese Weise wird die Abwicklung von laufenden Transaktionen unterstützt, die primär den Logistikbereich betreffen.

Neben den Mandanten innerhalb eines Dynamics NAV-Systems können über Export- und Importroutinen auch Daten von Mandanten anderer Systeme berücksichtigt werden.

3.2.2 Datenbankverwaltung

Zur Verwaltung der Datenbank am SQL-Server stehen entsprechende Funktionen in der Entwicklungsumgebung (vormals Classic Client) zur Verfügung.

Sie können die Entwicklungsumgebung öffnen, indem Sie das Programm *Microsoft Dynamics NAV 2018 Development Environment* auf Ihrem PC aufrufen. Die Funktionen zur Datenbankverwaltung sind dann in der Entwicklungsumgebung über den Menübefehl *Datei/Datenbank* verfügbar. Zu den unterstützten Verwaltungsaufgaben zählt neben der Neuanlage und dem Löschen von Datenbanken auch die Abfrage von Datenbankinformationen über den Menübefehl *Datei/Datenbank/Informationen*.

Der Menübefehl *Datei/Datenbank/Öffnen* ist nur innerhalb der Entwicklungsumgebung relevant, wo diese Funktion für das Öffnen einer Datenbankverbindung benötigt wird. In der Benutzeroberfläche (Windows-Client) wird die Datenbankverbindung über den Microsoft Dynamics NAV-Serverdienst hergestellt, wobei die zugeordnete Datenbank in einer entsprechenden Konfigurationsdatei festgelegt ist.

3.2.3 Mandantenverwaltung

Die Verwaltung von Mandanten erfolgt im Windows-Client. Ein neuer Mandant wird hier über die Suche und den Link *Mandanten* angelegt. Hier kann nun ein neuer Mandant angelegt oder ein bestehender Mandant kopiert werden. Das Kopieren von Mandanten ermöglicht die einfache Verwendung von Vorlagemandanten. Entscheiden Sie sich dazu, einen neuen Mandanten anzulegen, werden nach dem Eintragen eines Namens für den Mandanten und Betätigen der Schaltfläche *OK* die Tabellen vom System initialisiert.

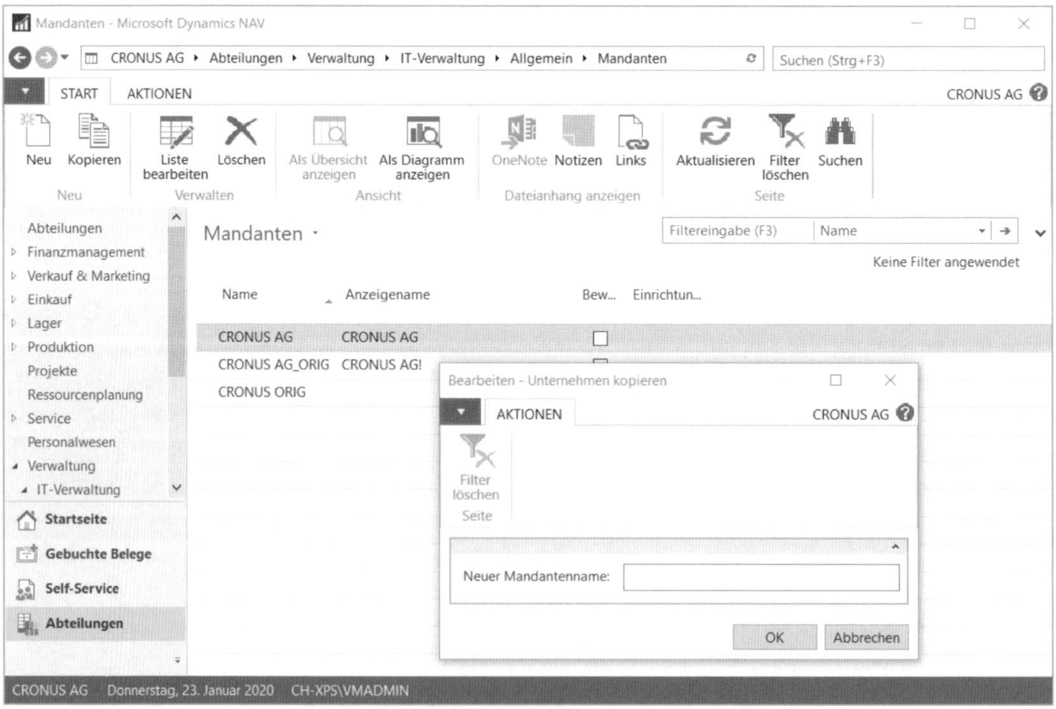

Bild 3.9 Dialogfeld zum Kopieren eines Mandanten

Der neue Mandant muss anschließend eingerichtet werden, bevor er verwendet werden kann. Hinweise dazu enthält der Abschnitt 3.3, „Mandanteneinrichtung“.

Eine weitere Funktion der Mandantenverwaltung ist das Löschen von Mandanten. Diese Funktion sollte nur mit höchster Vorsicht aufgerufen werden!

HINWEIS: Beim Löschen von Mandanten sind die Daten unwiederbringlich verloren – ein Wiederherstellen ist nur aus (hoffentlich vorher angelegten) Datensicherungen möglich.

3.2.3.1 Mandantenauswahl

Nach dem Erstellen eines Mandanten kann dieser benutzt werden. Die Arbeit in Dynamics NAV erfolgt hierbei immer innerhalb eines Mandanten. Dieser Mandant wird beim Anmelden eines Benutzers aus dem zuletzt geöffneten Mandanten bestimmt und in der Statusleiste des Windows-Clients angezeigt.

Wenn Sie während der Arbeit in einen anderen Mandanten wechseln wollen, können Sie das Dialogfeld zur Mandantenauswahl öffnen. Dieses ist im Windows-Client über das Applikationsmenü mit dem Befehl *Mandant auswählen* oder über die Statusleiste (Klick auf den Mandantennamen) zu erreichen.

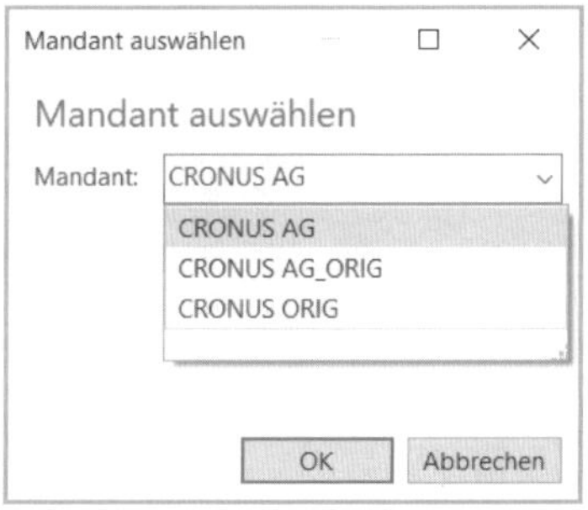

Bild 3.10 Dialogfeld zum Mandantenwechsel

3.2.4 Zuständigkeitseinheiten

Zuständigkeitseinheiten dienen zur Abbildung von Organisationseinheiten wie Cost- oder Profit-Center, beispielsweise zur Trennung der Verkaufsabteilungen. Der Zugriff auf Lagerorte, Einkaufs- und Verkaufsbelege kann in Dynamics NAV auf Ebene von Zuständigkeitseinheiten gesteuert werden.

Die Einrichtung der Zuständigkeitseinheiten erfolgt über die Suche und den Link *Zuständigkeitseinheiten*. Für eine neue Zuständigkeitseinheit sind hier zumindest die Felder *Code* und *Name* auszufüllen. Eine weitere wesentliche Eintragung in der Zuständigkeitseinheit ist der Lagerortcode, der – falls eingetragen – für die betreffende Zuständigkeitseinheit als Vorschlagswert in Einkaufs- und Verkaufsbelegen übernommen wird.

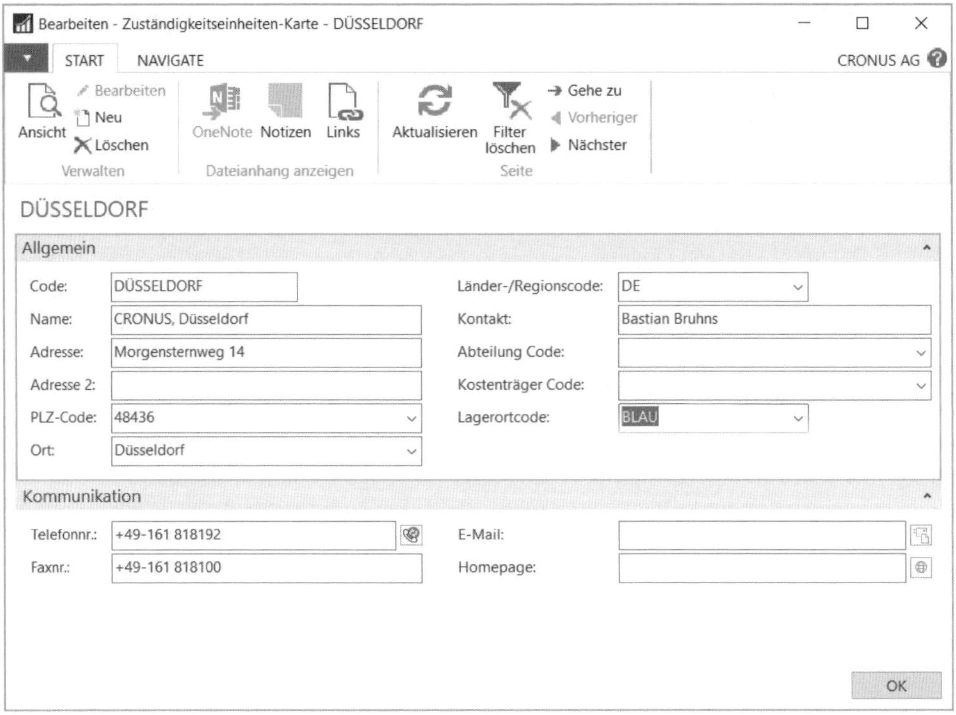

Bild 3.11 Bearbeiten einer Zuständigkeitseinheit

Um einen Benutzer einer Zuständigkeitseinheit zuzuordnen, wird in der *Benutzereinrichtung* für den jeweiligen Benutzer die Zuständigkeitseinheit in der Spalte *Verk.-Zuständigk.-Einh. Filter* und/oder *Eink.-Zuständigk.-Einh. Filter* eingetragen. Ist ein solcher Filter eingetragen, kann der jeweilige Benutzer nur Aufträge beziehungsweise Bestellungen der betroffenen Zuständigkeitseinheit sehen.

Für die Zuständigkeitseinheit beim Anlegen von Verkaufs- und Einkaufsbelegen gelten dann folgende Prioritäten:

- Ist in der Benutzereinrichtung eine Zuständigkeitseinheit zugeordnet, wird diese in Einkaufs- und Verkaufsbelegen übernommen.
- Ist einem Benutzer keine Zuständigkeitseinheit zugeordnet, wird die Zuständigkeitseinheit aus den Firmendaten, Inforegister *Lieferung*, übernommen.
- Ist weder in der Benutzereinrichtung noch in den Firmendaten eine Zuständigkeitseinheit zugeordnet, werden die Angaben aus Kundenstamm oder Lieferantenstamm (Debitoren/Kreditoren, Feld *Zuständigkeitseinheiten* im Inforegister *Allgemein*) in den Belegkopf übernommen.

Zuständigkeitseinheiten können – wie Lagerorte – beim Erfassen von Verkaufsaufträgen und Einkaufsbestellungen aber auch direkt im Inforegister *Allgemein* von Aufträgen und Bestellungen eingetragen werden.

3.2.5 Lagerortzuordnung

Wenn Zuständigkeitseinheiten verwendet werden, kann in der Zuständigkeitseinheit hinterlegt werden, von welchem Lagerort aus ein Kunde beliefert wird und an welchen Lagerort ein Lieferant Ware zustellen soll.

Die Festlegung des zutreffenden Lagerorts kann aber auch in den Firmendaten und auf Ebene einzelner Kunden (Debitoren) und Lieferanten (Kreditoren) erfolgen. Ähnlich wie bei den Zuständigkeitseinheiten gelten folgende Prioritätsregeln bei der Zuordnung von Lagerorten auf den Verkaufs- und Einkaufsbelegen:

- Wenn für einen Kunden im Kundenstamm (Debitoren) auf dem Inforegister *Lieferung* ein *Lagerortcode* angegeben wurde, wird dieser in den Auftragskopf übernommen. Für Einkaufsbestellungen gilt die analoge Einstellung im Lieferantenstamm.
- Wird kein Standardlagerort auf Kunden-/Lieferantenebene festgelegt, wird in Ein- und Verkaufsbelegen der Lagerort übernommen, der als Standard auf der Zuständigkeitseinheitenkarte festgelegt ist.
- Wenn weder auf Kunden-/Lieferantenebene noch über die Zuständigkeitseinheit ein Standardlagerort festgelegt ist, wird der in den Firmendaten festgelegte Lagerort übernommen.

HINWEIS: Details zur Einrichtung von Lagerorten finden Sie in Kapitel 6.

3.3 Mandanteneinrichtung

Nach dem Anlegen eines neuen Mandanten muss dieser entsprechend den Anforderungen des betroffenen Unternehmens eingerichtet werden, bevor er zur Abwicklung der Geschäftsprozesse genutzt werden kann.

Als Unterstützung zur Einrichtung von Dynamics NAV stehen die RapidStart-Services zur Verfügung. Diese werden in Abschnitt 3.5, „Werkzeuge zur Systemeinrichtung“, vorgestellt. Die Einrichtung eines neuen Mandanten kann aber auch unabhängig von vorhandenen Werkzeugen direkt in den entsprechenden Menüoptionen und Links erfolgen.

3.3.1 Firmendaten und Finanzbuchhaltungseinrichtung

Die Firmendaten enthalten zentrale Informationen zum betroffenen Unternehmen wie die Firmenadresse, Kontaktdaten oder Steuerinformationen und sind im Windows-Client über die Suche und den Link *Firmendaten* zu finden.

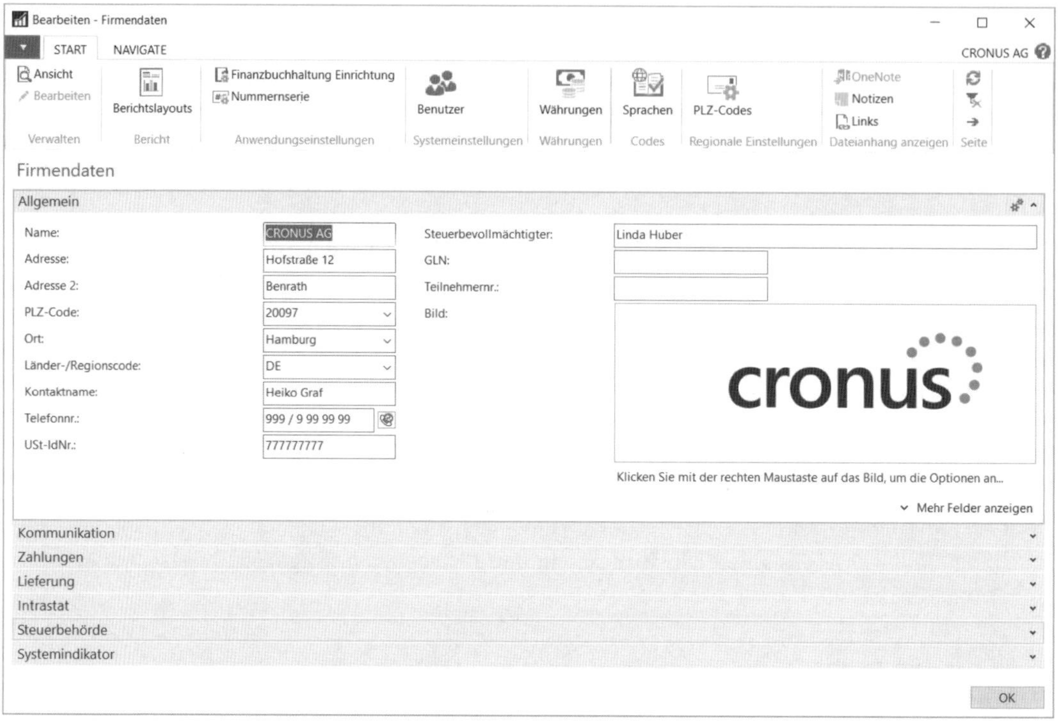

Bild 3.12 Bearbeitung der Firmendaten

Wesentliche Eintragungen im Inforegister *Allgemein* der Firmendaten sind Firmenname, Adresse und eigene USt-Id-Nummer *(USt-IdNr.)*. Im Inforegister *Zahlungen* ist die eigene Bankverbindung zu erfassen – diese wird auf externen Belegen wie der Verkaufsrechnung gedruckt, unter *Lieferung* können Standardwerte für die Zuständigkeitseinheit und den Lagerort hinterlegt werden. Die eigene Steuernummer und die Finanzamtsdaten werden im Inforegister *Steuerbehörde* eingetragen.

HINWEIS: Im Inforegister *Systemindikator* der Firmendaten kann die Anzeige und der Text des Systemindikators eingestellt werden. Der Systemindikator dient dazu, die Systemumgebung (gewählter Mandant, Datenbank) rechts oben im Menüband aller Dynamics NAV-Seiten zu zeigen.

Die Finanzbuchhaltungseinrichtung enthält weitere wesentliche Einstellungen zur Mandanteneinrichtung. Dazu zählt der zulässige Zeitraum für die Buchung von Transaktionen (*Buchungen zugel. ab* bzw. *bis*), die Eigenwährung (Mandantenwährungscode), das Adressformat für Adressen im Inland sowie Einstellungen zu Rechnungsrundung, Mehrwertsteuer und Skontoberechnung.

3.3.2 Nummernserien

Nummernserien bilden die Basis für die automatische Nummernvergabe in allen Bereichen von Dynamics NAV. Sie werden insbesondere in folgenden Bereichen eingesetzt:

- Stammdaten, beispielsweise Artikelnummern im Artikelstamm
- Erfassungen (Aufträge und Journale), beispielsweise Auftragsnummern in Verkaufsaufträgen
- Buchungen, beispielsweise Rechnungs- und Lieferscheinnummern

Die Einrichtung der Nummernserien erfolgt in zwei Schritten: Zunächst müssen die Nummernserien selbst definiert werden, im zweiten Schritt werden diese Nummernserien über die Eintragung in der jeweiligen Moduleinrichtungstabelle ihrem jeweiligen Verwendungszweck zugeordnet.

HINWEIS: Unter der Voraussetzung, dass eine automatische Nummernvergabe eingerichtet ist, wird bei Neuanlage eines Datensatzes – wie eines neuen Artikels oder eines Auftrags – nach Verlassen des Feldes *Nr.* automatisch eine neue Nummer vergeben. ■

3.3.2.1 Nummernserienverwaltung

Die Nummernserienverwaltung erfolgt im Windows-Client zentral über die Suche und den Link *Nummernserie*. Jede Nummernserie wird hier mit einem eindeutigen Code und einer Beschreibung identifiziert. Zum Bearbeiten der Nummernserie kann das Bearbeitungsfenster über die Schaltfläche *Liste bearbeiten* auf der Registerkarte *Start* oder per Doppelklick geöffnet werden.

Soll eine Nummer automatisch vom System vergeben werden – beispielsweise eine Auftragsnummer bei Neuanlage eines Auftrags –, ist das Kontrollkästchen in der Spalte *Standardnr.* zu aktivieren. Damit eine Nummer – beispielsweise eine Artikelnummer – vom Benutzer frei vergeben werden kann, kann das Kontrollkästchen *Manuelle Nr.* markiert werden. Über das Kontrollkästchen *Chronologisch* können Lücken im Nummernkreis unterbunden werden. Eine chronologische Reihenfolge sollte jedoch aufgrund der Systembelastung nur für solche Nummernserien eingestellt werden, bei denen dies tatsächlich erforderlich ist.

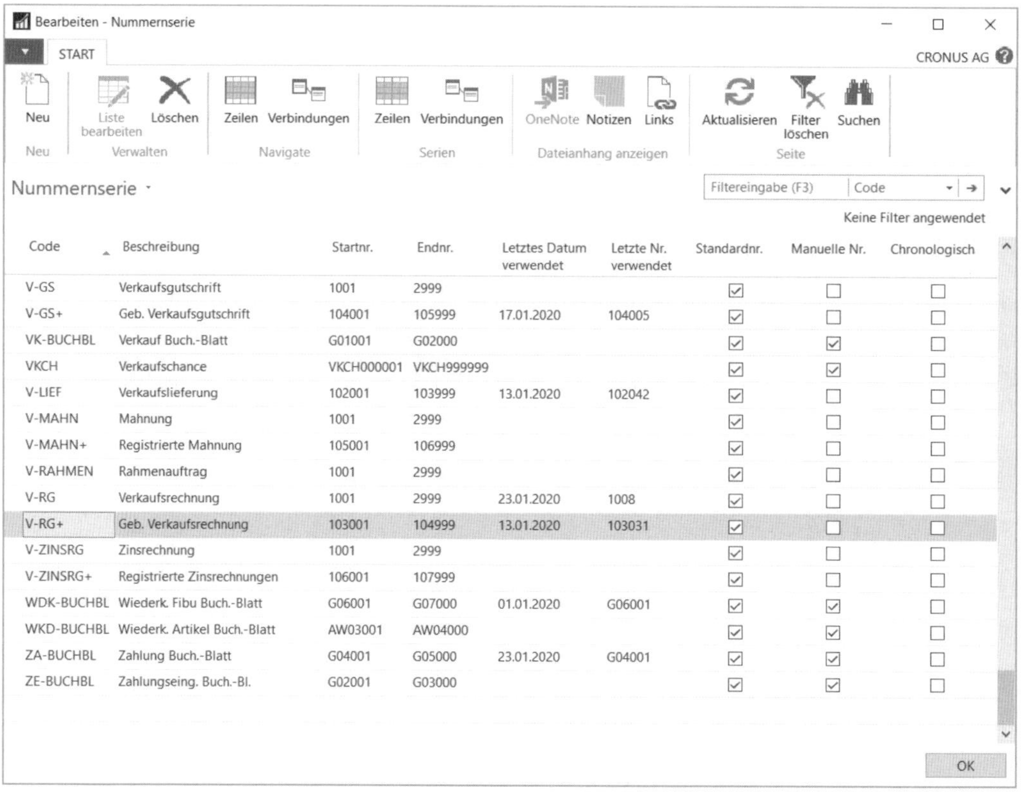

Code	Beschreibung	Startnr.	Endnr.	Letztes Datum verwendet	Letzte Nr. verwendet	Standardnr.	Manuelle Nr.	Chronologisch
V-GS	Verkaufsgutschrift	1001	2999			☑	☐	☐
V-GS+	Geb. Verkaufsgutschrift	104001	105999	17.01.2020	104005	☑	☐	☐
VK-BUCHBL	Verkauf Buch.-Blatt	G01001	G02000			☑	☑	☐
VKCH	Verkaufschance	VKCH000001	VKCH999999			☑	☑	☐
V-LIEF	Verkaufslieferung	102001	103999	13.01.2020	102042	☑	☐	☐
V-MAHN	Mahnung	1001	2999			☑	☐	☐
V-MAHN+	Registrierte Mahnung	105001	106999			☑	☐	☐
V-RAHMEN	Rahmenauftrag	1001	2999			☑	☐	☐
V-RG	Verkaufsrechnung	1001	2999	23.01.2020	1008	☑	☐	☐
V-RG+	Geb. Verkaufsrechnung	103001	104999	13.01.2020	103031	☑	☐	☐
V-ZINSRG	Zinsrechnung	1001	2999			☑	☐	☐
V-ZINSRG+	Registrierte Zinsrechnungen	106001	107999			☑	☐	☐
WDK-BUCHBL	Wiederk. Fibu Buch.-Blatt	G06001	G07000	01.01.2020	G06001	☑	☑	☐
WKD-BUCHBL	Wiederk. Artikel Buch.-Blatt	AW03001	AW04000			☑	☑	☐
ZA-BUCHBL	Zahlung Buch.-Blatt	G04001	G05000	23.01.2020	G04001	☑	☑	☐
ZE-BUCHBL	Zahlungseing. Buch.-Bl.	G02001	G03000			☑	☑	☐

Bild 3.13 Nummernserienverwaltung in NAV 2018

Die weiteren in den Nummernserien enthaltenen Spalten werden in den Nummernserienzeilen verwaltet.

3.3.2.2 Nummernserienzeilen

Um die Nummernserienzeilen zu öffnen, klicken Sie nach dem Markieren der jeweiligen Nummernserie in der Nummernserienverwaltung auf die Schaltfläche *Zeilen* auf der Registerkarte *Start* des Menübands. Alternativ können die Nummernserienzeilen auch durch einen Klick in die Spalte *Startnr.* oder *Endnr.* geöffnet werden.

In den Nummernserienzeilen können dann Startnummer und Endnummer der Nummernserie eingetragen werden. Durch Überschreiben des Eintrags in der Spalte *Letzte Nr. verwendet* lässt sich die nächste vom System vergebene Nummer ändern.

HINWEIS: Durch die Eintragung mehrerer Zeilen mit unterschiedlichem Startdatum in den Nummernserienzeilen können unterschiedliche Nummernkreise vorab definiert werden – beispielsweise wenn mit Jahresbeginn ein neuer Rechnungsnummernkreis begonnen wird.

3.3.2.3 Nummernserienverbindung

Die Nummernserienverbindungen dienen dazu, mehrere Nummernserien in einem Bereich zu verwenden. Sie werden in der Nummernserienverwaltung nach Auswahl der entsprechenden Zeile über die Schaltfläche *Verbindungen* auf der Registerkarte *Start* des Menübands geöffnet und verknüpfen eine Nummernserie mit anderen Nummernserien.

HINWEIS: So ist beispielsweise im Standard-Demomandanten „CRONUS AG" die Nummernserie „ARTIKEL1" mit den Artikelnummernserien „ARTIKEL2" bis „ARTIKEL5" verknüpft. Die Nummernserie „ARTIKEL1" ist in der Lagereinrichtung als Artikelnummernserie eingetragen, womit bei Neuanlage eines Artikels eine der fünf Artikelnummernserien über den AssistButton neben der Artikelnummer ausgewählt werden kann.

3.3.2.4 Nummernserienzuordnung

Die Zuordnung der Nummernserien zu den Stammdaten- und Buchungsbereichen erfolgt im Einrichtungsfenster der einzelnen Module. So werden beispielsweise die Nummernserien für die Lagerverwaltung im Inforegister *Nummerierung* in der Lagereinrichtung eingetragen.

In diesem Zusammenhang ist zu beachten, dass bei Nummernserien, die Buchungsbelege betreffen, zwischen ungebuchten und gebuchten Nummernserien unterschieden wird:

- So werden beispielsweise für Verkaufsrechnungen ein Nummernkreis für die Verkaufsrechnungserfassung und ein eigener Nummernkreis für die gebuchten Rechnungen geführt.
- In der *Debitoren & Verkauf*-Einrichtung ist dazu im Inforegister *Nummerierung* jeweils ein eigenes Feld für die Festlegung der Nummernserie für Rechnungsnummern und gebuchte Rechnungsnummern vorhanden.

HINWEIS: Im Demomandanten „CRONUS AG" sind Nummernserien für gebuchte Belege mit einem „+" gekennzeichnet. So lautet beispielsweise die Nummernserie für Kommissionierungsnummern „LAG-KOMM" und für gebuchte Kommissionierungsnummern „LAG-KOMM+".

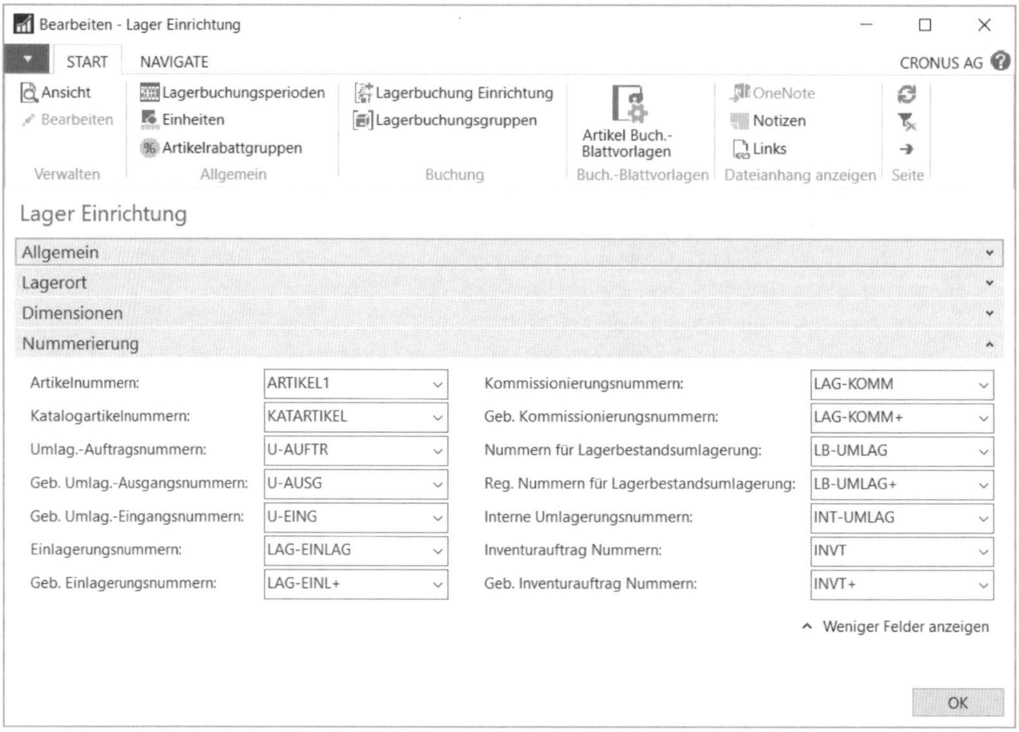

Bild 3.14 Nummernserienzuordnung in der „Lager Einrichtung“

Für Buchungsblätter kann die Nummernserienzuordnung auch in der jeweiligen *Buch.-Blattvorlage* erfolgen. So können Sie beispielsweise für Artikelbuchungsblätter (siehe Kapitel 6) eine Nummernserie in der entsprechenden *Artikel-Buch.-Blattvorlage* eintragen.

3.3.2.5 Einrichten einer alternativen Auftragsnummernserie

Um eine alternative Nummernserie - beispielsweise für Verkaufsaufträge - anzulegen, gehen Sie wie folgt vor:

1. Wählen Sie zum Aufruf der Nummernserienverwaltung die Suche und den Link *Nummernserie.*
2. Betätigen Sie die Tastenkombination *Strg+N* oder klicken Sie auf die Schaltfläche *Neu* auf der Registerkarte *Start* des Menübands, um eine neue Nummernserie anzulegen.
3. Tragen Sie Code und Beschreibung für die Nummernserie ein, die Kontrollkästchen *Standardnr.*, *Manuelle Nr.* und *Chronologisch* bleiben in diesem Beispiel leer.
4. Durch einen Klick auf das Feld in der Spalte *Startnr.* wechseln Sie in die Verwaltung der Nummernserienzeilen, wo Sie zumindest die Startnummer eintragen.
5. Danach schließen Sie die Nummernserienzeilen.
6. In der Nummernserienverwaltung markieren Sie anschließend die bestehende Nummernserie für Verkaufsaufträge.

HINWEIS: Welche Nummernserie für Verkaufsaufträge eingerichtet ist, finden Sie im Inforegister *Nummerierung* in der *Debitoren & Verkauf*-Einrichtung *(Abteilungen/Verkauf & Marketing/Verwaltung/Debitoren & Verkauf Einr.)*. Im Demomandanten „CRONUS AG" ist für Auftragsnummern die Nummernserie „V-AUFTR-1" hinterlegt.

7. Wählen Sie auf der Registerkarte *Start* der Nummernserienverwaltung die Schaltfläche *Verbindungen*, um die Nummernserienverbindungen für die Auftragsnummernserie zu öffnen. In den Nummernserienverbindungen erfassen Sie eine Zeile mit der neuen Nummernserie.
8. Danach können Sie die Nummernserienverwaltung schließen.
9. Wenn Sie nun einen neuen Verkaufsauftrag (siehe Kapitel 5) anlegen, können Sie über den AssistButton neben der Auftragsnummer eine Nummer aus der neuen Nummernserie wählen.

3.3.3 Währungen

Jede wertmäßige Transaktion in Dynamics NAV wird in der Eigenwährung aus der *Finanzbuchhaltung Einrichtung* und gegebenenfalls zusätzlich in einer Fremdwährung gebucht. Währungen sind daher im gesamten System von zentraler Bedeutung.

Die Listenseite zur Verwaltung von Währungen und Wechselkursen wird über die Suche und den Link *Währungen* geöffnet. Eine neue Währung wird hier über die Tastenkombination *Strg+N* oder die Schaltfläche *Neu* auf der Registerkarte *Start* des Menübands angelegt. Nach der Eintragung von Währungscode und Beschreibung werden im Inforegister *Allgemein* der Währungskarte die Sachkonten für die Buchung von Kursgewinnen/-verlusten und im Inforegister *Rundung* Einstellungen zur Betragsrundung definiert. Für die Rechnungsrundungspräzision und die Betragsrundungspräzision sollte zumindest ein Wert von 0,01 eingetragen werden, damit im Finanzmanagement auf den Cent genau gebucht wird, auch wenn für die Stückpreise eine höhere Genauigkeit eingestellt ist.

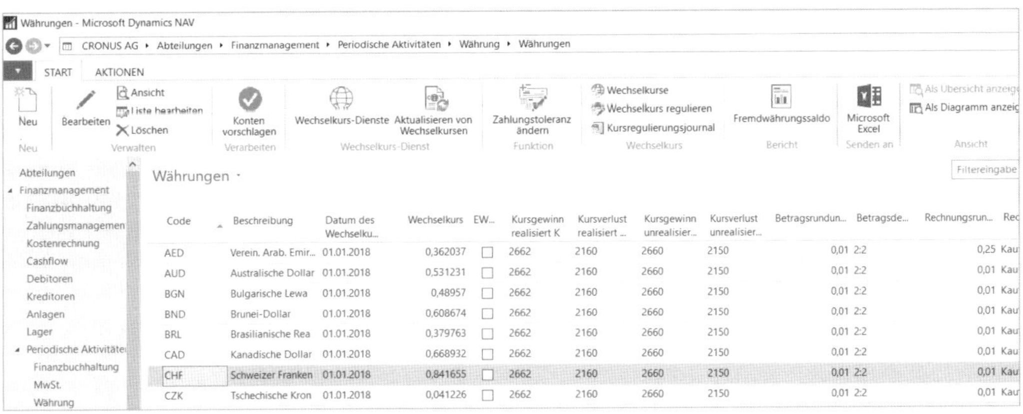

Bild 3.15 Listenseite Währungsverwaltung

Zur Eintragung der Wechselkurse wird nach Auswahl der betroffenen Währung die Wechselkursverwaltung über die Schaltfläche *Wechselkurse* im Menüband geöffnet. Wechselkurse werden in chronologischer Reihenfolge laufend erfasst, damit mit aktuellen Kursen gerechnet werden kann.

Weiters ist es auch möglich, die aktuellen Wechselkursinformationen aus dem Internet abzurufen. Dabei ist ein entsprechender Wechselkursdienst einzurichten und danach kann die Funktion *Aktualisieren von Wechselkursen* verwendet werden.

Als Beispiel für das Erfassen von Wechselkursen wird eine Zeile für die Wechselkursumrechnung zum 1.1.2018 erfasst, bei der für einen Euro (Eigenwährung laut *Finanzbuchhaltung Einrichtung*) ein Wert von 1,3228 US-Dollar angegeben wird. Die Spalte *Bezug auf Wechselkursbetrag* definiert die Umrechnungsbasis – wenn hier im Beispiel statt 1,0 ein Wert von 100 eingetragen wird, dann bezieht sich der Kurs auf 100 Euro.

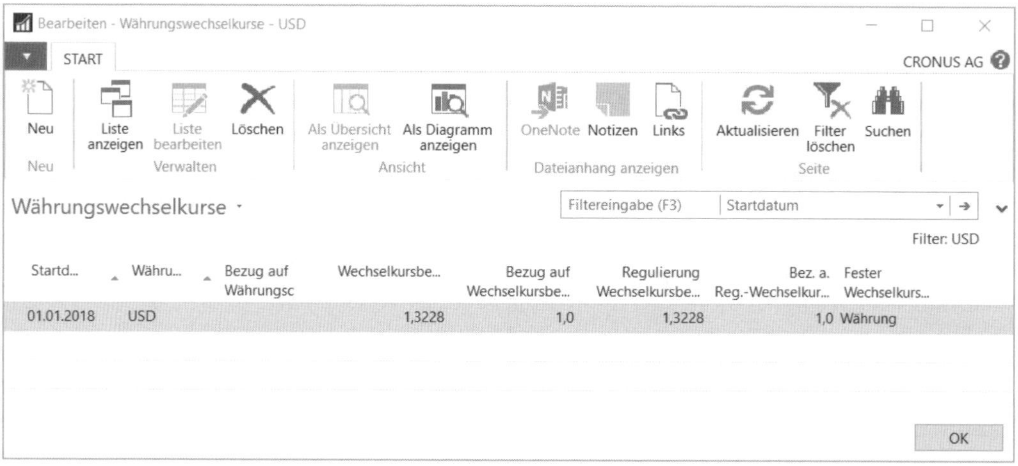

Bild 3.16 Erfassen der Wechselkurse zur Währung „USD“

> **HINWEIS:** Über die Spalte *Bezug auf Wechselkursbetrag* kann auch ein Umkehrkurs erfasst werden. Im Beispiel der USD wäre in diesem Fall in die Spalte *Wechselkursbetrag* der Wert 1,0 und in die Spalte *Bezug auf Wechselkursbetrag* der Wert 0,7560 einzutragen.

Die Spalte *Bezug auf Währungscode* in der Wechselkursverwaltung bleibt normalerweise leer – sie wird nur dann ausgefüllt, wenn eine direkte Umrechnung zwischen zwei Fremdwährungen erfasst werden soll. In der Spalte *Fester Wechselkursbetrag* schließlich wird festgelegt, welcher Wert im Zuge der Erfassung von Buchungen verändert werden darf.

3.3.4 Perioden

Buchhaltungsperioden dienen in Dynamics NAV zur Festlegung des Geschäftsjahres und zur Durchführung des Jahresabschlusses. Über die Buchhaltungsperioden wird jede Buchung einem Geschäftsjahr zugeordnet. Es wird damit aber nicht festgelegt, ob mit einem bestimmten Buchungsdatum gebucht werden kann – dies wird in der *Finanzbuchhaltung Einrichtung* beziehungsweise der *Benutzer Einrichtung* bestimmt.

Die Verwaltung der Buchhaltungsperioden erfolgt über die Suche und den Link *Buchhaltungsperioden*. Perioden werden durch das Startdatum gekennzeichnet und können – je nach Anforderungen – beliebig lang sein. Das Enddatum einer Periode wird durch das Startdatum der nächsten Periode bestimmt.

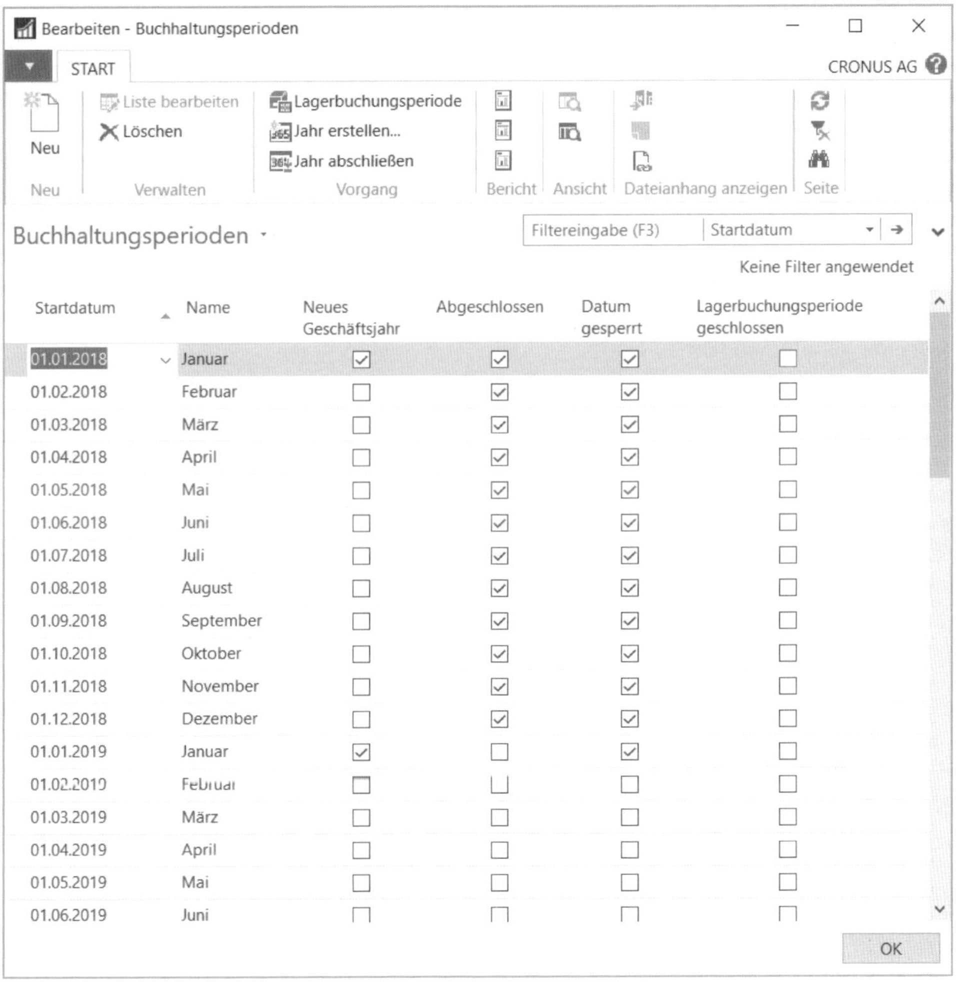

Bild 3.17 Verwaltung der Buchhaltungsperioden

Buchhaltungsperioden werden normalerweise über die Schaltfläche *Jahr erstellen* auf der Registerkarte *Start* des Menübands angelegt, mittels der nach dem Eintragen von Startdatum, Periodenanzahl und Periodenlänge (meist „1M“ für Monatsperioden) ein Geschäftsjahr komplett erstellt wird.

Über die Schaltfläche *Jahr abschließen* auf der Registerkarte *Start* des Menübands werden die Perioden eines Geschäftsjahres gesperrt, abgeschlossene Perioden sind durch eine Markierung in der Spalte *Datum gesperrt* gekennzeichnet und können nicht wieder geöffnet werden. Hierbei ist zu beachten, dass durch das Abschließen die Periodendefinition (Periodenzeile) gesperrt wird. Buchungen sind – falls in der *Finanzbuchhaltung Einrichtung* zugelassen – auch nach Geschäftsjahresabschluss möglich, wobei diese Buchungen in der Spalte *Nachbuchung* der Sachposten (im Standard nicht sichtbar) gekennzeichnet sind.

Nach dem Abschluss eines Geschäftsjahres steht das Ultimodatum zwischen dem letzten Tag des alten und dem ersten Tag des neuen Geschäftsjahres für Abschlussbuchungen in Fibu-Buchungsblättern zur Verfügung. Sobald die Buchung der Abschlussbuchungen abgeschlossen ist, kann die GuV-Kontennullstellung über die Suche und den Link *GuV-Konten Nullstellung* durchgeführt werden.

HINWEIS: Für die Buchung der GuV-Kontennullstellung verwendet NAV 2018 das Ultimodatum (beispielsweise „U31.12.2018“).

Neben den Buchhaltungsperioden sind in anderen Bereichen zusätzliche Perioden- und Kalenderdefinitionen vorhanden:

- Lagerbuchungsperioden können zur Definition zulässiger Datumsbereiche für Lagerbuchungen eingesetzt werden. Sie werden über die Schaltfläche *Lagerbuchungsperiode* aus den Buchhaltungsperioden oder über die Suche und den Link *Lagerbuchungsperioden* geöffnet und zeilenweise durch Angabe ihres Enddatums angelegt.
- Ist eine Lagerbuchungsperiode geschlossen, können keine Lagerbuchungen bis zum Enddatum der Periode erfolgen. Vor dem Schließen einer Lagerbuchungsperiode sollte die Lagerregulierung durchgeführt und auf Sachkonten gebucht werden (siehe Kapitel 9).
- Basiskalender können in der Logistik zur Definition der arbeitsfreien Tage herangezogen werden. Sie werden über die Suche und den Link *Basiskalender* gepflegt.
- Basiskalender können durch Eintragung des gewünschten Basiskalendercodes in den Firmendaten allgemein sowie auf Ebene einzelner Kunden (Debitoren), Lieferanten (Kreditoren) und Lagerorte hinterlegt werden. Durch Angabe eines Basiskalendercodes in einem Bereich ist jeweils über das Feld *Spezifischer Kalender* auch die Möglichkeit gegeben, vom eingetragenen Basiskalender im Einzelfall abweichende arbeitsfreie Tage zu kennzeichnen.
- Für den Produktionsbereich kann ein Betriebskalender zur Definition von Schichten über die Suche und den Link *Betriebskalender* hinterlegt werden.

3.3.5 Weitere Einrichtung

Neben den zuvor beschriebenen Elementen der Mandanteneinrichtung sind auch weitere Bereiche bei der Einrichtung von Dynamics NAV wesentlich.

3.3.5.1 Adressformat

Wenn eine Adresse im Ausland von Kunden (Debitoren), Lieferanten (Kreditoren), Lagerorten und anderen Bereichen erfasst werden soll, muss der Ländercode des betroffenen Lands in der Länder-/Regionstabelle angelegt sein. Die Verwaltung der Länder-/Regionstabelle, die neben dem Ländernamen auch das Adressformat im jeweiligen Land bestimmt, erfolgt über die Suche und den Link *Länder/Regionen*. Das Adressformat gibt hierbei die Reihenfolge der Ausgabe von Postleitzahl und Ortsnamen im Adressblock an. Für das eigene Land (Adressen ohne Ländercode) wird das Adressformat in der *Finanzbuchhaltung Einrichtung* bestimmt.

3.3.5.2 Postleitzahlen

Im Gegensatz zum Ländercode können Postleitzahlen und Ortsnamen bei der Adresseingabe frei erfasst werden. Als Unterstützung für die Eingabe ist es dennoch sinnvoll, die Postleitzahlentabelle mit häufig benötigten Werten manuell oder per Datenimport zu befüllen – in vielen Ländern stehen hierzu die Postleitzahlen im Internet als Download zu Verfügung.

3.3.5.3 Sprachen

Hinsichtlich der Sprachen ist zwischen den Sprachcodes, die der Anwender für die eigene Benutzeroberfläche in der Menüleiste auswählen kann, und den Sprachcodes für externe Belege zu unterscheiden, die dem jeweiligen Kunden (Debitor) und Lieferanten (Kreditor) zugeordnet werden. Diese Sprachcodes werden über die Suche und den Link *Sprachen* verwaltet.

Für diese Sprachen können dann im jeweiligen Verwaltungsfenster – wie Artikelstamm, Zahlungsbedingungen oder Lieferbedingungen – über das Menüband Übersetzungen angelegt werden. So wird im Artikelstamm eine fremdsprachige Artikelbeschreibung über die Schaltfläche *Übersetzungen* in der Registerkarte *Navigate* verwaltet.

Die Zuordnung der Windows-Sprach-ID in der Sprachenverwaltung ist erforderlich, um für Textkonstanten auf externen Belegen (wie „Rechnungsnr." auf der Verkaufsrechnung) die programminterne Übersetzung zu erhalten. Hierbei sollten nur installierte Sprachen – das sind Sprachen, die dem Anwender für die Benutzeroberfläche zur Verfügung stehen – ausgewählt werden, da nur diese übersetzt werden.

3.3.5.4 Parameter

Allgemeine Parameter werden in jedem Modul in einem eigenen Einrichtungsfenster verwaltet – beispielsweise die Finanzbuchhaltungseinrichtung unter *Finanzbuchhaltung Einrichtung* oder die Lagereinrichtung unter *Lager Einrichtung*.

Über die Parameter und die weitere Mandanteneinrichtung – wie Buchungsmatrix und Zahlungsbedingungen – können aus den von Dynamics NAV unterstützten Varianten zur Abwicklung der Geschäftsprozesse diejenigen Einstellungen gewählt werden, die den Anforderungen des Unternehmens am besten entsprechen.

Die Mandanteneinrichtung ist hierbei eine zentrale Aufgabe bei der Implementierung von Dynamics NAV und sollte mit entsprechender Sorgfalt und – je nach Rahmenbedingungen – unter Einbeziehung von Experten durchgeführt werden. Neben der hier beschriebenen allgemeinen Grundeinstellung ist modulbezogen eine weitere Einrichtung erforderlich und im jeweiligen Kapitel beschrieben. Von zentraler Bedeutung ist in diesem Zusammenhang die Einrichtung der Finanzbuchhaltung (siehe Kapitel 9), da diese den Kern von Dynamics NAV darstellt und die Basis für fast alle anderen Bereiche bildet.

3.4 Grundlegende Stammdaten

Als nächster Schritt nach der Einrichtung eines Mandanten werden Stammdaten für Bereiche wie Artikel, Sachkonten oder Lieferanten erfasst, bevor Geschäftsprozesse über die Buchung von Transaktionen abgewickelt werden können.

3.4.1 Artikelstamm

Die Artikelverwaltung bildet eine grundlegende Basis für alle Bereiche von Warenwirtschaft und Supply Chain Management. Der Artikelstamm enthält daher für fast alle Unternehmensbereiche eine Vielzahl von Informationen zur Beschreibung von Materialien.

Wie alle Stammdaten in Dynamics NAV wird der Artikelstamm zentral in einer gemeinsamen Verwaltungsseite geführt. Diese kann von Mitarbeitern unterschiedlicher Abteilungen und Rollen direkt aufgerufen werden.

HINWEIS: Im Rahmen dieses Kapitels werden nur die wichtigsten Einstellungen im Artikelstamm erläutert. Detailliertere Informationen zu den für Einkauf, Verkauf, Lager und Produktion relevanten Artikeldaten sind im jeweiligen Kapitel enthalten. Erklärungen zu Buchungseinstellungen und zur Lagerbewertung finden Sie in Kapitel 9.

3.4.1.1 Artikelübersicht

Die Listenseite zur Verwaltung der Artikel kann von allen relevanten Modulen aus geöffnet werden, beispielsweise über den Link *Abteilungen/Lager/Planung & Ausführung/Artikel*. Zusätzlich ist die Artikelverwaltung auf der Startseite vieler Rollen unter der Menüoption *Artikel* verfügbar.

Die Artikelverwaltung zeigt in der Artikelübersicht eine Zusammenfassung der wesentlichen Daten zur Auswahl eines Artikels, Detaildaten werden in der zugehörigen Artikelkarte verwaltet. Für einen ersten Überblick sind die folgenden Spalten im Listenbereich der Artikelübersicht wesentlich:

- **Nr. (Artikelnummer)** – eindeutige Kennung, kann automatisch vergeben werden (Voraussetzung: In der Lager-Einrichtung ist eine Nummernserie für Artikelnummern eingetragen).
- **Beschreibung** – Kurzbeschreibung des Artikels, wie er in Auftrags- und Bestellzeilen übernommen wird.
- **Montagestückliste** – automatisch gesetzt, wenn für den betroffenen Artikel eine Montagestückliste (siehe Kapitel 5) vorhanden ist.
- **Basiseinheitencode** – Mengeneinheit, in der der Artikel am Lager geführt wird.
- **Einstandspreis ist reguliert** – gibt an, ob der Einstandspreis gemäß Lagerabgangsmethode aktualisiert ist (siehe Kapitel 9).
- **Einstandspreis** – aktueller Lagerwert pro Mengeneinheit.
- **VK-Preis** – Basis-Verkaufspreis in Eigenwährung.
- **Kreditorennr.** – Hauptlieferant, Vorschlagswert in Bestellvorschlägen.
- **Suchbegriff** – Such- und Sortierkriterium; wird automatisch in Großbuchstaben aus dem Feld *Beschreibung* übernommen (kann überschrieben werden).
- **Gesperrt** – zeigt, ob der Artikel für Buchungen gesperrt ist.

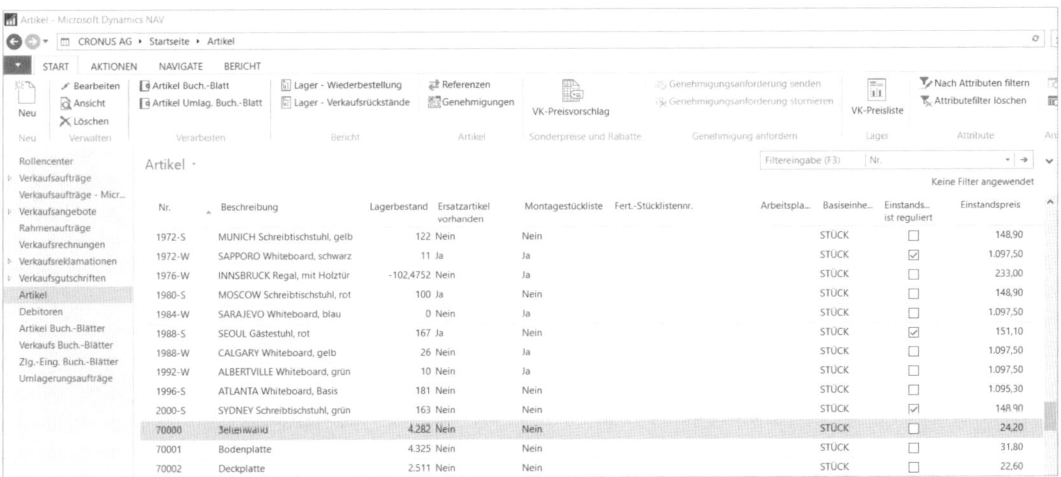

Bild 3.18 Anzeige der Artikel in der Artikelübersicht

Zur Bearbeitung der Detaildaten eines Artikels dient die Aufgabenseite (Artikelkarte), die über einen Doppelklick auf die betreffende Zeile in der Artikelübersicht geöffnet wird.

3.4.1.2 Artikelkarte

In der Artikelübersicht gezeigte Basisinformationen wie die Artikelnummer, die Beschreibung und der Basiseinheitencode werden in den Inforegistern in der Artikelkarte geführt. Zusätzlich bieten hier FlowFields wie Lagerbestand und Menge in Bestellung Informationen zur Bestandssituation des Artikels.

Das Inforegister *Einstandspreise und Buchung* enthält mit der Produktbuchungsgruppe und der Lagerbuchungsgruppe zentrale Einstellungen zur Sachkontenintegration. Die Produktbuchungsgruppe bildet als allgemeine Buchungsgruppe gemeinsam mit der Debitoren- beziehungsweise Kreditorenbuchungsgruppe die Basis für die Kontenfindung in der Buchungsmatrix. Die Lagerbuchungsgruppe definiert als spezielle Buchungsgruppe das gebuchte Bestandskonto. Solange kein Eintrag in diese Felder erfolgt ist, kann für den betroffenen Artikel keine Transaktion gebucht werden. Zusätzlich wird über die *MwSt.*-Produktbuchungsgruppe bestimmt, ob für den Artikel der normale Steuersatz gültig ist oder ob ein ermäßigter Steuersatz Anwendung findet. Details zur Buchungsmatrix und zur Steuerberechnung wie auch zur Lagerabgangsmethode und zum Einstandspreis finden Sie in Kapitel 9.

HINWEIS: Zur Vereinfachung der Buchungseinstellungen können Sie die Artikelvorlagen benutzen. In den Artikelvorlagen können Vorgabewerte für Buchungsgruppen und Lagerabgangsmethoden der jeweiligen Artikel hinterlegt werden.

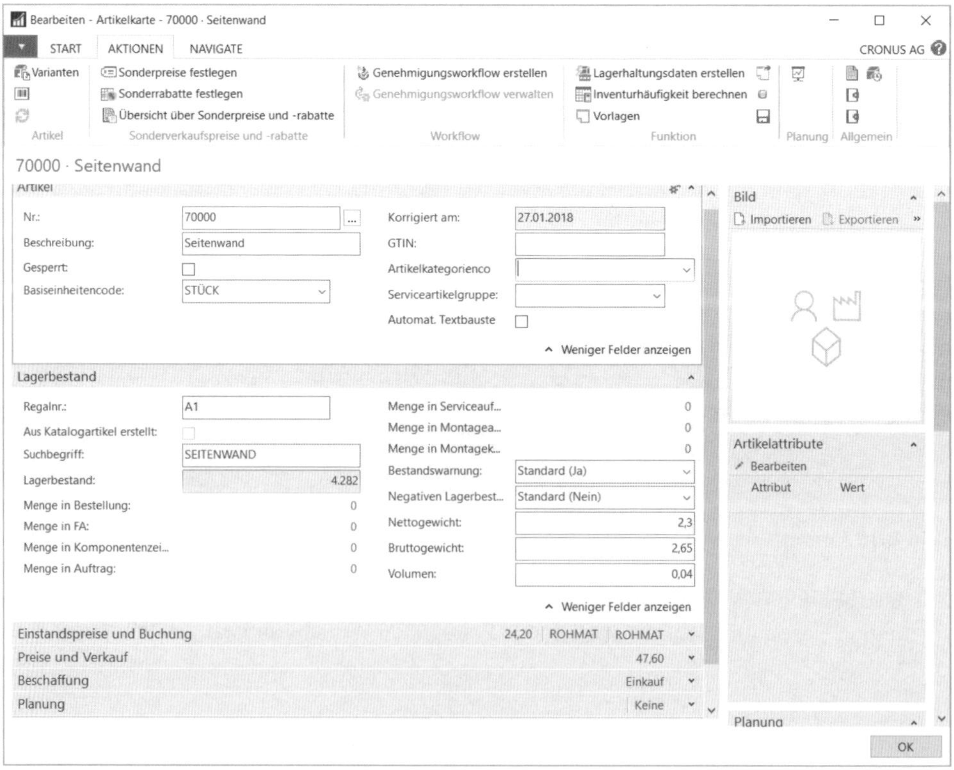

Bild 3.19 Artikelkarte nach Aufruf aus der Artikelübersicht

Neben den Buchungseinstellungen werden im Inforegister *Einstandspreise und Buchung* auch der Einstandspreis - *Kosten letzter Einkauf* -und *indirekte Kosten %* geführt.

Das Feld *Kosten letzter Einkauf* wird automatisch mit dem Preis der letzten gebuchten Eingangsrechnung für den Artikel aktualisiert. Der Zusammenhang zwischen Einstandspreis, Deckungsbeitrag und VK-Preis wird über das Feld *VK-Preis/DB - Berechnung* auf dem Inforegister *Preise und Verkauf* hergestellt: Je nach Auswahl wird der Verkaufspreis aus dem eingetragenen Deckungsbeitrag (DB%) oder der Deckungsbeitrag aus der Differenz von Einstandspreis und VK-Preis berechnet.

Im Inforegister *Beschaffung* wird für Einkaufsartikel der Standardvorschlag „Einkauf" als Beschaffungsmethode belassen. Die Beschaffungsmethode „Fertigungsauftrag" wird für Fertigerzeugnisse und Halbfabrikate gewählt, die im Unternehmen über Fertigungsaufträge erzeugt werden (siehe Kapitel 7). Die Beschaffungsmethode „Montage" wird für Set-Artikel im Verkauf und für einfache Montagen genutzt (siehe Kapitel 5).

Im Inforegister *Artikelverfolgung* wird über den Artikelverfolgungscode festgelegt, ob und für welche Transaktionen Chargen- oder Seriennummern erfasst werden müssen. Details zur Artikelverfolgung sind in Kapitel 6 enthalten.

Für interne Hinweise steht die Schaltfläche *Bemerkungen* in der Registerkarte *Navigate* des Menübands und - unabhängig davon - die Infobox *Notizen* zur Verfügung.

HINWEIS: Wenn Sie einen Hinweis in der Infobox *Notiz* erfassen, können Sie diesen als Benachrichtigung an einen Benutzer senden. Dazu markieren Sie das Kontrollkästchen *Benachrichtigen* im Neuanlagefenster der Notiz, womit die Notiz im Rollencenter (Bereich *Meine Benachrichtigungen*) des jeweiligen Benutzers angezeigt wird. ■

3.4.1.3 Schaltflächen im Menüband der Artikelkarte

Sollen im Artikelstamm längere Beschreibungen und Texte gespeichert werden, die zur jeweiligen Artikelposition in Verkaufsaufträgen und Einkaufsbestellungen übernommen werden, können (auch fremdsprachige) Textbausteine über die Funktion *Textbausteine* in der Registerkarte *Navigate* erfasst werden. Die Erfassung fremdsprachiger Kurzbeschreibungen, die in fremdsprachigen Aufträgen und Bestellungen die Artikelbeschreibung aus dem Artikelstamm ersetzen, erfolgt über die Funktion *Übersetzungen* auf der Registerkarte *Navigate*.

Des Weiteren sind folgende Funktionen im Menüband von allgemeiner Bedeutung:

- **Posten** auf der Registerkarte *Navigate* - zeigt Artikelposten an (mengenmäßige Lagertransaktionen).
- **Statistik** auf der Registerkarte *Navigate* - bietet einen Überblick der Geschäftszahlen zum Artikel.
- **Artikelverfügbarkeit nach Lagerort** auf der Registerkarte *Navigate* - dient zur Abfrage einer Übersicht aktueller Lagerbestandsdaten.
- **Artikel kopieren** auf der Registerkarte *Aktionen* - für das Anlegen eines Artikels, der ähnlich zum gewählten Artikel ist.

- **Einheiten** auf der Registerkarte *Navigate* – dient zur Eintragung unterschiedlicher Mengeneinheiten und deren Umrechnung, wie in der Schritt-für-Schritt-Anleitung weiter unten für die Basismengeneinheit beschrieben.
- **Ersatzartikel** auf der Registerkarte *Navigate* – zum Hinterlegen von Ersatzartikeln für den betroffenen Artikel (Ersatzartikel werden im Verkaufsauftrag vorgeschlagen, wenn die Auftragsmenge die verfügbare Menge übersteigt).

Verkaufspreise und Verkaufsrabatte können über die Funktionen *Sonderpreise festlegen* und *Sonderrabatte festlegen* in der Gruppe *Sonderverkaufspreise und -rabatte* der Registerkarte *Start* verwaltet werden.

Lieferanten, Einkaufspreise und Einkaufsrabatte können über analoge Funktionen in der Gruppe *Einkauf* der Registerkarte *Navigate* verwaltet werden. Details dazu sind in Kapitel 4 für den Einkauf und in Kapitel 5 für den Verkauf enthalten.

3.4.1.4 Erstellen eines Artikels

Um einen neuen Artikel – im Beispiel einen Handelsartikel im Demomandanten „CRONUS AG“ beschränkt auf die wichtigsten Daten – anzulegen, gehen Sie wie folgt vor:

1. Wählen Sie auf der Startseite die Menüoption *Artikel* zur Anzeige der Artikelübersicht. Falls diese Menüoption nicht auf der Startseite Ihrer Rolle vorgesehen ist, wählen Sie die Suche und den Link *Artikel*.
2. Betätigen Sie die Tastenkombination *Strg+N* oder klicken Sie auf die Schaltfläche *Neu* auf der Registerkarte *Start* des Menübands, um die Artikelkarte im Neuanlagemodus zu öffnen.
3. Wählen Sie für den neu anzulegenden Artikel eine Vorlage aus.
4. Betätigen Sie im Neuanlagefenster die *Eingabe*-Taste, um das Feld *Nr.* zu verlassen, womit die Artikelnummer automatisch aus der Standardnummernserie eingesetzt wird.
5. Wenn – wie im Demomandanten „CRONUS AG“ – zum Gruppieren der Artikel mehrere Nummernserien vorhanden sind, betätigen Sie den AssistButton rechts neben dem Artikelnummernfeld, falls Sie eine Nummer aus einer anderen Nummernserie als der Standardnummernserie verwenden wollen.
6. Im Inforegister *Allgemein* füllen Sie anschließend das Feld *Beschreibung* aus.
7. Im Feld *Basiseinheitencode* tippen Sie einen gültigen Code ein, beispielsweise „STÜCK“. Die Einheitenumrechnung wird für die eingetragene Einheit automatisch angelegt, sobald Sie das Feld verlassen.

   Falls Sie den betroffenen Einheitencode nicht kennen und die Basiseinheit über das Suchfenster auswählen wollen, müssen Sie die Einheit in der Einheitenumrechnung anlegen. Das können Sie am einfachsten aus dem Suchfenster zum Basiseinheitencode über die Schaltfläche *Neu* am unteren Rand des Suchfensters tun. In der Einheitenumrechnungsseite wählen Sie dann in der Spalte *Code* die gewünschte Einheit, in der Spalte *Menge pro Einheit* belassen Sie den Standardwert „1“. Danach schließen Sie die Einheitenumrechnung über die Schaltfläche *OK*, womit der Einheitencode in den Artikel übernommen wird.

HINWEIS: Alternativ können Sie Einheitenumrechnungen über die Schaltfläche *Einheiten* auf der Registerkarte *Navigate* anlegen und verwalten.

8. Im Inforegister *Einstandspreise und Buchung* wählen Sie im Feld *Lagerabgangsmethode* die gewünschte Option – für Handelsware wird oft der Standardvorschlag „FIFO“ übernommen.
9. Weitere Pflichtfelder in diesem Inforegister sind die *Produktbuchungsgruppe, MwSt.-Produktbuchungsgruppe* und *Lagerbuchungsgruppe.*
10. In der „CRONUS AG“ wählen Sie für Handelsware die Gruppen „HANDEL“ und „WEITERVERK“, die MwSt.-Produktbuchungsgruppe wird aus der Produktbuchungsgruppe vorbelegt. Durch Verwendung einer Vorlage werden diese Felder automatisch vorbelegt.
11. Als Vorschlagswert für den Wert des Artikels in manuellen Lagerbuchungen (beispielsweise Inventurzugänge) und für den Einkaufspreis in Bestellungen tragen Sie in den Feldern *Einstandspreis* und *Kosten letzter Einkauf* entsprechende Werte ein.
12. Falls keine zusätzlichen Daten einzutragen sind, können Sie die Erfassung der Artikelstammdaten anschließend über die Schaltfläche *OK* beenden.

3.4.2 Weitere Stammdaten

Neben dem Artikelstamm, der eine grundlegende Voraussetzung für das Erfassen von Transaktionen im gesamten Bereich der Materialwirtschaft darstellt, sind vor allem die Sachkonten im Kontenplan als zentraler Stammdatenbereich zu nennen.

Die Sachkonten bilden hierbei nicht nur die Basis für Buchungen im Finanzmanagement, sie sind aufgrund des hohen Integrationsgrades von Dynamics NAV auch Voraussetzung für die Buchung von Transaktionen in allen anderen Bereichen.

Weitere Stammdaten wie Lieferanten (Kreditoren), Kunden (Debitoren) oder Stücklisten bilden zusätzlich eine wesentliche Bedingung für die Arbeit im jeweiligen Bereich.

HINWEIS: Die Sachkonten im Kontenplan bilden zwar eine Grundvoraussetzung für die Arbeit in fast allen Bereichen von Dynamics NAV, werden aber normalerweise nur im Finanzmanagement verwaltet. Erläuterungen zu den Sachkonten finden Sie daher in Kapitel 9.

Hinweise zu bereichsbezogenen Stammdaten wie Lieferanten (Kreditoren) oder Stücklisten sind im jeweiligen Kapitel enthalten – Erklärungen zur Lieferantenverwaltung beispielsweise in Kapitel 4.

3.4.3 Debitor-/Kreditor-/Artikelvorlagen einrichten

Vorlagen dienen dazu, Benutzer bei der Neuanlage von Datensätzen durch eine automatische Vorbelegung von Feldinhalten zu unterstützen. So ist es beispielsweise oft sinnvoll, im Lieferantenstamm Vorlagen zu Kreditoren-Inland, Kreditoren-EU und Kreditoren-Drittland mit den entsprechenden Buchungseinstellungen zu definieren.

3.4.3.1 Grundlagen zu Stammdatenvorlagen

Zu jeder Stammtabelle können beliebig viele Stammdatenvorlagen angelegt werden. Die Verwaltung der Vorlagen erfolgt über die Suche und den Link *Debitor-/Kreditor-/Artikelvorlagen einrichten*. Beim Anlegen einer neuen Vorlage wird nach Eintragung eines Vorlagencodes die Tabellen-ID der Tabelle eingetragen, für die die Vorlage erstellt werden soll – beispielsweise „27" für die Artikelverwaltung. In den Zeilen der Datenvorlage werden anschließend die benötigten Felder mit dem jeweiligen Vorschlagswert eingetragen.

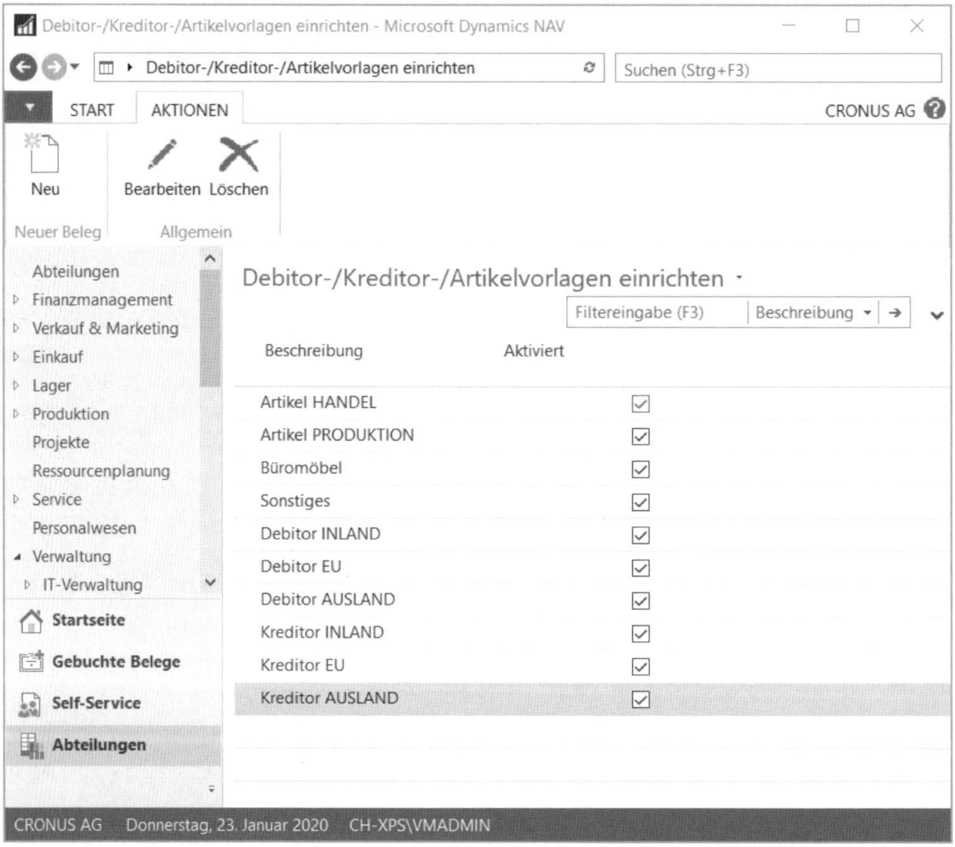

Bild 3.20 Stammdatenvorlagen

Um eine Vorlage zu benutzen, muss die Vorlage aktiv sein. Wird nun ein neuer Stammdatensatz angelegt, erscheint automatisch bei der Anlage die Frage, welche Vorlage verwendet werden soll.

HINWEIS: Vorlagen können nicht nur bei der Neuanlage verwendet werden. Sie können auch bestehende Stammsätze über die Schaltfläche *Vorlage anwenden* auf der Registerkarte *Aktionen* mit Feldwerten aus der Vorlage überschreiben.

3.5 Werkzeuge zur Systemeinrichtung

Zur Unterstützung bei der Einrichtung eines neuen Mandanten stehen in Dynamics NAV die RapidStart-Services für Microsoft Dynamics NAV zur Verfügung.

3.5.1 RapidStart-Services

Nach dem Erstellen eines neuen Mandanten können die RapidStart-Services im Windows-Client zur Unterstützung des Einrichtungsprozesses genutzt werden. Die RapidStart-Services sind hierbei als Unterstützung für Microsoft-Partner bei der Implementierung von Dynamics NAV konzipiert.

Sie enthalten dazu einerseits ein Arbeitsblatt mit Tabellen zur Mandanteneinrichtung und andererseits auch Fragebogen zur Konfiguration. Zusätzlich stehen Standardeinrichtungsdaten zur Verfügung, die die Einrichtung eines Mandanten mit allgemein üblichen Einstellungen enthalten und individuell angepasst werden können.

Die Menübefehle der RapidStart-Services können über den Link *Verwaltung/Anwendung Einrichtung/Allgemein/RapidStart Services for Microsoft Dynamics NAV* aufgerufen werden.

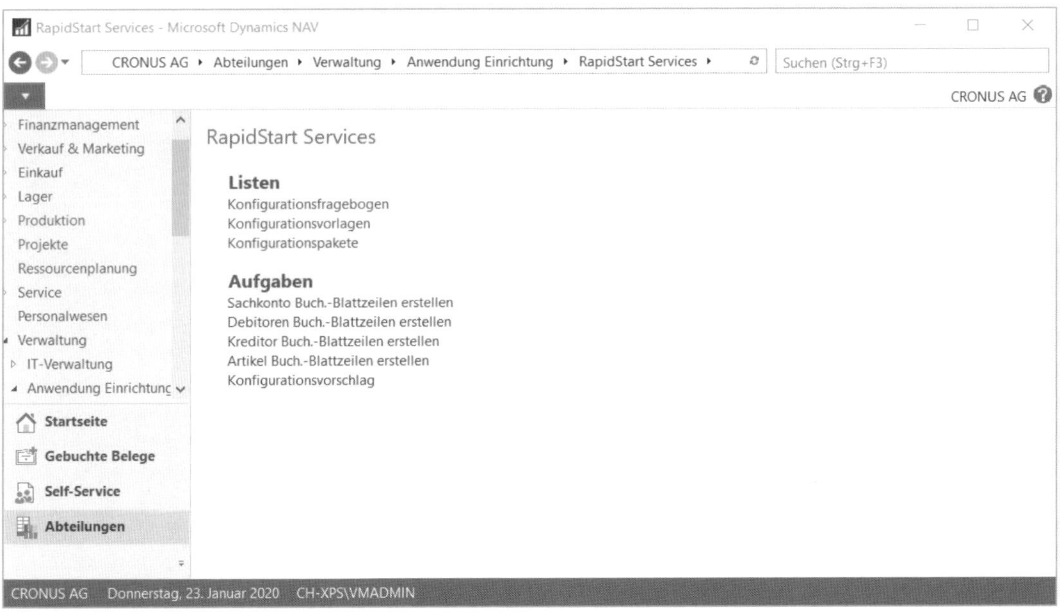

Bild 3.21 Menüoptionen der RapidStart-Services in Microsoft Dynamics NAV

Das Arbeitsblatt mit Konfigurationstabellen kann hier über den Link Konfigurationsvorschlag geöffnet werden. Die Liste mit Tabellen kann im Konfigurationsvorschlag entweder zeilenweise manuell (mit Zeilenart „Tabelle“) erfasst oder über die Schaltfläche *Tabellen abrufen* auf der Registerkarte *Aktionen* des Menübands generiert werden. Für die eingetragenen Tabellen zeigt dann die Spalte *Anzahl Datensätze*, wie viele Datensätze jeweils bereits erfasst sind. In der Spalte *Status* kann eingetragen werden, wie weit die Einrichtung fortgeschritten ist.

Über die Schaltflächen *Nach oben* und *Nach unten* auf der Registerkarte *Aktionen* des Menübands kann die Reihenfolge der Zeilen geändert werden, durch manuelle Eintragung zusätzlicher Zeilen der Zeilenart „Fläche" (Bereich) und „Gruppe" ist eine weitere Gliederung möglich. Nach dem Auswählen einiger oder aller Tabellen können diese über die Schaltfläche *Paket zuweisen* einem Konfigurationspaket zugewiesen und im Konfigurationspaket weiterbearbeitet, exportiert und importiert werden.

HINWEIS: Die Dynamics NAV-Hilfe enthält weitere Hinweise zum Einrichten eines Mandanten mithilfe der RapidStart-Services.

4 Lagerverwaltung

In diesem Kapitel werden Sie alle wesentlichen Funktionen des Logistik- und Lagermoduls von Dynamics NAV kennenlernen. Sinnvollerweise sollten Sie bereits einen Überblick über die grundlegenden Funktionalitäten des Artikelstamms haben und einfache Einkaufsbestellungen und Verkaufsaufträge anlegen können.

Ausgehend vom bereits bekannten Artikelstamm werden Lager- und Logistikprozesse besprochen, wie sie typischerweise in Unternehmen vorkommen können. Dies beinhaltet insbesondere erweiterte Lagerfunktionen und die damit verbundenen Geschäftsprozesse.

HINWEIS: Die Beschreibungen in diesem Kapitel zeigen die Arbeit im Windows-Client, wobei sich Abbildungen und Menüoptionen auf die Standardrolle „LAGER-MITARBEITER-WMS" beziehen. Entsprechende Berechtigungen vorausgesetzt, können Sie dieses Profil Ihrer Benutzer-ID über die Benutzeranpassung selbst zuordnen oder von Ihrem Systemadministrator zuordnen lassen.

4.1 Überblick

Die Logistikmodule von Dynamics NAV unterstützen mit ihren Funktionen die Abwicklung erweiterter Lagerprozesse, wie zum Beispiel die Handhabung von Artikeln innerhalb eines Lagers auf Zonen- und/oder Lagerplatzebene, die Abwicklung von gesteuerten Kommissionierungen und Einlagerungen sowie die Entwicklung einer Umgebung mit mobiler Datenerfassung.

4.1.1 Das Lager in Dynamics NAV

Der Waren- und Informationsfluss (Lagerprozess) innerhalb eines Lagers kann grundsätzlich in drei Unterprozesse unterteilt werden:

- **Wareneingangsprozess** – Warenempfang im Lager und Verfügbarmachung der Artikel.
- **Interne Lagerprozesse** – Bereitstellung von Artikeln für Umlagerung und Produktion.
- **Warenausgangsprozess** – Kommissionierung und Versand von Artikeln an Kunden und andere Lagerorte.

Bei Wareneingang und Warenausgang können zusätzlich zwei unterschiedliche Strategien unterschieden werden:

- **Auftragsspezifische Logistik** – Aufträge werden einzeln verarbeitet (in Dynamics NAV wahlweise mit den Funktionen *Lagerplatz, Einlagerung* und *Kommissionierung*).
- **Logistik für mehrere Aufträge** – In Unternehmen, in denen die Logistik ein zentraler Prozess ist, werden mehrere Aufträge gleichzeitig verarbeitet und gegebenenfalls zusammengefasst (in Dynamics NAV mit den Funktionen *Wareneingang* und *Warenausgang/Lieferung* sowie wahlweise mit *Lagerplatz, Einlagerung* und *Kommissionierung*).

Die folgende Abbildung zeigt eine Übersicht aller Lagerprozesse, wobei die Prozesse Warenausgang und Wareneingang auch miteinander verbunden sein können. So kann einerseits eine Einkaufsbestellung direkt mit einem Verkaufsauftrag verbunden sein, sodass die darin enthaltenen Artikel für keinen anderen Zweck verfügbar sind, andererseits besteht auch die Möglichkeit, Artikel im Wareneingang direkt unter Umgehung einer Einlagerung auszuliefern. Solange sich die Artikel im Lager befinden, können diese auch über Umlagerungen zwischen verschiedenen Lagerplätzen verschoben werden.

Dynamics NAV bietet zahlreiche Variationen dieser Prozesse; so kann bei Bedarf auf getrennte Einlagerungs- und Kommissionierungsprozesse auch verzichtet werden, ohne dass dadurch Funktionalität verloren geht. Es lassen sich damit die realen Prozesse eines Unternehmens abbilden, und zwar ohne dass die Unternehmensprozesse an die Anwendung angepasst werden müssen. Dynamics NAV ermöglicht es damit, sowohl die Prozesse komplexer produzierender Unternehmen als auch die Prozesse kleiner Handwerks- oder Handelsunternehmen effizient abzubilden.

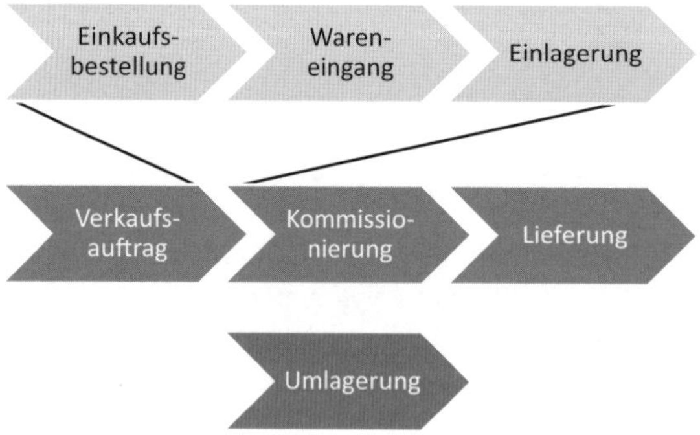

Bild 4.1 Übersicht über die grundlegenden Lagerprozesse Wareneingang, Warenausgang und Umlagerung

4.1.2 Zentrale Aufgaben der Lagerverwaltung

Die Startseite und das Rollencenter für die Standardrolle „Lagermitarbeiter" ermöglichen einen direkten Zugriff auf die zentralen Funktionen der Lagerverwaltung. Die oben genannten Lagerprozesse beinhalten dabei folgende Hauptaufgaben im Lager und werden in diesem Kapitel ausführlich erklärt:

- Einrichtung und Verwaltung der lagerbezogenen Stammdaten
- Kontrolle und Anpassung des Lagerbestands
- Konfiguration und Ausführung des Wareneingangsprozesses
- Konfiguration und Ausführung interner Lagerprozesse
- Konfiguration und Ausführung des Warenausgangsprozesses
- Einrichtung der Artikelverfolgung (Chargen- und Seriennummern)

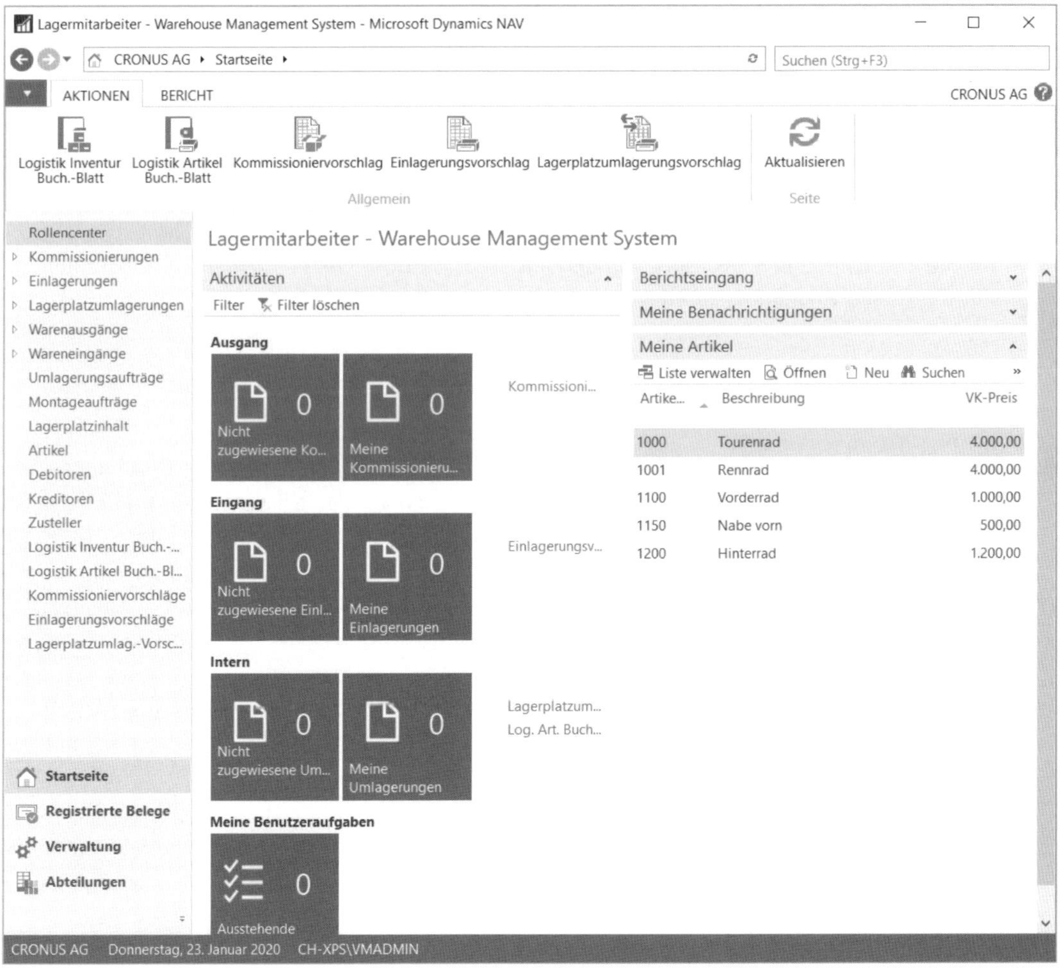

Bild 4.2 Rollencenter mit den zentralen Aufgaben der Standardrolle „Lagermitarbeiter"

4.1.3 Einrichtung Lager und Logistik

Wie in anderen funktionalen Modulen in Dynamics NAV stehen auch in der Lagerverwaltung umfangreiche Möglichkeiten zur Verfügung, um die Geschäftsprozesse und Stammdaten den Anforderungen des Unternehmens anzupassen.

4.1.3.1 Logistikeinrichtung

Die grundlegende Einrichtung des Lagerverwaltungssystems erfolgt über die Suche und den Link *Logistik Einrichtung*.

Die Kontrollkästchen *Wareneingang erforderlich*, *Einlagerung erforderlich*, *Warenausgang erforderlich* und *Kommissionierung erforderlich* im Inforegister *Allgemein* ermöglichen grundlegende Einstellungen, die auch auf Lagerortebene definiert werden können. Die Bedeutung dieser Kontrollkästchen wird in Abschnitt 4.1.4.1, „Einrichten von Lagerorten", besprochen. Angaben auf Lagerortebene haben eine höhere Priorität als die Angaben in der *Logistik Einrichtung*.

Des Weiteren befinden sich im Fenster *Logistik Einrichtung* im Inforegister *Allgemein* die Felder *Wareneingangsbuchungsmethode* und *Warenausgangsbuchungsmethode*; beide Felder können die Werte **Buchungsfehler werden nicht verarbeitet** und **Abbruch und ersten Buchungsfehler anzeigen** annehmen. Wenn ersterer ausgewählt ist, werden alle Dokumente unabhängig von Fehlern in den Buchungsroutinen gebucht. Nach dem Buchen wird angezeigt, wie viele Dokumente tatsächlich gebucht wurden. Es kann aber nicht festgestellt werden, welche Fehler eventuell aufgetreten sind. Im Inforegister *Nummerierung* können für die verschiedenen Logistikdokumente Nummernserien hinterlegt werden.

4.1.4 Lagerorte, Lagerzonen und Lagerplätze

Dynamics NAV bietet die Möglichkeit, verschiedene Lagerorte einzurichten. Diese stellen typischerweise örtlich getrennte Lager dar und können weiter in Lagerzonen und Lagerplätze unterteilt werden.

Lagerorte entsprechen beispielsweise verschiedenen Fabriken oder Produktionsstätten, Vertriebsstellen, Warenlagern, Ausstellungsräumen oder Servicefahrzeugen. Ein Lagerort ist damit einfach ein Ort, der die physische Platzierung von Artikeln und Artikelmengen verwaltet.

Lagerhaltungsdaten ermöglichen die Verwaltung eines Artikels abhängig vom Lagerort. So können sich bestimmte Daten, wie z. B. der Verkaufspreis oder der minimale Lagerbestand, abhängig vom Lagerort, an dem der Artikel gelagert wird, unterscheiden.

Für eine klare organisatorische Trennung können bei Bedarf verschiedene Zuständigkeitseinheiten für die einzelnen Lagerorte definiert werden. Mittels dieser Zuständigkeitseinheiten werden benutzerabhängige Ansichten eingerichtet, sodass nur die Belege angezeigt werden, die einer bestimmten Zuständigkeitseinheit zugeordnet sind.

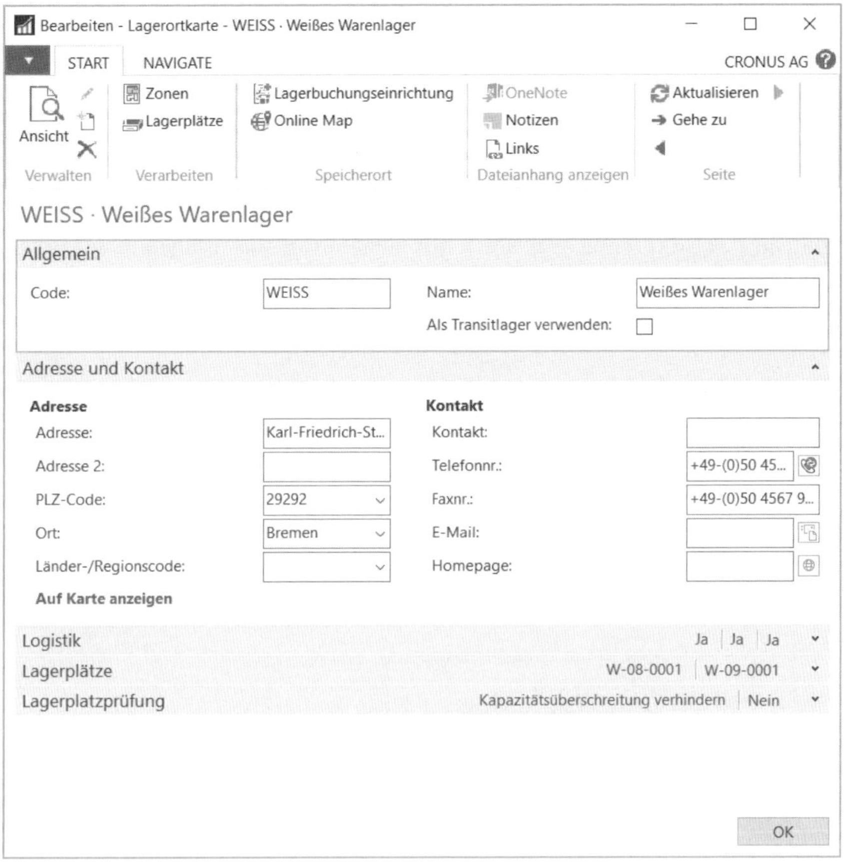

Bild 4.3 Beispiel einer Lagerortkarte für einen bestimmten Lagerort

4.1.4.1 Einrichten von Lagerorten

Die Einrichtung und Verwaltung von Lagerorten erfolgt über die Suche und den Link *Lagerorte*. Ein Lagerort ist dabei – wie bereits oben beschrieben – ein Gebäude oder Ort, an dem Artikel hergestellt, verarbeitet und gelagert werden. Lagerorte unterscheiden sich typischerweise bezüglich ihrer geografischen Lage und/oder der Art der Lagerverwaltung – das heißt der logistischen Prozesse.

HINWEIS: Es wird empfohlen, für ein Unternehmen zumindest einen Lagerort einzurichten, für den Zu- und Abgänge erfasst werden. Wenn kein Lagerort eingerichtet ist, wird von der Anwendung der Lagerort „Leer" verwendet. Wenn sich ein Teil des Lagerbestands im Lagerort „Leer" befindet, kann es schwierig sein, diese Mengen zu erkennen. Das Fenster *Artikelverfüg. nach Lagerort* zeigt zum Beispiel die Mengen in den unterschiedlichen Lagerorten, aber auch jene im Lagerort „Leer", an. ■

Sind Lagerorte angelegt, können diese auch als Standardvorgaben für Lieferadressen verwendet werden. So lässt sich zum Beispiel im Fenster *Firmendaten* im Inforegister *Lieferung* eine Standardlieferadresse oder alternativ ein Standardlagerort für Lieferungen (zum Beispiel ein Zentrallager) im Feld *Lagerortcode* angeben. Diese Angaben werden standardmäßig bei allen Bestellungen verwendet (sie können dort aber auch jederzeit angepasst werden). Das Fenster *Firmendaten* wird über die Suche und den Link *Firmendaten* aufgerufen.

Die Einrichtung der Logistikprozesse für einen bestimmten Lagerort erfolgt auf der Lagerortkarte. Diese wird aus der Lagerorteübersicht über die Schaltfläche *Bearbeiten* auf der Registerkarte *Start* aufgerufen. Die einzelnen Inforegister der Lagerortkarte werden im Folgenden besprochen.

HINWEIS: Für bestimmte Logistikfunktionen ist es notwendig, dass der Benutzer als Lagermitarbeiter eingerichtet ist. Die Verwaltung der Lagermitarbeiter erfolgt im Listenplatz *Lagermitarbeiter*, der über die Suche und den Link *Lagermitarbeiter* aufgerufen wird. Über die Schaltfläche *Neu* im Menüband wird ein neuer Lagermitarbeiter angelegt. Ein Benutzer kann zu beliebig vielen Lagerorten als Lagermitarbeiter angelegt werden, dabei muss ein Lagerort als Standardlagerort zugeordnet werden. ■

HINWEIS: Lagerbuchungsgruppen legen auf Basis von Lagerorten fest, auf welche Konten der Finanzbuchhaltung bestimmte Geschäftsfälle der Logistik zu buchen sind. Nach dem Anlegen eines neuen Lagerorts sind daher die Buchungseinstellungen für Lagerbuchungsgruppen zu kontrollieren und gegebenenfalls entsprechend zu ergänzen. ■

4.1.4.2 Inforegister Allgemein und Adresse und Kontakt

Im Inforegister *Allgemein* der Lagerortkarte finden sich grundlegende Angaben zu einem Lagerort, insbesondere Name und Code. Das Kontrollkästchen *Als Transitlager verwenden* wird in Abschnitt 4.8.3, „Umlagerungen zwischen Lagerorten“, besprochen. Das Inforegister *Adresse und Kontakt* beinhaltet die Adresse des Lagerorts und Felder zur Festlegung von Kommunikationsdaten wie Telefonnummer und E-Mail-Adresse.

4.1.4.3 Inforegister Logistik

Im Inforegister *Logistik* erfolgt die Konfiguration der Logistikprozesse des Lagerortes:

- **Lagerplatz notwendig** – dieses Kontrollkästchen gibt an, dass in allen Lagertransaktionen ein Lagerplatz (Lagerplätze sind in Abschnitt 4.1.4.7, „Einrichten von Lagerplätzen“, beschrieben) angegeben werden muss. Das Erfassen von Artikelbewegungen auf Lagerplatzebene ist eine wichtige Grundlage aller Logistikprozesse, die über minimale Komplexitätsanforderungen hinausgehen.
- **Wareneingang erforderlich**, **Warenausgang erforderlich**, **Einlagerung erforderlich** und **Kommissionierung erforderlich** – diese Kontrollkästchen legen fest, ob jeweils

eigene Logistikbelege verwendet werden müssen. Über die Wahl, welche Belege zu verwenden sind, wird der Informationsfluss und damit der Logistikprozess selbst definiert. Zwischen den einzelnen Feldern bestehen Abhängigkeiten, die dazu führen, dass nicht immer alle Felder anwählbar sind.

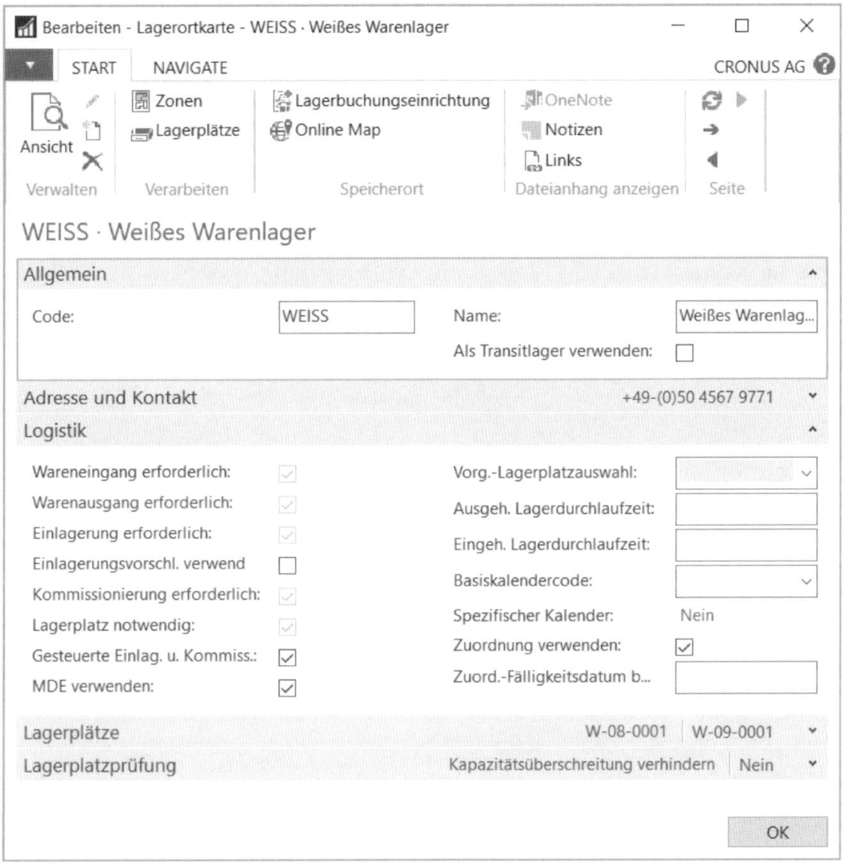

Bild 4.4 Einrichtung der Logistikprozesse für einen Lagerort (Inforegister Logistik)

- **Gesteuerte Einlag. u. Kommiss.** – dieses Kontrollkästchen bedeutet, dass dieser Lagerort mit „erweiterter Logistiksteuerung“ verwaltet wird. Ist das Kontrollkästchen aktiviert, werden die Kontrollkästchen *Wareneingang erforderlich*, *Warenausgang erforderlich*, *Einlagerung erforderlich*, *Kommissionierung erforderlich* und *Lagerplatz notwendig* automatisch aktiviert und nicht editierbar dargestellt, damit sie nicht mehr verändert werden können.

Um das Lager so einzurichten, dass die Wareneingangszeilen im Einlagerungsvorschlag verfügbar sind, sobald sie gebucht wurden, muss im Kontrollkästchen *Einlagerungsvorschl. verwenden* ein Häkchen gesetzt sein. Ist kein Häkchen gesetzt, erzeugt die Anwendung automatisch Einlagerungsanweisungen für Wareneingänge, wenn diese gebucht werden. Bei der Einrichtung des Einlagerungsvorschlags muss zunächst eine Vorlage erstellt werden, die von dem Vorschlag verwendet werden soll. Die Einrichtung erfolgt im Fenster *Logistik Vorschlagsvorlagen*, das über die Suche und den Link *Logistik Vorschlagsvorlagen* aufgerufen wird. Einlagerungsvorschläge ermöglichen die Bearbeitung verschiedener Arten von Einlagerungen mit Zeilen aus mehreren Bestellungen in einem einzigen Fenster, nämlich dem Einlagerungsvorschlag (siehe den Abschnitt 4.7, „Wareneingang und Einlagerung").

- **MDE verwenden** – dieses Kontrollkästchen bedeutet, dass für diesen Lagerort die Funktionalität der mobilen Datenerfassung (MDE) eingesetzt wird.
- **Ausgeh. Lagerdurchlaufzeit**, **Eingeh. Lagerdurchlaufzeit**, **Basiskalendercode** und **Spezifischer Kalender** – diese Felder beziehen sich auf die Funktionalitäten zur Datumsberechnung und Lieferterminzusagen, die unabhängig davon verwendet werden können, ob das Kontrollkästchen *Gesteuerte Einlag. und Kommiss.* aktiviert oder deaktiviert ist.
- **Zuordnung verwenden** – dieses Kontrollkästchen zeigt an, dass für diesen Lagerort die Zuordnungsfunktionalität eingestellt wurde. Diese Option wird automatisch aktiviert, wenn im Kontrollkästchen *Gesteuerte Einlag. und Kommiss.* ein Häkchen gesetzt wird. Jedoch kann, im Gegensatz zu den Feldern mit den Logistikprozessen, dieses Kontrollkästchen wieder deaktiviert werden, wenn dieser Lagerort die Zuordnungsfunktionalität nicht nutzen soll. Die Zuordnungsfunktionalität bedeutet, dass Artikel vom Wareneingang direkt über einen Warenausgang ausgeliefert werden können, ohne dass diese zwischenzeitlich eingelagert und kommissioniert werden müssen.

4.1.4.4 Inforegister Lagerplätze

Die Felder im Inforegister *Lagerplätze* werden editierbar, wenn das Kontrollkästchen *Gesteuerte Einlag. und Kommiss.* aktiviert ist. Sind hier bestimmte Lagerplatzcodes in den jeweiligen Feldern hinterlegt, werden diese standardmäßig beim Wareneingang, der Einlagerung, beim Ausgleich und beim Warenausgang von Artikeln verwendet.

Zonen und Lagerplätze sind die Basisstruktur des Lagers. Die Zonen werden dazu verwendet, das Lager in logische Bestandteile zu untergliedern. Die Zonen selbst werden weiter in Lagerplätze aufgeteilt. Die Anzahl der Zonen ist zwar optional, die Anwendung verlangt allerdings, dass zumindest vier Zonen definieren werden:

- Wareneingangszone
- Ausgleichszone
- Kommissionierungszone
- Warenausgangszone

Wenn eine Zone im Lager mit verschiedenen Parametern festgelegt wird, haben alle Lagerplätze, die innerhalb dieser Zone angelegt werden, so lange die gleichen Parameter, bis die Parameter für einen erstellten Lagerplatz geändert werden. Auf einer detaillierteren Ebene können die Eigenschaften der Lagerplatzinhalte bestimmt werden, die die Anwendung beim Füllen der Lagerplätze berücksichtigen soll. Die folgende Abbildung zeigt zur Veranschaulichung des Sachverhalts ein fiktives Lagerlayout.

Die Felder *Mont.-Bereitst.-Lagerplatzcode* und *Montage-Ausgangslagerplatzcode* sind die von den Montageaufträgen verwendeten Standardlagerplätze. Wenn der Montageauftrag gebucht wird, wird für die Komponenten auf dem *Mont.-Bereitst.-Lagerplatzcode* ein Abgang gebucht, während im Rahmen der Montage ein Zugang auf dem *Montage-Ausgangslagerplatzcode* erfolgt.

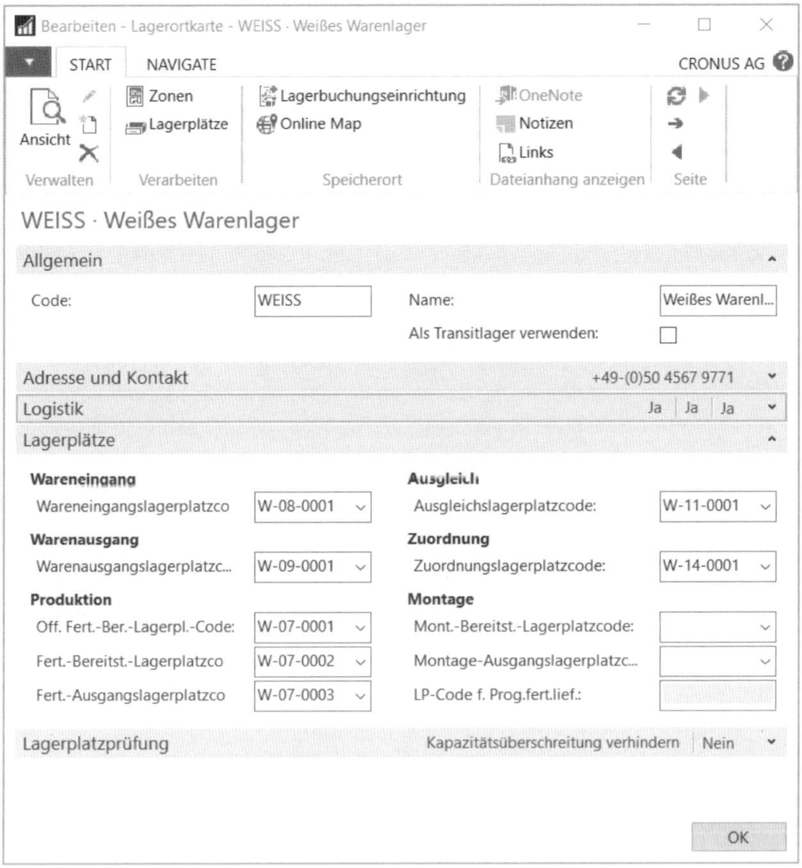

Bild 4.5 Einrichtung der Standardlagerplätze für einen Lagerort (Inforegister Lagerplätze)

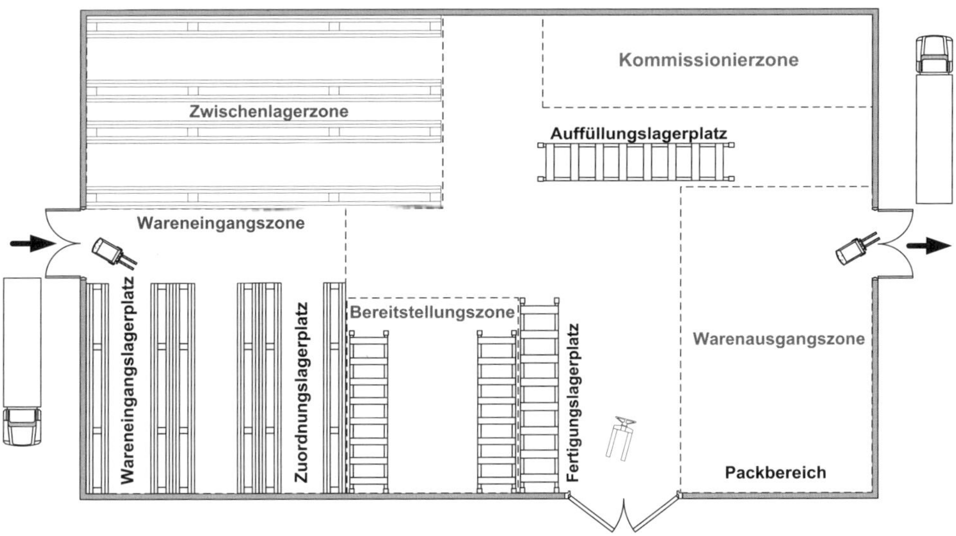

Bild 4.6 Beispiel für ein mögliches Lagerlayout mit verschiedenen Zonen und Lagerplätzen

4.1.4.5 Inforegister Lagerplatzprüfung

Im Inforegister *Lagerplatzprüfung* kann im Kontrollkästchen *Komm.-Zeilen immer erstellen* ein Häkchen gesetzt werden, sodass sich auch Kommissionierzeilen erstellen lassen, wenn kein Artikel für die Kommissionierung gefunden wird. Es werden dann Zeilen ohne Zone und Lagerplatz erstellt, die vom Anwender manuell auszufüllen sind.

Ein Häkchen im Kontrollkästchen *Einlag.-Zeilen immer erstellen* bedeutet, dass auch dann eine Einlagerungszeile erstellt wird, wenn kein passender Platz zur Einlagerung der Artikel gefunden werden kann. Dann sind diese Angaben wiederum manuell durch den Anwender einzutragen.

TIPP: Wenn bei der Buchung von Lagerbelegen die Meldung „Es gibt nichts zu bewegen" ausgegeben wird, kann dies daran liegen, dass keine verfügbaren Artikel in den Standardlagerplätzen gefunden werden konnten, obwohl ein insgesamt ausreichender Bestand vorhanden wäre. Dieses Problem ist entweder durch Umlagerung oder durch Aktivierung der Kontrollkästchen *Komm.-Zeilen immer erstellen* bzw. *Einlag.-Zeilen immer erstellen* lösbar.

Ein aktiviertes Kontrollkästchen *Gebindeanbruch zulassen* bedeutet, dass die Anwendung einen Auftrag mit Artikeln bedienen kann, die in einer Mengeneinheit gelagert werden, die nicht der angegebenen Einheit in dem ausgehenden Auftrag entspricht. Die Anwendung teilt die größere Mengeneinheit des Artikels in kleinere Einheiten auf, um dem Auftrag zu entsprechen. Wenn für eine Kommissionierzeile weitere Artikel benötigt werden, schlägt die Anwendung vor, dass Artikel mit kleineren Mengeneinheiten dem Auftrag hinzugefügt werden.

Wenn zum Beispiel für den Auftrag eine Palette benötigt wird, im Lager aber nur einzelne Artikel vorhanden sind, erstellt die Anwendung eine Kommissionierung für die Stückanzahl, die einer Palette entspricht. Dieses Kontrollkästchen kann nur verwendet werden, wenn für den Lagerort die Verwendung der gesteuerten Einlagerung und Kommissionierung eingerichtet wurde.

Ist der Lagerort für die Verwendung der gesteuerten Einlagerung und Kommissionierung eingerichtet, verwendet die Anwendung die folgenden Kriterien, um Vorschläge für die Einlagerung[1] zu erstellen (die Angabe einer Einlagerungsvorlage erfolgt im Feld *Einlagerungsvorlagencode*):

- Einlagerungsvorlagen
- Gewicht, Volumen und spezielle Lagerungsanforderungen des Artikels oder der Lagerhaltungsdaten
- Kapazität, Lagerplatzart und Lagerplatzpriorität

Die Lagerplatzpriorität wird berücksichtigt, wenn mehr als ein Lagerplatz den Kriterien der Einlagerungsvorlage entspricht. Wenn für mehr als einen Lagerplatz die Kriterien der Einlagerungsvorlage und die Lagerplatzpriorität gleich sind, wird der Lagerplatz mit der höchs-

[1] Diese Funktionalität realisiert ein „chaotisches Lager", d. h. die Anwendung berechnet die optimalen Lagerplätze für die Einlagerung der Artikel.

ten Nummer ausgewählt. Falls erforderlich, kann ein Lagermitarbeiter diese Vorschläge überschreiben, indem er andere Zonen und andere Lagerplätze in die Einlagerungszeilen eingibt.

Über die Suche und den Link *Einlagerungsvorlagen* wird eine Übersicht der angelegten Einlagerungsvorlagen aufgerufen. Eine Einlagerungsvorlage besteht aus einer Liste von Prioritäten, die die für die Einlagerung vorgeschlagenen Lagerplätze erfüllen müssen. Jede Zeile in der Tabelle steht für einen Befehl mit Anforderungen, die erfüllt werden müssen. Wenn dies nicht möglich ist, wird die nächste Option gewählt.

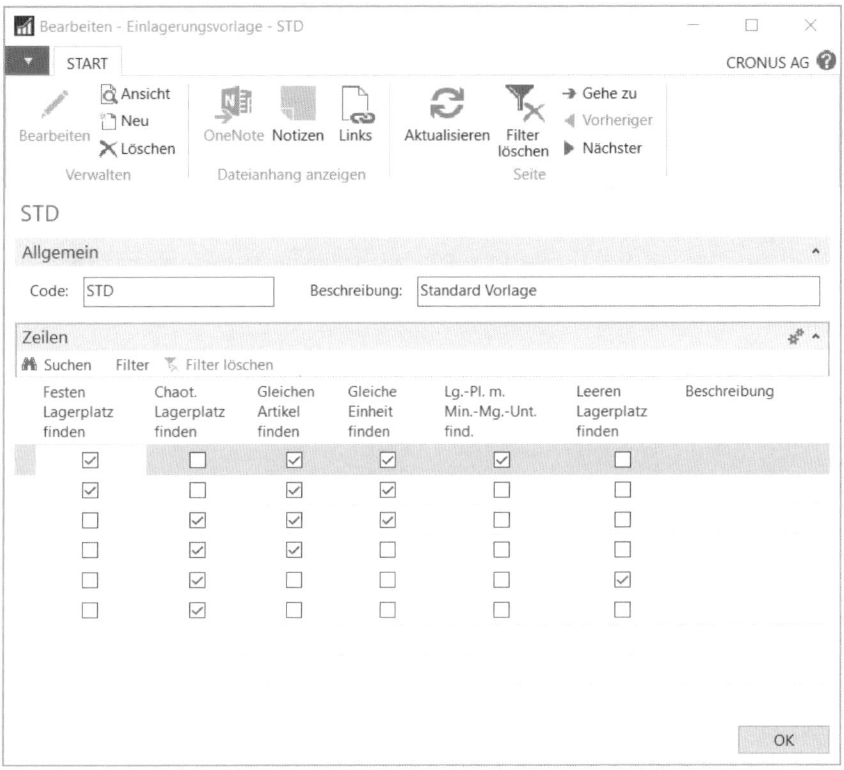

Bild 4.7 Beispiel für eine Einlagerungsvorlage

Die in der Abbildung dargestellte Einlagerungsvorlage ist demnach, beginnend mit der ersten Zeile, folgendermaßen zu lesen:

Suche einen Standardlagerplatz mit dem gleichen Artikel, mit dem gleichen Einheitencode und mit einer geringeren Menge als der definierten Mindestmenge. Sind alle diese Bedingungen erfüllt, werden die Waren auf dem „gefundenen“ Lagerplatz eingelagert, wobei die für den Lagerplatz definierte Maximalmenge nicht überschritten werden darf.

Wird kein Lagerplatz mit diesen Kriterien gefunden, wird gemäß den Suchkriterien der zweiten Zeile fortgefahren. Die zweite Zeile stellt Variationen der ersten Zeile dar, allerdings mit geringeren Anforderungen.

Die Zeilen werden so lange der Reihe nach abgearbeitet, bis ein passender Lagerplatz gefunden wird. Spezielle Anforderungen an den Lagerort für einen bestimmten Artikel können auf der Artikelkarte im Inforegister *Lager* im Feld *Einlagerungsvorlage* definiert werden.

Damit der verfügbare Platz optimal ausgenutzt werden kann, müssen die entsprechenden Informationen auf Artikelbasis verfügbar sein – das heißt Angaben über Höhe, Breite, Länge, Volumen und Gewicht einer Verpackungseinheit. Die Eingabe dieser Daten erfolgt im Fenster *Artikeleinheiten*, wobei die entsprechenden Felder beim ersten Aufruf zuerst einzublenden sind. Der Aufruf selbst erfolgt aus der Artikelkarte über die Schaltfläche *Einheiten* auf der Registerkarte *Navigate*.

HINWEIS: In der Datenbank des Demomandanten CRONUS AG sind einige Lagerorte mit unterschiedlicher Logistikfunktionalität hinterlegt. So ist zum Beispiel der Lagerort SILBER so eingerichtet, dass Lagerplätze verwendet werden, ohne jedoch separate Logistikbelege zu nutzen. Die Lagerorte GRÜN und GELB hingegen sind so eingerichtet, dass alle Logistikaktivitäten unabhängig von den Auftragsbelegen verarbeitet werden müssen, ohne dass jedoch Lagerplatzinformationen erfasst werden. Der Lagerort WEISS ist so konfiguriert, dass die gesamte Funktionalität des Lagerverwaltungssystems benutzt wird. ■

4.1.4.6 Einrichten von Lagerzonen

Lagerzonen stellen die nächste Hierarchieebene in Lagerorten dar, die dann weiter in Lagerplätze unterteilt werden. Den Lagerplätzen, die in einer Lagerzone erstellt werden, werden grundlegende Eigenschaften der Lagerzone, wie zum Beispiel die Lagerplatzart und die Lagerklasse vererbt, wobei diese Angaben bei der Erstellung oder auch später für jeden Lagerplatz geändert werden können.

HINWEIS: Den Lagerplätzen können nur dann Lagerzonen zugeordnet werden, wenn der betroffene Lagerort mit erweiterter Logistiksteuerung geführt wird. Dies ist der Fall, wenn ein Häkchen im Feld *Gesteuerte Einlag. und Komiss.* gesetzt ist. ■

Die Einrichtung von Lagerzonen erfolgt aus der Lagerorteübersicht oder der Lagerortkarte über die Schaltfläche *Zonen* auf der Registerkarte *Start*.

Einer Lagerzone wird eine Lagerplatzart (siehe Bild 4.8) und damit seine grundlegenden Warenflussaktivitäten zugewiesen (und definiert, auf welche Art die Anwendung eine Lagerzone verwendet). Die Einrichtung der Lagerplatzarten erfolgt über die Suche und den Link *Lagerplatzarten*.

Die Lagerplatzart legt fest, wie die Anwendung eine Lagerzone bzw. einen Lagerplatz nutzen soll, wenn sie den Warenfluss durch das Lager bearbeitet. Die Vorschläge der Anwendung können in jedem Logistikbeleg überschrieben werden (Wareneingang, Einlagerung, Kommissionierung, Lagerplatzumlagerung oder Warenausgang). Es können maximal sechs Lagerplatzarten definiert werden. Lagerplatzarten können nur angewandt werden, wenn die gesteuerte Einlagerung und Kommissionierung für den Lagerort verwendet wird.

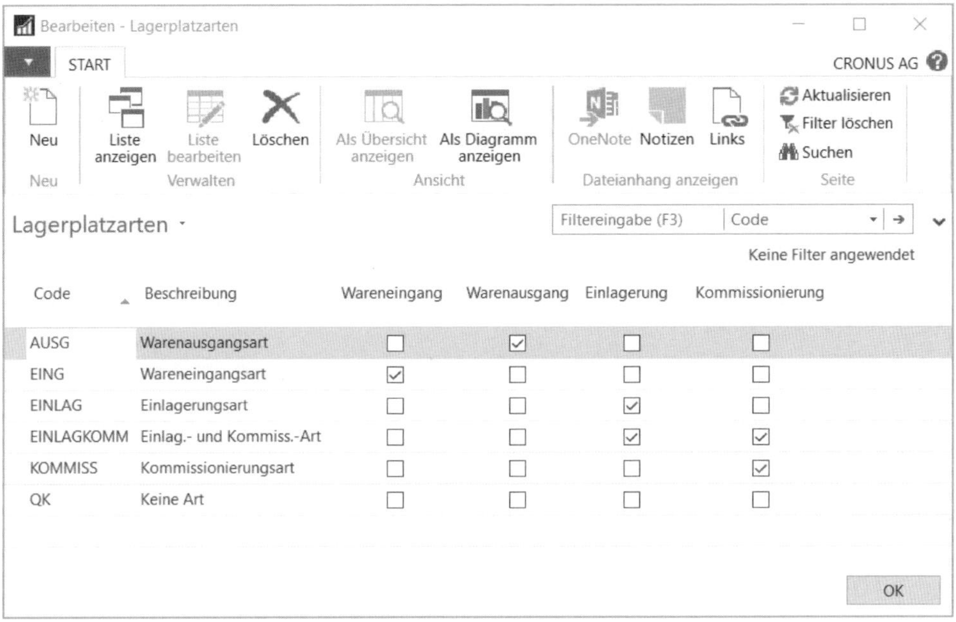

Bild 4.8 Beispiel für eine mögliche Definition von Lagerplatzarten

Des Weiteren können für eine weitere Spezifizierung einer Lagerzone bzw. eines Lagerplatzes Lagerklassen angelegt und zugeordnet werden. Lagerklassen können auf der Artikelkarte im Inforegister *Lager* im Feld *Lagerklassencode* einem Artikel zugeordnet werden. Damit wird sichergestellt, dass ein Artikel nur in einer Lagerzone bzw. an einem Lagerplatz eingelagert wird, wenn dieser dieselbe Lagerklasse hat. Lagerklassen stellen typischerweise bestimmte Lagerbedingungen dar. Dies kann zum Beispiel ein antistatischer Bereich oder ein Bereich mit bestimmten klimatischen Bedingungen sein.

Mittels Lagerplatzprioritäten werden die Prioritäten von Lagerplätzen im Hinblick auf die Kommissionierung, Einlagerung und Umlagerung festgelegt. Ein Lagerplatz mit einer hohen Prioritätennummer hat eine höhere Priorität als ein Lagerplatz mit einer niedrigeren Nummer. Wenn Lagerplätze erstellt werden, übernehmen sie die Priorität der Zone, in der sie eingerichtet wurden. Ein Beispiel für eine mögliche Definition der Zonen eines Lagerorts zeigt die folgende Abbildung.

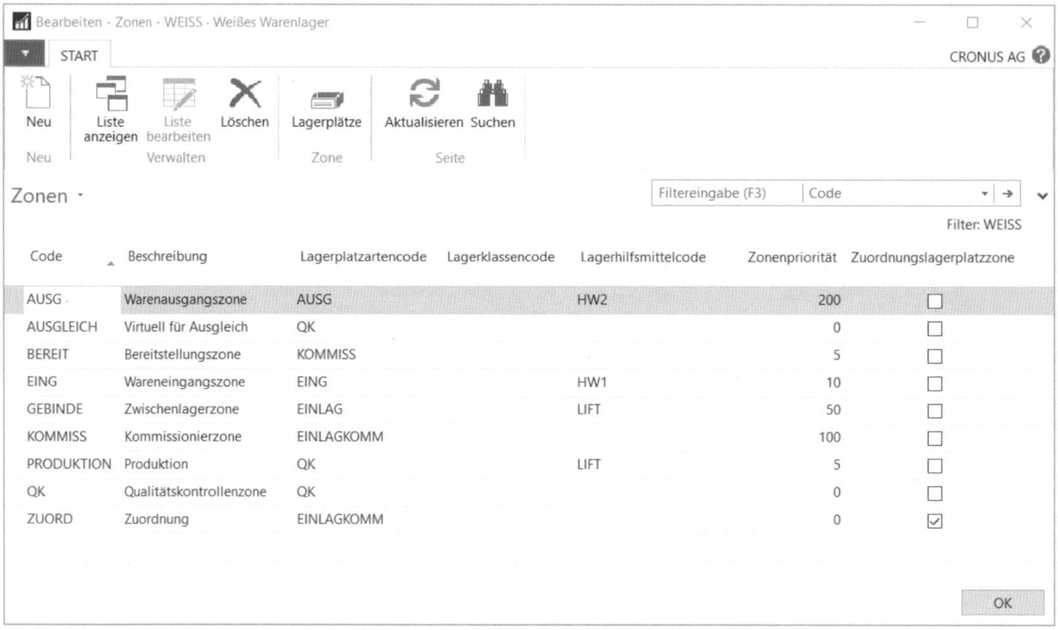

Code	Beschreibung	Lagerplatzartencode	Lagerklassencode	Lagerhilfsmittelcode	Zonenpriorität	Zuordnungslagerplatzzone
AUSG	Warenausgangszone	AUSG		HW2	200	☐
AUSGLEICH	Virtuell für Ausgleich	QK			0	☐
BEREIT	Bereitstellungszone	KOMMISS			5	☐
EING	Wareneingangszone	EING		HW1	10	☐
GEBINDE	Zwischenlagerzone	EINLAG		LIFT	50	☐
KOMMISS	Kommissionierzone	EINLAGKOMM			100	☐
PRODUKTION	Produktion	QK		LIFT	5	☐
QK	Qualitätskontrollenzone	QK			0	☐
ZUORD	Zuordnung	EINLAGKOMM			0	☑

Bild 4.9 Beispiel für die Zonen eines Lagerorts

4.1.4.7 Einrichten von Lagerplätzen

Für Lagerorte, die Lagerplätze verwenden, wird von der Anwendung ein System von Standardlagerplätzen genutzt. So kann jedem Artikel, der in einem Lager gelagert wird, ein Standardlagerplatz zugeordnet werden. Jeder Artikel kann dabei nur einem Standardlagerplatz zugewiesen sein. In Transaktionen wird dieser von der Anwendung automatisch eingetragen, wodurch die Eingabe entsprechend vereinfacht wird.

Lagerplätze können grundsätzlich auf zwei Arten erstellt werden:

- manuell
- automatisch (durch den Lagerplatz-Erstellungsvorschlag)

Die zweite Methode wird dann zu bevorzugen sein, wenn eine größere Zahl an Lagerplätzen – wie dies zum Beispiel bei der Einrichtung des gesamten Lagers vorkommen wird – anzulegen sind.

4.1.4.8 Manuelle Erstellung eines Lagerplatzes

Um manuell einen oder mehrere Lagerplätze anzulegen, gehen Sie folgendermaßen vor:

1. Wählen Sie über die Suche den Link *Lagerorte*, um die Lagerorteübersicht anzuzeigen.
2. Wählen Sie einen Lagerort mit erweiterter Logistiksteuerung und klicken Sie danach auf die Schaltfläche *Zonen* auf der Registerkarte *Start* der Lagerorteübersicht.
3. Wählen Sie eine der angezeigten Zonen und klicken Sie danach auf die Schaltfläche *Lagerplätze* auf der Registerkarte *Start* der Lagerzonenübersicht.
4. Klicken Sie im Menüband auf die Schaltfläche *Neu*, um einen neuen Lagerplatz anzulegen.

4.1.4.9 Automatische Erstellung mehrerer Lagerplätze

HINWEIS: Für dieses Beispiel ist es notwendig, dass Sie als Lagermitarbeiter eingerichtet sind. Die Einrichtung der Lagermitarbeiter finden Sie in Abschnitt 4.1.4.1, „Einrichten von Lagerorten".

Um automatisch eine größere Anzahl an Lagerplätzen anzulegen, gehen Sie folgendermaßen vor:

1. Wählen Sie über die Suche den Link *Lagerplatzvorlagen*, um den Listenplatz *Lagerplatzvorlagen* anzuzeigen.
2. Klicken Sie im Menüband auf die Schaltfläche *Neu*, um eine neue Lagerplatzvorlage anzulegen.
3. Stellen Sie sicher, dass die Spalte *Zonencode* angezeigt wird.
4. Füllen Sie zumindest die Felder *Code*, *Lagerortcode* und *Zonencode* aus.
5. Klicken Sie auf *OK*.
6. Wählen Sie über die Suche den Link *Lagerplatz Erst.-Vorschlag*.
7. Klicken Sie auf die Schaltfläche *Lagerplätze berechnen* auf der Registerkarte *Aktionen*.
8. Wählen Sie im Feld *Lagerplatzvorlagencode* den in Schritt 2 angelegten Lagerplatzcode aus.
9. Sie können nun die Felder mit den Informationen über die zu erstellenden Regale, Abschnitte und Ebenen angeben (für Beispieldaten siehe die folgende Abbildung).
10. Klicken Sie auf *OK*.
11. Klicken Sie auf die Schaltfläche *Lagerplätze erstellen* auf der Registerkarte *Aktionen*, damit die Anwendung die berechneten Lagerplätze erstellt.

HINWEIS: Der Lagerplatzerstellungsvorschlag wird mittels LagerplatzerstellungsvorschlagsVorlagen erzeugt. Diese können über die Suche und den Link *Lagerpl. Erst.-Vorschl.-Vorlagen* geöffnet werden. Die einzelnen Lagerplatzerstellungsvorschlagsnamen sind hier über die Schaltfläche *Namen* auf der Registerkarte *Navigate* verfügbar.

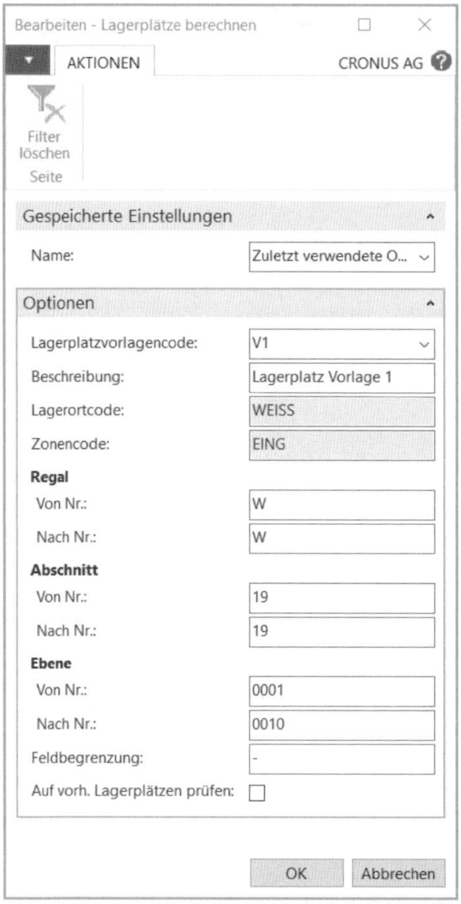

Bild 4.10 Beispieldaten für die Funktion „Lagerplatz berechnen"; es werden die Lagerplätze W-19-0001 bis W-19-0010 mit den in der Lagerplatzvorlage definierten Parametern angelegt.

4.1.4.10 Zuordnen der Lagerplatzinhalte

Sobald Lagerplatzcodes definiert wurden, kann der Benutzer Lagerplatzinhalte zuordnen. Lagerplatzinhalte legen fest, welche Artikel in welchem Lagerplatz aufbewahrt werden. Sie definieren daher eine Beziehung zwischen Lagerplatz und Artikel. Analog der Einrichtung von Lagerplätzen können auch Lagerplatzinhalte manuell und automatisch eingerichtet werden.

In der folgenden Abbildung sehen Sie ein Beispiel für einen Lagerplatzinhalt des Lagerplatzes W-01-0001 des Lagerorts WEISS der CRONUS-Demodatenbank. Es ist zu sehen, dass in dem Lagerplatz vier Stück des Artikels LS-75 gelagert sind.

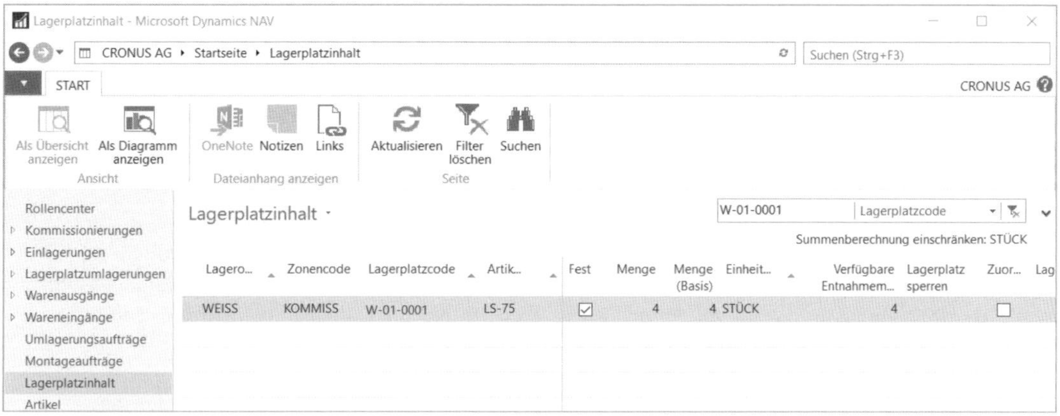

Bild 4.11 Beispiel für den Lagerplatzinhalt eines bestimmten Lagerplatzes

In der Lagerorteübersicht wird über die Schaltfläche *Lagerplätze* auf der Registerkarte *Start* das Fenster *Lagerplätze* geöffnet. Die Schaltfläche *Inhalt* auf der Registerkarte *Start* wiederum zeigt den Lagerplatzinhalt für einen bestimmten Lagerplatz an. Durch einen Klick auf die Schaltfläche *Neu* im Menüband können für den ausgewählten Lagerplatz neue Zuordnungen zu Artikeln eingerichtet werden. Ein Häkchen im Kontrollkästchen *Fest* zeigt jeweils an, ob der jeweilige Artikel mit diesem Lagerplatz verknüpft wird und damit dort normalerweise gelagert werden soll.

Ein Häkchen im Kontrollkästchen *Standard* zeigt an, dass der Lagerplatz von der Anwendung zuerst vorgeschlagen werden muss, wenn eine Transaktion mit dem Artikel bearbeitet wird. Für Artikel, für die kein Standardlagerort im Voraus festgelegt wurde, wird von der Anwendung der Lagerplatz als Standardwert eingesetzt, in den der Artikel zum ersten Mal eingelagert wurde.

Ein Häkchen im Kontrollkästchen *Dediziert* zeigt an, dass der Lagerplatz als dedizierter Lagerplatz verwendet wird. Das heißt, dass sein Inhalt nur für bestimmte Ressourcen verfügbar ist.

Das Feld *Menge* dient nur zu Informationszwecken und kann im Fenster *Lagerplatzinhalt* nicht geändert werden. Das Feld zeigt die aktuelle Menge des Artikels an dem Lagerplatz an.

Einem Lagerplatz können auch mehrere Artikel zugeordnet sein. Ebenso kann ein Artikel in mehreren Lagerplätzen gelagert werden, jeder Artikel kann jedoch nur einen Standardlagerplatz pro Lagerort haben.

Der Lagerplatzinhalt kann auch aus der Artikelübersicht oder der Artikelkarte über die Schaltfläche *Lagerplatzinhalt* auf der Registerkarte *Navigate* abgefragt und bearbeitet werden.

Über die Suche und den Link *Lagerplatzinh. Erst.-Vorschlag* wird ein gleichnamiges Fenster geöffnet, in dem es möglich ist, für mehrere Lagerplätze die Lagerplatzinhalte übersichtlich festzulegen.

Auf der Lagerortkarte im Inforegister *Logistik* können im Feld *Vorg.-Lagerplatzauswahl* die Optionen **Fester Lagerplatz** oder **Zuletzt verw. Lagerplatz** ausgewählt werden.

Wird die Option **Fester Lagerplatz** ausgewählt, wird von der Anwendung immer derselbe Lagerplatz für die Kommissionierung und Einlagerung des Artikels vorgeschlagen. Falls erforderlich, kann dies jedoch bei der Eingabe geändert werden.

Wird die Option **Zuletzt verw. Lagerplatz** ausgewählt, wird die Zuordnung des Vorgabelagerplatzes von der Anwendung in den letzten Lagerplatz geändert, in den der Artikel eingelagert wurde. Wenn die gesteuerte Einlagerung und Kommissionierung gewählt wurde, ist dieses Feld deaktiviert.

Mittels Lagerplatzprioritäten werden die Prioritäten von Lagerplätzen im Hinblick auf die Kommissionierung, Einlagerung und Umlagerung festgelegt. Wenn Lagerplätze erstellt werden, übernehmen sie die Priorität der Zone, in der sie eingerichtet wurden. Die Lagerplatzpriorität kann für jeden Lagerplatz geändert werden.

Des Weiteren können Lagerplätze auch gesperrt werden (Feld *Lagerplatz sperren* im Fenster *Lagerplätze*). Dabei kann angegeben werden, ob ein Lagerplatz für eingehende, ausgehende oder alle Bewegungen gesperrt ist.

TIPP: Mit der Funktionalität, Lagerplätze zu sperren, kann die Verwendung der darin gelagerten Artikel verhindert werden (da diese nicht mehr kommissioniert werden können). Dies ist zum Beispiel notwendig, wenn Artikel aus Qualitätsgründen - zumindest für einen bestimmten Zeitraum - nicht verwendet werden dürfen.

4.1.4.11 Lagerhaltungsdaten

Wie bereits angemerkt, ermöglicht es Dynamics NAV, bestimmte Artikeldaten abhängig vom Lagerort festzulegen. Dies erfolgt über die Einrichtung von Lagerhaltungsdaten für einen Artikel. Wenn Lagerhaltungsdaten vorhanden sind, werden von der Anwendung immer die Informationen auf der Lagerhaltungsdatenkarte verwendet, anstatt auf die Artikelkarte zu verweisen. Lagerhaltungsdaten haben zwar Priorität gegenüber Artikelkarten, ersetzen diese aber nicht vollständig.

Von der Artikelkarte aus kann über die Schaltfläche *Lagerhaltungsdaten* auf der Registerkarte *Navigate* eine Übersicht über die Lagerhaltungsdaten eines Artikels aufgerufen werden (siehe Bild 4.12). Auf der Artikelkarte wird im Kontrollkästchen *Lagerhaltungsdaten vorhanden* des Inforegisters *Planung* ein Häkchen gesetzt, falls für den Artikel Lagerhaltungsdaten angelegt wurden. Die Erstellung von Lagerhaltungsdaten für einen Artikel erfolgt aus dem Fenster *Lagerhaltungsdatenübersicht* durch einen Klick auf die Schaltfläche *Neu* im Menüband.

Aus der Artikelübersicht oder der Artikelkarte kann über die Schaltfläche *Lagerhaltungsdaten erstellen* auf der Registerkarte *Aktionen* eine Stapelverarbeitung für die gleichzeitige Erstellung mehrerer Lagerhaltungsdaten aufgerufen werden.

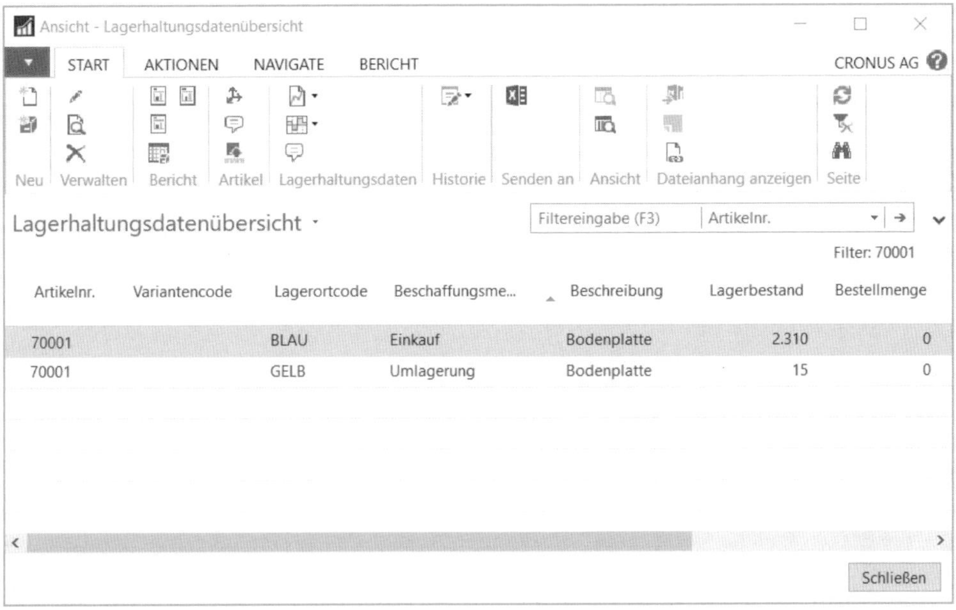

Bild 4.12 Fenster Lagerhaltungsdatenübersicht für den Artikel 70001

Auf dem Inforegister *Allgemein* der Lagerhaltungdatenkarte finden sich viele gleichlautende Felder der Artikelkarte, wobei die Angaben auf der Lagerhaltungsdatenkarte für einen bestimmten Lagerort die Angaben der Artikelkarte „überschreiben". Zum Beispiel kann damit auf dem Inforegister *Fakturierung* ein lagerortabhängiger Einstandspreis angegeben werden.

Die Felder auf dem Inforegister *Beschaffung* enthalten Details für den Beschaffungsprozess des Artikels für den zugeordneten Lagerort. So könnte einem Artikel an einem Lagerort die Beschaffungsmethode *Fertigungsauftrag* zugeordnet sein, an einem anderen Lagerort die Beschaffungsmethode *Umlagerung*; das heißt, der Bestand des Artikels wird an einem Lagerort (Fabrik) durch Fertigungsaufträge, am anderen Lagerort mittels Umlagerungsaufträge (Warenlager) erhöht.

Analog werden auf dem Inforegister *Planung* entsprechende Daten für die Bestandsplanung angegeben. Die Angaben auf den Inforegistern *Beschaffung* und *Planung* werden vom Planungssystem von Dynamics NAV verwendet, um Beschaffungsaufträge zu berechnen. Das Planungssystem wird in Kapitel 8 ausführlich besprochen.

Die Informationen der Lagerhaltungsdatenkarte werden von der Anwendung in verschiedenen Berichten eingesetzt. So kann man in dem Bericht zur Lagerverfügbarkeit die Artikelverfügbarkeit unter Berücksichtigung der Lagerhaltungsdaten analysieren. Der Bericht kann zum Beispiel über die Suche und den Link *Lager-Verfügbarkeit* aufgerufen werden. Sollen im Bericht die Lagerhaltungsdaten berücksichtigt werden, ist im Inforegister *Optionen* des Berichts das Kontrollkästchen *Lagerhaltungsdaten verwenden* zu aktivieren.

4.2 Kontrolle des Lagerbestandes

In diesem Abschnitt werden folgende grundlegenden Prozesse der Lagerverwaltung besprochen:

- Analysieren der Verfügbarkeit einzelner Artikel
- Manuelle Anpassung der Lagerbestände (Korrekturbuchungen)
- Erfassen von Bestandsmengen
- Umbuchen von Lagerbestandsartikeln

4.2.1 Analysieren der Artikelverfügbarkeit

Mit Dynamics NAV kann der für einen bestimmten Zeitpunkt verfügbare Lagerbestand an einem bestimmten Lagerort jederzeit abgefragt werden. Dies beinhaltet daher die Antwort auf die Frage: „Welche Menge eines bestimmten Artikels ist an einem bestimmten Lagerort zu einem bestimmten Zeitpunkt verfügbar?". Zeitpunkt ist entweder der aktuelle Zeitpunkt der Abfrage (Gegenwart) oder ein Zeitpunkt in der Zukunft; „verfügbar" heißt, dass alle geplanten Lagerbewegungen (Zugänge, Abgänge) berücksichtigt werden.

Diese Grundfunktionalität wird für viele verschiedene Prozesse benötigt, wie zum Beispiel:

- für eine Einkaufsrolle zur Beantwortung von Beschaffungsfragen,
- für eine Verkaufsrolle zur Vereinbarung von Lieferterminen.

Der aktuelle Lagerbestand eines Artikels wird auf der Artikelkarte auf dem Inforegister *Lagerbestand* im Feld *Lagerbestand* angezeigt. Über *Navigate* und *Posten* können die einzelnen Artikelposten betrachtet werden. Die Summe der einzelnen Artikelposten ergibt den gesamten Bestand.

Wenn mit mehreren Lagerorten gearbeitet wird, kann der Artikelbestand pro Lagerort abgefragt werden. Dies erfolgt auf der Artikelkarte über die Schaltfläche *Artikelverfügbarkeit nach/Lagerort* auf der Registerkarte *Navigate.*

HINWEIS: Der Lagerort „Leer" (kein Lagerort) ist in dieser Ansicht (und auch in anderen Ansichten, die die Verfügbarkeit nach Lagerort anzeigen) auch enthalten.

Über die Schaltfläche *Artikelverfügbarkeit nach/Periode* auf der Registerkarte *Navigate* kann die Verfügbarkeit eines Artikels über verschiedene Zeitperioden abgefragt werden. Dies ist zum Beispiel wichtig, wenn ein Verkaufsauftrag für einen Artikel zugesagt werden soll.

Bei der Bestimmung der Verfügbarkeit eines Artikels müssen auch eventuelle Zuordnungen, d. h. Mengen, die aus bestimmten Gründen dauerhaft oder temporär zurückgestellt wurden, berücksichtigt werden. Dies können zum Beispiel sein:

- für einen Auftrag erfasste, aber noch nicht gebuchte Mengen,
- reservierte Mengen,

- Sicherheitsbestände,
- gesperrte Mengen.

4.3 Anpassen des Lagerbestandes

Manchmal kann es notwendig sein, Lagerbestände anzupassen – z. B. bei Schwund oder um Fehlbuchungen zu korrigieren (wenn z. B. ein Materialverbrauch in einem Fertigungsauftrag gebucht wurde und der Fertigungsauftrag bereits beendet ist). Eine weitere Möglichkeit der Lagerregulierung ist die Inventur (siehe den Abschnitt 4.3.3, „Durchführung einer Inventur",).

Je nach Art des Lagerorts sind für das manuelle Anpassen des Lagerbestandes unterschiedliche Buchungsblätter zu verwenden:

- Für Lagerorte ohne erweiterter Logistiksteuerung (keine Markierung im Kontrollkästchen *Gesteuerte Einlag. und Komiss.* der Lagerortkarte) werden das Artikelbuchungsblatt und das Umlagerungsbuchungsblatt verwendet. Falls der betroffene Lagerort zwar ohne erweiterte Logistiksteuerung, aber mit Lagerplatzführung eingerichtet ist, muss in diesen Buchungsblättern die Spalte *Lagerplatzcode* eingeblendet werden.
- Für Lagerorte mit erweiterter Logistiksteuerung muss hingegen das *Logistik-Artikel-Buch.-Blatt* und das *Logistik-Umlag.-Buch.-Blatt* verwendet werden.

4.3.1 Das Artikelbuchungsblatt

Im Fenster *Artikel Buch.-Blatt* werden Artikeltransaktionen zur direkten Anpassung des Bestands, d. h. ohne Buchung eines externen Geschäftsbelegs, gebucht. Das Artikelbuchungsblatt wird über die Suche und den Link *Artikel Buch.-Blätter* aufgerufen.

Es können folgende vier Arten von Artikelposten gebucht werden:

- **Einkauf** – Buchung eines Artikelzugangs, der sich wie eine Bestellung auswirkt
- **Verkauf** – Buchung eines Artikelabgangs, der sich wie ein Verkaufsauftrag auswirkt
- **Zugang** – Buchung eines Artikelzugangs
- **Abgang** – Buchung eines Artikelabgangs

Im Feld *Stückpreis* wird der Preis für eine Einheit des Artikels in der Buchungsblattzeile angezeigt. Abhängig von der Postenart ist der Preis als Einstandspreis oder VK-Preis aufgeführt. Wenn das Feld *Artikelnr.* ausgefüllt ist, wird der Preis automatisch von der Artikelkarte übernommen; bei Einkauf wird der Wert vom Feld *Kosten letzter Einkauf* bzw. *Direkte Kosten (neueste)*, bei Zugang und Abgang vom Feld *Einstandspreis* und bei Verkauf vom Feld *VK-Preis* übernommen.

Im Feld *Einstandspreis* werden die Kosten für eine Einheit des Artikels in der Buchungsblattzeile angezeigt. Im Feld *Ausgleich mit Lfd. Nr.* kann eine Eintragsnummer gesucht und ausgewählt werden, wenn die Artikelbuchungsblattzeile auf einen bereits gebuchten Beleg angewendet werden soll (Korrekturbuchung).

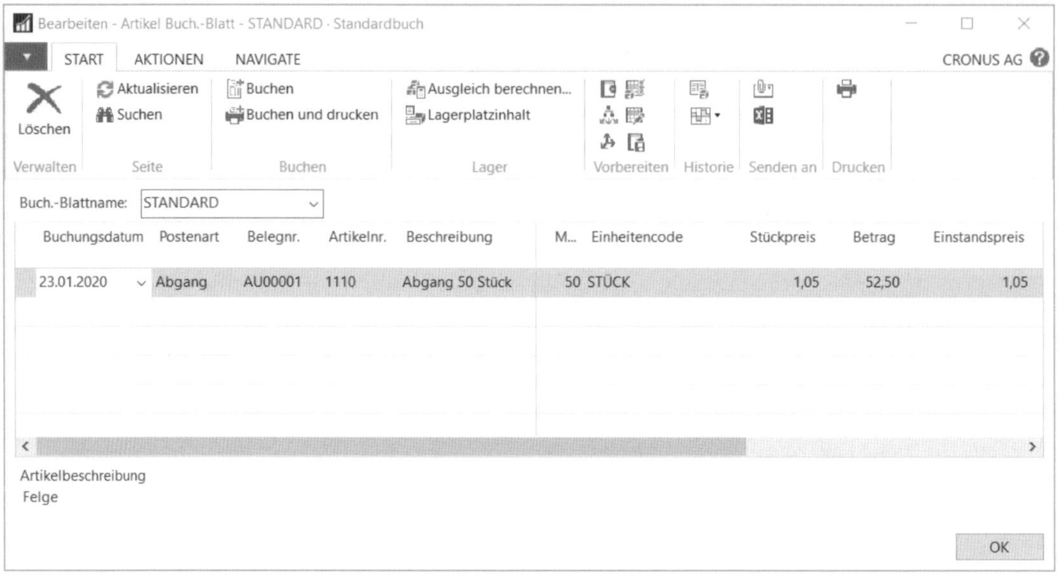

Bild 4.13 Das Fenster „Artikel Buch.-Blatt" mit der Buchung des Abgangs von 50 Stück des Artikels 1110

Wenn bestimmte Buchungszeilen immer wieder zu buchen sind, können diese über die Schaltfläche *Als Standard Buch.-Blatt speichern* auf der Registerkarte *Start* gespeichert werden. Mit der Schaltfläche *Standard Buch.-Blatt abrufen* auf der Registerkarte *Start* können gespeicherte Buchungsblätter wieder geladen werden. Wenn die Stückpreise mit abgespeichert wurden, lassen sich diese über die Schaltfläche *Stückpreis neu berechnen* auf der Registerkarte *Navigate* an den aktuellen Wert der Artikelkarte anpassen.

4.3.2 Anleitung für die Durchführung einer Buchung im Artikelbuchungsblatt

Die folgende Schritt-für-Schritt-Anleitung zeigt, wie Sie mit dem Artikelbuchungsblatt eine Artikelbuchung (Zugänge oder Abgänge) durchführen können:

1. Rufen Sie über die Suche den Link *Artikel* auf.
2. Klicken Sie in der Artikelübersicht im Menüband auf *Artikel Buch.-Blatt*.
3. Geben Sie im Feld *Buchungsdatum* das gewünschte Datum ein.
4. Wählen Sie im Feld *Postenart* einen der möglichen Werte (*Einkauf*, *Verkauf*, *Zugang* oder *Abgang*).
5. Das Feld *Belegnr.* wird in der CRONUS-Demodatenbank automatisch mit der nächsten freien Nummer aus einer hinterlegten Nummernserie ausgefüllt; es kann aber auch manuell eingegeben werden.
6. Wählen Sie im Feld *Artikelnr.* einen Artikel aus dem Artikelstamm.
7. Geben Sie im Feld *Menge* die Buchungsmenge ein.

8. Geben Sie optional weitere Buchungszeilen ein.
9. Klicken Sie im Menüband auf die Schaltfläche *Buchen*.
10. Bestätigen Sie die Buchung.

4.3.3 Durchführung einer Inventur

Grundsätzlich ist es bei der Verwendung eines Systems mit permanenter Inventur wie Dynamics NAV nicht unbedingt notwendig, eine physische Inventur durchzuführen[2]. Zumindest einmal jährlich sollte in den meisten Fällen dennoch eine Inventur durchgeführt werden, da es infolge unzureichender Prozesse typischerweise zu Differenzen zwischen den physischen Lagerbeständen und den Bestandsmengen im System kommen kann. Auch bei der Systemeinführung, das heißt dem erstmaligen Erfassen des Lagerbestands, ist eine Inventur notwendig.

Zur Erleichterung der Inventur steht eine spezielle Version des Buchungsblatts, das *Inventur Buch.-Blatt*, zur Verfügung. Für Lagerorte mit erweiterter Logistiksteuerung muss das *Logistik-Inventur-Buch.-Blatt* verwendet werden.

Dynamics NAV bietet auch Unterstützung bei der Planung und Durchführung einer zyklischen Inventur. Bei der zyklischen Inventur handelt es sich um eine Methode, die Zählung häufig zu kontrollierender Artikel zu planen.

Die Inventurhäufigkeit wird auf der Artikelkarte oder der Lagerhaltungsdatenkarte im Inforegister *Lager* bzw. *Logistik* im Feld *Inventurhäufigkeitscode* festgelegt. Dieser definiert, wie oft für einen bestimmten Artikel im Jahr eine Inventur durchgeführt werden soll.

Wenn Artikel für eine zyklische Inventur eingerichtet wurden, kann im Inventurbuchungsblatt über die Schaltfläche *Inventurhäufigkeit berechnen* auf der Registerkarte *Aktionen* das Fenster Inventurartikelauswahl geöffnet werden. Dort werden jene Artikel angezeigt, für die am aktuellen Arbeitsdatum eine Inventur geplant wurde.

4.3.4 Anleitung für die Durchführung einer Inventur

Um eine Inventur durchzuführen, gehen Sie folgendermaßen vor:

1. Wählen Sie über die Suche *Inventur Buch.-Blätter*.
2. Klicken Sie im Menüband auf *Lagerbestand berechnen*.
3. Geben Sie im Inforegister *Optionen* ein Buchungsdatum und eine Belegnummer für die Inventurbuchungen ein.
4. Definieren Sie im Inforegister *Artikel* einen Filter, wenn Sie die Inventur nur für bestimmte Artikel durchführen wollen.
5. Klicken Sie auf *OK*, um das Buchungsblatt zu berechnen.
6. Optional: Drucken Sie die Inventurliste (Schaltfläche *Drucken* im Menüband).

---

[2] Abgesehen von eventuellen gesetzlichen Vorgaben.

7. Geben Sie die physisch erfassten Mengen für jeden Artikel im Feld *Inventurmenge* ein.
8. Klicken Sie im Menüband auf die Schaltfläche *Buchen*, um alle Korrekturbuchungen (Zugänge bzw. Abgänge) zu buchen.

4.4 Umlagerungen

Falls es notwendig ist, Informationen (z. B. Lagerortcode, Lagerplatzcode) zu Artikeln im Lager zu ändern, kann dies mittels Umbuchungen durchgeführt werden, das heißt, Änderungen an Artikelposten können im *Umlagerungs Buch.-Blatt* vorgenommen werden.

Der Aufruf erfolgt aus der Artikelübersicht über die Schaltfläche *Artikel Umlag. Buch.-Blatt* auf der Registerkarte *Start*. Das Besondere an diesem Buchungsblatt ist, dass es für die zu ändernden Informationen jeweils ein Sonderfeld gibt, dessen Name mit „Neu" beginnt (z. B. *Lagerortcode* und *Neuer Lagerortcode*). Die benötigten Felder sind in der üblichen Art und Weise einzublenden und der Ausgleich mit bestimmten Artikelposten wird über das Feld *Ausgleich mit Lfd.-Nr.* festgelegt. Für Lagerorte mit erweiterter Logistiksteuerung muss das *Logistik-Umlag.-Buch.-Blatt* verwendet werden.

4.5 Logistik-Buchungsblätter

Im Lagerverwaltungssystem werden für Lagerorte mit erweiterter Logistiksteuerung von der Anwendung spezielle Buchungsblätter verwendet, um die Prozesse auf Lagerplatzebene zu unterstützen. Beim Einsatz des Lagerverwaltungssystems ist es notwendig, das *Logistik-Artikel-Buch.-Blatt*, das *Logistik-Inventur-Buch.-Blatt* und das *Logistik-Umlag.-Buch.-Blatt* zu verwenden.

Die ersten beiden Buchungsblätter sind in der Standardrolle „Lagermitarbeiter" im Rollencenter eingeblendet. Letzteres kann über die Suche aufgerufen werden.

4.5.1 Grundlagen der Buchung in Logistik-Buchungsblättern

Wenn die Logistik-Buchungsblätter *Logistik-Artikel-Buch.-Blatt* und *Logistik-Inventur-Buch.-Blatt* verwendet werden, erstellt die Anwendung für jede Buchungsblattzeile zwei Posten. Der erste entsteht aus einem Abgang/Zugang vom/zum Ausgleichslagerplatz, der zweite damit zusammenhängende Posten stellt den Zugang/Abgang am/vom Ziellagerplatz dar. Beim Ausgleichslagerplatz handelt es sich um einen virtuellen Lagerplatz, der im Inforegister *Lagerplätze* der Lagerortkarte angegeben wurde. Da nun zwei Posten mit denselben Mengen, aber mit umgekehrten Vorzeichen vorliegen, ergibt sich insgesamt weder ein Zugang noch ein Abgang im Lager.

Um daher die Buchungen, die in den Logistik-Buchungsblättern durchgeführt wurden, abzuschließen, ist eine weitere Buchung im Artikelbuchungsblatt notwendig. Zu diesem Zweck wählen Sie im Artikelbuchungsblatt die Schaltfläche *Ausgleich berechnen* auf der Registerkarte *Start* und buchen die berechneten Ausgleichsbuchungen (Zugang oder Abgang).

HINWEIS: Für jeden Lagerort mit erweiterter Logistiksteuerung muss ein eigener Logistik-Buchungsblattname angelegt werden. Die Verwaltung der Logistik-Buchungsblattnamen erfolgt über die Suche, den Link *Logistik Buch.-Blattvorlagen* und dort über die Schaltfläche *Buch.-Blattnamen* auf der Registerkarte *Navigate*. ■

4.5.2 Durchführung einer Buchung im Logistik Artikel-Buchungsblatt

Die folgende Schritt-für-Schritt-Anleitung zeigt, wie Sie mit dem *Logistik Artikel-Buch.-Blatt* eine Lagerbestandsveränderung (Zugänge oder Abgänge) für einen Lagerort mit erweiterter Logistiksteuerung registrieren können:

1. Wählen Sie über die Suche den Link *Logistik Artikel Buch.-Blätter*.
2. Wählen Sie im Feld *Buch.-Blattname* den Logistik-Buchungsblattnamen mit dem Lagerort, für den Sie die Transaktion erfassen wollen.
3. Geben Sie im Feld *Registriert am* das gewünschte Datum ein.
4. Das Feld *Belegnr.* wird in der CRONUS-Demodatenbank automatisch mit der nächsten freien Nummer aus einer hinterlegten Nummernserie ausgefüllt. Die Nummer kann aber auch manuell eingegeben werden.
5. Wählen Sie im Feld *Artikelnr.* einen Artikel aus dem Artikelstamm.
6. Geben Sie im Feld *Zonencode* die Lagerzone an, für die die Änderung registriert werden soll.
7. Geben Sie im Feld *Lagerplatzcode* den Lagerplatz an, für den die Änderung registriert werden soll.
8. Geben Sie im Feld *Menge* die zu registrierende Menge ein. Eine positive Menge kennzeichnet einen Zugang, eine negative Menge kennzeichnet einen Abgang.
9. Geben Sie optional weitere Buchungszeilen ein.
10. Klicken Sie auf die Schaltfläche *Registrieren* auf der Registerkarte *Start*.
11. Bestätigen Sie die Registrierung.

Nach dem Registrieren des Logistik-Buchungsblatts muss eine Buchung im Artikelbuchungsblatt durchgeführt werden, um die Bestandsänderung auf dem Lagerort zu berücksichtigen.

12. Öffnen Sie in der Suche den Link *Artikel Buch.-Blätter*.
13. Klicken Sie auf die Schaltfläche *Ausgleich berechnen* auf der Registerkarte *Start* des Menübands.

14. Im Dialogfeld zum Berechnen des Ausgleichs können Sie einen Filter – beispielsweise auf die zuvor gebuchte Artikelnummer – eintragen, bevor Sie die Schaltfläche *OK* betätigen. Im Artikel-Buchungsblatt werden dann die Buchungszeilen entsprechend dem gewählten Filter erzeugt.
15. Klicken Sie im Menüband des Artikelbuchungsblatts auf die Schaltfläche *Buchen*.
16. Bestätigen Sie die Buchung.

4.6 Reservierungen

Reservierungen ermöglichen es, verfügbare Bestände und geplante Warenzugänge für bestimmte Verkaufs- oder Produktionsaufträge zu reservieren. Das Reservierungssystem ermöglicht es einem Benutzer damit, feste Verknüpfungen zwischen Bedarf und Bedarfsdeckungen herzustellen. Reservierungen können auch verwendet werden, um mit besonderen Situationen fertigzuwerden, in denen die Ergebnisse der normalen automatischen Bedarfsdeckung nicht angemessen sind.

Für jeden Artikel kann die Methode der Reservierung mit einer der drei folgenden Optionen aus dem Feld *Reservieren* des Inforegisters *Planung* auf der Artikelkarte festgelegt werden:

- **Immer** – jedes Mal, wenn ein Artikel in einem Verkaufsauftrag oder einem anderen Warenausgang erfasst wird (z. B. in Umlagerungen oder Fertigungsaufträgen), versucht das System automatisch die erforderliche Menge aus dem Bestand oder geplanten Wareneingängen zu reservieren.
- **Optional** – es werden keine automatischen Reservierungen durchgeführt, der Benutzer hat aber die Möglichkeit, Reservierungen manuell anzulegen.
- **Nie** – Reservierungen werden weder automatisch angelegt, noch können sie manuell eingerichtet werden.

Die Methode der Reservierung kann auch für einen bestimmten Debitor im Inforegister *Lieferung* auf der Debitorenkarte festgelegt werden. Die Angaben auf der Artikelkarte haben dabei eine höhere Priorität, außer wenn auf der Artikelkarte der Wert **Optional** und auf der Debitorenkarte **Nie** bzw. **Immer** ausgewählt ist; im letzteren Fall haben die Werte der Debitorenkarte Priorität. Sie können in einem Verkaufsauftrag im Inforegister *Zeilen* die Spalte *Reservieren* einblenden und so die Reservierungsmethode für den Artikel einer Verkaufszeile anzeigen und bearbeiten.

Falls die Produktionsart *Auftragsfertigung* für einen Artikel eingerichtet ist oder wenn ein Fertigungsauftrag direkt aus einem Verkaufsauftrag angelegt wird, erfolgt immer eine Reservierung. Weitere Informationen dazu finden Sie in den Kapiteln 7 und 8.

Aus einem Warenausgang heraus kann auf der Basis von vier Arten eine Reservierung erfolgen:

- Artikelposten
- Bestellzeile

- Fest geplante Fertigungsauftragszeile
- Freigegebene Fertigungsauftragszeile

Aus einem Verkaufsauftrag erfolgt eine Reservierung im Inforegister *Zeilen* über die Schaltfläche *Zeile/Funktionen/Reservieren*. Eine Reservierung bezieht sich dabei auf die markierte Zeile des Verkaufsauftrags. Angezeigt werden im Fenster *Reservierung* alle Möglichkeiten, den Bedarf des Verkaufsauftrags zu decken, das heißt verfügbare Bestandsmengen und geplante Zugänge aus Bestellungen und Fertigungsaufträgen. Über die Schaltflächen *Autom. reservieren* und *Von aktueller Zeile reservieren* erfolgt eine Reservierung entweder automatisch oder von einer bestimmten Zeile.

Eine Reservierung wird von der Anwendung automatisch storniert, wenn Datumsänderungen eine Verknüpfung zwischen Wareneingang und Warenausgang unmöglich machen – das Wareneingangsdatum muss vor dem Warenausgangsdatum liegen.

Zusätzlich zu Reservierungen sind Bedarfsverursacher Verknüpfungen zwischen einem Bedarf und einem dazu passenden Angebot zur Bedarfsdeckung. Bedarfsverursacher dienen jedoch nur der Information und wirken sich im Gegensatz zu Reservierungen nicht auf die Verfügbarkeit aus. Bedarfsverursacher spielen insbesondere im Produktionsmodul eine wichtige Rolle und werden ausführlich in den Kapiteln 7 und 8 besprochen.

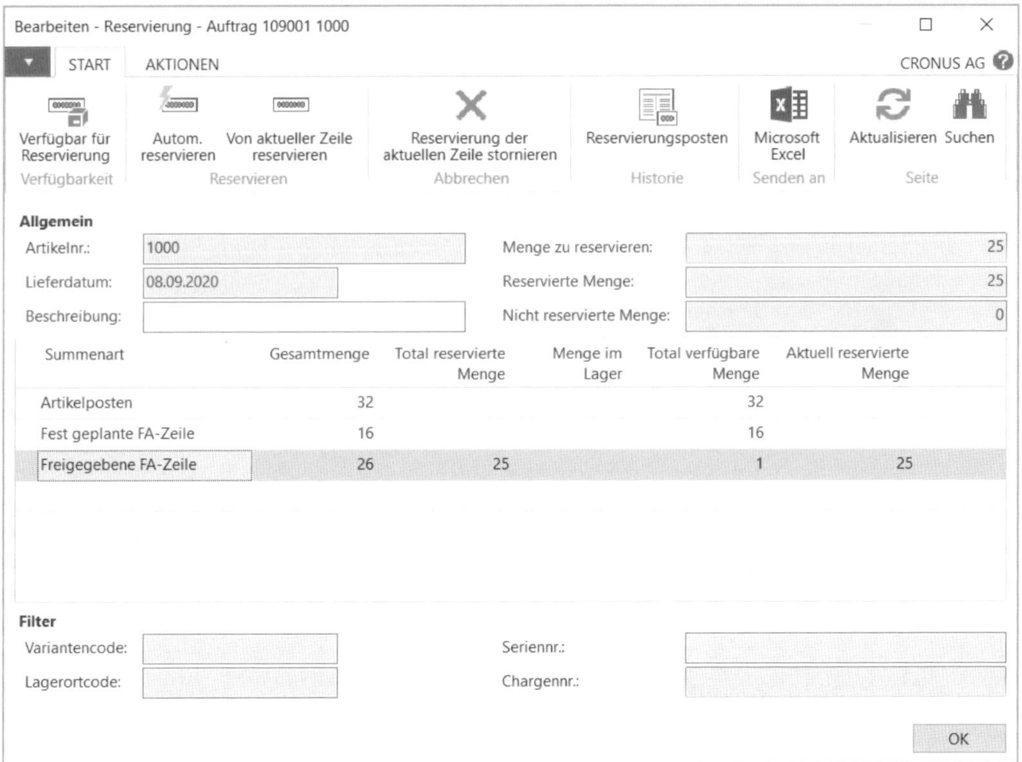

Bild 4.14 Beispiel einer Reservierung – die für den Verkaufsauftrag 109001 notwendige Menge von 25 Stück des Artikels 1000 wird von einem freigegebenen Fertigungsauftrag über 26 Stück reserviert.

4.7 Wareneingang und Einlagerung

Der Wareneingang von Artikeln mit Unterstützung durch das Lagerverwaltungssystem ermöglicht zusätzliche Varianten des Ablaufs, wo und wie Artikel entgegengenommen und in den anschließenden Lagerprozessen weitergereicht werden. Die Nutzung eigener Logistikbelege, wie Wareneingang und Einlagerung, ermöglicht eine organisatorische und funktionale Trennung der Einkaufs- und Logistikfunktion eines Unternehmens.

4.7.1 Übersicht

Zunächst muss ein eingehender Beleg erstellt und freigegeben werden, bevor das Lagerpersonal die Bestellzeilen sehen kann. Abgesehen davon, dass der Wareneingang ein Arbeitsdokument ist, gewährt er auch eine Übersicht über die zu erwartenden Eingänge und ermöglicht so, den Arbeitsablauf und die Mitarbeiterressourcen effektiv zu planen. Der Wareneingang kann entweder direkt aus einer Einkaufsbestellung oder über die Suche und den Link *Wareneingänge* erstellt werden.

Sobald Artikel im Lager ankommen, muss ein Mitarbeiter die Lieferung bearbeiten und die angelieferten Mengen buchen. Wenn der Lagermitarbeiter den Wareneingang bucht, werden die Artikel Teil des verfügbaren Lagerbestands für den Verkauf, stehen aber noch nicht für die Kommissionierung zur Verfügung. Die Buchung des Wareneingangs als eigenes Dokument entspricht der Buchung der Einkaufsbestellung mit der Option **Liefern**; d. h. die Werte in den Feldern der Spalte *Bereits gelief. Menge* in der Einkaufsbestellung entsprechen denen der gebuchten Mengen im Wareneingang.

Beim Buchen des Wareneingangsbelegs wird – abhängig von der Konfiguration des Wareneingangsprozesses – ein Einlagerungsbeleg erstellt. Ein Einlagerungsbeleg ist eine Anweisung für das Lagerpersonal im Wareneingangsbereich, die (eingegangenen) Artikel zu übernehmen und an einen bestimmten Platz zu bringen, der von der Anwendung vorgeschlagen wird.

Zu diesem Zeitpunkt können die vorgeschlagene Zone und der Lagerplatz auch noch verändert werden, wenn die von der Anwendung vorgeschlagene Zuordnung nicht praktikabel ist.

Abschließend wird die Einlagerung registriert und sowohl der Wareneingang als auch die Einlagerung lassen sich in den gebuchten Wareneingängen und den registrierten Einlagerungen einsehen. Die Artikel sind nun für die Kommissionierung verfügbar. Hat die Logistik diese Aufgaben beendet, kann der Herkunftsbeleg fakturiert werden.

4.7.2 Prozessvarianten

Der Prozess des Wareneingangs von eingehenden Warenlieferungen besteht aus zwei Teilprozessen:

- Annahme der Artikel (Wareneingang)
- Einlagerung der Artikel

Bei Eintreffen einer Lieferung werden typischerweise folgende Prozessschritte durchlaufen:

- Abgleich des Lieferscheins mit der Bestellung (gelieferte Menge vs. bestellte Menge)
- Bestimmung der Orte im Lager, an denen die Artikel eingelagert werden sollen.

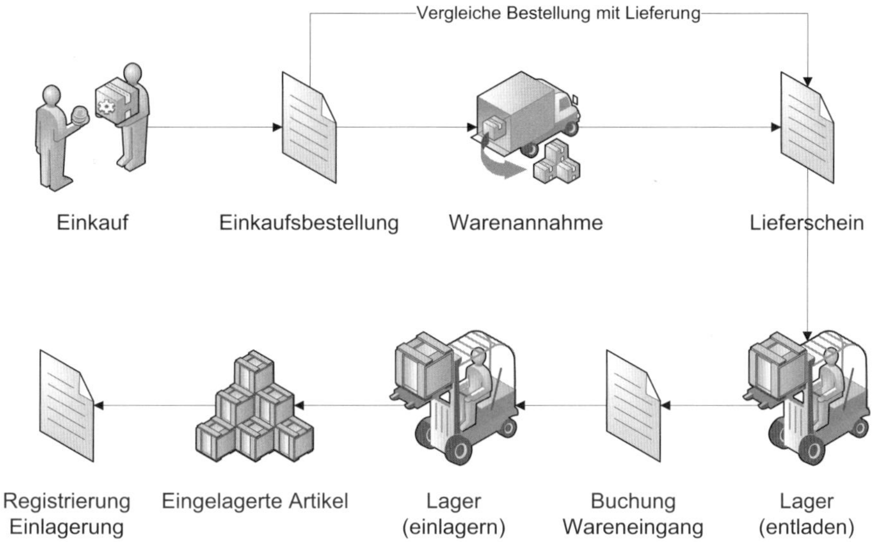

Bild 4.15 Vollständiger Wareneingangsprozess mit Wareneingang und Einlagerung

In Dynamics NAV können der Wareneingang und die Einlagerung auf eine von vier Arten durchgeführt werden, je nachdem, welche Funktionalität benötigt wird:

- **Einkaufsbestellung mit Lagerplatz** (Buchung direkt in Bestellung, keine explizite Buchung von Wareneingang und Einlagerung)
- **Einlagerung mit Lagereinlagerungsbeleg** (Buchung des Einlagerungsbelegs, keine explizite Buchung des Wareneingangs)
- **Wareneingang mit Wareneingangsbeleg** (Buchung des Wareneingangsbelegs, keine explizite Buchung der Einlagerung)
- **Wareneingang mit Wareneingangsbeleg und Einlagerung mit Lagereinlagerungsbeleg** (erweiterte Logistiksteuerung)

Bei den ersten drei Methoden werden die Aktionen des Wareneingangs und der Einlagerung von der Anwendung zu einem Schritt zusammengefasst, wenn die jeweiligen Belege als Wareneingang gebucht werden. Bei der letzten Methode wird zuerst der Wareneingang und damit die Erhöhung des Lagerbestands gebucht. Danach wird die Einlagerung separat gebucht (registriert), um den Artikel für die Kommissionierung verfügbar zu machen.

Wurde ein Lagerort so eingerichtet, dass die Verwendung von Lagerplätzen für ihn Pflicht ist, werden von der Anwendung beim Buchen eines Wareneingangs zusätzlich zu den Artikelposten und Wertposten auch Lagerplatzposten erstellt. Diese Posten sind die Datensätze für die Zuordnung der Artikel im Lager auf Lagerplatzebene.

4.7.3 Einkaufsbestellung mit Lagerplatz

Das Buchen der Einkaufslieferung auf einen Lagerplatz direkt in der Bestellung ist die einfachste Variante zur Nutzung von Lagerplätzen.

4.7.3.1 Grundlagen zum Buchen mit Lagerplatz in der Bestellung

Damit eine Wareneinlagerung gebucht werden kann, muss der Lagerort so eingerichtet sein, dass Lagerplätze verwendet werden müssen (d. h. auf der Lagerortkarte muss im Inforegister *Logistik* das Kontrollkästchen *Lagerplatz notwendig* aktiviert sein).

In der Einkaufsbestellung muss im Inforegister *Zeilen* die Spalte *Lagerplatzcode* eingeblendet sein, sodass für jeden Artikel der entsprechende Lagerplatzcode ersichtlich ist und damit kontrolliert bzw. bearbeitet werden kann. Je nachdem, wie der Lagerort konfiguriert wurde, wird beim Anlegen der Bestellung das Feld *Lagerplatzcode* vorausgefüllt. Wurde kein Standardlagerplatz angelegt und noch keine Einlagerung des Artikels gebucht, kann das Feld beim Anlegen der Bestellung auch leer sein.

Um eine Bestellung in der Logistik weiterverarbeiten zu können, muss diese freigegeben sein (dies erfolgt in einer Einkaufsbestellung über die Schaltfläche *Freigeben*). Diese Anforderung ist auch für andere Herkunftsbelege wie z. B. einen Verkaufsauftrag gültig.

Ist die Bestellung eingetroffen, kann – nachdem die tatsächlichen mit den bestellten Mengen verglichen wurden – der Wareneingang und die Einlagerung über die Einkaufsbestellung direkt gebucht werden. Vor der Buchung lässt sich für jede Bestellzeile der Lagerplatzcode eingeben bzw. verändern.

Es ist auch möglich, eingehende Mengen eines Artikels auf unterschiedliche Lagerplätze aufzuteilen. Zu diesem Zweck wird in der zu buchenden Einkaufsbestellung in der Bestellzeile in dem Feld *Menge akt. Lieferung* nur jene Menge angegeben, die auf dem angegebenen Lagerplatz eingelagert werden soll. Nachdem diese Einlagerung gebucht wurde, kann der Lagerplatzcode verändert und die restliche (oder wieder eine Teilmenge) des Artikels gebucht, das heißt eingelagert, werden.

Solange eine Bestellung nicht fakturiert – das heißt die Eingangsrechnung gebucht – wurde, kann ein gebuchter Wareneingang rückgängig gemacht werden. Dies ist notwendig, um Fehler oder Missverständnisse korrigieren zu können.

4.7.3.2 Anleitung für die Buchung mit Lagerplatz in der Bestellung

Um eine Einkaufslieferung direkt in einer Bestellung auf einem Lagerplatz einzubuchen, führen Sie folgende Schritte aus:

1. Wählen Sie in der Suche den Link *Bestellungen*.
2. Legen Sie eine Bestellung mit Bestellzeilen für einen Lagerort mit Lagerplätzen, aber ohne erweiterte Logistiksteuerung, an (beispielsweise am Lagerort SILBER in der CRONUS-Demodatenbank).
3. In der Bestellzeile wählen Sie einen passenden Lagerplatz (falls in den Bestellzeilen nicht gezeigt, blenden Sie zuvor die Spalte *Lagerplatzcode* ein).
4. Klicken Sie auf die Schaltfläche *Buchen* auf der Registerkarte *Start* des Menübands.

5. Im Dialogfeld zur Buchung wählen Sie die Option **Liefern**, um eine Lieferung (Wareneingang) zu buchen.
6. Bestätigen Sie mit *OK*.

4.7.3.3 Korrektur eines in der Bestellung gebuchten Eingangs mit Lagerplatz

Sie können einen gebuchten Wareneingang folgendermaßen rückgängig machen:

1. Wählen Sie in der Suche den Link *Geb. Einkaufslieferungen*.
2. Markieren Sie eine gebuchte Einkaufslieferung.
3. Klicken Sie auf der Registerkarte *Start* auf die Schaltfläche *Ansicht*.
4. Markieren Sie eine Artikelzeile.
5. Klicken Sie auf die Schaltfläche *Funktionen* im Inforegister *Zeilen* und danach auf die Schaltfläche *Wareneingang stornieren*.
6. Bestätigen Sie mit *OK*.

4.7.4 Einlagerung mit Einlagerungsbeleg

Um diese Prozessvariante zu wählen, muss auf der Lagerortkarte im Inforegister *Logistik* das Kontrollkästchen *Einlagerung erforderlich* aktiviert sein. Zur Erfassung der physischen Platzierung des Artikels im Lager wird ein eigener Beleg - der Einlagerungsbeleg - benutzt. Dieser Beleg ist im Wesentlichen eine Kopie der Bestellung. Er zeigt jedoch nur die für die Logistik wichtigen Informationen an. Darüber hinaus bietet der Einlagerungsbeleg eine größere Flexibilisierung hinsichtlich zusätzlicher Logistikanforderungen, wie zum Beispiel das Aufteilen einer Zeile und das Drucken spezieller Belege.

Einlagerungen können zum Beispiel direkt in einer Einkaufsbestellung über die Schaltfläche *Lagerbelege erstellen* auf der Registerkarte *Start* angestoßen werden. Die dadurch erzeugte Lagereinlagerung wird über die Suche und den Link *Lagereinlagerungen* für die Bearbeitung aufgerufen. Ebenso können auf diese Weise neue Lagereinlagerungen angelegt werden.

In den erzeugten Lagereinlagerungen muss das Feld *Bewegungsmenge* für jede Zeile angepasst werden; danach kann der Beleg gebucht werden. Nach dem Buchen sind die Artikel für die Kommissionierung bzw. den Warenausgang verfügbar.

4.7.5 Wareneingang mit Wareneingangsbeleg

Unabhängig vom zuvor beschriebenen Einlagerungsbeleg - der sich auf eine einzelne Bestellung bezieht - gibt es die Möglichkeit, den Wareneingang für mehrere Bestellungen gemeinsam in Form eines Wareneingangsbelegs abzuwickeln. Um diese Prozessvariante für einen Lagerort festzulegen, muss auf der Lagerortkarte im Inforegister *Logistik* das Kontrollkästchen *Wareneingang erforderlich* aktiviert sein.

Diese Variante ist für Unternehmen nützlich, deren Wareneingangsprozess komplexer ist oder besondere Aufmerksamkeit benötigt. Durch die Erstellung eines Wareneingangsbelegs kann die Aufgabe des Wareneingangs geplant werden. Der Beleg basiert auf freigegebenen Einkaufsbestellungen und zeigt ein Gesamtbild aller erwarteten Lieferungen.

Wareneingangsbelege können von zwei unterschiedlichen Stellen aus erstellt werden. Eine Möglichkeit besteht darin, dass zum Beispiel ein Einkäufer aus einer Bestellung heraus den Beleg erzeugt (Schaltfläche *Aktionen/Wareneingang erstellen*).

Die zweite Möglichkeit besteht darin, die Funktion *Wareneingang erstellen* zu nutzen. Diese Menüoption ist über die Suche und den Link *Wareneingänge* zugänglich. Sie öffnet den Listenplatz *Wareneingänge* (Wareneingangsübersicht), wo bestehende Datensätze zur Ansicht oder Bearbeitung geöffnet werden. Über die Schaltfläche *Neu* im Menüband werden neue Wareneingänge angelegt.

Es gibt nun zwei Möglichkeiten, die freigegebenen Herkunftsbelege auszuwählen, deren Zeilen Mengen enthalten, die noch nicht eingegangen sind:

So kann im Fenster *Wareneingang* über die Schaltfläche *Filter zum Holen von Herk.-Belegen verwenden* auf eine Übersicht mit entsprechenden Filtern zugegriffen werden. Es kann ein Filter ausgewählt und mittels der Schaltfläche *Ausführen* durchgeführt werden; ebenso lässt sich ein Filter vor der Ausführung bearbeiten oder neu anlegen. Damit lassen sich einfache, aber auch komplexe Filter zum Holen von Wareneingangszeilen aus unterschiedlichen Belegen einrichten.

Eine weitere Möglichkeit, Wareneingangszeilen zu holen, bietet die Schaltfläche *Herkunftsbelege holen* im Fenster *Wareneingang*. Im damit geöffneten Fenster *Herkunftsbelege* können danach die gewünschten Belege für den Wareneingang übernommen werden.

Wenn ein Wareneingangsbeleg über die Schaltfläche *Wareneingang buchen* gebucht wird, werden Wareneingang und Einlagerung gleichzeitig gebucht. Separate Einlagerungsbelege sind – entsprechend der Konfiguration des Lagers – in diesem Fall nicht notwendig.

4.7.6 Wareneingang mit Wareneingangsbeleg und Einlagerung mit Lagereinlagerungsbeleg

Diese Prozessvariante kombiniert die zwei zuvor beschriebenen Prozessvarianten – Wareneingangsbeleg und Lagereinlagerungsbeleg – zur erweiterten Logistiksteuerung, in der beide Schritte nacheinander durchgeführt werden.

4.7.6.1 Grundlagen zum Buchen mit Wareneingangsbeleg und Lagereinlagerungsbeleg

In dieser Variante wird basierend auf einer freigegebenen Einkaufsbestellung zunächst ein Wareneingang erstellt und gebucht und danach die Lagereinlagerung durchgeführt. Die Vorgehensweise entspricht genau der, wie sie oben beschrieben ist. Dieser Prozessablauf nutzt die volle Logistikfunktionalität von Dynamics NAV (erweiterte Logistiksteuerung) und ist für Lagerorte anzuwenden, in deren Lagerortkarte das Kontrollkästchen *Gesteuerte Einlag. u. Kommiss.* im Inforegister *Logistik* aktiviert ist.

Nach der Buchung des Wareneingangs sind die gebuchten Artikel Teil des Lagerbestands geworden und stehen für den Verkauf zur Verfügung – nicht jedoch für die Kommissionierung (das heißt dem Warenausgang).

Nachdem der Wareneingang gebucht wurde, erstellt die Anwendung einen Einlagerungsbeleg. Ein Einlagerungsbeleg ist eine Anweisung an die Lagermitarbeiter, die eingegangenen Artikel aus der Wareneingangszone in die Lagerzone umzulagern. In diesem Prozess werden von der Anwendung in Abhängigkeit von der Einrichtung der Einlagerungsvorlage und von den Lagerplatzprioritäten Vorschläge unterbreitet, wohin die Ware eingelagert werden soll.

Über die Suche und den Link *Einlagerungen* wird der Listenplatz *Einlagerungen* geöffnet. Das mittels der Schaltfläche *Bearbeiten* auf der Registerkarte *Start* geöffnete Fenster *Einlagerung* beinhaltet die Zeilen, die aus dem gebuchten Warenbeleg erstellt wurden. Die Einlagerungsaktivität muss nun bearbeitet und die Mengen müssen abschließend registriert werden.

Der Einlagerungsbeleg beinhaltet genaue Informationen darüber, in welcher Zone und auf welchem Lagerplatz Artikel zu entnehmen sind, und in welcher Zone und auf welchem Lagerplatz diese eingelagert werden sollen. Die vorgeschlagenen Zonen und Lagerplätze können an dieser Stelle auch noch geändert werden. Um die Einlagerung durchzuführen, ist der Einlagerungsbeleg über die Schaltfläche *Einlagerung registrieren* zu registrieren. Die Anwendung löscht sämtliche Einlagerungszeilen und protokolliert alle Informationen in den registrierten Einlagerungen. Die Artikel sind nun für die Kommissionierung verfügbar.

Artikel können auch an unterschiedlichen Orten gelagert werden. Zu diesem Zweck kann (vor der Registrierung) die vorausgefüllte Bewegungsmenge der Wareneingangszeile zu einem kleineren Wert geändert und im Inforegister *Zeile* über die Schaltfläche *Funktionen/Zeile aufteilen* eine weitere Wareneingangszeile generiert werden. In dieser sind danach die Felder *Zonencode* und *Lagerplatzcode* auszufüllen. Über die Schaltfläche *Funktionen/Einheit ändern* besteht auch die Möglichkeit, die Artikel in anderen Mengeneinheiten zu lagern.

4.7.6.2 Durchführung von Wareneingang und Einlagerung

Um einen Wareneingang zu erstellen, gehen Sie wie folgt vor:

1. Erstellen Sie eine Einkaufsbestellung eines oder mehrerer Artikel. Verwenden Sie dabei einen Lagerort mit erweiterter Logistiksteuerung (z.B. den Lagerort WEISS in der CRONUS-Demodatenbank).
2. Geben Sie die Bestellung mit der Schaltfläche *Freigeben* auf der Registerkarte *Start* frei.
3. Wählen Sie über die Suche den Link *Wareneingänge*.
4. Klicken Sie in der Wareneingangsübersicht im Menüband auf die Schaltfläche *Neu*.
5. Drücken Sie im Feld *Nr.* die *Eingabe*-Taste, um dem Beleg automatisch eine Wareneingangsnummer zuzuweisen.
6. Wählen Sie im Feld *Lagerortcode* den Lagerort der Einkaufsbestellung (z.B. WEISS). Die Felder *Zonencode* und *Lagerplatzcode* werden von der Anwendung mit den Informationen gefüllt, die als Standard in der Lagerortkarte eingerichtet sind.
7. Klicken Sie auf die Schaltfläche *Herkunftsbelege holen* (alternativ: *Filter zum Holen von Herk.-Belegen verwenden*).

8. Wählen Sie den Beleg der gelieferten Einkaufsbestellung aus.
9. Klicken Sie auf *OK*.
10. Füllen Sie das Feld *Kred.-Lieferungsnr.* (zum Beispiel mit der Nummer des Lieferscheins) aus.
11. Kontrollieren Sie die Felder in der Spalte *Menge akt. Lieferung* (Vergleich der bestellten mit den gelieferten Mengen).
12. Klicken Sie im Menüband auf die Schaltfläche *Wareneingang buchen*.
13. Bestätigen Sie die Buchung des Wareneingangs.
14. Klicken Sie in der daraufhin angezeigten Meldung auf *OK*.

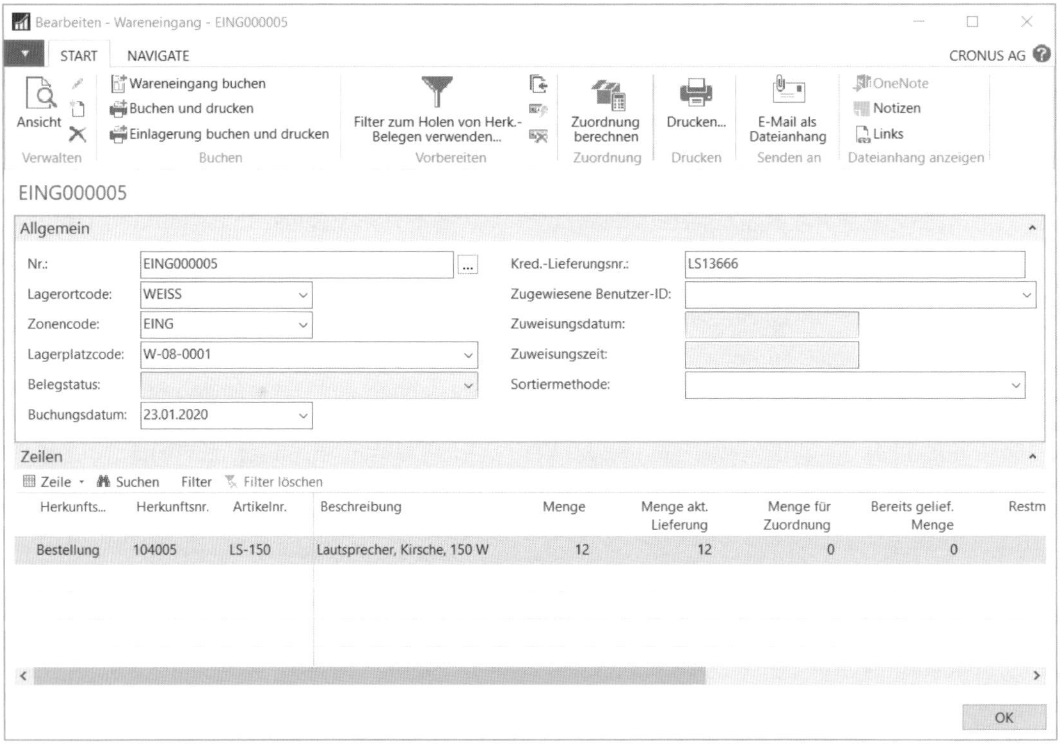

Bild 4.16 Beispiel eines Wareneingangs

Durch das Buchen des Wareneingangs wurden die Mengenfelder in den Zeilen der Einkaufsbestellung aktualisiert. Die Artikel sind nun Teil des Lagerbestands und stehen für den Verkauf oder die Produktion zur Verfügung. Des Weiteren wurde eine Einlagerungsaktivität erstellt, mit der die nächste Aufgabe im Wareneingangsprozess ausgeführt wird.

Um eine Einlagerung auf der Grundlage eines gebuchten Wareneingangs zu erstellen, gehen sie folgendermaßen vor:

1. Wählen Sie in der Suche den Link *Einlagerungen*.
2. Öffnen Sie den gerade erstellten Einlagerungsbeleg. Dieser beinhaltet die Zeilen, die aus dem gebuchten Wareneingang erstellt wurden. Der Einlagerungsbeleg kann nun bearbeitet und gedruckt werden.

3. Zum Registrieren des Einlagerungsbelegs klicken Sie im Menüband auf die Schaltfläche *Einlagerung registrieren*; danach sind die Artikel für die Kommissionierung verfügbar.
4. Bestätigen Sie die Registrierung der Einlagerung.

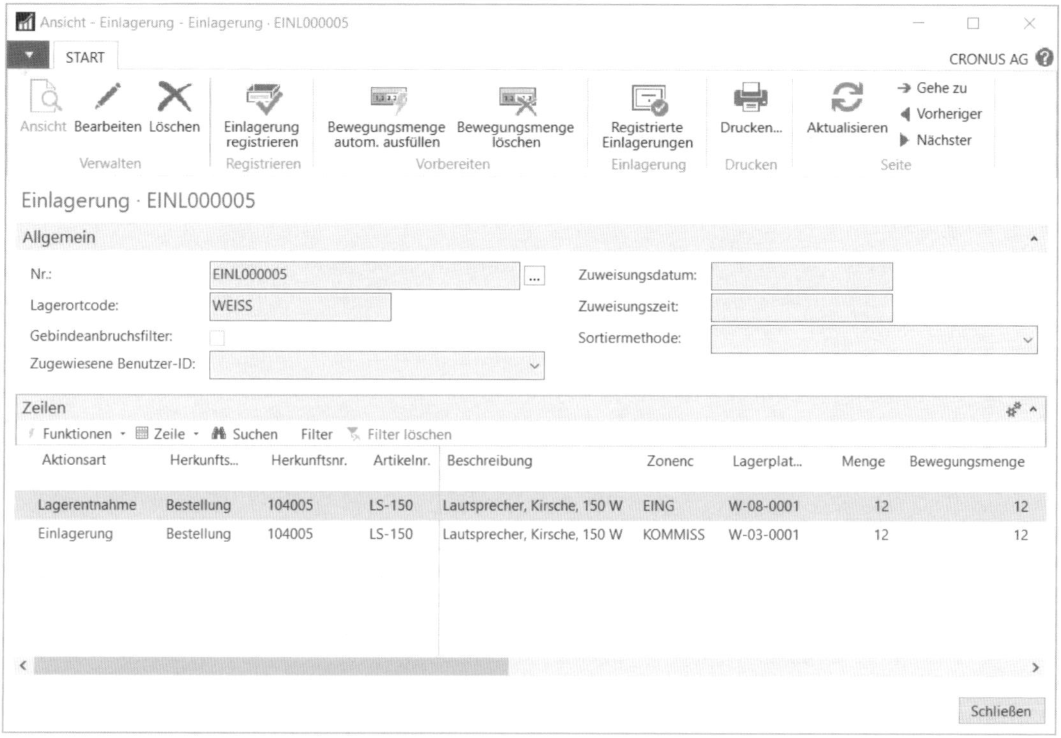

Bild 4.17 Beispiel eines Einlagerungsbelegs; jeder Einlagerungsvorgang besteht aus zwei Zeilen, nämlich von wo (Lagerplatz) ein Artikel zu holen und wohin (Lagerplatz) dieser zu bringen ist.

4.7.7 Zuordnung

Zuordnungen sind ein Mittel, um die Lagerdurchlaufzeiten zu optimieren und unnötige Arbeit zu vermeiden. Hierbei werden gelieferte Artikel für wartende Verkaufsaufträge direkt in die Warenausgangszone gebracht, ohne zuvor eingelagert zu werden. Die Einrichtung der Zuordnungsfunktion erfolgt generell am Lagerort, einzelne Artikel können aber von der Zuordnung ausgenommen werden.

Zur Einrichtung der Zuordnungsfunktionalität ist auf der Lagerortkarte im Inforegister *Logistik* das Kontrollkästchen *Zuordnung verwenden* zu aktivieren. Ein gleichlautendes Kontrollkästchen befindet sich auf der Artikelkarte und der Lagerhaltungsdatenkarte im Inforegister *Lager* bzw. *Logistik*. Es lässt sich daher die Zuordnung auf der Ebene des Lagerorts und der Artikelebene steuern. Im Feld *Zuord.-Fälligkeitsdatum ber.* im Inforegister *Logistik* der Lagerortkarte wird festgelegt, wie weit die Anwendung in die Zukunft sehen soll, um Verkaufsaufträge bzw. Fertigungsaufträge als Zuordnungsmöglichkeiten zu betrachten.

Die Berechnung der möglichen Zuordnungen erfolgt in einem Wareneingang über die Schaltfläche *Zuordnung berechnen* auf der Registerkarte *Start*. Die Anwendung kontrolliert, ob es für freigegebene ausgehende Aufträge einen Bedarf für den Artikel gibt, berechnet die zuzuordnende Menge und aktualisiert das Feld *Menge für Zuordnung*.

Zugeordnete Artikel sind nach der Buchung des Wareneingangs direkt für den Warenausgang verfügbar - es entfallen daher die Schritte der Einlagerung und Kommissionierung.

Führt man im Feld *Menge für Zuordnung* einen Lookup aus, wird das Fenster *Zuordnungsmöglichkeiten* angezeigt. Dieses enthält Informationen über den Herkunftsbeleg, dem der Artikel zugeordnet wird. Über die Schaltfläche *Menge für Zuordnung autom. auffüllen* auf der Registerkarte *Start* aktualisiert die Anwendung automatisch das Feld *Menge für Zuordnung*.

In weiterer Folge kann der Wareneingang wie gewohnt gebucht werden. Betrachtet man die zugeordnete Einlagerung, wird im Feld *Zuordnungsinformation* angezeigt, ob Artikel zugeordnet wurden. Der Einlagerungsbeleg kann danach registriert werden und die Artikel stehen für den Warenausgang bereit. Die zugeordneten Artikel befinden sich anschließend auf dem Zuordnungslagerplatz; dieser wird auf der Lagerortkarte im Inforegister *Lagerplätze* im Feld *Zuordnungslagerplatzcode* festgelegt.

4.8 Interne Logistikprozesse

In diesem Abschnitt werden jene Logistikprozesse besprochen, in denen Artikel innerhalb eines Lagers zwischen verschiedenen Lagerplätzen bewegt werden. Dies kann einerseits notwendig sein, um eine optimale Nutzung der Lagerflächen zu erreichen, oder auch, um den Waren- und Kostenfluss zwischen Lager und Produktion zu unterstützen und abzubilden.

Die internen Logistikprozesse zur Umlagerung sind hierbei in folgende Fälle zu untergliedern:

Tabelle 4.1 Übersicht der Varianten für Umlagerungen

	Von oder an Lagerorten mit erweiterter Logistiksteuerung	Zwischen anderen Lagerorten (mit oder ohne Lagerplatz)
Lagerplatzumlagerung (Umlagerung innerhalb eines Lagerorts)	▪ Manuelle Lagerplatzumlagerungen ▪ Automatisch erstellte Umlagerungen (Lagerplatzauffüllung) ▪ Interne Kommissionierung und Einlagerung	Umlagerungsjournal
Umlagerung zwischen Lagerorten	Umlagerungsauftrag	▪ Umlagerungsauftrag ▪ Umlagerungsbuch.-Blatt

4.8.1 Lagerplatzumlagerungen

Das Lagerverwaltungssystem bietet die Möglichkeit, Artikel innerhalb des Lagers auf Lagerplatzebene umzulagern und damit den Platz im Lager optimal zu nutzen. Lagerplatzumlagerungen können manuell vorgenommen werden, wenn das Unternehmen z. B. die Artikel innerhalb des Lagers umverteilen möchte, aber auch automatisch im Rahmen des Vorgangs der Lagerplatzauffüllung erfolgen (siehe den Abschnitt 4.8.1.2, „Automatisch erstellte Umlagerungen (Lagerplatzauffüllung)“).

4.8.1.1 Manuell erstellte Umlagerungen

Die manuelle Erstellung von Lagerplatzumlagerungen erfolgt im Lagerplatzumlagerungsvorschlag. Wählen Sie dazu in der Suche den Link *Lagerplatzumlag.-Vorschläge* aus und markieren Sie eine der angezeigten Vorschlagsvorlagen. Über die Schaltfläche *Vorschlag bearbeiten* wird ein Fenster zur Bearbeitung der Vorlage geöffnet.

Im Lagerplatzumlagerungsvorschlag werden in den Zeilen die zur Umlagerung eingeplanten Artikel mit den gegenwärtigen Zonen und Lagerplätzen sowie die neuen Zonen und Lagerplätze angegeben. Ebenso ist das Feld *Bewegungsmenge* mit der zu bewegenden Menge auszufüllen. Dies kann einerseits über die Schaltfläche *Bewegungsmenge autom. ausfüllen* im Menüband oder andererseits manuell durchgeführt werden. Die Schaltfläche *Lagerplatzumlagerung erstellen* öffnet das Dialogfeld *Logistik Herk. - Beleg erst.*, in dem innerhalb der Lageraktivitätszeilen sortiert und die Lagerplatzumlagerung gedruckt werden kann.

Die dadurch erstellten Lagerplatzumlagerungen können über die Suche und den Link *Lagerplatzumlagerungen* angezeigt und bearbeitet werden. So können in einer Lagerplatzumlagerung die Zonen und die Lagerplätze geändert werden, außerdem steht die Funktion *Zeilen teilen* wiederum zur Verfügung. Die Funktion für die Zeilenaufteilung ist dann nützlich, wenn Artikel aus mehr als aus einem Lagerplatz entnommen beziehungsweise in mehr als einen Lagerplatz eingelagert werden müssen. Nachdem die Umlagerung durchgeführt wurde, muss diese mittels der Schaltfläche *Lagerplatzumlag. registrieren* registriert werden. Während einer Umlagerung kann auch der Einheitencode geändert werden; so kann zum Beispiel ein Artikel in der Einheit „Palette“ einem Lagerplatz entnommen und in der Einheit „Stück“ eingelagert werden.

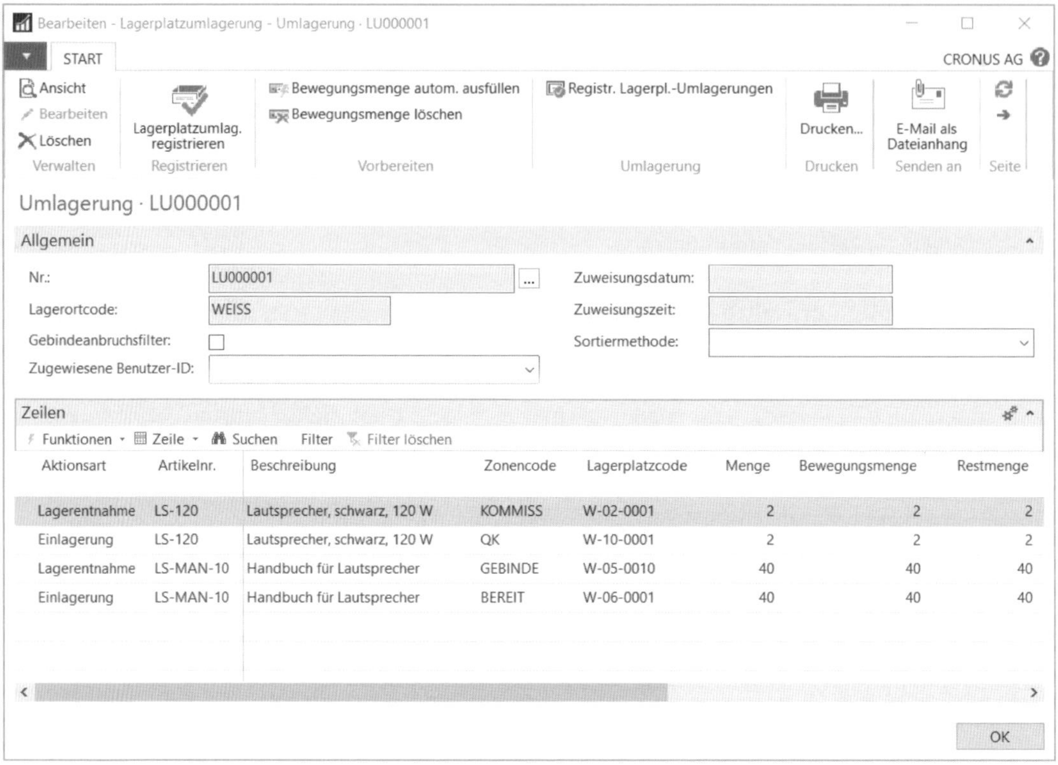

Bild 4.18 Beispiel für eine Lagerplatzumlagerung

4.8.1.2 Automatisch erstellte Umlagerungen (Lagerplatzauffüllung)

Um die Lagerkapazität bestmöglich zu nutzen, bietet Dynamics NAV die Möglichkeit, die optimale Nutzung der Lagerplätze zu berechnen und entsprechende Umlagerungsaufträge zu erstellen. Die Berechnung der optimalen Lagerplatzbelegung erfolgt im Fenster *Lagerplatzumlagerungsvorschlag* durch einen Klick auf die Schaltfläche *Lagerplatzauffüllung berechnen*.

Bei der Berechnung sucht die Anwendung einen Standardlagerplatz, der wieder aufgefüllt werden muss, da der Lagerplatzbestand die Mindestmenge unterschritten hat. Der Auffüllungsprozess berücksichtigt nur Standardlagerplätze und nicht gesperrte Lagerplätze und muss manuell vom Lagermitarbeiter aktiviert werden.

Die Anwendung versucht dabei, vorhandenen Lagerplatzinhalt desselben Artikels und derselben Artikelvariante innerhalb des Lagerorts zu finden. Über die Lagerplatzpriorität wird bestimmt, aus welchen Lagerplätzen Artikel entnommen werden können, d.h., die Anwendung sucht nach Lagerplätzen mit einer niedrigeren Priorität, um die dort vorhandenen Artikel für die Auffüllung zu verwenden. Die Berechnung ist so eingerichtet, dass Lagerplätze mit Unterschreitung der Mindestmenge bis zur Maximalmenge aufgefüllt werden.

Es wird ein Lagerplatzumlagerungsbeleg mit den Auffüllungszeilen aus dem anfordernden Lager bzw. den Zonen oder Lagerplätzen gemäß den verwendeten Filteroptionen erstellt.

Aus dem Fenster *Lagerplatzumlagerungsvorschlag* heraus kann überprüft werden, warum die Anwendung eine bestimmte Umlagerung vorschlägt. So kann zum Beispiel im Feld *Nach Lagerplatz* ein Lookup durchgeführt werden. In dem dadurch geöffneten Fenster wird über die Schaltfläche *Erweitert* das Fenster *Lagerplatzübersicht* geöffnet. Über die Schaltfläche *Inhalt* auf der Registerkarte *Navigate* wird die Lagerplatzinhaltsübersicht geöffnet. Dort können nun alle Daten des Lagerplatzes – wie zum Beispiel *Min. Menge* und *Max. Menge* – eingesehen werden.

Die weitere Vorgehensweise entspricht der für manuell erstellte Umlagerungsaufträge. Das heißt, dass die Umlagerungsvorschläge zuerst übernommen und die dadurch erstellten Umlagerungen nach der Durchführung registriert werden müssen.

Es kann zweckmäßig sein, bestimmte Lagerplätze für Umlagerungen zu sperren. Das Sperren von Lagerplatzumlagerungen wird auf Lagerplatzebene ausgeführt. Denkbar ist auch, dass ähnliche Artikel, die in einem bestimmten Lagerplatz gelagert wurden, dort verbleiben sollen.

In Situationen wie diesen kann das Unternehmen den Lagerplatz sperren, sodass Zu- oder Auslagerungen an diesem speziellen Lagerplatz nicht durchgeführt werden können, während anderswo die Umlagerung gleicher Artikel weiterhin möglich ist. Wie bereits in Abschnitt 4.1.4.7, „Einrichten von Lagerplätzen“, angemerkt, erfolgt die Sperre von Lagerplätzen im Fenster *Lagerplatzinhalt* im Feld *Lagerplatz sperren*.

4.8.1.3 Anleitung für das Sperren von Lagerplätzen

Um Lagerplätze für bestimmte Transaktionen zu sperren, gehen Sie folgendermaßen vor:

1. Wählen Sie in der Suche den Link *Lagerorte*, um die Lagerorteübersicht anzuzeigen.

   Die weiteren Schritte hängen von den Einstellungen am gewählten Lagerort ab:

   - **Lagerorte mit erweiterter Logistiksteuerung** – markieren Sie den gewünschten Lagerort und klicken Sie auf die Schaltfläche *Zonen* auf der Registerkarte *Start*, um die Zonen des markierten Lagerorts anzuzeigen.
   - **Lagerorte mit Lagerplatzführung, aber ohne erweiterte Logistiksteuerung** – markieren Sie den gewünschten Lagerort und wählen Sie die Aktion *Start/Lagerplätze* – in diesem Fall können Sie Punkt 3 überspringen.

2. Markieren Sie die gewünschte Zone und klicken Sie auf die Schaltfläche *Lagerplätze* auf der Registerkarte *Start*, um alle Lagerplätze in der markierten Zone anzuzeigen.
3. Im Feld *Lagerplatz sperren* können Sie nun angeben, ob ein bestimmter Lagerplatz gesperrt werden soll; es stehen die Optionen **Eingehend**, **Ausgehend** und **Alle** zur Verfügung.

HINWEIS: Sollte die Spalte *Lagerplatz sperren* nicht einblendet sein, kann sie nach einem Klick mit der rechten Maustaste über das Kontextmenü über *Spalten auswählen* eingeblendet werden.

4.8.2 Interne Kommissionierung und Einlagerung

Wurden Artikel eingelagert, bevor sie kommissioniert sind, um einen Fertigungsauftrag oder einen Warenausgang zu bedienen, sind sie im Lager ein Teil des verfügbaren Lagerbestands.

Es kann Situationen geben, in denen Artikel vorübergehend aus den Kommissionierungslagerplätzen entnommen werden müssen, um z. B. als Vorführartikel in einer Verkaufspräsentation zu dienen. Diese Artikel gehören immer noch dem Unternehmen und sind Teil des Lagerbestands, jedoch nicht für die Kommissionierung verfügbar. Sie sind in einem Lagerplatz für besondere Zwecke registriert. Technisch befinden sich die Artikel im Lager, physisch können sie sich jedoch in einem Konferenz- oder Vorführraum befinden.

Eine interne Kommissionierungs- oder Einlagerungsanforderung kann über die Suche und den Link *Lager - Interne Kommiss.-Anforderungen* bzw. *Lager - Interne Einlag.-Anforderung* durchgeführt werden. Neue Anforderungen werden jeweils über die Schaltfläche *Neu* angelegt.

In einer internen Kommissionierungsanforderung sind die Felder *Lagerortcode*, *Nach Zonencode* und *Nach Lagerplatzcode* auszufüllen. Im Inforegister *Zeilen* können danach die einzelnen Artikel für die interne Kommissionierung eingegeben werden. Über die Schaltfläche *Freigeben* auf der Registerkarte *Start* wird der Beleg freigegeben und über *Start/Kommissionierung erstellen* wird der Kommissionierungsbeleg erstellt (für weitere Details zur Kommissionierung siehe den Abschnitt 4.9, „Warenausgang und Kommissionierung"). Interne Einlagerungsanforderungen funktionieren analog zu den internen Kommissionierungsanforderungen.

Die Durchführung der Kommissionierung bzw. Einlagerung erfolgt über die Schaltfläche *Kommissionierung registrieren* bzw. *Einlagerung registrieren*. Auf diese Art und Weise kann zum Beispiel ein Artikel der Verkaufsabteilung für Demonstrationszwecke übergeben und wieder eingelagert werden.

HINWEIS: Bei einer internen Kommissionierung und Einlagerung wird lediglich eine Umlagerung innerhalb eines Lagerorts gebucht.

4.8.3 Umlagerungen zwischen Lagerorten

Wenn ein Unternehmen mehrere geografisch getrennte Lagerorte betreibt und regelmäßig Transporte (das heißt Umlagerungen) zwischen den einzelnen Lagerorten stattfinden, wird ein Mechanismus benötigt, um diese Warenbewegungen kontrollieren zu können.

Infolge derartiger Transporte kann sich eine bedeutende Bestandsmenge außerhalb der Lagerorte befinden und es ist unbedingt notwendig, zu wissen, welche Mengen und Werte sich außerhalb der Lager befinden (auch im Sinne einer korrekten Lagerbewertung). Dies wird mittels der Funktionalität der Umlagerungen in Dynamics NAV erreicht.

4.8.3.1 Einrichten von Umlagerungen

Die Einrichtung von Umlagerungen besteht aus den beiden folgenden Elementen:

- Einrichtung von Transitorten
- Einrichtung von Umlagerungsrouten

Einrichtung von Transitorten

Transitorte sind temporäre Lagerorte, die nur für Artikel, die sich in Transit befinden, verwendet werden. Wenn die Artikel des Umlagerungsauftrags vom Ursprungslagerort abgehen, werden diese automatisch dem Transitlager zugeordnet. Wenn der Auftrag am Zielort eingeht, werden die Artikel wiederum automatisch vom Transitlager in den Ziellagerort verschoben.

Es können beliebig viele Transitorte für ein Unternehmen angelegt werden. Typischerweise entsprechen diese bestimmten Transportmitteln, wie z. B. LKW oder Bahn; es kann aber auch nach anderen Kriterien unterschieden werden, wie zum Beispiel „eigene Logistik" und „Fremdlogistik".

Die Einrichtung der Transitorte erfolgt analog der Einrichtung „normaler" Lagerorte, nur wird in dem Inforegister *Allgemein* der Lagerortkarte das Kontrollkästchen *Als Transitlager verwenden* aktiviert, um den Lagerort als Transitlager einzurichten.

Einrichtung von Umlagerungsrouten

Ein Unternehmen muss Umlagerungsrouten zwischen den Lagerorten einrichten. Damit können jeder Route ein Standardcode für das Transitlager, ein Zusteller und ein Zustellertransportartencode zugewiesen werden. Mithilfe der bei den Routen hinterlegten Transportzeit wird vom System das Wareneingangsdatum der Umlagerungsaufträge geplant. Eine Umlagerungsroute stellt eine gültige Kombination eines Ursprungs- und Ziellagerorts dar. Die Einrichtung der Umlagerungsrouten erfolgt über die Suche und den Link *Umlagerungsrouten*.

Codes für Zusteller werden über den Listenplatz *Zusteller* eingerichtet. Für jeden Zusteller kann eine Internetadresse eingegeben werden, um das Paketverfolgungssystem des Zustellers zu nutzen. Zustellercodes können auch auf einer Debitor- oder Lieferadresskarte eingegeben werden, um einen Standardzusteller festzulegen. Von dort aus wird der Code in Aufträge kopiert, die für den Debitor oder die Lieferadresse angelegt werden.

Für jeden Zusteller kann eine unbegrenzte Anzahl von Transportarten angelegt und für jede Transportart kann eine spezifische Transportzeit festgelegt werden. Der Aufruf des Fensters *Zustellertransportarten* für die Einrichtung der Transportarten erfolgt über die Schaltfläche *Zustellertransportarten* auf der Registerkarte *Start*. Die Zustellertransportart beinhaltet im Wesentlichen die Festlegung der geplanten Transportzeit.

4.8.3.2 Einrichtung einer Umlagerungsroute

Um eine Umlagerungsroute einzurichten gehen Sie wie folgt vor:

1. Wählen Sie in der Suche den Link *Umlagerungsrouten*.
2. Wählen Sie im Inforegister *Optionen* im Feld *Anzeigen* den Eintrag **In Transit Code**.

3. Klicken Sie auf den AssistButton im Schnittpunkt zwischen Ziel- und Startlagerort.
4. Definieren Sie im Fenster *Umlagerungsspezifikation* die Felder *In Transit Code, Zustellercode* und *Zustellertransportartencode.*
5. Bestätigen Sie Ihre Eintragung mit *OK.*

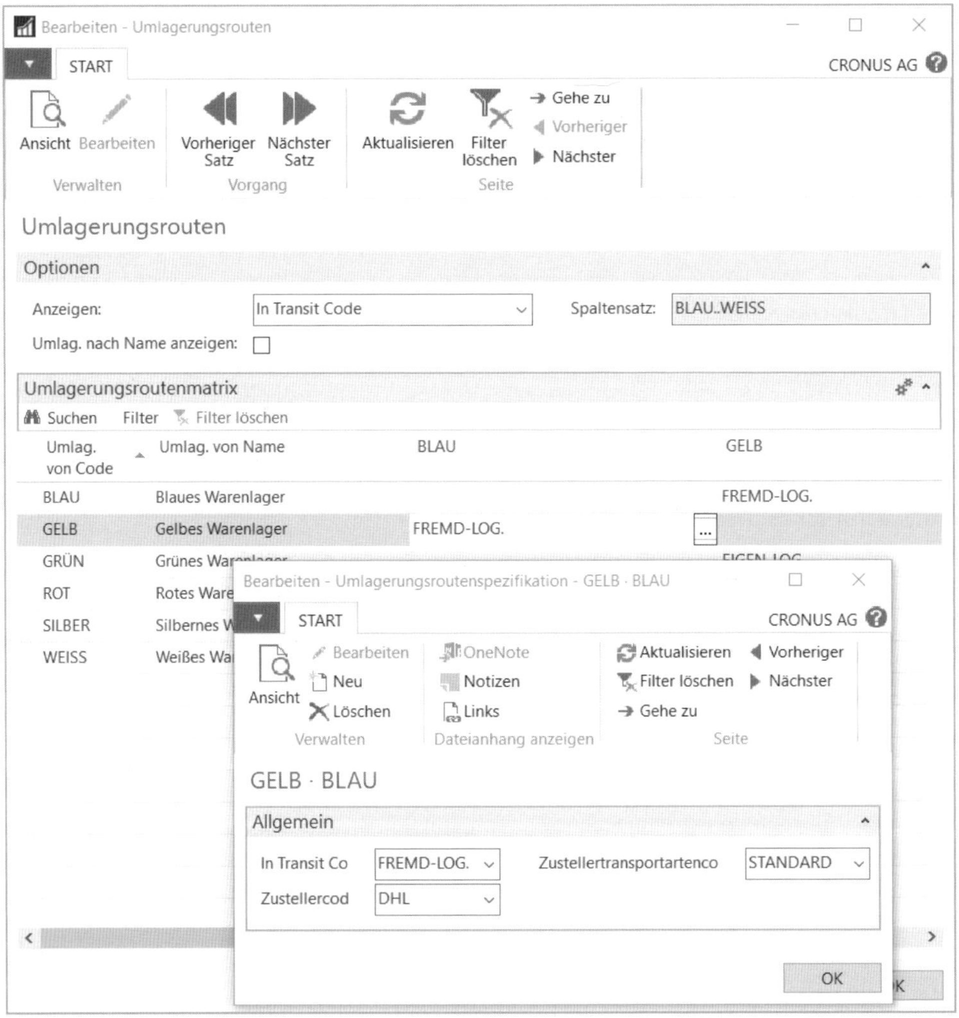

Bild 4.19 Beispiel für die Einrichtung von Umlagerungsrouten

4.8.3.3 Umlagerungsaufträge

Die Umlagerungsfunktionalität dient dem Erstellen einer Umlagerung und dem Buchen von Artikeleingängen und -ausgängen und kann sowohl manuell als auch automatisch durchgeführt werden.

Eine manuelle Umlagerung kann erforderlich sein, wenn an einem bestimmten Lagerort Lagerbestand – zum Beispiel für die Erfüllung eines Verkaufsauftrags – fehlt, dieser aber an einem anderen Lagerort verfügbar ist.

Die Erstellung eines automatischen Umlagerungsauftrags ist das Ergebnis von Planungsaktivitäten zum Wiederauffüllen von Beständen in einem Lagerort. Diese ergeben sich automatisch aus dem Bestellvorschlag oder Planungsvorschlag.

Die Umlagerungsübersicht wird über die Suche und den Link *Umlagerungsaufträge* aufgerufen. Über die Schaltfläche *Neu* wird ein neuer Umlagerungsauftrag angelegt.

Auf dem Inforegister *Allgemein* des Fensters *Umlagerungsauftrag* sind folgende Informationen einzugeben:

- Im Feld *Umlag. von Code* der Lagerort, von dem der Artikelabgang erfolgen soll.
- Im Feld *Umlag. nach Code* der Lagerort, an dem der Artikelzugang erfolgen soll.
- Im Feld *In Transit Code*, wie diese Umlagerung durchgeführt werden soll (zum Beispiel mittels Fremdlogistik).

Die Informationen in den Inforegistern *Umlag. von* und *Umlag. nach* werden dabei automatisch ausgefüllt. Im Inforegister *Lieferung* wird im Feld *Wareneingangsdatum* das berechnete Datum für den geplanten Wareneingang angezeigt. Dieses berechnet sich aus den hinterlegten Lagerdurchlauf- und Transportzeiten. Im Inforegister *Zeilen* sind die umzulagernden Artikelnummern und -mengen anzugeben.

Aus der Artikelübersicht (oder der Artikelkarte) kann über die Schaltfläche *Artikel nach Lagerort* auf der Registerkarte *Navigate* eine Übersicht der Verfügbarkeit aller Artikel pro Lagerort angezeigt werden. Damit nur Mengen in Transitlagern angezeigt werden, muss im Inforegister *Optionen* das Kontrollkästchen *Artikel in Transit anzeigen* aktiviert werden.

Für einen einzelnen Artikel lässt sich aus der Artikelübersicht bzw. Artikelkarte über die Schaltfläche *Artikelverfügbarkeit nach/Lagerort* auf der Registerkarte *Navigate* der Lagerstand des Artikels an jedem Lagerort anzeigen.

4.8.3.4 Anleitung für die Erstellung eines Umlagerungsauftrags

Diese Schritt-für-Schritt-Anleitung bezieht sich auf eine Umlagerung ohne Verwendung der erweiterten Logistiksteuerung. Um einen Umlagerungsauftrag zu erstellen, gehen Sie wie folgt vor:

Warenausgang vom Ausgangslagerort

1. Wählen Sie in der Suche den Link *Umlagerungsaufträge*.
2. Klicken Sie auf die Schaltfläche *Neu* im Menüband, um einen neuen Umlagerungsauftrag anzulegen.
3. Wählen Sie im Feld *Umlag. von Code* einen Lagerort (z. B. BLAU), von dem Sie einen Artikel umlagern möchten.
4. Wählen Sie im Feld *Umlag. nach Code* (z. B. GELB) den Ziellagerort aus. Beachten Sie, dass im Feld *In Transit Code* automatisch der der Route entsprechende Standardcode eingetragen wird, falls die Kombination der Lagerorte eine gültige Umlagerungsroute ist. Zusätzlich werden in den Inforegistern *Umlag. von* und *Umlag. nach* die Felder mit den entsprechenden Daten der Lagerorte befüllt und die hinterlegten Durchlaufzeiten sowie die Transportzeit zur Berechnung des geplanten Wareneingangsdatums im Inforegister *Lieferung* berechnet und angezeigt.

5. Geben Sie im Inforegister *Zeilen* die umzulagernden Artikelnummern und Mengen ein. Beachten Sie dabei die Verfügbarkeit der Artikel am ausgehenden Lagerort (z. B. 50 Stück des Artikels 70002).
6. Klicken Sie auf die Schaltfläche *Freigeben* im Menüband, um den Auftrag freizugeben.
7. Sie können den Umlagerungsauftrag nun buchen. Klicken Sie dazu auf die Schaltfläche *Buchen* und wählen Sie im daraufhin geöffneten Dialogfeld die Option **Ausgang**.
8. Bestätigen Sie mit *OK*.

Wareneingang am Ziellagerort

1. Öffnen Sie erneut die Umlagerungsaufträge und wählen Sie den gewünschten Umlagerungsauftrag aus.
2. Klicken Sie auf die Schaltfläche *Buchen* und wählen Sie im daraufhin geöffneten Dialogfeld die Option **Eingang**.
3. Bestätigen Sie mit *OK*.

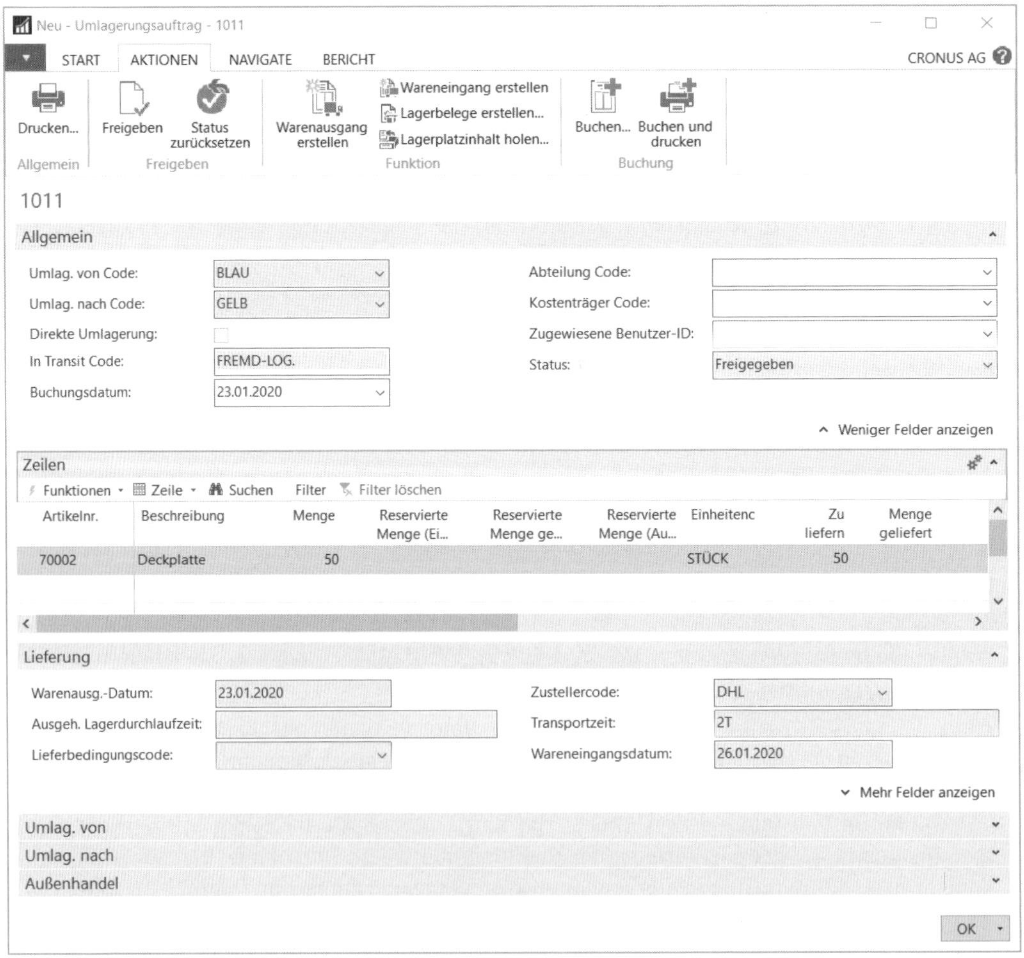

Bild 4.20 Beispiel für einen Umlagerungsauftrag

4.9 Warenausgang und Kommissionierung

Der Warenausgang von Artikeln mit Unterstützung des Lagerverwaltungssystems stellt neue Optionen für die Entscheidung bereit, wo und wie Artikel aus dem Lager entnommen und anschließend ausgeliefert werden (an Kunden oder auch an andere Lagerorte).

Die Nutzung eigener Logistikbelege, wie Kommissionierung und Warenausgang, ermöglichen eine organisatorische und funktionale Trennung der Verkaufs- und Logistikfunktionen eines Unternehmens. Dieser Abschnitt beschreibt den Prozess für vom Warenlager abgehende Aufträge, der im Wesentlichen analog dem Wareneingangsprozess - nur in umgekehrter Reihenfolge - abläuft (siehe den Abschnitt 4.7, „Wareneingang und Einlagerung“).

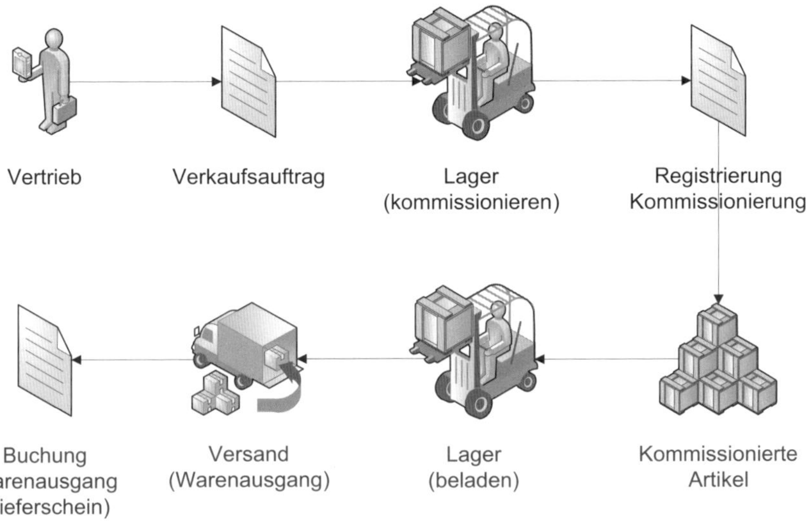

Bild 4.21 Vollständiger Warenausgangsprozess mit Warenausgang und Kommissionierung

4.9.1 Übersicht

Ausgangspunkt eines Warenausgangs ist ein freigegebener Herkunftsbeleg (Verkaufsauftrag, Einkaufsrücklieferung oder ausgehender Umlagerungsauftrag). Auf der Grundlage dieser Belege können Lagermitarbeiter die damit verbundenen Anforderungen einsehen und darauf basierend den Warenausgangsprozess anstoßen, indem sie in der Anwendung einen Warenausgang erstellen.

Abgesehen davon, dass der Warenausgang ein Arbeitsdokument ist, gewährt er auch eine Übersicht über die notwendigen Ausgänge und ermöglicht so, den Arbeitsablauf und die Mitarbeiterressourcen effektiv zu planen. Der Warenausgang kann entweder direkt aus einem Verkaufsauftrag oder über die Suche und den Link *Warenausgänge* erstellt werden.

Bevor Artikel ausgeliefert werden können, müssen sie verfügbar gemacht werden. Dies erfolgt durch die Kommissionierung der zu liefernden Artikel. Der Vorgang der Kommissionierung entspricht in analoger Weise der Einlagerung im Wareneingangsprozess, d.h. die Artikel werden aus den einzelnen Lagerplätzen geholt und in der Kommissionierungszone bereitgestellt.

Der Kommissionierungsbeleg selbst wird aus dem Warenausgang erstellt und ist eine Anweisung an das Lagerpersonal, welche Artikel aus welchen Lagerplätzen für eine Lieferung bereitzustellen sind. Zu diesem Zeitpunkt können die Zonen und Lagerplätze, von denen Artikel zu holen sind, auch noch verändert werden.

Die Werte in den Feldern der Spalte *Zu liefern* im Warenausgang entsprechen den kommissionierten Mengen, nachdem der Kommissionierungsbeleg registriert wurde. Der Belegstatus des Warenausgangs wird entsprechend angepasst (komplett oder teilweise kommissioniert) und kann danach gebucht werden.

Die Buchung des Warenausgangs reflektiert die Lieferung der Artikel und ändert daher die Werte in den Feldern der Spalte *Menge geliefert* des entsprechenden Herkunftsbelegs (z.B. Verkaufsauftrag). Gleichzeitig wird der Status des Warenausgangsbelegs angepasst (komplett oder teilweise geliefert). Komplett gelieferte Warenausgänge werden aus der Warenausgangsübersicht entfernt.

4.9.2 Prozessvarianten

Der Prozess des Warenausgangs besteht daher im Wesentlichen aus den beiden folgenden Teilprozessen:

- Kommissionierung der Artikel aus den Lagerplätzen
- Auslieferung der Artikel aus dem Lager

In Dynamics NAV können der Warenausgang und die Kommissionierung auf eine von vier Arten durchgeführt werden, je nachdem welche Funktionalität benötigt wird:

- **Verkaufsauftrag mit Lagerplatz** (Buchung direkt im Auftrag, keine explizite Buchung von Kommissionierung und Warenausgang)
- **Kommissionierung mit Lagerkommissionierungsbeleg** (Buchung der Kommissionierung, keine explizite Buchung des Warenausgangs)
- **Warenausgang mit Warenausgangsbeleg** (Buchung des Warenausgangs, keine explizite Buchung der Kommissionierung)
- **Kommissionierung mit Kommissionierungsbeleg und Warenausgang mit Warenausgangsbeleg** (erweiterte Logistiksteuerung)

Bei den ersten drei Methoden wird für die Aktionen bezüglich Warenausgang und Kommissionierung nur ein Schritt mit dem jeweiligen Beleg gebucht.

Wie beim Wareneingangsprozess werden beim Buchen eines ausgehenden Auftrags oder eines Kommissionierungs-/Warenausgangsbelegs von einem Lagerort, der für die Verwendung von Lagerplätzen eingerichtet wurde, Lagerplatzposten von der Anwendung erzeugt. Diese Posten sind die Datensätze zur Erfassung der Abgänge von Artikelmengen auf Lagerplatzebene.

4.9.2.1 Verkaufsauftrag mit Lagerplatz

Die einfachste Methode, eine Verkaufslieferung zu buchen, ist die Erfassung der Kommissionierungsinformationen direkt in der Auftragszeile. Bei dieser Prozessvariante werden die Lagerplatzinformationen von der Anwendung automatisch in der Auftragszeile eingetragen, wenn der Verkaufsauftrag erstellt wird. Wenn der Warenausgang an den Kunden erfasst werden soll, zeigt der Lagerplatzcode an, von wo der Artikel kommissioniert werden kann. Wenn der Auftrag als geliefert gebucht wird, werden die Lagerplatzinformationen ebenfalls gebucht.

4.9.2.2 Kommissionierung mit Lagerkommissionierungsbeleg

In dieser Prozessvariante erfolgt eine formale Trennung der Lager- und der Verkaufsprozesse, sodass Lagermitarbeiter nicht direkt mit den Verkaufsdokumenten arbeiten. Um diese Variante zu wählen, muss im verwendeten Lagerort im Inforegister *Logistik* das Kontrollkästchen *Kommissionierung erforderlich* aktiviert sein.

Ein Lagerkommissionierungsbeleg wird auf der Basis eines freigegebenen ausgehenden Auftrags erzeugt. Es werden dabei nur die für die Kommissionierung wichtigen Informationen angezeigt. Es gibt grundsätzlich drei Möglichkeiten für das Erstellen eines Kommissionierungsbelegs:

- Aus dem Verkaufsauftrag über die Schaltfläche *Lagerbelege erstellen* auf der Registerkarte *Aktionen*
- Über die Suche und den Link *Lagerkommissionierungen*
- Erstellen von Kommissionierungsbelegen für mehrere Aufträge mithilfe der Stapelverarbeitung *Lagerbelege erstellen*; diese wird über die Suche und den Link *Lagerbelege erstellen* aufgerufen.

Erfolgt die Kommissionierung über das Fenster *Lagerkommissionierung*, kann über die Schaltfläche *Herkunftsbeleg holen* der gewünschte Beleg – zum Beispiel ein Verkaufsauftrag – übernommen werden. Die automatisch erzeugten Informationen lassen sich in der üblichen Art und Weise durch einen Lagermitarbeiter verändern und ergänzen. So kann es beispielsweise notwendig sein, die benötigten Mengen aus mehreren Lagerplätzen zu holen; dafür steht wiederum die Funktion *Zeile aufteilen* zur Verfügung (siehe den Abschnitt 4.4, „Umlagerungen“).

Nachdem das Feld *Bewegungsmenge* mit den korrekten Werten ausgefüllt wurde, kann die Kommissionierung registriert werden. Zusammen mit der Kommissionierung wird in diesem Fall auch gleichzeitig der Warenausgang gebucht. Der Lagermitarbeiter hat auch die Möglichkeit, bei der Buchung der Lagerkommissionierung einen Verkaufsauftrag als fakturiert zu buchen. Dies kann in Situationen wichtig sein, wo gleichzeitig mit einem Lieferschein auch eine Rechnung vorliegen muss.

4.9.2.3 Warenausgang mit Warenausgangsbeleg

Unabhängig vom zuvor beschriebenen Kommissionierungsbeleg – der sich auf einen einzelnen Verkaufsauftrag bezieht – gibt es die Möglichkeit, den Warenausgang für mehrere Aufträge gemeinsam in Form eines Warenausgangsbelegs abzuwickeln.

Um diese Prozessvariante für einen Lagerort festzulegen, muss auf der Lagerortkarte im Inforegister *Logistik* das Kontrollkästchen *Warenausgang erforderlich* aktiviert sein.

Die Durchführung des Warenausgangs mit Warenausgangsbeleg wird in der Schritt-für-Schritt-Anleitung für die Durchführung von Kommissionierung und Warenausgang weiter unten beschrieben.

4.9.2.4 Kommissionierung mit Kommissionierungsbeleg und Warenausgang mit Warenausgangsbeleg

Ausgehend von einem bestehenden Herkunftsbeleg (z. B. Verkaufsauftrag) werden zuerst ein Warenausgangsbeleg und danach ein Kommissionierungsbeleg erstellt. Die Unterteilung des Warenausgangsprozesses in diese beiden Schritte ermöglicht eine klare organisatorische Trennung der unterschiedlichen Aufgaben. Nach der Registrierung der Kommissionierung stehen die Artikel für die Lieferung zur Verfügung, die durch die Buchung des Warenausgangs abgeschlossen wird.

Dieser Prozess läuft analog dem Wareneingangsprozess – der in Abschnitt 4.7.6, „Wareneingang mit Wareneingangsbeleg und Einlagerung mit Lagereinlagerungsbeleg", ausführlich beschrieben wird – ab. Allgemeine Anmerkungen und Überlegungen, die analog für den Warenausgangsprozess gelten bzw. in den vorhergehenden Abschnitten bereits besprochen wurden, sollen daher hier nicht mehr wiederholt werden. Der genaue Prozessablauf wird mittels der folgenden Schritt-für-Schritt-Anleitung detailliert dargestellt.

4.9.2.5 Anleitung für die Durchführung von Kommissionierung und Warenausgang

Um einen Warenausgang zu erstellen und die damit verbundene Kommissionierung durchzuführen, gehen Sie wie folgt vor:

1. Wählen Sie in der Suche den Link *Warenausgänge*, um die Warenausgangsübersicht anzuzeigen.
2. Klicken Sie im Menüband auf die Schaltfläche *Neu*, um einen neuen Warenausgang anzulegen.
3. Drücken Sie im Feld *Nr.* die *Eingabe*-Taste, um dem Warenausgang eine neue Nummer zuzuordnen.
4. Wählen Sie im Feld *Lagerortcode* einen Lagerort aus; die Felder *Zonencode* und *Lagerplatzcode* werden gemäß der Lagerorteinrichtung mit Vorgabewerten gefüllt.
5. Klicken Sie im Menüband auf die Schaltfläche *Herkunftsbelege holen*.
6. Wählen Sie den zu liefernden Beleg (z. B. Verkaufsauftrag) und bestätigen Sie mit einem Klick auf *OK*; die Zeilen des Herkunftsbelegs werden damit in den Warenausgangsbeleg übertragen.
7. Klicken Sie im Menüband auf die Schaltfläche *Kommissionierung erstellen*, um das zugehörige Dialogfeld zu öffnen.
8. Bestätigen Sie die Kommissionierung mit *OK*.
9. Wählen Sie in der Suche den Link *Kommissionierungen*.
10. Öffnen Sie im Listenplatz *Kommissionierungen* den soeben erstellten Kommissionierungsbeleg. Für jeden Artikel gibt es zwei Zeilen, in denen angegeben wird, von wo ein Artikel zu entnehmen und wohin dieser zu bringen ist.

11. Ergänzen Sie eventuell fehlende Angaben in den Feldern *Zonencode* und *Lagerplatzcode*, indem Sie einen Lookup im Feld *Lagerplatz* durchführen.
12. Befüllen oder ändern Sie bei Bedarf die Spalte *Bewegungsmenge*. Sie können dafür auch die Funktion *Bewegungsmenge autom. ausfüllen* verwenden.
13. Klicken Sie im Menüband auf die Schaltfläche *Kommissionierung registrieren*.
14. Bestätigen Sie die Kommissionierung durch einen Klick auf *OK*.
15. Das Feld *Zu liefern* des Warenausgangs wurde nun ausgefüllt und das Feld *Belegstatus* zeigt den Status des Warenausgangs (z. B. *Komplett kommissioniert*). Klicken Sie im Menüband des Warenausgangs auf die Schaltfläche *Warenausgang buchen*.
16. Wählen Sie *Liefern* und bestätigen Sie mit *OK*.

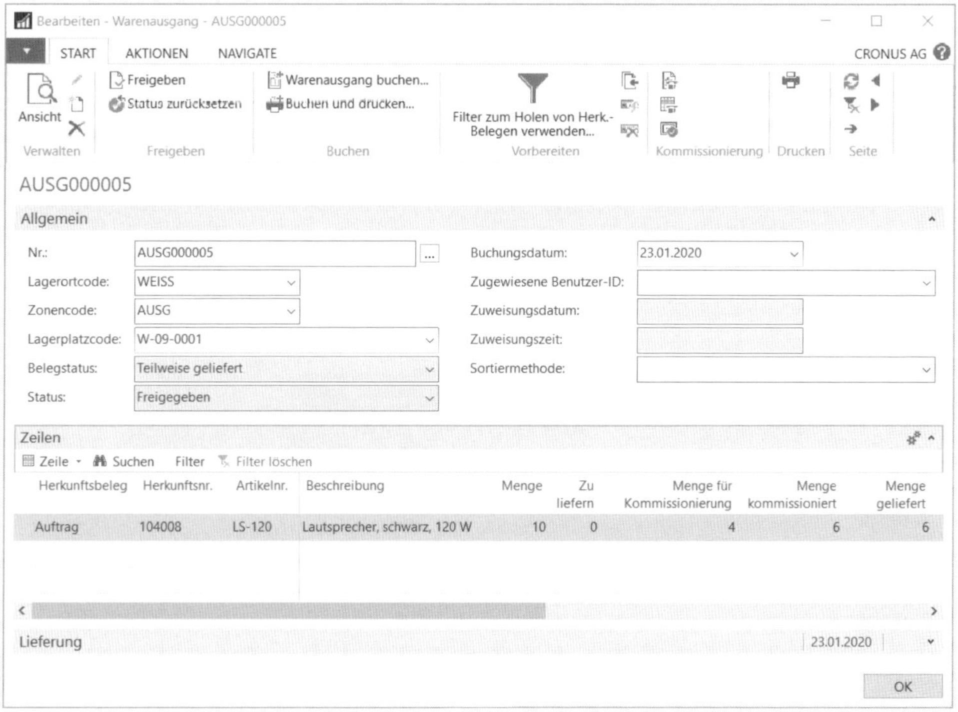

Bild 4.22 Beispiel für einen Warenausgang

4.10 Artikelverfolgung

In diesem Abschnitt wird die Funktionalität der Artikelverfolgung, d. h. die Zuordnung und Verfolgung von Chargen- und Seriennummern, besprochen. Dynamics NAV ermöglicht eine durchgängige, aber auch flexible Verwendung von Artikelverfolgungscodes in allen logistischen Geschäftsprozessen.

In der Umgebung des Lagerverwaltungssystems ist zur Handhabung von Artikeln mit Artikelverfolgungsinformationen die Einrichtung bestimmter Parameter notwendig, damit die Anwendung in allen dort definierten Prozessen die Verfolgungsinformationen anfordert und verarbeitet.

4.10.1 Einrichtung der Artikelverfolgung

Die Konfiguration der Artikelverfolgung, das heißt, in welchen Prozessschritten und Dokumenten Verfolgungsinformationen benötigt werden, erfolgt über Artikelverfolgungscodes. Das Anlegen und die Verwaltung dieser Artikelverfolgungscodes werden im Listenplatz *Artikelverfolgungscodes* durchgeführt; der Aufruf erfolgt über die Suche und den Link *Artikelverfolgungscodes*. Dort kann ein bestehender Artikelverfolgungscode zur Bearbeitung in der Artikelverfolgungskarte geöffnet oder neu angelegt werden.

4.10.1.1 Die Artikelverfolgungskarte

Um in den Lagerprozessen mit Seriennummern arbeiten zu können, muss im Inforegister *Seriennr.* das Kontrollkästchen *Seriennr.-Verf. Lager* aktiviert sein; im Inforegister *Chargennr.* ist im Kontrollkästchen *Chargennr.-Verf. Lager* ein Häkchen zu setzen, wenn Logistikbelege eine Chargennummer benötigen.

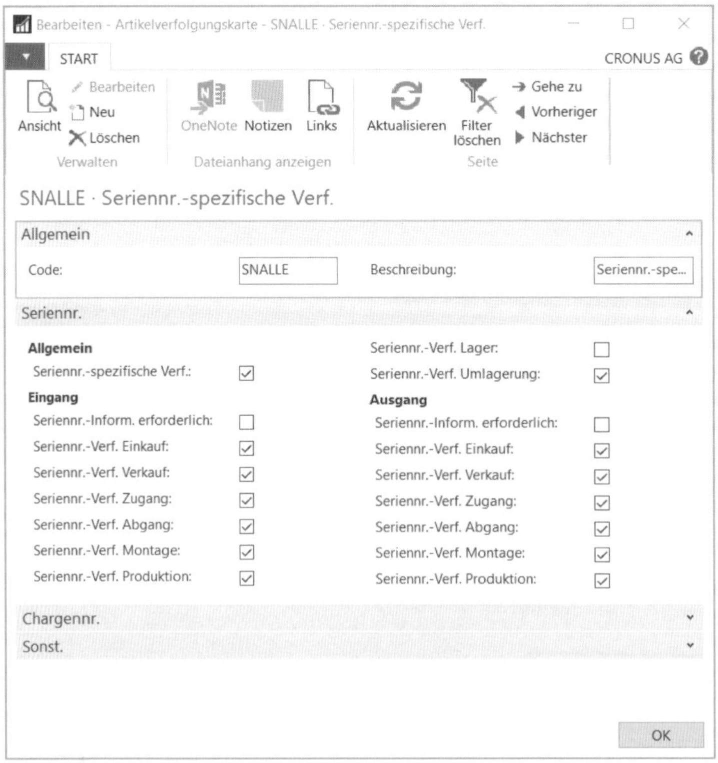

Bild 4.23 Einrichtungsbeispiel für einen Artikelverfolgungscode

Die weiteren Kontrollkästchen in den Inforegistern *Chargennr.* und *Seriennr.* legen die Details der Artikelverfolgung mittels Chargen- und Seriennummern fest. Die Kontrollkästchen in den beiden Inforegistern *Chargennr.* und *Seriennr.* haben im jeweiligen Kontext die gleichen Bedeutungen, sodass an dieser Stelle nur die Felder eines der beiden Inforegisters – nämlich das Inforegister *Chargennr.* – beschrieben wird:

- **Chargennr.-spezifische Verf.** – dieses Kontrollkästchen zeigt an, dass für eine ausgehende Artikelbewegung immer eine vorhandene Chargennummer angegeben werden muss. Das heißt, dass für einen Artikel, von dem eine gewisse Menge verkauft wird, ein Abgang von einer bestimmten Chargennummer im Lagerbestand erfolgen muss.
- **Chargennr.-Inform. erforderlich** – dieses Kontrollkästchen zeigt an, dass Belege mit einem positiven Posten für Artikel, die Chargennummern erfordern, nicht gebucht werden können, bevor die Chargennummerninformation erzeugt wurde.
- **Chargennr.-Verf. Lager** – dieses Kontrollkästchen zeigt an, dass für jede Lageraktivität eine Chargennummer benötigt wird.
- **Chargennr. -Verf. Umlagerung** – dieses Kontrollkästchen zeigt an, dass eine Chargennummer in der Artikelverfolgungszeile erforderlich ist, bevor die Umlagerungszeile gebucht werden kann. Das Häkchen in diesem Kontrollkästchen kann nicht mehr gelöscht werden, sobald das Kontrollkästchen *Chargennr.-spezifische Verf.* aktiviert ist.

Die restlichen Kontrollkästchen definieren, in welchen Prozessschritten von der Anwendung Chargennummern bzw. Seriennummern verwendet werden müssen.

Im Inforegister *Sonst.* können zusätzlich noch folgende Informationen eingegeben werden:

- **Garantiedatumsformel** – in diesem Feld kann der Benutzer eine Formel eingeben, die von der Anwendung verwendet wird, um das Garantiedatum in der Artikelverfolgungszeile und den Artikelverfolgungsposten für Artikel zu berechnen, die Serien- oder Chargennummern erfordern.
- **Gar.-Datum – Manuelle Eingabe** – dieses Kontrollkästchen zeigt an, dass ein Garantiedatum in der Artikelverfolgungszeile für Artikel mit Serien- oder Chargennummern manuell eingegeben werden muss, bevor ein Beleg mit Zeilen für diese Artikel gebucht werden kann.
- **Ablaufdatum – Manuelle Eingabe** – dieses Kontrollkästchen zeigt an, dass für Artikel mit Serien- oder Chargennummern ein Ablaufdatum in der Artikelverfolgungszeile manuell eingegeben werden muss, bevor ein Beleg mit diesen Artikeln gebucht werden kann.
- **Fixes Ablaufdatum** – dieses Kontrollkästchen zeigt an, dass ein Ablaufdatum, das der Artikelverfolgungsnummer beim Wareneingang zugewiesen wurde, beim Warenausgang berücksichtigt werden muss. Diese Option wird meist für Artikel verwendet, die nach Erreichen des Ablaufdatums nicht mehr verwendet werden können. Dieses Kontrollkästchen steht mit dem Feld *Ablaufdatumsformel* im Inforegister *Artikelverfolgung* der Artikelkarte in Verbindung. Die Buchung eines Belegs mit Zeilen für Artikel, deren Ablaufdatum zum Buchungsdatum des Belegs bereits erreicht ist, wird von der Anwendung verweigert.

Die Artikelverfolgung muss für einen Artikel auf der Artikelkarte im Feld *Artikelverfolgungscode* im Inforegister *Artikelverfolgung* durch Auswahl eines entsprechenden Codes aktiviert werden. Im Feld *Seriennummern* bzw. *Chargennummern* kann jeweils ein Nummernseriencode eingegeben werden.

HINWEIS: Wenn für einen Artikel bereits Artikelposten vorhanden sind, kann die Artikelverfolgung für diesen Artikel nicht nachträglich aktiviert werden. In diesem Fall muss eine neue Artikelkarte mit den Informationen für die Artikelverfolgung angelegt werden.

Dynamics NAV bietet zahlreiche Prozessvarianten für die Nutzung von Serien- und Chargennummern. So kann die Artikelverfolgung beim Einkauf oder auch erst mit dem Verkauf beginnen. Zusätzlich kann es notwendig sein, die Serien- oder Chargennummern des Lieferanten zu übernehmen.

4.10.1.2 Anleitung für die Aktivierung der Artikelverfolgung

Um die Artikelverfolgung für den Artikel 80001 zu aktivieren, gehen Sie folgendermaßen vor:

1. Wählen Sie in der Suche den Link *Artikelverfolgungscodes*.
2. Wählen Sie per Doppelklick den Artikelverfolgungscode SNALLE zur Bearbeitung aus.
3. Aktivieren Sie im Inforegister *Seriennr.* das Kontrollkästchen *Seriennr.-Verf. Lager* und bestätigen Sie mit *OK*.
4. Wählen Sie in der Suche den Link *Artikel*, um die Artikelübersicht zu öffnen.
5. Öffnen Sie per Doppelklick die Artikelkarte für den Artikel 80001.
6. Öffnen Sie das Inforegister *Artikelverfolgung*.
7. Wählen Sie im Feld *Artikelverfolgungscode* den Eintrag SNALLE aus.
8. Wählen Sie im Feld *Seriennummern* den Eintrag SN1 aus.
9. Schließen Sie die Artikelkarte mit *OK*.

4.10.2 Einkaufsbestellung mit Artikelverfolgung

Wenn die Artikelverfolgung aktiviert ist, kann die Lieferung ohne vorherige Zuordnung von Seriennummern nicht gebucht werden. Die Zuordnung erfolgt durch einen Klick auf die Schaltfläche *Zeile* und die Aktion *Artikelverfolgungszeilen*.

Die Seriennummern können auf drei Arten eingegeben werden:

- Automatisch über die Schaltfläche *Seriennr. zuweisen* bzw. *Chargennr. zuweisen* auf der Registerkarte *Aktionen*. Es werden dabei Seriennummern aus den jeweils hinterlegten Nummernserien zugewiesen.
- Automatisch über die Schaltfläche *Benutzerdef. Seriennr. erstellen* auf der Registerkarte *Aktionen*. Es werden Seriennummern zugewiesen, die auf den Parametern beruhen, die speziell für den eingegangenen Artikel definiert werden.
- Manuell durch die Eingabe einer Seriennummer für jede einzelne Artikeleinheit.

4.10.3 Transaktionen mit Artikelverfolgung

Bei Wareneingängen von Artikeln, für die die Artikelverfolgungsfunktionalität eingerichtet wurde, ist es notwendig, die Verfolgungsinformationen bei der Eingangserfassung der Artikel mit aufzunehmen. Dies wird durch eine Kombination aus Parametern, die als Anforderungen auf der Lagerortkarte hinterlegt sind, und aus Parametern, die für den Artikelverfolgungsablauf definiert wurden, festgelegt.

4.10.3.1 Wareneingang mit Artikelverfolgung

Die Zuordnung der Seriennummern für die Artikelverfolgung erfolgt im Fenster Wareneingang. Dort wird über die Schaltfläche *Zeile* und die Aktion *Artikelverfolgungszeilen* im Inforegister *Zeile* das Fenster *Artikelverfolgungszeilen* aufgerufen. Die Schaltfläche *Seriennr. zuweisen* ermöglicht die Zuweisung der Seriennummern und die optionale Erstellung einer Chargennummer für die mit dem Wareneingang verbundene Lieferung. Nach der Zuordnung der Seriennummern zu den Wareneingangszeilen kann damit der Wareneingang gebucht werden. Nachdem die Einlagerung erfolgt ist, wird diese registriert und dadurch eine entsprechende Zahl an Artikelverfolgungsposten erzeugt.

4.10.3.2 Anleitung für einen Wareneingang mit Artikelverfolgung

Um einen Wareneingang mit Artikelverfolgung durchzuführen, gehen Sie wie folgt vor:

1. Legen Sie eine Einkaufsbestellung für einen serien- oder chargennummernpflichtigen Artikel an. Tragen Sie in der Bestellzeile den Lagerortcode „WEISS“ ein und geben Sie diese Bestellung frei (Schaltfläche *Freigeben*).
2. Wählen Sie in der Suche den Link *Wareneingänge*.
3. Klicken Sie im Menüband auf die Schaltfläche *Neu*, um einen neuen Wareneingang anzulegen.
4. Drücken Sie im Feld *Nr.* die *Eingabe*-Taste, um eine neue Wareneingangsnummer zuzuweisen.
5. Wählen Sie im Feld *Lagerortcode* den Lagerort WEISS.
6. Klicken Sie im Menüband auf die Schaltfläche *Herkunftsbelege holen*.
7. Wählen Sie die soeben erstellte Bestellung aus.
8. Bestätigen Sie mit *OK*.
9. Wählen Sie im Wareneingang die Zeile aus und klicken Sie auf die Schaltfläche *Zeile* und die Aktion *Artikelverfolgungszeilen*.
10. Klicken Sie auf die Schaltfläche *Seriennr. zuweisen* auf der Registerkarte *Aktionen*.
11. Bestätigen Sie im Fenster *Artikelverfolgungszeilen* die Zuweisung der Seriennummern mit *OK*.
12. Klicken Sie im Menüband auf die Schaltfläche *Wareneingang buchen*.
13. Wählen Sie in der Suche den Link *Einlagerungen*.
14. Öffnen Sie die soeben erstellte Einlagerung.
15. Klicken Sie im Menüband auf die Schaltfläche *Einlagerung registrieren* – die Artikel stehen nun für die Kommissionierung zur Verfügung.

4.10.3.3 Umlagerung mit Artikelverfolgung

Eine interne Umlagerung erfolgt – wie bereits früher beschrieben – über einen Lagerplatzumlagerungsvorschlag. Im Umlagerungsvorschlag müssen die Seriennummern der Artikel, die umgelagert werden sollen, zugewiesen werden.

Diese Zuweisung kann manuell oder zum Beispiel automatisch mittels eines Scanners erfolgen. Nach der Zuordnung der Seriennummern kann die Lagerplatzumlagerung erstellt werden. Die Umlagerung erfolgt analog der Vorgehensweise, wie sie im vorherigen Abschnitt beschrieben ist.

4.10.3.4 Warenausgang mit Artikelverfolgung

Falls die Artikelverfolgung aktiviert wurde, wird für jeden Artikel basierend auf den Seriennummern eine Zeile im Kommissionierungsbeleg erzeugt. Die Erstellung einer Kommissionierung erfolgt in der üblichen Art und Weise über einen neuen Warenausgang basierend auf einem Herkunftsbeleg (*Herkunftsbelege holen*) und von dort über die Schaltfläche *Kommissionierung erstellen*. Die Seriennummern der zu liefernden Artikel sind im Feld *Seriennr.* einzugeben (manuell oder über Scanner). Falls das Feld nicht angezeigt wird, muss es zuerst eingeblendet werden. Nach der Kommissionierung ist der Kommissionierungsbeleg zu registrieren und der Warenausgang zu buchen.

4.10.4 Artikelablaufverfolgung

Die Funktionalität der Artikelablaufverfolgung in Dynamics NAV bietet umfassende Möglichkeiten, den gesamten Warenfluss vom Ursprung bis zur Auslieferung – oder auch umgekehrt – verfolgen zu können. Voraussetzung ist eine durchgängige Nutzung von Seriennummern und/oder Chargennummern. Dynamics NAV unterstützt damit – zusammen mit anderen Mechanismen, wie zum Beispiel der Änderungsprotokolle – wichtige Anforderungen für eine umfassende Nachvollziehbarkeit aller Geschäftsfälle. Die durchgängige Nachvollziehbarkeit aller Geschäftsfälle spielt in der aktuellen Gesetzgebung eine wichtige Rolle und wird in naher Zukunft sicherlich noch weitere Anforderungen an Unternehmen bringen.

Um die Artikelablaufverfolgung nutzen zu können, gelten folgende grundlegende Voraussetzungen:

- Nur gebuchte Belege werden berücksichtigt (also tatsächliche Geschäftsfälle).
- Nur Artikel mit Serien- und/oder Chargennummern können verfolgt werden.
- Artikel müssen für die spezifische Verfolgung konfiguriert sein.

Die Artikelablaufverfolgung ermöglicht es demnach, die Historie von Artikelposten mit Serien-/Chargennummern zu verfolgen. Es können damit zum Beispiel folgende Fragen beantwortet werden:

- Woher stammt eine fehlerhafte Komponente?
- In welchen Produkten und Verkäufen wird diese fehlerhafte Komponente verwendet?

Der Aufruf der Artikelablaufverfolgung erfolgt beispielsweise aus der Artikelübersicht über die Schaltfläche *Artikelablaufverfolgung* auf der Registerkarte *Aktionen*. Da im Zuge der

Analyse und Suche bestimmter Zusammenhänge im gegebenen Fall typischerweise mit großen Datenmengen gearbeitet wird, stehen im Fenster *Artikelablaufverfolgung* entsprechende Filterfunktionen zur Verfügung und zusammenhängende Datensätze werden in strukturierter Form dargestellt. Das heißt, über einen „Ausklappmechanismus" kann jeweils eine zusätzliche Ebene angezeigt werden (Mausklick auf das „Plussymbol"). Aufgeklappte Zeilen werden dabei entsprechend der hierarchischen Struktur eingerückt dargestellt.

Die Suche kann mithilfe von vier Hauptfiltern eingeschränkt werden:

- **Seriennummer** (Seriennr. Filter)
- **Chargennummer** (Chargennr. Filter)
- **Artikelnummer** (Artikelfilter)
- **Artikelvariantencode** (Variantenfilter)

Zusätzlich kann im Feld *Komponenten anzeigen* angegeben werden, welche Artikel in der Artikelablaufverfolgung zu berücksichtigen sind:

- **Nein** – keine Komponenten werden berücksichtigt.
- **Nur mit Artikelablaufverfolgung** – nur Komponenten mit Serien- und/oder Chargennummern werden berücksichtigt (Standardeinstellung).
- **Alle** – alle Komponenten werden berücksichtigt (dient beispielsweise dazu, einen Überblick über Stücklistenkomponenten verfolgter Fertigungsaufträge zu bekommen).

Es stehen zusätzlich zwei Suchrichtungen, die im Feld *Ablaufverfolgungsmethode* angegeben werden, zur Verfügung:

- **Verbrauch -> Ursprung** – bei dieser Methode wird der Artikel ab dem Punkt, an dem er verwendet wurde, zurück zu dem Punkt verfolgt, von dem er stammte. Wenn beispielsweise ein Produktionsartikel an einen Debitor verkauft wurde, wird als Ergebnis der Ablaufverfolgung zuerst die Verkaufslieferzeile angezeigt. Diese Zeile kann aufgeklappt werden, um den zugehörigen Fertigungsauftrag anzuzeigen.
- **Ursprung -> Verbrauch** – bei dieser Methode wird der Artikel ab dem Punkt, an dem er in den Lagerbestand übernommen wurde, bis zu dem Punkt, an dem er verwendet wurde, verfolgt. Wenn beispielsweise ein Produktionsartikel an einen Debitor verkauft wurde, wird als Ergebnis der Ablaufverfolgung zuerst der beendete Fertigungsauftrag angezeigt. Diese Zeile kann aufgeklappt werden, um die Verkaufslieferzeilen, in denen der Artikel verwendet wurde, anzuzeigen.

Über die Registerkarte *Aktionen* im Menüband stehen noch weitere Funktionen zur Verfügung:

- **Filter mit Zeilenwerten festlegen** – diese Funktion fügt die Werte der ausgewählten Zeile in die entsprechenden Filterfelder im Kopf ein und führt eine Ablaufverfolgung aus.
- **Umgekehrte Nachverfolgung – zeilenbasiert** – diese Funktion ist mit der Funktion *Filter mit Zeilenwerten festlegen* vergleichbar. Die Ablaufverfolgung wird jedoch in die entgegengesetzte Richtung ausgeführt.
- **Nächstes/Vorhergehendes Ergebnis der Ablaufverfolgung** –mit diesen beiden Funktionen kann man zwischen den Ergebnissen der Ablaufverfolgungshistorie wechseln.

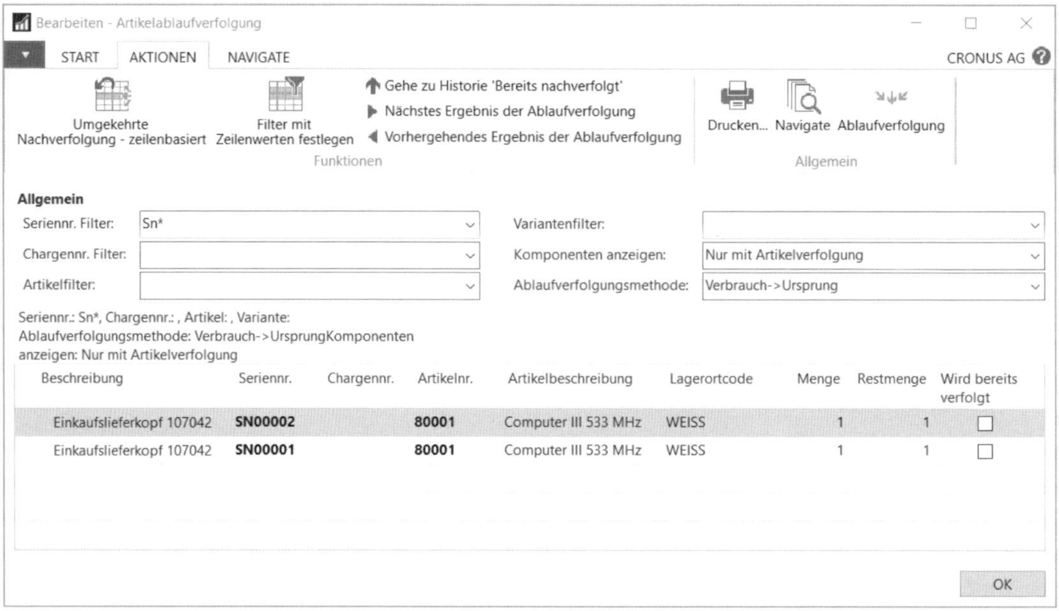

Bild 4.24 Artikelablaufverfolgung

5 Beschaffung

Auf Basis eines Grundverständnisses von Systembedienung und grundlegenden Zusammenhängen, das Sie in den Kapiteln 2 und 3 erworben haben, möchten wir Ihnen in diesem Kapitel den Umgang mit dem Einkaufsmodul von Dynamics NAV erläutern.

Ausgehend von den zentralen Stammdaten in der Beschaffung – Lieferanten und Artikel – wird dazu der komplette Beschaffungsprozess bis hin zum Buchen von Eingangsrechnungen und Gutschriften erklärt.

HINWEIS: Die Beschreibungen in diesem Kapitel zeigen die Arbeit im Windows-Client, wobei sich Abbildungen und Menüoptionen auf die Standardrolle „EINKÄUFER" beziehen. Entsprechende Berechtigungen vorausgesetzt, können Sie dieses Profil Ihrer Benutzer-ID über den Link *Benutzeranpassung* selbst zuordnen oder von Ihrem Systemadministrator zuordnen lassen. ■

5.1 Überblick

Das Einkaufsmodul in Dynamics NAV ermöglicht die Abwicklung aller Vorgänge, die mit dem externen Bezug von Materialien und Dienstleistungen in Zusammenhang stehen. Dazu wird der gesamte Einkaufsprozess, ausgehend von der Lieferantenverwaltung über Bestellvorschlag, Bestellungsverwaltung, Lieferung und Rechnung bis hin zum Zahlungsvorschlag, durchgehend unterstützt.

HINWEIS: Hinsichtlich der verwendeten Begriffe ist zu beachten, dass Lieferanten und lieferantenbezogene Begriffe in Dynamics NAV mit dem Ausdruck „Kreditoren" bezeichnet werden. Dies ist für Benutzer etwas gewöhnungsbedürftig, die mit den Begriffen der Finanzbuchhaltung nicht vertraut sind, aber aufgrund der funktionalen Integration auch in anderen Businesslösungen üblich. ■

5.2 Beschaffungswesen in Dynamics NAV

Microsoft Dynamics NAV unterstützt verschiedene Verfahren im Beschaffungswesen und kann daher in unterschiedlichen Ländern und Branchen zum Einsatz kommen. Wie in Kapitel 3 beschrieben, wird in den Einrichtungsdaten bestimmt, welche der in Dynamics NAV realisierten Prozessvarianten zum Einsatz kommen. Neben den Einstellungen im Einkaufsmodul - beispielsweise in der *Kreditoren & Einkauf*-Einrichtung, die über die Suche und den Link *Kreditoren & Einkauf Einr.* geöffnet wird - haben zahlreiche weitere Einstellungen wie Nummernserien oder die Einrichtung in anderen Modulen Einfluss auf die Arbeit in der Beschaffung.

Kreditorenstamm und Artikelstamm bilden als Stammdaten die Basis für eine effiziente Arbeit in der Beschaffung. Diese Stammdaten werden in der Bestellabwicklung für jede Bestellung als Parameter und Vorschlagswert herangezogen, womit die korrekte Stammdatenerfassung eine wesentliche Voraussetzung für fehlerfreies Arbeiten im Einkaufsmodul darstellt.

Im Zuge der Bestellabwicklung werden Kreditoren- und Artikeldaten in Bestellvorschläge und Bestellungen kopiert und können dort geändert werden. Das Ändern des Dateninhalts in einer Bestellung - beispielsweise einer Zahlungsbedingung - hat jedoch keine Auswirkung auf die Stammdaten. Handelt es sich daher um eine dauerhafte Änderung - beispielsweise der Zahlungsbedingung eines Kreditors - sollte diese auch in den Stammdaten und nicht nur in der Bestellung durchgeführt werden, damit bei der nächsten Erfassung einer Bestellung automatisch korrekte Daten vorgeschlagen werden.

Erster Schritt im Beschaffungsprozess ist die Bedarfsermittlung, für die die Produktionsplanung und die Bestellvorschlagsberechnung (siehe den Abschnitt 5.6, „Bestellvorschläge“) zur Verfügung stehen. Basis für die Ermittlung des Bedarfs sind einerseits entsprechende Einstellungen zum Planungsverfahren in Artikelstamm und Lagerhaltungsdaten, andererseits werden aktuelle Zahlen zu Lagerbestand, Einkaufsbestellungen, Verkaufsaufträgen und zur Planung benötigt.

Der von Dynamics NAV berechnete Bestellvorschlag zur Deckung des Artikelbedarfs bietet einen raschen Überblick, um festzustellen, welche Mengen zu welchem Zeitpunkt bestellt werden müssen. Der Bestellvorschlag lässt sich überarbeiten, bevor daraus Einkaufsbestellungen erstellt werden.

Neben der automatischen Erzeugung aus dem Bestellvorschlag kann eine Einkaufsbestellung auch manuell erfasst werden. Von der Struktur her besteht eine Bestellung aus einem Kopfteil, der die für die gesamte Bestellung gültigen Informationen - wie die Daten zum Kreditor - enthält, und einem Positionsteil, der die Artikelzeilen enthält. Neben Artikelzeilen können auch Bestellzeilen zum Einkauf von Anlagegütern oder mit direktem Bezug auf ein Aufwandskonto (Sachkonto) im Positionsteil erfasst werden.

Nach der Erfassung kann die Bestellung gedruckt und an den Kreditor geschickt werden, in weiterer Folge werden Wareneingang und Rechnungseingang gebucht. Der typische Ablauf der Bestellabwicklung ist dazu in folgender Abbildung dargestellt.

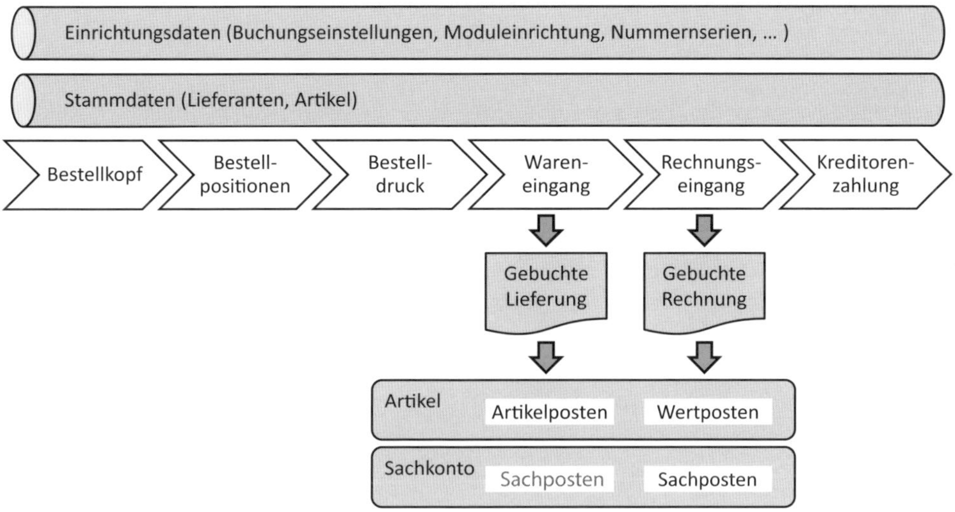

Bild 5.1 Zusammenhänge bei der Bestellabwicklung in Dynamics NAV

Eine einmal erfasste Bestellung kann – solange es der Belegstatus erlaubt – später geändert werden. Im Unterschied dazu werden bei Wareneingang und Rechnungseingang Buchungen erzeugt, womit gebuchte Belege entstehen. Diese können nicht mehr geändert werden, eine Korrektur ist nur durch entsprechende Stornobuchungen möglich.

Neben der einfachen Wareneingangsbuchung als Einkaufslieferung direkt in der Bestellung werden in Dynamics NAV auch komplexe Vorgänge mit Wareneingangsbelegen und Einlagerungsbelegen im Rahmen der Logistik unterstützt. Wenn zu einer Bestellung kein separater Wareneingang erfasst wird, können Lieferung und Rechnung gemeinsam gebucht werden. Einkaufsrechnungen ohne vorangehende Bestellung können über die getrennte Menüoption *Einkaufsrechnungen* oder – ohne Artikelbezug – über die Menüoption *Einkaufs Buch.-Blätter* (Finanzjournal für Einkaufsrechnungen) erfasst und gebucht werden.

Den Abschluss des Bestellprozesses bildet die Zahlung, mit der die offene Kreditorenverbindlichkeit geschlossen wird. Im Zahlungsausgangs-Buchungsblatt steht dazu auch der Zahlungsvorschlag zur Verfügung, der offene Rechnungen automatisch aufgrund von Fälligkeit und Skontofrist zur Zahlung vorschlägt.

Buchungen im Einkauf werden parallel auch in den anderen betroffenen Bereichen von Dynamics NAV gebucht. So wird mit dem Buchen des Wareneingangs der Lagerbestand des betroffenen Artikels erhöht. Auch Sachkontenbuchungen im Finanzmanagement werden aufgrund der tiefen Integration von Dynamics NAV mit dem Buchen der Eingangsrechnung und – bei entsprechender Einstellung in der Lagereinrichtung – mit dem Buchen des Wareneingangs automatisch durchgeführt.

5.3 Zentrale Aufgaben in der Beschaffung

Die Startseite und das Rollencenter für die Standardrolle „EINKÄUFER“ ermöglichen einen direkten Zugriff auf die zentralen Funktionen im Einkauf.

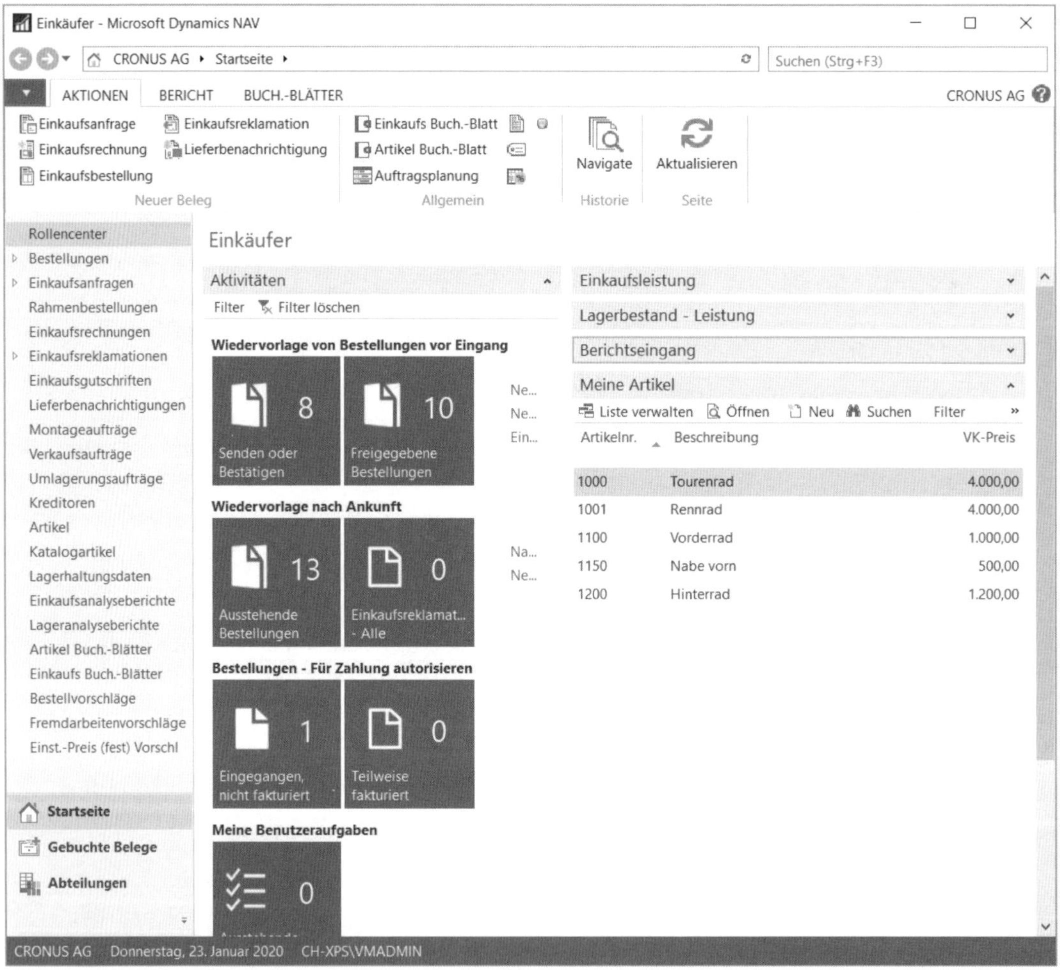

Bild 5.2 Rollencenter mit den zentralen Aufgaben der Standardrolle EINKÄUFER

Die folgenden Hauptaufgaben im Einkauf werden in den weiteren Abschnitten dieses Kapitels erklärt:

- Lieferantenverwaltung
- Artikelverwaltung (mit Einkaufspreisen und Rabatten)
- Bestellvorschläge
- Bestellungen, Einkaufslieferungen und Einkaufsrechnungen
- Reklamationen und Gutschriften

5.4 Lieferantenverwaltung

Die Verwaltung von Kreditoren (Lieferanten) erfolgt für Einkauf und Finanzbuchhaltung in einem gemeinsamen Kreditorenstamm. Der Kreditorenstamm bildet eine wesentliche Grundlage für die Arbeit in beiden Bereichen, da er neben den Basisdaten wie dem Namen und der Adresse des Lieferanten zahlreiche Details und Einstellungen wie Buchungsgruppen und Zahlungsbedingungen enthält.

5.4.1 Kreditorenstamm

Der Listenplatz zur Verwaltung der Kreditoren wird auf der Startseite über die Menüoption *Kreditoren* geöffnet. Er zeigt einen Überblick der vorhandenen Kreditoren in der Kreditorenübersicht, Detaildaten werden in der zugehörigen Kreditorenkarte verwaltet.

5.4.2 Kreditorenübersicht

Die Kreditorenübersicht enthält die wesentlichen Daten zur Auswahl eines Kreditors. Im Listenbereich der Seite sind dazu folgende Spalten enthalten:

- **Nr. (Kreditorennummer)** – eindeutige Kennung; kann automatisch vergeben werden (Voraussetzung: In der *Kreditoren & Einkauf*-Einrichtung ist eine Nummernserie für Kreditorennummern eingetragen).
- **Name** – Name des Kreditors, wie er auf Belegen gedruckt wird.
- **Zuständigkeitseinheitencode** – kann verwendet werden, um den Kreditor einer Zuständigkeitseinheit zuzuordnen (siehe Kapitel 3).
- **Lagerortcode** – dient in Bestellungen als Vorschlagswert für den Lagerort, an den der Kreditor liefert (vorrangig vor einem in der Zuständigkeitseinheit hinterlegten Lagerort).
- **Kontakt** – Hauptkontaktperson beim jeweiligen Kreditor.
- **Suchbegriff** – Such- und Sortierkriterium; wird automatisch aus dem Feld *Name* übernommen (kann aber überschrieben werden).

Abhängig von der Konfiguration auf Ebene von Benutzer und Benutzerrolle können von der Standardansicht abweichende Spalten im Listenbereich angezeigt werden. Der Infoboxbereich zeigt Zusatzinformationen zum markierten Kreditor, beispielsweise den Gesamtbetrag offener Rechnungen im *Saldo (MW)* und weitere Statistikdaten in Form von FlowFields.

Zum Bearbeiten der Detaildaten eines Kreditors dient die Kreditorenkarte (Aufgabenseite), die nach Auswahl der entsprechenden Zeile in der Kreditorenübersicht über einen Doppelklick oder die Schaltfläche *Bearbeiten* auf der Registerkarte *Start* des Menübands geöffnet werden kann.

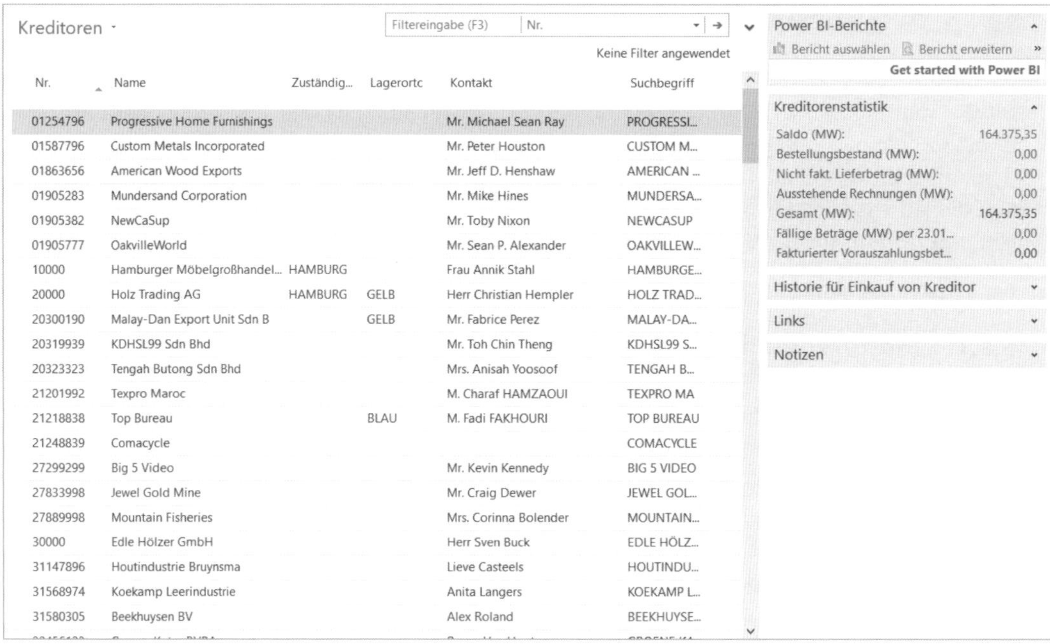

Bild 5.3 Listenplatz „Kreditoren“ zur Lieferantenverwaltung

5.4.3 Kreditorenkarte

In der Kreditorenkarte werden die Daten eines Kreditors in mehreren Inforegistern angezeigt. Die primären Kontaktinformationen wie Name und Adresse werden hier in den Inforegistern *Allgemein* und *Adresse und Kontakt* verwaltet. Bei Eintragung eines in der Postleitzahlenverwaltung hinterlegten PLZ-Codes wird automatisch der zugehörige Ort und Länder-/Regionscode eingesetzt. Wird zuerst ein in der Postleitzahlenverwaltung hinterlegter Ort eingetragen, wird der PLZ-Code übernommen (sowie der Länder-/Regionscode). Falls der Länder-/Regionscode vor dem Ort und dem PLZ-Code eingetragen wird, dient er als Filter für die Suche von Postleitzahl und Ort.

Der *Länder-/Regionscode* in der Adresse bildet die Basis für Meldungen an Behörden (Intrastat, zusammenfassende Meldung) und für das Adressformat. Wesentliche Bedeutung hat auch das Feld *Gesperrt*, das die Sperre des Kreditors für alle Transaktionen (Erfassung von Buchungen und Bestellungen) oder nur für Zahlungen ermöglicht.

Das Inforegister *Fakturierung* enthält mit der Geschäftsbuchungsgruppe und der Kreditorenbuchungsgruppe zentrale Einstellungen zur Finanzintegration, die weiter unten im Detail beschrieben wird. Erst nachdem ein Eintrag in diese Felder erfolgt ist, kann eine Transaktion für den betroffenen Kreditor erfasst werden. Zusätzlich wird über die MwSt.-Geschäftsbuchungsgruppe bestimmt, ob der Kreditor Mehrwertsteuer im Inland berechnet oder ob eine andere Form der Steuerberechnung gültig ist.

Das Kontrollkästchen *EK-Preise inkl. MwSt.* im Inforegister *Fakturierung* bestimmt, ob die Preise in der Einkaufspreisverwaltung und in Bestellungen die Mehrwertsteuer bereits beinhalten.

Die USt-IdNr. des Kreditors wird im Inforegister *Fakturierung* eingetragen. Hierbei wird vom System überprüft, ob die eingetragene Umsatzsteuer-Identifikationsnummer mit dem Format übereinstimmt, das für den Ländercode des Kreditors in der USt-IdNr.-Formattabelle hinterlegt ist. Ist der Ländercode des betroffenen Kreditors leer, wird für die Formatprüfung die Einstellung für den Ländercode der Adresse in den Firmendaten herangezogen.

Der Sprachcode, der die Sprache auf externen Belegen wie dem Bestellformular bestimmt, wird auf dem Inforegister *Adresse und Kontakt* hinterlegt.

Ein Währungscode wird dann eingetragen, wenn der Kreditor seine Rechnungen in fremder Währung ausgestellt hat. Der Währungscode kann auf dem Inforegister *Fakturierung* eingetragen werden.

Die Zahlungseinstellungen (im folgenden Abschnitt beschrieben) werden im Inforegister *Zahlungen*, die Lieferbedingung im Inforegister *Lieferung* eingetragen.

Die Einrichtung der benötigten Lieferbedingungen erfolgt über die Suche und den Link *Lieferbedingungen*. Die Schaltfläche *Übersetzung* auf der Registerkarte *Start* der Lieferbedingungen ermöglicht das Erfassen fremdsprachiger Beschreibungen zum Andruck auf externen Formularen.

5.4.4 Synchronisation der Marketingkontakte

Wenn – wie im Demomandanten „CRONUS AG" – die Synchronisation von Kreditoren und Marketingkontakten in der Marketing-Einrichtung durch Eintragen eines Geschäftsbeziehungscodes für Kreditoren im Inforegister *Aktivitäten* aktiviert ist, wird beim Anlegen eines Kreditors automatisch ein entsprechender Kontakt im Marketing erstellt.

Bei aktivierter Synchronisation wird zudem auch beim Erfassen einer Kontaktperson im Feld *Kontakt* der Kreditorenkarte (Inforegister *Adresse und Kontakt*) ein entsprechender Kontakt im Marketing angelegt. In diesem Fall wird bei späterem Öffnen der Kreditorenkarte im Inforegister *Adresse und Kontakt* die Nummer dieser Kontaktperson als Code des primären Kontakts gezeigt.

Die Anzeige der Kontaktstammdaten eines Kreditors und seiner Kontaktpersonen erfolgt im Kreditorenstamm über die Schaltfläche *Kontakt* auf der Registerkarte *Navigate*. Die Kontaktstammdatenverwaltung dient auch dazu, mehrere Kontaktpersonen zu einem Kreditor anzulegen.

Zu beachten ist in diesem Zusammenhang, dass bei aktivierter Synchronisation eine Änderung des Hauptkontakts durch Auswahl der entsprechenden *Primären Kontaktnr.* erfolgt.

5.4.5 Schaltflächen in der Kreditorenkarte

Das Menüband der Kreditorenkarte enthält neben allgemeinen Funktionen wie der Anwendung von Vorlagen folgende wesentliche Schaltflächen auf der Registerkarte *Navigate*:

- **Posten** – öffnet Kreditorenposten (Anzeige gebuchter Rechnungen und Zahlungen).
- **Bemerkungen** – ermöglicht Abfrage und Eintragung interner Bemerkungen zum Kreditor.
- **Statistik** – zeigt einen Überblick der Geschäftszahlen zum Kreditor.

Über die Schaltfläche *Bestellungen* in der Gruppe *Belege* der Registerkarte *Navigate* kann die Abfrage und Verwaltung von bestehenden Bestellungen zum jeweiligen Kreditor direkt geöffnet werden. Die Neuanlage von Bestellungen kann über die Schaltfläche *Bestellung* in der Gruppe *Neu* der Registerkarte *Start* erfolgen. Entsprechende Schaltflächen stehen auch für den Aufruf von Dokumenten wie Anfragen und Rahmenbestellungen zur Verfügung.

Die Definition, welche Artikel zu welchem Preis bei dem jeweiligen Kreditor eingekauft werden, erfolgt über Schaltflächen in der Gruppe *Einkauf* der Registerkarte *Navigate*. Einkaufsartikel können über die Schaltfläche *Referenzen* in der Gruppe *Kreditor* der Registerkarte *Navigate* eingetragen werden. Details dazu finden Sie in Abschnitt 5.5.3, „Einkaufspreise und Rabatte“.

5.4.6 Anleitung zum Erstellen eines Kreditors

Um einen neuen Kreditor – im Beispiel einen Inlandslieferanten im Demomandanten „CRONUS AG“ beschränkt auf die wichtigsten Daten – anzulegen, gehen Sie wie folgt vor:

1. Wählen Sie in der Suche den Link *Kreditoren* zur Anzeige der Kreditorenübersicht.
2. Betätigen Sie die Tastenkombination *Strg+N* oder klicken Sie auf die Schaltfläche *Neu* auf der Registerkarte *Start* des Menübands, um die Kreditorenkarte im Neuanlagemodus zu öffnen.
3. Betätigen Sie im Neuanlagefenster die *Eingabe*-Taste, um das Feld *Nr.* im Inforegister *Allgemein* zu verlassen, womit Sie eine möglicherweise bereits definierte Vorlage für den Kreditor auswählen können und die Kreditorennummer aus der Standardnummernserie automatisch eingesetzt wird.
4. Im Inforegister *Allgemein* tragen Sie dann den Namen im Feld *Name* ein.
5. Die Straße und Hausnummer werden im Feld *Adresse* auf dem Inforegister *Adresse und Kontakt*, und die Postleitzahl im Feld *PLZ-Code* eingetragen. Beachten Sie, dass Ort und Länder-/Regionscode nach Verlassen des Felds *PLZ-Code* automatisch eingesetzt werden.
6. Im Inforegister *Fakturierung* wählen Sie die Geschäftsbuchungsgruppe, die MwSt.-Geschäftsbuchungsgruppe und die Kreditorenbuchungsgruppe über die Suchfunktion (Tastenkombination *Alt+Pfeil nach unten*) oder Schaltfläche rechts im jeweiligen Feld).

   Unter der Voraussetzung, dass in der betroffenen Geschäftsbuchungsgruppe eine *Vorg.-MwSt.-Geschäftsbuch.Gr.* eingetragen und das Kontrollkästchen *Autom. als Standard einfügen* markiert ist, wird die MwSt.-Geschäftsbuchungsgruppe aus der Geschäftsbuchungsgruppe vorbelegt. Durch Verwendung einer Kreditorenvorlage können diese Felder bereits automatisch befüllt worden sein.
7. Im Inforegister *Zahlungen* wählen Sie den zutreffenden *Zlg.*-Bedingungscode für die Zahlungsbedingung des Kreditors.
8. Falls keine zusätzlichen Daten zu erfassen sind, können Sie die Kreditorenkarte anschließend über die Schaltfläche *OK* schließen.

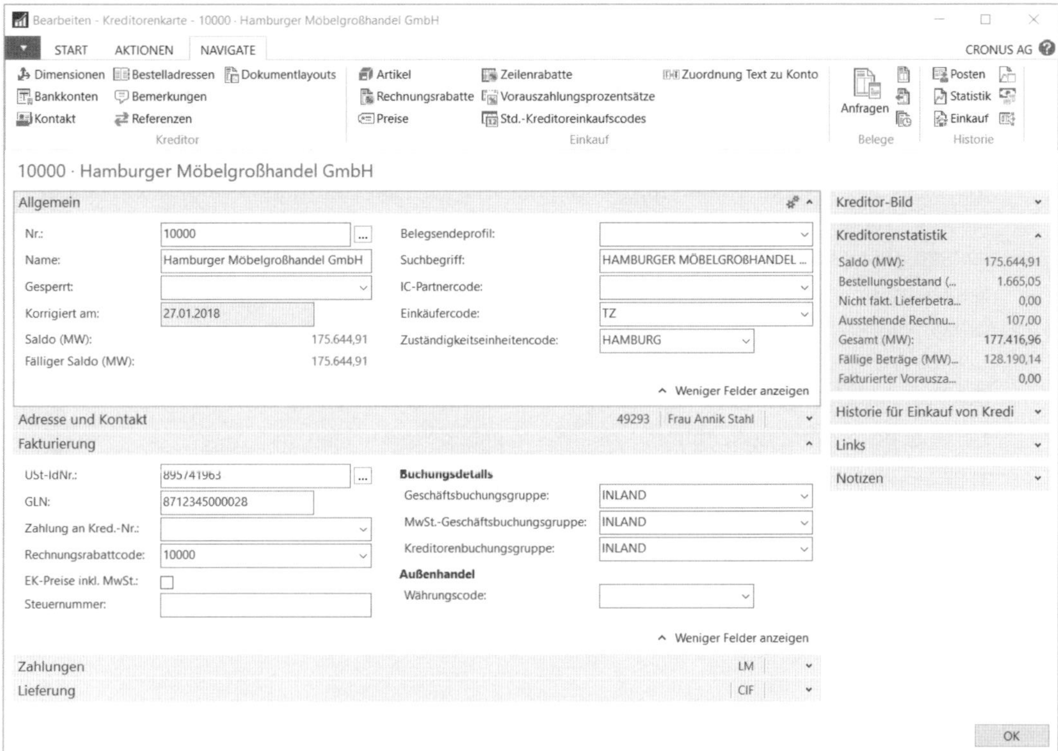

Bild 5.4 Kreditorenkarte mit aufgeklappten Inforegistern Allgemein und Fakturierung

5.4.7 Einstellungen zur Zahlung

Einstellungen zur Zahlung von Kreditoren werden im Inforegister *Zahlungen* der Kreditorenkarte festgelegt. Im Kreditorenstamm können hierbei neben den unten beschriebenen Eintragungen zu Ausgleichsmethode und Zahlungsbedingung auch weitere Einstellungen wie der Zahlungsformcode, der die Art der Zahlung bestimmt, und die Priorität, die die Reihenfolge im Zahlungsvorschlag festlegt, hinterlegt werden.

5.4.7.1 Ausgleichsmethode

Für die Ausgleichsmethode, die im gleichnamigen Feld im Inforegister *Zahlungen* zu finden ist, wird normalerweise der Standardwert **Offener Posten** übernommen, da dieser den gezielten Ausgleich der einzelnen Rechnungen und Zahlungen ermöglicht. Bei Auswahl von **Saldomethode** wird hingegen die älteste offene Rechnung automatisch ausgeglichen.

> **HINWEIS:** Hinweise zum Vorgehen für den Ausgleich offener Posten finden Sie in Kapitel 9.

5.4.7.2 Zahlungsbedingungen

Über die Zahlungsbedingungen im Feld *Zlg.-Bedingungscode* werden Zahlungsfrist und Skontobedingung festgelegt. Während die Zahlungsfrist bestimmt, bis wann eine Rechnung zu bezahlen ist, wird in der Skontobedingung sowohl die Frist für die Möglichkeit eines Skontoabzugs als auch der entsprechende Prozentsatz definiert.

Auf Basis der gewählten Zahlungsbedingung werden Fälligkeitsdatum und Skontodatum bei der Erfassung und Buchung von Belegen ausgehend vom Belegdatum berechnet und können überschrieben werden.

Die Verwaltung der Zahlungsbedingungen erfolgt für Einkauf und Verkauf in einem gemeinsamen Formular.

5.4.7.3 Anleitung zum Erstellen einer Zahlungsbedingung

Um eine neue Zahlungsbedingung anzulegen, gehen Sie wie folgt vor:

1. Öffnen Sie in der Suche den Link *Zahlungsbedingungen*.
2. Betätigen Sie die Tastenkombination *Strg+N* oder klicken Sie auf die Schaltfläche *Neu* auf der Registerkarte *Start*, um die gewünschte Zahlungsbedingung in einer neuen Zeile einzutragen.

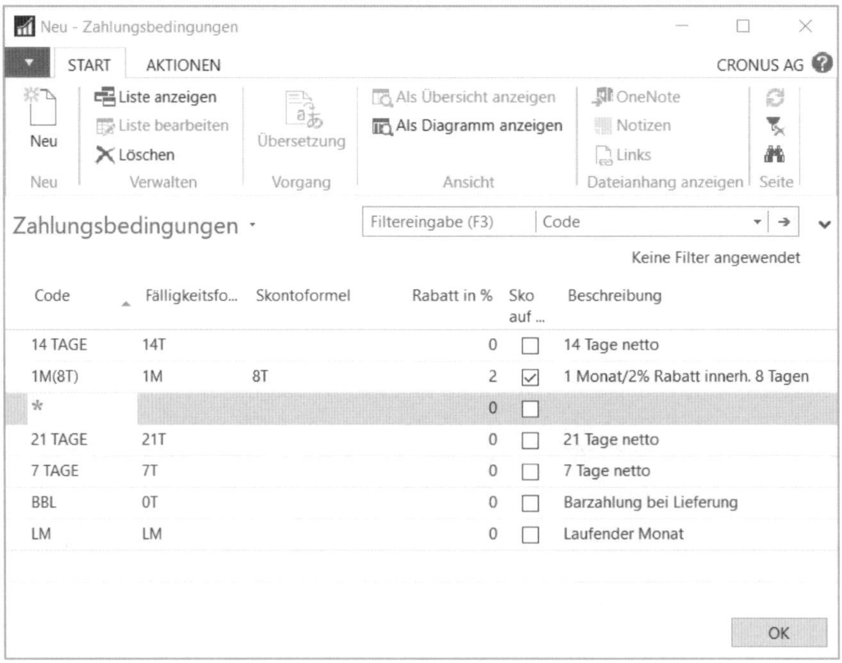

Bild 5.5 Eintragen einer neuen Zeile in die Zahlungsbedingungen

3. Wählen Sie einen eindeutigen und aussagekräftigen Code, der die Zahlungsbedingung identifiziert, zum Beispiel „90 TAGE".
4. In der Spalte *Fälligkeitsformel* tragen Sie eine Datumsformel zur Berechnung des Fälligkeitsdatums ein – beispielsweise „90T" für 90 Tage. Die Formel „LM" berechnet den

Monatsletzten, wobei auch Berechnungen wie „1M-1T“ oder „LM+1T“ (Erster des Folgemonats) möglich sind.

HINWEIS: Die Dynamics NAV-Hilfe enthält Hinweise zum Eintragen von Datumsformeln.

Zur Berechnung des letzten Tages des Folgemonats verwenden Sie die Formel „1M+LM“ und nicht „LM+1M“, da letztere Formel den 30. des Folgemonats liefert, auch wenn dieser 31 Tage hat, falls der aktuelle Monat 30 Tage hat.

5. Falls eine Skontobedingung hinterlegt werden soll, tragen Sie in der Spalte *Skontoformel* die Datumsformel zur Skontofrist und in der Spalte *Rabatt in %* den Prozentsatz ein. Das Kontrollkästchen *Skonto auf Gutschrift berech.* sollte aktiviert werden, um zu verhindern, dass eine Gutschrift zu einer Rechnung, die bereits mit Skontoabzug bezahlt worden ist, ohne Berücksichtigung des Skontos erfolgt.
6. In der Spalte *Beschreibung* hinterlegen Sie den Text für den Ausdruck auf externen Formularen. Fremdsprachige Texte können Sie über die Schaltfläche *Übersetzung* erfassen.

5.4.8 Finanzintegration

Jede Buchung einer Eingangsrechnung in Dynamics NAV erzeugt nicht nur entsprechende Buchungen im Einkauf, sondern parallel auch in der Finanzbuchhaltung. Im Finanzmanagement wird zwischen dem Hauptbuch, in dem Sachkontobuchungen erfolgen, und Nebenbüchern wie der Kreditorenbuchhaltung unterschieden.

5.4.8.1 Einkaufsbuchungen im Nebenbuch

In Dynamics NAV wird nicht zwischen Lieferanten im Einkauf und Kreditoren in der Finanzbuchhaltung unterschieden. Beide Bereiche werden durch einen gemeinsamen Kreditorenstamm abgebildet.

Die Buchung von Rechnungen, Gutschriften und Zahlungen als Kreditorenposten im Nebenbuch kann daher direkt aus dem Kreditorenstamm über die Schaltfläche *Posten* in der Kreditorenliste und in der Kreditorenkarte abgefragt werden.

5.4.8.2 Einkaufsbuchungen im Hauptbuch

Parallel dazu wird auf entsprechende Sachkonten im Hauptbuch gebucht. Welche Sachkonten für eine Buchung im Einkauf herangezogen werden, wird über die Buchungsgruppen von Kreditor und Artikel (jeweils im Inforegister *Fakturierung* oder *Einstandspreise und Buchung*) bestimmt. Hierbei sind folgende Buchungsgruppen zu unterscheiden:

- **Spezielle Buchungsgruppen** (Buchung auf Bilanzkonten)
- **Allgemeine Buchungsgruppen** (Buchung auf Erfolgskonten)

5.4.8.3 Mehrwertsteuer-Buchungsgruppen

Im Bereich der Einkaufsprozesse ist die Kreditorenbuchungsgruppe als spezielle Buchungsgruppe von Bedeutung, da über diese die Zuordnung der Kreditoren zu Sammelkonten (Abstimmkonten in der Bilanz) erfolgt.

Als allgemeine Buchungsgruppe wird im Kreditorenstamm die Geschäftsbuchungsgruppe und im Artikelstamm die Produktbuchungsgruppe geführt, wobei das für den jeweiligen Geschäftsfall zutreffende Erfolgskonto in der Buchungsmatrix auf Basis der Kombination von Geschäftsbuchungsgruppe und Produktbuchungsgruppe festgelegt wird. Details zu allgemeinen Buchungsgruppen und zur Mehrwertsteuerberechnung finden Sie in Kapitel 9.

5.4.8.4 Kreditorenbuchungsgruppen

Kreditorenbuchungsgruppen werden über die Suche und den Link *Kreditorenbuchungsgruppen* verwaltet. Es können hier beliebig viele Buchungsgruppen angelegt werden, wobei die Mindestanzahl und Gliederung durch die Sammelkonten für Kreditoren im Hauptbuch bestimmt werden. Oft werden eigene Gruppen für Inland, EU und Drittland verwendet, bei Konzerngesellschaften ergänzt um eine Gruppe für Konzernverbindlichkeiten.

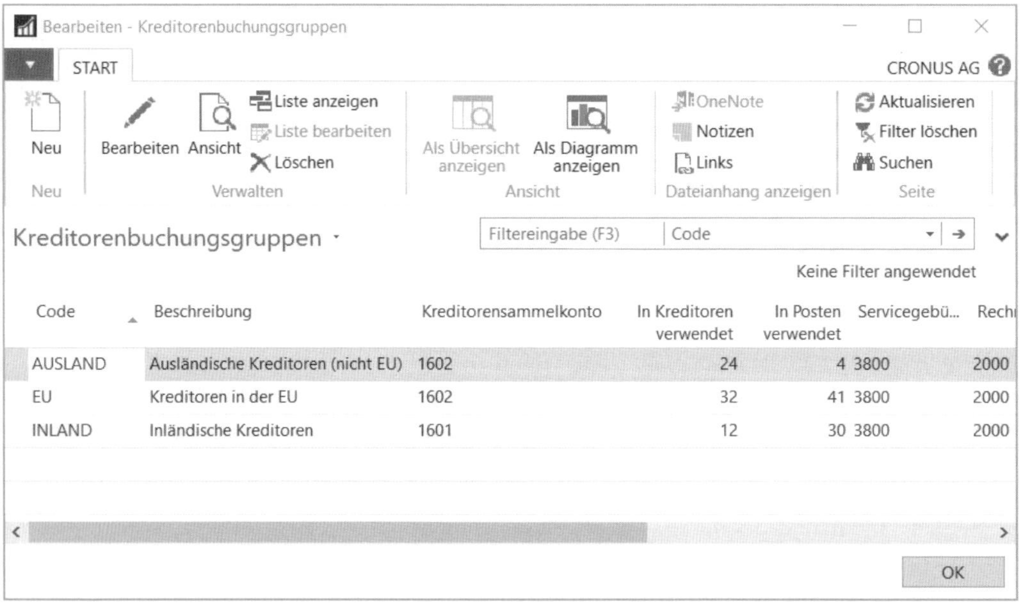

Bild 5.6 Verwaltung der Kreditorenbuchungsgruppen

Jede Kreditorenbuchungsgruppe enthält zumindest einen eindeutigen Code und ein Kreditorensammelkonto. So wird für die Kreditorenbuchungsgruppe „INLAND" festgelegt, dass beim Buchen einer Rechnung für Kreditoren mit dieser Buchungsgruppe die Verbindlichkeit parallel auf das Bilanzkonto „1601" gebucht wird.

In den weiteren Spalten können Konten für die Buchung von Servicegebühren (aus dem Rechnungsrabatt, siehe den Abschnitt 5.5.3, „Einkaufspreise und Rabatte") sowie von Rundungs- und Toleranzdifferenzen angegeben werden. Weiters wurden die Spalten *In Kredito-*

ren verwendet und *In Posten verwendet* in der Abbildung weiter nach vorne gezogen, da diese beiden Felder einen guten Überblick über die aktuelle Verwendung der Kreditorenbuchungsgruppen geben.

■ 5.5 Einkaufsartikel, Preise und Rabatte

Neben dem Kreditorenstamm bildet der Artikelstamm die zweite wesentliche Basis für die Arbeit im Beschaffungswesen. Der Artikelstamm wird in einer gemeinsamen Verwaltungsseite für alle Bereiche von Warenwirtschaft und Supply Chain Management geführt und enthält daher eine Vielzahl von Informationen.

Ausgehend von den allgemeinen Grundlagen zur Artikelverwaltung, die in Kapitel 3 erörtert wurden, werden im Rahmen dieses Kapitels nur die im Einkauf wesentlichen Einstellungen im Artikelstamm und in der Preis-/Rabattverwaltung beschrieben.

5.5.1 Artikelstamm

Der Listenplatz zur Verwaltung der Artikel wird über die Suche und den Link *Artikel* geöffnet. Er zeigt einen Überblick der vorhandenen Artikel in der Artikelübersicht. Detaildaten werden in der zugehörigen Artikelkarte verwaltet.

5.5.1.1 Einkaufsrelevante Artikeldaten

Neben den allgemeinen Artikeldaten wie Artikelnummer, Beschreibung und Buchungsgruppen zur Sachkontenintegration sind für den Einkauf die Informationen im Inforegister *Beschaffung* der Artikelkarte wesentlich:

- **Beschaffungsmethode** – für Einkaufsartikel wird der Standardvorschlag „Einkauf" belassen. Für Artikel, die im Unternehmen aus anderen Artikeln zusammengesetzt werden, ist im Falle von Produktionserzeugnissen die Option „Fertigungsauftrag" (für Produktionsaufträge) oder im Falle von Verkaufssets und Montageartikeln die Option „Montage" (für Montageaufträge) zu wählen.
- **Kreditorennr.** – dient zum Eintragen des Hauptlieferanten (Vorschlagswert in Bestellvorschlägen).
- **Einkaufseinheitencode** – ermöglicht die Eintragung einer vom Basiseinheitencode (Lagermengeneinheit) abweichende Einkaufsmengeneinheit (Vorschlagswert für Bestellzeilen).

In den Inforegistern *Einstandspreise und Buchung* und *Preise und Verkauf* sind im Einkauf folgende Felder speziell zu berücksichtigen:

- **Kosten letzter Einkauf** – wird automatisch mit dem Preis der letzten gebuchten Eingangsrechnung (bzw. der letzten manuellen Lager- oder Fertigungsauftrags-Zugangsbuchung) für den Artikel aktualisiert. Umgekehrt dient dieser Wert auch als Vorschlagswert für den Artikelpreis beim Erfassen von Bestellungen, wenn keine Preisvereinbarungen auf Kreditorenebene existieren.

- **Rech.-Rabatt zulassen** – steuert, ob der betroffene Artikel bei der Berechnung eines Rechnungsrabatts in Einkauf und Verkauf berücksichtigt wird.

Weitere einkaufsrelevante Daten können über Schaltflächen der Registerkarte *Navigate* im Menüband geöffnet werden:

- **Lagerhaltungsdaten** – über die Schaltfläche *Lagerhaltungsdaten* der Registerkarte *Navigate* können Daten wie Beschaffungsmethode oder Kreditorennummer (Hauptlieferant) auf Ebene von Varianten und Lagerorten übersteuert werden. Dadurch kann beispielsweise auf Lagerortebene ein Artikelbezug über Umlagerungsaufträge oder ein alternativer Hauptlieferant definiert werden.
- **Textbausteine** – werden im Artikelstamm längere Texte benötigt, die in Bestellpositionen zum Artikel übernommen werden sollen, können (auch fremdsprachige) Textbausteine über die Schaltfläche *Textbausteine* der Registerkarte *Navigate* erfasst werden. Das Anlegen von Textbausteinen wird in der nachfolgenden Schritt-für-Schritt-Anleitung beschrieben.
- **Alternative Lieferanten** – zur Erfassung alternativer Lieferanten eines Artikels wird der Artikel/Lieferanten-Katalog verwendet, der im Artikelstamm über die Schaltfläche *Lieferanten* der Registerkarte *Navigate* geöffnet werden kann. Der Artikel/Lieferanten-Katalog wird in der Bestellvorschlagsverwaltung benutzt, wo er im Suchfenster zur Auswahl eines Lieferanten herangezogen wird.

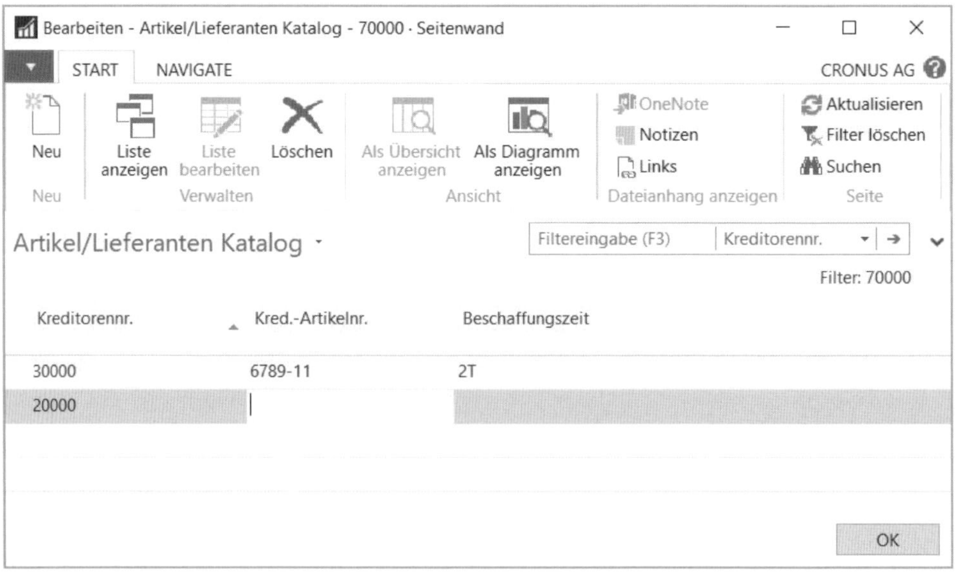

Bild 5.7 Erfassen eines zusätzlichen Lieferanten im Artikel/Lieferanten-Katalog

HINWEIS: Den Artikel/Lieferanten-Katalog können Sie auch vom Kreditorenstamm aus öffnen. Dazu wählen Sie nach dem Markieren des entsprechenden Kreditors auf der Registerkarte *Navigate* des Menübands die Schaltfläche *Artikel*, wobei der Artikel/Lieferanten-Katalog in diesem Fall alle Artikel zum Kreditor zeigt. ■

5.5.2 Anleitung zum Erstellen eines Artikels für den Einkauf

Um einen neuen Einkaufsartikel – im Beispiel einen Handelsartikel im Demomandanten „CRONUS AG" beschränkt auf die wichtigsten Daten, aber mit Textbaustein – anzulegen, gehen Sie wie folgt vor:

1. Wählen Sie auf der Startseite die Menüoption *Artikel* zur Anzeige der Artikelübersicht, oder verwenden Sie die Suche und den Link *Artikel*.
2. Betätigen Sie die Tastenkombination *Strg+N* oder klicken Sie auf die Schaltfläche *Neu* auf der Registerkarte *Start* des Menübands, um die Artikelkarte im Neuanlagemodus zu öffnen. Sind Vorlagen für Artikel vorhanden, so können Sie eine Vorlage auswählen. Diese Vorlage befüllt automatisch bestimmte Felder der Artikelkarte.
3. Betätigen Sie im Neuanlagefenster die *Eingabe*-Taste, um das Feld *Nr.* im Inforegister *Artikel* zu verlassen, womit die Artikelnummer automatisch aus der Standardnummernserie eingesetzt wird.
4. Im Inforegister *Artikel* füllen Sie anschließend das Feld *Beschreibung* aus.
5. Im Feld *Basiseinheitencode* tippen Sie einen gültigen Code ein, beispielsweise „STÜCK". Wenn Sie die Basiseinheit über das Suchfenster auswählen wollen, legen Sie die entsprechende Einheitenumrechnung zum neuen Artikel zuvor über die Schaltfläche *Einheiten* auf der Registerkarte *Navigate* an.
6. Im Inforegister *Einstandspreise und Buchung* belassen Sie beispielsweise den Standardvorschlag „FIFO" im Feld *Lagerabgangsmethode*. Für die Produktbuchungsgruppe wählen Sie „HANDEL" und für die Lagerbuchungsgruppe „WEITERVERK".
7. Unter der Voraussetzung, dass in der Produktbuchungsgruppe „HANDEL" eine *Vorg.-MwSt.-Produktbuchungsgr.* eingetragen und die Spalte *Autom. als Standard einfügen* markiert ist, wird die MwSt.-Produktbuchungsgruppe aus der Produktbuchungsgruppe vorbelegt.
8. Als Vorschlagswert für den Wert des Artikels in manuellen Lagerbuchungen und für den Einkaufspreis in Bestellungen tragen Sie in den Feldern *Einstandspreis* und *Kosten letzter Einkauf* auf dem Inforegister *Einstandspreise und Buchung* entsprechende Werte ein.
9. Für das Eintragen des Hauptlieferanten wechseln Sie zum Inforegister *Beschaffung*, wo Sie für Einkaufsartikel den Standardvorschlag „Einkauf" für die Beschaffungsmethode belassen. Im Feld *Kreditorennr.* tragen Sie den gewünschten Hauptlieferanten ein. Dazu können Sie das Suchfenster über die Schaltfläche rechts in diesem Feld oder über die Funktion *Suchen während der Eingabe* öffnen.

10. Um die Funktion *Suchen während der Eingabe* zur Suche des Kreditors zu nutzen, tippen Sie im Feld *Kreditorennr.* die ersten Zeichen des Namens ein, wodurch das Suchfenster geöffnet wird. Über die Taste *Pfeil nach unten* aktivieren Sie das Suchfenster, anschließend betätigen Sie die Taste *Pfeil nach rechts*, um in die Namensspalte zu wechseln. Das Suchfenster zeigt dann alle Kreditoren mit entsprechendem Namen. Durch Eintippen weiterer Zeichen können Sie die Suche weiter eingrenzen.

HINWEIS: Je nach Systemumgebung dauert es einen Moment, bis das Suchfenster durch die Funktion *Suchen während der Eingabe* geöffnet wird.

Wenn Sie das Suchfenster ein zweites Mal öffnen, sollten Sie beachten, dass Sie die gewünschte Suchspalte wieder über die Pfeiltasten aktivieren müssen. Soll immer nach der jeweiligen Spalte gesucht werden, können Sie dies über die Schaltfläche *Als Standardfilterspalte festlegen* rechts unten im Suchfenster festlegen. Die aktive Spalte erkennen Sie am Trichtersymbol vor dem Spaltentitel.

11. In der Textbausteinübersicht, die Sie über die Schaltfläche *Textbausteine* auf der Registerkarte *Navigate* erreichen, können Sie auf die Schaltfläche *Neu* klicken, um das Textbaustein-Neuanlagefenster zu öffnen.

    In der Textbausteinverwaltung können Sie Textbausteine für unterschiedliche Sprachen und Gültigkeitszeiträume anlegen. Durch Aktivieren des Kontrollkästchens *Alle Sprachen* legen Sie einen sprachunabhängigen Text fest. Nach Erfassen eines (mehrzeiligen) Textes im Inforegister *Zeilen* legen Sie in den Inforegistern *Verkauf*, *Einkauf* und *Service* fest, für welche Belege der Textbaustein verfügbar ist.

12. Soll der Textbaustein automatisch bei Auswahl des Artikels in Einkaufsbestellungen (und Verkaufsaufträgen) eingefügt werden, markieren Sie das Kontrollkästchen *Automat. Textbaustein* im Inforegister *Artikel* der Artikelkarte.
13. Falls keine zusätzlichen Daten einzutragen sind, können Sie die Erfassung der Artikelstammdaten anschließend über die Schaltfläche *OK* beenden.

HINWEIS: Allgemeine Hinweise zur Arbeit im Artikelstamm finden Sie in Kapitel 3.

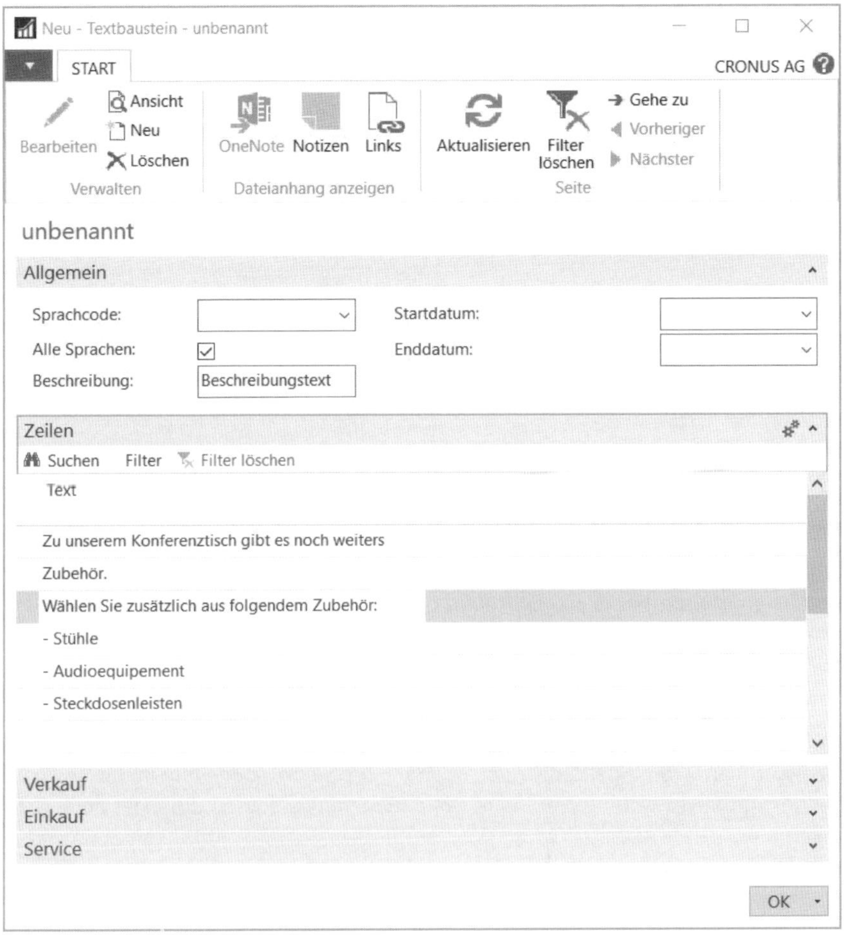

Bild 5.8 Bearbeitung des Textbausteins nach Aufruf aus der Textbausteinübersicht

5.5.3 Einkaufspreise und Rabatte

Direkt im Artikelstamm wird – wie zuvor beschrieben – durch das *Feld Kosten letzter Einkauf* ein Vorschlagswert für den Einkaufspreis in Bestellzeilen bestimmt. Das Feld *Kosten letzter Einkauf* kann zusätzlich auf Ebene von Lagerort und Variante in den Lagerhaltungsdaten (Schaltfläche *Lagerhaltungsdaten* auf der Registerkarte *Navigate*) im Artikelstamm verwaltet werden, es trägt aber dort die Bezeichnung *Direkte Kosten (neueste)*.

Zur Unterstützung bei der Ermittlung von Preisen und Rabatten steht aber auch eine umfangreiche Preisberechnungsfunktionalität zur Verfügung, mit der spezielle Einkaufskonditionen abgebildet werden können.

Die Funktionsweise zur Verwaltung und Nutzung der Preisberechnung in Dynamics NAV ist für Einkauf und Verkauf in ähnlicher Weise realisiert, wobei im Verkauf Preise und Zeilenrabatte auch auf Gruppenebene hinterlegt werden können.

HINWEIS: Der Preis *Kosten letzter Einkauf* im Artikelstamm wird in Eigenwährung angegeben. Falls eine Bestellung in Fremdwährung erfasst wird und keine speziellen Einkaufskonditionen zum jeweiligen Kreditor hinterlegt sind, wird der Vorschlagswert für den Einkaufspreis in die jeweilige Währung umgerechnet. ■

5.5.4 Grundlagen der Preisermittlung

Um spezielle Einkaufskonditionen zu verwalten, stehen in Dynamics NAV folgende Elemente zur Verfügung:

- Einkaufspreise
- Zeilenrabatte
- Rechnungsrabatte

Die Verwaltung von Einkaufspreisen und Zeilenrabatten kann über die Schaltfläche *Preise* oder *Sonderpreise* (beziehungsweise *Zeilenrabatte* oder *Sonderrabatte*) in der Registerkarte *Navigate* sowohl vom Artikelstamm als auch vom Kreditorenstamm aus aufgerufen werden. Rechnungsrabatte stehen hingegen nur im Kreditorenstamm zur Verfügung.

HINWEIS: Standardmäßig werden in der Verwaltungsseite von Einkaufspreisen und Zeilenrabatten die Spalten *Variantencode* und *Währungscode* und in der Rechnungsrabattverwaltung die Spalte *Code* (Rechnungsrabattcode) nicht angezeigt.

Wenn Sie diese Spalten benötigen, können Sie sie über die Konfigurationsmöglichkeiten individuell oder auf Ebene von Rollen einblenden. ■

5.5.5 Einkaufspreise und Zeilenrabatte

Im Rahmen der Verwaltung von Einkaufspreisen können die Artikelpreise je Kreditor erfasst werden. Zusätzlich können hier Mengenstaffeln, Gültigkeitsperioden und währungsabhängige Preise berücksichtigt werden. Innerhalb eines Artikels sind unterschiedliche Preise auf Ebene von Mengeneinheiten - beispielsweise für einen Preis pro Stück und einen Preis pro Karton - und Artikelvarianten möglich. Ob die Mehrwertsteuer in den eingetragenen Preisen enthalten ist, hängt von der Einstellung *EK-Preise inkl. MwSt.* im Kreditorenstamm des jeweiligen Kreditors ab.

Die Verwaltung der Zeilenrabatte bietet mit Erfassungsebenen wie Mengenstaffel und Gültigkeitsperiode die gleichen Möglichkeiten wie die Preisverwaltung, wobei anstelle eines Preises ein Rabattprozentsatz eingetragen wird.

In der Einkaufsbestellung erfolgt die Ermittlung von Preis und Zeilenrabatt automatisch beim Erfassen der einzelnen Bestellzeilen. Bei Änderung preisrelevanter Daten einer Zeile – wie der Bestellmenge – wird automatisch eine neuerliche Preis- und Rabattfindung durchgeführt, um Mengenstaffeln zu berücksichtigen. Treffen mehrere Preise oder Zeilenrabatte zu (beispielsweise bei Mengenstaffeln oder sich überschneidenden Gültigkeitsperioden), wird der jeweils günstigste Preis und Zeilenrabatt eingesetzt.

HINWEIS: Wenn die Spalte *Einheitencode* in den Einkaufspreisen leer gelassen wird, gilt der Preis für die Basismengeneinheit im Artikelstamm. Falls ein Artikel in unterschiedlichen Mengeneinheiten – etwa Stück und Kisten – eingekauft wird, wird der Preis entsprechend der Einheitenumrechnung auf die jeweilige Mengeneinheit umgerechnet. ■

5.5.6 Rechnungsrabatte

Im Gegensatz zu Einkaufspreisen und Zeilenrabatten werden Rechnungsrabatte nicht auf Ebene einzelner Artikel angelegt, sondern über den Rechnungsrabattcode des jeweiligen Kreditors. Über das Kontrollkästchen *Rech.-Rabatt zulassen* in den Bestellzeilen (standardmäßig nicht eingeblendet), das aus dem Artikelstamm vorbelegt wird, können jedoch einzelne Positionen von der Berechnung des Rechnungsrabatts ausgeschlossen werden.

Der Rechnungsrabattcode eines Kreditors ist im Inforegister *Fakturierung* der Kreditorenkarte enthalten und wird mit der Kreditorennummer vorbelegt. Treffen dieselben Rechnungsrabattbedingungen auf mehrere Kreditoren zu, kann ein frei gewählter, gemeinsamer Rechnungsrabattcode in allen betroffenen Kreditoren eingetragen werden, bevor Rechnungsrabatte zu diesem Rechnungsrabattcode erfasst werden.

Rechnungsrabatte werden pro Währung angelegt und ermöglichen durch Eintragen von Minimalbeträgen das Festlegen einer Betragsstaffel, die den Gesamtwert einer Bestellung betrifft. Für Rechnungsrabatte in Eigenwährung bleibt die Spalte *Währungscode* leer.

Neben einem Rabattprozentsatz kann in den Rechnungsrabatten auch eine Servicegebühr eingetragen werden, beispielsweise wenn der Kreditor für Kleinbestellungen eine Bearbeitungsgebühr verrechnet. Für die Servicegebühr wird dann beim Berechnen des Rechnungsrabatts in der Einkaufsbestellung eine eigene Bestellzeile erzeugt.

Damit Rechnungsrabatte vor dem Druck der Bestellung oder dem Buchen eines Belegs automatisch berechnet werden, kann in der *Kreditoren & Einkauf*-Einrichtung das Kontrollkästchen *Rechnungsrab. berechnen* markiert werden. Andernfalls muss die Ermittlung des Rechnungsrabatts in der jeweiligen Bestellung nach Abschluss der Positionserfassung über die Schaltfläche *Rechnungsrab. berechnen* auf der Registerkarte *Aktionen* manuell aufgerufen werden.

5.5.6.1 Sachkontenintegration

Hinsichtlich der Sachkontenbuchung für Rabatte kann in der *Kreditoren & Einkauf*-Einrichtung im Auswahlfeld *Rabattbuchung* festgelegt werden, ob Rechnungsrabatt und/oder Zeilenrabatte auf eigene Konten gebucht werden sollen.

Ist eine separate Rabattbuchung eingestellt, müssen die entsprechenden Sachkonten in der Buchungsmatrix zur Geschäftsbuchungsgruppe des Kreditors eingetragen werden. Details zur Buchungsmatrix finden Sie in Kapitel 9.

Im Unterschied zu den Rabattkonten wird das Sachkonto für die Servicegebühr, die im Rechnungsrabatt hinterlegt werden kann, nicht in der Buchungsmatrix, sondern in den Buchungseinstellungen zur Kreditorenbuchungsgruppe eingetragen.

5.5.7 Anleitung zum Erstellen eines Einkaufspreises

Um einen neuen Einkaufspreis – im Beispiel einen zeitlich unbefristeten Preis für verschiedene Artikel eines Lieferanten – anzulegen, gehen Sie wie folgt vor:

1. Wählen Sie auf der Startseite die Menüoption *Kreditoren* zur Anzeige der Kreditorenübersicht oder verwenden Sie die Suche und den Link *Kreditoren*.
2. Nach dem Markieren der Zeile mit dem entsprechenden Kreditor, klicken Sie auf die Schaltfläche *Preise* in der Registerkarte *Navigate*, um die Einkaufspreisverwaltung für diesen Kreditor zu öffnen.

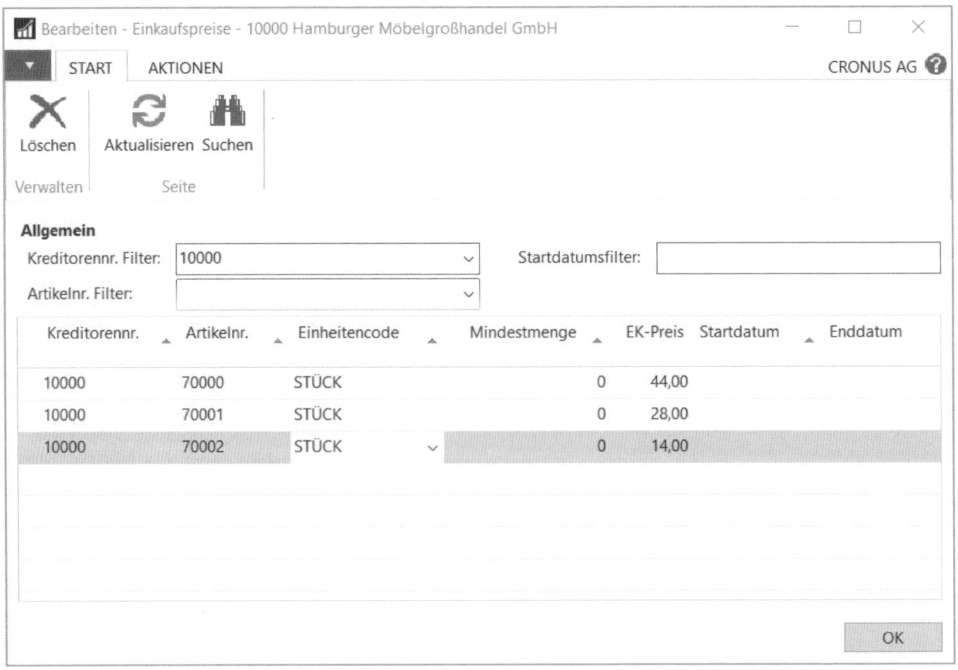

Bild 5.9 Erfassen eines neuen Einkaufspreises nach Aufruf aus dem Kreditorenstamm

3. Wenn bereits Einkaufspreise für den Kreditor erfasst sind, markieren Sie die Zeile unterhalb der letzten Preiszeile, um eine neue Preisvereinbarung anzulegen. Andernfalls tragen Sie die Preisvereinbarung in der ersten Zeile ein.

HINWEIS: Eine neue Zeile können Sie auch anlegen, indem Sie mit der rechten Maustaste in die Liste klicken und im Kontextmenü den Befehl *Neue Zeile* auswählen oder die Tastenkombination *Strg+Einfg* verwenden. ■

4. Wählen Sie die jeweilige Artikelnummer und den Einheitencode.

Nach der Angabe des Preises in der Spalte *EK-Preis* können Sie die Seite über die Schaltfläche *OK* verlassen.

5.5.8 Anleitung zum Erstellen eines Zeilenrabatts

Um einen neuen Zeilenrabatt anzulegen, gehen Sie analog zum Verfahren für Einkaufspreise wie folgt vor:

1. Wählen Sie auf der Startseite die Menüoption *Kreditoren* zur Anzeige der Kreditorenübersicht oder wählen Sie in der Suche den Link *Kreditoren*.
2. Nach dem Markieren der Zeile mit dem entsprechenden Kreditor klicken Sie auf die Schaltfläche *Zeilenrabatte* in der Registerkarte *Navigate*, um die Zeilenrabattverwaltung für diesen Kreditor zu öffnen.
3. Wenn bereits Zeilenrabatte für den Kreditor erfasst sind, markieren Sie die Zeile unterhalb der letzten Rabattzeile, um eine neue Vereinbarung einzutragen. Andernfalls tragen Sie die Rabattvereinbarung in der ersten Zeile ein.
4. Wählen Sie die entsprechende Artikelnummer, den Einheitencode und die Mindestmenge, ab der der Rabatt gültig ist.
5. Nach dem Eintragen des Rabattprozentsatzes in die Spalte *Zeilenrabatt %* können Sie die Seite über die Schaltfläche *OK* verlassen.

5.5.9 Anleitung zum Erstellen eines Rechnungsrabatts

Um einen neuen Rechnungsrabatt anzulegen, gehen Sie wie folgt vor:

1. Wählen Sie auf der Startseite die Menüoption *Kreditoren* zur Anzeige der Kreditorenübersicht oder wählen Sie in der Suche den Link *Kreditoren*.
2. Nach dem Markieren der Zeile mit dem entsprechenden Kreditor klicken Sie auf die Schaltfläche *Rechnungsrabatte* in der Registerkarte *Navigate*, um die Rechnungsrabattverwaltung für diesen Kreditor zu öffnen.
3. Wenn bereits Rechnungsrabatte für den Kreditor erfasst sind, markieren Sie die Zeile unterhalb der letzten Rabattzeile, um eine neue Vereinbarung einzutragen. Andernfalls tragen Sie die Rabattvereinbarung in der ersten Zeile ein.

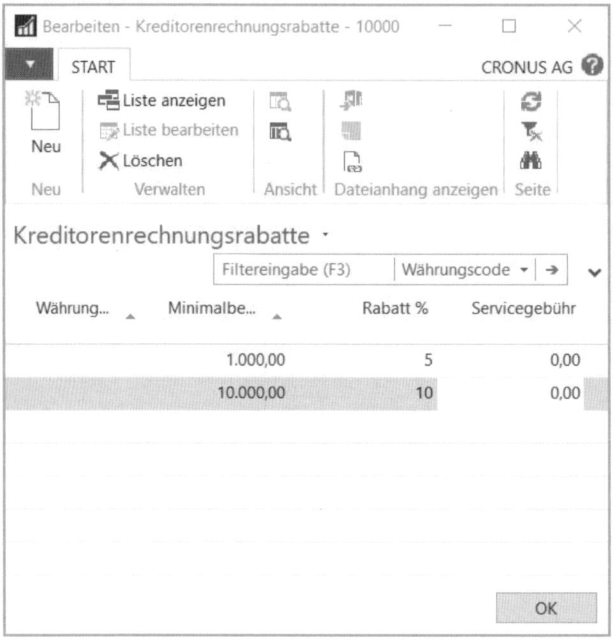

Bild 5.10 Erfassen eines neuen Rechnungsrabatts

4. Erfassen Sie den Minimalbetrag, ab dem der Rechnungsrabatt gültig ist, und tragen Sie den Nachlass in der Spalte *Rabatt %* ein.
5. Für eine Servicegebühr bei Kleinbestellungen erfassen Sie eine Zeile mit dem Minimalbetrag 0,00 und der entsprechenden Servicegebühr. Im Beispiel ist noch keine Zeile mit einem Minimalbetrag 0,00 vorhanden – hier wäre die Servicegebühr in einer neue Zeile einzutragen.
6. Nach Abschluss der Erfassung können Sie die Seite über die Schaltfläche *OK* verlassen.

5.6 Bestellvorschläge

Einkaufsbestellungen können wahlweise manuell erfasst oder über Bestellvorschläge automatisch erzeugt werden.

Der Bestellvorschlag ist damit eine Vorstufe zur Einkaufsbestellung, die zur Automatisierung von Routinetätigkeiten bei der Ermittlung und Deckung von Materialbedarf dient. Die Funktionalität des Bestellvorschlags gleicht dem Planungsvorschlag im Produktionsbereich, im Unterschied zum Planungsvorschlag bezieht sich der Bestellvorschlag aber auf Einkaufsartikel.

Der Planungsvorschlag wird in Kapitel 8 im Detail behandelt, daher erläutert die nachfolgende Beschreibung nur die Grundzüge der Arbeit mit Bestellvorschlägen.

5.6.1 Bestellvorschlagsverwaltung

Zur Arbeit mit Bestellvorschlägen ist eine entsprechende Einrichtung erforderlich, die die grundlegende Berechnungslogik der Vorschläge steuert. Auf Basis dieser Einrichtung können von Dynamics NAV Bestellvorschläge unter Berücksichtigung von aktuellem Materialbedarf und Lagerbestand ermittelt werden.

5.6.2 Grundlagen zur Arbeit mit Bestellvorschlägen

Die Einrichtung zu Bestellvorschlägen umfasst folgende Bereiche:

- Bestellvorschlagsvorlagen
- Planungseinstellungen am Artikel (Artikelstamm, Lagerhaltungsdaten)

Bestellvorschlagsvorlagen werden – analog zu *Buch.-Blattvorlagen* in Logistik oder Finanzmanagement – als Voraussetzung für die Arbeit in Bestellvorschlägen benötigt. Die Verwaltung der Bestellvorschlagsvorlagen kann über die Suche und den Link *Bestellvorschlagsvorlagen* geöffnet werden und enthält neben Vorlagen für Bestellvorschläge im Einkauf auch weitere Vorlagen beispielsweise für Planungsvorschläge in der Produktion. Zu jeder Bestellvorschlagsvorlage können über die Schaltfläche *Bestellvorsch.-Namen* auf der Registerkarte *Navigate* beliebig viele Bestellvorschlagsnamen angelegt werden – beispielsweise zum Trennen der Bestellvorschläge nach Sachbearbeiter oder Artikelgruppen.

HINWEIS: Bestellvorschlagsvorlagen müssen nicht manuell verwaltet werden, da sie automatisch beim ersten Aufruf der Bestellvorschlagsseite angelegt werden. Auch Bestellvorschlagsnamen können direkt im Bestellvorschlag – über das Auswahlfenster zum Bestellvorschlagsnamen – definiert werden.

Planungseinstellungen am Artikel umfassen Einstellungen auf Artikelebene, die in den Inforegistern *Beschaffung* und *Planung* der Artikelkarte zu finden sind. Diese Einstellungen können in den Lagerhaltungsdaten des Artikels auf Ebene von Varianten und Lagerorten übersteuert werden.

Die zentralen Planungseinstellungen betreffen hierbei die Felder *Beschaffungsmethode* – „Einkauf" für Einkaufsartikel – und *Wiederbeschaffungsverfahren*. Ist das Feld *Wiederbeschaffungsverfahren* leer, werden für den betroffenen Artikel keine Bestellvorschläge erzeugt.

Die folgenden Schritt-für-Schritt-Anleitungen zeigen ein einfaches Beispiel zur Nutzung der Bestellvorschlagsfunktionalität.

5.6.3 Anleitung zum Einrichten der Planungseinstellungen

Um die Planungseinstellungen für einen Artikel – im Beispiel zur Festlegung des Verfahrens „Feste Bestellmenge“ auf Artikelebene – zu ändern oder neu einzutragen, gehen Sie wie folgt vor:

1. Wählen Sie auf der Startseite den Listenplatz *Artikel* zur Anzeige der Artikelübersicht oder verwenden Sie die Suche und den Link *Artikel.*
2. Nach Markieren der Zeile mit dem betroffenen Artikel sehen Sie in der Infobox *Artikeldetails – Planung* eine Übersicht der wesentlichen Planungsdaten.
3. Die zugehörige Artikelkarte öffnen Sie per Doppelklick oder über die Schaltfläche *Bearbeiten* auf der Registerkarte *Start* des Menübands. In der Artikelkarte überprüfen Sie im Inforegister *Beschaffung* die Beschaffungsmethode – „Einkauf“ für Einkaufsartikel.
4. Um das Wiederbeschaffungsverfahren „Feste Bestellmenge“ festzulegen, öffnen Sie das Inforegister *Planung* und nehmen die gewünschte Eintragung vor.

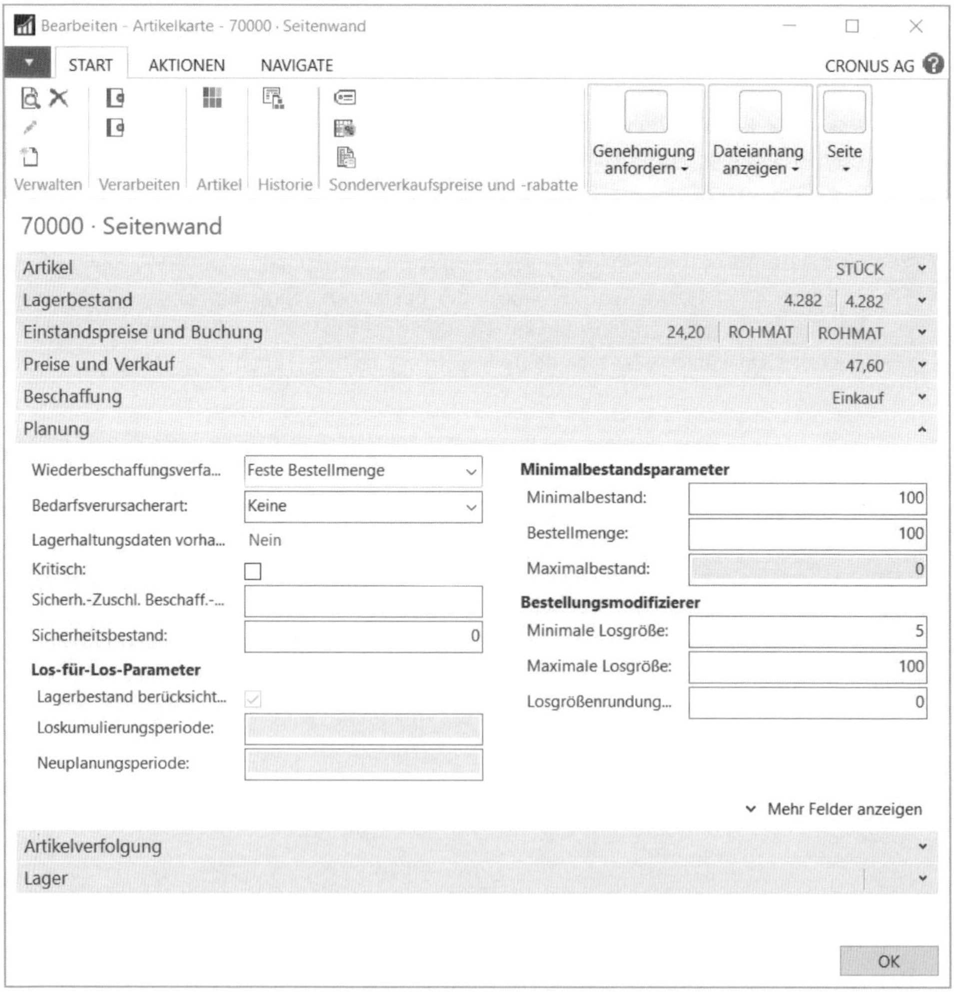

Bild 5.11 Eintragung von Wiederbeschaffungsverfahren und Bestellmenge in die Artikelkarte

5. Für das Wiederbeschaffungsverfahren „Feste Bestellmenge“ muss zumindest die Bestellmenge definiert werden, die Sie im Feld *Bestellmenge* eintragen. Im Beispiel wird zusätzlich ein Minimalbestand eingetragen.
6. Nachdem keine Planungseinrichtung auf Ebene von Lagerorten in den Lagerhaltungsdaten vorgesehen ist, schließen Sie die Artikelkarte über die Schaltfläche *OK*.

HINWEIS: Wenn Lagerorte für Artikelbuchungen vorgeschrieben sind (Kontrollkästchen *Lagerort notwendig* in der Lagereinrichtung), sollten die Planungseinstellungen in den Lagerhaltungsdaten der Artikel hinterlegt werden.

5.6.4 Anleitung zur Arbeit mit Bestellvorschlägen

Um Bestellvorschläge für einen Artikel mit entsprechenden Planungseinstellungen zu erzeugen und in eine Bestellung umzuwandeln, gehen Sie wie folgt vor:

1. Wählen Sie auf der Startseite die Menüoption *Bestellvorschläge* zur Anzeige der Bestellvorschläge oder verwenden Sie die Suche und den Link *Bestellvorschläge*.

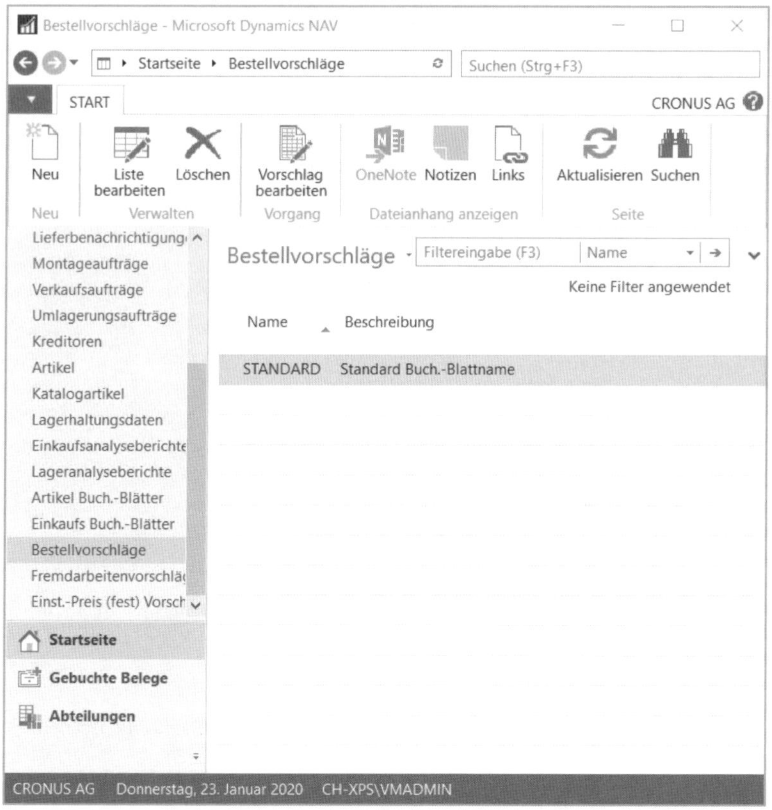

Bild 5.12 Öffnen der Bestellvorschlagszeilen im Listenplatz Bestellvorschläge

2. Zum Bearbeiten des Bestellvorschlags klicken Sie auf die Schaltfläche *Vorschlag bearbeiten* im Menüband, womit Sie die Bestellvorschlagszeilen öffnen.
3. In den Bestellvorschlagszeilen klicken Sie auf die Schaltfläche *Planung berechnen* auf der Registerkarte *Start*, um das Dialogfeld zum Berechnen der Bestellvorschlagszeilen zu öffnen.
4. Im Dialogfeld *Planung berechnen* tragen Sie im Inforegister *Optionen* das Startdatum und das Enddatum zur Begrenzung der Planungsperiode ein. Zusätzlich aktivieren Sie das Kontrollkästchen *Planungsparameter für durch Sicherheitsbestand bedingten Bedarf berücksichtigen*, um bei der Vorschlagsberechnung die Einstellungen für den Minimalbestandsparameter im Artikelstamm zu berücksichtigen. Im Inforegister *Artikel* können Sie einen Filter definieren, um die Berechnung auf bestimmte Artikel zu begrenzen.

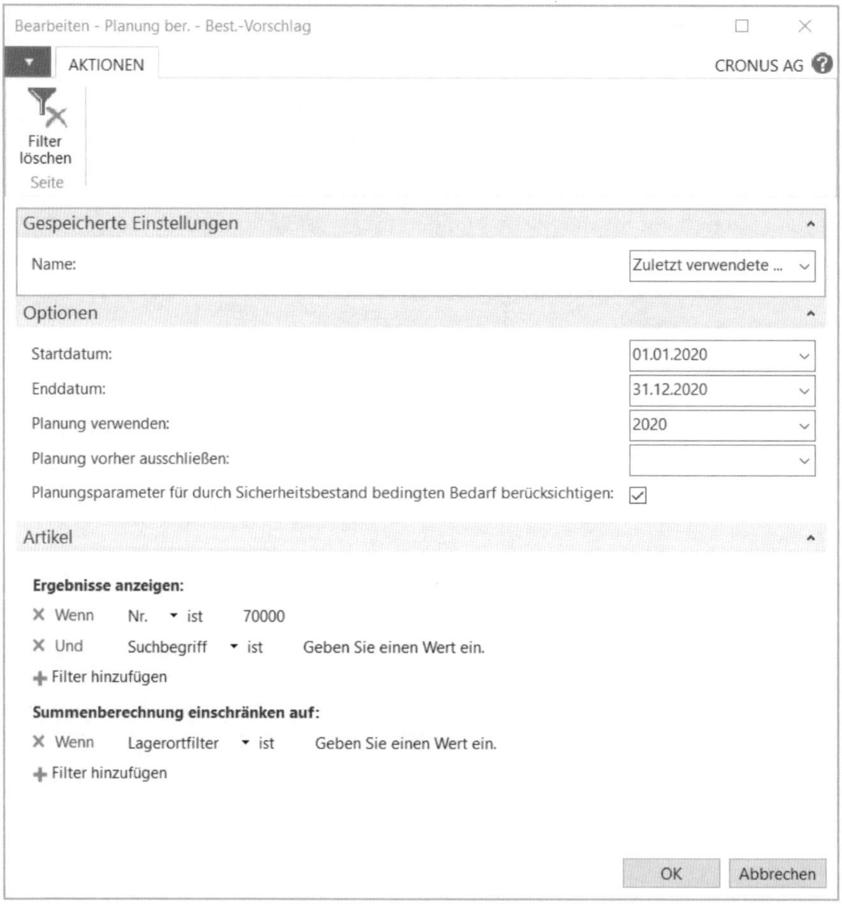

Bild 5.13 Dialogfeld zur Bestellvorschlagsberechnung

5. Nach Betätigen der Schaltfläche *OK* im Dialogfeld wird der Bestellvorschlag berechnet und in den Bestellvorschlagszeilen angezeigt.

6. Anschließend können Sie die Bestellvorschlagszeilen überarbeiten, indem Sie Lagerort, Menge, Einkaufspreis, Liefertermin und Kreditor entsprechend eintragen. Falls erforderlich, lassen sich auch mehrere Zeilen zu einem Artikel zusammenfassen und nicht benötigte Zeilen löschen.

> **HINWEIS:** Neben der Ereignismeldung „Neu" zum Erstellen einer neuen Bestellung oder eines Umlagerungsauftrags werden – je nach Bedarfsverlauf und Planungseinstellungen – Bestellvorschlagszeilen zum Ändern von Menge oder Termin sowie zum Löschen von Bestellungen und Umlagerungsaufträgen erzeugt.

7. Nachdem Sie alle Bestellvorschlagszeilen geprüft und überarbeitet haben, können Sie über die Schaltfläche *Ereignismeldung durchführen* für Zeilen mit der Ereignismeldung „Neu" und der Beschaffungsmethode „Einkauf" die benötigten Bestellungen erstellen. Im Abrufdialogfeld besteht über das Kontrollkästchen *Bestellungen/Aufträge drucken* die Möglichkeit, erzeugte Bestellungen sofort zu drucken.

Die Ereignismeldungen werden für alle Bestellvorschlagszeilen durchgeführt, in denen Sie die Markierung im Kontrollkästchen *Ereignismeldung akzeptieren* nicht entfernt haben. Abhängig von der jeweiligen Ereignismeldung erfolgen neben dem Erzeugen von Bestellungen auch andere Aktionen wie das Verschieben von Lieferterminen.

> **HINWEIS:** Die Kreditorensuche in der Spalte *Kreditorennr.* der Bestellvorschlagszeilen zeigt den Artikel/Lieferanten-Katalog mit den Kreditoren zum betreffenden Artikel.

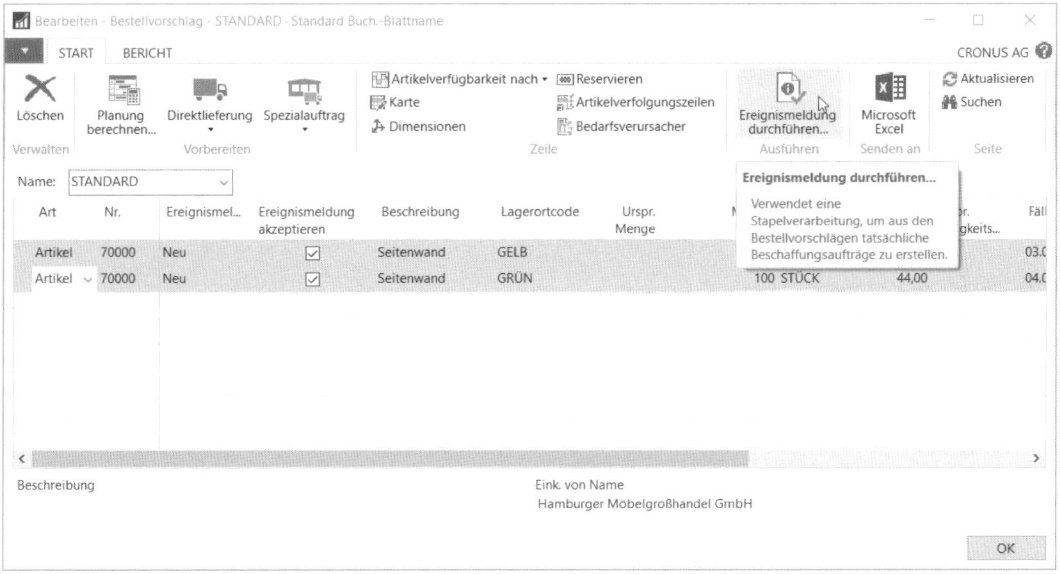

Bild 5.14 Durchführen der Ereignismeldung (Bestellung erzeugen) in einem Bestellvorschlag

5.7 Einkaufsanfragen und Bestellungen

Eine Einkaufsbestellung ist eine rechtsverbindliche Aufforderung an einen Lieferanten, Waren und/oder Dienstleistungen zu vereinbarten Konditionen zu liefern. Vorstufen zur Einkaufsbestellung sind Einkaufsanfragen und Rahmenbestellungen, zur Korrektur und Berichtigung nicht vereinbarungsgemäßer Lieferungen und Rechnungen dienen Einkaufsreklamationen und Gutschriften.

Innerhalb von Dynamics NAV stehen dazu folgende Einkaufsbelege (ungebuchte Belege) zur Verfügung:

- **Einkaufsanfragen** – Abwicklung des Angebotsprozesses.
- **Rahmenbestellungen** – Bearbeitung von Rahmenbestellungen.
- **Bestellungen** – Abwicklung des kompletten Bestellprozesses mit Lieferung und Rechnung.
- **Einkaufsrechnungen** – direkte Erfassung von Eingangsrechnungen ohne separate Lieferung.
- **Einkaufsreklamationen** – Abwicklung von Reklamationen mit Rücklieferung und Rechnung.
- **Einkaufsgutschriften** – direkte Erfassung von Gutschriften ohne separate Warenbewegung.

> **HINWEIS:** In der Datenbank werden die genannten Belege in gemeinsamen Tabellen (Table 38 „Purchase Header“ und 39 „Purchase Line“) gespeichert. Die Unterscheidung erfolgt über die Spalte *Belegart*.

5.7.1 Struktur von Einkaufsbelegen

Grundlage für die Struktur der Einkaufsbelege sind die in einer Bestellung enthaltenen Elemente. Als Mindestanforderung muss eine Bestellung folgende Informationen enthalten:

- Kreditorendaten (Kreditorennummer, Name und Adresse)
- Währung und Zahlungsbedingungen
- Lieferadresse
- Artikeldaten (Artikelnummer, Bezeichnung)
- Menge, Mengeneinheit
- Liefertermin, Preis

Ein Teil dieser Informationen – Kreditorendaten, Währung, Zahlungsbedingungen und Lieferadresse – betrifft den gesamten Beleg. Sie werden daher gemeinsam mit zusätzlichen Daten wie der Belegnummer und der Sprache im Belegkopf gespeichert.

Der Positionsteil enthält demgegenüber Daten wie Artikelnummer, Menge, Liefertermin und Preis, die sich zeilenweise unterscheiden können. Neben Artikelzeilen kann eine Bestellung auch Zeilen für Sachkonten, Anlagevermögen, Zu-/Abschläge und freie Texteintragungen (Zeilenart „leer“) enthalten.

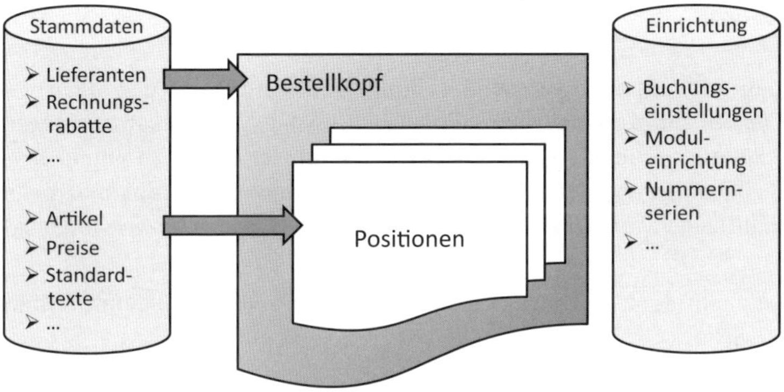

Bild 5.15 Struktur der Einkaufsbestellung

Beim Anlegen eines Einkaufsbelegs werden nach Auswahl des Kreditors zahlreiche Vorschlagswerte aus den Kreditorenstammdaten in den Belegkopf übernommen und können je nach Erfordernis geändert werden. So kann beispielsweise im Bestellkopf eine andere als die aus dem Kreditor übernommene Zahlungsbedingung gewählt werden, wenn in einer Bestellung eine abweichende Zahlungsbedingung vereinbart worden ist.

In den Belegzeilen werden nach Auswahl des Artikels Vorschlagswerte aus dem Artikelstamm und zusätzlichen Stammtabellen wie den Einkaufspreisen übernommen und können zeilenweise geändert werden. Hierbei ist zu berücksichtigen, dass ein Teil der Felder in den Positionen – beispielsweise der Lagerortcode oder das erwartete Wareneingangsdatum – den Vorschlagswert aus dem Belegkopf übernimmt. Im Gegensatz zu Änderungen in Stammdaten, die nicht in bestehende Belege übernommen werden, können Änderungen im Belegkopf in vorhandene Positionen übertragen werden.

Im Zuge des Beschaffungsprozesses werden Buchungen wie Lieferung und Rechnung zu den angeführten (ungebuchten) Einkaufsbelegen erzeugt. Mit der Buchung dieser Belege werden aufgrund der tiefen Integration von Dynamics NAV parallel Buchungen in allen anderen Bereichen erzeugt, etwa Sachkontenbuchungen im Finanzbereich und Artikeltransaktionen im Lager.

Gebuchte Belege wie Lieferung und Rechnung werden aufgrund von gesetzlichen Bestimmungen unveränderlich gespeichert, Korrekturen sind nur durch entsprechende Stornobuchungen möglich.

Im Gegensatz dazu können ungebuchte Belege geändert werden, solange es der Belegstatus erlaubt. Ungebuchte Belege werden auch automatisch gelöscht, wenn sie komplett erledigt sind. Danach können sie nur im jeweiligen Archiv abgefragt werden. Im Inforegister *Archivierung* der *Kreditoren & Einkauf*-Einrichtung wird hierzu festgelegt, ob und welche Belege automatisch archiviert werden.

HINWEIS: Gebuchte Lieferungen und Rechnungen können zwar nicht geändert, aber jederzeit gelöscht werden. Dieses Löschen betrifft nur den Beleg im Einkaufsmodul und nicht die zugehörigen Sachkontenbuchungen, Kreditorenposten und Artikeltransaktionen. Dennoch empfiehlt es sich, die Löschfunktion über entsprechende Sicherheitseinstellungen zu schützen.

5.7.2 Einkaufsanfragen

Einkaufsanfragen dienen als Vorstufe zu einer Bestellung und werden auf der Startseite über die Menüoption *Einkaufsanfragen* oder über die Suche und den Link *Einkaufsanfragen* aufgerufen. Alternativ können in der Kreditorenseite die Einkaufsanfragen zu einem Kreditor über die Schaltfläche *Anfragen* auf der Registerkarte *Navigate* abgefragt und neue Anfragen über die Schaltfläche *Einkaufsanfrage* auf der Registerkarte *Aktionen* angelegt werden.

Die Funktion der Einkaufsanfragen in Dynamics NAV bietet hierbei grundlegende Unterstützung für folgende Zwecke:

- Erfassung von internen Bestellanforderungen
- Erfassung von Angeboten, die von Kreditoren eintreffen

Im ersten Fall wird die Anfragefunktionalität so eingesetzt, dass Mitarbeiter anderer Abteilungen Einkaufsanfragen („Bestellanforderungen“) erfassen und die Einkaufsabteilung diese ausdruckt oder elektronisch als Angebotsanforderung an Kreditoren übermittelt. Nach Eingang eines Angebots werden die Daten zu Menge, Preis und sonstigen Bedingungen in der entsprechenden Anfrage eingetragen beziehungsweise korrigiert.

Im zweiten Fall wird eine Anfrage erst erfasst, wenn ein Angebot von einem Kreditor eingetroffen ist.

Wird ein Angebot angenommen, kann die entsprechende Anfrage über die Schaltfläche *Auftrag erst.* auf der Registerkarte *Start* der Einkaufsanfragenübersicht (oder über die Schaltfläche *Bestellung erst.* in der Kartenansicht) in eine Bestellung umgewandelt werden. Anfragen zu Angeboten, die nicht angenommen werden, sollten archiviert und gelöscht werden. Falls in der *Kreditoren & Einkauf*-Einrichtung kein automatisches Archivieren von Anfragen eingestellt ist, kann das Archivieren manuell über die Schaltfläche *Beleg archivieren* auf der Registerkarte *Aktionen* der Anfragenkarte erfolgen.

Funktionsweise und Struktur der Einkaufsanfrage in Dynamics NAV gleichen denen der entsprechenden Elemente der Einkaufsbestellung, die im folgenden Abschnitt genauer beschrieben wird.

HINWEIS: Sollen Einkaufsanfragen einen Genehmigungsprozess durchlaufen, können Beleggenehmigungen eingesetzt werden. Hinweise dazu enthält die Dynamics NAV-Hilfe.

5.7.3 Einkaufsbestellungen

Einkaufsbestellungen stellen die zentrale Funktion zur Abwicklung der Geschäftsprozesse im Einkauf dar. Der Listenplatz zur Verwaltung von Bestellungen wird auf der Startseite über die Menüoption *Bestellungen* oder über die Suche und den Link *Bestellungen* geöffnet.

> **HINWEIS:** Menüoptionen wie *Bestellungen/Ausstehende Bestätigung* innerhalb der Hauptmenüoption *Bestellungen* zeigen eine auf den jeweiligen Anwendungsfall gefilterte Ansicht der Bestellungen und können auch über die Dokumentenstapel im Rollencenter aufgerufen werden. Um die jeweiligen Filterkriterien abzufragen, können Sie auf die Schaltfläche *Aufklappen* im Filterbereich des jeweiligen Listenplatzes zur Anzeige des erweiterten Filters klicken.

Der Listenplatz *Bestellungen* zeigt einen Überblick mit den wesentlichen Bestellkopfdaten zur Auswahl einer Bestellung. Der Listenbereich der Seite enthält dazu neben den Spalten *Nr.* für die Bestellnummer und *Eink. von Kred.-Nr.* für die Kreditorennummer weitere Spalten für *Lagerortcode* und *Zugewiesene Benutzer-ID*, um die Verantwortlichkeit zu bestimmen.

Hierbei ist zu beachten, dass in der Bestellungsübersicht nur solche Bestellungen enthalten sind, die nicht komplett fakturiert sind. Sobald alle Positionen einer Bestellung vollständig fakturiert sind, wird die Bestellung gelöscht und kann dann – falls archiviert – nur über das Bestellungsarchiv abgefragt werden.

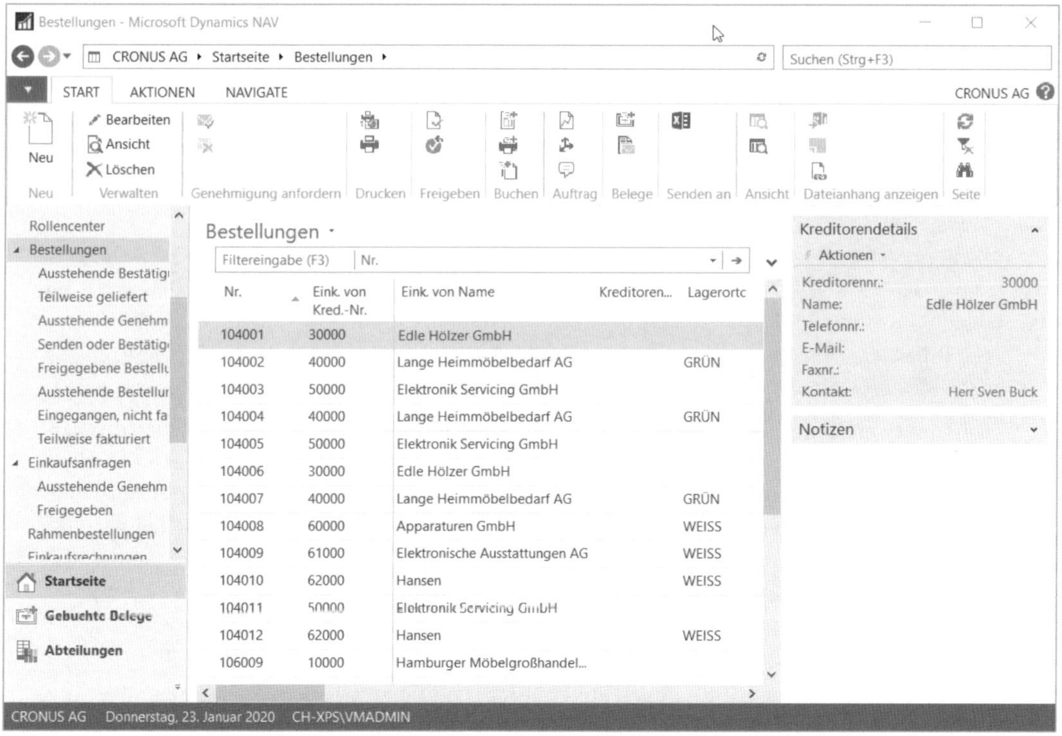

Bild 5.16 Listenplatz Bestellungen

Wesentlich für die Arbeit mit Bestellungen ist auch der Zuständigkeitseinheitencode (siehe Kapitel 3): Ist für einen Benutzer in der Einrichtung ein *Eink.-Zuständigk.-Einh. Filter* eingetragen, kann der betroffene Benutzer nur Bestellungen der jeweiligen Zuständigkeitseinheit bearbeiten. Welche Bestellungen von seiner Zuständigkeitseinheit her verfügbar sind, wird über das Feld *Zuständigkeitseinheitencode* im Bestellkopf bestimmt, das aus Benutzereinrichtung, Kreditorenstamm oder Firmendaten vorbelegt wird.

Um Detaildaten und Positionen einer Bestellung abzufragen und zu bearbeiten, kann die zugehörige Aufgabenseite nach Auswahl der betroffenen Zeile in der Bestellungsübersicht über einen Doppelklick oder über die Schaltfläche *Bearbeiten* (auf der Registerkarte *Start* des Menübands) geöffnet werden.

5.7.3.1 Bestellkopf

Die Aufgabenseite der Bestellungen zeigt mehrere Inforegister mit Bestellkopfdaten und ein Inforegister mit den Positionen – das Inforegister *Zeilen*.

Im Inforegister *Allgemein* sind die bereits im Listenplatz gezeigten allgemeinen Bestelldaten wie die Bestellnummer und die Kreditorennummer enthalten. Zusätzlich wird hier die Kreditorenadresse verwaltet. Bestelldatum, Belegdatum und – je nach Einrichtung – Buchungsdatum werden bei Neuanlage einer Bestellung mit dem Arbeitsdatum vorbelegt.

Belegdatum und Buchungsdatum werden als Datum für die Buchung von Lieferung und Rechnung herangezogen. Sie werden daher im Zuge einer späteren Buchung dieser Belege vom Benutzer geändert. Um hier Fehler zu vermeiden, kann in der *Kreditoren & Einkauf*-Einrichtung für das Feld *Standardbuchungsdatum* die Option „Kein Datum" gewählt werden, womit das Buchungsdatum beim Anlegen einer Bestellung leer bleibt.

Die Lieferadresse für die Warenanlieferung, die im Fußteil des Bestelldrucks ausgegeben wird, wird im Inforegister *Lieferung und Zahlung* der Bestellungskarte verwaltet. Sie wird mit der Standardadresse vorbelegt und kann bei Bedarf auf einen Lagerort, eine Debitorenadresse oder eine benutzerdefinierte Adresse geändert werden.

Weitere zentrale Angaben im Inforegister *Rechnungsdetails* sind in den Feldern zum gewünschten und erwarteten Wareneingangsdatum enthalten, die den Vorschlagswert für die entsprechenden Felder in den Bestellzeilen bilden.

Im Inforegister *Rechnungsdetails* sind die Zahlungsbedingungen, das Kontrollkästchen *EK-Preise inkl. MwSt.* (Preisspalte in Bestellzeilen enthält Mehrwertsteuer) wesentlich.

Die Mehrwertsteuer (Vorsteuer) wird auf Basis der Kombination von Kreditor und Artikel berechnet. Aus dem Kreditorenstamm wird die MwSt.-Geschäftsbuchungsgruppe übernommen, die in der Bestellung im Inforegister *Rechnungsdetails* gezeigt wird und normalerweise eine Unterscheidung in Inland, EU und Drittland enthält. Aus dem Artikel wird die MwSt.-Produktbuchungsgruppe in die Bestellzeilen übernommen, aus der zu erkennen ist, ob eine Normalbesteuerung stattfindet oder ein ermäßigter Steuersatz zur Anwendung kommt. Unter der Voraussetzung, dass die Steuereinrichtung korrekt hinterlegt ist, wird der zutreffende Steuersatz über die MwSt.-Buchungsmatrix automatisch ermittelt.

Die berechnete Steuer wird – neben anderen Informationen wie dem Rechnungsrabatt und der Gesamtsumme, die ein Überprüfen der Bestellung erleichtern – in der Bestellstatistik angezeigt, die über die Schaltfläche *Statistik* auf der Registerkarte *Start* (bzw. *Navigate*) des Menübands aufgerufen wird.

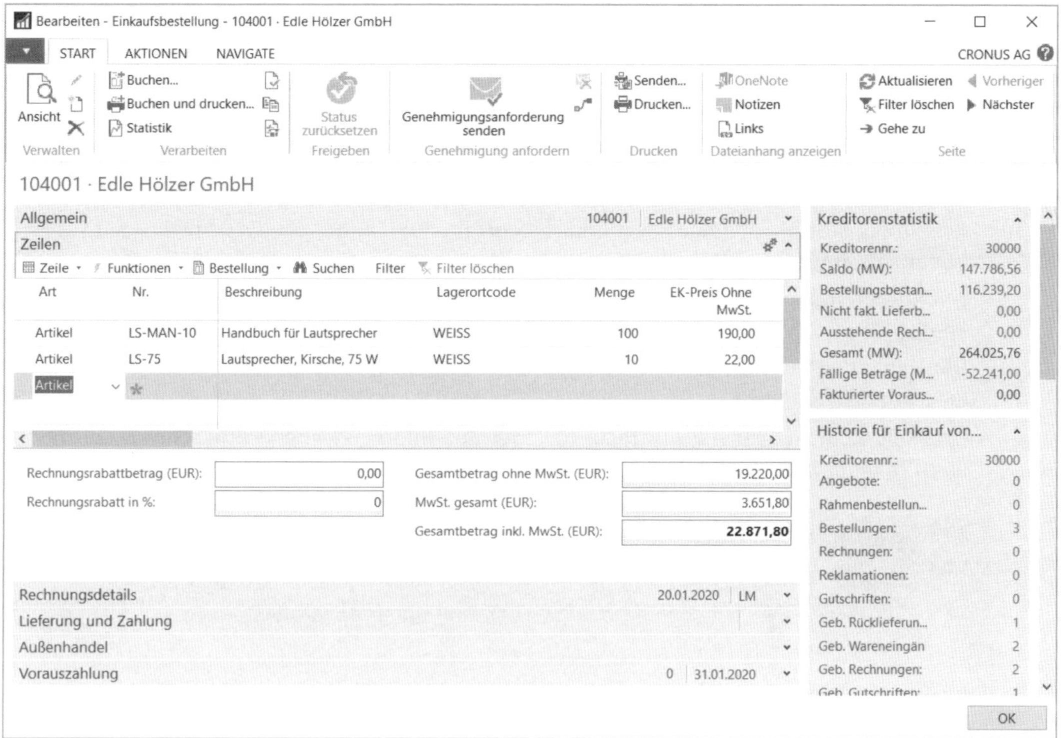

Bild 5.17 Aufgabenseite zum Bearbeiten von Bestellungen

Der Status einer Bestellung wird im Feld *Status* des Inforegisters *Allgemein* gezeigt. Bei Neuanlage einer Bestellung ist der Status zunächst „Offen“ und wird automatisch auf „Freigegeben“ gesetzt, sobald die erste Lieferung zur betroffenen Bestellung gebucht wird. Weitere Statuswerte gibt es zu Genehmigungsverfahren und Vorauszahlung.

Soll ein Wareneingangsbeleg im Rahmen der Logistik gebucht werden, muss eine manuelle Freigabe erfolgen, indem der Status über die Schaltfläche *Freigeben* auf der Registerkarte *Start* auf „Freigegeben“ gesetzt wird.

Sobald eine Bestellung den Status „Freigegeben“ aufweist, können Artikelzeilen und für die Logistik wesentliche Daten des Bestellkopfs wie Lagerortcode oder Wareneingangsdatum nicht mehr geändert werden. Allerdings lässt sich der Bestellstatus zurücksetzen, indem Sie auf die Schaltfläche *Status zurücksetzen* auf der Registerkarte *Start* klicken.

HINWEIS: Das Inforegister *Vorauszahlung* in der Einkaufsbestellung dient zum Bearbeiten der Vorauszahlungen für die jeweilige Bestellung. Vorauszahlungen können sowohl im Einkauf als auch im Verkauf genutzt werden.

TIPP: In der Standardkonfiguration enthält die Aufgabenseite *Bestellungen* auch zahlreiche Felder und Inforegister, die Sie wahrscheinlich nicht benötigen. Hier ist es sinnvoll, durch Personalisierung und Konfiguration eine an Ihre Anforderungen angepasste übersichtliche Darstellung einzurichten.

5.7.3.2 Anleitung zum Erfassen eines Bestellkopfs

Um den Bestellkopf für eine einfache Bestellung zu erfassen, führen Sie folgende Schritte aus:

1. Wählen Sie in der Suche den Link *Kreditoren* zur Anzeige der Kreditorenübersicht.
2. Nach dem Markieren der Zeile mit dem betroffenen Kreditor, die Sie über die Filter- und Suchfunktionen der Listenseite erreichen können, klicken Sie auf die Schaltfläche *Bestellung* in der Gruppe *Neu* der Registerkarte *Start* im Menüband, um die Aufgabenseite zur Neuanlage einer Bestellung zu öffnen.
3. Die Bestellnummer aus der Nummernserie wird nach Drücken der *EINGABE*-Taste automatisch eingesetzt und die Kreditorendaten in den Bestellkopf automatisch übernommen. Die Daten des Bestellkopfs sind hierbei auf mehrere Inforegister gegliedert (alle außer dem Inforegister *Zeilen*).
4. Drücken Sie anschließend die Taste *F6* (nächstes Inforegister) oder klicken Sie auf die erste Zeile im Inforegister *Zeilen*, um mit der Erfassung der Bestellzeilen zu beginnen.

> **TIPP:** Bestellnummer und Kreditorendaten werden auch übernommen, wenn Sie sofort mit dem Erfassen der Bestellzeilen beginnen. Das Inforegister *Allgemein* der Bestellung kann in diesem Fall auch zusammengeklappt sein ■

Einkaufsbestellungen können alternativ auch direkt in der Listenseite *Bestellungen* angelegt werden, indem Sie in der Bestellübersicht die Tastenkombination *Strg+N* betätigen oder auf die Schaltfläche *Neu* auf der Registerkarte *Start* klicken. In diesem Fall müssen Sie im Neuanlagefenster die Kreditorennummer in das Feld *Kreditorennr.* eintippen oder über das zugehörige Suchfenster ermitteln.

5.7.3.3 Bestellzeilen

Die Bestellzeilen im Inforegister *Zeilen* enthalten die bestellten Positionen, wobei systemintern jede Zeile durch eine eindeutige Zeilennummer identifiziert wird. Neben Bestellzeilen für Artikel können auch andere Arten von Bestellzeilen erfasst werden. Diese werden über die Spalte *Art* unterschieden, die folgende Werte annehmen kann:

- **Leer** – für Textzeilen
- **Sachkonto** – für Zeilen, in denen eine direkte Sachkontenbuchung (beispielsweise auf ein Aufwandskonto für Bürobedarf) erfolgen soll
- **Artikel** – zum Einkauf von Lagerartikeln
- **WG/Anlage** – zur Anschaffung von Anlagevermögen, das in der Anlagenbuchhaltung verwaltet wird
- **Zu-/Abschlag (Artikel)** – Zuordnung von fakturierten Kosten zu anderen Belegen (Lagerkosten und lagerwertunabhängige Kosten)

Die Einrichtung von Zuschlägen und Abschlägen, ihre Nutzung in Zeilen der Art „Zu-/Abschlag (Artikel)“ und die Zuweisung von Artikel-Zeilen über die Spalte *Menge für Zuweisung* wird in Abschnitt 5.9, „Zuschläge, Reklamationen und Gutschriften“, erklärt.

HINWEIS: Wird für die Erfassung von Textzeilen (Zeilenart „Leer") häufig ein bestimmter Text benötigt, kann dieser als Standardtext angelegt und in der Bestellzeile ausgewählt werden. Wird ein längerer Text benötigt, können zum jeweiligen Standardtextcode zusätzliche Textzeilen als Textbaustein erfasst werden.

Je nach Zeilenart wird im Suchfenster zur Spalte *Nr.* die der jeweiligen Zeile entsprechende Suche aufgerufen – für Textzeilen beispielsweise die Standardtextsuche und für Sachkontozeilen die Kontensuche. Aus den jeweiligen Stammdaten werden Vorschlagswerte für Spalten wie Beschreibung oder MwSt.-Produktbuchungsgruppe übernommen. In der Spalte *Menge* einer Bestellzeile wird die Bestellmenge eingetragen.

Die Spalte *Menge akt. Lieferung* enthält die für die nächste Lieferung, die Spalte *Menge akt. Rechnung* die für die nächste Rechnung geplante Buchungsmenge. Diese Spalten werden beim Anlegen einer Bestellzeile und nach Buchung von Teillieferungen mit der offenen Menge vorbelegt. Um dies zu verhindern, kann in der *Kreditoren & Einkauf*-Einrichtung für das Auswahlfeld *Standardmenge akt. Lieferung* die Option „Leer" gewählt werden, womit die *Menge akt. Lieferung* leer bleibt.

Für Artikel wird der Preis aus dem Artikelstamm oder der weiter oben in diesem Kapitel beschriebenen Preisverwaltung übernommen. Vorschlagswerte für den Zeilenrabatt können in der Zeilenrabattverwaltung hinterlegt werden. Preis und Zeilenrabatt lassen sich aber auch manuell in der Zeile eintragen oder ändern.

HINWEIS: Das Kontrollkästchen *EK-Preise inkl. MwSt.* im Inforegister *Rechnungsdetails* der Bestellung – vorbelegt aus dem Kreditor – bestimmt, ob die Mehrwertsteuer in den Spalten für *EK-Preis* und *Zeilenbetrag* enthalten ist.

In Abhängigkeit von diesem Kontrollkästchen lautet daher auch die Überschrift der Preisspalte in den Bestellzeilen *EK-Preis ohne MwSt.* oder *EK-Preis inkl. MwSt.*

Der Betrag in der Spalte *Zeilenbetrag ohne MwSt.* (beziehungsweise *Zeilenbetrag inkl. MwSt.*) errechnet sich automatisch aufgrund von Menge, Preis und Zeilenrabatt. Der Zeilenbetrag kann aber auch manuell geändert werden, wobei dann der Zeilenrabatt automatisch ermittelt wird.

HINWEIS: Nachdem Einkaufspreise und Zeilenrabatte abhängig von Menge, Mengeneinheit und Variante in den Preisvereinbarungen verwaltet werden können, führt jede Änderung in den betreffenden Spalten einer Bestellzeile zu einer neuen Preisermittlung. Manuelle Preise und Rabatte in einer Bestellzeile gehen somit verloren, wenn beispielsweise die Bestellmenge unachtsam geändert wird.

Um Änderungsvorschläge zu einer Bestellzeile durch die Bedarfsrechnung (Bestellvorschlag) zu vermeiden, kann die Spalte *Planungsflexibilität* in der Bestellzeile auf „Keine" gesetzt werden. Der Standardwert für die Planungsflexibilität ist „Unbeschränkt", womit

Änderungsvorschläge erzeugt werden. Um die Spalte in den Bestellzeilen anzuzeigen, muss sie über die Konfiguration (Befehl *Spalten auswählen*) eingeblendet werden.

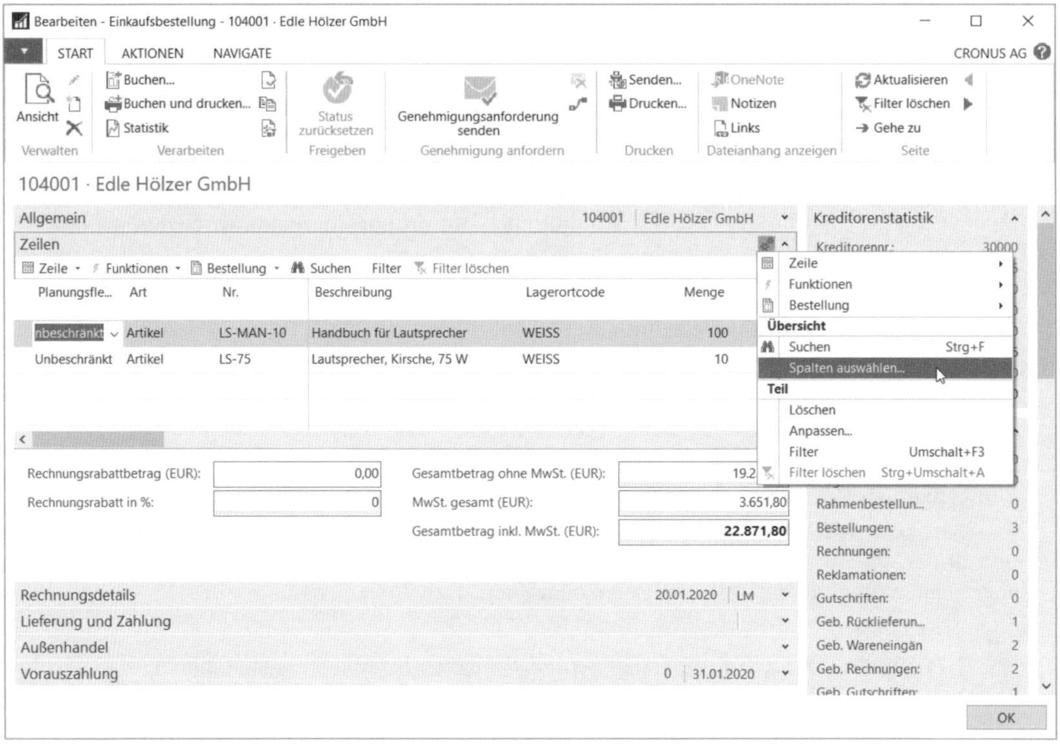

Bild 5.18 Inforegister „Zeilen“ mit Befehlsauswahl zu den Aktionen

5.7.3.4 Anleitung zum Erfassen der Bestellzeilen

Nachdem Sie die Schritt-für-Schritt-Anleitung zum Erfassen des Bestellkopfs abgeschlossen und den Fokus auf die erste Bestellzeile gesetzt haben, führen Sie die folgenden Schritte zum Erfassen der Bestellzeilen aus:

1. In der ersten Bestellzeile wählen Sie die Option „Artikel“ in der Spalte *Art*, wenn Sie einen Lagerartikel einkaufen – am einfachsten durch Eintragen eines „a“ in dieser Spalte.
2. Wechseln Sie über die *Eingabe*-Taste in die Spalte *Nr.*, um einen Artikel auszuwählen. Zur Auswahl der Artikelnummer können Sie das Suchfenster über die Tastenkombination *Alt+Pfeil nach unten* oder die Schaltfläche rechts in diesem Feld öffnen oder die Funktion *Suchen während der Eingabe* (analog zur Auswahl der Kreditorennummer in der „Anleitung zum Erstellen eines Artikels für den Einkauf“, Abschnitt 5.5.2) nutzen.
3. Die Spalte *Nr.* verlassen Sie mit der *Eingabe*-Taste, wodurch Vorschlagswerte wie die Artikelbezeichnung und der Einkaufspreis in die Bestellposition übernommen werden.
4. Um zur Spalte *Lagerortcode* zu gelangen, betätigen Sie die *Eingabe*-Taste ein weiteres Mal. Für den Lagerortcode wählen Sie das gewünschte Lager aus.

HINWEIS: Der Lagerortcode wird aus dem Bestellkopf (Inforegister *Lieferung und Zahlung*) vorbelegt und kann je Position überschrieben werden. Je nachdem, ob Lagerorte für Artikelbuchungen vorgeschrieben sind (Kontrollkästchen *Lagerort notwendig* in der Lagereinrichtung), ist ein Lagerortcode für die Buchung der Lieferung erforderlich.

5. Nach Betätigen der *Eingabe*-Taste gelangen Sie in die Spalte *Menge*, in der Sie die Bestellmenge eintragen.
6. Wenn Sie in einer anderen Mengeneinheit als der Einkaufseinheit aus dem Artikelstamm bestellen wollen, treffen Sie die entsprechende Auswahl in der Spalte *Einheitencode*.
7. Zeilenrabatt und Einkaufspreis werden aus dem Artikelstamm beziehungsweise den Einkaufskonditionen (siehe Abschnitt 5.5, „Einkaufsartikel, Preise und Rabatte") übernommen und können in den entsprechenden Spalten überschrieben werden.
8. Wenn Sie eine zweite Zeile – beispielsweise für einen Zusatztext – erfassen wollen, können Sie die Taste *Pfeil nach unten* betätigen um in eine neue Zeile zu gelangen. In diesem Fall gelangen Sie über die Taste *Pos1* in die erste Spalte der Bestellzeilen.
9. Für eine Textzeile wählen Sie die Art „Leer" – am einfachsten durch Drücken der Leertaste.
10. In der Spalte *Beschreibung* geben Sie anschließend den gewünschten Text ein.
11. Wenn Sie keine weiteren Zeilen einzutragen haben, ist die Erfassung einer einfachen Bestellung damit abgeschlossen.

Sie können nun – wie in der nächsten Schritt-für-Schritt-Anleitung beschrieben – den Bestelldruck durchführen oder das Neuanlagefenster über die Schaltfläche *OK* schließen.

HINWEIS: Bei der Arbeit in Bestellzeilen ist zu beachten, dass sich die Schaltflächen im Menüband auf den Bestellkopf beziehen und somit die gesamte Bestellung betreffen. So dienen die Schaltflächen *Neu* und *Löschen* auf der Registerkarte *Start* zum Anlegen oder Löschen einer gesamten Bestellung.

Wenn Sie eine bestehende Zeile löschen oder eine neue Bestellzeile zwischen zwei Zeilen einfügen wollen, markieren Sie die gewünschte Zeile mit der rechten Maustaste und wählen die entsprechende Aktion im Kontextmenü (über die rechte Maustaste) aus.

Hinsichtlich der Tastenkombinationen ist zu beachten, dass sich diese auf das gerade aktive Element beziehen. Je nachdem, ob ein Feld im Bestellkopf oder in den Zeilen aktiv ist, löscht daher die Tastenkombination *Strg+Entf* eine Zeile oder die gesamte Bestellung. Für die Neuanlage sind unterschiedliche Tastenkombinationen gültig – für Zeilen *Strg+Einfg* und für Bestellungen *Strg+N*.

5.7.3.5 Funktionen zu Bestellzeilen

Im Gegensatz zu den Funktionen zum Bestellkopf, die über das Menüband aufgerufen werden, erfolgt der Aufruf von Funktionen zu einer Bestellzeile zeilenbezogen nach Markieren der betroffenen Bestellposition.

Für den Aufruf dieser Funktionen, die auch das Filtern von Zeilen beinhalten, stehen neben entsprechenden Tastenkombinationen folgende Möglichkeiten zur Verfügung:

- **Schaltflächenleiste** – linksbündig oberhalb der Positionsüberschriften im Inforegister *Zeilen*, enthält beispielsweise die Schaltflächen *Zeile*, *Funktionen*, *Bestellung*, *Suchen*, *Filtern*.
- **Aktionsmenü** – Aufruf im Inforegister *Zeilen* über die Tastenkombination *Alt+F10* oder die entsprechende Schaltfläche rechts im Inforegister.
- **Kontextmenü** – Aufruf über rechte Maustaste.

Zeilenbezogene Funktionen können beispielsweise genutzt werden, um die verfügbare Menge des jeweiligen Artikels auf den unterschiedlichen Lagerorten als Übersicht anzusehen (Schaltfläche *Zeile/Artikelverfügbarkeit nach/Lagerort*).

Textbausteine, die in den Stammdaten von Artikel oder Sachkonto hinterlegt sind, können über die Schaltfläche *Funktionen/Textbausteine einfügen* in neue Textzeilen unterhalb der jeweiligen Bestellzeile eingefügt werden. Im Artikelstamm und im Sachkontenstamm steht in diesem Zusammenhang das Kontrollkästchen *Automat. Textbaustein* zur Verfügung, mit dem Textbausteine ohne manuellen Aufruf der Einfügefunktion automatisch in Bestellzeilen übernommen werden.

Soll eine Zeile gelöscht werden, wird sie mit der rechten Maustaste markiert und der Befehl *Zeile löschen* im Kontextmenü gewählt. Zugehörige Textzeilen werden mit dem Löschen einer Artikelzeile automatisch gelöscht.

HINWEIS: Eine Artikelzeile kann nur dann bearbeitet oder gelöscht werden, wenn der Status der Bestellung „offen" ist. Änderungen werden andernfalls mit einer Fehlermeldung vom System abgelehnt.

5.7.3.6 Vorbereitung des Bestelldrucks

Im Zusammenhang mit dem Druck der Bestellung sollte die Verwendung von Rechnungsrabatt und Archivierung berücksichtigt werden.

Während Zeilenrabatte beim Erfassen von Bestellpositionen immer sofort berechnet werden, muss die Berechnung des Rechnungsrabatts – falls ein solcher in der Bestellung verwendet wird – vor dem Druck der Bestellung gegebenenfalls manuell aufgerufen werden. Das manuelle Berechnen des Rechnungsrabatts, das über die Schaltfläche *Rechnungsrab. berechnen* auf der Registerkarte *Aktionen* des Menübands der Bestellung erfolgt, ist erforderlich, wenn ein in der Bestellung eingetragener Rechnungsrabatt nicht aufgrund der Einstellungen in der *Kreditoren & Einkauf*-Einrichtung (Kontrollkästchen *Rechnungsrab. berechnen*) automatisch berechnet wird.

Hinsichtlich der Archivierung ist zu beachten, dass der Bestelldruck innerhalb von Dynamics NAV nicht gespeichert wird. Soll der Stand der übermittelten Bestellung unabhängig von späteren Änderungen in Bestellkopf und Zeilen innerhalb von Dynamics NAV gespeichert werden, kann die Bestellung über die Schaltfläche *Beleg archivieren* auf der Registerkarte *Aktionen* der Bestellkarte separat oder im Zuge des Bestelldrucks über ein entsprechendes Kontrollkästchen im Abrufdialogfeld archiviert werden. Archivierte Bestellungen können dann über die Suche und den Link *Bestellungsarchive* abgefragt werden.

Der Druck der Bestellung erfolgt, wie in folgender Schritt-für-Schritt-Anleitung beschrieben, über die Schaltfläche *Drucken* auf der Registerkarte *Aktionen* der Bestellung.

5.7.3.7 Anleitung zum Bestelldruck

Um eine Bestellung in der Bestellungsverwaltung (Listenplatz oder Aufgabenseite) zu drucken, gehen Sie wie folgt vor:

1. Klicken Sie auf die Schaltfläche *Drucken* auf der Registerkarte *Start* des Menübands, um das Dialogfeld zum Bestelldruck zu öffnen.

> **HINWEIS:** Wenn Sie mehrere Bestellungen drucken wollen, können Sie einen gesammelten Bestelldruck über den Link *Abteilungen/Einkauf/Belege/Bestellung* durchführen. Um die Anzahl gedruckter Bestellungen zu begrenzen, sollten Sie dann auf das Eintragen eines Filters im Dialogfeld zum Bestelldruck achten.

2. Im Dialogfeld können Sie Optionen wie die Belegarchivierung festlegen. Im Filterbereich wird der Filter automatisch auf die betroffene Bestellung gesetzt, wenn der Abruf des Bestelldrucks aus einer Bestellung erfolgt.

> **HINWEIS:** Wenn die Synchronisation von Kreditoren und Marketingkontakten eingerichtet ist (siehe den Abschnitt 5.4, „Lieferantenverwaltung“) und Sie das Kontrollkästchen *Aktivität protokollieren* beim Bestelldruck aktivieren, wird im Zuge des Druckvorgangs ein Aktivitätenprotokollposten erstellt.

3. Die Seitenansicht rufen Sie im Dialogfeld über die Schaltfläche *Vorschau*, den tatsächlichen Ausdruck über die Schaltfläche *Drucken* auf. Durch Öffnen des Drop-down-Menüs zur Schaltfläche *Drucken* können Sie zwischen verschiedenen Ausgabeoptionen - Drucken, PDF, Microsoft Word und Microsoft Excel - wählen. Falls Sie die Option *Drucken* wählen, können Sie anschließend in einem weiteren Dialogfeld zur Druckerauswahl den gewünschten Drucker bestimmen.

> **HINWEIS:** Standardmäßig wird der Windows-Standarddrucker für den Bestelldruck vorgeschlagen. Der Systemadministrator kann jedoch in der Druckerauswahlverwaltung einen anderen Drucker für Sie eintragen, der Ihnen für den Bestelldruck vorgeschlagen wird.

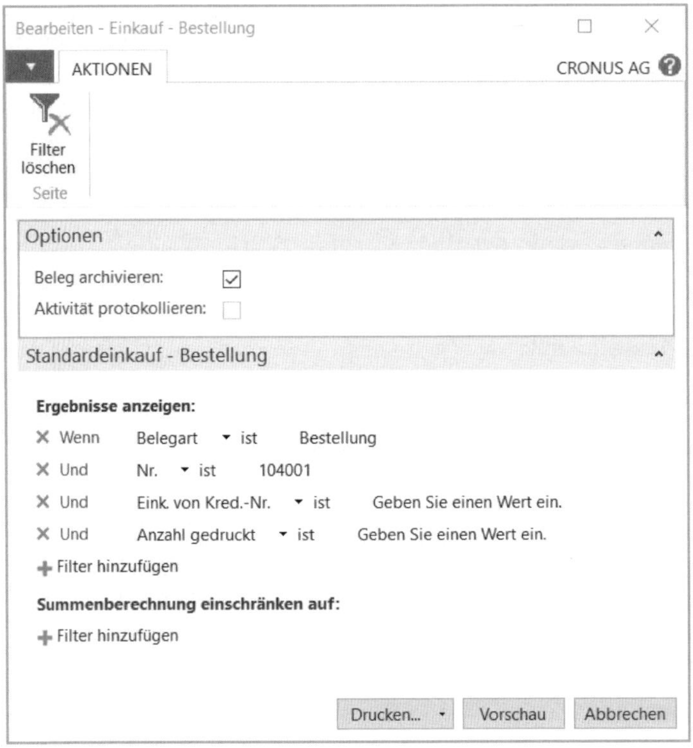

Bild 5.19 Dialogfeld zum Bestelldruck

5.7.4 Rahmenbestellungen

Rahmenbestellungen werden genutzt, um längerfristige Lieferverträge abzubilden, zu denen einzelne Lieferabrufe im Lauf der Zeit separat erfolgen. Rahmenbestellungen werden über die Suche und den Link *Rahmenbestellungen* geöffnet, die Erfassung erfolgt analog zum Erfassen normaler Einkaufsbestellungen. Lieferungen und Rechnungen werden allerdings nicht in der Rahmenbestellung selbst gebucht, sondern in den zugehörigen Abrufen.

Um einen Abruf – in Form einer normalen Einkaufsbestellung – für eine oder mehrere Zeilen der Rahmenbestellung zu erzeugen, tragen Sie für alle Bestellzeilen des Rahmens die gewünschte Menge in die Spalte *Menge akt. Lieferung* ein (null für nicht abgerufene Zeilen). Anschließend klicken Sie auf die Schaltfläche *Bestellung erst.* auf der Registerkarte *Start* der Rahmenbestellung, wodurch eine neue Bestellung erzeugt wird.

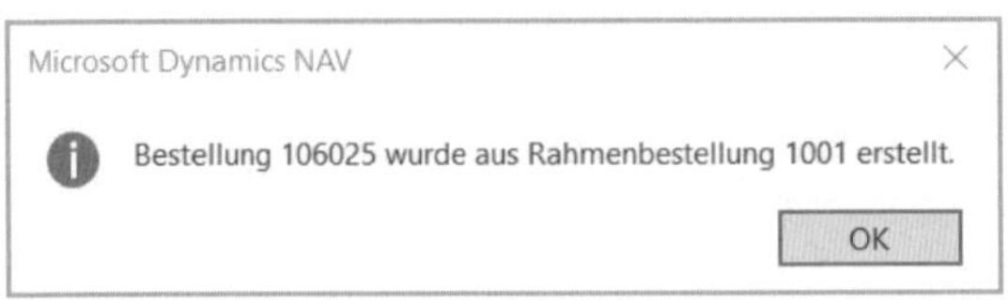

Bild 5.20 Dialogfeld beim Erzeugen eines Rahmenabrufs

Die aus dem Rahmen erzeugte Bestellung kann wie jede andere Bestellung gedruckt, geliefert und fakturiert werden. Die Bestellung enthält jedoch in den Spalten *Rahmenbestellungsnr.* und *Rahmenbestellungszeilennr.* (im Standard nicht eingeblendet) der Bestellzeilen eine Verknüpfung zur Rahmenbestellung.

Über diese Verknüpfung werden beim Buchen von Lieferung und Rechnung auch die Spalten *Bereits gelief. Menge* und *Bereits berech. Menge* der zugehörigen Rahmenbestellung aktualisiert, womit die bereits abgerufene Menge in der Rahmenbestellung sichtbar ist. Um in einer Rahmenbestellungszeile die zugeordneten Abrufe zu sehen, für die noch keine Lieferung gebucht worden ist, können Sie im Inforegister *Zeilen* auf die Schaltfläche *Zeile/Nicht gebuchte Zeilen/Bestellungen* klicken.

Im Gegensatz zu Bestellungen werden erledigte – komplett abgerufene – Rahmenbestellungen nicht automatisch gelöscht. Zu diesem Zweck steht eine Löschfunktion zur Verfügung, die über die Suche und den Link *Erledigte Rahmenbestellungen löschen* aufgerufen werden kann.

5.8 Lieferungen und Rechnungen im Einkauf

Im Zuge der weiteren Bearbeitung der Einkaufsbestellung wird beim Eintreffen der Ware ein Lieferungseingang und nach Eintreffen der zugehörigen Rechnung ein Rechnungseingang gebucht. Je nach Geschäftsfall wird dazu eine Teillieferung und/oder Teilrechnung erfasst oder die Gesamtmenge geliefert und fakturiert.

Einkaufsrechnung und Einkaufslieferung können gleichzeitig gebucht werden, nicht jedoch eine Rechnung vor der Lieferung. Zusätzlich kann keine größere als die zuvor oder gleichzeitig gelieferte Menge fakturiert werden. Falls eine Zahlung vor der Lieferung erfolgen soll, kann die Funktionalität der Vorauszahlungen verwendet werden.

HINWEIS: Das Logistikmodul bietet eine weitergehende Unterstützung zur Buchung von Wareneingang und Einlagerung im Lager. Abhängig von den Einstellungen des gewählten Lagerorts ersetzen die entsprechenden Belege die Buchung der Lieferung aus der Bestellung. Im Demomandanten „CRONUS AG“ sind die Lagerorte „BLAU“ und „ROT“ so eingerichtet, dass Logistikfunktionen und Lagerplatzverwaltung nicht anzuwenden sind.

5.8.1 Einkaufslieferungen

Mit dem Buchen der Lieferung wird die bestellte Ware mengenmäßig am Lager zugebucht und steht somit für Abfassungen zur Verfügung.

Je nach Lagereinrichtung wird der wertmäßige Zugang im Lager zu Sollkosten (erwarteter Wert) auch auf Interimskonten in der Finanzbuchhaltung gebucht.

5.8.1.1 Grundlagen der Lieferungsbuchung

Die Buchung der Einkaufslieferung wird direkt in der betroffenen Bestellung vorgenommen. Als erster Schritt wird die eingegangene Menge in der Spalte *Menge akt. Lieferung* der Bestellzeilen eingetragen, wobei im Zuge der Buchung folgende Spalten zu berücksichtigen sind:

- **Menge** – Bestellmenge
- **Menge akt. Lieferung** – Menge für die Buchung der aktuellen Lieferung (maximal gleich der Bestellmenge)
- **Bereits gelief. Menge** – insgesamt gebuchte Menge vorangehender Teillieferungen
- **Menge akt. Rechnung** – Menge für die Buchung der aktuellen Rechnung
- **Bereits berech. Menge** – insgesamt gebuchte Menge vorangehender Teilrechnungen

Im Bestellkopf ist das Feld *Buchungsdatum* zu beachten, in das bei Einkaufslieferungen das Datum des Wareneingangs eingetragen wird (Eintragen von „a“ für aktuelles Arbeitsdatum). Zusätzlich kann die Lieferscheinnummer im Feld *Kred.-Lieferungsnr.* und das am Lieferschein ausgewiesene Datum im Feld *Belegdatum* eingetragen werden, um bei eventuellen Rückfragen die Lieferung leichter identifizieren zu können.

> **HINWEIS:** Vorschlagswerte für die *Menge akt. Lieferung* und das Buchungsdatum werden abhängig von den weiter unten beschriebenen Einstellungen bereits beim Erfassen der Bestellung eingesetzt.
>
> Für die Spalte *Menge akt. Rechnung* wird die Summe nicht fakturierter Lieferungen vorgeschlagen (*Menge akt. Lieferung + Bereits gelief. Menge – Bereits berech. Menge*).

Das Buchen der Einkaufslieferung wird anschließend über die Schaltfläche *Buchen* auf der Registerkarte *Start* der Bestellung abgerufen. Im Zuge des Buchungsvorgangs ist in einem Dialogfeld anzugeben, ob nur die Lieferung oder gleichzeitig auch die Rechnung gebucht werden soll. Bei Auswahl der Option **Liefern** wird die Lieferung zur Spalte *Menge akt. Lieferung* gebucht.

Wird die Standardoption **Liefern und fakturieren** gewählt, bucht Dynamics NAV zusätzlich den Rechnungseingang für die in der Spalte *Menge akt. Rechnung* eingetragene Menge. In diesem Fall sollte die externe Rechnungsnummer vor dem Buchen im Feld *Kred.-Rechnungsnr.* eingetragen werden.

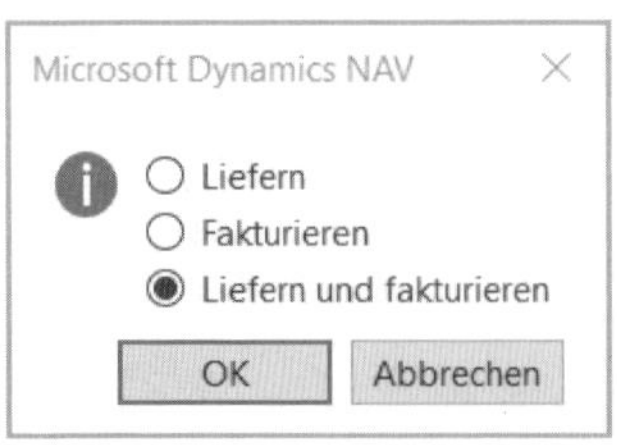

Bild 5.21 Dialogfeld zum Buchen der Lieferung und der Rechnung

In der *Kreditoren & Einkauf*-Einrichtung sind im Zusammenhang mit der Buchung von Einkaufslieferungen folgende Einstellungen wesentlich:

- **Standardbuchungsdatum** – „Kein Datum“ unterdrückt den Vorschlag für das Buchungsdatum im Bestellkopf.
- **Standardmenge akt. Lieferung** – „Leer“ unterdrückt den Vorschlag für die *Menge akt. Lieferung* in den Bestellzeilen.

HINWEIS: Die Sachkontenintegration von Einkaufslieferungen wird in der Lagereinrichtung eingestellt. Hier bestimmt das Kontrollkästchen *Soll-Kosten buchen*, ob beim Buchen einer Einkaufslieferung auch auf die entsprechenden Sachkonten, die in der Lagerbuchungsgruppe des jeweiligen Artikels hinterlegt sind, gebucht werden soll.

5.8.1.2 Anleitung zum Buchen einer Einkaufslieferung

In dieser Schritt-für-Schritt-Anleitung führen Sie das Buchen einer Teillieferung durch, wobei sich das Buchen von Teillieferungen nur durch die gebuchte Menge von Komplettlieferungen unterscheidet.

Um eine Teillieferung zu buchen, führen Sie die folgenden Schritte aus:

1. Wählen Sie auf der Startseite die Menüoption *Bestellungen* zur Anzeige der Bestellungen oder verwenden Sie die Suche und den Link *Bestellungen*.
2. Per Doppelklick auf die jeweilige Bestellung im Listenbereich öffnen Sie die zugehörige Aufgabenseite, wo Sie im Inforegister *Allgemein* der Bestellung das Buchungsdatum kontrollieren und gegebenenfalls auf das aktuelle Arbeitsdatum ändern. Im Feld *Kred.-Lieferungsnr.* können Sie die Lieferscheinnummer eintragen, um bei Rückfragen leichter eine Referenz angeben zu können.
3. Anschließend wechseln Sie zum Inforegister *Zeilen* der Bestellung, wo Sie für alle Zeilen die tatsächlich gelieferte Teilmenge in der Spalte *Menge akt. Lieferung* eintragen. Die Buchungsmenge nicht gelieferter Zeilen setzen Sie auf null.
4. Um das Dialogfeld zur Buchung zu öffnen, drücken Sie die Taste *F9* oder klicken auf die Schaltfläche *Buchen* auf der Registerkarte *Start* des Menübands.
5. Im Dialogfeld zur Buchung wählen Sie die Option **Liefern**, um nur die Lieferung zu buchen, und klicken anschließend auf die Schaltfläche *OK*.
6. Nach Abschluss der Buchung wird die gelieferte Menge in der Spalte *Bereits gelief. Menge* angezeigt, in den Spalten *Menge akt. Lieferung* und *Menge akt. Rechnung* ist – je nach Einstellung im Auswahlfeld *Standardmenge akt. Lieferung* der *Kreditoren & Einkauf*-Einrichtung – die offene Menge als Vorschlag für die nächste Buchung enthalten.

5.8.1.3 Analyse der Buchungen

Die Abfrage einer gebuchten Einkaufslieferung kann über die Suche und den Link *Geb. Einkaufslieferungen* erfolgen oder direkt aus der jeweiligen Bestellung über die Schaltfläche *Lieferungen* in der Registerkarte *Navigate* aufgerufen werden.

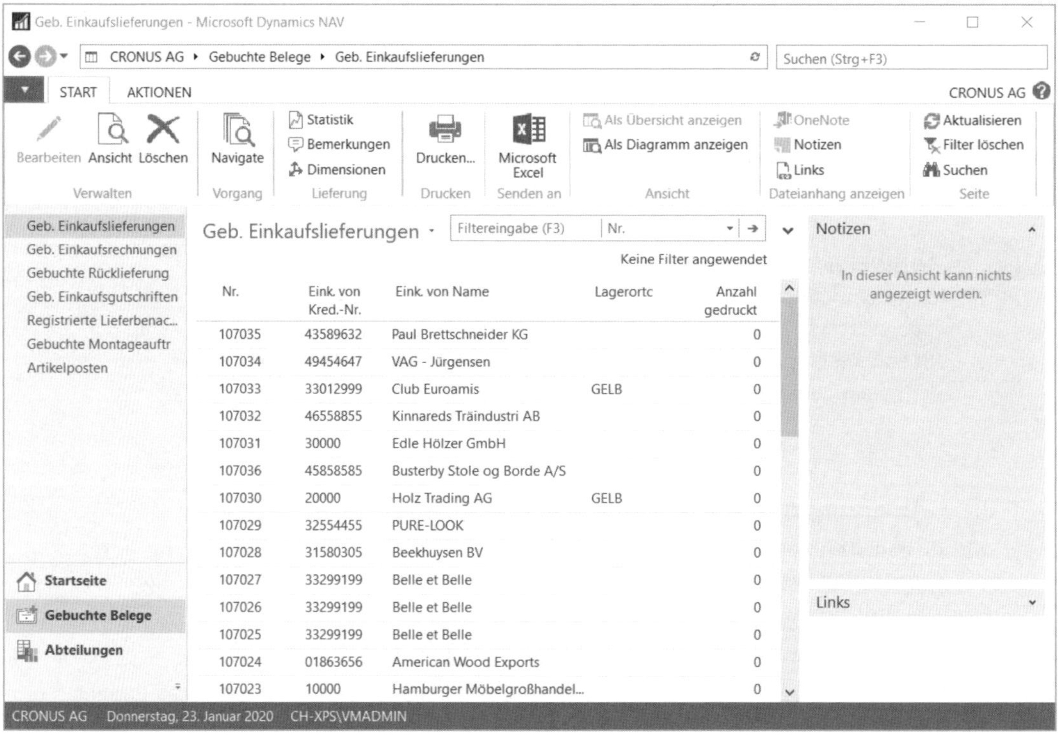

Bild 5.22 Abfrage gebuchter Einkaufslieferungen

Nach einem Doppelklick auf eine Zeile der Lieferungsübersicht werden die Lieferungsdetails gezeigt. Aufbau und Darstellung der gebuchten Einkaufslieferung mit Listenplatz und Aufgabenseite entsprechen der Einkaufsbestellung. Im Gegensatz zu einer Bestellung kann eine gebuchte Lieferung aber nicht geändert werden kann.

Über die Schaltfläche *Navigate* auf der Registerkarte *Start* der Lieferungsabfrage – die auch in anderen Buchungsabfragen wie der Rechnungsabfrage zur Verfügung steht – kann eine Abfrage aller mit der jeweiligen Lieferung verbundenen Buchungen in allen Bereichen durchgeführt werden. Die folgende Abbildung zeigt die einzelnen Einträge der Navigate-Abfrage.

Eine Detailanzeige der einzelnen Buchungen kann über die Schaltfläche *Zugehörige Posten-anzeigen* im Navigate-Fenster abgerufen werden. Die entsprechenden Buchungen können aber auch direkt aus dem jeweiligen Bereich abgerufen werden: Artikelposten beispielsweise über die Schaltfläche *Posten/Posten* auf der Registerkarte *Navigate* des Menübands im Artikelstamm.

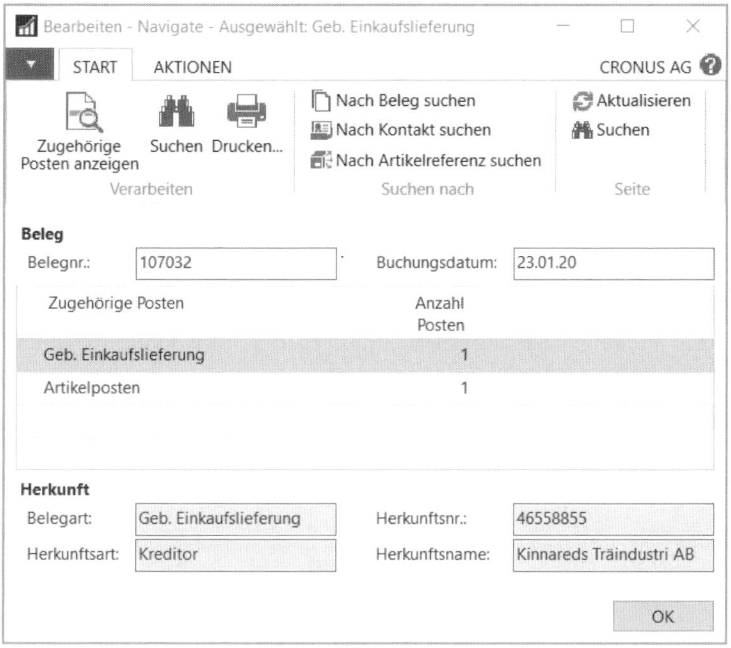

Bild 5.23 Abfrage verbundener Buchungen über die Funktion Navigate

In den Artikelposten sind alle mengenmäßigen Transaktionen enthalten, für Einkaufslieferungen wird die Belegart „Einkaufslieferung“ gezeigt. In der Spalte *Belegnr.* ist die interne Lieferungsnummer enthalten, die Spalte *Menge* zeigt die gelieferte Menge und die Spalte *Fakturierte Menge* die davon bereits in Eingangsrechnungen gebuchte Menge. Wenn eine Lieferung komplett fakturiert worden ist, sind die Mengen beider Spalten gleich.

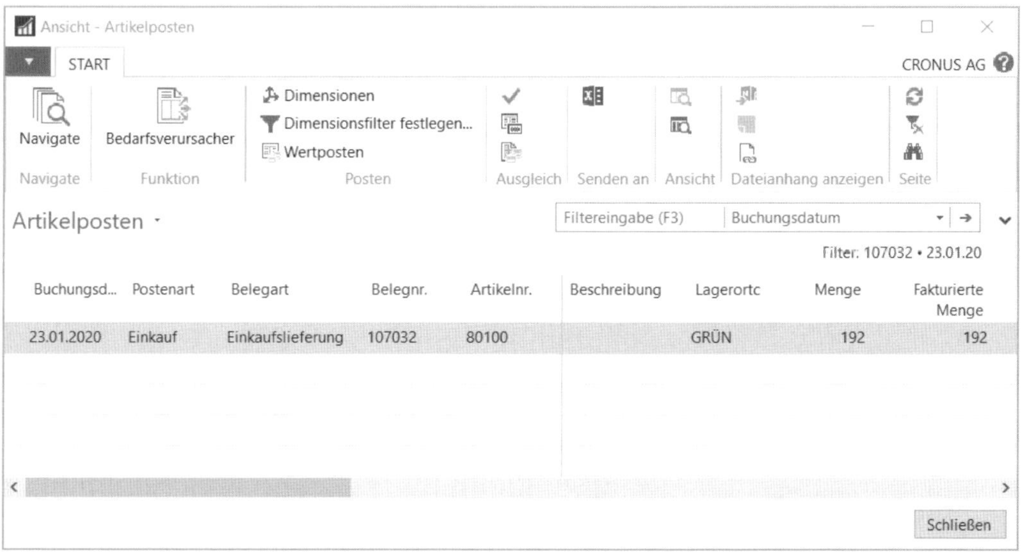

Bild 5.24 Artikelposten

Die zugehörigen Wertposten, die die Veränderung des Lagerwerts enthalten, können aus den Artikelposten über die Schaltfläche *Wertposten* abgerufen werden.

HINWEIS: Sachposten zu Einkaufslieferungen werden im Zuge der Lagerregulierung (siehe Kapitel 9) erzeugt, wenn die Sachkontenintegration von Einkaufslieferungen in der Lagereinrichtung aktiviert ist.

5.8.1.4 Storno einer Lieferung

Wollen Sie eine gebuchte Einkaufslieferung korrigieren, zu der noch keine Rechnung gebucht wurde, können Sie ein Storno der Lieferung buchen.

Dazu öffnen Sie die Lieferungsübersicht über die Suche und den Link *Geb. Einkaufslieferungen* oder direkt aus der Bestellung über die Schaltfläche *Wareneingänge* auf der Registerkarte *Navigate*. Nach Doppelklick auf die betroffene Lieferung in der Lieferungsübersicht werden die Lieferungsdetails angezeigt.

Im Inforegister *Zeilen* der Lieferungsdetails können Sie zum Storno der Lieferung anschließend auf die Schaltfläche *Funktionen/Wareneingang stornieren* klicken.

5.8.2 Rechnungen zu Einkaufsbestellungen

Aufgrund der Warenlieferung erstellt der Kreditor eine Rechnung, die er gleichzeitig mit der Ware oder zu einem späteren Zeitpunkt verschickt. Nach sachlicher und rechnerischer Prüfung wird die Rechnung in Dynamics NAV gebucht.

5.8.2.1 Grundlagen der Rechnungsbuchung

Mit dem Buchen der Eingangsrechnung wird die Bestellung abgeschlossen und sowohl Kreditorenverbindlichkeit als auch gebuchter Lagerwert erhöht. Die Buchung der Zahlung, mit der die Verbindlichkeit ausgeglichen wird, wird in Kapitel 9 zum Finanzmanagement beschrieben.

Für das Buchen der Eingangsrechnung in Dynamics NAV gibt es drei unterschiedliche Möglichkeiten:

- Aus der betroffenen Bestellung
- Aus der Rechnungserfassung
- Aus dem *Fibu Buch.*-Blatt

Die Buchung über die Rechnungserfassung wird auch benutzt, wenn eine Sammelrechnung über Lieferungen zu unterschiedlichen Bestellungen gebucht werden soll. Sie ist in Abschnitt 5.8.3, „Rechnungserfassung und Sammelrechnungen im Einkauf", erklärt.

HINWEIS: Die Nutzung von *Fibu Buch.*-Blättern wird in Kapitel 9 erläutert.

Wenn das Buchen der Rechnung direkt von der Bestellung aus erfolgen soll, kann die Erfassung analog zur zuvor beschriebenen Buchung der Lieferung erfolgen. Im Vergleich zur Lieferungsbuchung sind jedoch folgende Besonderheiten in Eingabefeldern zu beachten:

- **Kred.-Rechnungsnr.** – dient zum Eintragen der auf der Rechnung ausgewiesenen externen Rechnungsnummer und ist abhängig von der *Kreditoren & Einkauf*-Einrichtung (Kontrollkästchen *Ext. Belegnr. erforderlich*) eingabepflichtig.
- **Belegdatum** – bildet das Startdatum zur Berechnung des Fälligkeitsdatums aus der Zahlungsbedingung.
- **Menge akt. Rechnung** – dient zur Eintragung der fakturierten Menge in den Bestellzeilen.

TIPP: Nach dem Eintragen der Buchungsinformationen sollte die Rechnungssumme kontrolliert werden, bevor die Rechnung tatsächlich gebucht wird. Sie können dazu auf die Schaltfläche *Statistik* auf der Registerkarte *Start* (bzw. *Navigate*) der Bestellung klicken, wo Sie im Inforegister *Fakturierung* die zur Buchung vorgesehenen Werte finden.

Das Buchen der Rechnung wird über die Schaltfläche *Buchen* auf der Registerkarte *Start* der Bestellung abgerufen. Wird im Dialogfeld zur Auswahl des Buchungsvorgangs die Option **Fakturieren** gewählt, wird eine Rechnung zu den bereits gebuchten Einkaufslieferungen gebucht. Die Option **Liefern und fakturieren** bucht sowohl die Lieferung als auch die Rechnung.

Sobald alle Positionen einer Bestellung komplett fakturiert worden sind, ist die Bestellung erledigt und wird automatisch gelöscht. Ist eine automatische Archivierung von Bestellungen vorgesehen (Einstellung im Inforegister *Archivierung* der *Kreditoren & Einkauf*-Einrichtung), kann die Bestellung anschließend im Archiv abgefragt werden. Mehrere Archivversionen einer Bestellung bestehen dann, wenn ein manuelles Archivieren vor dem Buchen der letzten Rechnung stattgefunden hat – beispielsweise im Zuge des Bestelldrucks.

HINWEIS: Eine erledigte Bestellung wird nicht immer automatisch gelöscht. So bleibt sie beispielsweise erhalten, wenn sie über eine Sammelrechnung oder durch manuelles Anpassen der Auftragsmenge geschlossen wird.

Erledigte Bestellungen können über einen Sammelabruf gelöscht werden.

Aufgrund der Finanzintegration und der tiefgreifenden Integration anderer Module werden in Dynamics NAV parallel zur Buchung der Rechnung in der Einkaufsrechnungstabelle auch Buchungen in anderen Bereichen erzeugt. Dazu gehören Sachkontenbuchungen, Kreditorenposten, Artikel-Wertposten und je nach Anwendung weitere Buchungen wie Mehrwertsteuerposten.

5.8.2.2 Anleitung zum Buchen der Rechnung nach einer Lieferung

Um die Rechnung zu einer Bestellung auf Basis einer oder mehrerer vorangehenden Lieferungen zu buchen, führen Sie folgende Schritte aus:

1. Wählen Sie auf der Startseite die Menüoption *Bestellungen* zur Anzeige der Bestellungen oder über die Suche den Link *Bestellungen*.
2. Per Doppelklick auf die jeweilige Bestellung im Listenbereich öffnen Sie die zugehörige Aufgabenseite, wo Sie im Inforegister *Allgemein* der Bestellung das *Buchungsdatum* kontrollieren und gegebenenfalls auf das aktuelle Arbeitsdatum ändern.
3. Danach tragen Sie im Feld *Belegdatum* das auf der Rechnung ausgewiesene Rechnungsdatum und im Feld *Kred.-Rechnungsnr.* die entsprechende Rechnungsnummer ein.
4. Anschließend wechseln Sie zum Inforegister *Zeilen* der Bestellung, wo Sie für alle Zeilen die fakturierte Menge in der Spalte *Menge akt. Rechnung* überprüfen und möglicherweise ändern. Die Buchungsmenge nicht fakturierter Zeilen setzen Sie auf null.
5. Drücken Sie dann in der Bestellung die Taste *F7* oder klicken Sie auf die Schaltfläche *Statistik* auf der Registerkarte *Start*, um die Rechnungssumme im Inforegister *Fakturierung* der Statistikabfrage vor dem Buchen zu kontrollieren. Falls Sie Fehler oder Abweichungen feststellen, korrigieren Sie in den Bestellzeilen vor dem Buchen die zu buchenden Mengen, Preise und Rabatte.
6. Klicken Sie auf die Schaltfläche *Buchen* auf der Registerkarte *Start* der Bestellung, um den Buchungsdialog zu öffnen.
7. Im Dialogfeld zur Buchung wählen Sie die Option **Fakturieren**, um nur die Rechnung zu buchen, und klicken anschließend auf die Schaltfläche *OK*.
8. Unter der Voraussetzung, dass die Bestellung mit dem Buchen der Rechnung nicht abgeschlossen ist und automatisch gelöscht wird, ist nach Abschluss der Buchung die fakturierte Menge in der Spalte *Bereits berech. Menge* zu sehen. In den Spalten *Menge akt. Lieferung* und *Menge akt. Rechnung* ist – je nach Einstellung im Auswahlfeld *Standardmenge akt. Lieferung* der *Kreditoren & Einkauf*-Einrichtung – die offene Menge als Vorschlag für die nächste Buchung enthalten.

HINWEIS: Wenn Sie im Dialogfeld zur Buchung die Option „Fakturieren" wählen, wird keine Lieferung gebucht. Falls in der Spalte *Menge akt. Rechnung* eine höhere Menge als die Summe der zuvor gebuchten Teillieferungen eingetragen ist, wird die Buchungsmenge daher automatisch auf die Summe der Teillieferungen reduziert.

5.8.2.3 Anleitung zur Lieferung mit Rechnung

Um Lieferung und Rechnung für eine Bestellung in einem Vorgang gleichzeitig zu buchen, führen Sie folgende Schritte aus:

1. Wählen Sie auf der Startseite die Menüoption *Bestellungen* zur Anzeige der Bestellungen oder über die Suche den Link *Bestellungen*.
2. Per Doppelklick auf die entsprechende Bestellung im Listenbereich öffnen Sie die zugehörige Aufgabenseite, wo Sie im Inforegister *Allgemein* der Bestellung die Felder *Buchungsdatum*, *Belegdatum* und *Kred.-Rechnungsnr.* wie zuvor beschrieben erfassen.

3. Anschließend wechseln Sie zum Inforegister *Zeilen* der Bestellung, wo Sie die fakturierte Menge in der Spalte *Menge akt. Lieferung* überprüfen/eintragen. Diese Mengeneintragung wird gleichzeitig als Vorschlag in die Spalte *Menge akt. Rechnung* übernommen.

HINWEIS: Wenn in der *Kreditoren & Einkauf*-Einrichtung für die *Standardmenge akt. Lieferung* die Option „Rest" eingetragen ist, bildet die offene Menge automatisch den Vorschlagswert für die Buchungsmenge in den Bestellzeilen. In diesem Fall muss für Gesamtlieferungen die Buchungsmenge nicht manuell in den Bestellzeilen erfasst werden.

4. Drücken Sie in der Bestellung dann die Taste *F7* oder klicken Sie auf die Schaltfläche *Statistik* auf der Registerkarte *Start*, um die Rechnungssumme im Inforegister *Fakturierung* der Statistikabfrage vor dem Buchen zu kontrollieren.
5. Klicken Sie auf die Schaltfläche *Buchen* auf der Registerkarte *Start* der Bestellung, um den Buchungsdialog zu öffnen und wählen Sie die Option **Liefern und fakturieren**.
6. Wenn die gesamte Bestellmenge geliefert und fakturiert ist, wird nach Abschluss der Buchung die Bestellung automatisch gelöscht und kann – bei entsprechender Einrichtung – im Archiv abgefragt werden.

5.8.2.4 Analyse der Buchungen

Die Abfrage einer gebuchten Rechnung erfolgt über die Suche und den Link *Geb. Einkaufsrechnungen*. Um eine gebuchte Rechnung aufgrund von Bestellnummer oder externer Rechnungsnummer zu finden, kann – wie in allen Listenplätzen – der erweiterte Filter benutzt werden. Für Teilrechnungen, deren zugehörige Einkaufsbestellung noch nicht gelöscht ist, kann die Rechnungsabfrage auch direkt aus der jeweiligen Bestellung über die Schaltfläche *Rechnungen* in der Registerkarte *Navigate* aufgerufen werden.

Die Rechnungsabfrage zeigt ähnliche Informationen wie die Abfrage der Einkaufslieferungen, und auch die Schaltfläche *Navigate* zur Abfrage der verbundenen Buchungen in allen Bereichen steht zur Verfügung. Die Rechnungsbuchung ist jedoch mit anderen Buchungen verbunden als die Buchung der Lieferung.

So werden Rechnungen – im Gegensatz zu Lieferungen – in der Kreditorenbuchhaltung als Kreditorenposten gebucht. Diese können auch direkt aus der Kreditorenübersicht über die Schaltfläche *Posten* in der Gruppe *Historie* der Registerkarte Start abgerufen werden.

In den Kreditorenposten werden die gebuchten Rechnungen mit Buchungsdatum, externer Rechnungsnummer (Spalte *Externe Belegnummer*), Betrag und Währung angezeigt. Die Unterscheidung von Ursprungsbetrag und Betrag dient zur Abbildung der Wechselkursregulierung. Die Spalte *Restbetrag* zeigt den offenen Betrag der jeweiligen Rechnung (noch nicht durch Zahlung oder Gutschrift ausgeglichen), wobei Rechnungen mit einem offenen Restbetrag und einem Fälligkeitsdatum vor dem aktuellen Arbeitsdatum hervorgehoben dargestellt werden.

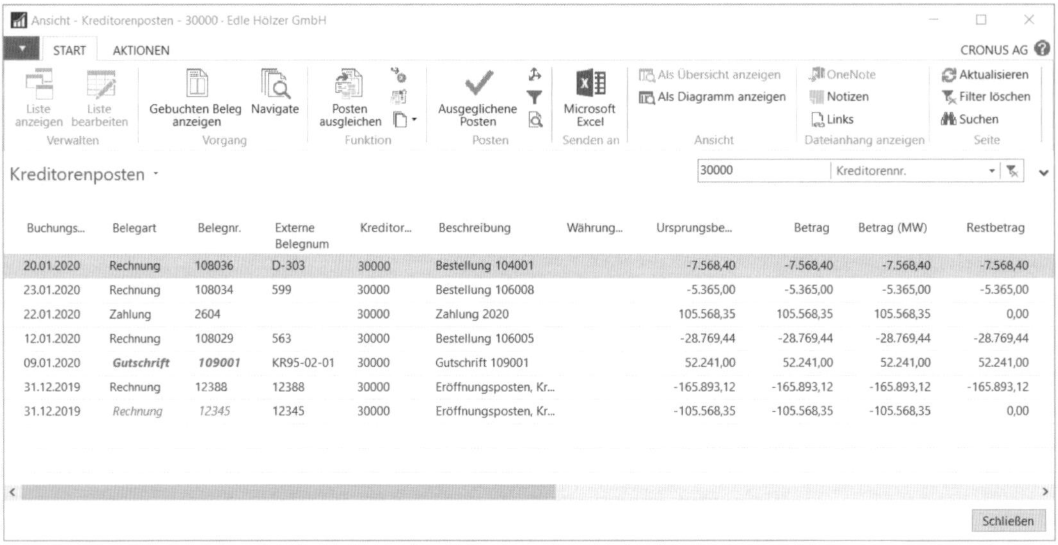

Bild 5.25 Kreditorenposten nach Aufruf aus dem Kreditorenstamm

HINWEIS: Neben gebuchten Rechnungen enthalten die Kreditorenposten auch andere Buchungen wie Zahlungen oder Gutschriften. Hinweise zu Sachkontenbuchungen und Integrationseinstellungen für Eingangsrechnungen und zur Buchung von Zahlungen finden Sie in Kapitel 9.

5.8.3 Rechnungserfassung und Sammelrechnungen im Einkauf

Neben dem Buchen von Eingangsrechnungen über Bestellungen bietet Dynamics NAV auch die Möglichkeit, Rechnungseingänge über den Link *Einkaufsrechnungen* direkt zu erfassen.

5.8.3.1 Nutzung der Rechnungserfassung

Das Bearbeiten von Rechnungen in der Rechnungserfassung erfolgt analog zur Bestellerfassung. In die Rechnungszeilen können – wie in Bestellungszeilen – Textzeilen und Artikelzeilen sowie Zeilen für Sachkonten, Anlagevermögen und Artikel-Zu-/Abschläge eingetragen werden.

In der Rechnungserfassung ist jedoch keine Buchung von Teilrechnungen möglich. Außerdem können Lieferungen nicht getrennt von der Rechnung gebucht werden. Die Rechnungserfassung wird daher insbesondere in folgenden Fällen eingesetzt:

- Rechnungseingang ohne separate Lieferung (insbesondere für Zeilenart „Sachkonto")
- Buchung einer Kreditorensammelrechnung zu mehreren Bestellungen

5.8.3.2 Anleitung zur Rechnungserfassung

Um eine Eingangsrechnung – beispielsweise ohne Bezug auf einen Lagerartikel direkt auf ein Sachkonto – zu erfassen und zu buchen, gehen Sie wie folgt vor:

1. Wählen Sie in der Suche den Link *Einkaufsrechnungen*.
2. Betätigen Sie die Tastenkombination *Strg+N* oder klicken Sie auf die Schaltfläche *Neu* auf der Registerkarte *Start* des Menübands, um die Aufgabenseite zur Neuanlage einer Rechnung zu öffnen.
3. Im Feld *Kreditorennr.* tragen Sie die gewünschte Kreditorennummer ein.
4. Im Inforegister *Allgemein* überprüfen Sie danach das Feld *Buchungsdatum* und tragen im Feld *Belegdatum* das Rechnungsdatum ein. Die Rechnungsnummer erfassen Sie im Feld *Kred.-Rechnungsnr.*.
5. Drücken Sie anschließend die Taste *F6* (nächstes Inforegister) oder klicken Sie auf die erste Zeile im Inforegister *Zeilen*, um mit der Erfassung der Rechnungszeilen zu beginnen.
6. Wählen Sie die Option „Sachkonto" in der Spalte *Art*, wenn Sie die Rechnungszeile mit direktem Bezug auf ein Sachkonto erfassen wollen.
7. In der Spalte *Nr.* tragen Sie anschließend die gewünschte Kontonummer ein, wodurch der Kontoname als Vorschlagswert in die Spalte *Beschreibung* übernommen wird.
8. Anschließend erfassen Sie in der Spalte *Menge* die fakturierte Menge und in der Spalte *EK-Preis ohne MwSt.* den Einkaufspreis.
9. Drücken Sie in der Rechnung die Taste *F7* oder klicken Sie auf die Schaltfläche *Statistik* auf der Registerkarte *Start*, um die Rechnungssumme in der Statistikabfrage vor dem Buchen zu kontrollieren.
10. Um die Rechnung zu buchen, klicken Sie auf die Schaltfläche *Buchen* im Menüband der Einkaufsrechnung.

HINWEIS: Wollen Sie eine Artikelrechnung erfassen, zu der es keine Bestellung gegeben hat, wählen Sie in der Spalte *Art* der Rechnungszeile die Option „Artikel" und in der Spalte *Nr.* die jeweilige Artikelnummer. Mit dem Buchen der Rechnung wird gleichzeitig der Lagerzugang gebucht. ■

5.8.4 Sammelrechnungen im Rechnungseingang

Eine Sammelrechnung, mit der ein Kreditor Lieferungen aus unterschiedlichen Bestellungen fakturiert, wird über die Rechnungserfassung (Menüoption *Einkaufsrechnungen*) gebucht. Nach Neuanlage des Rechnungskopfes mit Auswahl der betroffenen Kreditorennummer werden Rechnungszeilen nicht manuell eingegeben, sondern durch Holen der entsprechenden Lieferungen automatisch übernommen.

Dazu klicken Sie auf die Schaltfläche *Zeile/Funktionen/Wareneingangszeilen abrufen* im Inforegister *Zeilen* der Einkaufsrechnung. Das Wareneingangszeilen-Fenster zeigt alle Lieferzeilen des betroffenen Kreditors, zu denen noch keine Rechnung gebucht worden ist. Nach Markieren einer oder mehrerer Zeilen klicken Sie auf die Schaltfläche *OK* im Wareneingangszeilen-Fenster, womit die Zeilen in die Rechnungserfassung übernommen werden.

Die Rechnungserfassung kann anschließend wie jede andere Rechnung gebucht werden. Nachdem für die geholten Wareneingangszeilen die Lieferung ja bereits zuvor separat in der jeweiligen Bestellung gebucht worden ist, wird – im Unterschied zur Buchung manuell erfasster Rechnungszeilen – mit dem Buchen der Rechnung kein Lagerzugang gebucht.

5.9 Zuschläge, Reklamationen und Gutschriften

Artikelbezogene Zuschläge und Abschläge dienen im Einkauf dazu, den Lagerwert eines Artikels auf Basis zusätzlich erfasster Belegzeilen oder Belege anzupassen, beispielsweise um eine separate Frachtkostenrechnung im Einstandspreis des betroffenen Artikels zu berücksichtigen. In Gutschriften können Zu-/Abschläge unter anderem dazu genutzt werden, die Wertgutschrift eines Lieferanten nach Lieferung minderwertiger Ware in Einstandspreis und Lagerwert zu berücksichtigen.

Eine Reklamation wird veranlasst, wenn ein gelieferter Artikel nicht der vereinbarten Qualität entspricht oder Mängel aufweist. Je nach Art des Schadens und Ersatzmöglichkeiten gibt es unterschiedliche Möglichkeiten zur Abwicklung der Beanstandung:

- Gutschrift ohne Warenrücksendung (Wertgutschrift)
- Gutschrift mit Warenrücksendung
- Reparatur und Tausch

Zur Abwicklung von Reklamationen stehen in Dynamics NAV zwei Menüoptionen zur Verfügung:

- Einkaufsreklamationen
- Einkaufsgutschriften

Analog zu den Menüoptionen *Einkaufsbestellungen* und *Einkaufsrechnungen* zur Abwicklung von Bestellungen besteht der Unterschied zwischen den beiden Menüoptionen darin, dass bei Einkaufsreklamationen die Lieferung (Warenrücksendung) getrennt gebucht werden kann, während bei Einkaufsgutschriften stets die Gesamtmenge gleichzeitig geliefert und fakturiert (gutgeschrieben) wird.

Gutschriften werden auch als Storno zur Korrektur der Fehlbuchung einer Rechnung benutzt.

5.9.1 Artikel-Zuschläge und -Abschläge

Zuschläge und Abschläge im Einkauf dienen zum Anpassen des Lagerwerts einer Lieferung aufgrund von getrennt erfassten Belegen für Versicherung, Fracht und andere Bezugskosten.

5.9.1.1 Einrichtung von Zu- und Abschlägen

Die Einrichtung der Artikel-Zuschläge und -Abschläge wird über die Suche und den Link *Artikel-Zu-/Abschläge* geöffnet. Neben der Kennung in der Spalte *Nr.* und der *Beschreibung* enthält das Verwaltungsfenster weitere Spalten für *Produktbuchungsgruppe* und *MwSt.-Produktbuchungsgruppe*, die wie die entsprechenden Gruppen im Artikelstamm die Sachkontenbuchung (Buchungsmatrix) und die Mehrwertsteuerermittlung bestimmen.

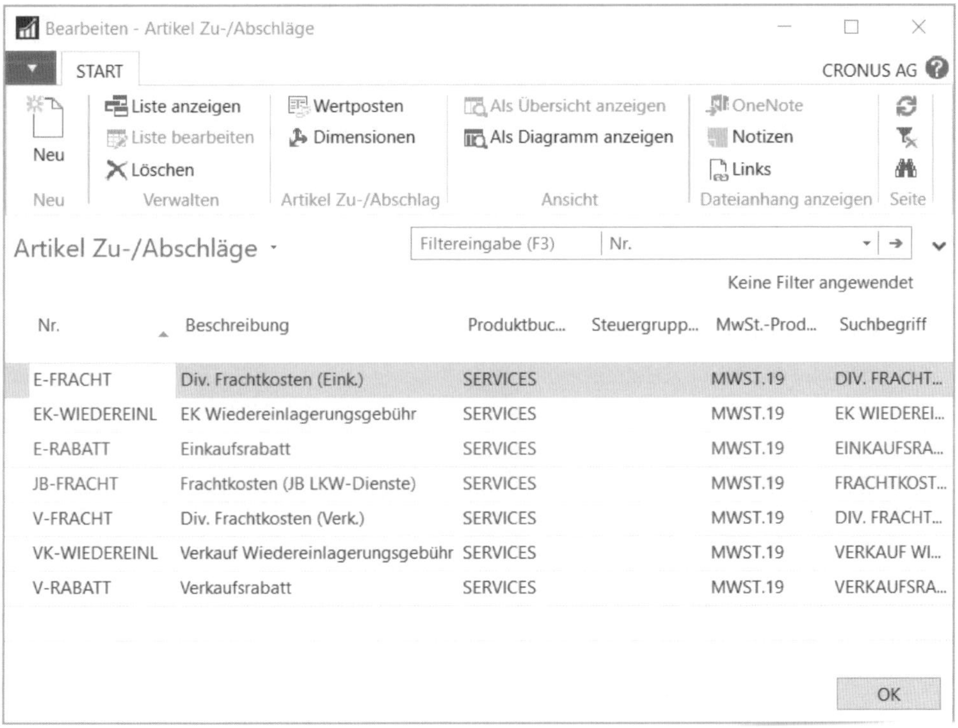

Bild 5.26 Einrichten der Artikel Zu-/Abschläge

5.9.1.2 Nutzung von Zu- und Abschlägen in Einkaufsbelegen

In Einkaufsbelegen werden Zuschläge und Abschläge als Zeilen der Art „Zu-/Abschlag (Artikel)“ erfasst. Diese Zeilenart steht sowohl in Bestellungen und Einkaufsrechnungen als auch in Einkaufsreklamationen und Einkaufsgutschriften zur Verfügung.

Ein Zu-/Abschlag kann je nach Anforderung zeitlich getrennt oder gemeinsam mit der zugehörigen Artikelzeile gebucht werden:

- In einer zusätzlichen Zeile gemeinsam mit dem zugehörigen Artikel, beispielsweise wenn ein Rohstoffzuschlag nicht in den Artikelpreis eingerechnet, sondern separat ausgewiesen wird.
- In einem getrennten Beleg zu einem späteren Zeitpunkt, beispielsweise wenn die Frachtrechnung eines Spediteurs dem transportierten Artikel zugeordnet werden soll.

Die folgende Schritt-für-Schritt-Anleitung zum Artikel-Zuschlag in einer Einkaufsbestellung zeigt das Erfassen in einem gemeinsamen Beleg. Die Nutzung von Zu- und Abschlägen in einem getrennten Beleg wird in der Schritt-für-Schritt-Anleitung zu Wertgutschriften weiter unten gezeigt.

HINWEIS: Als Voraussetzung für das Berücksichtigen von Zu-/Abschlägen im Lagerwert der betroffenen Artikel muss das Kontrollkästchen *Lieferschein b. EK-Rechnung* in der *Kreditoren & Einkauf*-Einrichtung markiert sein.

5.9.1.3 Anleitung zum Artikelzuschlag im Originalbeleg

Um einen Zuschlag gemeinsam mit dem betroffenen Artikel in einer Einkaufsbestellung zu erfassen und zu buchen, führen Sie folgende Schritte aus:

1. Wählen Sie in der Suche den Link *Kreditoren* zur Anzeige der Kreditorenübersicht.
2. Nach dem Markieren der Zeile mit dem betroffenen Kreditor klicken Sie auf die Schaltfläche *Bestellung* der Registerkarte *Start* im Menüband, um die Aufgabenseite zur Neuanlage einer Bestellung zu öffnen.
3. Drücken Sie im Neuanlagefenster die *Eingabe*-Taste, womit die Bestellnummer aus der Nummernserie automatisch eingesetzt wird und die Kreditorendaten in den Bestellkopf übernommen werden.
4. Drücken Sie anschließend die Taste *F6* (nächstes Inforegister) oder klicken Sie auf die erste Zeile im Inforegister *Zeilen*, um mit der Erfassung der Bestellzeilen zu beginnen.
5. In der ersten Bestellzeile wählen Sie die Option „Artikel“ in der Spalte *Art*, um die Artikelzeile zu erfassen. Anschließend wählen Sie in der Spalte *Nr.* einen Artikel, wodurch Vorschlagswerte für Spalten wie Artikelbezeichnung und Einkaufspreis bestimmt werden.
6. Tragen Sie die Menge ein und überprüfen Lagerortcode, Einkaufspreis und Zeilenrabatt in der Bestellzeile.
7. In der zweiten Zeile wählen Sie die Zeilenart „Zu-/Abschlag (Artikel)“ und in der Spalte *Nr.* den zutreffenden Zu-/Abschlagscode.
8. In der Spalte *Menge* tragen Sie den Wert „1“ ein, in der Spalte *EK-Preis ohne MwSt.* den Betrag.
9. Um die Zuschlagszeile der Lieferung zuzuweisen, klicken Sie im Inforegister *Zeilen* auf die Schaltfläche *Zeile/Artikel Zu-/Abschlagszuweisung.*
10. Im Zu-/Abschlagszuweisungsfenster können Sie die Zuweisungsmenge (Menge „1“ gemäß Eintrag in die Zuschlagszeile der Bestellung) in die Spalte *Menge für Zuweisung* entweder manuell eintragen, oder über die Schaltfläche *Artikel Zu-/Abschlagszuweisung vorschlagen* auf der Registerkarte *Start* übernehmen.

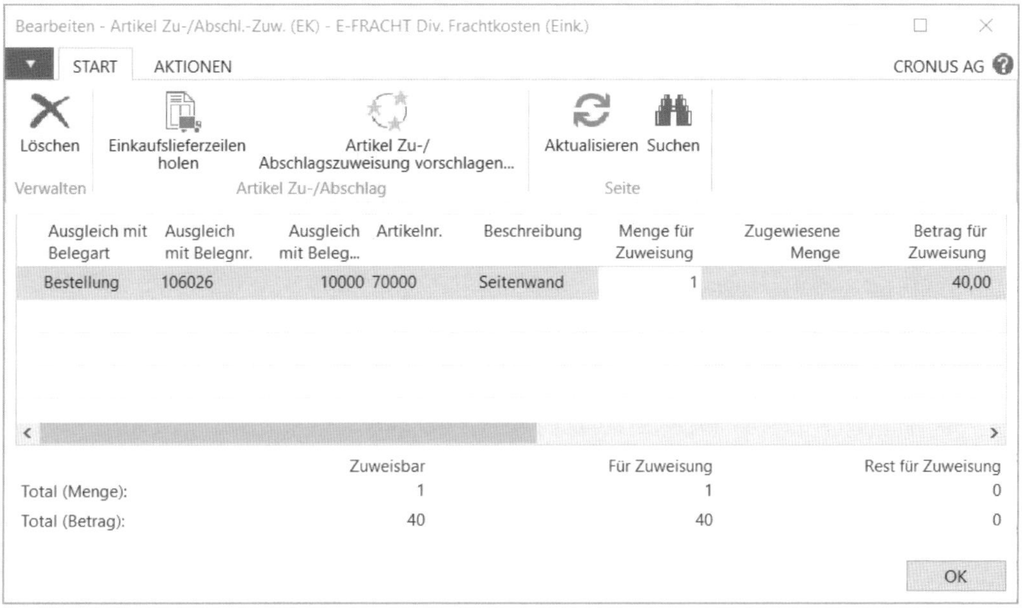

Bild 5.27 Eintragen der Zuweisungsmenge im Artikel-Zu-/Abschlagszuweisungsfenster

11. Nach dem Schließen des Zu-/Abschlagszuweisungsfensters über die Schaltfläche *OK* wird in der Bestellzeile für den Zu-/Abschlag (Art „Zu-/Abschlag Artikel") die zugewiesene Menge in der Spalte *Menge für Zuweisung* angezeigt.
12. In der Einkaufsbestellung buchen Sie nach Eintragung der *Kred.-Rechnungsnr.* im Inforegister *Allgemein* die Lieferung und Rechnung über die Schaltfläche *Buchen* wie zuvor beschrieben.

HINWEIS: Durch die Verwendung des Artikel-Zuschlags in der Einkaufsbestellung wird der Lagerwert des Artikels verändert. Sie können den gesamten Lagerwert der Lieferung in der Spalte *Einstandsbetrag (tatsächl.)* der Artikelposten abfragen, die Aufteilung nach Artikelpreis (inklusive Rabatt) und Zuschlägen ist in den Wertposten zu sehen.

Das Vorgehen zum Aufruf der Artikelposten ist in Abschnitt 5.8, „Lieferungen und Rechnungen im Einkauf", erklärt.

5.9.2 Wertgutschriften

Wertgutschriften – Gutschriften ohne Warenrücksendung – werden gebucht, wenn der Kreditor anstelle einer Mängelbehebung einen Preisnachlass gewährt oder ein überhöhter Preis korrigiert werden soll.

5.9.2.1 Grundlagen der Gutschrifterstellung

Wertgutschriften werden in der Regel über die Menüoption *Einkaufsgutschriften* erfasst und gebucht. Nachdem keine Warenbewegung stattfinden soll, wird in den Gutschriftzeilen als Zeilenart „Sachkonto“ oder „Zu-/Abschlag (Artikel)“ gewählt.

Die Zeilenart „Sachkonto“ wird gewählt, wenn es nicht möglich ist, die Gutschrift einer Lieferung zuzuordnen und daher direkt auf das betroffene Sachkonto gebucht werden soll. Über die Zeilenart „Zu-/Abschlag (Artikel)“ ist es demgegenüber möglich, die Gutschrift direkt der Artikellieferung zuzuordnen und einen entsprechend verminderten Warenwert im Lager zu berücksichtigen.

Im Übrigen erfolgt die Erfassung einer Gutschrift über die Menüoption *Einkaufsgutschriften* wie die Erfassung einer Einkaufsbestellung mit der Eintragung von Kopf und Zeilen.

Wenn die Gutschrift einer gebuchten Rechnung zugeordnet werden soll, kann die betroffene Rechnung in das Feld *Ausgleich mit Belegnr.* im Inforegister *Ausgleich* der Einkaufsgutschrift eingetragen werden. Für das Feld *Ausgleich mit Belegart* ist dazu die Auswahl „Rechnung“ zu wählen. Weitere Hinweise zum Ausgleich offener Posten finden Sie in Kapitel 9.

5.9.2.2 Anleitung zur Gutschrift mit Artikel-Zu-/Abschlag

Um eine Gutschrift zu erstellen, mit der der Preis einer bereits fakturierten Lieferung verringert werden soll, führen Sie folgende Schritte aus:

1. Wählen Sie in der Suche den Link *Kreditoren* zur Anzeige der Kreditorenübersicht.
2. Nach dem Markieren der Zeile mit dem betroffenen Kreditor klicken Sie auf die Schaltfläche *Einkaufsgutschrift* in der Registerkarte *Start* im Menüband, um die Aufgabenseite zur Neuanlage einer Gutschrift zu öffnen.
3. Betätigen Sie im Neuanlagefenster die *Eingabe*-Taste, damit die Gutschriftnummer aus der Nummernserie automatisch gezogen wird und die Kreditorendaten in die Gutschrift übernommen werden.
4. Im Inforegister *Allgemein* überprüfen Sie danach das Feld *Buchungsdatum* und tragen im Feld *Belegdatum* das Gutschriftdatum ein. Die auf der Gutschrift ausgewiesene Gutschriftnummer erfassen Sie im Feld der *Kred.-Gutschriftsnr.*. Das Feld *Kreditorenbearbeitungsnr.* im Gutschriftkopf kann zur Eintragung der RMA-Nummer (Reklamationsnummer) des Kreditors benutzt werden
5. Drücken Sie anschließend die Taste *F6* (nächstes Inforegister) oder klicken Sie auf die erste Zeile im Inforegister *Zeilen*, um mit der Erfassung der Gutschriftzeilen zu beginnen.
6. In der Gutschriftzeile wählen Sie die Zeilenart „Zu-/Abschlag (Artikel)“ und in der Spalte *Nr.* den für den Abschlag zutreffenden Zu-/Abschlagscode.
7. In der Spalte *Menge* tragen Sie den Wert „1“ ein, in der Spalte *EK-Preis ohne MwSt.* den gutgeschriebenen Betrag.
8. Um die Gutschriftzeile der Lieferung zuzuweisen, klicken Sie im Inforegister *Zeilen* auf die Schaltfläche *Zeile/Artikel Zu-/Abschlagszuweisung.*
9. Im Zu-/Abschlagszuweisungsfenster klicken Sie dann auf die Schaltflache *Einkaufslieferzeilen holen* auf der Registerkarte *Start*, um das Fenster mit den gebuchten Einkaufslieferzeilen zu öffnen.

10. Im Fenster mit den gebuchten Einkaufslieferzeilen markieren Sie die von der Gutschrift betroffene Zeile und klicken auf die Schaltfläche *OK*, womit die gewählte Zeile in das Zu-/Abschlagszuweisungsfenster übernommen wird.
11. Im Zu-/Abschlagszuweisungsfenster können Sie die Zuweisungsmenge in die Spalte *Menge für Zuweisung* entweder manuell eintragen oder über die Schaltfläche *Artikel Zu-/Abschlagszuweisung vorschlagen* auf der Registerkarte *Aktionen* übernehmen.
12. Nach dem Schließen des Artikel-Zu-/Abschlagszuweisungsfensters über die Schaltfläche *OK* wird die zugewiesene Menge in der Spalte *Menge für Zuweisung* der Gutschriftzeile gezeigt.
13. Zum Abschluss buchen Sie die Einkaufsgutschrift über die Schaltfläche *Buchen* auf der Registerkarte *Start*.

HINWEIS: Falls eine Gutschrift direkt auf ein Sachkonto gebucht werden soll, wird in der Gutschriftzeile die Zeilenart „Sachkonto“, die Sachkontonummer, Menge und Preis eingetragen. Eine Zuweisung wird in diesem Fall nicht durchgeführt. ■

5.9.3 Artikelgutschriften

Die Bearbeitung einer Gutschrift, bei der gelieferte Ware zurückgesendet und gutgeschrieben wird, kann über die Menüoptionen *Einkaufsreklamationen* und *Einkaufsgutschriften* erfolgen.

5.9.3.1 Einkaufsgutschriften für Artikel

Falls Artikelgutschriften in der Menüoption *Einkaufsgutschriften* erfasst werden, werden sie analog zum oben beschriebenen Vorgehen für Wertgutschriften bearbeitet. Im Unterschied zu Wertgutschriften wird bei Artikelgutschriften jedoch die Zeilenart „Artikel“ in den Gutschriftzeilen gewählt, womit parallel zur Gutschrift eine Rücklieferung gebucht wird.

Um die Erfassung der Gutschrift zu vereinfachen, kann in der Aufgabenseite der Einkaufsgutschriften die Schaltfläche *Beleg kopieren* auf der Registerkarte *Start* benutzt werden, um eine gebuchte Rechnung komplett in die Gutschrift zu kopieren.

Alternativ steht auch die Schaltfläche *Zu stornierende gebuchte Belegzeilen abrufen* auf der Registerkarte *Aktionen* der Gutschrift zur Verfügung, um gebuchte Rechnungszeilen in die Gutschrift zu übernehmen. Im Fenster *Gebuchte EK-Belegzeilen* markieren Sie das Kontrollkästchen *Nur stornierbare Zeilen anzeigen*, wählen den Belegartfilter „Gebuchte Rechnungen“ und markieren anschließend die gewünschte(n) Zeile(n), wonach Sie diese über die Schaltfläche *OK* übernehmen können.

Bild 5.28 Belegauswahl in der Funktion „Beleg kopieren“

5.9.4 Einkaufsreklamationen

Falls die Warenrücksendung zeitlich getrennt von der Gutschrift erfolgt, wird die Menüoption *Einkaufsreklamationen* verwendet. Das Erfassen von Einkaufsreklamationen entspricht hierbei der Arbeit in Einkaufsbestellungen. Um die Eintragung von Reklamationszeilen zu erleichtern, steht auf der Registerkarte *Start* der Einkaufsreklamation die Schaltfläche *Zu stornierende gebuchte Belegzeilen abrufen* zur Verfügung, über die gebuchte Einkaufslieferungen in Reklamationszeilen – analog zur entsprechenden Funktion in der Gutschrift – übernommen werden können.

Nach Buchen der Lieferung (Warenrücklieferung) in der Einkaufsreklamation kann auch eine gesammelte Gutschrift mit der Menüoption *Einkaufsgutschriften* gebucht werden. Dazu klicken Sie im Inforegister *Zeilen* der Einkaufsgutschrift auf die Schaltfläche *Funktionen/ Rücklieferzeilen holen* – analog zur Sammelrechnung in der Menüoption *Einkaufsrechnungen*.

5.9.5 Einstandspreis bei Einkaufsreklamationen und Gutschriften

Oft wird gefordert, dass die an den Kreditor retournierte Ware mit dem ursprünglichen Einstandspreis bewertet wird und nicht mit dem Abgangswert der Lagerabgangsmethode des Artikels (beispielsweise „FIFO“ oder „Durchschnitt“). Um dies zu erreichen, muss in der Spalte *Ausgleich mit Artikelposten* der Reklamationszeile die Nummer der ursprünglichen Eingangsbewegung ausgewählt werden.

Der betroffene Artikelposten wird automatisch in die Spalte *Ausgleich mit Artikelposten* übernommen, wenn die Reklamationszeile über die Funktion *Zu stornierende gebuchte Belegzeilen abrufen* erzeugt wird. Um sicherzustellen, dass der Ausgleich mit Artikelposten in jeder Reklamation und Gutschrift eingetragen ist, kann in der *Kreditoren & Einkauf*-Einrichtung das Kontrollkästchen *Einst.-Pr.-Rückverfolg. notw.* markiert werden.

6 Vertrieb

Nachdem Vertrieb und Beschaffung in vielen Bereichen spiegelbildliche Geschäftsprozesse aufweisen, ist auch die entsprechende Funktionalität der beiden Bereiche in Dynamics NAV analog gestaltet.

Auf Basis der Kenntnis des Einkaufsmoduls lernen Sie in diesem Kapitel die Arbeit im Verkaufsmodul von Dynamics NAV kennen. Ausgehend von den zentralen Stammdaten des Vertriebs mit Kunden- und Artikelstamm wird der komplette Vertriebsprozess bis hin zum Buchen von Verkaufsrechnungen und Gutschriften erklärt.

HINWEIS: Die Beschreibungen in diesem Kapitel zeigen die Arbeit im Windows-Client, wobei sich Abbildungen und Menüoptionen auf die Standardrolle „AUFTRAGSVERARBEITUNG" beziehen. Entsprechende Berechtigungen vorausgesetzt, können Sie dieses Profil Ihrer Benutzer-ID über die Suche und den Link *Benutzeranpassung* selbst zuordnen oder von Ihrem Systemadministrator zuordnen lassen.

6.1 Überblick

Das Modul „Verkauf & Marketing" in Dynamics NAV ermöglicht die Abwicklung aller Vorgänge, die mit dem Vertriebsprozess in Zusammenhang stehen. Dazu wird der gesamte Verkaufsprozess ausgehend von Kundenstammverwaltung über Verkaufsangebot, Auftrag, Lieferung und Rechnung bis hin zum Buchen des Zahlungseingangs durchgängig unterstützt.

HINWEIS: Hinsichtlich der verwendeten Begriffe ist zu beachten, dass Kunden und kundenbezogene Begriffe in Dynamics NAV mit dem Ausdruck „Debitoren" bezeichnet werden. Dies ist für jene Benutzer, die mit den Begriffen der Finanzbuchhaltung nicht vertraut sind, etwas gewöhnungsbedürftig, aber aufgrund der funktionalen Integration auch in anderen Businesslösungen üblich.

6.1.1 Vertrieb in Dynamics NAV

Microsoft Dynamics NAV unterstützt unterschiedliche Verfahren im Vertrieb und kann daher in unterschiedlichen Ländern und Branchen zum Einsatz kommen. Wie in Kapitel 3 beschrieben, wird in den Einrichtungsdaten bestimmt, welche der in Dynamics NAV realisierten Prozessvarianten zum Einsatz kommen. Neben den Einstellungen im Vertriebsmodul - beispielsweise in der *Debitoren & Verkauf*-Einrichtung, die über die Suche und den Link *Debitoren & Verkauf Einr.* geöffnet wird - haben zahlreiche weitere Einstellungen wie Nummernserien oder die Einrichtung in anderen Modulen Einfluss auf die Arbeit im Vertrieb.

Debitorenstamm und Artikelstamm bilden als Stammdaten die Basis für eine effiziente Arbeit im Vertrieb, da die hier hinterlegten Daten in der Auftragsabwicklung für jeden Auftrag als Parameter und Vorschlagswert herangezogen werden. Korrekte Stammdaten sind damit Voraussetzung für eine fehlerfreie Arbeit im Verkaufsmodul.

Erster Schritt im Vertriebsprozess ist meist eine Kundenanfrage. Auf Basis dieser Anfrage wird in Dynamics NAV ein Verkaufsangebot erstellt, das an den Kunden übermittelt wird. Nach Eingang der Kundenbestellung kann das Angebot in einen Auftrag umgewandelt werden.

Von der Struktur her besteht ein Verkaufsauftrag aus einem Kopfteil, der die für den gesamten Auftrag gültigen Informationen - wie die Daten zum Debitor - enthält, und einem Positionsteil, der die Artikelzeilen enthält. Neben Artikelzeilen können auch Auftragszeilen zum Verkauf von Ressourcen (Dienstleistungen und nicht lagergeführte Positionen), von Anlagegütern oder mit direktem Bezug auf Sachkonten erfasst werden.

Nach der Erfassung des Auftrags kann eine Auftragsbestätigung gedruckt und an den Kunden geschickt werden, in weiterer Folge werden Lieferung und Rechnung gebucht. Der typische Ablauf der Auftragsabwicklung ist in Bild 6.1 dargestellt.

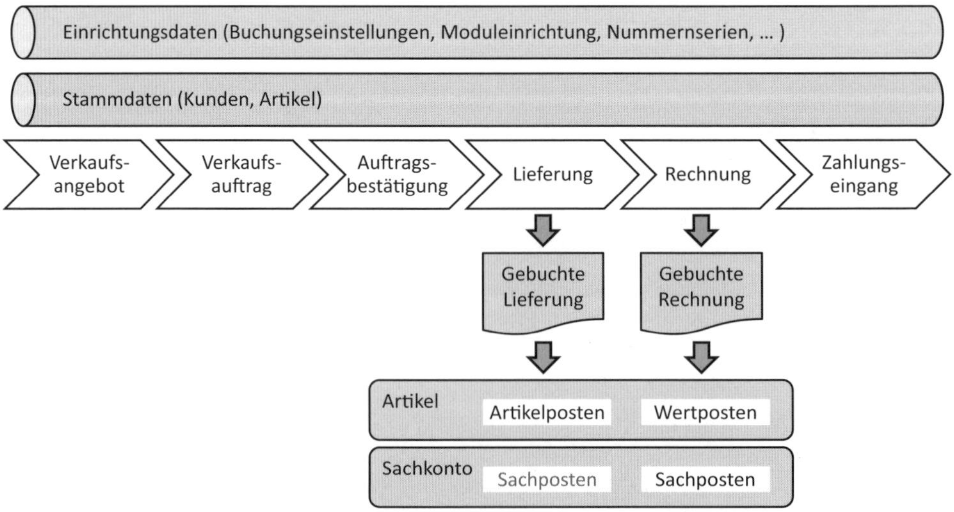

Bild 6.1 Zusammenhänge der Auftragsabwicklung in Dynamics NAV

Ein erfasster Auftrag kann – solange es der Belegstatus zulässt – später geändert werden. Im Unterschied dazu werden bei Lieferung und Rechnung Buchungen erzeugt, womit gebuchte Belege entstehen. Diese können nicht mehr geändert werden, eine Korrektur ist nur durch entsprechende Stornobuchungen möglich.

Wenn die Lieferung zu einem Auftrag nicht als getrennter Vorgang durchgeführt wird, können Lieferung und Rechnung gemeinsam gebucht werden. Verkaufsrechnungen ohne vorangehenden Auftrag werden über die getrennte Seite *Verkaufsrechnungen* oder – ohne Artikelbezug – über die Seite *Verkaufs Buch.-Blätter* (Finanzjournal für Verkaufsrechnungen) erfasst und gebucht.

Den Abschluss des Verkaufsprozesses bildet die Buchung der eingehenden Zahlung im Zahlungseingangs-Buchungsblatt, wie sie in Kapitel 9 beschrieben wird. Sollte die Zahlung nicht innerhalb der in der Zahlungsbedingung vereinbarten Frist eingehen, wird die betroffene Rechnung in das Mahnwesen von Dynamics NAV übernommen.

Buchungen im Verkauf werden parallel auch in den anderen betroffenen Bereichen von Dynamics NAV gebucht. So wird mit dem Buchen des Lieferscheins der Lagerbestand des jeweiligen Artikels verringert. Auch Sachkontenbuchungen im Finanzmanagement werden aufgrund der tiefen Integration von Dynamics NAV mit dem Buchen der Verkaufsrechnung und – bei entsprechender Einstellung in der Lagereinrichtung – mit dem Buchen des Lieferscheins automatisch durchgeführt.

6.1.2 Zentrale Aufgaben im Vertrieb

Die Startseite und das Rollencenter für die Standardrolle „AUFTRAGSVERARBEITUNG“ ermöglichen einen direkten Zugriff auf die zentralen Funktionen im Verkauf (siehe Bild 6.2).

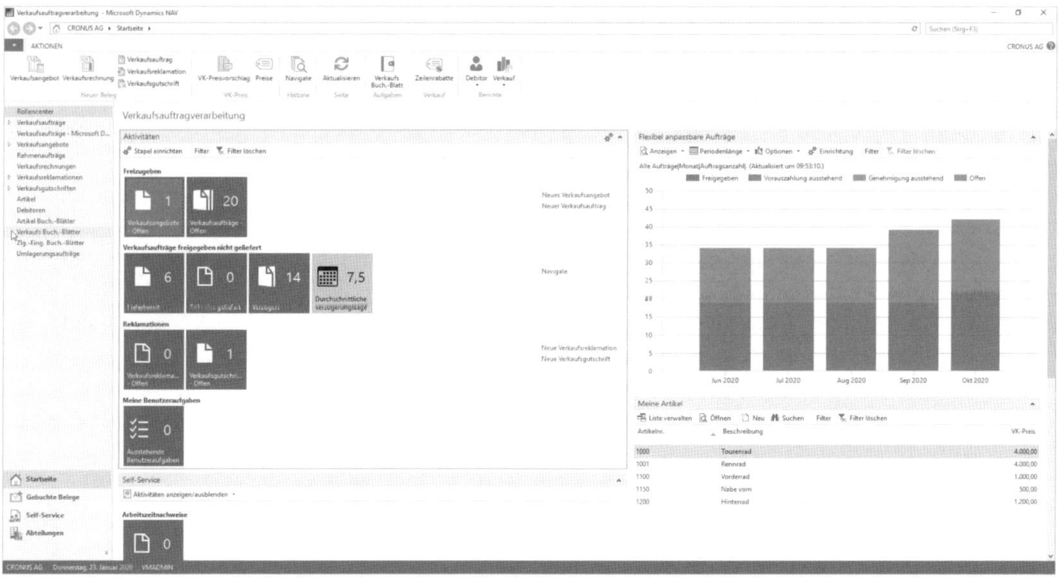

Bild 6.2 Rollencenter mit der Standardrolle AUFTRAGSVERARBEITUNG

Die folgenden Hauptaufgaben im Vertrieb werden in den weiteren Abschnitten dieses Kapitels erklärt:

- Kundenstammverwaltung
- Artikelverwaltung, Verkaufspreise und Rabatte
- Aufträge, Lieferungen und Rechnungen
- Reklamationen und Gutschriften
- Spezielle Prozesse – Montage und Direktlieferungen

6.2 Kundenstammverwaltung

Die Verwaltung von Debitoren (Kunden) erfolgt für Verkauf und Finanzbuchhaltung in einem gemeinsamen Debitorenstamm. Der Debitorenstamm bildet eine wesentliche Grundlage für die Arbeit in beiden Bereichen, da er neben den Basisdaten wie dem Namen und der Adresse des Debitors zahlreiche Details und Einstellungen wie Buchungsgruppen und Zahlungsbedingungen enthält.

Der Debitorenstamm im Vertrieb ist damit das Spiegelbild des Lieferantenstamms in der Beschaffung. Die Analogie beschränkt sich nicht auf funktionale Prinzipien, auch Aufbau und Inhalt der Verwaltungsfenster für Debitoren und Kreditoren in Dynamics NAV sind in weiten Teilen gleich gehalten.

6.2.1 Debitorenstamm

Der Listenplatz zur Verwaltung der Debitoren wird auf der *Startseite* oder in der Suche über den Link *Debitoren* geöffnet. Er zeigt einen Überblick der vorhandenen Debitoren als Debitorenübersicht, die mit Spalten wie *Nr.* (Debitorennummer), *Name*, *Zuständigkeitseinheitencode* und *Telefonnr.* die wesentlichen Daten zur Auswahl eines Debitors enthält.

Zum Bearbeiten der Detaildaten eines Debitors dient die Debitorenkarte (Aufgabenseite), die nach Auswahl der betroffenen Zeile in der Debitorenübersicht über einen Doppelklick oder die Schaltfläche *Bearbeiten* auf der Registerkarte *Start* des Menübands geöffnet werden kann. Analog zur Kreditorenkarte sind in der Debitorenkarte wesentliche Felder wie die *Geschäftsbuchungsgruppe* und die *Debitorenbuchungsgruppe* zur Sachkontenintegration, die *MwSt.-Geschäftsbuchungsgruppe* als Basis der Mehrwertsteuerberechnung und weitere Einstellungen wie *Währungscode*, *Sprachcode*, Sperrkennzeichen und Adressdaten enthalten.

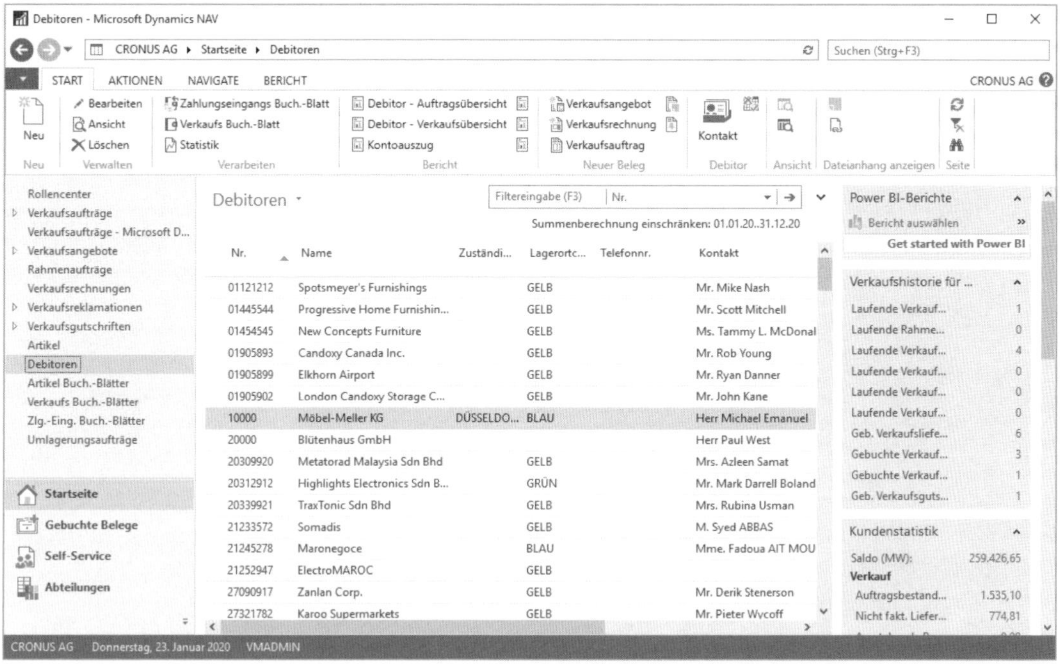

Bild 6.3 Listenseite Debitoren zur Kundenstammverwaltung

Nachdem Aufbau und Inhalt der Felder in der Debitorenkarte in weiten Teilen der Kreditorenkarte entsprechen (siehe Kapitel 5), werden nachfolgend nur Abweichungen und Elemente beschrieben, die primär den Debitorenstamm betreffen und daher im Einkauf nicht erläutert worden sind. Einstellungen zur Preisfindung sind in Abschnitt 6.4, „Verkaufsartikel, Preise und Ressourcen", beschrieben.

6.2.2 Rechnungskunde und Lieferadressen

In manchen Fällen – etwa bei Kunden mit Konzernstrukturen – ist es erforderlich, die Rechnung an einen anderen Kunden als den Bestellkunden zu senden. Um diese Situation abzubilden, kann die Debitorennummer des Rechnungskunden im Auswahlfeld *Rech. an Deb.-Nr.* des Inforegisters *Fakturierung* eingetragen werden. Die *Rech. an Deb.-Nr.* wird als Vorschlagswert in die Auftragsverwaltung übernommen und kann im Inforegister *Fakturierung* des Auftrags abgeändert werden. Rechnungen zu den betroffenen Aufträgen zeigen dann die Anschrift des jeweiligen Rechnungskunden, auch die Debitorenposten werden auf die Debitorennummer des Rechnungskunden gebucht.

> **HINWEIS:** Um das Feld *Rech. An Deb.-Nr.* zu sehen, muss die Aktion *Mehr Felder anzeigen* auf dem Inforegister *Fakturierung* ausgeführt werden.

Während durch die Eintragung eines Rechnungskunden auf einen anderen Debitor verwiesen wird, der im Debitorenstamm angelegt sein muss, bietet die Schaltfläche *Lief. an Adressen* auf der Registerkarte *Start* des Menübands die Möglichkeit, zu einem Debitor mit nur einer Debitorennummer mehrere Anschriften zu verwalten. Die Lieferadressenübersicht zeigt dann eine Liste vorhandener Lieferadressen zum jeweiligen Debitor. Lieferadressendetails werden nach einem Doppelklick auf die betroffene Zeile in der zugehörigen Aufgabenseite verwaltet.

Die Identifikation einer Lieferadresse erfolgt über die Spalte *Code*. Neben den Adressdaten kann in der Lieferadresse ein *Lagerortcode* eingetragen werden, der das vorgesehene Auslieferungslager für die jeweilige Lieferadresse definiert.

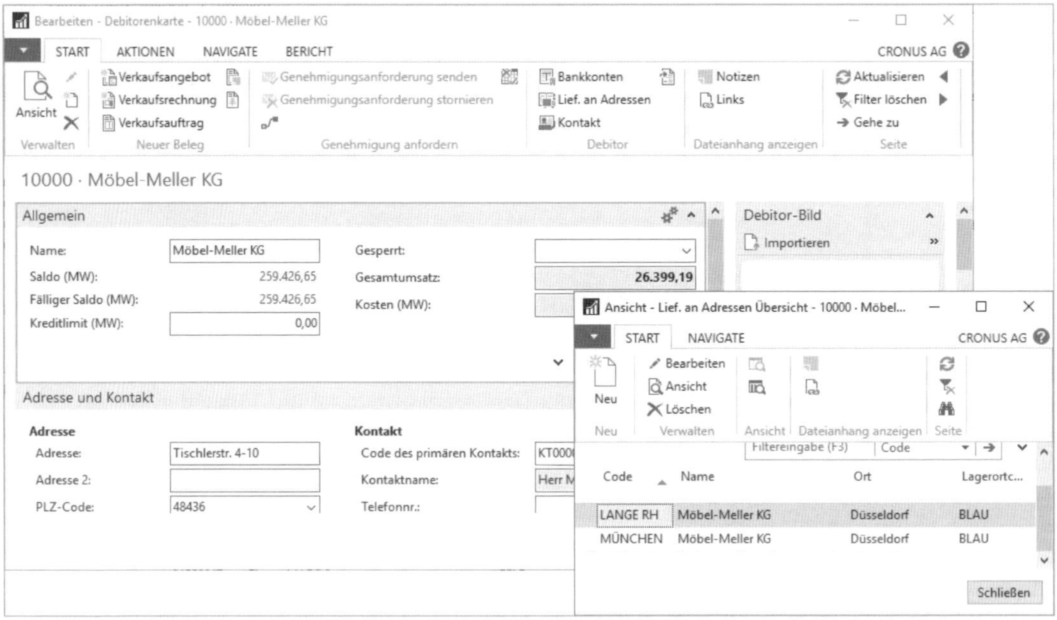

Bild 6.4 Übersicht der Lieferadressen nach dem Aufruf aus dem Debitorenstamm

Wenn beim Anlegen eines Auftrags im Inforegister *Lieferung* des Auftragsformulars ein *Lief. an Code* ausgewählt wird, werden die Adressdaten und der *Lagerortcode* aus den Stammdaten der Lieferadresse in die Lieferadresse des Auftrags übernommen.

6.2.3 Kreditlimit und Zahlungseinstellungen

Die Kreditlimitprüfung dient dazu, das Risiko von Zahlungsausfällen zu begrenzen. Im Auswahlfeld *Kreditlimitwarnung* der *Debitoren & Verkauf*-Einrichtung wird dazu festgelegt, ob und wie die Kreditlimitprüfung erfolgt soll. Dazu stehen folgende Möglichkeiten zur Auswahl:

- **Keine Warnung** – es werden keine Prüfungen durchgeführt.
- **Kreditlimit** – Prüfung, ob offene Aufträge und Rechnungen das Kreditlimit des Debitors übersteigen.

- **Fälliger Saldo** – Prüfung, ob überfällige Rechnungen vorhanden sind und sich der Debitor daher im Zahlungsrückstand befindet (Debitorenkarte, Schaltfläche *Statistik*, Feldwert *Fällige Beträge (MW) per* größer null).
- **Beide Warnungen** – Prüfung auf *Kreditlimit* und *Fälliger Saldo*.

Das Kreditlimit eines Debitors wird im Feld *Kreditlimit (MW)* des Inforegisters *Allgemein* in Eigenwährung eingetragen. Ein Wert von null definiert ein unbegrenztes Kreditlimit. Falls die Kreditlimitprüfung aktiviert ist, wird nach Überschreiten des Limits eine Warnmeldung beim Erfassen von Angeboten und Aufträgen ausgegeben.

Bild 6.5 Warnmeldung bei Überschreiten des Kreditlimits

Die Felder *Ausgleichsmethode* und *Zlg.-Bedingungscode* im Inforegister *Zahlungen* der Debitorenkarte werden analog zum Kreditorenstamm verwaltet. Für Debitoren kann im Inforegister *Zahlungen* zusätzlich ein *Mahnmethodencode* eingetragen werden, der die Mahnmethode bestimmt. Hinweise zum Mahnwesen im Rahmen des Finanzmanagements finden Sie in der Dynamics NAV-Hilfe.

Soll im Rahmen eines Barverkaufes nicht jeder Kunde namentlich erfasst werden, kann ein Pseudodebitor mit entsprechender *Geschäftsbuchungsgruppe* und *Debitorenbuchungsgruppe* angelegt werden. Für den *Zahlungsformcode* im Inforegister *Zahlungen* ist eine Zahlungsform für Barzahlung zu wählen.

Zahlungsformen für Barzahlung und andere Zahlungsarten wie Banküberweisung werden über die Suche und den Link *Zahlungsformen* verwaltet. Für Barzahlung wird in der Spalte *Gegenkontonr.* die Sachkontonummer der betroffenen Kasse eingetragen. Mit dieser Eintragung wird beim Buchen einer Rechnung der offene Posten sofort durch eine Buchung auf das Gegenkonto der Zahlungsform geschlossen.

TIPP: Oft ist es sinnvoll, dem Barverkaufsdebitor eine sprechende Nummer – beispielsweise „BAR" – zuzuweisen. Wenn die Nummernserie für Debitorennummern in der *Debitoren & Verkauf*-Einrichtung keine manuelle Nummernzuweisung zulässt, können Sie über die Nummernserienverbindung eine manuelle Nummernserie verknüpfen und beim Anlegen des Barverkaufsdebitors auswählen.

Alternativ können Sie dazu die Nummernserie in der Einrichtung für kurze Zeit entfernen – stellen Sie in diesem Fall aber unbedingt sicher, dass nicht gleichzeitig parallel andere Debitoren angelegt werden!

6.2.4 Anleitung zum Erstellen eines Debitors

Um einen neuen Debitor anzulegen, gehen Sie wie folgt vor:

1. Wählen Sie auf der *Startseite* die Menüoption *Debitoren* zur Anzeige der Debitorenübersicht.
2. Klicken Sie auf die Schaltfläche *Neu* auf der Registerkarte *Start* des Menübands, um die Debitorenkarte im Neuanlagemodus zu öffnen.
3. Betätigen Sie im Neuanlagefenster die *Eingabe*-Taste, um das Feld *Nr.* im Inforegister *Allgemein* zu verlassen, womit die Debitorennummer aus der Standardnummernserie automatisch eingesetzt wird.
4. Im Inforegister *Allgemein* tragen Sie dann den Namen im Feld *Name*, die Straße und Hausnummer im Feld *Adresse*, und die Postleitzahl im Feld *PLZ-Code* ein. Beachten Sie, dass *Ort* und *Länder-/Regionscode* nach Verlassen des Felds *PLZ-Code* automatisch eingesetzt werden. Falls der gewünschte Ort nicht in der PLZ-Tabelle enthalten ist, erfassen Sie ihn im Feld *Ort* manuell. Für ausländische Debitoren wählen Sie zusätzlich einen *Länder-/Regionscode* (wenn nicht aus dem *PLZ-Code* vorbelegt).
5. Im Inforegister *Fakturierung* wählen Sie die *Geschäftsbuchungsgruppe*, die *MwSt.-Geschäftsbuchungsgruppe* und die *Debitorenbuchungsgruppe*. Unter der Voraussetzung, dass in der betroffenen *Geschäftsbuchungsgruppe* eine *Vorg.-MwSt.-Geschäftsbuch.Gr.* eingetragen und das Kontrollkästchen *Autom. als Standard einfügen* markiert ist, wird die *MwSt.-Geschäftsbuchungsgruppe* aus der *Geschäftsbuchungsgruppe* vorbelegt.
6. Im Inforegister *Zahlungen* wählen Sie den zutreffenden *Zlg.-Bedingungscode* für die Zahlungsbedingung des Debitors aus.
7. Falls keine zusätzlichen Daten einzutragen sind, können Sie die Debitorenkarte schließen.

6.3 Kontakte

Marketingkontakte dienen zur Verwaltung aller Kontakte des Unternehmens, wobei die Kontakte sowohl Firmen als auch Ansprechpartner (Personen) umfassen. Kontakte stellen die Grundlage für Aktivitäten im Marketing dar, wie beispielsweise das Kampagnenmanagement. Sie können aber auch in allen anderen Unternehmensbereichen zielführend eingesetzt werden – beispielsweise als übergeordnetes Adressbuch zur Verwaltung aller kontaktbezogenen Aktivitäten und Aufgaben.

Aufgrund der engen Zusammenhänge von Marketing und Vertrieb sind Kontakte speziell im Vertrieb von besonderer Bedeutung.

6.3.1 Grundlagen der Kontaktverwaltung

Der Aufruf des Listenplatzes zur Kontaktverwaltung erfolgt über die Suche und den Link *Kontakte*. In der Kontaktübersicht erfolgt die Sortierung standardmäßig nach *Unternehmensname* und *Art*, womit in der Übersicht jeweils zuerst ein Unternehmen und danach – mit eingerücktem Namen – die zugehörigen Kontaktpersonen angezeigt werden (siehe Bild 6.6).

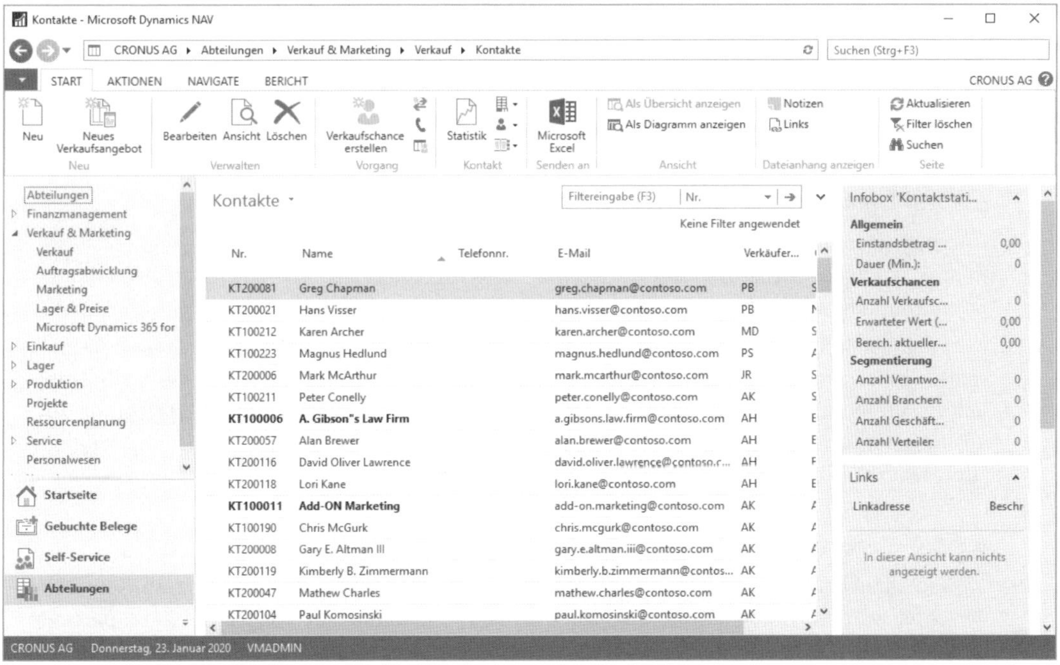

Bild 6.6 Kontaktverwaltung in Dynamics NAV

6.3.1.1 Synchronisation

Analog zum Kreditorenstamm kann auch der Debitorenstamm – durch Eintragen eines Geschäftsbeziehungscodes für *Debitoren* im Inforegister *Synchronisation* der Marketing-Einrichtung – mit den Marketingkontakten synchronisiert werden (siehe Kapitel 5).

6.3.1.2 Umwandeln eines Kontakts in einen Debitor

Falls ein neuer Kunde im Rahmen von Marketingaktivitäten oder in anderem Zusammenhang (z. B. auch bei Kreditorenanlage) bereits als Kontakt in Dynamics NAV angelegt worden ist, sollte dieser nicht direkt im Debitorenstamm angelegt werden, da dies bei aktivierter Synchronisation eine Dublette in den Kontakten erzeugen würde – derselbe Kontakt wäre dann unter zwei verschiedenen Kontaktnummern vorhanden.

In diesem Fall sollte der vorhandene Kontakt in der Kontaktverwaltung markiert und über die Schaltfläche *Erstellen als/Debitor* auf der Registerkarte *Aktionen* des Menübands in einen Debitor umgewandelt werden. Durch die Nutzung von Debitorenvorlagen können alle Feldinhalte im Debitor vorbelegt werden, die zusätzlich zu den Daten aus dem Kontaktstamm benötigt werden.

> **HINWEIS:** Debitorenvorlagen werden über die Suche und den Link *Debitorenvorlagen* angelegt. Sie enthalten Informationen zu Mehrwertsteuerberechnung, Buchungsgruppen und Preis-/Rabattgruppen.

Wenn Sie vom Kontaktstamm aus die zugeordneten Debitoren- und/oder Kreditorenstammdaten öffnen wollen, klicken Sie auf die Schaltfläche *Debitor/Kreditor/Bankkonto* auf der Registerkarte *Navigate.*

6.3.1.3 Dublettenprüfung

Um zu verhindern, dass ein Geschäftspartner (Debitor und/oder Kreditor) mehrfach als Kontakt angelegt wird, sollte der Verantwortliche vor Neuanlage prüfen, ob der betreffende Kontakt bereits in der Kontakttabelle vorhanden ist.

Als zusätzliche Unterstützung kann im Inforegister *Dubletten* der *Marketing & Vertrieb*-Einrichtung eine Dublettenprüfung aktiviert werden. Die Zeichenfolge, anhand derer die Dublettenprüfung durchgeführt wird, kann über Schaltfläche *Dublettensuchtext Einrichtung* auf der Registerkarte *Navigate* der *Marketing & Vertrieb*-Einrichtung festgelegt werden. Weitere Hinweise zur Dublettenprüfung enthält die Dynamics NAV-Hilfe.

6.3.1.4 Verkaufsangebote und Verkaufsaufträge

Verkaufsangebote können nicht nur an bestehende Debitoren, sondern auch an Kontakte gerichtet werden. Damit ist es möglich, im Debitorenstamm nur solche Geschäftspartner zu verwalten, die tatsächlich Aufträge erteilen und Rechnungen erhalten. Reine Angebotskunden werden in diesem Fall nur als Kontakt verwaltet werden.

Verkaufsaufträge können jedoch nur für Debitoren angelegt werden. Wird ein Verkaufsangebot, das an einen Kontakt (und nicht an einen Debitor) gerichtet ist, über die Schaltfläche *Auftrag erst.* auf der Registerkarte *Start* der Angebotsverwaltung in einen Verkaufsauftrag umgewandelt, wird das zuvor beschriebene Umwandeln des Kontakts in einen Debitor nach Rückfrage automatisch durchgeführt.

6.3.2 Anleitung zum Erstellen eines Kontakts

Um einen neuen Kontakt - im Beispiel einen Marketingkontakt im Demomandanten „CRONUS AG“ beschränkt auf die wichtigsten Daten - anzulegen, gehen Sie wie folgt vor:

1. Wählen Sie über die Suche den Link *Kontakte*.
2. Klicken Sie auf die Schaltfläche *Neu* auf der Registerkarte *Start* des Menübands, um die Kontaktkarte im Neuanlagemodus zu öffnen.
3. Betätigen Sie im Neuanlagefenster die *Eingabe*-Taste, um das Feld *Nr.* im Inforegister *Allgemein* zu verlassen, womit die Kontaktnummer aus der Standardnummernserie automatisch eingesetzt wird.
4. Für das Feld *Art* belassen Sie die Auswahl „Unternehmen“, wenn Sie ein Unternehmen anlegen wollen. Falls Sie eine Kontaktperson anlegen, wählen Sie die *Art* „Person“ und tragen im Feld *Unternehmensnr.* die Kontaktnummer des zugehörigen Unternehmens ein. Personen ohne Unternehmenszuordnung können zwar im Marketing verwaltet, nicht jedoch in Angebots- und Auftragsabwicklung verwendet werden. Daher ist auch für Einzelpersonen, die Angebote und Aufträge als Geschäftspartner auf eigene Rechnung abwickeln, die *Art* „Unternehmen“ zu wählen.
5. Den Namen von Unternehmen oder Kontaktperson tragen Sie im Feld *Namen* ein. Für Kontaktpersonen werden Vorname und Nachname getrennt gespeichert. Sie können die entsprechende Eintragung über den AssistButton neben dem Namensfeld vornehmen.
6. Im Inforegister *Allgemein* tragen Sie danach die Straße und die Hausnummer im Feld *Adresse* und die Postleitzahl im Feld *PLZ-Code* ein. Beachten Sie, dass *Ort* und *Länder-/Regionscode* nach Verlassen des Felds *PLZ-Code* automatisch eingesetzt werden. Falls der gewünschte Ort nicht in der PLZ-Tabelle enthalten ist, erfassen Sie ihn im Feld *Ort* manuell. Für ausländische Kontakte wählen Sie zusätzlich einen *Länder-/Regionscode* (wenn nicht aus dem *PLZ-Code* vorbelegt).
7. Falls keine zusätzlichen Daten einzutragen sind, können Sie die Kontaktkarte anschließend schließen.

6.4 Verkaufsartikel, Preise und Ressourcen

Neben dem Debitorenstamm bildet der Artikelstamm, der in einer gemeinsamen Verwaltungsseite für alle Bereiche von Warenwirtschaft und Supply Chain Management geführt wird, die zweite wesentliche Basis für die Arbeit im Vertrieb. Ausgehend von den allgemeinen Grundlagen zur Artikelverwaltung, die in Kapitel 3 enthalten sind, werden im Rahmen dieses Kapitels nur die im Verkauf wesentlichen Einstellungen im Artikelstamm und in der Preis-/Rabattverwaltung beschrieben.

Zusätzlich wird in diesem Kapitel die Verwaltung von Ressourcen erklärt, die anstelle von Artikeln für den Verkauf von Dienstleistungen eingesetzt werden.

6.4.1 Artikelstamm

Der Listenplatz zur Verwaltung der Artikel wird über die Suche über den Link *Artikel* geöffnet. Er zeigt einen Überblick der vorhandenen Artikel in der Artikelübersicht. Über einen Doppelklick auf die betroffene Zeile werden die zugehörigen Detaildaten in der Artikelkarte verwaltet.

Neben den allgemeinen Artikeldaten wie Artikelnummer, Beschreibung und Buchungsgruppen zur Sachkontenintegration sind für den Verkauf die Informationen im Inforegister *Preise und Verkauf* der Artikelkarte wesentlich:

- **VK-Preis** – dient als Vorschlagswert für den Artikelpreis beim Erfassen einer Auftragszeile, wenn keine Preisvereinbarungen auf Ebene von *Debitoren*, *Debitorenpreisgruppen* oder *Kampagnen* eingetragen sind. Der *VK-Preis* kann je nach der im Auswahlfeld *VK-Preis/DB - Berechnung* gewählten Option automatisch aus dem Basiseinkaufspreis – Feld *Direkte Kosten (neueste)* – berechnet werden.
- **Rech.-Rabatt zulassen** – steuert, ob der betroffene Artikel bei der Berechnung eines Rechnungsrabatts in Einkauf und Verkauf berücksichtigt wird.
- **Artikelrabattgruppe** – fasst Artikel zusammen, für die gleiche *Zeilenrabatte* vorgesehen sind.
- **Verkaufseinheitencode** – ermöglicht die Eintragung einer vom *Basiseinheitencode* (Lagermengeneinheit) abweichenden Verkaufsmengeneinheit (Vorschlagswert für Auftragszeilen).

Externe Artikelnummern und Barcodes zu einem Artikel lassen sich über die *Artikelreferenzposten* verwalten, die über die Schaltfläche *Referenzen* auf der Registerkarte *Navigate* im Artikelstamm geöffnet werden. Nach Auswahl der *Referenzart* „Debitor“ kann in der Spalte *Referenzartennr.* die jeweilige Debitorennummer und in der Spalte *Referenznr.* die externe Artikelnummer eingetragen werden. Die Referenznummer kann dann für den betroffenen Debitor beim Erfassen eines Verkaufsauftrags anstelle der Artikelnummer zur Auswahl des Artikels in den Auftragszeilen verwendet werden (Einblenden der Spalte *Referenznr.* in den Auftragszeilen erforderlich).

Die *Referenzart* „Barcode“ dient zur Verwaltung von Barcodes in den *Artikelreferenzposten*. Barcodes, die für die mobile Datenerfassung im Lager verwendet werden sollen, werden davon unabhängig in den *Artikelbarcodes* verwaltet (Schaltfläche *Artikelbarcodes* auf der Registerkarte *Aktionen* im Artikelstamm).

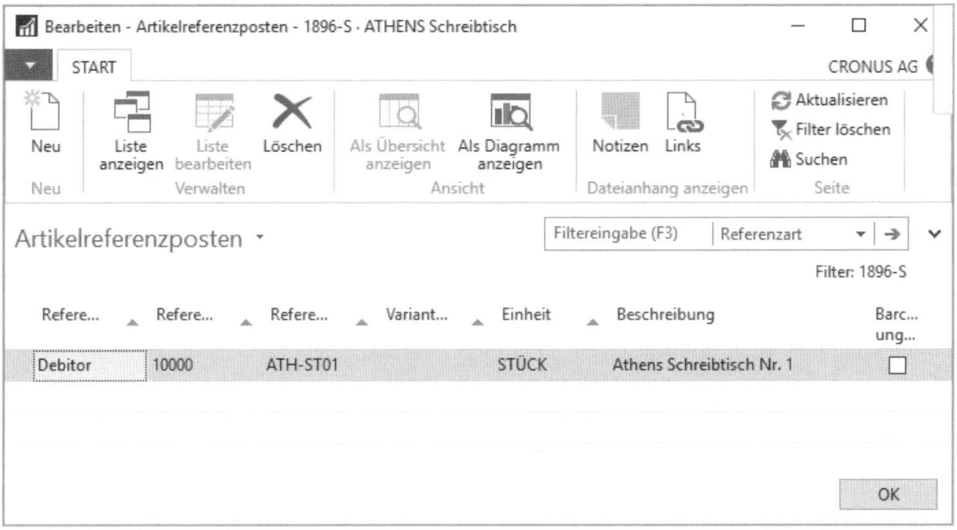

Bild 6.7 Verwaltung externer Artikelnummern in Artikelreferenzposten

6.4.2 Verkaufspreise und Rabatte

Direkt in der Artikelkarte wird durch das Feld *VK-Preis* ein Vorschlagswert für den Verkaufspreis in Auftragszeilen bestimmt. Zur Verwaltung spezieller Verkaufskonditionen steht aber auch eine umfangreiche Preisberechnungsfunktionalität zur Verfügung, die folgende Elemente umfasst:

- Verkaufspreise
- Zeilenrabatte
- Rechnungsrabatte

Preise und Zeilenrabatte können sowohl auf Ebene einzelner Debitoren und Artikel als auch auf Gruppenebene erfasst werden. In Verkaufsaufträgen wird dann von Dynamics NAV die zum Auftragsdatum gültige Kombination von Preis und Zeilenrabatt vorgeschlagen, die zum geringsten Zeilenbetrag (besten Preis) führt.

HINWEIS: Die Funktionsweise zur Verwaltung und Nutzung der Verkaufskonditionen in Dynamics NAV ist damit in ähnlicher Weise wie für Einkaufskonditionen realisiert. Hinweise dazu – insbesondere hinsichtlich der Rechnungsrabatte, auf die nachfolgend nicht näher eingegangen wird – entnehmen Sie Kapitel 5.

Unterschiede zwischen Verkaufs- und Einkaufskonditionen bestehen durch die zusätzliche Möglichkeit im Verkauf, Preise und Zeilenrabatte auf Gruppenebene zu definieren. ■

TIPP: Falls Preise kundenindividuell und in Preislisten (Debitorenpreisgruppen) geführt werden, ist es oft sinnvoll, das Feld *VK-Preis* im Artikelstamm auf null zu belassen. Fehlende Preislistenpreise werden so in der Auftragsbearbeitung leichter erkannt.

6.4.2.1 Verkaufspreisverwaltung

Die Verkaufspreisverwaltung wird im Artikelstamm über die Schaltfläche *Sonderpreise* auf der Registerkarte *Start* (bzw. *Aktionen*) geöffnet. Verkaufspreise können hier nicht nur auf Ebene einzelner Debitorennummern hinterlegt werden, sondern auch für Debitorenpreisgruppen, für Marketing-Kampagnen und für alle Debitoren.

Die Festlegung der Ebene erfolgt über die Spalte *Verkaufsart*, die folgende Auswahl zulässt:

- Debitor
- Debitorenpreisgruppe
- Alle Debitoren
- Kampagne

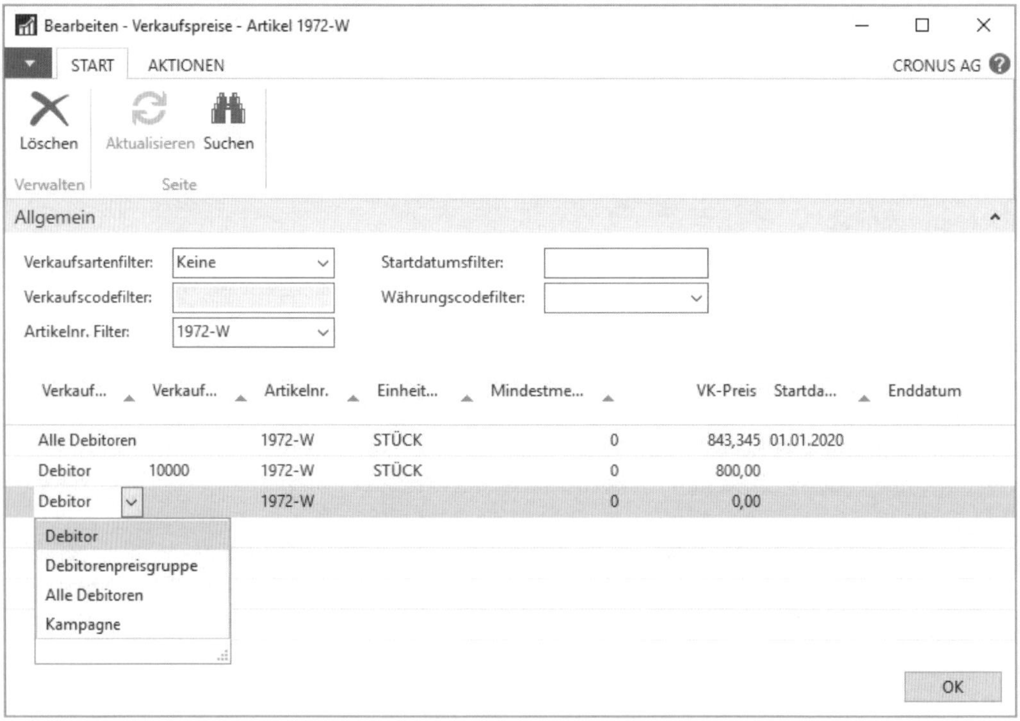

Bild 6.8 Verkaufspreisverwaltung nach Aufruf aus Artikelstamm

In der Verkaufspreisverwaltung wird je nach Auswahl für die *Verkaufsart* in der Spalte *Verkaufscode* eine Debitorennummer, eine Debitorenpreisgruppe oder eine Kampagne eingetragen. Je Artikelnummer können anschließend Mengenstaffeln, Gültigkeitsperioden und währungsabhängige Preise definiert werden. Innerhalb eines Artikels sind unterschiedliche Preise auf Ebene von Mengeneinheiten - beispielsweise für einen Preis pro Stück und einen Preis pro Karton - und Artikelvarianten möglich.

Folgende Spalten dienen zusätzlich zur Steuerung der Preisermittlung:

- **VK-Preis inkl. MwSt.** - bestimmt, ob der eingetragene *VK-Preis* die Mehrwertsteuer beinhaltet.
- **Zeilenrabatt zulassen** - bestimmt, ob ein Zeilenrabatt zusammen mit dem *VK-Preis* zugelassen wird.
- **Rechnungsrabatt zulassen** - bestimmt, ob ein Rechnungsrabatt zusammen mit dem *VK-Preis* zugelassen wird.

HINWEIS: Standardmäßig werden in der Verkaufspreisverwaltung die Spalten *Variantencode, Währungscode, VK-Preis inkl. MwSt., Zeilenrabatt zulassen* und *Rechnungsrabatt zulassen* nicht gezeigt. Als Vorschlagswert werden Zeilenrabatt und Rechnungsrabatt zugelassen und der Preis ohne Mehrwertsteuer eingetragen.

Wenn Sie diese Spalten benötigen, können Sie sie über die Konfigurationsmöglichkeiten einblenden.

Debitorenpreisgruppen, die zur Abbildung von Preislisten - beispielsweise für Großhandelspreise - dienen, werden über die Suche und den Link *Debitorenpreisgruppen* angelegt. Neben *Code* und *Beschreibung* können in den Spalten mit den Kontrollkästchen *Zeilenrabatt zulassen, Rechnungsrabatt zulassen* und *VK-Preis inkl. MwSt.* Vorschlagswerte für die zugehörigen Verkaufspreiszeilen hinterlegt werden. Der Aufruf der Verkaufspreiszeilen zu einer Debitorenpreisgruppe kann über die Schaltfläche *VK-Preise* auf der Registerkarte *Navigate* des Menübands der Debitorenpreisgruppen erfolgen.

Welche Debitorenpreisgruppe für einen Debitor gültig ist, wird in der Debitorenkarte im Inforegister *Fakturierung* festgelegt, wo die entsprechende Zuordnung im Feld *Debitorenpreisgruppe* eingetragen werden kann.

6.4.2.2 Anleitung zum Anlegen eines kundenindividuellen Verkaufspreises

Um einen neuen Verkaufspreis für einen bestimmten Kunden - im Beispiel einen zeitlich unbefristeten Staffelpreis - anzulegen, gehen Sie wie folgt vor:

1. Wählen Sie auf der *Startseite* die Menüoption *Artikel* zur Anzeige der Artikelübersicht und klicken Sie nach dem Markieren des betroffenen Artikels auf die Schaltfläche *Sonderpreise* der Registerkarte *Start* des Menübands.
2. Wenn bereits Verkaufspreise für den Artikel erfasst sind, markieren Sie die Zeile unterhalb der letzten Preiszeile, um eine neue Preisvereinbarung anzulegen. Andernfalls tragen Sie die Preisvereinbarung in der ersten Zeile ein.
3. Wählen Sie in der Spalte *Verkaufsart* die Option „Debitor" und in der Spalte *Verkaufscode* die entsprechende Debitorennummer.

4. Über den *Artikelnr. Filter* ist in der Spalte *Artikelnr.* bereits die Nummer des gewählten Artikels vorbelegt, tragen Sie daher in den weiteren Spalten den *Einheitencode* und die *Mindestmenge* ein, ab der der Preis gültig ist.
5. Nach dem Eintragen des Preises in die Spalte *VK-Preis* können Sie die Seite schließen.

HINWEIS: Alternativ können Sie die Preisverwaltung auch über die Debitorenverwaltung aufrufen. In diesem Fall wählen Sie auf der *Startseite* die Menüoption *Debitoren* zur Anzeige der Debitorenübersicht und klicken nach dem Markieren der Zeile zum betroffenen Debitor auf die Schaltfläche *Preise* auf der Registerkarte *Navigate* des Menübands.

6.4.2.3 Anleitung zum Verwalten von Preisgruppen und Preisen

Um eine neue Preisliste als Debitorenpreisgruppe zu eröffnen, einem Debitor zuzuweisen und Preisgruppenverkaufspreise anzulegen, gehen Sie wie folgt vor:

1. Wählen Sie mittels der Suche den Link *Debitorenpreisgruppen*.
2. In den Debitorenpreisgruppen erfassen Sie eine neue Zeile mit *Code* und *Beschreibung* (siehe Bild 6.9).

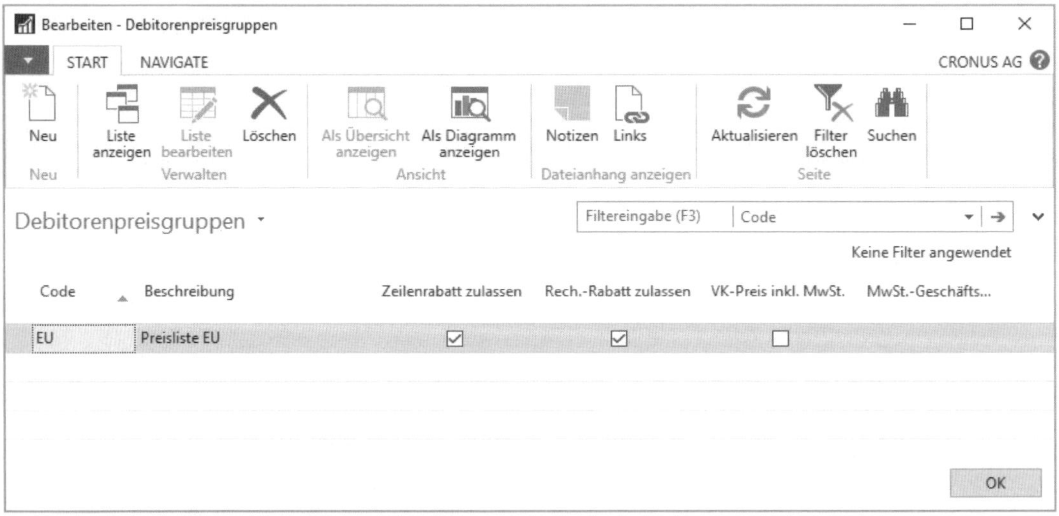

Bild 6.9 Verwaltung der Debitorenpreisgruppen

3. Um die zugehörigen Verkaufspreise zu erfassen, klicken Sie auf die Schaltfläche *VK-Preise* auf der Registerkarte *Navigate* des Menübands.
4. Die Eintragung der neuen Preisvereinbarung beginnen Sie in der ersten Zeile. Wenn im Falle einer bestehenden Debitorenpreisgruppe bereits Verkaufspreise erfasst sind, markieren Sie die Zeile unterhalb der letzten Preiszeile, um eine neue Preisvereinbarung anzulegen.

5. Über den entsprechenden Filter ist im *Verkaufscode* bereits die betroffene Debitorenpreisgruppe vorbelegt. Nehmen Sie daher die nötigen Eintragungen in den weiteren Spalten *Artikelnr.*, *Einheitencode*, *Startdatum*, *Enddatum* und *VK-Preis* vor.
6. Erfassen Sie anschließend je nach Bedarf die Preise für weitere Artikel in zusätzlichen Zeilen.
7. Verlassen Sie die Verkaufspreise und Debitorenpreisgruppen.
8. Um die neue Debitorenpreisgruppe den jeweiligen Debitoren zuzuweisen, wählen Sie auf der *Startseite* die Menüoption *Debitoren* zur Anzeige der Debitorenübersicht.
9. Nach Auswahl des entsprechenden Debitors in der Debitorenübersicht öffnen Sie die zugehörige Debitorenkarte. Im Inforegister *Fakturierung* der Debitorenkarte wählen Sie anschließend die neue *Debitorenpreisgruppe*.

HINWEIS: Die Debitorenpreisgruppe wird beim Erfassen von Verkaufsaufträgen aus dem Debitorenstamm in den Auftragskopf übernommen. Wird die Debitorenpreisgruppe in der Debitorenkarte geändert, hat dies daher keine Auswirkung auf bestehende Aufträge.

6.4.2.4 Verwaltung von Zeilenrabatten

Während ein Verkaufspreis immer für einen einzelnen Artikel definiert wird, können Zeilenrabatte auch auf Ebene von Artikelgruppen verwaltet werden. Neben der Kundendimension (Debitor/Debitorenrabattgruppe) steht damit auch die Artikeldimension (Artikel/Artikelrabattgruppe) zur Definition von Zeilenrabatten zur Verfügung:

Tabelle 6.1 Rabattfindungsebenen für den Zeilenrabatt

	Artikel	Artikelrabattgruppe
Debitor	✓	✓
Debitorenrabattgruppe	✓	✓
Alle Debitoren	✓	✓
Kampagne	✓	✓

Die Funktionsweise zur Gruppierung von Debitoren in Bezug auf Zeilenrabatte ist analog zu den Debitorenpreisgruppen realisiert, wobei Debitorenrabattgruppen getrennt von den Debitorenpreisgruppen verwaltet werden. Debitorenrabattgruppen werden über die Suche und den Link *Debitorenrabattgruppen* geöffnet, die Zuordnung zu Debitoren erfolgt in einem eigenen Auswahlfeld *Debitorenrabattgruppe* im Inforegister *Fakturierung* der Debitorenkarte.

Parallel dazu können Artikelrabattgruppen über die Suche und den Link *Artikelrabattgruppen* angelegt werden. Die Zuordnung von Artikelrabattgruppen zu Artikeln erfolgt im Feld *Artikelrabattgruppe* im Inforegister *Preise und Verkauf* der Artikelkarte.

> **HINWEIS:** Über das Kontrollkästchen *Zeilenrabatt zulassen* im Inforegister *Fakturierung* der Debitorenkarte kann die Zeilenrabattfindung in Verkaufsbelegen kundenbezogen aktiviert beziehungsweise deaktiviert werden. Die Einstellung in der Debitorenkarte wird durch das entsprechende Kontrollkästchen auf Ebene von Debitorenpreisgruppe und einzelner Verkaufspreiszeile (siehe den Abschnitt 6.4.2.1, „Verkaufspreisverwaltung“, in diesem Kapitel) übersteuert. ■

6.4.2.5 Anleitung zum Anlegen von Rabattgruppen und Zeilenrabatten

Um eine neue Artikelpreisgruppe zu eröffnen, einem Artikel zuzuweisen und entsprechende Zeilenrabatte anzulegen, gehen Sie wie folgt vor:

1. Wählen Sie über die Suche den Link *Artikelrabattgruppen*.
2. In den Artikelrabattgruppen erfassen Sie eine neue Zeile mit *Code* und *Beschreibung*.
3. Um die zugehörigen Zeilenrabatte zu erfassen, klicken Sie anschließend auf die Schaltfläche *VK-Zeilenrabatte* auf der Registerkarte *Start* des Menübands.
4. Die Eintragung der neuen Rabattvereinbarung beginnen Sie in der ersten Zeile.
5. Wenn im Falle einer bestehenden Artikelrabattgruppe bereits Zeilen erfasst sind, markieren Sie die Zeile unterhalb der letzten Rabattzeile, um eine neue Rabattvereinbarung anzulegen.
6. Über den entsprechenden Filter ist in der Spalte *Code* bereits die betroffene Artikelrabattgruppe vorbelegt. Um einen Zeilenrabatt auf Ebene von Artikelrabattgruppe und Debitorenrabattgruppe zu erfassen, wählen Sie in der Spalte *Verkaufsart* „Debitorenrabattgruppe“ und in der Spalte *Verkaufscode* die gewünschte Gruppe.
7. Nach Auswahl von Einheitencode und Mindestmenge erfassen Sie den Rabattprozentsatz in der Spalte *Zeilenrabatt %* (siehe Bild 6.10).

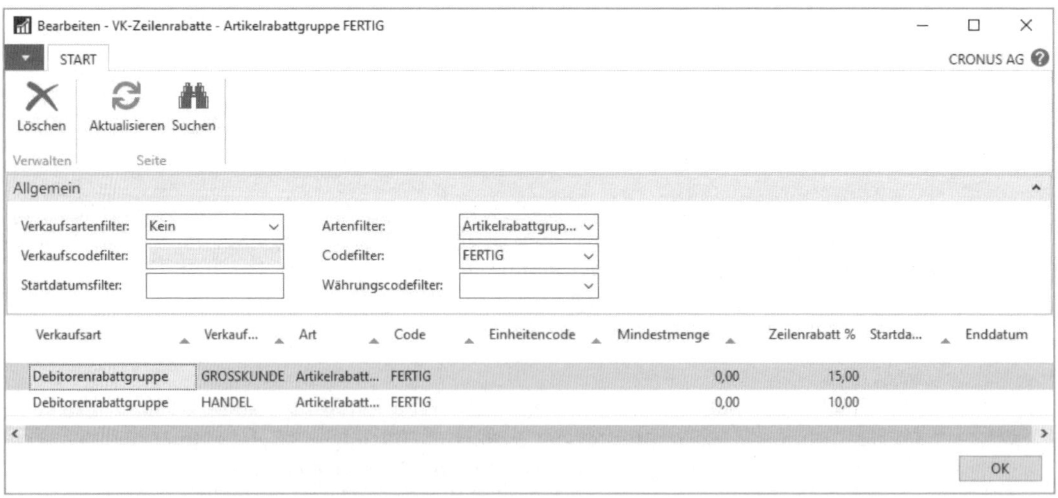

Bild 6.10 Zeilenrabatte auf Ebene von Debitorenrabattgruppe und Artikelrabattgruppe

8. Die Zeilenrabattverwaltung und die Seite der Artikelrabattgruppen verlassen Sie dann jeweils.
9. Um die neue Artikelrabattgruppe den jeweiligen Artikeln zuzuweisen, wählen Sie auf der Startseite den Listenplatz *Artikel* zur Anzeige der Artikelübersicht.
10. Öffnen Sie die Artikelkarte und wählen Sie im Inforegister *Preise und Verkauf* der Artikelkarte die neue *Artikelrabattgruppe* aus.

HINWEIS: Für Artikelrabatte auf Ebene von Debitorenrabattgruppen muss auch die Debitorenpreisgruppe in der Debitorenkarte der betroffenen Kunden eingetragen werden. ■

TIPP: Durch zweckentsprechende Definition von Rabattgruppen können Sie die Anzahl von Rabattzeilen in der Verwaltung reduzieren und damit die Verwaltung vereinfachen. So wird im Beispiel aus Bild 6.10 durch eine einzige Zeile ein Rabatt von 15 % für alle Debitoren der Gruppe „GROSSKUNDE" definiert, den sie für alle Artikel der Gruppe „FERTIG" erhalten. ■

6.4.2.6 Preisänderung

Nach dem Eintragen von Preisen im Artikelstamm oder in der Verkaufspreisverwaltung werden diese bei Neuanlage und Änderung von Auftragszeilen sofort berücksichtigt. In der Verkaufspreisverwaltung gibt es auch die Möglichkeit, über die Festlegung von *Startdatum* und *Enddatum* Preisänderungen schon vorab zu hinterlegen.

Um das Erfassen von Preisänderungen im Artikelstamm und in der Verkaufspreisverwaltung zu unterstützen, stehen in Dynamics NAV die Stapelverarbeitungen zum Anpassen der Preise zur Verfügung. Preise im Artikelstamm können über die Suche und den Link *Artikelpreise justieren* angepasst werden, Preise in der Verkaufspreisverwaltung über die Suche und den Link *VK-Preisvorschlag*. Hinweise zur Nutzung dieser Funktionen können Sie dem Hilfetext im jeweiligen Abrufdialog entnehmen.

6.4.3 Ressourcen im Vertrieb

Für den Vertrieb von Dienstleitungen dienen Ressourcen, die in Verkauf, Montage, Projektverwaltung und Servicemanagement gemeinsam verwaltet werden.

Diese Ressourcen werden hierbei völlig getrennt von den Kapazitäten im Produktionsmodul geführt. In der Produktion werden die benötigten Kapazitäten (Produktionsressourcen) in Form von Arbeitsplatzgruppen und Arbeitsplätzen verwaltet (siehe Kapitel 7).

6.4.3.1 Grundlagen der Verwaltung von Vertriebsressourcen

Der Aufruf des Listenplatzes zur Ressourcenverwaltung erfolgt über die Suche und den Link *Ressourcen*. Er zeigt einen Überblick der vorhandenen Vertriebsressourcen als Ressourcenübersicht, die mit Spalten wie *Nr.* (Ressourcennummer), *Name* und *Art* die wesentlichen Daten zur Auswahl einer Ressource enthält.

Zum Bearbeiten der Detaildaten einer Ressource dient die Ressourcenkarte (Aufgabenseite), die nach Auswahl der betroffenen Zeile in der Ressourcenübersicht über einen Doppelklick oder die Schaltfläche *Bearbeiten* auf der Registerkarte *Start* des Menübands geöffnet werden kann. Wie in der Schritt-für-Schritt-Anleitung weiter unten gezeigt, erfolgen Neuanlage und Bearbeitung von Ressourcen in der Ressourcenkarte analog zur Artikelverwaltung. Im Verkauf ist neben Ressourcennummer und Name vor allem das Inforegister *Fakturierung* von Bedeutung, in dem der *VK-Preis*, die *Produktbuchungsgruppe* (zur Sachkontenintegration) und die *MwSt.-Produktbuchungsgruppe* (zur Mehrwertsteuerberechnung) hinterlegt werden. Um Verkaufspreise in unterschiedlichen Währungen oder auf Ebene von Ressourcengruppen zu hinterlegen, kann über die Schaltfläche *VK-Preise* auf der Registerkarte *Start* des Menübands das Fenster *Ressourcen VK-Preise* geöffnet werden.

6.4.3.2 Anleitung zum Anlegen einer Ressource

Um eine neue Ressource für die Verwendung in Verkaufszeilen – beispielsweise zur Fakturierung von Dienstleistungen oder Spesen – und Montagestücklisten anzulegen, gehen Sie wie folgt vor:

1. Wählen Sie über die Suche den Link *Ressourcen* zur Anzeige der Ressourcenübersicht.
2. Klicken Sie auf die Schaltfläche *Neu* auf der Registerkarte *Start* des Menübands, um die Ressourcenkarte im Neuanlagemodus zu öffnen.
3. Tragen Sie im Inforegister *Allgemein* im Feld *Name* die Ressourcenbezeichnung ein.
4. Wählen Sie einen *Basiseinheitencode* aus.
5. Im Inforegister *Fakturierung* ist für Verkaufsressourcen die Eintragung von *Produktbuchungsgruppe* und *MwSt.-Produktbuchungsgruppe* wesentlich. In der „CRONUS AG" wählen Sie beispielsweise die *Produktbuchungsgruppe* „SERVICES"; die *MwSt.-Produktbuchungsgruppe* wird aus der *Produktbuchungsgruppe* vorbelegt.
6. Falls beispielsweise für die Einstandspreisberechnung eines Montageartikels benötigt, tragen Sie im Feld *EK-Preis* und im Feld *Einstandspreis* den Einkaufs- und den Einstandspreis der Ressource ein (Stundensatz bei Basiseinheit „Stunde").
7. Im Feld *VK-Preis* tragen Sie einen Basisverkaufspreis ein.

Mehrzeilige Ressourcenbeschreibungen können Sie in der Textbausteinverwaltung erfassen, die Sie über die Schaltfläche *Textbausteine* auf der Registerkarte *Start* der Ressourcenkarte öffnen. Soll der Textbaustein automatisch bei Auswahl der Ressource in Auftragszeilen eingefügt werden, aktivieren Sie das Kontrollkästchen *Automat. Textbaustein* in der Ressourcenkarte.

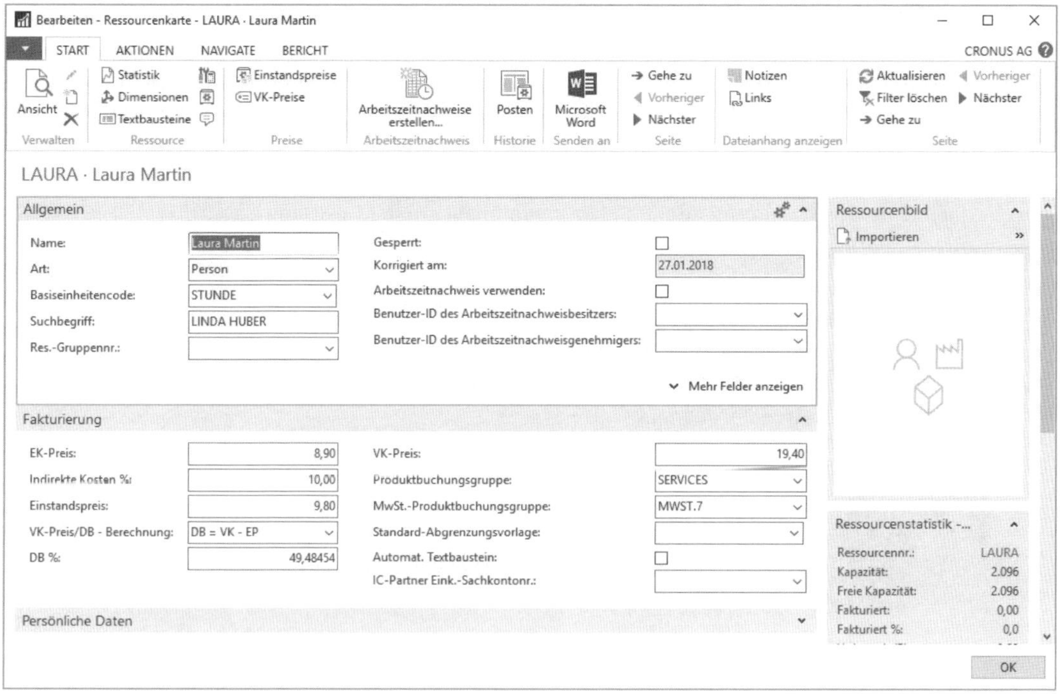

Bild 6.11 Vollständig ausgefüllte Ressourcenkarte

6.5 Verkaufsangebote und Aufträge

Verkaufsaufträge dienen zur Verwaltung des Verkaufsprozesses, angefangen von der Erfassung der Kundenbestellung über die Lieferung von Waren und/oder Dienstleistungen bis hin zur Rechnungslegung. Vorstufen zum Verkaufsauftrag sind Verkaufsangebote und Rahmenaufträge. Zur Korrektur und Berichtigung nicht vereinbarungsgemäßer Lieferungen und Rechnungen dienen Verkaufsreklamationen und Gutschriften.

Innerhalb von Dynamics NAV stehen dazu folgende Verkaufsbelege (ungebuchte Belege) zur Verfügung:

- **Verkaufsangebote** – Abwicklung des Angebotsprozesses
- **Rahmenaufträge** – Bearbeitung von Rahmenaufträgen
- **Verkaufsaufträge** – Abwicklung des kompletten Auftragsprozesses mit Lieferung und Rechnung
- **Verkaufsrechnungen** – direkte Erfassung von Verkaufsrechnungen ohne separate Lieferung
- **Verkaufsreklamationen** – Abwicklung von Reklamationen mit Rücklieferung und Rechnung

- **Verkaufsgutschriften** – direkte Erfassung und Buchung von Gutschriften ohne separate Warenbewegung

  Vom Ablauf her können zunächst Lieferungen nur auf Basis zuvor erfasster Aufträge gebucht werden. Auftragsbezogene Rechnungen lassen sich in weiterer Folge nur auf Basis zuvor gebuchter Lieferungen buchen. In Übereinstimmung mit entsprechenden rechtlichen Vorschriften kann eine Rechnung nicht vor der Lieferung gebucht werden, Lieferung und Rechnung können aber gemeinsam gebucht werden.

TIPP: Falls vor der Lieferung eine Vorauszahlung (Anzahlung) vom Kunden verlangt wird, kann in Dynamics NAV eine Vorauszahlungsrechnung aus dem Auftrag erzeugt und an den Kunden geschickt werden. Je nach Einrichtung wird die Lieferung gesperrt, bis die Vorauszahlung eintrifft. Hinweise zur Vorauszahlung finden Sie in der Dynamics NAV-Hilfe.

HINWEIS: Nachdem Funktionalität und Aufbau der Auftragsverwaltung in weiten Teilen der Bestellungsverwaltung im Einkauf entsprechen, werden nachfolgend diejenigen Punkte genauer beschrieben, in denen sich Einkauf und Verkauf unterscheiden.

6.5.1 Verkaufsangebote

In Beantwortung einer Kundenanfrage stellt das Verkaufsangebot die letzte Stufe der Vorverkaufsaktivitäten dar, die das Gewinnen von Kundenaufträgen zum Ziel haben. Nach Übermittlung an den Kunden kann dieser das Angebot annehmen oder ablehnen. Angenommene Angebote werden in Verkaufsaufträge umgewandelt.

6.5.1.1 Grundlagen der Angebotsverwaltung

Der Listenplatz zur Angebotsverwaltung wird auf der *Startseite* über die Menüoption *Verkaufsangebote* aufgerufen. Er zeigt einen Überblick mit den wesentlichen Angebotskopfdaten, zur Bearbeitung der Detaildaten eines Angebots wird die zugehörige Aufgabenseite nach Auswahl der betroffenen Zeile über einen Doppelklick oder die Schaltfläche *Bearbeiten* auf der Registerkarte *Start* des Menübands geöffnet.

Verkaufsangebote bestehen wie alle Belege in Dynamics NAV aus einem Kopfteil – dieser enthält die Daten zum Auftraggeber (Kunden) – und einem Positionsteil (Inforegister *Zeilen*), in dem die Informationen zu den bestellten Artikeln enthalten sind. Um das Erfassen von Angeboten zu vereinfachen, stehen – wie weiter hinten in diesem Kapitel auch für Verkaufsaufträge beschrieben – Standardverkaufscodes und Belegkopierfunktionen zur Verfügung.

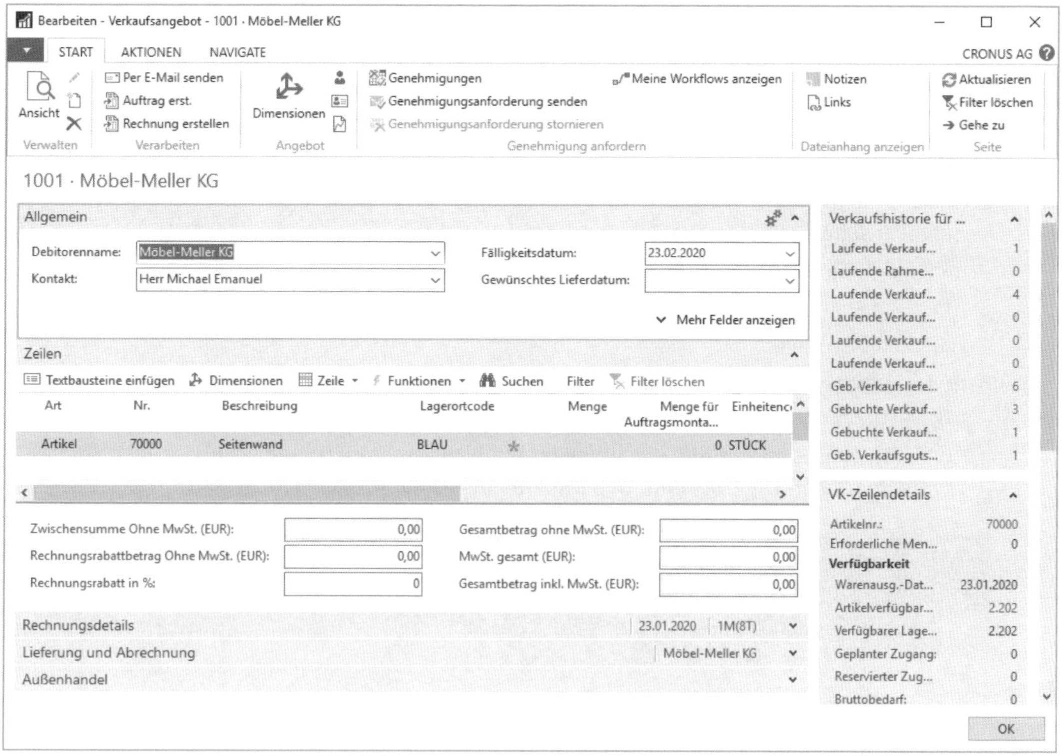

Bild 6.12 Anlegen eines Angebots in der Aufgabenseite zur Angebotsverwaltung

Funktionsweise und Struktur der Verkaufsangebote in Dynamics NAV sind zwar ähnlich wie die entsprechenden Elemente der Verkaufsaufträge, im Gegensatz zu diesen können Angebote aber auch an Marketingkontakte gerichtet werden.

Für Angebote an Marketingkontakte wird das Feld *Debitorennr.*, in das sonst die Debitorennummer des Auftraggebers eingetragen wird, freigelassen und stattdessen die Kontaktnummer im Feld *Kontaktnr.* erfasst. Zusätzlich muss zum Versenden von Angeboten an reine Marketingkontakte eine Debitorenvorlage (siehe den Abschnitt 6.3, „Kontakte") im Auswahlfeld *Debitorenvorlagencode* eingetragen werden. Dieses Auswahlfeld wird – nach einem Klick auf die Schaltfläche *Mehr Felder anzeigen* – in der Angebotskarte direkt unterhalb des Feldes *Kontaktnr.* angezeigt.

Wird ein Angebot angenommen, kann es über die Schaltfläche *Auftrag erst.* auf der Registerkarte *Start* des Menübands in einen Auftrag umgewandelt werden. Falls das Angebot an einen Marketingkontakt gerichtet ist, wird im Zuge der Angebotsumwandlung nach Rückfrage ein Debitor zum Marketingkontakt automatisch auf Basis der im Angebot eingetragenen Debitorenvorlage erstellt.

Angebote, die vom Kunden abgelehnt werden, sollten archiviert und gelöscht werden. Im Inforegister *Archivierung* der *Debitoren & Verkauf*-Einrichtung wird hierzu festgelegt, ob Angebote automatisch archiviert werden.

6.5.1.2 Anleitung zum Erfassen eines Verkaufsangebots

Um ein neues Verkaufsangebot - beispielsweise an einen bestehenden Debitor im Demomandanten „CRONUS AG" - zu erstellen und weiterzubearbeiten, gehen Sie wie folgt vor:

1. Wählen Sie auf der Startseite die Menüoption *Verkaufsangebote* zur Anzeige der Angebote.
2. Klicken Sie auf die Schaltfläche *Neu* auf der Registerkarte *Start* des Menübands, um die Aufgabenseite zur Neuanlage eines Angebots zu öffnen.
3. Im Feld *Debitorennr.* tragen Sie die gewünschte Debitorennummer ein.
4. Klicken Sie auf die erste Zeile im Inforegister *Zeilen*, um mit der Erfassung der Angebotszeilen zu beginnen.
5. In der Angebotszeile wählen Sie die Option „Artikel" in der Spalte *Art*, wenn Sie einen Lagerartikel anbieten wollen.
6. In der Spalte *Nr.* tragen Sie anschließend die gewünschte Artikelnummer, in der Spalte Lagerortcode den Lagerort und in der Spalte *Menge* die Angebotsmenge ein.

> Verkaufspreis und Zeilenrabatt werden aus den Verkaufskonditionen - siehe Abschnitt 6.4, „Verkaufsartikel, Preise und Ressourcen" - automatisch übernommen und können dann geändert werden. ■

7. Der Ausdruck des Angebots erfolgt über die Schaltfläche *Drucken* auf der Registerkarte *Start* des Menübands.
8. Soll das Angebot in weiterer Folge in einen Auftrag umgewandelt werden, klicken Sie auf die Schaltfläche *Auftrag erst.* auf der Registerkarte *Start* der Angebotsseite. Als Referenz auf das Originalangebot wird die Angebotsnummer in das Feld *Angebotsnr.* im Inforegister *Allgemein* des Verkaufsauftrags übernommen.

6.5.2 Verkaufsaufträge

Verkaufsaufträge stellen die zentrale Funktion zur Abwicklung der Geschäftsprozesse im Verkauf dar. Der Aufruf des Listenplatzes zur Verwaltung von Aufträgen erfolgt auf der *Startseite* über die Menüoption *Verkaufsaufträge*.

> **HINWEIS:** Menüoptionen wie *Verkaufsaufträge/Verkaufsaufträge - Offen* innerhalb der Hauptmenüoption *Verkaufsaufträge* zeigen eine auf den jeweiligen Anwendungsfall gefilterte Ansicht der Aufträge und können auch über die Dokumentenstapel im Rollencenter aufgerufen werden. ■

Der Listenplatz *Verkaufsaufträge* zeigt einen Überblick mit den wesentlichen Auftragskopfdaten für die Auswahl eines Auftrags. Dazu enthält der Listenbereich der Seite neben den Spalten *Nr.* für die Auftragsnummer und *Verk. an Deb.-Nr.* für die Debitorennummer des Bestellkunden weitere Spalten wie *Lagerortcode* und *Zugewiesene Benutzer-ID*.

Hierbei ist zu beachten, dass in der Auftragsübersicht nur solche Aufträge enthalten sind, die nicht komplett fakturiert sind. Sobald alle Positionen eines Auftrags vollständig fakturiert wurden, wird der Auftrag gelöscht und kann anschließend – falls archiviert – nur über die Suche und den Link *Verkaufsauftragsarchive* abgefragt werden.

Wie in Einkaufsbestellungen (siehe Kapitel 5) kann auch in Verkaufsaufträgen die Nutzung von Zuständigkeitseinheitencodes eingerichtet werden, über die der Zugriff von Benutzern auf Verkaufsaufträge eingeschränkt wird.

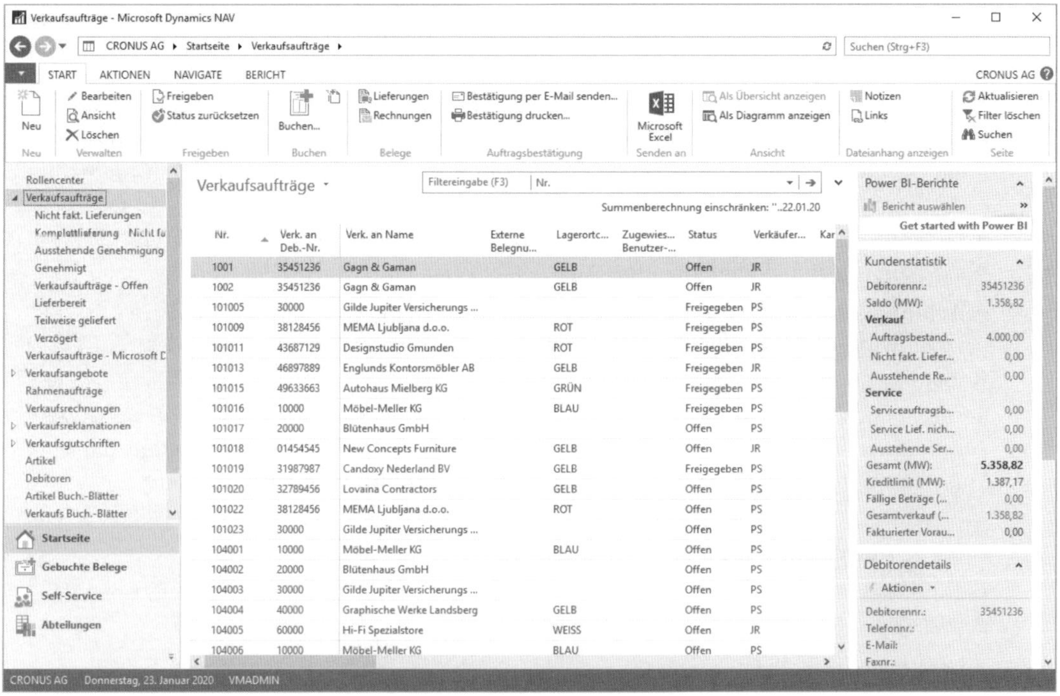

Bild 6.13 Auswählen eines Auftrags im Listenplatz Verkaufsaufträge

Um die Detaildaten eines Auftrags mit den Auftragspositionen abzufragen und zu bearbeiten, kann die zugehörige Aufgabenseite nach Auswahl der betroffenen Zeile in der Auftragsübersicht über die Schaltfläche *Bearbeiten* (auf der Registerkarte *Start* des Menübands) geöffnet werden.

6.5.2.1 Auftragskopf

Die Aufgabenseite der Verkaufsaufträge zeigt mehrere Inforegister mit Auftragskopfdaten, die Auftragspositionen werden im Inforegister *Zeilen* verwaltet.

Im Inforegister *Allgemein* sind die bereits im Listenplatz gezeigten allgemeinen Auftragsdaten wie Auftragsnummer und die Debitorennummer enthalten, zusätzlich wird hier die Adresse des Bestellkunden verwaltet.

Der *Status* ist bei Neuanlage eines Auftrags zunächst „Offen“ und wird automatisch auf „Freigegeben“ gesetzt, sobald die erste Lieferung gebucht ist. Sie können aber den Status des Auftrags zurücksetzen, indem Sie auf die Schaltfläche *Status zurücksetzen* auf der Registerkarte *Start* klicken.

Auftragsdatum, Belegdatum und *Buchungsdatum* werden bei Neuanlage eines Auftrags mit dem Arbeitsdatum vorbelegt, wobei die Vorbelegung für das Buchungsdatum in der *Debitoren & Verkauf*-Einrichtung über die Option „Kein Datum" im Auswahlfeld *Standardbuchungsdatum* deaktiviert werden kann. *Belegdatum* und *Buchungsdatum* werden als Datum für die Buchung von Lieferung und Rechnung herangezogen und sind daher vom Benutzer vor der Buchung des jeweiligen Beleges zu ändern.

Neben der Adresse des Bestellkunden sind im Auftragskopf zwei weitere Adressen vorhanden:

- **Rechnungsadresse** – die Adresse des Rechnungskunden wird im Inforegister *Lieferung und Abrechnung* angezeigt. Eine andere Rechnungsadresse als der Vorschlagswert aus dem Debitorenstamm des Bestellkunden kann über das Feld *Rech. an Deb.-Nr.* gewählt werden.
- **Lieferadresse** – die Lieferadresse wird ebenfalls im Inforegister *Lieferung und Abrechnung* angezeigt und kann über das Auswahlfeld *Lief. an Code* gewählt werden.

Falls für eine Adresse kein vordefinierter Wert, sondern eine einmalige alternative Adresse benötigt wird, ist ein manuelles Überschreiben der Adressen im Auftrag möglich.

Weitere wesentliche Daten im Auftragskopf umfassen den *Zlg.-Bedingungscode* im Inforegister *Rechnungsdetails*, der den Skonto und die Fälligkeit der Rechnung bestimmt, sowie den *Lagerortcode* und das *Warenausg.-Datum* im Inforegister *Lieferung und Abrechnung*, die den Vorschlagswert für die entsprechenden Spalten in den Auftragszeilen darstellen.

6.5.2.2 Auftragszeilen

Die Auftragszeilen im Inforegister *Zeilen* enthalten die beauftragten Positionen, wobei folgende Arten von Auftragszeilen zur Verfügung stehen:

- **Leer** – für Textzeilen
- **Sachkonto** – für Zeilen, in denen eine direkte Sachkontenbuchung erfolgen soll
- **Artikel** – zum Verkauf von Lagerartikeln
- **Ressource** – zum Verkauf von Dienstleistungen
- **WG/Anlage** – zum Verkauf von Anlagevermögen
- **Zu-/Abschlag (Artikel)** – Für verkaufte Zusatzleistungen wie Fracht und Versicherung, die in die Verkaufsstatistik des zugeordneten Artikels einfließen sollen

HINWEIS: Im Vergleich zu den Bestellzeilen im Einkauf ist in den Verkaufszeilen die zusätzliche Zeilenart „Ressource" zum Verkauf von Dienstleistungen enthalten.

Für Zeilen der Zeilenart „Zu-/Abschlag (Artikel)" ist im Vergleich zum Einkauf zu beachten, dass diese nicht den Einstandspreis der zugewiesenen Artikelzeilen beeinflussen, sondern in Form von zusätzlichen Kosten den Deckungsbeitrag der betroffenen Artikelzeilen mindern.

Je nach Zeilenart wird im Suchfenster zur Spalte *Nr.* die der jeweiligen Zeile entsprechende Suche aufgerufen. Aus den jeweiligen Stammdaten werden Vorschlagswerte für Spalten wie *Beschreibung* oder *MwSt.-Produktbuchungsgruppe* übernommen.

Falls eine externe Artikelnummer (*Artikelreferenzposten*, siehe den Abschnitt 6.4, „Verkaufsartikel, Preise und Ressourcen") bekannt ist, kann diese in der Spalte *Referenznr.* der Auftragszeile – anstelle der internen Artikelnummer in der Spalte *Nr.* – erfasst werden. Die Spalte *Referenznr.* wird standardmäßig nicht angezeigt und muss über die Konfiguration eingeblendet werden.

Nach Eintragen der Auftragsmenge in der Spalte *Menge* wird der Preis aus dem Artikelstamm/Ressourcenstamm oder der Preisverwaltung übernommen, der Zeilenrabatt zu Artikeln aus der Zeilenrabattverwaltung. Von Dynamics NAV wird die zum Auftragsdatum gültige Kombination von Preis und Zeilenrabatt vorgeschlagen, die zum geringsten Zeilenbetrag (besten Preis) führt. Zur Anzeige aller für eine Auftragszeile zutreffenden Preise und Zeilenrabatte dient die Schaltfläche *Funktionen/Zeilenrabatt abrufen* im Inforegister *Zeilen*. Falls gewünscht, kann im Zeilenrabattfenster durch Markieren einer Preis- oder Rabattzeile und Betätigen der Schaltfläche *OK* auch ein anderer als der vorgeschlagene Preis oder Rabatt in die Auftragszeile übernommen werden.

HINWEIS: Nachdem Verkaufspreise und Zeilenrabatte abhängig von Menge, Mengeneinheit und Variante in den Preisvereinbarungen verwaltet werden können, führt jede Änderung in den betreffenden Spalten einer Auftragszeile zu einer neuen Preisermittlung. ■

Falls das Kontrollkästchen *Bestandswarnung* in der *Debitoren & Verkauf*-Einrichtung markiert ist, wird eine Warnmeldung ausgegeben, wenn die Auftragsmenge am gewählten Lagerort zu einem negativen Bestand führen würde.

Ob eine Reservierung von verfügbarem Lagerbestand automatisch erfolgt oder manuell durchgeführt werden kann, hängt von den Einstellungen im Auswahlfeld *Reservieren* in Debitoren- und Artikelstamm ab. Hinweise dazu sowie zur Verwaltung von Chargen- und Seriennummern finden Sie in Kapitel 4.

6.5.2.3 Anleitung zum Erfassen eines Auftrags

Um einen neuen Verkaufsauftrag – im Beispiel mit abweichender Lieferadresse – zu erstellen, gehen Sie wie folgt vor:

1. Wählen Sie auf der *Startseite* die Menüoption *Debitoren* zur Anzeige der Debitorenübersicht.
2. Nach dem Markieren der Zeile mit dem betroffenen Debitor klicken Sie auf die Schaltfläche *Verkaufsauftrag* in der Gruppe *Neu* der Registerkarte *Start* im Menüband, um die Aufgabenseite zur Neuanlage eines Verkaufsauftrags zu öffnen.
3. Betätigen Sie im Neuanlagefenster die *Eingabe*-Taste, um das Feld *Nr.* im Inforegister *Allgemein* zu verlassen, womit die Auftragsnummer aus der Nummernserie automatisch eingesetzt wird und die Debitorendaten des Bestellkunden in die Inforegister zum Auftragskopf übernommen werden. Falls der Debitor das Kreditlimit überschritten hat, wird eine Warnmeldung angezeigt.

> **TIPP:** Auftragsnummer und Debitorendaten werden auch übernommen, wenn Sie sofort mit dem Erfassen der Auftragszeilen beginnen. Das Inforegister *Allgemein* des Verkaufsauftrags kann in diesem Fall auch zusammengeklappt sein.

4. Um eine abweichende Lieferadresse einzutragen, öffnen Sie das Inforegister *Lieferung und Abrechnung* und wählen den gewünschten *Lief. an Code*. Falls benötigt, kann im Inforegister *Lieferung und Abrechnung* auch eine auftragsspezifische Lieferadresse nach einem Klick auf die Schaltfläche *Mehr Felder anzeigen* manuell in den entsprechenden Feldern erfasst werden.
5. Klicken Sie auf die erste Zeile im Inforegister *Zeilen*, um mit der Erfassung der Auftragszeilen zu beginnen.
6. In der ersten Auftragszeile wählen Sie die Option *Artikel* in der Spalte *Art*, wenn Sie einen Lagerartikel eintragen wollen.
7. In der Spalte *Nr.* tragen Sie anschließend die gewünschte Artikelnummer, in der Spalte *Lagerortcode* den Lagerort und in der Spalte *Menge* die Auftragsmenge ein.

> **HINWEIS:** Verkaufspreis und Zeilenrabatt werden aus den Verkaufskonditionen übernommen und können geändert werden. Ob die Mehrwertsteuer im Verkaufspreis beinhaltet ist, hängt vom Kontrollkästchen *Preise inkl. MwSt.* im Inforegister *Rechnungsdetails* des Auftrags – vorbelegt aus dem Debitorenstamm – ab. In Abhängigkeit von diesem Kontrollkästchen lautet daher auch die Überschrift der Preisspalte in den Auftragszeilen *VK-Preis ohne MwSt.* oder *VK-Preis inkl. MwSt.*.
>
> Die Artikelverfügbarkeit am gewählten Lagerort sehen Sie in der Infobox *VK-Zeilendetails*.

8. Um eine Zeile zu einer Ressource – beispielsweise für eine Montagetätigkeit – zu erfassen, wählen Sie die Option *Ressource* in der Spalte *Art* und tragen in der Spalte *Nr.* die gewünschte Ressourcennummer ein. Menge und Preis von Ressourcen im Verkaufsauftrag werden analog zu Lagerartikeln eingetragen. Auch die Spalten *Zu liefern* und *Zu fakturieren* zur Buchung von Lieferschein und Rechnung sind genauso wie für Artikelzeilen zu benutzen.
9. Wenn Sie keine weiteren Zeilen einzutragen haben, ist die Erfassung des Auftrags damit abgeschlossen.

> **HINWEIS:** Sie können Verkaufsaufträge alternativ auch direkt in der Listenseite *Verkaufsaufträge* anlegen, indem Sie in der Auftragsübersicht auf die Schaltfläche *Neu* auf der Registerkarte *Start* klicken. In diesem Fall müssen Sie im Neuanlagenfenster die Debitorennummer in das Feld *Verk. an Deb.-Nr.* eintippen oder über das zugehörige Suchfenster ermitteln.

6.5.3 Belegkopie und Standardverkaufscodes

Belegkopie und Standardverkaufscodes werden in Verkaufsaufträgen – und anderen ungebuchten Verkaufsbelegen – genutzt, um einen neuen Auftrag auf Basis vorhandener Werte zu erstellen.

Das Kopieren eines Belegs in einen neuen Auftrag wird in der Verkaufsauftragskarte über die Schaltfläche *Beleg kopieren* auf der Registerkarte *Start* durchgeführt. Im Dialogfeld *Verkaufsbeleg kopieren* können dann neben der Belegart „Auftrag“ (zum Kopieren eines bestehenden Auftrags) auch andere ungebuchte und gebuchte Belege wie Angebote oder Rechnungen sowie archivierte Belege gewählt werden. Zusätzlich zur Belegart sind folgende Kontrollkästchen im Dialogfeld zu berücksichtigen:

- **Inklusive Kopf** – steuert, ob nur Auftragszeilen oder auch Auftragskopfdaten aus dem kopierten Beleg übernommen werden.
- **Zeilen neu berechnen** – bestimmt, ob Verkaufspreise und Zeilenrabatte aktualisiert werden.

Bild 6.14 Dialogfeld zum Kopieren von Verkaufsbelegen

Im Gegensatz zur Kopierfunktion, über die jeder bestehende Beleg kopiert werden kann, werden *Standardverkaufscodes* gezielt als Zeilenvorlage angelegt und einzelnen Debitoren zugewiesen. Die Übersicht der Standardverkaufscodes wird über die Suche und den Link *Standardverkaufscodes* geöffnet, die Standardverkaufscodekarte zum Bearbeiten eines Verkaufscodes kann über die Schaltfläche *Bearbeiten* auf der Registerkarte *Start* des Menübands geöffnet werden.

Im Inforegister *Zeilen* der Verkaufscodekarte können beliebig viele Zeilen zu einem Verkaufscode erfasst werden. Dazu wird – wie in Auftragszeilen – für Lagerartikel in der Spalte *Art* „Artikel" gewählt und anschließend Artikelnummer und Menge eingetragen. Verkaufscodes werden den betroffenen Debitoren zugewiesen, indem im Debitorenstamm durch einen Klick auf die Schaltfläche *Std.-Debitorverkaufscodes* auf der Registerkarte *Navigate* das Fenster mit den Debitorenverkaufscodes geöffnet wird und der gewünschte Verkaufscode in diesem Fernster eingetragen wird.

Wenn Sie im Zuge der Auftragsbearbeitung die Zeilen eines Standardverkaufscodes in die Auftragszeilen übernehmen wollen, klicken Sie in der Verkaufsauftragskarte auf die Schaltfläche *Std.-Deb.-Verkaufscodes holen* auf der Registerkarte *Aktionen*.

TIPP: Belegkopierfunktion und Standardeinkaufscodes stehen analog in den Belegen des Einkaufs zur Verfügung.

6.5.4 Anleitung zum Druck einer Auftragsbestätigung

Wie für den Bestelldruck im Einkauf beschrieben (siehe Kapitel 5), sollten Sie im Zusammenhang mit dem Druck der Auftragsbestätigung die Verwendung von Rechnungsrabatt und Archivierung berücksichtigen.

Um eine Auftragsbestätigung aus der Auftragsübersicht zu drucken, gehen Sie wie folgt vor:

1. Klicken Sie in der Auftragsübersicht auf die Schaltfläche *Bestätigung drucken* in der Gruppe *Auftragsbestätigung* der Registerkarte *Start*, um das Dialogfeld zum Drucken der Auftragsbestätigung zu öffnen.
2. Im Dialogfeld können Sie *Optionen* wie die Anzahl der zusätzlich zum Original gedruckten Kopien und die Belegarchivierung festlegen. Im Filterbereich ist der Filter automatisch auf den jeweiligen Verkaufsauftrag gesetzt, wenn der Druckabruf aus einem Auftrag erfolgt.
3. Die Seitenansicht rufen Sie über die Schaltfläche *Vorschau*, den tatsächlichen Ausdruck über die Schaltfläche *Drucken* auf. Durch Klicken auf den Pfeil am rechnten Rand der Schaltfläche *Drucken* können Sie zwischen verschiedenen Ausgabeoptionen – *Drucken*, *PDF*, *Microsoft Word* und *Microsoft Excel* – wählen.

HINWEIS: Möchten Sie mehrere Auftragsbestätigungen drucken, können Sie einen gesammelten Druck über die Suche und den Link *Verkauf – Auftragsbestätigung* durchführen. Um die Anzahl gedruckter Auftragsbestätigungen zu begrenzen, sollten Sie dann auf das Eintragen eines Filters im Dialogfeld zum Drucken der Auftragsbestätigung achten.

6.6 Lieferungen und Rechnungen im Verkauf

Im Zuge der weiteren Abwicklung des Verkaufsauftrags wird zum geplanten Liefertermin ein Lieferschein gebucht. Die zugehörige Rechnung wird gemeinsam mit dem Lieferschein oder - beispielsweise in einer Sammelrechnung - eine bestimmte Zeit danach gebucht. Je nach Geschäftsfall sind auch Teillieferung und/oder Teilrechnung möglich.

Rechnung und Lieferschein lassen sich gleichzeitig buchen, eine Rechnung kann aber nicht vor dem Lieferschein gebucht werden. Zusätzlich kann keine größere als die zuvor oder gleichzeitig gelieferte Menge fakturiert werden. Falls eine Zahlung vor der Lieferung erfolgen soll, kann die Funktionalität der Vorauszahlungen verwendet werden.

6.6.1 Lieferscheine

Mit dem Buchen der Lieferung wird die Ware vom Lager abgebucht, womit der Lagerbestand entsprechend reduziert wird.

6.6.1.1 Grundlagen der Verkaufslieferung

Das Buchen der Lieferung wird direkt aus dem betroffenen Verkaufsauftrag vorgenommen. Als erster Schritt wird die zu liefernde Menge in der Spalte *Zu liefern* der Auftragszeilen erfasst, wobei im Zuge der Buchung folgende Spalten zu berücksichtigen sind:

- **Menge** - Auftragsmenge
- **Reservierte Menge** - für die betroffene Zeile reservierte Menge (Summe Reservierungsposten)
- **Zu liefern** - Menge für die Buchung der aktuellen Lieferung (maximal gleich der Auftragsmenge)
- **Menge geliefert** - insgesamt gebuchte Menge vorangehender Teillieferungen
- **Zu fakturieren** - Menge für die Buchung der aktuellen Rechnung
- **Menge fakturiert** - insgesamt gebuchte Menge vorangehender Teilrechnungen

Ob eine Teillieferung zulässig ist, wird über das Feld *Versandanweisung* im Inforegister *Lieferung und Abrechnung* des Auftrags - vorbelegt aus dem entsprechenden Feld im Debitorenstamm - bestimmt. Falls dieses Feld die Auswahl „Komplettlieferung“ enthält, sind Teillieferungen nicht möglich.

Vor dem Buchen der Lieferung ist im Auftragskopf das Feld *Buchungsdatum* zu beachten, in dem das tatsächliche Lieferdatum einzutragen ist („a“ für aktuelles Arbeitsdatum). Wie im Einkauf werden Vorschlagswerte für die Liefermenge (Spalte *Zu liefern*) und das Buchungsdatum abhängig von der *Debitoren & Verkauf*-Einrichtung bereits bei der Erfassung des Auftrags eingesetzt. Für die Spalte *Zu fakturieren* wird die Summe nicht fakturierter Lieferungen vorgeschlagen (*Zu liefern + Menge geliefert - Menge fakturiert*).

Um die Lieferung zu buchen und parallel zur Buchung auch den Lieferschein zu drucken, kann im Verkaufsauftrag die Schaltfläche *Buchen und drucken* auf der Registerkarte *Start* des Menübands benutzt werden. Im Zuge des Buchungsvorgangs ist dann in einem Dialogfeld anzugeben, ob nur die Lieferung oder gleichzeitig auch die Rechnung gebucht werden soll.

Bei Auswahl von „Liefern“ in diesem Dialogfeld wird der Lieferschein mit der Menge in der Spalte *Zu liefern* gebucht. Wird im Dialogfeld die Standardoption *Liefern und fakturieren* belassen, bucht Dynamics NAV zusätzlich die Verkaufsrechnung für die in der Spalte *Zu fakturieren* eingetragene Menge.

HINWEIS: Wenn Sie auf die Schaltfläche *Buchen und drucken* klicken, wird anschließend kein Dialogfeld zur Druckerauswahl angezeigt. Die Ausgabe erfolgt automatisch auf dem Windows-Standarddrucker oder dem Drucker, der dem Benutzer in der Verwaltung der Druckerauswahl (Suche: „Druckerauswahloptionen“) zugeordnet ist.

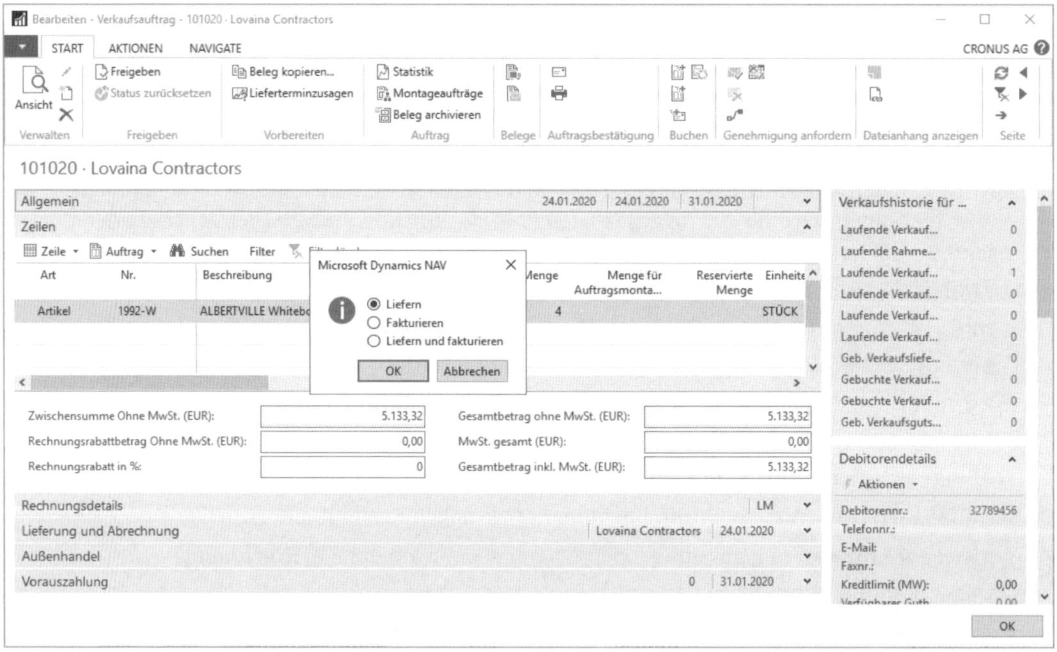

Bild 6.15 Dialogfeld zum Buchen und Drucken der Lieferung (Option Liefern)

Soll ein Lieferschein nachgedruckt werden – beispielsweise nachdem eine Lieferung über die Schaltfläche *Buchen* auf der Registerkarte *Start* ohne Lieferscheindruck gebucht worden ist – kann die gebuchte Lieferung im Verkaufsauftrag über die Schaltfläche *Lieferungen* in der Gruppe *Belege* der Registerkarte *Start* geöffnet werden. In der Abfrage gebuchter Verkaufslieferungen erfolgt der Ausdruck des Lieferscheins über die Schaltfläche *Drucken*.

6.6.1.2 Anleitung zum Buchen einer Verkaufslieferung

In folgender Schritt-für-Schritt-Anleitung führen Sie das Buchen einer Teillieferung durch, wobei sich das Buchen von Teillieferungen nur durch die gebuchte Menge von Komplettlieferungen unterscheidet.

Um eine Teillieferung zu buchen, führen Sie folgende Schritte aus:

1. Wählen Sie auf der *Startseite* die Menüoption *Verkaufsaufträge* zur Anzeige der Aufträge.
2. Per Doppelklick auf den betroffenen Verkaufsauftrag im Listenbereich öffnen Sie die zugehörige Aufgabenseite, wo Sie im Inforegister *Allgemein* das *Buchungsdatum* kontrollieren und gegebenenfalls auf das aktuelle Arbeitsdatum ändern.
3. Anschließend wechseln Sie zum Inforegister *Zeilen*, wo Sie für alle Zeilen die tatsächlich auszuliefernde Teilmenge in der Spalte *Zu liefern* eintragen. Die Buchungsmenge nicht zu liefernder Zeilen setzen Sie auf null.
4. Um das Dialogfeld zur Buchung mit Belegdruck zu öffnen, klicken Sie auf die Schaltfläche *Buchen und drucken* auf der Registerkarte *Start* des Menübands.
5. Im Dialogfeld zur Buchung wählen Sie die Option *Liefern*, um nur die Lieferung zu buchen, und klicken anschließend auf die Schaltfläche *OK*.
6. Der Ausdruck des Lieferscheins erfolgt dann automatisch am Windows-Standarddrucker oder dem in der Druckerauswahl zugeordneten Drucker.
7. Nach Abschluss der Buchung wird die insgesamt gelieferte Menge in der Spalte *Menge geliefert* angezeigt. In den Spalten *Zu liefern* und *Zu fakturieren* ist – je nach Einstellung im Auswahlfeld *Zu liefernde Standardmenge* der *Debitoren & Verkauf*-Einrichtung – die offene Menge als Vorschlag für die nächste Buchung enthalten.

6.6.1.3 Analyse der Buchungen

Die Abfrage einer gebuchten Verkaufslieferung kann über die Suche und den Link *Geb. Verkaufslieferungen* oder direkt aus dem jeweiligen Verkaufsauftrag über die Schaltfläche *Lieferungen* in der Gruppe *Belege* der Registerkarte *Start* erfolgen.

Über die Schaltfläche *Navigate* auf der Registerkarte *Start* der Lieferungsabfrage kann eine Abfrage der mit der jeweiligen Lieferung verbundenen Buchungen in allen Bereichen durchgeführt werden. In Bild 6.16 zeigt die Navigate-Abfrage, dass zur betrachteten Lieferung zwei Mengenbuchungen (Artikelposten) und zwei zugehörige Wertbuchungen (Wertposten) vorhanden sind.

Bild 6.16 Abfrage verbundener Buchungen über die Funktion Navigate

Eine Detailanzeige der einzelnen Buchungen kann über die Schaltfläche *Zugehörige Posten anzeigen* im Navigate-Fenster abgerufen werden. Die entsprechenden Buchungen lassen sich aber auch direkt aus dem jeweiligen Bereich abrufen – Artikelposten beispielsweise über die Schaltfläche *Posten/Posten* auf der Registerkarte *Navigate* des Menübands im Artikelstamm.

In den Artikelposten sind alle mengenmäßigen Transaktionen enthalten, für Verkaufslieferungen wird die *Belegart* „Verkaufslieferung“ angezeigt. In der Spalte *Belegnr.* ist die Lieferscheinnummer enthalten, die Spalte *Menge* zeigt die gelieferte Menge und die Spalte *Fakturierte Menge* die davon bereits fakturierte Menge.

HINWEIS: Sachposten zu Verkaufslieferungen werden im Zuge der Lagerregulierung (siehe Kapitel 9) erzeugt, wenn die Sachkontenintegration von Verkaufslieferungen in der Lagereinrichtung aktiviert ist.

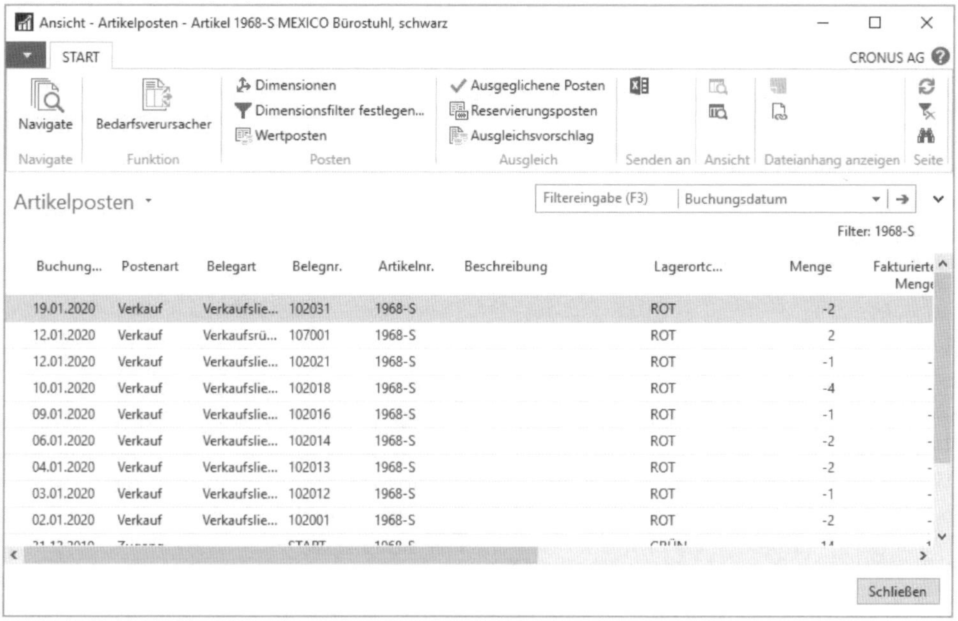

Bild 6.17 Artikelposten nach Aufruf aus dem Artikelstamm

6.6.1.4 Storno einer Lieferung

Wollen Sie eine gebuchte Lieferung korrigieren, zu der noch keine Rechnung gebucht worden ist, können Sie ein Storno der Verkaufslieferung buchen (analog zur Stornofunktion in den Einkaufslieferungen).

Dazu öffnen Sie die Abfrage der gebuchten Verkaufslieferungen über die Suche und den *Geb. Verkaufslieferungen* oder direkt aus dem jeweiligen Verkaufsauftrag über die Schaltfläche *Lieferungen* auf der Registerkarte *Start*. Nach Doppelklick auf die betroffene Lieferung in der Lieferungsübersicht werden die Lieferungsdetails angezeigt.

Im Inforegister *Zeilen* der Lieferungsdetails können Sie zum Storno der Lieferung anschließend auf die Schaltfläche *Funktionen/Warenausgang stornieren* klicken.

6.6.2 Rechnungen

Das Buchen der Verkaufsrechnung kann gleichzeitig mit der Lieferung oder zu einem späteren Zeitpunkt erfolgen. Mit der Rechnung wird der Vertriebsprozess abgeschlossen und der Auftrag in Dynamics NAV gelöscht.

6.6.2.1 Grundlagen der Verkaufsrechnung

Für das Buchen der Verkaufsrechnung in Dynamics NAV gibt es drei unterschiedliche Möglichkeiten:

- aus dem betroffenen Auftrag (Menüoption *Verkaufsaufträge* auf der *Startseite*),
- aus der Rechnungserfassung (Menüoption *Verkaufsrechnungen* auf der *Startseite*),
- aus dem *Fibu Buch.-Blatt* (Menüoption *Verkaufs Buch.-Blätter* auf der *Startseite*).

Die Buchung über die Rechnungserfassung wird auch benutzt, wenn eine Sammelrechnung über Lieferungen zu unterschiedlichen Aufträgen gebucht werden soll.

HINWEIS: Die Nutzung von *Fibu Buch.-Blätter* wird in Kapitel 9 erläutert.

Wenn Sie die Rechnung direkt vom Verkaufsauftrag aus drucken wollen, können Sie wie beim Buchen der Lieferung auf die Schaltfläche *Buchen und drucken* auf der Registerkarte *Start* des Menübands klicken, um parallel zur Buchung auch den Ausdruck der Rechnung zu erstellen.

Wenn Sie im Dialogfeld zur Auswahl des Buchungsvorgangs die Option *Fakturieren* wählen, wird eine Rechnung für zuvor gebuchte Lieferungen gebucht. Die Option *Liefern und fakturieren* bucht sowohl die Lieferung als auch die Rechnung.

Sobald alle Positionen eines Verkaufsauftrags komplett fakturiert worden sind, ist der Auftrag erledigt und wird gelöscht. Ist eine automatische Archivierung im Inforegister *Archivierung* der *Debitoren & Verkauf*-Einrichtung vorgesehen, kann der Auftrag anschließend im Archiv abgefragt werden.

HINWEIS: Ein erledigter Verkaufsauftrag wird nicht immer automatisch gelöscht. So bleibt er beispielsweise erhalten, wenn er über eine Sammelrechnung oder durch manuelles Anpassen der Auftragsmenge geschlossen wird.

Erledigte Aufträge können über einen Sammelabruf gelöscht werden, der über die Suche und den Link *Erledigte Aufträge löschen* zur Verfügung steht.

Aufgrund der Finanzintegration und der tiefgreifenden Integration anderer Module werden in Dynamics NAV parallel zur Buchung der Rechnung in der Verkaufsrechnungstabelle auch Buchungen in anderen Bereichen erzeugt. Dazu gehören Sachkontenbuchungen, Debitorenposten, Artikelwertposten und je nach Anwendung weitere Buchungen wie Mehrwertsteuerposten.

6.6.2.2 Anleitung zum Buchen einer Verkaufsrechnung

Um eine Rechnung – im Beispiel zu einer Teillieferung – zu buchen, führen Sie folgende Schritte aus:

1. Wählen Sie auf der *Startseite* die Menüoption *Verkaufsaufträge* zur Anzeige der Aufträge.
2. Per Doppelklick auf den betroffenen Auftrag im Listenbereich öffnen Sie die zugehörige Aufgabenseite, wo Sie im Inforegister *Allgemein* das *Buchungsdatum* kontrollieren und gegebenenfalls auf das aktuelle Arbeitsdatum ändern.
3. Anschließend wechseln Sie zum Inforegister *Zeilen*, wo Sie für alle Zeilen die zu berechnende Menge in der Spalte *Zu fakturieren* überprüfen/eintragen. Die Buchungsmenge nicht fakturierter Zeilen setzen Sie auf null.

4. Klicken Sie auf die Schaltfläche *Buchen und drucken* auf der Registerkarte *Start* des Menübands, um das Dialogfeld zur Buchung samt Belegdruck zu öffnen.
5. Im Dialogfeld zur Buchung wählen Sie die Option *Fakturieren*, um die Rechnung zu buchen, und klicken anschließend auf die Schaltfläche *OK*.
6. Der Ausdruck der Rechnung erfolgt dann automatisch am Windows-Standarddrucker oder dem in der Druckerauswahl zugeordneten Drucker.
7. Unter der Voraussetzung, dass der Auftrag mit dem Buchen der Rechnung nicht abgeschlossen ist und automatisch gelöscht wird, ist die fakturierte Menge nach Abschluss der Buchung in der Spalte *Menge fakturiert* zu sehen. In den Spalten *Zu liefern* und *Zu fakturieren* ist – je nach Einstellung im Auswahlfeld *Zu liefernde Standardmenge* der *Debitoren & Verkauf*-Einrichtung – die offene Menge als Vorschlag für die nächste Buchung enthalten.

6.6.2.3 Analyse der Buchungen

Die Abfrage einer gebuchten Rechnung erfolgt über die Suche und den *Link Geb. Verkaufsrechnungen*. Um eine gebuchte Rechnung aufgrund von Auftragsnummer oder Rechnungsnummer zu finden, kann – wie in allen Listenplätzen – der erweiterte Filter benutzt werden. Für Teilrechnungen, deren zugehöriger Verkaufsauftrag noch nicht gelöscht ist, kann die Rechnungsabfrage auch direkt aus dem jeweiligen Auftrag über die Schaltfläche *Rechnungen* in der Gruppe *Belege* der Registerkarte *Start* erfolgen.

Die Rechnungsabfrage zeigt ähnliche Informationen wie die Abfrage der Verkaufslieferungen an. Auch die Schaltfläche *Navigate* zur Abfrage der verbundenen Buchungen in allen Bereichen steht zur Verfügung. Die Rechnungsbuchung ist allerdings mit anderen Buchungen verbunden als die Buchung der Lieferung.

So werden Rechnungen – im Gegensatz zu Lieferungen – in der Debitorenbuchhaltung als Debitorenposten gebucht. Diese lassen sich auch direkt aus der Debitorenübersicht über die Schaltfläche *Posten* in der Gruppe *Historie* der Registerkarte *Start* abrufen.

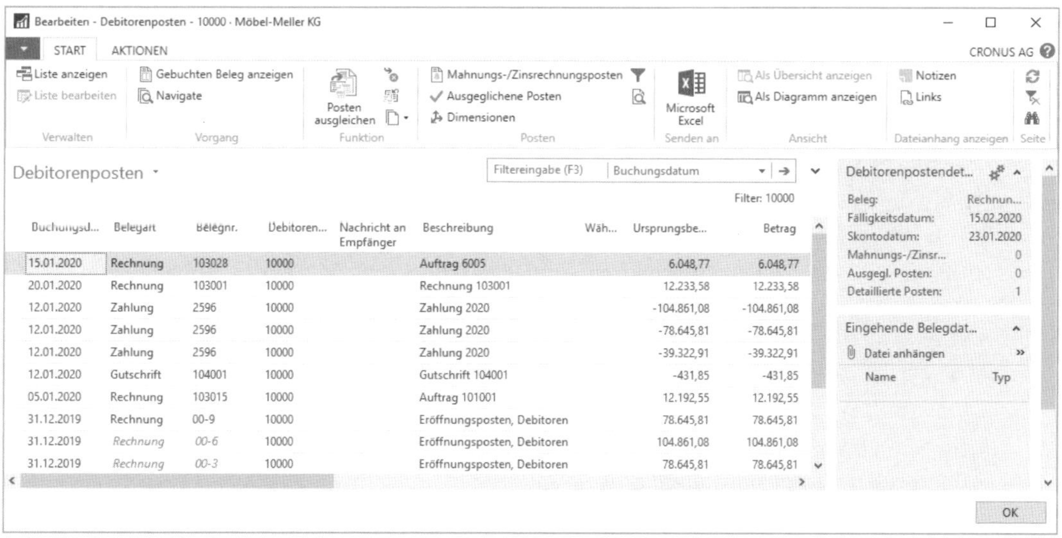

Bild 6.18 Debitorenposten nach Aufruf aus dem Debitorenstamm

In den Debitorenposten werden die gebuchten Rechnungen und Zahlungen mit Buchungsdatum, Belegnummer (Rechnungsnummer bei Rechnungen), Betrag und Währung angezeigt. Die Spalte *Restbetrag* zeigt den offenen Betrag der jeweiligen Rechnung (noch nicht durch Zahlung oder Gutschrift ausgeglichen), wobei Rechnungen mit einem offenen *Restbetrag* und einem *Fälligkeitsdatum* vor dem aktuellen Arbeitsdatum hervorgehoben dargestellt werden.

HINWEIS: Hinweise zu Sachkontenbuchungen und Integrationseinstellungen für Verkaufsrechnungen und zur Buchung von Zahlungen finden Sie in Kapitel 9.

6.6.3 Rechnungserfassung und Sammelrechnungen im Verkauf

Neben dem Buchen von Rechnungen über Verkaufsaufträge bietet Dynamics NAV auch die Möglichkeit, Verkaufsrechnungen auf der *Startseite* über die Menüoption *Verkaufsrechnungen* direkt zu erfassen.

6.6.3.1 Nutzung der Rechnungserfassung

Das Bearbeiten von Rechnungen in der Rechnungserfassung erfolgt analog zur Erfassung von Aufträgen. In die Rechnungszeilen können, wie in Auftragszeilen, Textzeilen, Artikelzeilen, Ressourcenzeilen sowie Zeilen für Sachkonten, Anlagevermögen und Artikel-Zu-/Abschläge eingetragen werden.

In der Rechnungserfassung ist allerdings keine Buchung von Teilrechnungen möglich. Außerdem können Lieferungen nicht getrennt von der Rechnung gebucht werden. Die Rechnungserfassung wird daher insbesondere in folgenden Fällen eingesetzt:

- Rechnungsbuchung ohne separate Lieferung (beispielsweise Barverkaufsrechnungen oder zur Fakturierung von Dienstleistungen)
- Buchung einer Sammelrechnung zu mehreren Verkaufsaufträgen

6.6.3.2 Anleitung zur Rechnungserfassung

Um eine Verkaufsrechnung – beispielsweise zum Fakturieren einer Dienstleistung – in der Rechnungserfassung zu buchen, gehen Sie wie folgt vor:

1. Wählen Sie auf der *Startseite* die Menüoption *Verkaufsrechnungen*.
2. Klicken Sie auf die Schaltfläche *Neu* auf der Registerkarte *Start* des Menübands, um die Aufgabenseite zur Neuanlage einer Rechnung zu öffnen.
3. Betätigen Sie im Neuanlagefenster die *Eingabe*-Taste, um das Feld *Nr.* im Inforegister *Allgemein* zu verlassen, womit die Rechnungsnummer aus der Nummernserie automatisch eingesetzt wird.
4. Im Feld *Verk. an Deb.-Nr.* tragen Sie die gewünschte Debitorennummer ein; anschließend überprüfen Sie das *Buchungsdatum*.
5. In der Rechnungszeile wählen Sie die Option „Ressource“ in der Spalte *Art*, wenn Sie eine Dienstleistung fakturieren wollen.

6. In der Spalte *Nr.* tragen Sie anschließend die gewünschte Ressourcennummer ein und in der Spalte *Menge* die zu fakturierende Menge. Der Verkaufspreis wird aus der Ressource vorbelegt und kann in der Spalte *VK-Preis ohne MwSt.* geändert werden.
7. Um die Rechnung samt Belegdruck zu buchen, klicken Sie auf die Schaltfläche *Buchen und drucken* im Menüband der Verkaufsrechnung. Vor dem Buchen können Sie die Rechnungssumme über die Schaltfläche *Statistik* auf der Registerkarte *Start* kontrollieren.

HINWEIS: Wollen Sie einen Artikel fakturieren, wählen Sie in der Spalte *Art* der Rechnungszeile die Option „Artikel" und in der Spalte *Nr.* die jeweilige Artikelnummer. Mit dem Buchen der Rechnung wird gleichzeitig der Lagerabgang gebucht. ■

6.6.3.3 Sammelrechnungen

Sammelrechnungen werden im Verkauf verwendet, um Lieferungen aus unterschiedlichen Verkaufsaufträgen in einer gemeinsamen Rechnung zu fakturieren. Hierbei werden nur Lieferungen aus solchen Aufträgen in die Sammelrechnung übernommen, bei denen das Kontrollkästchen *Sammelrechnung* im Auftragskopf aktiviert ist. Das Kontrollkästchen *Sammelrechnung* wird im Inforegister *Lieferung* der Debitorenkarte je Debitor verwaltet und in den Auftragskopf übernommen.

HINWEIS: Das Kontrollkästchen *Sammelrechnung* im Auftragskopf wird standardmäßig nicht angezeigt. ■

Das Erfassen von Sammelrechnungen kann auf zwei Arten erfolgen:

- manuell in der Rechnungserfassung,
- automatisch über die Stapelerfassung *Sammelrechnung*.

Manuelle Sammelrechnung

Manuelle Sammelrechnungen im Verkauf werden analog zum Vorgehen zu Sammelrechnungen im Einkauf über die Rechnungserfassung (Menüoption *Verkaufsrechnungen*) gebucht.

In Verkaufsrechnungen klicken Sie zum Abruf der Lieferzeilen zunächst im Inforegister *Zeilen* auf die Schaltfläche *Funktionen/Lieferzeilen abrufen*. Das Lieferzeilenfenster zeigt alle Lieferungszeilen zum betroffenen Debitor, zu denen noch keine Rechnung gebucht worden ist und für die das Kontrollkästchen *Sammelrechnung* im Auftrag aktiviert ist. Nach dem Markieren einer oder mehrerer Zeilen klicken Sie auf die Schaltfläche *OK* im Lieferzeilenfenster, womit die Zeilen in die Rechnungserfassung übernommen werden.

Die Rechnungserfassung kann anschließend wie jede andere Rechnung gebucht werden. Nachdem die Lieferung für die geholten Lieferzeilen ja bereits zuvor separat gebucht worden ist, wird – im Unterschied zur Buchung manuell erfasster Rechnungszeilen – mit dem Buchen der Sammelrechnung kein paralleler Lagerabgang gebucht.

Automatische Sammelrechnung

Mit der Stapelverarbeitung *Sammelrechnung*, die über die Suche und den Link *Sammelrechnung* aufgerufen wird, werden alle Lieferscheinzeilen fakturiert, zu denen noch keine Rechnung gebucht worden ist und für die das Kontrollkästchen *Sammelrechnung* im Auftrag aktiviert ist.

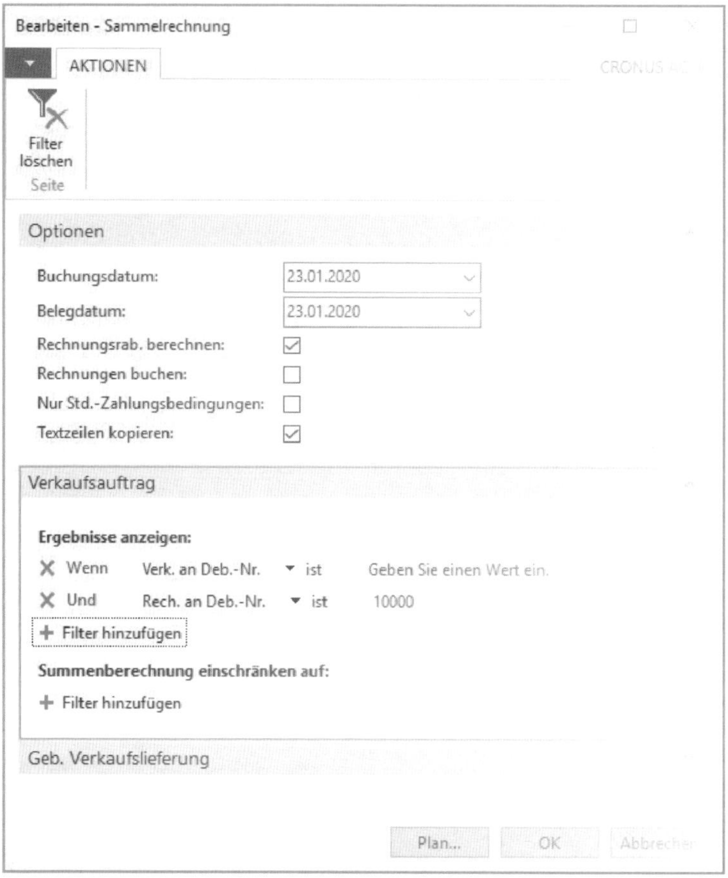

Bild 6.19 Dialogfeld zur Stapelverarbeitung Sammelrechnung

Im Dialogfeld kann die Rechnungsbuchung über einen Filter auf bestimmte Debitoren oder das Buchungsdatum der Lieferung eingeschränkt werden.

Ist das Kontrollkästchen *Rechnungen buchen* in den *Optionen* aktiviert, wird die Sammelrechnung sofort gebucht. Andernfalls werden Rechnungen in der Rechnungserfassung erzeugt, die wie manuelle Sammelrechnungen nach dem Holen von Lieferzeilen kontrolliert werden können und gebucht werden müssen.

6.7 Verkaufsreklamationen und Gutschriften

Die Bearbeitung von Reklamationen und Gutschriften im Verkauf dient dazu, Mängel und Qualitätsabweichungen gelieferter Artikel und Dienstleistungen zu korrigieren. Dies kann analog zur entsprechenden Funktionalität im Einkauf (siehe Kapitel 4) in Form von Reparaturen und Warenrücksendungen oder durch Preisnachlässe geschehen.

Zur Abwicklung von Kundenreklamationen stehen in Dynamics NAV folgende Menüoptionen zur Verfügung:

- *Verkaufsreklamationen*
- *Verkaufsgutschriften*
- *Verkaufsaufträge* (Erfassen einer Rücklieferungszeile über eine negative Auftragsmenge)
- *Verkaufsrechnungen* (Erfassen einer Gutschriftzeile über eine negative Rechnungsmenge)

Ob mit einem Reklamations- oder Gutschriftbeleg eine Warenbewegung gebucht wird, hängt von der Zeilenart ab:

- Belegzeilen der *Art* „Artikel" führen zur Buchung einer Warenrücksendung.
- Belegzeilen der *Art* „Sachkonto", „Ressource" und „Zu-/Abschlag (Artikel)" stellen rein finanzielle Transaktionen dar.

HINWEIS: Es ist nicht möglich, eine Rechnung oder Gutschrift mit negativem Gesamtbetrag zu buchen. Bei Eintragung von Belegzeilen mit negativer Menge muss im betroffenen Beleg daher mindestens eine zweite Zeile mit dem entsprechenden positiven Wert enthalten sein – beispielsweise für eine Ersatzlieferung.

6.7.1 Verkaufsreklamationen

Verkaufsreklamationen bieten analog zu Verkaufsaufträgen die Möglichkeit, Lieferungen (Warenrücksendungen) getrennt von der Fakturierung (Gutschrift) zu buchen. Dies unterscheidet sie von den Verkaufsgutschriften, bei denen stets die Gesamtmenge gleichzeitig geliefert und fakturiert (gutgeschrieben) wird.

6.7.1.1 Reklamationsgründe

Als Basis für die Auswertung von Reklamationsursachen dienen Reklamationsgründe, die in Einkauf und Verkauf gemeinsam verwendet werden. Sie werden über die Suche und den Link *Reklamationsgründe* geöffnet.

Reklamationsgründe enthalten neben *Code* und *Beschreibung* auch die Möglichkeit, durch die Eintragung eines *Standardlagerortcodes* einen Lagerortvorschlag für Reklamationszeilen zu hinterlegen – beispielsweise für die Rücksendung an ein bestimmtes Reparaturlager. Über das Kontrollkästchen *Ohne Lagerbewertung* wird festgelegt, dass die retournierten

Artikel nicht in den Lagerwert einfließen. Dies ist beispielsweise dann erforderlich, wenn Ware im Eigentum des Kunden zur Reparatur eingelagert und mengenmäßig erfasst werden soll.

> **HINWEIS:** Um ein Verwechseln von Ware ohne Wert mit normaler Lagerware zu verhindern, sollte Ware ohne Wert einem eigenen Lagerort zugewiesen werden.
>
> Für Artikel mit der *Lagerabgangsmethode* „Standard" wird die Reklamationsgrundeinstellung *Ohne Lagerbewertung* beim Buchen von Transaktionen nicht berücksichtigt.

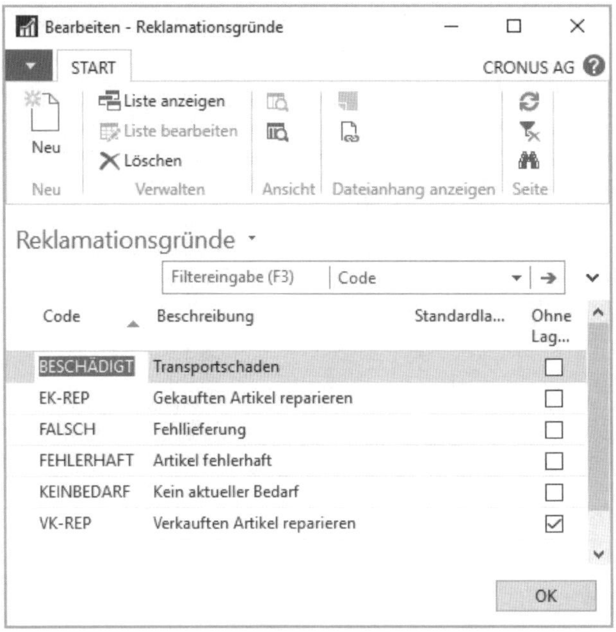

Bild 6.20 Verwaltung der Reklamationsgründe

6.7.1.2 Erfassen von Verkaufsreklamationen

Das Erfassen einer Reklamation erfolgt auf der *Startseite* über die Menüoption *Verkaufsreklamationen* analog zum Bearbeiten eines Verkaufsauftrags. Zusätzlich zu normalen Auftragszeilen kann in Reklamationszeilen der *Reklamationsgrundcode* erfasst werden.

Um die Eintragung von Reklamationszeilen zu erleichtern, kann die Schaltfläche *Beleg kopieren* auf der Registerkarte *Aktionen* der Reklamationskarte gewählt werden, über den eine gebuchte Rechnung komplett in die Reklamation kopiert wird. Speziell zur Unterstützung der Reklamationserfassung dient die Schaltfläche *Zu stornierende gebuchte Belegzeilen abrufen* auf der Registerkarte *Start* der Reklamationskarte, über die gebuchte Verkaufslieferungen in die Reklamationszeilen übernommen werden können.

6.7.1.3 Einstandspreis bei Verkaufsreklamationen und Gutschriften

Oft wird gefordert, dass die vom Debitor retournierte Ware mit dem ursprünglichen Einstandspreis des Verkaufs bewertet wird und nicht mit dem aktuellen Einstandspreis des Artikels. Um dies zu erreichen, muss in der Spalte *Ausgegl. von Artikelposten* (standardmäßig nicht eingeblendet) der Reklamationszeile die Nummer der ursprünglichen Abgangsbewegung ausgewählt werden.

Der betroffene Artikelposten wird automatisch in die Spalte *Ausgegl. von Artikelposten* übernommen, wenn die Reklamationszeile über die Funktion *Zu stornierende gebuchte Belegzeilen abrufen* erzeugt wird. Um sicherzustellen, dass der *Ausgegl. von Artikelposten* in jeder Reklamation und Gutschrift eingetragen ist, kann in der *Debitoren & Verkauf*-Einrichtung das Kontrollkästchen *Einst.-Pr.-Rückverfolg. notw.* markiert werden.

HINWEIS: Für Reklamationszeilen, in denen ein „Ohne Lagerbewertung“ eingerichteter *Reklamationsgrundcode* gewählt wird, erfolgt der Lagerzugang - ausgenommen bei Standardpreisverfahren - ohne Lagerwert. ■

6.7.1.4 Anleitung zum Erfassen einer Verkaufsreklamation

Um eine Reklamation - beispielsweise zur Gutschrift eines Artikels, der vom Kunden zurückgesendet wird - zu erfassen und zu bearbeiten, führen Sie folgende Schritte aus:

1. Wählen Sie auf der *Startseite* die Menüoption *Debitoren* zur Anzeige der Debitorenübersicht.
2. Nach dem Markieren der Zeile mit dem betroffenen Debitor klicken Sie auf die Schaltfläche *Verkaufsreklamation* in der Gruppe *Neuer Beleg* der Registerkarte *Aktionen* im Menüband, um die Aufgabenseite zur Neuanlage einer Reklamation zu öffnen.
3. Betätigen Sie im Neuanlagefenster die *Eingabe*-Taste, um das Feld *Nr.* im Inforegister *Allgemein* zu verlassen, womit die Reklamationsnummer aus der Nummernserie automatisch eingesetzt wird und die Debitorendaten in die Reklamation übernommen werden.

HINWEIS: In der Demodatenbank ist das Feld *Nr.* nicht eingeblendet, dieser Schritt kann daher übersprungen werden. ■

4. Klicken Sie auf die erste Zeile im Inforegister *Zeilen*, um mit der Erfassung der Reklamationszeilen zu beginnen.
5. In der Reklamationszeile wählen Sie die *Art* „Artikel“, die *Artikelnummer*, die *Menge* und den *VK-Preis ohne MwSt.* sowie - falls gefordert - in der Spalte *Ausgegl. von Artikelposten* die zugeordnete Originallieferungszeile.
6. Anstatt Reklamationszeilen manuell zu erfassen, können Sie auf die Schaltfläche *Zu stornierende gebuchte Belegzeilen abrufen* in der Gruppe *Vorbereiten* der Registerkarte *Start* der Reklamationskarte klicken. Im Fenster *Gebuchte VK-Belegzeilen* markieren Sie dann die gewünschte(n) Zeile(n) und übernehmen diese über die Schaltfläche *OK*.

7. Nach optionaler Auswahl eines *Reklamationsgrundcodes* in der Reklamationszeile können Sie Lieferung (Wareneingang des retournierten Artikels) und Faktura (Gutschrift) wie von anderen Belegen gewohnt buchen.

6.7.1.5 Reparatur und Tausch

Wenn der Gesamtbetrag der Reklamation nicht negativ ist, kann zur Abwicklung von Reparatur oder Tausch in den *Verkaufsreklamationen* neben der Zeile für die Warenrücksendung eine zweite Zeile - mit negativer Menge - für die neue Lieferung des reparierten oder getauschten Artikels eingetragen und gebucht werden.

Die Abwicklung über negative Reklamationszeilen ist jedoch in folgenden Fällen nicht möglich:

- Der Wert des Austauschartikels ist höher ist als die Gutschrift.
- Der Austauschartikel soll vor dem Eintreffen des retournierten Artikels fakturiert werden.
- Die Lieferung des Austauschartikels erfolgt über Logistikfunktionen wie Kommissionierung.

In diesen Fällen wird der Austauschartikel über einen Verkaufsauftrag geliefert. Für das Erstellen dieses Auftrags kann zunächst die Verkaufsreklamation mit einer negativen Zeile für den Austauschartikel erfasst und anschließend der Austauschartikel über die Schaltfläche *Negative Zeilen übertragen* in der Gruppe *Funktion* der Registerkarte *Aktionen* der Reklamationskarte in einen neuen Verkaufsauftrag übertragen werden.

Der Verkaufsauftrag für Lieferung und Fakturierung des Austauschartikels wird dann wie ein normaler Auftrag gebucht.

6.7.2 Verkaufsgutschriften

Analog zur Menüoption *Verkaufsrechnungen* dient die Menüoption *Verkaufsgutschriften* auf der *Startseite* dazu, die Gesamtmenge gleichzeitig zurückzuliefern und gutzuschreiben. *Verkaufsgutschriften* werden daher meist für Wertgutschriften verwendet, in denen Belegzeilen der Art „Sachkonto“, „Ressource“ und „Zu-/Abschlag (Artikel)“ erfasst werden.

Das Erfassen und Buchen von Verkaufsgutschriften erfolgt analog zu Einkaufsgutschriften (siehe Kapitel 5).

6.8 Spezielle Prozesse – Montage und Direktlieferungen

Zusätzlich zu den Standardabläufen im Vertrieb soll abschließend die Einrichtung von Montagestücklisten und die Abwicklung folgender spezieller Prozesse erklärt werden:

- Montageaufträge und Stücklisten im Verkauf
- Direktlieferungen

6.8.1 Montagestücklisten

Montagestücklisten werden im Verkauf und Lager verwendet, um die Zusammensetzung von Verkaufssets und einfachen Bausätzen aus Komponenten zu verwalten. Als Komponenten können hierbei sowohl Artikel als auch Ressourcen eingesetzt werden.

Montagestücklisten können einerseits in Montageaufträgen verwendet werden, andererseits dienen sie auch als Basis für die Funktion zum Entfalten von Stücklisten.

Im Zusammenhang mit der Stücklistenverwaltung ist zu beachten, dass Dynamics NAV zwei Arten von Stücklisten unterscheidet:

- Montagestücklisten
- Fertigungsstücklisten

Fertigungsstücklisten im Produktionsmodul (siehe Kapitel 7) werden hierbei völlig getrennt von den Montagestücklisten geführt. Während Montagestücklisten und Montageaufträge für einfache Prozesse im Lager verwendet werden können, beispielsweise das Zusammenstellen und Verpacken eines Verkaufssets bestehend aus Fernsehgerät und DVD-Player, werden in der Produktion die weitergehenden Möglichkeiten der Fertigungsstücklisten benötigt.

6.8.1.1 Artikelstamm von Montageartikeln

Als Basis für eine Montagestückliste müssen der Montageartikel und seine Komponenten als Artikel im Artikelstamm vorhanden sein. Während für die Artikeldaten der Komponenten keine speziellen Anforderungen für die Montage bestehen, sind für den Montageartikel folgende Einstellungen wesentlich:

- **Beschaffungsmethode** – in diesem Auswahlfeld im Inforegister *Beschaffung* der Artikelkarte ist für einen Montageartikel die Option „Montage“ zu wählen, wenn er über Montageaufträge hergestellt werden soll.
- **Montagerichtlinie** – in diesem Auswahlfeld im Inforegister *Beschaffung* der Artikelkarte mit den Optionen „Programmfertigung“ und „Lagerfertigung“ wird bestimmt, wie Montageaufträge erstellt werden.

Wird in der *Montagerichtlinie* die Option „Programmfertigung“ gewählt, werden Montageaufträge beim Erfassen von Verkaufsauftragspositionen zu betroffenen Montageartikeln automatisch erstellt („Auftragsmontage“).

Wird in der *Montagerichtlinie* die Option „Lagerfertigung“ gewählt, werden Montageaufträge unabhängig von Verkaufsauftragspositionen verwaltet. Es wird auf Lager produziert/montiert („Lagermontage“), wobei die Montageaufträge manuell oder über die Produktionsplanung angelegt werden.

HINWEIS: Montageartikel werden normalerweise mit Standardpreisen bewertet. Dazu wird die *Lagerabgangsmethode* „Standard“ im Inforegister *Fakturierung* der Artikelkarte des Montageartikels gewählt.

Der Einstandspreis des Montageartikels kann dann entweder manuell in der Artikelkarte eingetragen oder über die Schaltfläche *Montage/Stückl. Einst.-Preis berechnen* in der Gruppe *Stückliste* der Registerkarte *Navigate* als Summe des Einstandspreises der Komponenten berechnet werden. ■

6.8.1.2 Verwaltung von Montagestücklisten

Montagestücklisten werden von der Artikelkarte des betroffenen Montageartikels aus über die Schaltfläche *Montage/Montagestückliste* in der Gruppe *Stückliste* der Registerkarte *Navigate* geöffnet. Das Fenster der Montagestücklisten zeigt alle Komponenten des Montageartikels, wobei sowohl Artikel als auch Ressourcen in den Komponentenzeilen eingetragen werden können.

Beim Erfassen einer Stücklistenzeile ist nach der Art („Artikel" oder „Ressource") zumindest die Artikelnummer oder Ressourcennummer der Spalte *Nr.* und die Komponentenmenge einzutragen. Als Vorschlagswert für den Einheitencode wird die Basiseinheit aus der Artikelkarte der jeweiligen Komponente übernommen.

HINWEIS: Die in Montagestücklisten verfügbaren Ressourcen beziehen sich auf Vertriebsressourcen (siehe den Abschnitt 6.4.3, „Ressourcen im Vertrieb"), und nicht auf Fertigungskapazitäten (Arbeitsplatzgruppen und Arbeitsplätze).

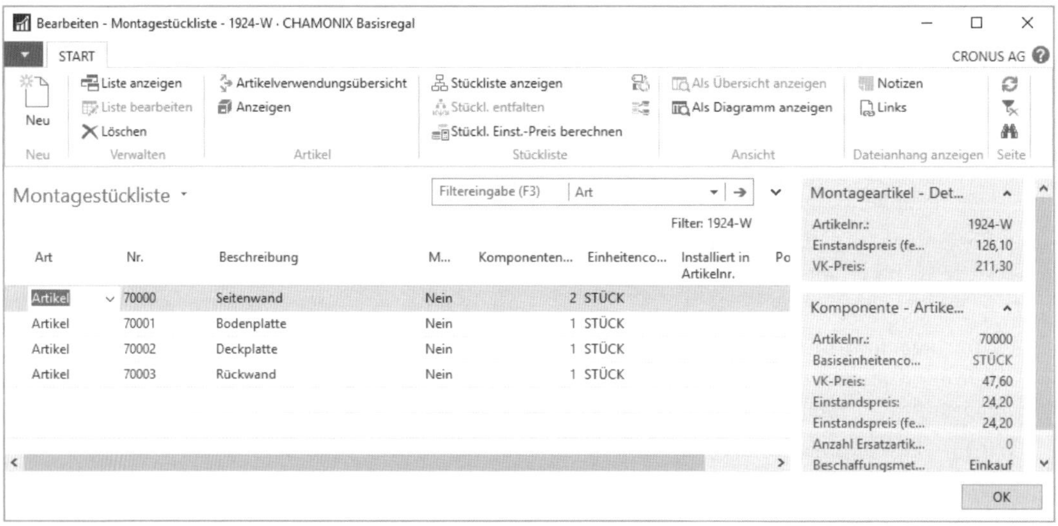

Bild 6.21 Verwalten einer Montagestückliste

6.8.1.3 Anleitung zum Anlegen einer Montagstückliste

Als Ausgangsbasis für diese Schritt-für-Schritt-Anleitung sind der Montageartikel (Verkaufsset) und die zugehörigen Komponenten bereits als Artikel im Artikelstamm vorhanden. Um die Montagestückliste für das Verkaufsset anzulegen, das nicht montiert an Kunden geliefert wird, gehen Sie wie folgt vor:

1. Wählen Sie auf der *Startseite* den Listenplatz *Artikel* zur Anzeige der Artikelübersicht.
2. Per Doppelklick auf die Zeile mit dem Montageartikel, zu dem Sie die Komponenten eintragen wollen, öffnen Sie die zugehörige Artikelkarte.

3. Im Inforegister *Beschaffung* der Artikelkarte wählen Sie die *Beschaffungsmethode* „Montage“ und die *Montagerichtlinie* „Programmfertigung“.

> Sie können diese Einstellungen auf Lagerort- und Variantenebene in den Lagerhaltungsdaten des Artikels überschreiben.

4. Klicken Sie auf die Schaltfläche *Montage/Montagestückliste* in der Gruppe *Stückliste* der Registerkarte *Navigate*, um eine neue Montagestückliste anzulegen.
5. Die Eintragung der Komponenten beginnen Sie in der ersten Zeile. Wenn im Falle einer bestehenden Montagestückliste zusätzliche Komponenten erfasst werden, markieren Sie die Zeile unterhalb der letzten Komponente, um eine neue Stücklistenzeile anzulegen.
6. Wählen Sie die Option „Artikel“ in der Spalte *Art*, wenn Sie einen Lagerartikel als Komponente erfassen wollen.
7. In der Spalte *Nr.* tragen Sie anschließend die gewünschte Artikelnummer ein und in der *Komponentenmenge* die Menge der jeweiligen Komponente, die im betroffenen Set enthalten ist.
8. Um eine Stücklistenzeile zu einer Ressource - beispielsweise für eine Montagetätigkeit - zu erfassen, wählen Sie die Option „Ressource“ in der Spalte *Art* und tragen in der Spalte *Nr.* die gewünschte Ressourcennummer ein, zu der Sie in der Spalte *Komponentenmenge* die Menge erfassen.
9. Nach dem Erfassen aller Stücklistenzeilen können Sie die Stückliste schließen.

6.8.1.4 Entfalten von Stücklisten

Unabhängig von Montageaufträgen können Montagestücklisten genutzt werden, um einen Montageartikel durch seine Komponenten zu ersetzen. Zu diesem Zweck steht die Funktion *Stückliste entfalten* in vielen Bereichen der Anwendung zur Verfügung - beispielsweise in Verkaufsauftragszeilen und in den Zeilen von Einkaufsbestellungen.

Um eine Stückliste beispielsweise in einer Verkaufsauftragszeile zu entfalten, klicken Sie auf die Schaltfläche *Zeile/Funktionen/Stückliste* entfalten im Inforegister *Zeilen* der Verkaufsauftragskarte. Durch das Entfalten wird die Auftragszeile mit dem Montageartikel in eine Textzeile umgewandelt. Unterhalb dieser Zeile werden zusätzliche Auftragszeilen mit den Stücklistenkomponenten eingefügt, wobei sich die Menge in der jeweiligen Zeile aus der ursprünglichen Auftragsmenge des Montageartikels und der in der Spalte *Komponentenmenge* der Stücklistenzeile errechnet.

> **HINWEIS:** Das Entfalten von Stücklisten kann unabhängig von der im Montageartikel eingetragenen *Beschaffungsmethode* genutzt werden. In Verkaufsauftragszeilen kann die Funktion *Stückliste entfalten* jedoch nicht für Montageartikel mit *Beschaffungsmethode* „Montage“ und *Montagerichtlinie* „Programmfertigung“ genutzt werden, da für diese Artikel sofort ein Montageauftrag erstellt und reserviert wird.

6.8.2 Montageaufträge

Analog zu Fertigungsaufträgen (siehe Kapitel 7) sind Montageaufträge interne Aufträge, wobei sich ein Montageauftrag auf die Durchführung von Montageprozessen bezieht. Über die *Montagerichtlinie* in der Artikelkarte des Montageartikels wird für diesen eine der beiden Montagestrategien festgelegt:

- **Lagermontage** – bei *Montagerichtlinie* „Lagerfertigung“ werden Montageaufträge unabhängig von Verkaufsauftragspositionen verwaltet. Diese Strategie wird gewählt, wenn aufgrund von umfangreichen Montagearbeiten der Montageartikel vorab montiert und rasch geliefert werden soll.
- **Auftragsmontage** – bei *Montagerichtlinie* „Programmfertigung“ erfolgt ein automatisches Erstellen von Montageaufträgen im Verkaufsauftrag. Diese Strategie wird gewählt, wenn der Montageartikel nicht vorab montiert und auf Lager gelegt werden soll.

Grundlegende Einstellungen zu Montageaufträgen können in der Montageeinrichtung festgelegt werden, die über die Suche und den Link *Montageeinrichtung* geöffnet wird. Neben den Einstellungen zu Nummernserien kann im Feld *Standardlagerort für Aufträge* ein Vorschlagswert für den Lagerort in Montageaufträgen eingetragen werden. Das Kontrollkästchen *Bestandswarnung* steuert – analog zum entsprechenden Kontrollkästchen in der *Debitoren & Verkauf*-Einrichtung –, ob eine Warnmeldung ausgegeben wird, wenn die verfügbare Komponentenmenge am gewählten Lagerort nicht für die Montage ausreicht.

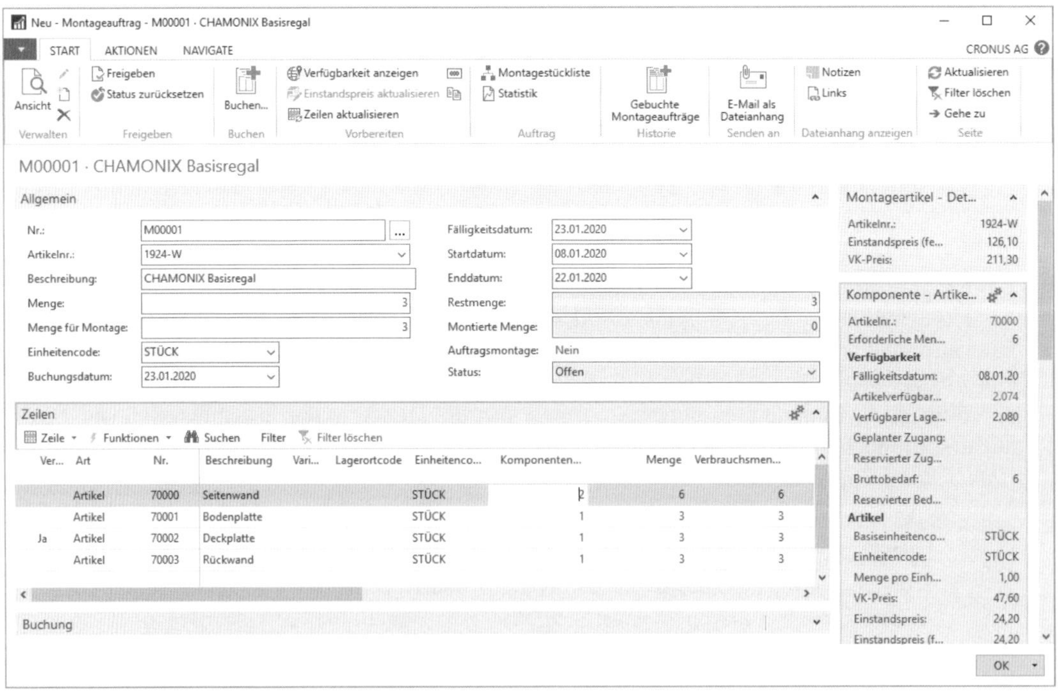

Bild 6.22 Bearbeiten einer Montageauftragszeile

6.8.2.1 Anleitung zum Erfassen eines Montageauftrags für Lagermontage

Als Ausgangsbasis für diese Schritt-für-Schritt-Anleitung sind die Komponenten des Montageartikels am Lager verfügbar. Um einen Montageauftrag für Lagermontage - unabhängig von einem konkreten Verkaufsauftrag - zu erfassen und abzuwickeln, führen Sie folgende Schritte aus:

1. Wählen Sie über die Suche den Link *Montageaufträge.*
2. Klicken Sie auf die Schaltfläche *Neu* auf der Registerkarte *Start* des Menübands, um die Aufgabenseite zur Neuanlage eines Montageauftrags zu öffnen.
3. Betätigen Sie im Neuanlagefenster die *Eingabe*-Taste, um das Feld *Nr.* im Inforegister *Allgemein* zu verlassen, womit die Montageauftragsnummer aus der Nummernserie automatisch eingesetzt wird.
4. Wählen Sie im Feld *Artikelnr.* den Montageartikel aus, den Sie herstellen wollen, und geben Sie anschließend im Feld *Menge* die herzustellende Menge ein. Auf Basis der Montagestückliste werden dann automatisch entsprechende Montageauftragszeilen erstellt.

   Wenn eine oder mehrere Komponenten nicht verfügbar sind, erscheint - abhängig von der Einstellung zur Bestandswarnung in der Montageeinrichtung - anschließend eine Warnmeldung. Unabhängig von der Bestandswarnung können Sie die Verfügbarkeit des Montageartikels und der benötigten Komponenten über die Schaltfläche *Verfügbarkeit anzeigen* auf der Registerkarte *Start* des Menübands anzeigen lassen. Falls eine Komponente nicht verfügbar ist, wird auch ein „Ja" in der Spalte *Verfügbarkeitswarnung* rechts in den Montageauftragszeilen angezeigt.

HINWEIS: Falls in der Montageeinrichtung kein Standardlagerort eingetragen ist und Sie vor dem Eintragen der Menge keinen *Lagerortcode* im Inforegister *Buchen* des Montageauftrags gewählt haben, erfolgt die Bestandsprüfung mit dem Lagerort „Leer".

5. Klicken Sie auf die entsprechende Zeile im Inforegister *Zeilen*, wenn Sie die Montageauftragszeilen bearbeiten wollen - beispielweise um die benötigte Menge in der Spalte *Komponentenmenge* zu ändern oder Zeilen zu löschen beziehungsweise einzufügen.
6. Wenn Sie einen Ausdruck des Montagsauftrags benötigen, klicken Sie auf die Schaltfläche *Auftrag* in der Gruppe *Drucken* der Registerkarte *Aktionen* im Menüband.
7. Vor dem Buchen des Montageauftrags können Sie die tatsächlich fertiggestellte Menge im Feld *Menge für Montage* im Inforegister *Allgemein* und die tatsächlich verbrauchte Menge an Komponenten in der Spalte *Verbrauchsmenge* eintragen.
8. Klicken Sie auf die Schaltfläche *Buchen* auf der Registerkarte *Start* des Menübands, um den Montageauftrag zu buchen. Mit dem Buchen des Montageauftrags werden im Lager ein Zugang des Montageartikels und ein Abgang der Komponenten gebucht.
9. Nachdem die gesamte Montageauftragsmenge gebucht worden ist, wird der Montageauftrag nach Abschluss der Buchung automatisch gelöscht.

6.8.2.2 Anleitung zum Erfassen eines Verkaufs mit Auftragsmontage

Um einen Verkaufsauftrag für einen Artikel mit Auftragsmontage (Montagerichtlinie „Programmfertigung" in der Artikelkarte) zu erstellen und abzuwickeln, gehen Sie wie folgt vor:

1. Wählen Sie auf der *Startseite* die Menüoption *Debitoren* zur Anzeige der Debitorenübersicht.
2. Nach dem Markieren der Zeile mit dem betroffenen Debitor klicken Sie auf die Schaltfläche *Verkaufsauftrag* in der Gruppe *Neu* der Registerkarte *Start* im Menüband, um die Aufgabenseite zur Neuanlage eines Verkaufsauftrags zu öffnen.
3. Betätigen Sie im Neuanlagefenster die *Eingabe*-Taste, um das Feld *Nr.* im Inforegister *Allgemein* zu verlassen, womit die Auftragsnummer aus der Nummernserie automatisch eingesetzt wird und die Debitorendaten des Bestellkunden in die Auftragskopf-Inforegister übernommen werden.
4. Klicken Sie auf die erste Zeile im Inforegister *Zeilen*, um mit der Erfassung der Auftragszeilen zu beginnen.
5. In der ersten Auftragszeile wählen Sie die Option „Artikel" in der Spalte *Art*, die Artikelnummer des Montageartikels in der Spalte *Nr.*, den Lagerort in der Spalte *Lagerortcode* und geben die Auftragsmenge in der Spalte *Menge* ein.
6. Die Menge wird als Vorschlagswert in der Spalte *Menge für Auftragsmontage* übernommen und bildet zusammen mit der Montagestückliste die Basis für den Montageauftrag, der nach Verlassen des Mengenfeldes automatisch erstellt wird.

HINWEIS: Wenn nicht die gesamte Auftragsmenge im zugehörigen Montageauftrag enthalten sein soll – beispielsweise, weil eine Teilmenge des Montageartikels bereits montiert am Lager verfügbar ist – kann die Menge in der Spalte *Menge für Auftragsmontage* entsprechend angepasst werden. ■

7. Klicken Sie auf die Schaltfläche *Buchen und drucken* auf der Registerkarte *Start* des Menübands, um die Lieferung zu buchen und den Lieferschein zu drucken. Wie bei jeder anderen Auftragszeile können Sie vor dem Buchen der Lieferung die Mengen in der Spalte *Zu liefern* je nach Bedarf entsprechend ändern.
8. Mit dem Buchen der Verkaufslieferung des Montageartikels, das eine Lagerabgangsbuchung des Montageartikels bewirkt, werden im zugehörigen Montageauftrag der Lagerzugang des Montageartikels und der Lagerabgang der Komponenten gebucht.
9. Abschließend kann die Rechnung wie in jedem anderen Verkaufsauftrag gebucht und gedruckt werden, auch ein gleichzeitiges Buchen von Rechnung und Lieferung ist möglich.

HINWEIS: Wenn Sie den automatisch erstellten Montageauftrag vom Verkaufsauftrag aus sehen wollen, können Sie die Schaltfläche *Montageaufträge* auf der Registerkarte *Start* der Verkaufsauftragskarte nutzen, um die Übersicht zu den Montageaufträgen zu öffnen. Hier kann die Montageauftragskarte per Doppelklick auf den jeweiligen Montageauftrag geöffnet werden.

Wie die Montageaufträge zur Lagermontage (siehe die Schritt-für-Schritt-Anleitung zuvor) kann ein Montageauftrag zur Auftragsmontage auch über die Suche und den Link *Montageaufträge* vor dem Buchen der Verkaufslieferung geöffnet, gedruckt und bearbeitet werden – beispielsweise durch Ändern, Löschen oder Anlegen von Komponentenzeilen. ■

6.8.3 Direktlieferungen

Eine Direktlieferung ist dadurch gekennzeichnet, dass Ware vom Lieferanten direkt zum Kunden geliefert wird, ohne dazwischen ein eigenes Lager zu bedienen. Ziel von Direktlieferungen ist die Reduktion von Transport- und Lagerungskosten sowie Lieferzeiten.

Die Zusammenhänge bei der Abwicklung von Direktlieferungen sind in Bild 6.23 dargestellt.

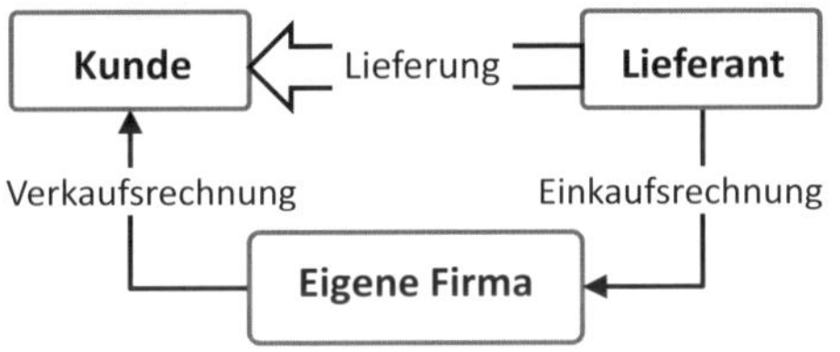

Bild 6.23 Abwicklung einer Direktlieferung

Ausgangspunkt für Direktlieferungen ist eine Kundenbestellung, die als Verkaufsauftrag erfasst wird. Auf Basis dieses Auftrags wird eine Einkaufsbestellung angelegt, in der die Kundenadresse statt eines eigenen Lagers als Lieferadresse angegeben wird. In weiterer Folge liefert der Lieferant direkt an den Kunden, die Rechnung geht an den Auftraggeber. Dieser fakturiert die Lieferung an den Kunden.

HINWEIS: Die Lieferung erfolgt zwar physisch direkt vom Lieferanten an den Kunden, buchungstechnisch wird die Lieferung jedoch auf einem Lager zu- und abgebucht, um den Warenwert entsprechend abzubilden. Die Artikelposten für Einkauf und Verkauf werden hierbei gleichzeitig erzeugt und miteinander verknüpft, um den übrigen Lagerwert nicht zu beeinflussen. ■

6.8.3.1 Grundlagen der Direktlieferung

Für das Anlegen der Einkaufsbestellung zu einem Verkaufsauftrag für eine Direktlieferung gibt es in Dynamics NAV zwei Möglichkeiten:

- manuelle Bestellung (wie in der Schritt-für-Schritt-Anleitung weiter unten beschrieben),
- automatisch über einen Bestellvorschlag (Schaltfläche *Direktlieferung/Aufträge holen* auf der Registerkarte *Start* der Bestellvorschlagsverwaltung).

In Verkaufsauftragszeilen, die für eine Direktlieferung vorgesehen sind, muss das Kontrollkästchen *Direktlieferung* aktiviert sein. Um die Erfassung zu vereinfachen, können *Einkaufscodes* genutzt werden. Deren Verwaltung erfolgt über die Suche und den Link *Einkaufscodes* und ermöglicht die Vorbelegung von Direktlieferungen und Spezialaufträgen.

HINWEIS: Spezialaufträge werden analog zu Direktlieferungen genutzt, um Bestellungen direkt mit Verkaufsaufträgen zu verknüpfen. Im Unterschied zu Direktlieferungen werden Spezialaufträge aber vom Lieferanten an ein Lager und nicht direkt an den Kunden geliefert, womit ein Lagerzugang gebucht wird. ■

6.8.3.2 Anleitung zum Erfassen eines Auftrags mit Direktlieferung

Um eine Direktlieferung mit manuellem Anlegen einer Bestellung abzuwickeln, führen Sie folgende Schritte aus:

1. Wählen Sie auf der *Startseite* die Menüoption *Verkaufsaufträge*.
2. Legen Sie einen neuen Auftrag an, für den Sie im Feld *Verk. an Deb.-Nr.* die gewünschte Debitorennummer eintragen.
3. In der Auftragszeile wählen Sie die Zeilenart „Artikel", Artikelnummer, Menge und Preis.
4. In der Spalte *Einkaufscode* der Auftragszeile wählen Sie einen Code für die Direktlieferung, wonach das Kontrollkästchen *Direktlieferung* der Zeile automatisch markiert wird.

HINWEIS: Falls nicht in den Auftragszeilen enthalten, können Sie die Spalten *Einkaufscode* und *Direktlieferung* über die Konfiguration einblenden. ■

5. Schließen Sie den Verkaufsauftrag und öffnen Sie die Bestellungsverwaltung im Einkauf über die Suche und den Link *Bestellungen*.
6. Legen Sie eine neue Bestellung an, für die Sie im Feld *Eink. von Kred.-Nr.* die gewünschte Kreditorennummer eintragen.
7. Im Inforegister *Lieferung* tragen Sie im Feld *Verk. an Deb.-Nr.* die Debitorennummer aus dem Verkaufsauftrag ein. Wenn Sie im Verkaufsauftrag einen *Lief. an Code* eingetragen haben, tragen Sie diesen auch im Inforegister *Lieferung* der Bestellung ein. Mit dem Eintragen der Debitorennummer bzw. des *Lief. an Codes* wird die Lieferadresse der Bestellung auf die Kundenadresse geändert.
8. Um die Bestellzeilen für die Direktlieferung in der neuen Bestellung zu erzeugen, klicken Sie auf die Schaltfläche *Direktlieferung/Auftrag holen* auf der Registerkarte *Aktionen* der Bestellung und wählen den zuvor angelegten Verkaufsauftrag.
9. Verkaufsauftrag und Bestellung sind miteinander verknüpft und können nach Markieren der betroffenen Zeile über die Schaltfläche *Bestellung/Direktlieferung/Verkaufsauftrag* im Inforegister *Zeilen der Bestellung* – oder die entsprechende Schaltfläche in den Verkaufsauftragszeilen – gegenseitig abgefragt werden.
10. Die Bestellung können Sie wie jede andere Bestellung drucken und an den Kreditor senden.

11. Zum Buchen der Lieferung klicken Sie in der Bestellung auf die Schaltfläche *Buchen*, womit gleichzeitig auch die Verkaufslieferung gebucht wird.
12. Alternativ können Sie die Lieferung auch im Verkaufsauftrag buchen, womit gleichzeitig die Einkaufslieferung gebucht wird.
13. Nach dem Eingang der Einkaufsrechnung buchen Sie diese in der Bestellung.
14. Nach dem Buchen der Einkaufsrechnung können Sie die Verkaufsrechnung im Verkaufsauftrag buchen.

HINWEIS: Synchronisierte Daten wie Menge, Artikelnummer oder Einheitencode können bei Direktlieferungen in Bestellzeile und Auftragszeile nicht geändert werden. Um dennoch eine Änderung durchzuführen, löschen Sie die Bestellzeile, ändern die Auftragszeile und erzeugen anschließend nochmals die Bestellzeile über die Funktion *Auftrag holen*.

7 Produktion

In diesem Kapitel werden Sie alle wesentlichen Funktionen des Produktionsmoduls von Dynamics NAV kennenlernen. Sinnvollerweise sollten Sie bereits einen Überblick über grundlegende Funktionalitäten des Artikelstamms haben und einfache Einkaufsbestellungen und Verkaufsaufträge anlegen können.

Ausgehend von fertigungsbezogenen Stammdaten wie der Fertigungsstückliste, dem Arbeitsplatz und dem Arbeitsplan wird der gesamte Fertigungsprozess von der Planung eines Fertigungsauftrags bis zur Buchung des Materialverbrauchs und der Ist-Meldungen behandelt. Der Fokus dieses Kapitels liegt in der manuellen Planung und Steuerung einer Produktion. Im folgenden Kapitel 8 wird darauf aufbauend das automatische Planungssystem von Dynamics NAV ausführlich erläutert.

HINWEIS: Die Beschreibungen in diesem Kapitel zeigen die Arbeit im Windows-Client, wobei sich Abbildungen und Menüoptionen auf die Standardrolle „PRODUKTIONSPLANER“ beziehen.

Entsprechende Berechtigungen vorausgesetzt, können Sie dieses Profil Ihrer Benutzer-ID über die Suche und den Link *Benutzeranpassung* selbst zuordnen oder von Ihrem Systemadministrator zuordnen lassen.

Die beschriebenen Aktionen lassen sich über das Menü *Abteilungen* oder über individuell konfigurierte Menüs, aber auch von anderen Rollen im Windows-Client und – mit Einschränkungen – im Webclient oder im SharePoint-Client durchführen.

7.1 Überblick

Mit dem Produktionsmodul von Dynamics NAV lassen sich alle notwendigen Prozesse für die Planung, die Ausführung und die Kontrolle der Herstellung von Produkten abwickeln. Dies beinhaltet die Erfassung und Wartung der Fertigungsstammdaten, die Definition und Steuerung der Fertigungskapazitäten und die Planung und Steuerung der Fertigungsaufträge.

Die in Dynamics NAV abgebildeten Prozesse basieren auf den „Best Practice" -Prozessen von APICS (*The Association for Operations Management*, ursprünglich ***A**merican **P**roduction and **I**nventory **C**ontrol **S**ociety*), einer Non-Profit-Organisation für „Operations Management". Die wesentlichen Prozesse und deren Zusammenhänge werden in Kapitel 8 überblicksmäßig dargestellt.

HINWEIS: Weitere Informationen erhalten Sie über die Website *http://www.apics.org*.

7.2 Zentrale Aufgaben der Produktion

Die Startseite und das Rollencenter für die Standardrolle „PRODUKTIONSPLANER" ermöglichen einen direkten Zugriff auf die zentralen Funktionen der Produktion (siehe Bild 7.1), insbesondere aus der Sicht eines Planungsprozesses. Die im Folgenden beschriebenen Produktionsprozesse beinhalten die nachstehenden Hauptaufgaben und werden in diesem Kapitel ausführlich erklärt:

- Einrichtung und Verwaltung der produktionsbezogenen Stammdaten
- Erstellung von Fertigungsaufträgen
- Buchung des Materialverbrauchs, der Produktionszeiten und der produzierten Artikel
- Planung und Kontrolle der Produktionskapazitäten

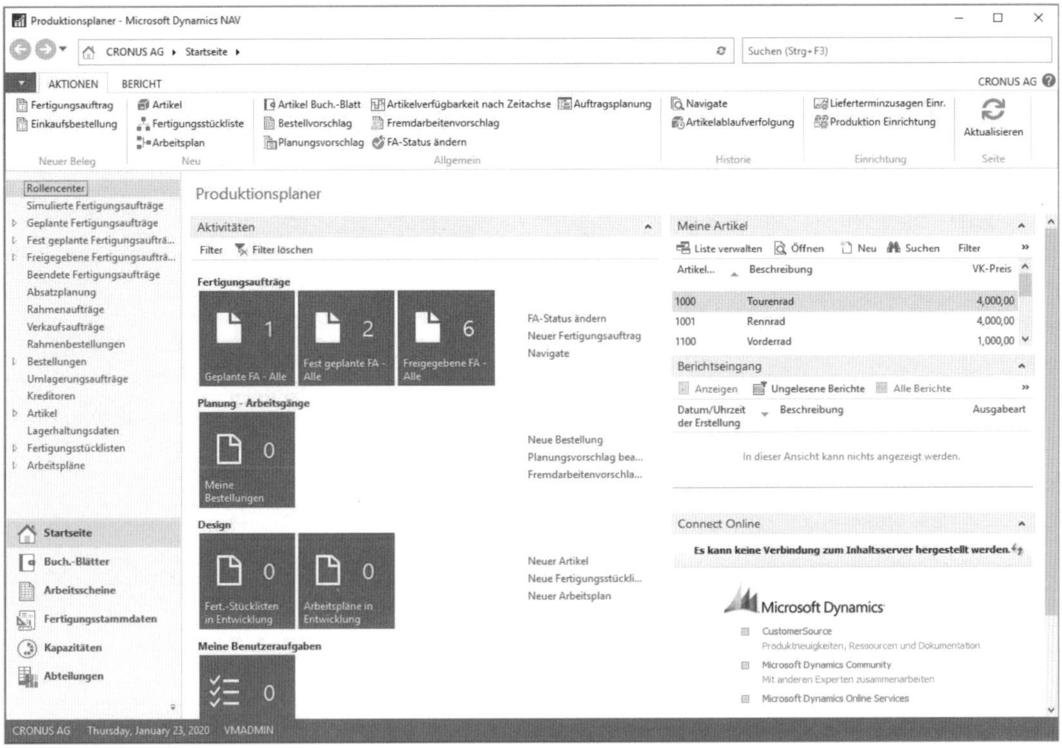

Bild 7.1 Rollencenter mit den zentralen Aufgaben der Standardrolle PRODUKTIONSPLANER

7.2.1 Konzept

Grundlage der Produktion ist die Herstellung neuer Produkte aus sogenannten Rohmaterialien. Um Produkte herstellen zu können, werden Ressourcen, das heißt Maschinen, Werkzeuge und Menschen, benötigt. Die Verwaltung der Produktion erfolgt über Fertigungsaufträge, die damit eine ähnliche Aufgabe wie Einkaufs- und Verkaufsaufträge erfüllen. So wie ein Einkaufsauftrag durch einen Verkaufsauftrag initiiert werden kann, können Fertigungsaufträge sowohl mit Einkaufs- als auch mit Verkaufsaufträgen verbunden sein oder diese zumindest beeinflussen.

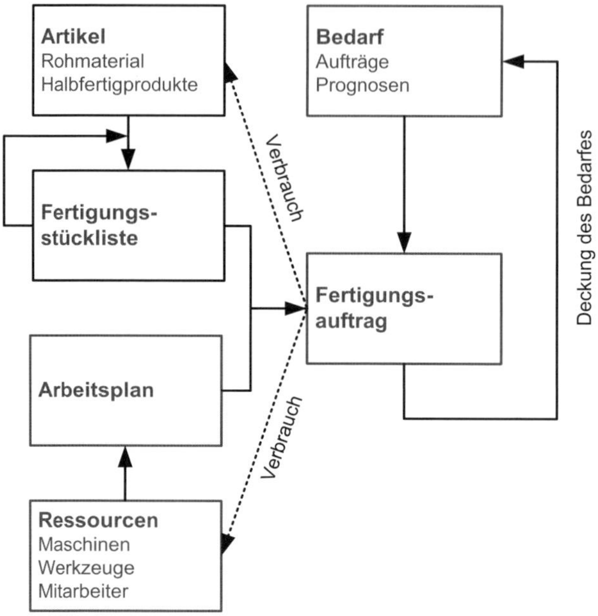

Bild 7.2 Informations- und Materialfluss eines Fertigungsauftrags

Wie in Beschaffung und Vertrieb sind korrekt gepflegte Stammdaten Grundvoraussetzung für eine erfolgreiche Prozessabwicklung. In der Produktion werden dabei – zusätzlich zu dem Artikelstamm, der für Beschaffung und Vertrieb benötigt wird – noch die Produktstruktur, der Produktionsprozess und die Produktionsressourcen benötigt (siehe Bild 7.2).

- **Produktstruktur:** Diese wird in Form einer Fertigungsstückliste verwaltet. Fertigungsstücklisten sind hierarchisch aufgebaute Strukturen, die entweder Artikel aus dem Artikelstamm oder eine andere Fertigungsstückliste enthalten.
- **Produktionsressourcen:** Diese definieren die verfügbaren Ressourcen, an denen produktionsrelevante Aktivitäten durchgeführt werden können. Ressourcen besitzen eine bestimmte Kapazität, die durch Fertigungsaufträge verbraucht wird. Die verfügbare Kapazität wird über Schichtmodelle und Betriebskalender festgelegt.
- **Produktionsprozess:** Dieser wird über einen Arbeitsplan definiert; darin wird die Reihenfolge der Tätigkeiten zur Herstellung eines Produkts und die dafür benötigte Kapazität festgelegt. Arbeitsplan und Fertigungsstückliste können zur Abbildung komplexer Prozesse verbunden werden.

Diese produktionsrelevanten Stammdaten werden für die Erstellung von Fertigungsaufträgen benötigt. In den Stammdaten finden sich auch die Material- und Kapazitätskosten, sodass mittels Dynamics NAV eine genaue Planung und Kontrolle der Herstellungskosten eines Produkts möglich ist. Die integrale Erfassung der Kosten über alle Prozesse eines Unternehmens ist ein wesentlicher Aspekt eines ERP-Systems wie Dynamics NAV.

HINWEIS: Für Unternehmen, die Komponenten in einfachen Prozessen kombinieren und die keine Fertigungsfunktionen benötigen, bietet Microsoft Dynamics NAV 2018 übersichtliche Funktionen, um Artikel zu montieren. Diese Montageartikel werden als verkäufliche Artikel definiert, die eine Montagestückliste enthalten.

Eine grundlegende Entscheidung jedes Produktionsbetriebs besteht darin, festzulegen, ob Artikel auftragsbezogen oder auf Lager produziert werden sollen. Diese Entscheidung hängt von vielen Faktoren, wie zum Beispiel den zu realisierenden Durchlaufzeiten (Bestellung, Produktion) – um nur einen Faktor zu nennen – ab. Beide Fälle können mit Dynamics NAV problemlos (auf Artikelbasis) abgebildet werden.

Auf der Grundlage dieser Entscheidung erfolgt die Bedarfsermittlung auf unterschiedliche Art und Weise. Im Fall einer auftragsbezogenen Produktion sind bestehende Verkaufsaufträge der Ausgangspunkt der Bedarfsermittlung und führen zu Fertigungsaufträgen, die mit den Verkaufsaufträgen verbunden sind. Falls Verkaufsaufträge aus dem Lagerbestand befriedigt werden, muss dieser wieder auf der Basis von Planungsparametern mittels Fertigungsaufträgen ergänzt werden. In diesem Fall gibt es keinen direkten Zusammenhang zwischen Fertigungs- und Verkaufsaufträgen. In Dynamics NAV stehen zu diesem Zweck umfangreiche Planungsfunktionen zur Verfügung, die im Laufe dieses und des folgenden Kapitels ausführlich besprochen werden.

Ein weiteres Unterscheidungskriterium von Produktionsumgebungen stellt die Art der Produktion, z. B. Werkstätten- oder Linienfertigung, dar. Da in einer Werkstättenfertigung oft neue Produkte produziert werden, werden Funktionen für eine Vorkalkulation zur Verfügung gestellt. Im Rahmen einer Linienfertigung wird es eher der Fall sein, dass mit Standardpreisen gearbeitet wird.

Dynamics NAV stellt flexible Mechanismen für alle möglichen Varianten bereit, sodass grundsätzlich alle denkbaren Produktionsumgebungen abgebildet werden können. Zu jedem Zeitpunkt des Fertigungsprozesses kann eine Statistik mit den Soll- und Ist-Werten der Fertigungskosten und des Fertigungsfortschritts aufgerufen werden. Damit wird auch die Funktionalität einer detaillierten Nachkalkulation von Fertigungsaufträgen ermöglicht.

Mittels der Erstellung von Fertigungsaufträgen werden die einzelnen Arbeitsschritte gemäß dem zugrunde liegenden Arbeitsplan terminiert. Durch die Freigabe werden Fertigungsaufträge üblicherweise an die Produktion übergeben. Damit verbunden ist oftmals der Druck diverser produktionsrelevanter Dokumente. Sobald ein freigegebener Fertigungsauftrag vorliegt, kann der für das zu fertigende Produkt notwendige Verbrauch an Rohmaterialien manuell oder automatisch gebucht werden. Analog zum Warenverbrauch lässt sich auch der tatsächliche Zeitbedarf für die Fertigung des Produkts auf den Fertigungsauftrag buchen. Es können damit sowohl der Produktionsfortschritt als auch die während der Fertigung bereits angefallenen Kosten kontrolliert werden.

Als letzter Schritt wird der Fertigungsauftrag beendet. Dies führt unter anderem zu dem Buchungsabschluss aller Kosten auf die entsprechenden Konten der Finanzbuchhaltung.

7.2.2 Überblick zur Produktionsabwicklung

Bevor wir alle Details und Varianten der einzelnen Prozessschritte beschreiben, soll ein kurzer Überblick die Grundprinzipien der Produktionsabwicklung in Dynamics NAV zeigen. Der Einfachheit halber erfolgen alle Buchungen direkt über einen manuell erfassten Fertigungsauftrag.

7.2.2.1 Erstellen eines neuen Fertigungsauftrags

Um einen fest geplanten Fertigungsauftrag anzulegen, gehen Sie wie folgt vor:

1. Wählen Sie in der Suche den Link *Fest geplante FA*
2. Im Menüband oberhalb der erscheinenden Übersicht der fest geplanten Fertigungsaufträge klicken Sie auf *Neu*.
3. Eine neue eindeutige Nummer für den Fertigungsauftrag wird vergeben und ein neuer Datensatz kann eingegeben werden.
4. Füllen Sie das Feld *Herkunftsart* (hier Artikel) und das Feld *Herkunftsnr.* aus.
5. Legen Sie die zu fertigende *Menge* und das *Fälligkeitsdatum* fest.
6. Rufen Sie auf der Registerkarte *Start* des Menübands die Funktion *Fertigungsauftrag aktualisieren* auf.

Bei Bedarf kann für einen terminierten Fertigungsauftrag die Stückliste oder der Arbeitsplan nachträglich bearbeitet werden.

Durch Klick auf die Schaltfläche *Status ändern* auf der Registerkarte *Start* des Menübands wird der Fertigungsauftrag für die Produktion freigegeben. Die Freigabe kann mit automatischen Buchungen (Materialverbrauch und/oder Ist-Meldungen) verbunden sein. Freigegebene Fertigungsaufträge können über das Menü *Freigegebene Fertigungsaufträge* im Rollencenter eingesehen und bearbeitet werden.

Das Fenster *Produktions Buch.-Blatt* für die manuelle Buchung des Materialverbrauchs und der Ist-Meldungen wird im Fenster *Freigegebener FA* im Register *Zeilen* über den Befehl *Zeile/Produktions Buch.-Blatt* für die jeweils ausgewählte Zeile geöffnet.

Im Fenster *Produktions Buch.-Blatt* werden der Verbrauch aller Komponenten der Stückliste, die tatsächlichen Rüst- und Bearbeitungszeiten sowie die gefertigten Mengen für jeden Schritt des Arbeitsplans angegeben. Je nach Konfiguration des Systems werden dabei entweder Nullmengen oder Sollwerte vorgegeben, die im Buchungsblatt geändert werden können.

Nachdem alle Werte eingeben wurden, können diese über die Schaltfläche *Buchen* auf der Registerkarte *Start* des Menübands gebucht werden. Im Listenfeld *Freigegebene Fertigungsaufträge* können für einen ausgewählten Fertigungsauftrag über die Schaltfläche *Posten* die gebuchten Artikelposten (Lagerabgänge, Lagerzugänge) und Kapazitätsposten (benötigte Zeiten) betrachtet werden.

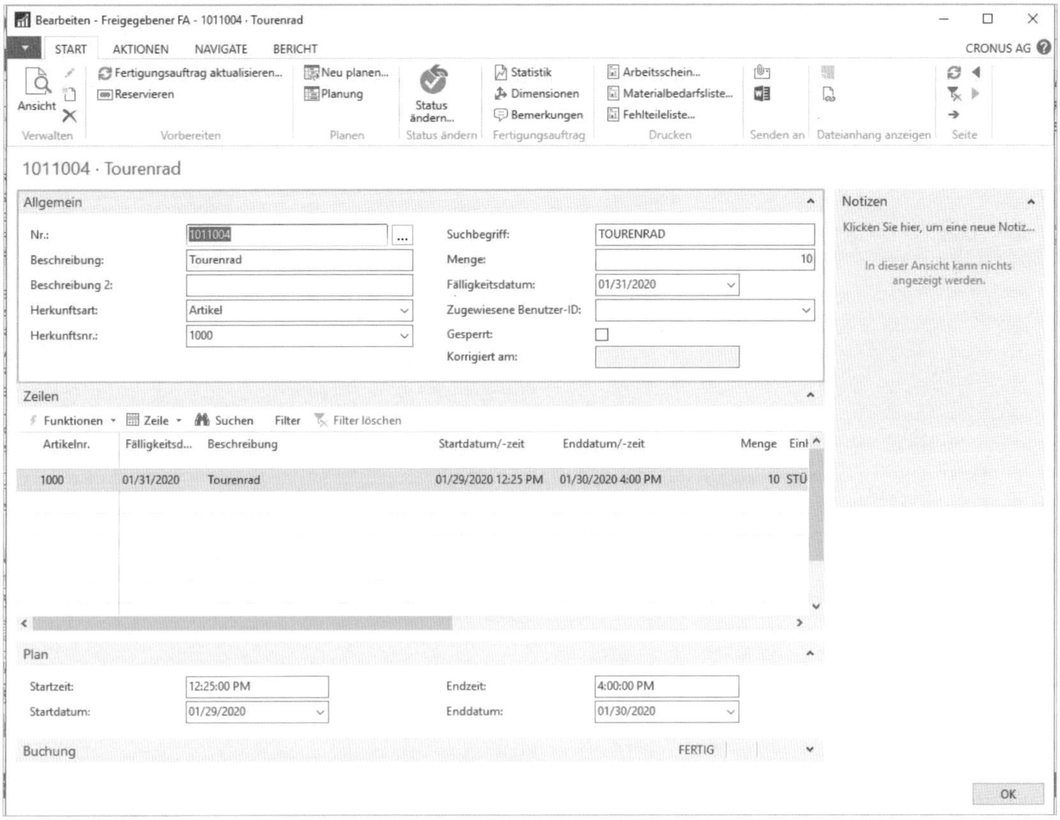

Bild 7.3 Beispiel eines freigegebenen Fertigungsauftrags

Analog wird über die Schaltfläche *Statistik* bzw. der Taste *F7* das Dialogfeld *FA-Statistik* mit einem ausführlichen Soll-/Ist-Vergleich geplanter und tatsächlicher Kosten des betrachteten Fertigungsauftrags geöffnet. Nachdem alle Buchungen auf einen Fertigungsauftrag durchgeführt wurden, wird dieser auf den Status „Beendet" gesetzt. Der Listenplatz mit den beendeten Fertigungsaufträgen wird über das Menü *Beendete Fertigungsaufträge* im Navigationsbereich aufgerufen. Bild 7.3 zeigt einen freigegebenen Fertigungsauftrag für die Herstellung von 10 Stück des Artikels mit der Nummer 1000 (Tourenrad der CRONUS-Demodatenbank). Der Fertigungsauftrag ist am 31.01.2020 fällig; um den Fertigungsauftrag termingerecht erfüllen zu können, muss am 29.01.2020 um 12:25 Uhr mit der Produktion begonnen werden. Die Berechnung des Startdatums eines Fertigungsauftrags basiert auf dem Arbeitsplan und erfolgt über die Schaltfläche *Fertigungsauftrag aktualisieren*.

7.2.3 Produktion einrichten

Im Anwendungsbereich „Produktion" sind lediglich einige unkomplizierte Einrichtungsschritte erforderlich. Das entsprechende Fenster *Produktion Einrichtung* (siehe Bild 7.4) wird über die Schnellsuche und den Link *Abteilungen/Einrichtung/Produktion/Produktion Einrichtung* aufgerufen.

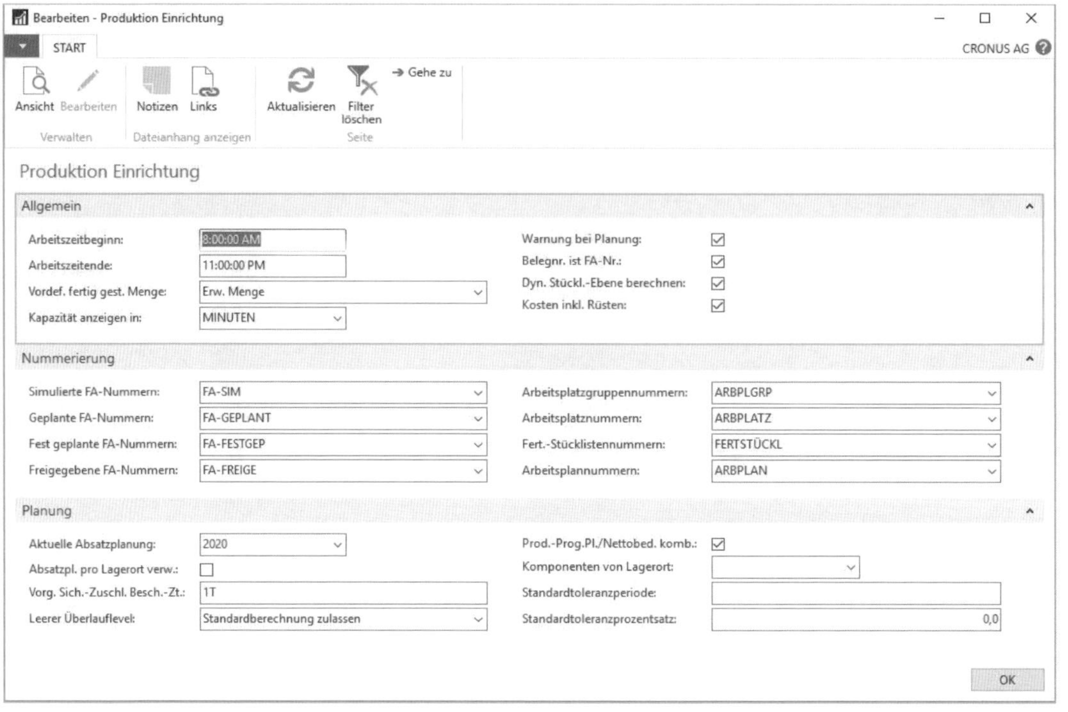

Bild 7.4 Fenster „Produktion Einrichtung“

Im Register *Allgemein* befinden sich einige grundlegende Einstellungen. Die Felder *Arbeitszeitbeginn* und *Arbeitszeitende* ermöglichen die einfache Eingabe einer allgemeingültigen Arbeitszeit für die Kapazitätsberechnung. Wenn ein Betriebskalender angelegt wurde, werden diese Felder nicht verwendet. Ist das Kontrollkästchen *Warnung bei Planung* aktiviert, werden Warnungen angezeigt, wenn die mit einem Fertigungsauftrag verbundenen Verkaufsaufträge geändert werden. Wenn es gewünscht ist, dass für alle Buchungen die Nummer des freigegebenen Fertigungsauftrags verwendet wird, ist das Kontrollkästchen *Belegnr. ist FA-Nr.* zu aktivieren. Das Kontrollkästchen *Kosten inkl. Rüsten* ermöglicht es, die Rüstkosten in die Berechnung des Einstandspreises einfließen zu lassen. Im Feld *Vordef. fertig gest. Menge* kann eine Voreinstellung für die Verbrauchsbuchungsblätter eingestellt werden:

- *Erw. Menge* für die geplante Menge
- *Null bei allen Arbeitsgängen*
- *Null beim letzten Arbeitsgang*

Verbrauchsbuchungen werden in Abschnitt 7.2.7.5, „Bearbeiten von Fertigungsaufträgen“ , besprochen. Das Kontrollkästchen *Dyn. Stückl.-Ebene berechnen* wird in Abschnitt 7.2.4.1.1, „Fertigungsstücklistenkopf“, besprochen. Mit der Auswahl dieses Felds werden bei der Zertifizierung einer Stückliste die Stücklistenebenen automatisch bestimmt.

Stücklistenebenen spielen bei Bestimmung des Nettobedarfs und des Einstandspreises eine entscheidende Rolle. Das Feld *Kapazität anzeigen in* zeigt an, welche Kapazitätseinheit standardmäßig verwendet werden soll, um Kapazität zu erfassen und zu verfolgen. Die in diesem Feld definierte Standardeinheit kann überschrieben werden, indem verschiedene

Kapazitätseinheiten für bestimmte Arbeitsplatzgruppen, Arbeitsgänge oder Buchungsblattzeilen festgelegt werden. Im Register *Nummerierung* können die automatischen Nummernserien für den Produktionsbereich festgelegt werden. Im Register *Planung* befinden sich einige grundlegende Einstellungen für die Planungsfunktionen. In diesem Register befinden sich Felder, die von den Planungsverarbeitungen benötigt werden. Im Feld *Aktuelle Absatzplanung* wird festgelegt, welche Absatzplanung standardmäßig bei der Berechnung des Planungsvorschlags verwendet wird. Die Berechnung des Planungsvorschlags wird in Kapitel 8 detailliert besprochen. Durch Aktivieren des Kontrollkästchens *Absatzpl. pro Lagerort verw.* kann angegeben werden, dass im Absatzplan Lagerorte festgelegt werden können. Wird dies nicht ausgewählt, erfolgt kein Abgleich des Absatzplans mit Lagerorten. Das Feld *Vorg. Sich.-Zuschl. Besch.-Zt.* enthält eine Datumsformel als vorgegebenen Sicherheitszuschlag zur Beschaffungszeit.

HINWEIS: Beachten Sie, dass in der CRONUS-Demodatenbank das Feld *Vorg. Sich.-Zuschl. Besch.-Zt.* den Wert „1T" enthält. Dies bedeutet, dass alle Fertigungsaufträge um einen Tag früher als geplant fertig gestellt werden. ■

Das Feld *Leerer Überlauflevel* ist für Lösungen gedacht, die aus einer Version von Microsoft Dynamics NAV vor Version 5.0 SP1 stammen. Das Kontrollkästchen *Prod.-Progr.Pl./Nettobed. komb.* legt fest, ob sowohl die Produktionsprogrammplanung als auch die Nettobedarfsrechnung gleichzeitig berechnet werden sollen. Die Produktionsprogrammplanung und die Nettobedarfsrechnung werden in Kapitel 8 besprochen. Das Feld *Komponenten von Lagerort* ermöglicht eine globale Festlegung des Lagerorts, von dem Komponenten für Fertigungsaufträge bezogen werden. Der Lagerort kann auch beim Buchen des Fertigungsauftrags oder über eine Lagerhaltungskarte festgelegt werden. Die Felder *Standardtoleranzperiode* und *Standardtoleranzmenge* können verwendet werden, um Toleranzen für die Planungsroutinen anzugeben. Die Verwendung dieser Felder dient dazu, bei Planberechnungen die Anzahl der Ereignismeldungen für unbedeutende Abweichungen zu reduzieren.

7.2.4 Fertigungsstücklisten und Artikelstamm

Bei der Fertigung von Produkten werden neben den Artikeln als weitere Stammdaten die Fertigungsstückliste und der Arbeitsplan benötigt. Fertigungsstückliste und Arbeitsplan können als ein Rezept für die Herstellung eines bestimmten Produkts betrachtet werden. Beide zusammen bilden die Grundlage eines Fertigungsauftrags für die Herstellung einer bestimmten Menge eines bestimmten Produkts. Die Fertigungsstückliste beinhaltet dabei die benötigten Materialien, der Arbeitsplan die benötigten Ressourcen (z.B. Personal, Maschinen, Werkzeuge).

7.2.4.1 Fertigungsstücklisten

Eine Fertigungsstückliste ist eine hierarchisch strukturierte Liste aller in einem Produkt verwendeten Rohmaterialien und Halbfertigprodukte. Unter Rohmaterialien versteht man dabei typischerweise zugekaufte Artikel, wobei Halbfertigprodukte typischerweise selbst hergestellte Artikel sind. Rohmaterialien sind lagerfähige Artikel (es gibt einen Lagerbestand), wohingegen Halbfertigprodukte sowohl gelagert als auch direkt in einem nachfolgenden Produktionsschritt verwendet werden können. Rohmaterialien haben im Gegensatz zu Halbfertigprodukten keine Fertigungsstückliste.

HINWEIS: Die Lagerung aller Rohmaterialien stellt keinen Widerspruch zu modernen Produktionskonzepten wie zum Beispiel „Just-in-Time“ oder „Dock-to-Belt“ (Direktlieferung an die Produktionslinie) dar, da diese trotzdem Lieferungen darstellen, die eingelagert werden müssen, um sowohl Mengen als auch Kosten erfassen zu können. ■

Eine Fertigungsstückliste ist daher nicht einfach eine Liste der verwendeten Artikel, sondern bildet auch die Produktstruktur ab und lässt sich bei Bedarf auch mit dem Arbeitsplan zu einem komplexen Rezept verbinden.

Die einzelnen Hierarchieebenen werden mit einem Ebenencode bezeichnet. Der obersten Ebene wird dabei der Ebenencode 0 zugeordnet. Der Ebenencode spielt eine wichtige Rolle bei der Planung, da die Planungsroutinen den Bedarf der einzelnen Artikel auf Basis der Ebenencodes berechnen.

In Dynamics NAV 2018 sind maximal 50 Ebenen möglich. Um einen Artikel mit einer Stückliste zu verbinden, muss die Nummer der Stückliste im Feld *Fert.-Stücklistennr.* im Register *Beschaffung* der Artikelkarte eingetragen werden. Ein schematisches Beispiel einer Fertigungsstückliste finden Sie in Bild 7.5. Diese stellt einen Ausschnitt der Fertigungsstückliste für ein Fahrrad dar (Fertigungsstückliste Nr. 1000 aus der CRONUS-Demodatenbank). In Bild 7.6 werden dieselben Daten als Stücklistenzeilen einer Fertigungsstückliste gezeigt.

Fertigungsstücklisten können prinzipiell zur Herstellung unterschiedlicher Artikel (mit demselben Materialbedarf) dienen. Ebenso kann eine Fertigungsstückliste einen Verweis auf eine andere Fertigungsstückliste beinhalten, wobei die Referenzierung einer Fertigungsstückliste auf sich selbst (Zirkelbezug) bei der Zertifizierung zu einer Fehlermeldung führt. Die Verwaltung der Stücklisten erfolgt über den Listenplatz *Fertigungsstückliste*; dieser wird im Navigationsbereich über das Menü *Fertigungsstücklisten* ausgewählt. Das Fenster *Fertigungsstückliste* beinhaltet den Fertigungsstücklistenkopf im Register *Allgemein* und die Fertigungsstücklistenzeilen im Register *Zeilen*.

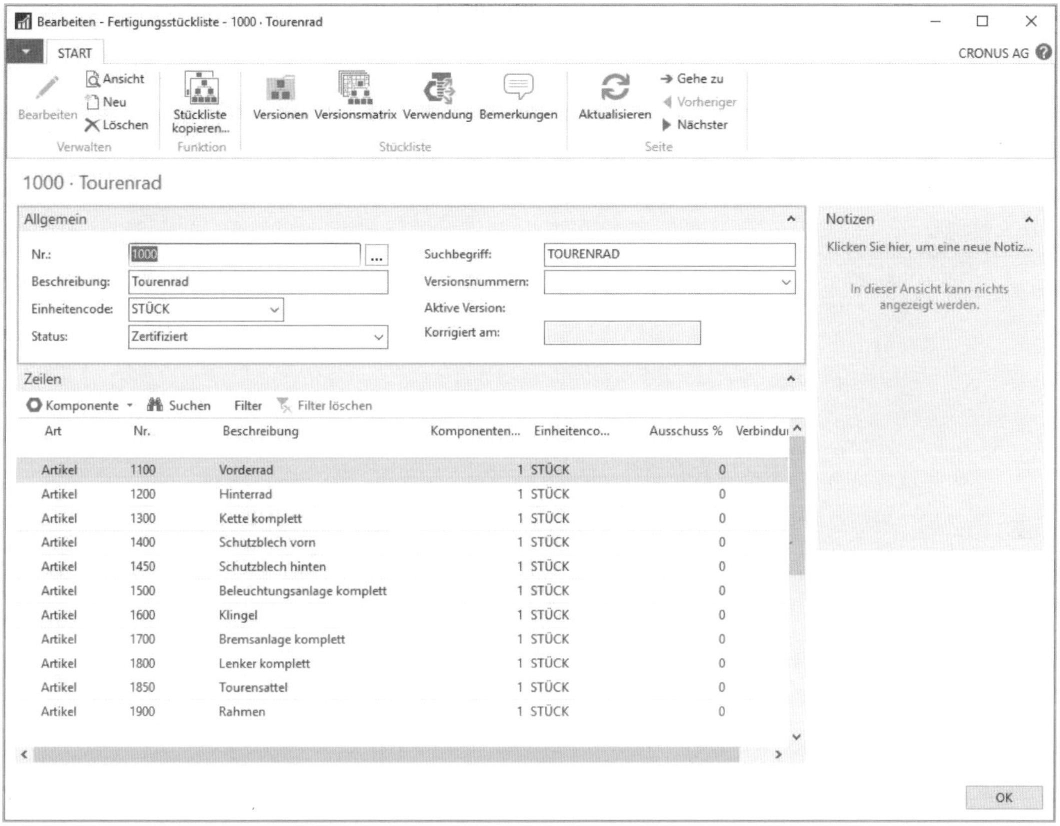

Bild 7.5 Ausschnitt aus einer Fertigungsstückliste für ein Fahrrad

7.2.4.1.1 Fertigungsstücklistenkopf

Das Feld *Nr.* dient der Identifizierung der Fertigungsstückliste. Die Nummer muss eindeutig sein und kann bis zu 20 Zeichen umfassen. Es kann ein automatischer Nummernkreis in der Einrichtung hinterlegt werden. Die Nummer kann aber auch manuell erstellt werden. Im Feld *Beschreibung* lässt sich ein Text als Erläuterung für die Fertigungsstückliste eingeben. Das Feld *Einheitencode* definiert den Basiseinheitencode für entsprechende Fertigungsaufträge. Im Feld *Status* wird der Zustand einer Stückliste angezeigt. Folgende Status sind gültig:

- Neu
- Zertifiziert
- In Entwicklung
- Abgelaufen

Eine neue Stückliste erhält automatisch den Status *Neu* und kann in diesem Status bearbeitet werden. Damit eine Stückliste in einem Fertigungsauftrag verwendet werden kann, muss sie sich im Status *Zertifiziert* befinden. In diesem Fall kann die Stückliste nicht bearbeitet werden. Damit eine Stückliste wieder bearbeitet werden kann, muss sie auf den Status *In Entwicklung* gesetzt werden. Stücklisten mit dem Status *Abgelaufen* können nicht mehr in

Fertigungsaufträgen verwendet werden. Das Feld *Suchbegriff* kann für die Suche nach einer Stückliste verwendet werden. Wie üblich wird als Standardwert der Beschreibungstext übernommen. Im Feld *Versionsnummern* wird die zum Arbeitsdatum gültige Stücklistenversion angezeigt. Die Erstellung von Stücklistenversionen wird in Abschnitt 7.2.4.1.5, „Fertigungsstücklistenversionen“ beschrieben. Im Feld *Korrigiert am* wird das letzte Änderungsdatum der Stückliste angegeben.

HINWEIS: Falls unter *Produktion Einrichtung* im Register *Allgemein* das Kontrollkästchen *Dyn. Stückl.-Ebene berechnen* aktiviert ist, führt das Setzen des Status einer Stückliste auf *Zertifiziert* zur automatischen Berechnung der Stücklistenebenen. Bei großen Datenmengen kann dies einen negativen Einfluss auf die Geschwindigkeit anderer Programmteile haben.

Das Fenster *Produktion Einrichtung* wird über die Schnellsuche und den Link *Abteilungen/Verwaltung/Anwendung Einrichtung/Produktion/Produktion Einrichtung* aufgerufen. Alternativ kann über die Schnellsuche und den Link *Abteilungen/Produktion/Fertigungsstammdaten* die Stapelverarbeitung *Stücklistenebene berechnen* zur Berechnung der Stücklistenebenen manuell gestartet werden.

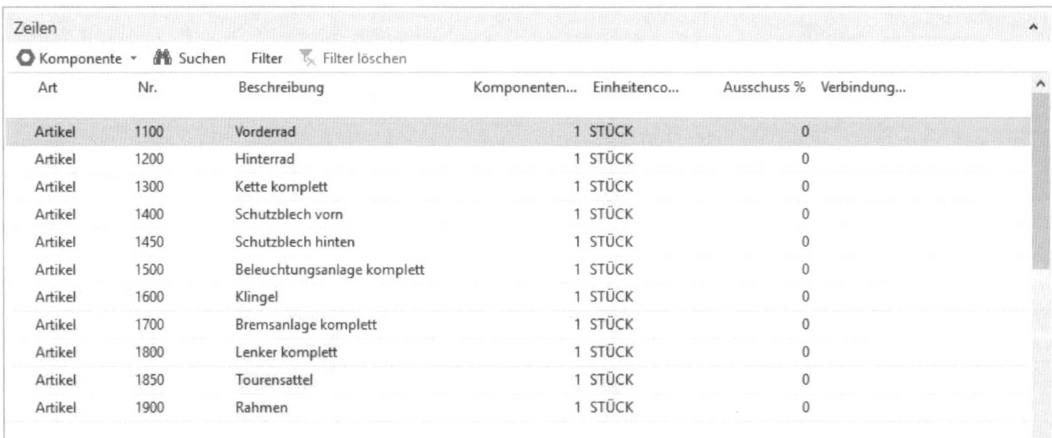
Zeilen
Komponente ▾ Suchen Filter Filter löschen

Art	Nr.	Beschreibung	Komponenten...	Einheitenco...	Ausschuss %	Verbindung...
Artikel	1100	Vorderrad	1	STÜCK	0	
Artikel	1200	Hinterrad	1	STÜCK	0	
Artikel	1300	Kette komplett	1	STÜCK	0	
Artikel	1400	Schutzblech vorn	1	STÜCK	0	
Artikel	1450	Schutzblech hinten	1	STÜCK	0	
Artikel	1500	Beleuchtungsanlage komplett	1	STÜCK	0	
Artikel	1600	Klingel	1	STÜCK	0	
Artikel	1700	Bremsanlage komplett	1	STÜCK	0	
Artikel	1800	Lenker komplett	1	STÜCK	0	
Artikel	1850	Tourensattel	1	STÜCK	0	
Artikel	1900	Rahmen	1	STÜCK	0	

Bild 7.6 Beispiel von Stücklistenzeilen im Register „Zeilen“ einer Fertigungsstückliste

7.2.4.1.2 Fertigungsstücklistenzeilen

Im Register *Zeilen* werden die einzelnen Komponenten der Fertigungsstückliste angezeigt. Bei den Komponenten handelt es sich entweder um Artikel oder um andere Fertigungsstücklisten, die dann in der Regel Phantomstücklisten genannt werden.

Im Feld *Art* können folgende Optionen ausgewählt werden:

- Artikel
- Phantomstückliste (siehe den Abschnitt 7.2.4.1.7, „Phantomstücklisten“)
- Leer

Mit der Feldoption *Artikel* wird ein Artikel aus dem Artikelstamm, mit der Option *Phantomstückliste* wird eine Fertigungsstückliste ausgewählt. Die Option *Leer* ermöglicht die Eingabe einer Kommentarzeile. Das Feld *Nr.* beinhaltet entweder die Artikel- oder die Fertigungsstücklistennummer. Die *Komponentenmenge* zeigt die Menge der Komponente an, die zur Fertigung eines Artikels in der Fertigungsstückliste benötigt wird. Alternativ kann dieser Wert auch über das Feld *Formel* (z. B. Gewichts- oder Volumenberechnung mittels der Felder *Breite, Länge, Tiefe, Gewicht*) ermittelt werden. Die passende Einheit wird im Feld *Einheitencode* festgelegt. Des Weiteren kann für jede Stücklistenzeile eine fixe Ausschussmenge (als Prozentsatz) im Feld *Ausschuss %* angegeben werden. Dies erhöht die benötigte Menge des ausgewählten Artikels und wird von den Planungsfunktionen entsprechend berücksichtigt. Über das Feld *Verbindungscode* kann die Materialverwendung mit einem bestimmten Arbeitsgang verbunden werden. Die Beschreibung dieser Funktionalität wird in Abschnitt 7.2.5, „Verbindungscodes“ , erläutert. Weitere mögliche Felder sind *Position, Position 2* und *Position 3*, in denen zusätzliche Informationen untergebracht werden können, und das Feld *Vorlaufzeitverschiebung*, in dem eine Zeitangabe angegeben werden kann, die die Beschaffungszeit des entsprechenden Artikels verlängert. In den Feldern *Startdatum* und *Enddatum* kann optional für jede Komponente eine gültige Datumsangabe angegeben werden. Damit werden vom Datum abhängige Stücklisten erzeugt. Ein Anwendungsfall könnte sein, dass ab einem bestimmten Datum eine andere Komponente zu verwenden ist.

7.2.4.1.3 Erstellen einer neuen Stückliste

Um eine Fertigungsstückliste anzulegen, gehen Sie folgendermaßen vor:

1. Wählen Sie in der Suche den Link *Fertigungsstücklisten*.
2. Klicken Sie auf der Registerkarte *Start* des Menübands auf die Schaltfläche *Neu*, um eine neue Fertigungsstückliste anzulegen; beachten Sie, dass der Status der Fertigungsstückliste auf „Neu“ gesetzt ist (Feld *Status*).
3. Drücken Sie im Feld *Nr.* die *Eingabe*-Taste, um automatisch eine neue Fertigungsstücklistennummer zuzuordnen.
4. Geben Sie einen Beschreibungstext ein und wählen Sie den gewünschten *Einheitencode* aus.
5. Wählen Sie im Register *Zeilen* im Feld *Art* einen der möglichen drei Werte („Artikel“ , „Phantomstückliste“ oder „Leer“) aus.
6. Füllen Sie danach zumindest die Felder *Nr.* und *Komponentenmenge* aus.

   Nachdem alle Stücklistenzeilen eingegeben wurden, muss der Status auf „Zertifiziert“ gesetzt werden, sodass die Stückliste auch in einem Fertigungsauftrag verwendet werden kann.

7.2.4.1.4 Kopieren von Fertigungsstücklisten

Die Erstellung einer neuen Stückliste kann durch die Funktion *Stückliste kopieren* erleichtert werden. Diese Funktion wird im Fenster *Fertigungsstückliste* im Register *Start* des Menübands über die Schaltfläche *Stückliste kopieren* aufgerufen. Nachdem die Komponenten in diese gerade offene Stückliste kopiert wurden, können Änderungen oder Ergänzungen vorgenommen werden.

7.2.4.1.5 Fertigungsstücklistenversionen

Für eine bestimmte Fertigungsstückliste können Versionen angelegt werden. Zu einem bestimmten Zeitpunkt kann es allerdings immer nur eine gültige Stückliste geben. Dies ermöglicht das Ändern einer Stückliste, ohne bereits bestehende Stücklisten verändern zu müssen. So kann im Versionskopf ein Startdatum für eine Version angegeben werden, sodass alle Fertigungsaufträge, die ab dem angegebenen Datum erstellt werden, automatisch die entsprechende Version der Stückliste verwenden.

HINWEIS: Eine Änderung der Stückliste entspricht einer Änderung der Produktspezifikation und wird als Engineering Change (EC) bezeichnet. In einer Serienfertigung möchte man oftmals eine Stücklistenänderung - soweit möglich - erst dann durchführen, wenn alle alten Komponenten verbraucht sind. Dynamics NAV unterstützt diesen Prozess nicht automatisch. Ebenso wenig kann die Gültigkeit einer Stücklistenversion pro Schicht oder durch eine Zeitangabe festgelegt werden.

Das Erstellen von Stücklistenversionen erfolgt aus dem Fenster *Fertigungsstückliste* über die Schaltfläche *Versionen* im Register *Start* des Menübands. Im dadurch geöffneten Fenster *Fert.-Stückl.-Versionsübersicht* kann eine neue Version über die Schaltfläche *Neu* im Register *Start* angelegt werden. Im Fenster *Fert.-Stücklistenversion* muss im Feld *Versionscode* eine Versionsnummer eingegeben werden.

Es besteht die Möglichkeit, im Register *Aktionen* des Menübands über die Schaltfläche *Fert.-Stücklisten kopieren* bzw. *Stückl.-Version kopieren* die bestehende Fertigungsstückliste oder eine andere Version zu kopieren. Stücklistenversionen müssen ebenfalls den Status *Zertifiziert* haben, bevor sie in einem Fertigungsauftrag verwendet werden können. Über die Schaltfläche *Versionsmatrix* im Register *Start* des Menübands des Fensters *Fertigungsstückliste* kann eine Übersicht (*Fert.-Stückl.-Versionsmatrix*) aller Versionen einer bestimmten Fertigungsstückliste aufgerufen werden. Dort lässt sich im Feld *Ebenen* angeben, ob eine oder mehrere Stücklistenebenen angezeigt werden sollen (Auflösung der Stückliste).

7.2.4.1.6 Stücklistenverwendung

Über die Schaltfläche *Verwendung* im Register *Start* des Menübands des Fensters *Fertigungsstückliste* kann das Fenster *Fert.-Stücklistenverwendung* aufgerufen werden. Dieses zeigt jene Artikel an, die auf der Grundlage der betrachteten Fertigungsstückliste produziert werden. Im Register *Zeilen* kann über die Schaltfläche *Komponente/Verwendung* angezeigt werden, in welchen anderen Fertigungsstücklisten der Artikel der markierten Komponentenzeile verwendet wird.

7.2.4.1.7 Phantomstücklisten

Phantomstücklisten sind Fertigungsstücklisten für Halbfabrikate, die nicht im Lagerbestand enthalten sind. Dies sind Fertigungsstücklisten, die in einer Stücklistenzeile ausgewählt wurden.

Eine Phantomstückliste bildet daher einen Produktionsschritt ab, ohne dass das Halbfertigprodukt als Lagerbestand erscheint. Mithilfe von Phantomstücklisten kann der Nettobedarf der Komponenten bestimmt werden, ohne dass eine Artikelkarte oder ein separater Fertigungsauftrag für das Halbfertigprodukt erstellt werden muss.

Phantomstücklisten dienen auch der Strukturierung komplexer Stücklisten, indem die Wartung und Prüfung der Einzelstücklisten aufgeteilt werden kann.

7.2.4.1.8 Stapelverarbeitungen

Für die Verwaltung der Fertigungsstücklisten stehen folgende Stapelverarbeitungen zur Verfügung, die aus dem Listenplatz *Fertigungsstückliste* über die entsprechenden Schaltflächen im Register *Start* des Menübands aufgerufen werden können:

- Die Schaltfläche *Fertigungs-Stücklistenartikel ersetzen* wird verwendet, um nicht mehr benötigte Artikel in Fertigungsstücklisten zu ersetzen. Damit kann ein Artikel z. B. durch einen neuen Artikel oder eine neue Fertigungsstückliste ersetzt werden. Beim Austausch der Artikel in der Fertigungsstückliste lassen sich automatisch neue Versionen erstellen oder alternativ die ausgetauschten Komponenten löschen.
- Die Schaltfläche *Abgelaufene Komponenten löschen* ist eine Wartungsfunktion für Stücklistenzeilen, deren Enddatum abgelaufen ist. Im Register *Fert.-Stücklistenkopf* wird ein Filter angegeben, um festzulegen, welche Fertigungsstücklistenzeilen gelöscht werden sollen.

7.2.4.1.9 Berichte

Mit dem Bericht *Strukturstückliste* kann eine Fertigungsstückliste für ausgewählte Artikel angezeigt werden. Über das Feld *Berechnungsdatum* des Registers *Optionen* wird das Datum festgelegt, für das eine Stückliste gedruckt werden soll. Die Auswahl eines Datums ist notwendig, da die Verwendung von Komponenten bzw. Stücklistenversionen von einem bestimmten Datum abhängig sein kann. Die Struktur (d. h. die Fertigungsstücklistenebenen) einer Fertigungsstückliste wird durch das Einrücken der Komponentenzeilen dargestellt.

Der Bericht *Teileverwendung (Struktur)* zeigt an, wo die im Filter angegebenen Artikel in der Produktstruktur vorkommen. Anders als in der oben beschriebenen Strukturstückliste gibt man in diesem Bericht einen oder mehrere Artikel (das heißt Komponenten oder Halbfertigfabrikate) ein. Es wird angezeigt, in welcher Fertigungsstückliste diese Artikel in welcher Ebene verwendet werden.

Über die Registerkarte *Bericht* des Menübands kann der Bericht *Vergleichsliste* aufgerufen werden; dieser vergleicht die Komponenten zweier ausgewählter Artikel. Angezeigt werden die Komponenten, deren Einstandspreis, die Kostendifferenz je Komponente und die gesamte Kostendifferenz der miteinander verglichenen Fertigungsstücklisten. Mit diesem Bericht lassen sich die direkten Materialkosten zweier Artikel einfach vergleichen.

7.2.4.2 Artikelkarte

Ergänzend zu den bisherigen Ausführungen über den Artikelstamm werden in diesem Abschnitt einige für den Produktionsbereich relevante Felder auf der Artikelkarte besprochen. Diese Felder befinden sich im Register *Beschaffung* (siehe Bild 7.8) und im Register *Planung*.

7.2.4.2.1 Register „Beschaffung"

Im Feld *Beschaffungsmethode* wird eingegeben, ob ein Artikel eingekauft (Einkauf) oder produziert (Fertigungsauftrag) wird. Ab Dynamics NAV 2013 gibt es auch die Option *Montage*; diese ermöglicht einfache Assemblierungsprozesse (ohne Fertigungsfunktionalität) auf der Grundlage von Montagestücklisten (Bausätze oder auch „Kits"). Im Gegensatz zu einer reinen Handelsstückliste werden die Stücklistenteile zu einem Ganzen zusammengebaut. Abhängig von dieser Auswahl sind entweder die Felder in dem Bereich Einkauf oder Produktion relevant. Für die Produktion sind dies folgende Felder:

- Im Feld *Produktionsart* wird angegeben, welche Produktionsart angewandt wird. Ausgewählt werden kann entweder Lagerfertigung oder Auftragsfertigung. In Lagerfertigungsaufträgen ist nur ein Artikel pro Fertigungsauftrag zulässig. Bereits erwähnt wurden die Felder *Arbeitsplannr.* und *Fert.-Stücklistennr.*, die die Stückliste und den Arbeitsplan für die Fertigung des Artikels festlegen. Das Feld *Rundungspräzision* gibt an, wie Mengen des Artikels bei unterschiedlichen Berechnungen gerundet werden sollen. Wenn der Artikel beispielsweise nur in ganzen Stücken erhältlich ist, gibt man eine „1" in diesem Feld ein. Im Feld *Buchungsmethode* wird bestimmt, ob der Materialverbrauch automatisch oder manuell gebucht wird. Die Materialverbrauchsbuchungen werden in Abschnitt 7.2.7.5, „Bearbeiten von Fertigungsaufträgen" , besprochen.
- Über das Feld *Ausschuss %* lässt sich ein allgemeingültiger Prozentsatz für eine Ausschussmenge bei der Fertigung des Artikels angeben. Die Angabe eines Ausschusses führt zu einem höheren Nettobedarf der Komponenten.
- Das Feld *Losgröße* kann leicht missverstanden werden und dient ausschließlich der Berechnung des Einstandspreises. Das Feld beinhaltet die durchschnittliche Losgröße, mit der der Artikel hergestellt wird. Dieser Wert wird verwendet, um Fixkosten (wie zum Beispiel Rüstkosten) bei der Berechnung des Einstandspreises aufzuteilen.

HINWEIS: Es ist zu beachten, dass Ausschuss an verschiedenen Stellen festgelegt werden kann. Die Angabe eines Ausschusses auf der Artikelkarte führt zu einem höheren Bedarf aller in dem Artikel benötigten Komponenten. Wie bereits besprochen, kann ein Ausschuss auch in einer Fertigungsstücklistenzeile angegeben werden und führt dann zu einem höheren Bedarf dieser Komponente. Ebenso kann ein Ausschuss (absolut oder relativ) in einer Arbeitsplanzeile festgelegt werden. Dies führt zu einem höheren Bedarf aller oder bei der Verwendung von Verbindungscodes nur bei bestimmten Komponenten. Die Ausschussmengen werden dabei zusammengezählt.

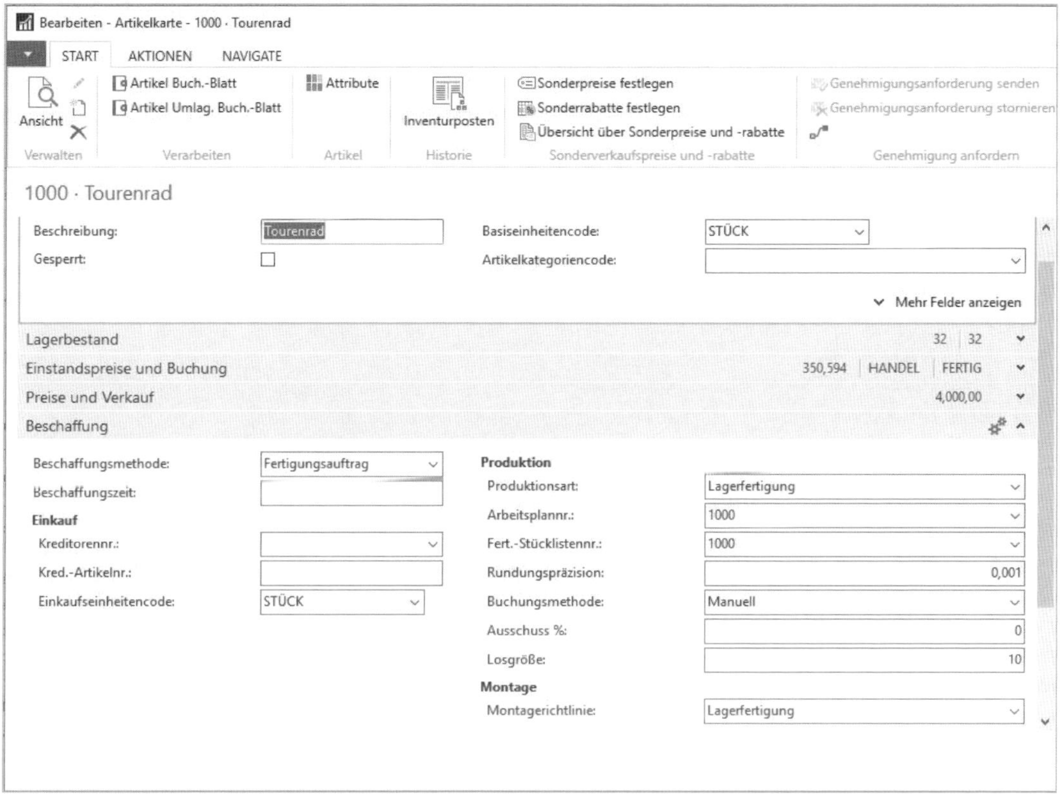

Bild 7.7 Register „Beschaffung" der Artikelkarte (Artikel 1000, CRONUS-Demodaten)

7.2.4.2.2 Register „Planung"

Die Felder des Registers *Planung* werden nur von den Planungsroutinen verwendet und sind daher Thema von Kapitel 8.

7.2.4.3 Fertigungskapazitäten und Arbeitspläne

Wie bereits im Einleitungstext des Abschnitts 7.2.4, „Fertigungsstücklisten und Artikelstamm", erläutert, wird für die Herstellung von Artikeln neben den Fertigungsstücklisten auch ein Arbeitsplan benötigt. Die Fertigungsstückliste beinhaltet die benötigten Materialien, der Arbeitsplan die benötigten Ressourcen (z. B. Maschinen oder Werkzeuge).

7.2.4.3.1 Fertigungskapazitäten

Unter Ressourcen versteht man in diesem Zusammenhang Fertigungseinrichtungen und auch deren zeitliche Verfügbarkeit, d. h. deren Kapazität. Um eine Produktion daher vollständig abbilden zu können, müssen die verfügbaren Fertigungskapazitäten definiert werden. Das Management dieser Kapazitäten stellt einen zentralen Aspekt produzierender Betriebe dar.

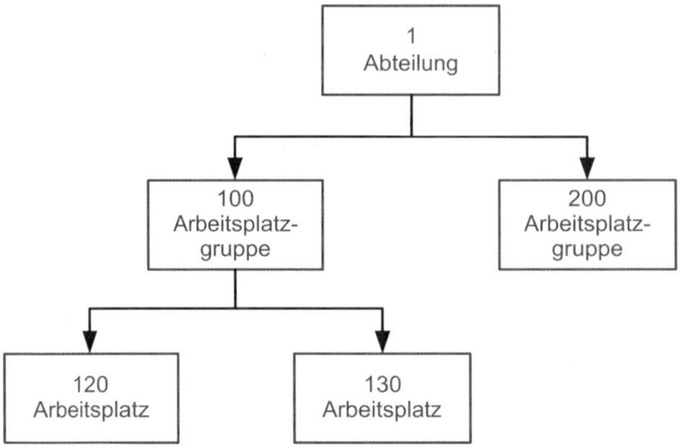

Bild 7.8 Zusammenhang zwischen Abteilung, Arbeitsplatzgruppe und Arbeitsplatz

7.2.4.4 Arbeitsplatzgruppen und Arbeitsplätze

Mit Dynamics NAV können bis zu drei verschiedene Ebenen von Fertigungskapazitäten (Arbeitseinrichtungen) definiert werden:

- Abteilungen
- Arbeitsplatzgruppen
- Arbeitsplätze

Eine Abteilung ist eine ausschließlich administrative Einrichtung, in der keine Fertigungsaktivitäten geplant werden können. Pro Unternehmen muss mindestens eine Abteilung eingerichtet werden, da jede Arbeitsplatzgruppe einer Abteilung zugeordnet werden muss. Die Einrichtung von Abteilungen erfolgt über die Schnellsuche und den Link *Abteilungen/Verwaltung/Anwendung Einrichtung/Produktion* und den Link *Abteilungen*. Eine Darstellung der Zusammenhänge der Organisationseinheiten *Abteilung*, *Arbeitsplatzgruppe* und *Arbeitsplatz* finden Sie in Bild 7.8.

Arbeitsplatzgruppen und Arbeitsplätze stellen Elemente dar, denen eine bestimmte Kapazität zugeordnet ist. Fertigungsaufträge können sowohl über Arbeitsplatzgruppen als auch über Arbeitsplätze ausgeführt werden (ein Arbeitsplan kann nicht auf das Element „Abteilung“ verweisen). Jede Arbeitsplatzgruppe muss einer Abteilung und jeder Arbeitsplatz muss einer Arbeitsplatzgruppe zugeordnet werden. Die Kapazität der Arbeitsplatzgruppe kann unabhängig von den untergeordneten Arbeitsplätzen auch als die Summe der Kapazitäten der untergeordneten Arbeitsplätze definiert sein.

7.2.4.4.1 Arbeitsplatzgruppen

Im Menü *Kapazitäten* wird durch einen Klick auf *Arbeitsplatzgruppen* der gleichnamige Listenplatz aufgerufen. Von dort kann die *Arbeitsplatzgruppenkarte* aufgerufen werden, um entweder neue Arbeitsplatzgruppen anzulegen (Schaltfläche *Neu* im Register *Start* des Menübands) oder bestehende zu bearbeiten (Schaltfläche *Bearbeiten*).

Im Register *Allgemein* der Arbeitsplatzgruppenkarte muss für die Arbeitsplatzgruppe eine eindeutige Nummer im Feld *Nr.*, eine Beschreibung im Feld *Name* und der *Abteilungscode* angegeben werden. Über das Kontrollkästchen *Gesperrt* kann die Arbeitsplatzgruppe für Buchungen gesperrt werden.

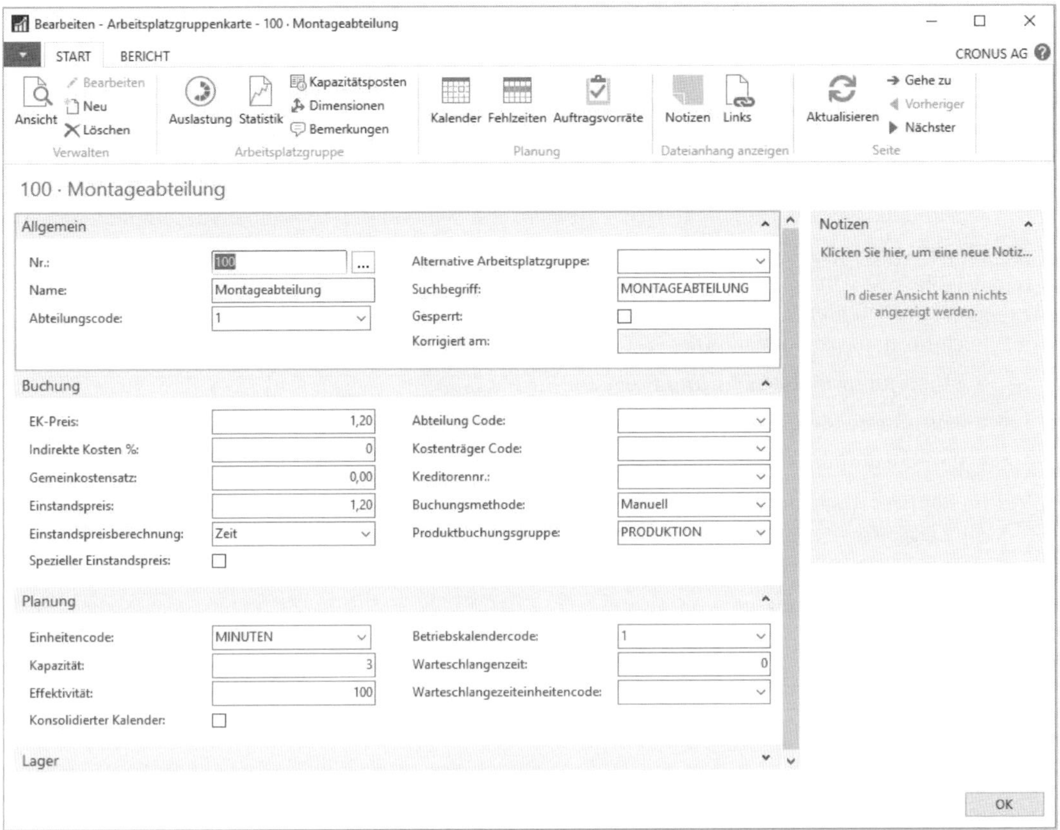

Bild 7.9 Beispiel einer Arbeitsplatzgruppenkarte

Im Register *Buchen* finden sich Angaben über Kosten, die bei der Nutzung der Ressource anfallen. Das Feld *EK-Preis* entspricht den direkten Kosten der Fertigung pro verbrauchter Zeiteinheit oder pro produziertem Stück (Feld *Einstandspreisberechnung*). Die Felder *Indirekte Kosten %* und *Gemeinkostensatz* ermöglichen die Eingabe eines relativen und/oder absoluten Gemeinkostensatzes. Die Gesamtkosten werden wie folgt berechnet:

Einstandspreis = EK-Preis + (Indirekte Kosten % * EK-Preis) + Gemeinkostensatz

Der Einstandspreis kann auch direkt eingegeben werden. Das Kontrollkästchen *Spezieller Einstandspreis*, das Feld *Kreditorennr.* und die Buchungsmethode werden an anderer Stelle beschrieben. Die Felder *Kostenstelle Code*, *Kostenträger Code* und *Produktbuchungsgruppe* haben die Funktionalität des Dynamics NAV-Standards.

Im Register *Planung* befinden sich die Felder für die Festlegung der Kapazität der Arbeitsplatzgruppe. Im Feld *Einheitencode* wird die Einheit für Kapazitätsberechnungen festgelegt. Auf diese wird im Arbeitsplan Bezug genommen. Das Feld *Kapazität* stellt einen Multiplikator für die verfügbare Kapazität dar. Das Feld *Effektivität* korrigiert die tatsächlich verfügbare Kapazität um den einzugebenden Prozentsatz (der Prozentsatz kann auch über 100 liegen und vergrößert dann die verfügbare Kapazität). Das Kontrollkästchen *Konsolidierter Kalender* legt fest, ob die Kapazität der Arbeitsplatzgruppe aus der Summe der Kapazitäten aller untergeordneten Arbeitsplätze berechnet wird. Über die Felder *Warteschlangenzeit* und

Warteschlangezeiteinheitencode können die Dauer von Warteschlangen an einer Arbeitsplatzgruppe festgelegt werden. Über das Feld *Betriebskalendercode* wird ein Betriebskalender ausgewählt (siehe dazu den Abschnitt 7.2.4.4.4, „Betriebskalender“).

7.2.4.4.2 Arbeitsplätze

Grundsätzlich erfolgt die Konfiguration der Arbeitsplätze analog der bei Arbeitsplatzgruppen und die Felder in den Registern *Allgemein*, *Buchen* und *Planung* haben dieselben Bedeutungen. Über das Feld *Arbeitsplatzgruppennr.* wird einem Arbeitsplatz eine übergeordnete Arbeitsplatzgruppe zugeordnet. Angaben, die sich auf den übergeordneten Arbeitsplatzgruppen befinden, nicht aber auf der Arbeitsplatzkarte, werden vererbt und gelten damit auch für den Arbeitsplatz. Dies gilt insbesondere für die Felder

- **Einstandspreisberechnung** (Register *Buchen*),
- **Einheitencode** (Register *Planung*),
- **Betriebskalendercode** (Register *Planung*).

Im Register *Arbeitsplan Einrichtung* im Fenster der Arbeitsplatzkarte können Standardwerte für bestimmte Felder eines Arbeitsgangs – der diesen Arbeitsplatz verwendet – definiert werden. Die Felder werden im Abschnitt 7.2.4.6, „Arbeitspläne“ , beschrieben.

7.2.4.4.3 Anleitung für das Anlegen einer Arbeitsplatzgruppe

Um eine Arbeitsplatzgruppe anzulegen, gehen Sie wie folgt vor:

1. Wählen Sie in der Suche den Link *Arbeitsplatzgruppen*, um die Liste der Arbeitsplatzgruppen zu öffnen.
2. Klicken Sie im Register *Start* des Menübands auf die Schaltfläche *Neu*.
3. Wählen Sie eine Nummer für die Arbeitsplatzgruppe oder drücken Sie im Feld *Nr.* die *Eingabe*-Taste, um automatisch eine Nummer zuzuweisen.
4. Geben Sie einen Namen für die Arbeitsplatzgruppe ein.
5. Wählen Sie im Feld *Abteilungscode* eine Abteilung als übergeordnete Organisationseinheit.
6. Füllen Sie die Felder im Register *Buchen* nach Bedarf aus.
7. Geben Sie im Register *Planung* einen *Einheitencode* sowie einen *Betriebskalendercode* ein und füllen Sie die restlichen Felder nach Bedarf aus.

7.2.4.4.4 Betriebskalender

Mit einem Betriebskalender wird die verfügbare Zeit für Arbeitsplatzgruppen und Arbeitsplätze festgelegt. Der Betriebskalender stellt eine sehr wichtige Information im System dar.

Es besteht die Möglichkeit, mehrere Betriebskalender festzulegen, wobei einer Arbeitsplatzgruppe (und damit auch den untergeordneten Arbeitsplätzen) nur ein Kalender zugeordnet werden kann. Dies ermöglicht unterschiedliche Schichtmodelle für verschiedene Arbeitsplatzgruppen (Beispiel: Mitarbeiter der Lackiererei haben andere Arbeitszeiten als Mitarbeiter der Montageabteilung). Zuerst müssen über die Schnellsuche und die Links *Abteilungen/Verwaltung/Anwendung Einrichtung/Produktion* und *Schichten* die Schichten des Schichtmodells für den Betriebskalender angelegt werden. Die Bearbeitung der Schichten erfolgt über die Schaltflächen *Neu* oder *Liste bearbeiten* im Register *Start* des Menübands. Wie Bild 7.10 zeigt, handelt es sich dabei um Codes, die eine bestimmte Schicht bezeichnen.

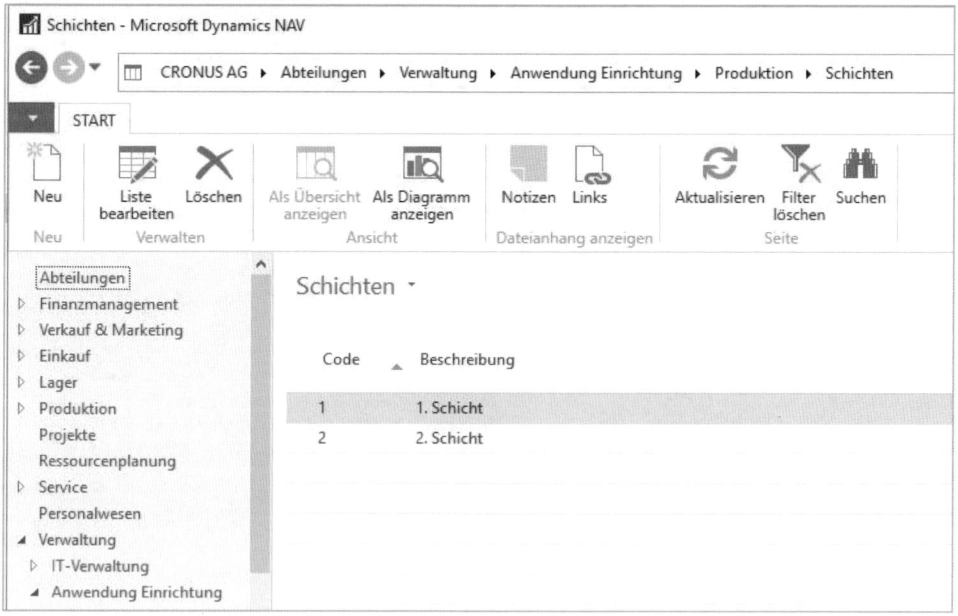

Bild 7.10 Fenster zum Anlegen der Arbeitsschichten

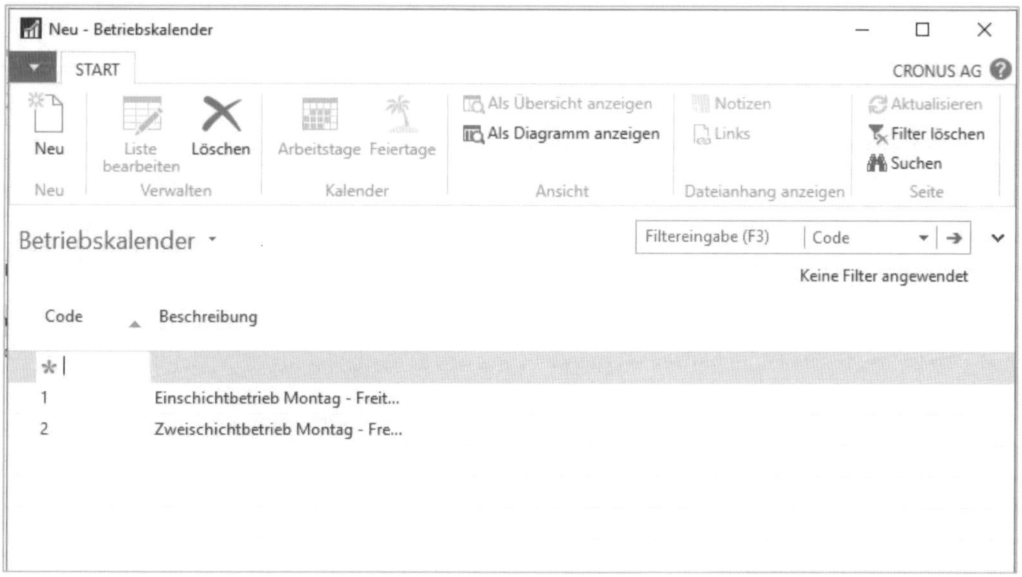

Bild 7.11 Fenster zum Anlegen von Betriebskalender

Über die Schnellsuche und die Links *Abteilungen/Verwaltung/Anwendung Einrichtung/Produktion* und *Betriebskalender* wird das Fenster *Betriebskalender* aufgerufen. Jeder Betriebskalender wird über einen Code bestimmt und kann mit einem Text näher beschrieben werden. Die Bearbeitung der Liste erfolgt über die Schaltflächen *Neu* oder *Liste bearbeiten* im Register *Start* des Menübands. Über die Schaltflächen *Arbeitstage* (siehe Bild 7.11) und *Feiertage* im Register *Start* des Menübands im Fenster *Betriebskalender* können die Arbeitszeiten des ausgewählten Betriebskalenders festgelegt werden. Pausen können berücksichtigt werden, indem ein Tag in mehrere Arbeitsblöcke unterteilt wird oder indem die Effektivität einer Arbeitsplatzgruppe oder eines Arbeitsplatzes entsprechend angepasst wird (Beispiel: Bei einem Arbeitstag von 8 Stunden und einer Effektivität von 90 % ergibt sich eine verfügbare Nettoarbeitszeit von 7,2 Stunden).

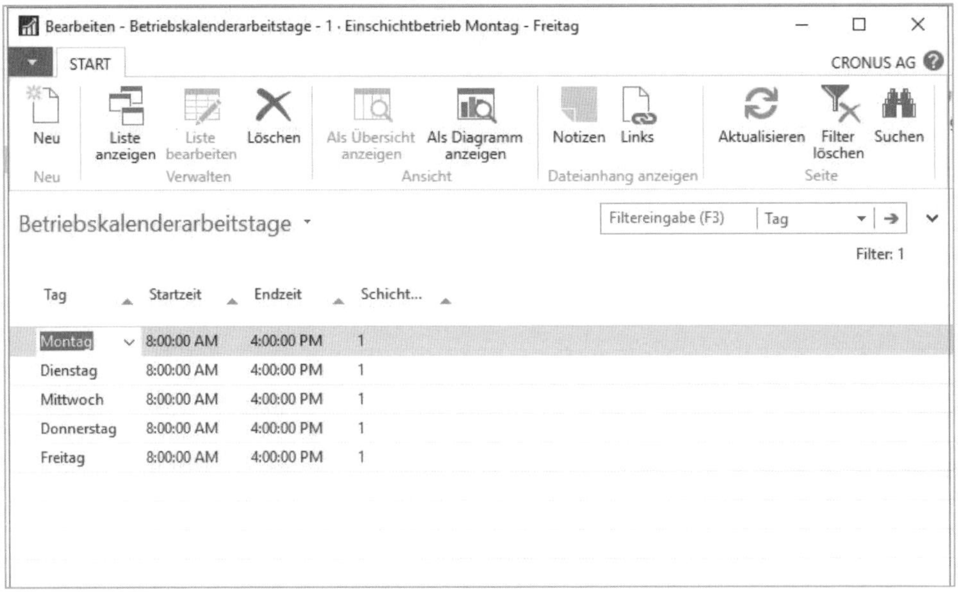

Bild 7.12 Definition der Arbeitstage eines Betriebskalenders

Wie oben bereits ausgeführt, werden Schichtmodelle Arbeitsplatzgruppen und Arbeitsplätzen zugeordnet und definieren die zeitliche Verfügbarkeit dieser Ressourcen und damit auch deren maximale Kapazität. Wenn nun Schichtmodelle erstellt oder geändert werden, muss der Betriebskalender neu berechnet werden. Dies erfolgt über die Listenplätze *Arbeitsplatzgruppen* und *Arbeitsplätze* (je nachdem, welche Kapazität neu berechnet werden soll). In der vorliegenden Version (CRONUS-Demodatenbank) ist im Menüband die sogenannte „Page-Action" für die Berechnung der Betriebskalender von Arbeitsplätzen leer und kann über das sogenannte „Development Environment" eingeblendet werden.

Über die Schaltfläche *Kalender* im Register *Start* des Menübands wird das Fenster *Arbeitsplatzgruppenkalender* bzw. *Arbeitsplatzkalender* aufgerufen. Die Anzeige der Kalender selbst erfolgt jeweils über die Schaltfläche *Matrix anzeigen* im Menüband. Aus diesen Fenstern (*Arb.-Platzgr.-Kalender - Matrix* bzw. *Arbeitsplatzkalender - Matrix*) können über die Schaltflächen *Berechnen* und *Neu berechnen* (Register *Aktionen*) die Kalender neu berechnet werden. Eine Darstellung des Fensters *Arb.-Platzgr.-Kalender - Matrix* zeigt Ihnen das Bild 7.13.

Über die Schaltfläche *Berechnen* werden die Stapelverarbeitungen *Arbeitsplatzkalender berechnen* und *Arb.-Platzgr.-Kalender berech.* aufgerufen. Die Anwendung erstellt dadurch sogenannte Kalenderposten für jeden Arbeitsplatz und jede Arbeitsplatzgruppe, die der verfügbaren Kapazität in einem bestimmten Zeitraum entsprechen.

Die Kapazität eines Arbeitsplatzes bzw. einer Arbeitsplatzgruppe ist die Menge an Arbeit, die innerhalb einer definierten Zeitperiode (ein Tag) erbracht werden kann. Falls bereits Posten vorhanden sind, löscht die Anwendung diese und erstellt neue Posten. Durch das Setzen von Filtern kann festgelegt werden, was in den Stapelverarbeitungen *Arbeitsplatzkalender berechnen* und *Arb.-Platzgr.-Kalender berech.* enthalten sein soll.

Die Stapelverarbeitung *Neu berechnen* (im Register *Aktionen* des Menübands in den Matrixfenstern) dient hingegen dazu, Kalenderposten zu aktualisieren, nachdem Änderungen im Betriebskalender oder in den Fehlzeiten vorgenommen wurden. Die Anwendung prüft die bestehenden Kalenderposten, ob diese mit dem Betriebskalender und den Fehlzeiten übereinstimmen. Wenn diese nicht übereinstimmen, werden die entsprechenden Posten korrigiert. Durch das Setzen von Filtern kann festgelegt werden, was in der Stapelverarbeitung enthalten sein soll. Die Berechnung für Arbeitsplatzgruppen kann auch direkt über die Stapelverarbeitung *Arb.-Platzgr.-Kalender berech.* im Register *Start* des Menübands aus dem Listenplatz *Arbeitsplatzgruppen* durchgeführt werden; dadurch werden die untergeordneten Arbeitsplätze jedoch nicht neu berechnet.

HINWEIS: Die Stapelverarbeitung *Neu berechnen* prüft nur bestehende Kapazitätsposten; sie erstellt keine neuen.

Wird daher ein neuer Arbeitsplatz oder eine neue Arbeitsplatzgruppe angelegt, müssen die Arbeitsplatzgruppen- und Arbeitsplatzkalender unbedingt neu berechnet werden. Dies gilt ebenso, wenn Änderungen an bestehenden Arbeitsplatzgruppen oder Arbeitsplätzen durchgeführt wurden.

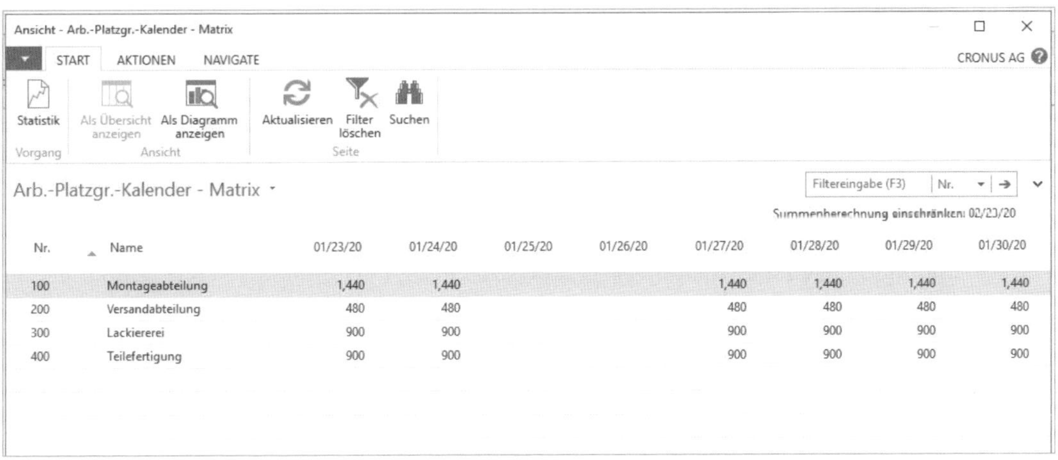

Bild 7.13 Arbeitsplatzgruppenkalender mit verfügbaren täglichen Kapazitäten

7.2.4.4.5 Erfassen von Fehlzeiten

Mit dieser Funktionalität können Perioden festgelegt werden, in denen Arbeitsplatzgruppen oder Arbeitsplätze nicht verfügbar sind (Stillstandszeiten). Werden Fehlzeiten angegeben, wird der Betriebskalender entsprechend angepasst. Ein Anwendungsfall wäre zum Beispiel die Wartung einer Maschine, wenn diese dadurch für eine bestimmte Zeitspanne für die Produktionsplanung nicht verfügbar ist.

Die Erfassung von Fehlzeiten erfolgt über den Navigationsbereich im Menü *Angemeldete Fehlzeit*. Sie können entweder über die Schaltfläche *Neu* oder über die Stapelverarbeitungen *Angem. Fehlzeit (Arbeitsplatz)* und *Angem. Fehlzeit (Arb.-Pl.-Gr.)* im Register *Start* des Menübands erfasst werden.

In den Feldern der Stapelverarbeitungen werden in den Registern *Arbeitsplatz* oder *Arbeitsplatzgruppe* die betroffenen Ressourcen festgelegt, im Register *Optionen* werden die Detaildaten eingegeben. Die Felder *Endzeit, Startzeit, Startdatum* und *Enddatum* bestimmen den Zeitraum der Fehlzeit (Stillstandszeit). Das Feld *Kapazität* bestimmt die Kapazität, die während dieser Zeit nicht verwendet werden kann (es könnten zum Beispiel drei Maschinen vorhanden sein, von denen eine während der Fehlzeit nicht verfügbar ist). Die Auswahl des Kontrollkästchens *Überschreiben* ermöglicht das Überschreiben der Posten für diesen bestimmten Zeitpunkt dieser Arbeitsplatzgruppe oder dieses Arbeitsplatzes.

Zunächst muss zum Übernehmen der angemeldeten Fehlzeiten die Stapelverarbeitung *Angem. Fehlzeit übernehmen* im Register *Start* des Menübands aufgerufen werden. Damit werden die Fehlzeiten auf den Arbeitsplatzgruppen oder Arbeitsplätzen erfasst. Der Kalender ändert sich dadurch jedoch noch nicht.

Auf der Arbeitsplatzgruppenkarte und der Arbeitsplatzkarte muss über die Schaltfläche *Fehlzeiten* im Register *Start* des Menübands das Fenster *Fehlzeiten* aufgerufen werden. Dort können die angemeldeten und übernommenen Fehlzeiten zeilenweise über die Schaltfläche *Aktualisieren* im Menüband in den Betriebskalender übernommen werden.

Mit dem Fenster *Angemeldete Fehlzeit* können die Fehlzeiten überprüft und verändert werden. Nach einer Änderung muss wiederum die Stapelverarbeitung *Angem. Fehlzeit übernehmen* aufgerufen werden.

7.2.4.4.6 Erstellen eines Betriebskalenders und Berechnung der Kapazitäten einer Arbeitsplatzgruppe

Um einen Betriebskalender anzulegen, diesen einer Arbeitsplatzgruppe zuzuweisen und danach die Kapazität der Arbeitsplatzgruppe zu berechnen, gehen Sie wie folgt vor:

1. Wählen Sie in der Suche den Linke Schichten.
2. Mit *Strg+N* legen Sie einen neuen Schichtcode an bzw. durch einen Mausklick auf die Schaltfläche *Liste bearbeiten* im Register *Start* des Menübands können Sie die bestehenden Schichtcodes bearbeiten.
3. Geben Sie in der Schnellsuche „Betriebskalender“ ein und klicken Sie auf den Link *Betriebskalender.*
4. Mit *Strg+N* legen Sie einen neuen Betriebskalendercode an.
5. Klicken Sie auf die Schaltfläche *Arbeitstage* (oder *Feiertage*) im Register *Start* des Menübands, um einen ausgewählten Betriebskalender zu bearbeiten.

6. Geben Sie die Arbeitszeiten im Fenster *Betriebskalendertage* (oder *Betriebskalenderfeiertage*) ein.
7. Klicken Sie im Navigationsbereich auf das Menü *Kapazitäten* und öffnen Sie die Arbeitsplatzgruppen (oder Arbeitsplätze).
8. Wählen Sie eine Arbeitsplatzgruppe aus und ordnen Sie dieser im Register *Planung* im Feld *Betriebskalendercode* einen Betriebskalender zu.
9. Klicken Sie im Register *Start* des Menübands auf die Schaltfläche *Kalender*.
10. Wählen Sie im Arbeitsplatzgruppenkalender im Register *Matrixoptionen* die gewünschten Anzeigeoptionen.
11. Klicken Sie im Menüband auf die Schaltfläche *Matrix anzeigen*.
12. Im Fenster *Arb.-Platzgr.-Kalender-Matrix* klicken Sie im Register *Aktionen* des Menübands auf die Schaltfläche *Berechnen*.
13. Überprüfen Sie die Filtereinstellungen und bestätigen Sie mit *OK*.

7.2.4.5 Begrenzte Kapazitäten

Grundsätzlich geht Dynamics NAV bei der Planung von Fertigungsaufträgen davon aus, dass Ressourcen beliebig hoch belastet werden können. Dies könnte auch dazu führen, dass infolge der Überlastung einzelner Ressourcen nicht ausreichend freie Kapazitäten für die Abwicklung des eingeplanten Produktionsplanes zur Verfügung stehen.

HINWEIS: Methoden und Konzepte für den Umgang mit Engpässen in einer Produktion finden sich zum Beispiel in der Theory of Constraints. Weitere Informationen dazu finden Sie unter der Internetadresse *http://www.goldratt.com*.

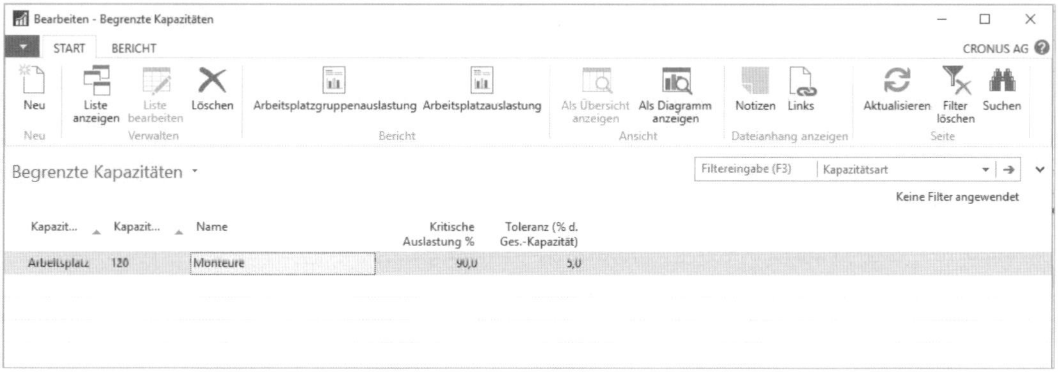

Bild 7.14 Fenster „Begrenzte Kapazitäten“

Es besteht die Möglichkeit, die in einer Produktion identifizierten Engpässe als begrenzte Kapazitäten zu definieren. Damit kann sichergestellt werden, dass eine Arbeitsplatzgruppe oder ein Arbeitsplatz nur bis zu einer kritischen Auslastungsgrenze verwendet werden kann. Arbeitsplätze und Arbeitsplatzgruppen mit Kapazitätsbegrenzungen werden im Fenster *Begrenzte Kapazitäten* eingerichtet (siehe Bild 7.14). Dieses wird über die Schnellsuche und den Link *Abteilungen/Verwaltung/Anwendung Einrichtung/Produktion/Begrenzte Kapazitäten* aufgerufen.

Es können für eine Arbeitsplatzgruppe oder einen Arbeitsplatz folgende Felder eingerichtet werden:

- Das Feld *Kritische Auslastung %* definiert den Prozentsatz der verfügbaren Kapazität einer Arbeitsplatzgruppe oder eines Arbeitsplatzes.
- Im Feld *Toleranz (% d. Ges.-Kapazität)* kann eine zulässige Toleranz (als Prozentsatz) angegeben werden, das heißt, wie weit die definierte kritische Auslastung überschritten werden darf (dies hat Einfluss darauf, ob eine Neuplanung durchgeführt werden muss). Sollte bei der Planung der Fertigungsaufträge eine Ressource bereits ausgelastet sein, wird die Anwendung versuchen, den Fertigungsauftrag so zu planen, dass die begrenzte Kapazität nicht überlastet wird.

HINWEIS: Dynamics NAV verfügt über keine Funktionalität, die Reihenfolge einzelner Fertigungsschritte aus Arbeitsplatzgruppen oder Arbeitsplätzen mehrerer Fertigungsaufträge auf der Basis einer vorgegebenen Zielfunktion (zum Beispiel „kürzeste gesamte Durchlaufzeit“) zu optimieren. ■

7.2.4.6 Arbeitspläne

In einem Arbeitsplan wird die Reihenfolge der Arbeitsgänge für die Fertigung eines Produkts festgelegt. Arbeitsgänge können hierbei sowohl in einer Arbeitsplatzgruppe als auch an einem Arbeitsplatz ausgeführt werden. Arbeitspläne definieren daher, welche Ressourcen in welcher Reihenfolge benötigt werden und wie viel Zeit für die Herstellung eines Produkts pro Arbeitsschritt notwendig ist. Arbeitspläne definieren daher auch den Kapazitätsbedarf für die Fertigung eines bestimmten Artikels. Ein Arbeitsplan wird einem Artikel über die Artikelkarte und das Feld *Arbeitsplannr.* im Register *Beschaffung* zugeordnet.

Die Verwaltung der Arbeitspläne in Dynamics NAV erfolgt aus dem Navigationsbereich im Menü *Arbeitspläne* (*Arbeitsplanübersicht*).

Das Fenster *Arbeitsplan* (siehe Bild 7.15) beinhaltet den Arbeitsplankopf im Register *Allgemein* und die Arbeitsplanzeilen im Register *Zeilen*.

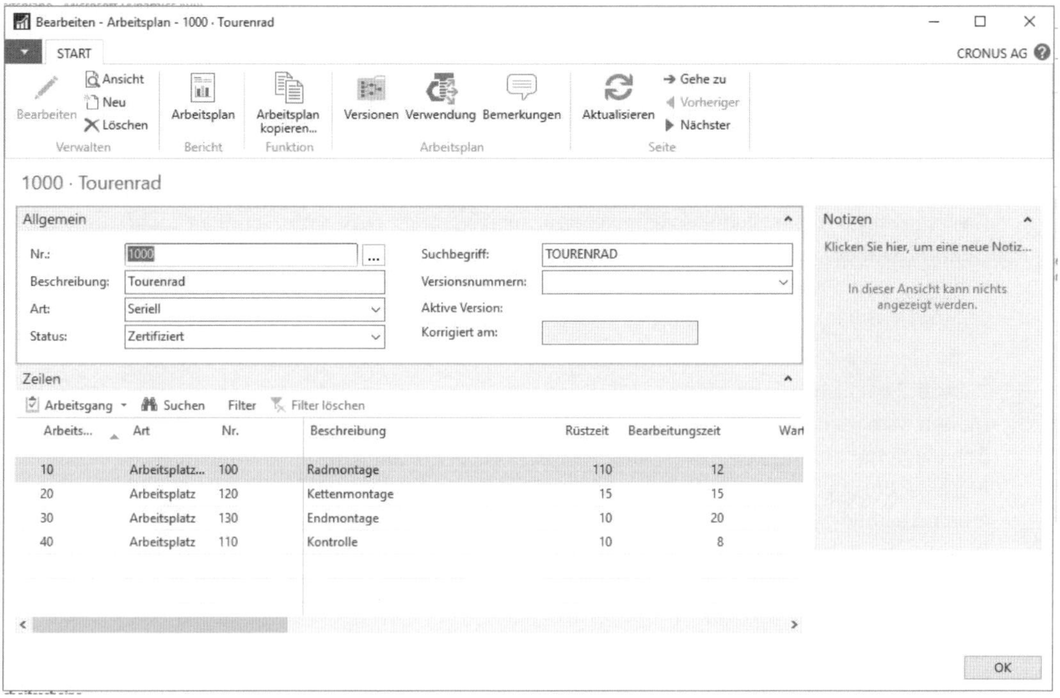

Bild 7.15 Beispiel für einen Arbeitsplan

7.2.4.6.1 Arbeitsplankopf

Das Feld *Nr.* dient der Identifizierung des Arbeitsplans. Die Nummer muss eindeutig sein und kann bis zu 20 Zeichen umfassen. Es kann ein automatischer Nummernkreis bei der Einrichtung hinterlegt werden. Im Feld *Beschreibung* kann ein Text als Erläuterung für den Arbeitsplan eingegeben werden.

Im Feld *Status* wird der Status des Arbeitsplans angezeigt. Folgende Status sind möglich:

- Neu
- Zertifiziert
- In Entwicklung
- Abgelaufen

Ein neuer Arbeitsplan erhält automatisch den Status *Neu* und kann in diesem Status bearbeitet werden. Damit ein Arbeitsplan in einem Fertigungsauftrag verwendet werden kann, muss er sich in dem Status *Zertifiziert* befinden. In diesem Status kann der Arbeitsplan nicht bearbeitet werden. Damit ein Arbeitsplan wieder bearbeitet werden kann, muss er auf den Status *In Entwicklung* gesetzt werden. Arbeitspläne mit dem Status *Abgelaufen* können nicht mehr in Fertigungsaufträgen verwendet werden.

Das Feld *Suchbegriff* kann für die Suche nach einem Arbeitsplan verwendet werden. Wie üblich wird als Standardwert der Beschreibungstext übernommen. Im Feld *Versionsnummern* wird der zum Arbeitsdatum gültige Arbeitsplan angezeigt. Die Erstellung von Arbeitsplanversionen ist weiter hinten in diesem Kapitel beschrieben und erfolgt analog der

Erstellung von Stücklistenversionen. Im Feld *Korrigiert am* wird das letzte Änderungsdatum des Arbeitsplans angezeigt. Das Feld *Art* legt fest, ob es sich um einen seriellen oder um einen parallelen Arbeitsplan handelt.

Beim seriellen Arbeitsplan werden alle Arbeitsschritte nacheinander abgearbeitet; beim parallelen Arbeitsplan können zusätzlich auch gleichzeitig durchgeführte Arbeitsschritte vorkommen.

Das Konzept der parallelen Arbeitsschritte in Dynamics NAV unterscheidet sich von den Definitionen der APICS (The Association for Operations Management). Die parallele Verarbeitung in Dynamics NAV wird für zwei oder mehrere unterschiedliche Arbeitsgänge mit unterschiedlichen Materialchargen verwendet.

7.2.4.6.2 Arbeitsplanzeilen

In den Arbeitsplanzeilen werden die für die Herstellung eines Produkts notwendigen Arbeitsgänge eingetragen. Der Inhalt des Feldes *Arbeitsgangnr.* bestimmt, in welcher Reihenfolge die einzelnen Arbeitsgänge abgearbeitet werden. Es empfiehlt sich bei der Eingabe einen Abstand zwischen den Nummern zu lassen, sodass später noch Arbeitsgänge eingefügt werden können. Bei Bedarf können die Spalten *Vorherige Arbeitsgangnr.* und *Nächste Arbeitsgangnr.* eingeblendet werden. Diese sind notwendig, um parallele Arbeitsgänge einrichten zu können (das Feld *Vorherige Arbeitsgangnr.* wird beim Zertifizieren des Arbeitsplans automatisch ausgefüllt). In diesem Fall werden im Feld *Nächste Arbeitsgangnr.* die nachfolgenden Arbeitsgänge getrennt durch das Zeichen „|“ eingegeben (zum Beispiel 20|30); das „Pipe“ -Symbol kann über die Tastenkombination *Alt Gr+<* eingegeben werden. Der erste Arbeitsgang kann nicht parallel eingegeben werden. Diese Einschränkung lässt sich durch einen ersten Arbeitsgang umgehen, dem keine Zeiten zugeordnet werden. Im Feld *Art* lässt sich jeweils der benötigte Ressourcentyp, das heißt die Arbeitsplatzgruppe oder der Arbeitsplatz, auswählen. Davon abhängig können dann bestimmte Felder in der Arbeitsplanzeile eingegeben werden. Es sei daran erinnert, dass auf der Arbeitsplatzkarte im Register *Arbeitsplan Einrichtung* Standardwerte für einen Arbeitsplatz eingegeben werden können (nicht für Arbeitsplatzgruppen). Im Feld *Nr.* wird die eindeutige Nummer der benötigten Arbeitsplatzgruppe oder des Arbeitsplatzes eingetragen. Das Feld *Beschreibung* wird automatisch ausgefüllt und kann bei Bedarf manuell überarbeitet werden.

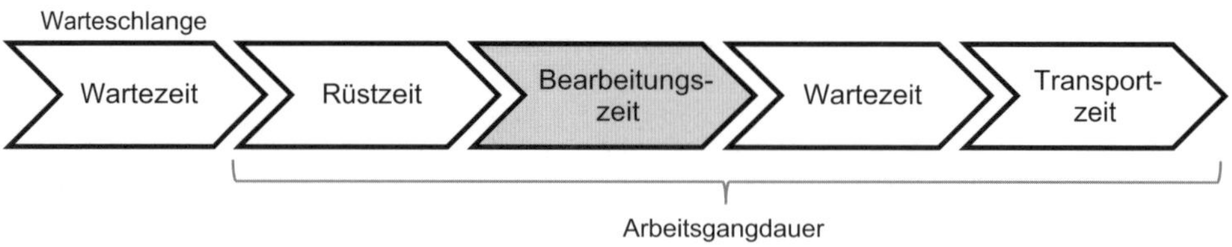

Bild 7.16 Zeitelemente einer Arbeitsplanzeile

In Bild 7.15 wird ein Beispiel für einen Arbeitsplan gezeigt (CRONUS-Demodatenbank). Die Fertigung des Artikels mit der Nummer 1000 (Tourenrad) erfolgt über vier Arbeitsschritte (zur Erinnerung: Die Zuordnung eines Arbeitsplans zu einem Artikel erfolgt auf der Artikelkarte). Die Arbeitsschritte werden dabei in aufsteigender Reihenfolge der Arbeitsgangnummer abgearbeitet. Die in einem Arbeitsschritt benötigte Zeit wird in vier möglichen Feldern - und zwar *Rüstzeit, Bearbeitungszeit, Wartezeit* und *Transportzeit* - angegeben (siehe Bild 7.16). Die Summe der Werte in den Feldern *Rüstzeit, Bearbeitungszeit, Wartezeit* und

Transportzeit bestimmen die gesamte Dauer des Arbeitsgangs. Die entsprechenden Einheitencodes werden von den Arbeitsplatzgruppen oder Arbeitsplätzen übernommen und können wie oben beschrieben angezeigt und danach im Arbeitsplan auch manuell bearbeitet werden. Zu beachten ist, dass sich die Bearbeitungszeit auf eine Basiseinheit (in der Regel ein Stück) bezieht. Die anderen Zeitelemente beziehen sich jedoch immer auf eine zu fertigende Losgröße, d.h. die Durchlaufzeit ist unabhängig von der zu fertigenden Menge. Die Angabe einer möglichen Warteschlangenzeit erfolgt in der Arbeitsplatzgruppenkarte und der Arbeitsplatzkarte im Register *Planung*.

HINWEIS: Warteschlangen spielen - insbesondere in Werkstattfertigungen - eine wichtige Rolle und werden in der Warteschlangentheorie (Queuing Theory) behandelt. Warteschlangen können insbesondere in stochastischen Prozessen eine bedeutende Rolle spielen. In der Realität weisen praktisch alle Zeitelemente einer Produktion Schwankungen auf.

Im Feld *Fixe Ausschussmenge* kann eine feste Ausschussmenge angegeben werden. Diese gibt die Menge innerhalb der Stückliste an, um die der Bruttobedarf erhöht wird, um den in der Fertigung erwarteten Ausschuss zu berücksichtigen. Die fixe Ausschussmenge wird automatisch aus dem Feld *Fixe Ausschussmenge* des Arbeitsplatzes oder der Arbeitsplatzgruppe übernommen. Der Wert lässt sich bei Bedarf ändern, da es grundsätzlich möglich ist, dass die fixe Ausschussmenge in diesem besonderen Fall anders ausfällt als im Normalfall. Das Feld *Ausschussfaktor %* beschreibt den Ausschuss, der bis zum Ende eines Arbeitsgangs anfällt. Dieser Faktor wird verwendet, um den Bruttobedarf zu erhöhen. Er wird ebenfalls verwendet, um den erwarteten Verlust innerhalb der Produktion eines speziellen Produkts zu buchen. Standardmäßig wird der Ausschussfaktor auf alle in einem Arbeitsgang verwendeten Komponenten angewandt. Um den Ausschussfaktor nur auf eine bestimmte Komponente anzuwenden, muss sich der Arbeitsgang für diese Komponente von den anderen Komponenten durch die Festlegung eines anderen Verbindungscodes in der Fertigungsstückliste beziehungsweise den Arbeitsgängen unterscheiden (die Verwendung von Verbindungscodes wird in Abschnitt 7.2.5, „Verbindungscodes“ , besprochen). Weitere wichtige Felder sind *Gleichzeitig zu belasten*, *Weitergabemenge* und *Einstandspreis pro Einheit*. *Gleichzeitig zu belasten* bestimmt die Anzahl der Maschinen oder Personen, die bei diesem Arbeitsgang gleichzeitig einsetzbar sind. Diese Angabe wird nur auf der Arbeitsplatzebene verwendet und reduziert die Durchlaufzeit; wenn die Durchlaufzeit des Arbeitsgangs zum Beispiel vier Stunden ist, wird durch den Einsatz von zwei Maschinen die Durchlaufzeit des Arbeitsgangs um die Hälfte reduziert. In der Notation von APICS wird dies Losaufteilung genannt. Die *Weitergabemenge* bezieht sich auf die Losgröße des aktuellen Arbeitsgangs und legt fest, welche Menge des Loses fertig gestellt werden muss, bevor dieser Teil des Gesamtloses an den nachfolgenden Arbeitsgang weitergegeben werden kann. Dies führt ebenfalls zu einer Reduktion der Durchlaufzeit des Fertigungsauftrags. Das Feld *Einstandspreis pro Einheit* kann verwendet werden, wenn sich der Einstandspreis des Arbeitsgangs vom Einstandspreis auf der Arbeitsplatzgruppenkarte unterscheidet. Voraussetzung ist, dass das Kontrollkästchen *Spezieller Einstandspreis* in der Arbeitsplatzgruppenkarte aktiviert ist. Diese Funktion ist nur für Arbeitsplatzgruppen verfügbar und insbesondere für ausgelagerte Produktionsschritte (siehe den Abschnitt 7.2.8.3, „Fremdarbeit“) interessant.

7.2.4.7 Kopieren von Arbeitsplänen

Um das Erstellen eines Arbeitsplans zu vereinfachen, lässt sich ein bereits existierender Arbeitsplan kopieren. Ebenso wie bei den Fertigungsstücklisten kann der Arbeitsplan nach dem Kopieren noch geändert werden. Der Aufruf erfolgt im Fenster *Arbeitsplan* über die Schaltfläche *Arbeitsplan kopieren* im Menüband.

7.2.4.8 Arbeitsplanversionen

Analog der Versionen von Fertigungsstücklisten (siehe den Abschnitt 7.2.4.1.5, „Fertigungsstücklistenversionen“) können Versionen von Arbeitsplänen angelegt werden, um Änderungen im Produktentwurf zu planen und zu verwalten. Jede Arbeitsplanversion kann ein eindeutiges Startdatum haben. Alle Fertigungsaufträge, die nach dem Startdatum der Version beginnen, werden bei der Planung auf Basis dieser Version berechnet. Arbeitsplanversionen werden aus einem Arbeitsplan (z. B. über das Fenster *Arbeitsplan*) über die Schaltfläche *Versionen* im Register *Start* des Menübands angelegt und bearbeitet. In der dadurch geöffneten Arbeitsplanversionsübersicht wird über die Schaltfläche *Neu* im Menüband ein neuer Datensatz angelegt oder ein bestehender über die Schaltfläche *Bearbeiten* zur Ansicht bzw. Bearbeitung geöffnet. Es gibt eine Funktion für das Kopieren von Arbeitsplänen, die aus dem Fenster *Arbeitsplan* aufgerufen wird. Es werden dabei sowohl der Arbeitsplankopf als auch die Arbeitsplanzeilen kopiert.

7.2.4.9 Verwendung

Diese Funktionalität wird über das Fenster *Arbeitsplan* und die Schaltfläche *Verwendung* im Register *Start* des Menübands aufgerufen. Die Anwendung zeigt alle Artikel an, die diesen Arbeitsplan verwenden. Werden keine Artikel angezeigt, ist der Arbeitsplan mit keinem Artikel verbunden. Diese Funktion dient zur Unterstützung bei der Wartung und Fehlersuche.

7.2.5 Verbindungscodes

Mithilfe von Verbindungscodes kann eine Komponente, die auf der Fertigungsstückliste eines Artikels definiert wurde, mit einem Arbeitsgang im Arbeitsplan eines Artikels verbunden werden. Das heißt, dass damit angegeben werden kann, bei welchem Arbeitsgang ein Artikel benötigt bzw. verbraucht wird und damit der Lagerbestand reduziert werden muss. Die Buchung des Lagerverbrauchs kann manuell über Buchungsblätter oder automatisch mit der Freigabe oder der Fertigstellung des Fertigungsauftrags erfolgen. Wenn Verbindungscodes benutzt werden, erfolgt die manuelle oder automatische Buchung des Materialverbrauchs an einem bestimmten Arbeitsgang. Verbrauchsbuchungen werden in Abschnitt 7.2.7.5, „Bearbeiten von Fertigungsaufträgen“ , beschrieben. Verbindungen können über den Navigationsbereich im Menü *Fertigungsstammdaten* und dem Menü *Verbindungen* angelegt und verwaltet werden. Verbindungscodes müssen zuerst im Arbeitsplan und anschließend in der Fertigungsstückliste angegeben werden. Die Buchungsmethode wird auf der Artikelkarte festgelegt.

7.2.6 Berichte

Aus der Übersicht *Arbeitspläne* oder dem Fenster *Arbeitsplan* kann über die Schaltfläche *Arbeitsplan* (jeweils Register *Start* des Menübands) der Bericht *Arbeitsplan* aufgerufen werden. Im Register *Artikel* werden im Filter die Arbeitsplannummern angegeben. Im Register *Optionen* lassen sich weitere Eingaben machen: Im Feld *Fertigungsmenge* kann eine Menge der zu fertigenden Artikel eingegeben werden, für die dann die Gesamtzeit des Arbeitsplans berechnet werden soll. Im Feld *Drucken* sind Felder mit zusätzlichen Informationen für den Ausdruck wählbar. Über das Feld *Anzahl der Kopien* lassen sich mehrere Exemplare des Arbeitsplans drucken. Dieser Bericht kann als einfache Form eines Arbeitsauftrags betrachtet werden.

Aus den Übersichten *Arbeitsplatzgruppen* bzw. *Arbeitsplätze* (im Navigationsbereich *Kapazitäten*) können über die Schaltfläche *Arbeitsplatzgruppenübersicht* bzw. *Arbeitsplatzübersicht* im Register *Start* des Menübands Übersichtsberichte erzeugt und gedruckt werden. Dort kann auch der Bericht „Auftragsvorratsliste" über die Schaltfläche *Auftragsvorräte* im Register *Start* des Menübands aufgerufen werden. Er zeigt die an einer Arbeitsplatzgruppe oder einem Arbeitsplatz eingeplanten Aufträge an. Der Auftragsvorrat ist insbesondere für Auftragsfertiger eine wichtige Planungsinformation.

HINWEIS: Vergessen Sie bitte nicht, sowohl Fertigungsstücklisten als auch Arbeitspläne den entsprechenden Artikeln auf der Artikelkarte zuzuordnen. ■

7.2.7 Fertigungsaufträge

In Dynamics NAV sind Fertigungsaufträge mit folgenden Status möglich:

- Simuliert
- Geplant
- Fest geplant
- Freigegeben
- Beendet

Der Status eines Fertigungsauftrags kann aus der Übersicht oder dem Fenster des jeweiligen Fertigungsauftrags über die Schaltfläche *Status ändern* im Register *Start* des Menübands geändert werden. Änderungen sind dabei nur in der Reihenfolge und der Richtung der obigen Aufzählung möglich (das heißt ein freigegebener Fertigungsauftrag kann nicht mehr in einen fest geplanten Fertigungsauftrag umgewandelt werden). Dies entspricht auch der natürlichen Prozessreihenfolge. Der Aufruf der jeweiligen Übersichten erfolgt im Navigationsbereich über die Menüs *Simulierte Fertigungsaufträge, Geplante Fertigungsaufträge, Fest geplante Fertigungsaufträge, Freigegebene Fertigungsaufträge* und *Beendete Fertigungsaufträge.*

Simulierte Fertigungsaufträge sind keine „echten" Fertigungsaufträge und werden nur für die Preisfindung und Kalkulation verwendet. Simulierte Fertigungsaufträge beeinflussen nicht die Auftragsplanung, werden nicht von der Produktionsprogramm- und Nettobedarfsplanung berücksichtigt und verbrauchen keine Kapazitäten von Arbeitsplatzgruppen und Arbeitsplätzen. Geplante Fertigungsaufträge werden durch die Planungsroutinen automatisch erstellt und stellen einen Vorschlag des Systems zur Deckung aller Bedarfe des Unternehmens dar. Es ist nicht ratsam, geplante Fertigungsaufträge manuell anzulegen, da diese bei einem nachfolgenden Planungslauf automatisch gelöscht werden.

Durch die Änderung des Status geplanter Fertigungsaufträge in fest geplante (oder direkt in freigegebene) Fertigungsaufträge werden diese durch die Planungsroutinen nicht mehr verändert. Die Umwandlung von geplanten in fest geplante Fertigungsaufträge ist eine Aufgabe der Planungsfunktion eines Fertigungsbetriebes, um einen gültigen Produktionsplan zu erstellen. Fest geplante Fertigungsaufträge unterliegen daher ausschließlich der Kontrolle des Planers, der diese auch wieder ändern kann. Ein fest geplanter Fertigungsauftrag kann auch direkt aus einem Verkaufsauftrag heraus oder manuell über fest geplante Fertigungsaufträge erstellt werden. Fest geplante Fertigungsaufträge lassen sich wiederum in freigegebene Fertigungsaufträge ändern.

Durch die Freigabe der Fertigungsaufträge wird üblicherweise die Produktion quasi beauftragt, diese abzuarbeiten. Nur auf freigegebene Fertigungsaufträge kann Materialverbrauch oder Arbeit gebucht werden. Freigegebene Fertigungsaufträge können auch direkt über Verkaufsaufträge erstellt werden.

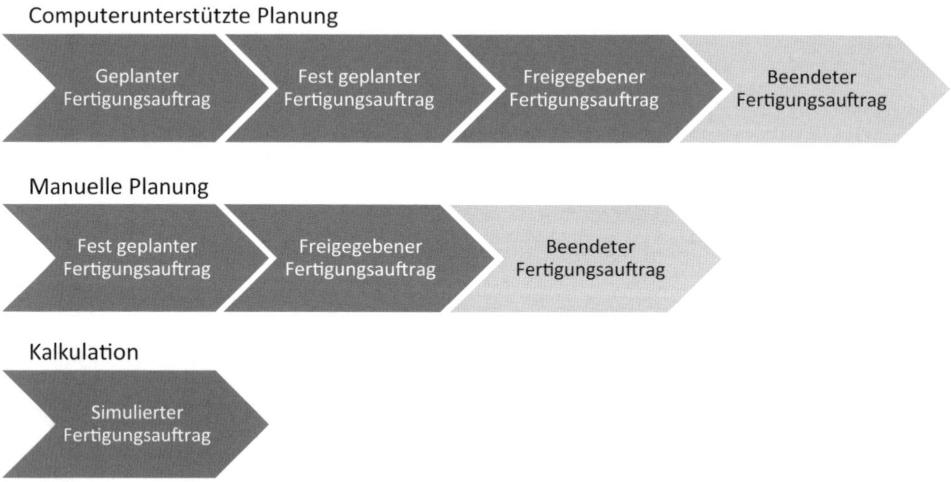

Bild 7.17 Schematische Übersicht über die typische Verwendung der verschiedenen Typen von Fertigungsaufträgen

Beendete Fertigungsaufträge sind Fertigungsaufträge, die beendet wurden, da der Auftrag fertig gestellt und alle Kosten erfasst wurden. Diese Aufträge können nicht mehr verändert oder gelöscht werden.

Die verschiedenen Status von Fertigungsaufträgen ermöglichen auch die Umsetzung von Planungsregeln. So unterteilt man üblicherweise den Planungszeitraum in drei Zeitabschnitte. Die Länge dieser Zeitabschnitte richtet sich nach den Bedürfnissen des Unternehmens und ist branchen- und produktabhängig. So lässt man üblicherweise das System (Dynamics NAV) zuerst einen Planungsvorschlag erstellen bzw. führt eine Produktionsprogramm- und Nettobedarfsplanung durch. Hierbei werden automatisch geplante Fertigungsaufträge erstellt, die bei jedem Planungslauf wieder gelöscht und neu berechnet werden. Sobald die geplanten Fertigungsaufträge durch einen Planer in fest geplante Fertigungsaufträge umgewandelt werden, können die Planungsroutinen diese nicht mehr verändern. Dies wird üblicherweise für einen Zeitraum durchgeführt, in dem Änderungen der Fertigungsaufträge zwar mit Kosten verbunden sind, aber nach Prüfung und geeigneten Maßnahmen dennoch durchgeführt werden können. Kosten können zum Beispiel anfallen, wenn Rohmaterial in einer kürzeren Beschaffungszeit als üblich geliefert werden müsste. Es unterliegt daher der Funktion der Planung, in einem Unternehmen geänderte Bedarfe zu prüfen und geeignete Maßnahmen zu treffen. Änderungen an Fertigungsaufträgen sind in diesem zweiten Zeitfenster typischerweise daher nur eingeschränkt möglich. Sobald Fertigungsaufträge freigegeben werden, sind Änderungen mit einem besonderen Aufwand und mit erhöhten Kosten verbunden und sollten daher vermieden werden.

7.2.7.1 Manuelle Fertigungsaufträge

Ein Fertigungsauftrag kann zum Beispiel, wie vorher beschrieben, im Navigationsbereich und dem Menü *Fest geplante Fertigungsaufträge* angelegt werden; es können auch alle anderen Status von Fertigungsaufträgen angelegt werden (außer beendete Fertigungsaufträge; diese entstehen immer per Funktion). Das Anlegen eines fest geplanten Fertigungsauftrags entspricht einer typischen Vorgehensweise, wenn durch einen Planer ein Fertigungsauftrag manuell anzulegen ist.

Beim Anlegen eines Fertigungsauftrags muss eine Nummer im Feld *Nr.* eingegeben werden. Dies kann durch einen automatischen Nummernkreis erfolgen, sodass alle Fertigungsaufträge eine fortlaufende Nummerierung haben. In diesem Fall wird durch Drücken der *Eingabe*-Taste die Fertigungsauftragsnummer automatisch erstellt. Des Weiteren kann im Feld *Herkunftsart* entweder *Artikel* oder *Verkaufskopf* angegeben werden (auf die Beschreibung der Auswahlmöglichkeit *Fertigungsfamilie* wird hier verzichtet). *Artikel* ist zu verwenden, wenn ein bestimmter Artikel hergestellt oder ein Fertigungsauftrag für jede einzelne Zeile eines Verkaufsauftrags erstellt werden soll. Ein Fertigungsauftrag mit der Herkunftsart *Verkaufskopf* enthält alle Zeilen eines Verkaufsauftrags. Dies ist insbesondere für Projektaufträge interessant. Im Feld *Herkunftsnr.* wird entweder ein bestimmter Artikel oder *Verkaufsauftrag* gewählt. Die zu fertigende Menge kann im Feld *Menge* eingegeben werden. Das geplante Fertigstellungsdatum – das Datum, an dem die zu fertigende Menge verfügbar sein soll – wird im Feld *Fälligkeitsdatum* angegeben (siehe weiter oben Bild 7.3).

Im Register *Buchen* können Werte für die globalen Dimensionen 1 und 2 eingegeben werden. In den Feldern *Lagerortcode* und *Lagerplatzcode* kann bestimmt werden, wo die fertig gestellten Artikel gelagert werden sollen. Über die Schaltfläche *Fertigungsauftrag aktualisieren* im Register *Start* des Menübands wird der Fertigungsauftrag geplant und terminiert. Die Terminierung – also die zeitliche Planung aller einzelnen Arbeitsschritte – beruht auf dem Arbeitsplan des zu produzierenden Artikels. Gleichzeitig wird der Materialbedarf auf der Grundlage der hinterlegten Fertigungsstücklisten berechnet.

Im Dialogfeld der Stapelverarbeitung *FA berechnen* können im Register *Optionen* einige Parameter für die Stapelverarbeitung zur Terminierung des Fertigungsauftrags angegeben werden. Die Planungsrichtung wird als zurück oder vorwärts festgelegt; die Rückwärtsplanung beginnt mit dem Enddatum und rechnet zurück zum notwendigen Startdatum; die

Vorwärtsplanung beginnt mit dem Startdatum und rechnet vorwärts zum Enddatum. Die Kontrollkästchen *Zeilen, Arbeitspläne* und *Komponentenbedarf* sind üblicherweise aktiviert. Dadurch werden die Fertigungsauftragszeilen neu berechnet und die Arbeitsgänge und Komponenten aus dem Arbeitsplan und der Fertigungsstückliste kopiert. Es können auch mehrere Zeilen in einem Fertigungsauftrag existieren.

HINWEIS: Die Planungsroutine nimmt an, dass der Fertigungsauftrag am Ende der letzten Schicht des als Fälligkeitsdatum angegebenen Tags fertig gestellt wird. Sicherheitszuschläge in der Beschaffungszeit führen zu einer entsprechend früheren geplanten Fertigstellung.

Wenn die Stapelverarbeitung *FA berechnen* ausgeführt wird, werden alle bestehenden FA-Zeilen gelöscht und auf Basis der Standardfertigungsstücklisten und -arbeitspläne für jeden Artikel neu erstellt. Es kann erforderlich sein, einen Fertigungsauftrag neu zu berechnen, ohne dass die FA-Zeilen gelöscht werden sollen. Andernfalls würden alle in einer Zeile eingegebenen Änderungen (Fertigungsstückliste) oder die Bedarfsverursacherdaten (reservierte Komponenten) verloren gehen. In diesem Fall muss das Kontrollkästchen *Zeilen* deaktiviert werden.

HINWEIS: Es ist nicht zulässig, einen reservierten Fertigungsauftrag zu aktualisieren. In diesem Fall ist die Reservierung vor der Aktualisierung zu stornieren.

Der Arbeitsplan einer Fertigungsauftragszeile (Register *Zeilen*) kann über die Schaltfläche *Zeile* und die Schaltfläche *Arbeitsplan* betrachtet und auch verändert werden. Die Zeiten der einzelnen Arbeitsgänge entsprechen dem auf der Artikelkarte hinterlegten Arbeitsplan. Eine Warteschlangenzeit wird bei der Berechnung der Start- und Endzeiten nur indirekt berücksichtigt, da zwischen dem Ende des Arbeitsgangs und dem Start des nächsten Arbeitsgangs ein entsprechender zeitlicher Abstand – die Warteschlangenzeit – berücksichtigt wird. Ebenso kann für eine Fertigungsauftragszeile über die Schaltfläche *Zeile* und die Schaltfläche *Komponenten* die Fertigungsstückliste betrachtet und verändert werden. Das Fälligkeitsdatum für jede Komponente basiert auf der Beschaffungszeit für Einkaufsartikel und der Fertigungszeit gemäß Arbeitsplan für Fertigungsartikel. Ist kein Arbeitsplan vorhanden, wird jedenfalls die Beschaffungszeit berücksichtigt.

Werden Verbindungscodes verwendet, erfolgt eine arbeitsgangbezogene Materialbereitstellung. Ebenso ist es möglich, direkt aus dem Fenster *FA-Komponenten* über die Schaltfläche *Reservieren* im Register *Start* des Menübands Komponenten für einen bestimmten Fertigungsauftrag zu reservieren. Reservierungen können auch automatisch für alle Fertigungsaufträge erstellt werden.

7.2.7.2 Änderungen an Fertigungsaufträgen

Es ist denkbar, dass Änderungen an bereits berechneten Fertigungsaufträgen vorgenommen werden müssen. Dabei ist zu unterscheiden, ob der Fertigungsauftrag freigegeben oder nicht freigegeben ist. Im Folgenden werden Änderungen an noch nicht freigegebenen Fertigungsaufträgen beschrieben.

7.2.7.2.1 Änderung des Fälligkeitsdatums

Wird das Fälligkeitsdatum im Register *Allgemein* verändert, wird der Fertigungsauftrag entsprechend den letzten Einstellungen der Stapelverarbeitung *FA berechnen* und des Arbeitsplans automatisch angepasst. Gleiches gilt für die Felder *Startdatum* und *Enddatum* im Register *Plan* des Fertigungsauftrags.

HINWEIS: Die Felder *Startzeit* und *Endzeit* im Register *Plan* des Fertigungsauftrags ermöglichen auch eine Änderung der Start- oder Endzeit dieses Fertigungsauftrags. Grundlage bleibt jedoch immer der hinterlegte Arbeitsplan. Diese Zeiten werden auch nach Aufruf der Stapelverarbeitung *FA berechnen* nicht geändert.

7.2.7.2.2 Ändern der Menge

Wenn die Menge eines Fertigungsauftrags mit der Herkunftsart „Artikel" geändert wurde, muss die Stapelverarbeitung *FA berechnen* ausgeführt werden, um die FA-Zeilen neu zu planen.

HINWEIS: Wenn für einen Auftrag bereits Posten gebucht wurden, können weder die Menge im Kopf oder in den Zeilen des Fertigungsauftrags noch die Datums- und Zeitangaben im Register *Plan* geändert werden. Dies gilt ebenso, wenn Reservierungsposten vorhanden sind. Reservierungsposten werden in aller Regel angelegt, wenn Fertigungsaufträge aus einem Verkaufsauftrag heraus generiert werden.

7.2.7.2.3 Ändern der Komponenten

Besonders bei Auftragsfertigungen kann es notwendig und sinnvoll sein, die Komponenten eines bestehenden Fertigungsauftrags modifizieren zu können. Es muss also nicht eine bestehende Fertigungsstückliste verändert bzw. eine neue Version einer Fertigungsstückliste angelegt werden, wenn für einen bestimmten Fertigungsauftrag Komponenten geändert werden. Änderungen können im Fenster *FA-Komponenten* durchgeführt werden, das aus dem Register *Zeilen* über die Schaltfläche *Zeile* und die Schaltfläche *Komponenten* aufgerufen wird. In einem Fertigungsauftrag kann über die Schaltfläche *Plan* im Register *Start* des Menübands das Fenster *Auftragsplanung* geöffnet und von dort die Verfügbarkeit aller Komponenten für einen Fertigungsauftrag überprüft werden. Dies erfolgt aus dem Fenster *Auftragsplanung* über die Schaltfläche *Planung berechnen* im Register *Start*. Die Auftragsplanung wird in Kapitel 8 besprochen.

7.2.7.2.4 Änderungen im Arbeitsplan

Ebenso wie Änderungen von Komponenten eines Fertigungsauftrags notwendig sein können, ist dies beim Arbeitsplan möglich. So könnte zum Beispiel in einer Auftragsfertigung ein Fertigungsauftrag auf der Basis eines Standardarbeitsplans erstellt werden, der nachher aufgrund der konkreten Auftragsanforderungen individuell angepasst wird. Der Arbeitsplan wird im Fenster *FA-Arbeitsplan* des Fertigungsauftrags geändert, das im Register *Zeilen* über die Schaltfläche *Zeile* und die Schaltfläche *Arbeitsplan* aufgerufen wird. Zusätzlich muss danach die Stapelverarbeitung *FA neu planen* ausgeführt werden.

7.2.7.2.5 Stapelverarbeitung „FA neu planen"

Diese Stapelverarbeitung wird dazu verwendet, um Fertigungsaufträge neu zu berechnen, nachdem Änderungen am Arbeitsplan durchgeführt wurden. Sie wird ebenfalls dazu verwendet, um Fertigungsaufträge für untergeordnete Baugruppen, die von dem übergeordneten Fertigungsauftrag benötigt werden, zu erstellen und zu planen. Vor der Ausführung muss im Register *Optionen* der Stapelverarbeitung die Planungsrichtung und die Zahl der Ebenen, die geplant werden sollen, angegeben werden. Die Ebenen beziehen sich dabei auf die Ebenen der Fertigungsstückliste. Diese Stapelverarbeitung ist eine einfache Möglichkeit, mehrstufige Fertigungsaufträge zu planen, in denen übergeordnete und untergeordnete Baugruppen zusammengefasst werden.

HINWEIS: Die Stapelverarbeitung *FA neu planen* besitzt eine eingeschränkte Funktionalität und ersetzt nicht die in Kapitel 8 besprochenen Planungsvorschläge. ■

Die Option *Keine Ebene* wird verwendet, um mehrstufige oder mehrzeilige Fertigungsaufträge zu berechnen. In diesem Fall müssen alle Artikel und untergeordnete Baugruppen die Produktionsart „Auftragsfertigung" haben, damit neue Bedarfe dem bereits existierenden Fertigungsauftrag als neue Zeile hinzugefügt werden. Die Option *Eine Ebene* wird verwendet, um Fertigungsaufträge für die erste untergeordnete Ebene zu erstellen und zu planen. Wenn der aktuelle Fertigungsauftrag sich auf einen Auftragsfertigungsartikel bezieht, die Baugruppen der ersten untergeordneten Ebene jedoch Lagerfertigungsartikel sind, dann erstellt das System neue separate Fertigungsaufträge für die Artikel dieser Ebene. Die Option *Alle Ebenen* wird verwendet, um separate Fertigungsaufträge für alle Ebenen mit Bedarf bezüglich des aktuellen Fertigungsauftrags zu erstellen.

7.2.7.2.6 Berichte

Direkt aus einem Fertigungsauftrag heraus können folgende Berichte gedruckt werden:

- FA-Arbeitsschein
- FA-Materialbedarf
- FA-Fehlteileliste

Mit dem Bericht *FA-Arbeitsschein* können die Ist-Bearbeitungszeiten für Arbeitsgänge erfasst und eine Übersicht der Arbeitsgänge des Fertigungsauftrags angezeigt werden. Bei Verwendung von Verbindungscodes wird der Materialbedarf an den Arbeitsgängen ebenfalls ausgegeben. Der Bericht wird von einem Fertigungsauftrag aus über die Schaltfläche *Arbeitsschein* im Register *Start* oder im Register *Aktionen* des Menübands aufgerufen.

Die Berichte *FA-Materialbedarf* und *FA-Fehlteileliste* werden ebenfalls über die entsprechenden Schaltflächen (*Materialbedarfsliste* bzw. *Fehlteileliste*) im Register *Start* bzw. *Aktionen* des Menübands eines Fertigungsauftrags aufgerufen und zeigen den Komponentenbedarf eines Fertigungsauftrags sowie eine Fehlteilliste – d. h. eine Liste mit den Komponenten, die nicht in ausreichender Menge verfügbar sind – an.

Weitere Berichte können im Navigationsbereich über das Menü *Abteilungen*, die Schnellsuche oder über *Produktion/Auftragssteuerung* sowie *Produktion/Bewertung* aufgerufen werden (Auswahl):

- Die **FA-Materialentnahmeliste** zeigt eine Übersicht über die Artikel, die für einen bestimmten Fertigungsauftrag kommissioniert werden sollen.
- Die **FA-Liste** zeigt eine Übersicht der vorhandenen Fertigungsaufträge.
- Die **FA-Arbeitsplanliste** zeigt eine Übersicht über Arbeitsplan und Arbeitsgänge, die für einen Fertigungsauftrag verwendet werden.
- **FA-Komponente und Arbeitsplan** zeigt eine Übersicht über Materialbedarf und Arbeitsplan für einen Fertigungsauftrag.
- **FA-Arbeitsplan/Stückliste** zeigt eine Übersicht, die den Kapazitätsbedarf, Start- und Endzeit je Arbeitsgang, je Fertigungsauftrag, je Arbeitsplan oder je FA-Zeile liefert.
- Die **FA-Kalkulation** zeigt eine Übersicht der vorhandenen Fertigungsaufträge und deren Kosten an (Soll-Arbeitsgangkosten, Soll-Komponentenkosten und Gesamtkosten).
- Die **FA-Detailkalkulation** zeigt eine Übersicht der Fertigungsaufträge. Die Übersicht enthält die Sollkosten und die Menge je Fertigungsauftrag oder je Arbeitsgang eines Fertigungsauftrags.

HINWEIS: Sollten bestimmte Berichte regelmäßig benötigt werden, empfiehlt es sich, diese in einem Menüband allen oder bestimmten Benutzern direkt zugänglich zu machen (siehe den Abschnitt „Anpassen des Navigationsbereichs" in Kapitel 2). Es werden auch verschiedene Berichte teilweise über die entsprechenden Listenfelder verfügbar gemacht. Die Bezeichnungen sind unter Umständen nicht immer konsistent.

7.2.7.3 Kostenkontrolle von Fertigungsaufträgen

Aus den Übersichten oder dem Fenster einer Fertigungsauftragsart kann über die Schaltfläche *Statistik* im Register *Start* des Menübands das Dialogfeld *FA-Statistik*, ein übersichtlicher Vergleich von Soll- und Ist-Kosten eines Fertigungsauftrags, aufgerufen werden (siehe Bild 7.18).

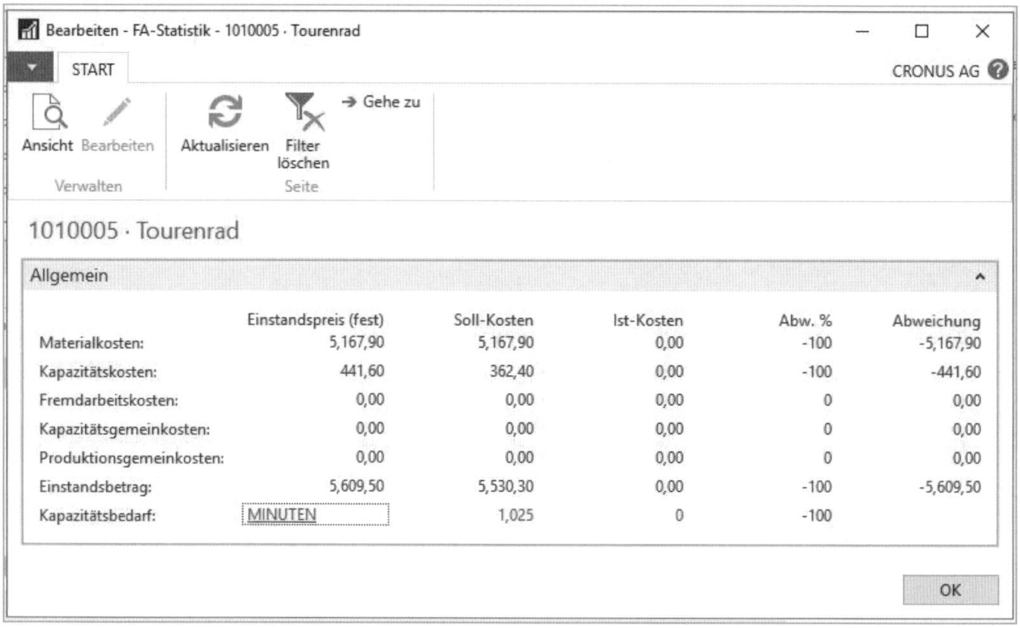

Bild 7.18 Das Dialogfeld FA-Statistik mit einem Soll-/Ist-Vergleich der Kosten eines Fertigungsauftrags

Material-, Kapazitäts- und Fremdarbeitskosten sind direkte, Kapazitätsgemein- und Produktionsgemeinkosten sind indirekte Kosten. Die einzelnen Felder des Dialogfelds stellen sich folgendermaßen dar:

Tabelle 7.1 Materialkosten

Feld	Beschreibung
Einstandspreis (fest)	Materialkosten auf Basis der Standardfertigungsstückliste
Soll-Kosten	Materialkosten auf Basis der Komponenten des Fertigungsauftrags
Ist-Kosten	Materialkosten auf Basis der Verbrauchsbuchungen
Abw. %	Prozentualer Anteil der Abweichung vom Einstandspreis (fest)
Abweichung	Ist-Kosten minus Einstandspreis (fest)

Tabelle 7.2 Kapazitätskosten

Feld	Beschreibung
Einstandspreis (fest)	Kapazitätskosten basierend auf dem Standardarbeitsplan
Soll-Kosten	Kapazitätskosten auf Basis der Arbeitsgänge des Fertigungsauftrags
Ist-Kosten	Kapazitätskosten auf Basis der Ist-Meldungen
Abw. %	Prozentualer Anteil der Abweichung vom Einstandspreis (fest)
Abweichung	Ist-Kosten minus Einstandspreis (fest)

Tabelle 7.3 Fremdarbeitskosten

Feld	Beschreibung
Einstandspreis (fest)	Fremdarbeitskosten basierend auf dem Standardarbeitsplan
Soll-Kosten	Fremdarbeitskosten auf Basis externer Arbeitsgänge des Fertigungsauftrags
Ist-Kosten	Fakturierte Fremdarbeitskosten
Abw. %	Prozentualer Anteil der Abweichung vom Einstandspreis (fest)
Abweichung	Ist-Kosten minus Einstandspreis (fest)

Tabelle 7.4 Kapazitätsgemeinkosten

Feld	Beschreibung
Einstandspreis (fest)	Kapazitätsgemeinkosten basierend auf dem Einstandspreis (fest)
Soll-Kosten	Kapazitätsgemeinkosten auf Basis der Arbeitsgänge des Fertigungsauftrags
Ist-Kosten	Kapazitätsgemeinkosten auf Basis der Ist-Meldungen
Abw. %	Prozentualer Anteil der Abweichung vom Einstandspreis (fest)
Abweichung	Ist-Kosten minus Einstandspreis (fest)

Tabelle 7.5 Produktionsgemeinkosten

Feld	Beschreibung
Einstandspreis (fest)	Produktionsgemeinkosten auf Basis der Standardfertigungsstückliste
Soll-Kosten	Produktionsgemeinkosten auf Basis der Komponenten des Fertigungsauftrags
Ist-Kosten	Produktionsgemeinkosten auf Basis der Verbrauchsbuchungen
Abw. %	Prozentualer Anteil der Abweichung vom Einstandspreis (fest)
Abweichung	Ist-Kosten minus Einstandspreis (fest)

- **Einstandsbetrag:** Summen und Abweichungen der direkten und indirekten Kosten.
- **Kapazitätsbedarf:** Zeigt einen Soll-/Ist-Vergleich des geplanten Kapazitätsbedarfs basierend auf dem Arbeitsplan des Fertigungsauftrags und den gebuchten Ist-Meldungen für den tatsächlichen Kapazitätsverbrauch.

7.2.7.4 Anleitung für die Erstellung eines Fertigungsauftrags

Um einen Fertigungsauftrag zu erstellen, gehen Sie folgendermaßen vor:

1. Wählen Sie in der Suche den Link Festgeplante FA.
2. Klicken Sie im Register *Start* des Menübands auf die Schaltfläche *Neu*.
3. Drücken Sie im Feld *Nr.* die *Eingabe*-Taste, um eine Fertigungsauftragsnummer zuzuordnen.
4. Wählen Sie die Herkunftsart „Artikel" und im Feld *Herkunftsnr.* eine Artikelnummer. Sie können an dieser Stelle den Artikel 1000 (Tourenrad) der CRONUS-Demodatenbank verwenden.

5. Geben Sie im Feld *Menge* die Fertigungsmenge ein.
6. Klicken Sie im Register *Start* des Menübands auf die Schaltfläche *Fertigungsauftrag aktualisieren*, um den Fertigungsauftrag zu terminieren.
7. Bestätigen Sie das Dialogfeld der Stapelverarbeitung *FA berechnen* mit *OK*.
8. Der terminierte Fertigungsauftrag wird danach im Register *Zeilen* angezeigt.

7.2.7.5 Bearbeiten von Fertigungsaufträgen

Damit die Produktion mit einem Fertigungsauftrag arbeiten kann, muss dieser freigegeben werden. In diesem Status können auf dem Fertigungsauftrag folgende Informationen und Kosten (Verbrauchsbuchungen) gebucht werden:

- Tatsächlicher Materialverbrauch
- Tatsächliche Bearbeitungszeit je Arbeitsgang (Kapazitätsverbrauch)
- Fertig gestellte Mengen

Grundsätzlich unterscheidet man bei den Verbrauchsbuchungen zwischen manuellen und automatischen Buchungen. Automatische Verbrauchsbuchungen können entweder als Vorwärts- oder als Rückwärtsbuchung vorkommen. Welche Methode zur Anwendung kommen soll, kann an verschiedenen Stellen definiert sein.

Die Buchungsmethode des Materialverbrauchs wird zuerst auf der Artikelkarte im Register *Beschaffung* im Feld *Buchungsmethode* festgelegt. Dort kann zwischen manuell, vorwärts und rückwärts gewählt werden. Die Standardbuchungsmethode der Artikelkarte kann auch für einen bestimmten Fertigungsauftrag im Fenster *FA-Komponenten* (Schaltfläche *Zeile* und *Komponenten*) geändert werden. Die Spalte *Buchungsmethode* wird nicht standardmäßig angezeigt und muss eingeblendet werden.

Die Buchungsmethode des Kapazitätsverbrauchs wird im Register *Buchen* der Arbeitsplatzgruppenkarte und der Arbeitsplatzkarte festgelegt. Im Feld *Buchungsmethode* kann zwischen manuell, vorwärts und rückwärts gewählt werden. Die Standardbuchungsmethode kann für einen bestimmten Fertigungsauftrag im Fenster *FA-Arbeitsplan* geändert werden. Die Spalte *Buchungsmethode* wird nicht standardmäßig angezeigt und muss eingeblendet werden.

Manuelle Buchungen werden über bestimmte Buchungsblätter, automatische Buchungen bei bestimmten Ereignissen durchgeführt. Zusätzlich ist noch zu berücksichtigen, ob Verbindungscodes eingerichtet und verwendet werden.

7.2.7.6 Manuelle Buchungen

Es werden sowohl manuelle als auch automatische Buchungen des Material- und Kapazitätsverbrauchs sowie die Rückmeldung fertig gestellter Artikel unterstützt. Automatische und manuelle Buchungen können nebeneinander eingesetzt werden, um die unterschiedlichsten Anforderungen und Prozesse abbilden zu können.

7.2.7.6.1 Materialverbrauch

Damit der Materialverbrauch korrekt erfasst werden kann, müssen geeignete organisatorische Maßnahmen und Prozesse implementiert sein. Insbesondere bei der Verwendung von automatischen Buchungsmethoden ist sicherzustellen, dass der tatsächliche Verbrauch nicht vom geplanten Verbrauch abweicht oder abweichender Verbrauch über manuelle Buchungen zusätzlich erfasst wird. Beispielsweise muss ein zusätzlicher Materialeinsatz infolge von ungeplanten Ausschussmengen erfasst werden.

HINWEIS: Microsoft Dynamics NAV realisiert das Konzept der „permanenten Inventur". Das heißt, der Lagerstand aller Artikel muss grundsätzlich zu jedem Zeitpunkt mit dem physischen Lagerstand übereinstimmen (der Effekt von Buchungszeitpunkten muss allerdings berücksichtigt werden). Alle Prozesse gehen daher von korrekten Lagerständen im System (insbesondere automatische Planungsroutinen) aus. Es ist sehr wichtig, alle Buchungsprozesse mit großer organisatorischer Sorgfalt zu planen und umzusetzen. ■

Die manuelle Buchung der in einem Fertigungsauftrag verbrauchten Rohmaterialien erfolgt über das sogenannte Verbrauchsbuchblatt; dieses wird über die Schnellsuche und die Links *Abteilungen/Produktion/Auftragssteuerung* und *Verbrauchs Buch.-Blätter* aufgerufen (siehe Bild 7.19).

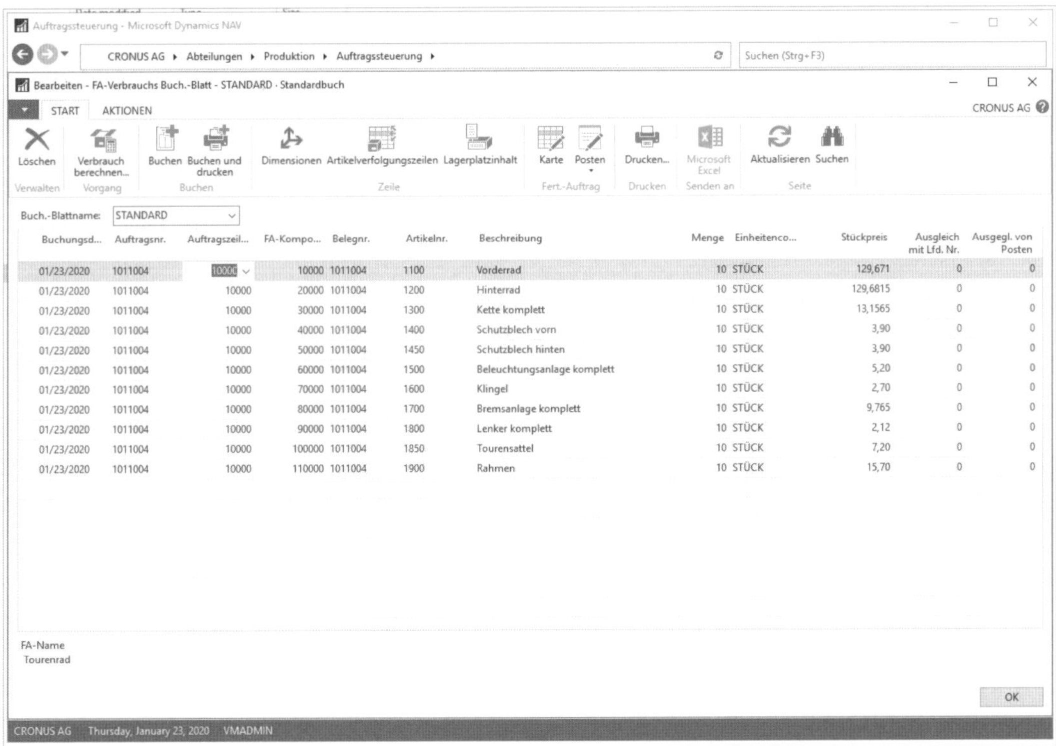

Bild 7.19 Buchungsblatt für die manuelle Buchung des Materialverbrauchs

Vom Verbrauchsbuchblatt aus wird über die Schaltfläche *Verbrauch berechnen* im Menüband die Stapelverarbeitung *Verbrauch berechnen* aufgerufen. Im Register *Fertigungsauftrag* der Stapelverarbeitung wird der freigegebene Fertigungsauftrag ausgewählt, für den der

Verbrauch gebucht werden soll. Im Register *Optionen* wird das Buchungsdatum eingegeben. Zusätzlich kann gewählt werden, ob die Berechnung auf der Basis von Ist- oder Soll-Mengen beruhen soll. Die Stapelverarbeitung füllt das Buchungsblatt mit allen im gewählten Fertigungsauftrag geplanten Komponenten aus. Die entsprechenden Zeilen lassen sich vor dem Buchen noch bearbeiten. So können Zeilen gelöscht, hinzugefügt oder Mengen geändert werden. Buchungen erfolgen über die Schaltfläche *Buchen* im Register *Start* des Menübands. Solange der Status des Fertigungsauftrags nicht auf beendet gesetzt wird, kann weiterer Materialverbrauch gebucht werden oder es kann bereits gebuchter Materialverbrauch korrigiert werden.

Die Einträge im *Verbrauchs.-Buch.-Blatt* werden als Abgang in den Artikelposten gebucht. Die Einträge werden ebenfalls als fertigungsauftragsbezogene Posten im freigegebenen Fertigungsauftrag gebucht. Diese können zum Beispiel für einen ausgewählten Fertigungsauftrag über die Übersicht *Freigegebene Fertigungsaufträge* und die Schaltfläche *Posten/Artikelposten* betrachtet werden.

HINWEIS: Im Fenster *Artikelposten* sind über die Schaltfläche *Navigate* die Ergebnisse der Buchung einschließlich der Wertposten einsehbar. ■

Über das *Verbrauchs.-Buch.-Blatt* können Verbrauchsbuchungen auch wieder storniert bzw. korrigiert werden. Zu diesem Zweck geben Sie im Verbrauchsbuchblatt das Buchungsdatum des zu stornierenden Postens im Feld *Buchungsdatum* ein, wählen die Fertigungsauftragsnummer des zu stornierenden Postens im Feld *Auftragsnr.* aus und legen die Artikelnummer des zu stornierenden Postens im Feld *Artikelnr.* fest. Im Feld *Menge* wird eine negative Menge eingegeben. Die Buchung erfolgt wieder über die Schaltfläche *Buchen.*

7.2.7.6.2 Ist-Meldung (Produktionsbuchung)

Damit der Kapazitätsverbrauch, das heißt die Erfassung der Arbeitszeit, korrekt eingegeben werden kann, müssen geeignete organisatorische Maßnahmen und Prozesse implementiert sein. Insbesondere bei der Verwendung von automatischen Buchungsmethoden ist sicherzustellen, dass die tatsächlich benötigten Zeiten nicht von den geplanten Zeiten abweichen oder abweichende Zeiten über manuelle Buchungen zusätzlich erfasst werden. Beispielsweise müssen ungeplante Nacharbeiten infolge von Qualitätsmängeln erfasst werden. Ebenso besteht mit dieser Buchungsart die Möglichkeit, die fertig gestellten Mengen pro Arbeitsgang zu erfassen.

Die manuelle Buchung der Ist-Meldung erfolgt über das *FA-Istmeldungs Buch.-Blatt.* Das Buchungsblatt wird über die Schnellsuche und den Link *Abteilungen/Produktion/Auftragssteuerung/Istmeldungs Buch.-Blätter* geöffnet (siehe Bild 7.20). Zuerst muss im Feld *Buchungsdatum* ein Datum eingegeben werden. Danach wählen Sie im Feld *Auftragsnr.* den Fertigungsauftrag aus, für den die Ist-Meldung durchgeführt werden soll. Abschließend wird über die Schaltfläche *Arbeitsplan auflösen* (Register *Start* des Menübands) die zugehörige Stapelverarbeitung aufgerufen.

Im Buchungsblatt lassen sich danach eventuell Zeilen löschen, für die keine Zeiten und fertig gestellte Mengen erfasst werden sollen. Die zu buchenden Zeiten sind in den Zeilen für die Arbeitsgänge einzugeben und danach über die Schaltfläche *Buchen* im Register *Start* des Menübands zu buchen.

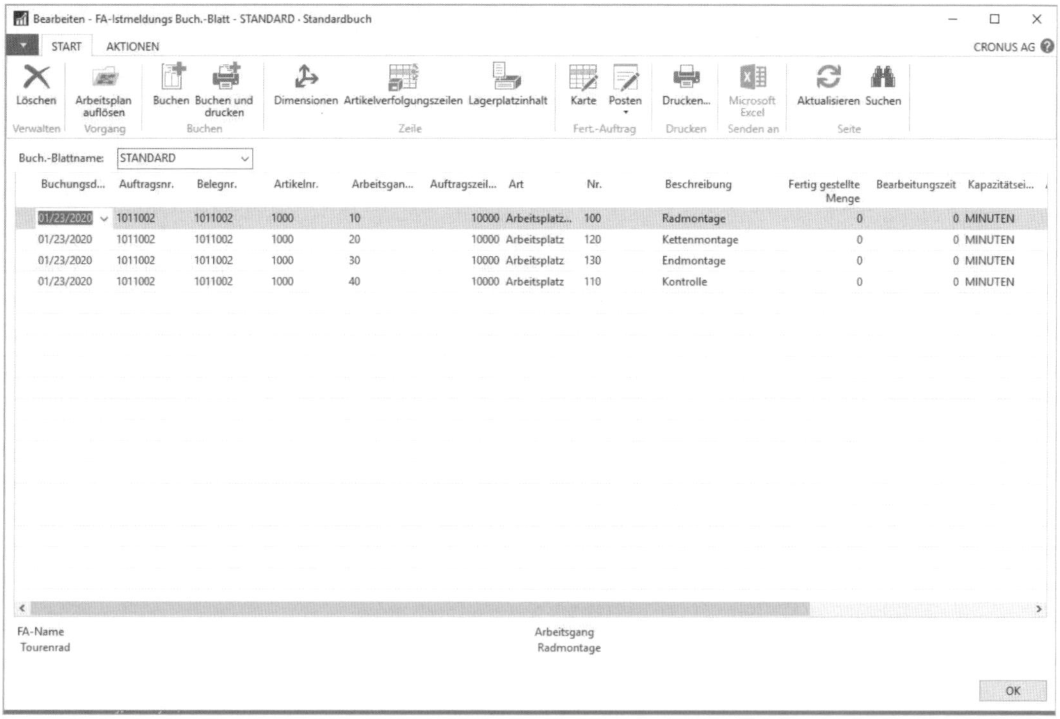

Bild 7.20 Buchungsblatt für die manuelle Buchung des Kapazitätsverbrauchs und der produzierten Mengen

Es müssen nicht alle Zeiten eines Arbeitsgangs gleichzeitig gebucht werden. So kann zum Beispiel nur die Rüstzeit eines Arbeitsgangs und zu einem späteren Zeitpunkt die Bearbeitungszeit gebucht werden. Dabei ist zu beachten, dass in diesem Fall im Feld *Fertig gestellte Menge* keine Menge eingegeben wird. Wenn ein Arbeitsgang beendet ist, kann dies durch das Setzen eines Häkchens im Feld *Beendet* des Buchungsblatts angegeben werden. Dieses Feld hat zwei Funktionen: Der Arbeitsplanstatus im Fenster *FA-Arbeitsplan* wird auf beendet gesetzt und der Arbeitsgang wird in den Fenstern *Arbeitsplatzauslastung* und *Arbeitsgruppenauslastung* aus dem Feld *Zugewiesene Kapazität* gelöscht (siehe den Abschnitt 7.2.9, „Produktionssteuerung“).

Wird eine fertig gestellte Menge für den letzten Arbeitsgang im *FA-Istmeldungs Buch.-Blatt* gebucht, dann wird ein positiver Artikelposten (Zugang) des zu fertigenden Artikels erstellt. Dieser Posten erhöht den Lagerbestand des entsprechenden Artikels. Die Einträge werden ebenfalls als fertigungsauftragsbezogene Posten im freigegebenen Fertigungsauftrag gebucht. Diese Posten haben auch einen Einfluss auf die Felder *Menge*, *Fertig gestellte Menge* und *Restmenge* des Fertigungsauftrags und können über das Fenster *Freigegebener FA* und die Schaltfläche *Posten/Artikelposten* betrachtet werden. Zusätzlich werden die verbrauchten Kapazitäten als Kapazitätsposten verbucht und können analog zu den Artikelposten über die Schaltfläche *Posten/Kapazitätsposten* aus einem Fertigungsauftrag heraus betrachtet werden.

HINWEIS: Im Fenster *Kapazitätsposten* lassen sich über die Schaltfläche *Navigate* die Ergebnisse der Buchung, einschließlich der Wertposten, einsehen. ■

Es kann vorkommen, dass gebuchte Ist-Meldungen storniert werden müssen. Ein Beispiel dafür sind Eingabefehler. Um eine gebuchte Ist-Meldung zu stornieren, müssen die Felder *Buchungsdatum, Auftragsnr., Artikelnr.* und *Arbeitsgangnr.* im *FA-Istmeldungs Buch.-Blatt* ausgefüllt werden. Zeiten und fertig gestellte Menge können mit negativen Werten korrigiert werden. Um die entsprechenden Kapazitäts- und Artikelposten zu stornieren, ist das Feld *Ausgleich mit Lfd. Nr.* auszufüllen.

HINWEIS: Grundsätzlich bietet Dynamics NAV die Möglichkeit, über Schnittstellen Daten aus externen Quellen zu übernehmen. Es könnten daher nach entsprechender Einrichtung der Schnittstellen die Daten für den Materialverbrauch über Barcode- oder RFID-Lösungen und Ist-Meldungen über ein Zeiterfassungssystem erfasst werden. Auch die Anbindung einer BDE-Lösung (Betriebsdatenerfassung) ist prinzipiell möglich. Die automatisch erfassten Daten können danach entweder über die besprochenen Buchungsblätter mit oder ohne Prüfung durch Mitarbeiter gebucht werden. ■

7.2.7.7 Produktions-Buch.-Blatt

Dieses Buchungsblatt wird aus einem freigegebenen Fertigungsauftrag im Register *Zeilen* über die Schaltfläche *Zeilen* und die Schaltfläche *Produktions Buch.-Blatt* aufgerufen und kombiniert das *FA-Verbrauchs Buch.-Blatt* und das *FA-Istmeldungs Buch.-Blatt* zu einem einzigen Buchungsblatt. Das Buchungsblatt kann zum Beispiel auch über das Register *Start* des Menübands aufgerufen werden. Das *Produktions Buch.-Blatt* weist einige Unterschiede gegenüber den einzelnen Buchungsblättern auf. So wird es direkt aus einer Zeile eines freigegebenen Fertigungsauftrags heraus aufgerufen und enthält daher bereits die relevanten Daten. Die Buchungszeilen können nach einem Buchungsmethodenfilter (manuell, vorwärts, rückwärts) ausgewählt und verarbeitet werden. Mengen und Zeiten, die bereits gebucht wurden, werden am Ende des Buchungsblattes als tatsächliche Posten angezeigt. Felder, die für eine Dateneingabe nicht erforderlich sind, sind leer und schreibgeschützt. Im Gegensatz zu den einzelnen Buchungsblättern werden Eingaben im *Produktions Buch.-Blatt* nicht gespeichert und gehen nach dem Schließen verloren. Eine Warnmeldung macht darauf aufmerksam. Arbeitsgänge und Komponenten werden zusammen in einer logischen Struktur, die einen Überblick über den Fertigungsprozess darstellt, angezeigt. Verbrauchsmengen werden als negative Artikelposten, fertig gestellte Mengen als positive Artikelposten und die aufgewendeten Zeiten als Kapazitätsposten gebucht.

HINWEIS: Da hier die Verbrauchsdaten gemeinsam mit den Ist-Meldungsdaten dargestellt werden, bietet das *Produktions Buch.-Blatt* die Möglichkeit der Anzeige verknüpfter Komponenten und Arbeitsgänge in einer logischen Prozessstruktur. Das heißt, die Komponenten werden unter dem jeweils zugehörigen

Arbeitsgang eingerückt. Dazu ist es erforderlich, Verbindungscodes zu verwenden. Komponenten ohne Verbindungscode werden im Buchungsblatt zuerst angeführt.

7.2.7.7.1 Manuelle Buchung eines Fertigungsauftrags

Legen Sie für diese Schritt-für-Schritt-Anleitung einen freigegebenen Fertigungsauftrag über 12 Stück des Artikels mit der Nummer 1000 (Tourenrad) an (siehe den Abschnitt 7.2.7.4, „Anleitung für die Erstellung eines Fertigungsauftrags“). Gehen Sie anschließend folgendermaßen vor:

1. *Wählen Sie in der Suche den Link Verbrauchs Buch.-Blätter.*
2. Klicken Sie im Register *Start* des Menübands auf die Schaltfläche *Verbrauch berechnen.*
3. Setzen Sie im Register *Fertigungsauftrag* der Stapelverarbeitung einen Filter auf den soeben erstellten Fertigungsauftrag.
4. Starten Sie die Berechnung mit *OK* (das Ergebnis ist in Bild 7.19 zu sehen).
5. In den Feldern der Spalte *Menge* kann nun der tatsächliche Verbrauch (zum Buchungszeitpunkt) der Fertigungsstücklistenkomponenten eingegeben werden.
6. Klicken Sie im Register *Start* des Menübands auf die Schaltfläche *Buchen*, um den Verbrauch zu buchen.
7. Bestätigen Sie die Buchung.
8. Öffnen Sie ein *Istmeldungsbuch.-Blatt* über den Link *Abteilungen/Produktion/Auftragssteuerung/Istmeldungs Buch.-Blätter.*
9. Geben Sie im Feld *Auftragsnr.* die Fertigungsauftragsnummer des vorhin erstellten Fertigungsauftrags ein.
10. Klicken Sie im Menüband auf die Schaltfläche *Arbeitsplan auflösen* (das Ergebnis ist in Bild 7.20 zu sehen).
11. Füllen Sie die Felder der Spalte *Bearbeitungszeit* mit den tatsächlich benötigten Zeiten in den einzelnen Arbeitsschritten aus (für diese Demonstration können Sie die Werte auf null belassen).

HINWEIS: Die Spalten für die Eingabe eventuell weiterer Durchlaufzeitkomponenten, wie zum Beispiel einer Rüstzeit, sind standardmäßig nicht eingeblendet und können auf die übliche Art und Weise angezeigt werden.

12. Setzen Sie den letzten Arbeitsgang auf beendet.
13. Klicken Sie im Register *Start* des Menübands auf *Buchen.*
14. Bestätigen Sie die Buchung.
15. Klicken Sie im Navigationsbereich auf *Freigegebene Fertigungsaufträge.*
16. Markieren Sie den Fertigungsauftrag über die 12 Stück des Artikels 1000.
17. Klicken Sie im Menüband auf die Schaltfläche *Statistik*, um einen Kostenüberblick über den Fertigungsauftrag zu erhalten.

7.2.8 Automatische Buchungen

Automatische Buchung bedeutet, dass entweder der Materialverbrauch oder die Ist-Meldungen durch ein bestimmtes Ereignis automatisch gebucht werden. Dies kann zum Beispiel die Freigabe eines Fertigungsauftrags sein. Bei der Verwendung von automatischen Buchungen muss besondere Sorgfalt angewandt werden, da hierbei systematisch falsche Lagerbestände (das heißt eine Differenz zwischen physischem Lagerbestand und Bestand im System) entstehen können.

7.2.8.1 Materialverbrauch

Die Methode der Materialverbrauchsbuchung wird für einen bestimmten Artikel auf der Artikelkarte im Register *Beschaffung* im Feld *Buchungsmethode* festgelegt. Es stehen dabei folgende Optionen für automatische Buchungen zur Verfügung:

- **Vorwärtsbuchen des gesamten Auftrags** – bei der Buchungsmethode *Vorwärts* wird bei der Freigabe der gesamte Inhalt der auf der Artikelkarte hinterlegten Fertigungsstückliste als Verbrauch gebucht. Der Verbrauch erfolgt, wenn der Status eines Fertigungsauftrags auf *Freigegeben* gesetzt oder für einen freigegebenen Fertigungsauftrag die Stapelverarbeitung *FA berechnen* ausgeführt wird. Diese Betrachtung gilt nur, wenn keine Verbindungscodes verwendet werden (Ist-Meldungen haben in diesem Fall keinen Einfluss). Ein Nachteil ist, dass der Rohmaterialverbrauch auf der Basis geplanter Werte beruht und zusätzlicher Verbrauch (Ausschuss) korrekt erfasst und manuell gebucht werden muss. Wenn weniger als die geplante Menge des Fertigungsauftrags hergestellt wird, wird dennoch der Materialverbrauch auf der Basis der erwarteten Menge gebucht. Das System würde damit die Lagerbestände um eine größere Menge reduzieren, als tatsächlich verbraucht wurden. Ebenso zu berücksichtigen ist, dass Material als nicht verfügbar angezeigt wird, obwohl es physisch noch am Lager vorhanden ist (dies ist insbesondere bei langen Durchlaufzeiten unter Umständen relevant).
- **Vorwärtsbuchen nach Arbeitsgang** – hierbei erfolgt die automatische Buchung des Materialverbrauchs, sobald ein Arbeitsgang des übergeordneten Artikels angefangen wurde. Dazu müssen die einzelnen Komponenten der Fertigungsstückliste über Verbindungscodes mit einzelnen Arbeitsgängen verknüpft werden. Die automatische Buchung des Materialverbrauchs wird zu dem Zeitpunkt ausgeführt, wenn der Arbeitsgang mit demselben Verbindungscode gestartet wird. „Starten" heißt in diesem Fall, dass es eine Buchung im *Istmeldungs Buch.-Blatt* für diesen Arbeitsgang gibt. Dabei kann es sich auch nur um die Eingabe einer Rüstzeit handeln. Die Buchung erfolgt wiederum auf der Basis der erwarteten Menge.
- **Rückwärtsbuchen des gesamten Auftrags** – bei der Buchungsmethode *Rückwärts* (wird auf der Artikelkarte festgelegt) wird, wenn der freigegebene Fertigungsauftrag auf *Beendet* gesetzt ist, der Verbrauch auf Grundlage der Fertigungsstückliste und den tatsächlich realisierten Mengen gebucht. Zusätzlich muss ungeplanter Verbrauch, der zum Beispiel durch Qualitätsprobleme verursacht wurde, wiederum manuell gebucht werden.
- **Rückwärtsbuchen nach Arbeitsgang** – hier wird der Materialverbrauch gebucht, wenn der Arbeitsgang über das *Istmeldungs Buch.-Blatt* abgeschlossen wurde. Dadurch ist bekannt, wie viele übergeordnete Artikel in dem Arbeitsgang tatsächlich fertig gestellt wurden. Die Materialien der Stückliste werden mit den Arbeitsgängen des Arbeitsplans

durch Verbindungscodes verknüpft. Das Rückwärtsbuchen findet statt, sobald ein Arbeitsgang mit einem bestimmten Verbindungscode mit einer fertig gestellten Menge gebucht wird.

7.2.8.2 Ist-Meldung (Produktionsbuchung)

Wie beim Materialverbrauch kann die Buchung der Ist-Meldungen ebenfalls automatisch erfolgen. Die Buchungsmethode wird auf der Arbeitsplatzgruppenkarte und der Arbeitsplatzkarte im Register *Buchen* im Feld *Buchungsmethode* festgelegt:

- **Vorwärts** – die Bearbeitungszeit und die fertig gestellte Menge werden auf Basis der Soll-Mengen automatisch bei der Freigabe des Fertigungsauftrags gebucht. Verbindungscodes sind bei der automatischen Vorwärtsbuchung der Ist-Meldung nicht relevant.
- **Rückwärts** – die Bearbeitungszeit und die fertig gestellte Menge werden auf Basis der Ist-Mengen automatisch gebucht, wenn der Status des Fertigungsauftrags auf *Beendet* geändert wird. Verbindungscodes sind bei der automatischen Rückwärtsbuchung der Ist-Meldung nicht relevant.

HINWEIS: Auf der Artikelkarte wird im Feld *Menge in Komponentenzeilen* der Bedarf eines Artikels für die Fertigung anderer Artikel angezeigt. ■

7.2.8.3 Fremdarbeit

Fremdarbeit bedeutet, dass bestimmte Arbeitsgänge durch ein anderes Unternehmen (Kreditor) durchgeführt werden. Auf der Arbeitsplatzgruppenkarte im Register *Buchen* im Feld *Kreditorennr.* kann ein Kreditor eingetragen werden und damit bei der Verwendung dieser Arbeitsplatzgruppe in einem Arbeitsplan der entsprechende Arbeitsgang als externer Arbeitsgang festgelegt werden. Dynamics NAV bietet die Möglichkeit, über die Funktionalität des Fremdarbeitsvorschlags versandfertige Fertigungsaufträge mit Material für Fremdarbeit zu finden und für Fremdarbeitsgänge Bestellungen automatisch zu erstellen. Die Kosten der Bestellung werden automatisch im Fertigungsauftrag gebucht, wenn die Bestellung gebucht wird.

HINWEIS: Wenn die Kosten für Fremdarbeit für einzelne Aufträge unterschiedlich sind, kann auf der Arbeitsplatzgruppenkarte das Kontrollkästchen *Spezieller Einstandspreis* angewählt werden. Damit hat man die Möglichkeit, im FA-Arbeitsplan den Einstandspreis des Arbeitsgangs zu ändern. ■

Die Übersicht *Fremdarbeitsvorschläge* wird im Menü *Arbeitsscheine* über das Menü *Fremdarbeitsvorschläge* aufgerufen. Über die Schaltfläche *Vorschlag bearbeiten* im Register *Start* des Menübands wird das Fenster *Fremdarbeitsvorschlag* geöffnet. Dort kann über die Schaltfläche *Fremdarbeit berechnen* im Register *Start* eine Stapelverarbeitung zur Planung der Fremdarbeit aufgerufen werden. Bevor die Stapelverarbeitung gestartet wird, lassen sich verschiedene Filter setzen.

Der berechnete Fremdarbeitsvorschlag kann durch einen Mitarbeiter bearbeitet werden. So kann zum Beispiel eine Zeile gelöscht werden, ohne dass Informationen verloren gehen. Über das Feld *Ereignismeldung akzeptieren* kann des Weiteren gesteuert werden, welche der berechneten Fremdarbeitsvorschläge in Einkaufsbestellungen umgewandelt werden sollen. Über die Schaltfläche *Ereignismeldungen durchführen* im Register *Start* des Menübands werden die markierten Vorschlagszeilen in Einkaufsbestellungen umgewandelt.

HINWEIS: Durch diese Vorgehensweise werden die erstellten Bestellungen fest (über das Bedarfsverursachersystem) mit den Fertigungsaufträgen verbunden. Daher können diese nicht mehr verändert werden, solange die Bestellung vorhanden ist. Daher muss zunächst die Bestellung gelöscht werden, bevor der Fertigungsauftrag wieder – zum Beispiel nach einer Änderung – berechnet werden kann. ■

Eine Fremdarbeitsbestellung wird für ausgeführte Arbeiten und/oder erbrachte Dienstleistungen verwendet. Der Erhalt einer Fremdarbeitsbestellung hat keinen Einfluss auf den Lagerbestand des übergeordneten Artikels des Fertigungsauftrags. Die einzige Ausnahme hierfür ist, wenn der Fremdarbeitsgang gleichzeitig auch der letzte Arbeitsgang im Arbeitsplan ist. Wenn der Fremdarbeitsgang der letzte Arbeitsgang im Arbeitsplan ist, dann ist die Buchung des Bestellungseingangs gleichbedeutend mit der Buchung von Ist-Meldungen für den letzten Arbeitsgang. Die Abwicklung von Fremdarbeitsaufträgen ist meist auch mit einem Warenfluss verbunden. So werden einerseits Halbfertigprodukte zur weiteren Bearbeitung an den Lieferanten geliefert, andererseits kann es auch notwendig sein, dem Lieferanten Material bereitzustellen. Dieser Warenfluss muss im System abgebildet werden. Materialverbrauch könnte prinzipiell über das Verbrauchsbuchungsblatt manuell oder automatisch über den Arbeitsgang gebucht werden (der Arbeitsgang muss über einen Verbindungscode mit der Stückliste verbunden sein). Diese Vorgehensweise kann gewählt werden, wenn keine Dokumente, wie zum Beispiel ein Lieferschein, benötigt werden. Alternativ kann ein Arbeitsplan angelegt werden, in dem ein Arbeitsgang „Kommissionierung" direkt vor dem externen Arbeitsgang existiert. Automatisch zu buchende Komponenten können z. B. mit einem „Kommissionier-Arbeitsgang" verbunden werden. Dies stellt sicher, dass die Materialentnahme aus dem Lager vor dem externen Arbeitsgang gebucht wird. Es kann bei Bedarf auch ein Arbeitsgang „Wareneingang" eingerichtet werden. Automatisch gebuchte Komponenten mit negativen Mengen in der Fertigungsstückliste können mit dem Wareneingangsarbeitsgang verbunden werden. Sobald sie vom Kreditor geliefert werden, bewirkt dies eine Erhöhung des Lagerbestands.

HINWEIS: Wenn ein Fremdarbeitsgang der letzte Arbeitsgang im Arbeitsplan ist und die Bestellung geliefert und fakturiert wurde, meldet das System automatisch, dass der übergeordnete Artikel im Fertigungsauftrag fertig gestellt ist. Wurden für davor liegende Arbeitsgänge im *Istmeldungs Buch.-Blatt* keine Zeiten erfasst, ist es nicht möglich, den Arbeitsplan aufzulösen. In diesem Fall muss die Zeit für jeden Arbeitsgang manuell im *Istmeldungs Buch.-Blatt* erfasst werden. Darüber hinaus ist noch der FA-Status manuell auf *Beendet* zu ändern. ■

Über die Schnellsuche und die Links *Abteilungen/Produktion/Auftragssteuerung* und *Fremdarbeiter -Versandliste* kann der Bericht *Fremdarbeiter - Versandliste* aufgerufen werden. Dieser Bericht zeigt eine Übersicht der terminierten Arbeitsgänge und der erstellten Einkaufsbestellungen.

7.2.9 Produktionssteuerung

Im Zusammenhang mit den täglichen Werkstattaktivitäten steht das Thema Werkstattauslastung. Um die Auslastung der einzelnen Ressourcen überprüfen zu können, stehen Dialogfelder mit der Auslastung und den Auftragsvorräten zur Verfügung. Wie bereits beschrieben, terminiert Dynamics NAV Fertigungsaufträge auf der Basis „unendlicher" Kapazitäten. Darüber hinaus lassen sich ausgewählte Ressourcen, das heißt Arbeitsplatzgruppen und Arbeitsplätze, als Ressourcen mit begrenzten Kapazitäten festlegen. Das System stellt dann sicher, dass diese nicht über ein festgelegtes Maß hinaus belastet werden.

7.2.9.1 Kontrolle des Kapazitätsbedarfs und der Auslastung

Auf der Arbeitsplatzgruppenkarte und der Arbeitsplatzkarte kann über die Schaltfläche *Auftragsvorräte* im Register *Start* des Menübands ein Fenster mit einer Übersicht aller eingelasteten Fertigungsaufträge aufgerufen werden. Der Aufruf ist auch aus den entsprechenden Übersichten über die Schaltfläche *Auftragsvorräte* im Register *Start* möglich. Dieses Fenster zeigt den Bruttobedarf an benötigter Zeit, wobei dieser Zeitbedarf während der Bearbeitung des Fertigungsauftrags nicht reduziert wird - es wird also immer nur der gesamte Zeitbedarf für einen Fertigungsauftrag angezeigt.

Des Weiteren können über die Schaltfläche *Auslastung* (z. B. aus der Arbeitsplatzgruppenkarte bzw. Arbeitsplatzkarte) die Fenster *Arbeitsplatzgruppenauslastung* und *Arbeitsplatzauslastung* aufgerufen werden. Im Fenster *Arbeitsplatzgruppenauslastung* werden Informationen über die entsprechenden Arbeitsplatzgruppen und die untergeordneten Arbeitsplätze angezeigt. Das Fenster *Arbeitsplatzauslastung* beinhaltet nur Informationen über den Arbeitsplatz. In diesen gibt es folgende Spalten:

- **Kapazität** - diese Spalte zeigt die verfügbare theoretische Kapazität. Diese basiert auf dem Betriebskalender und den Feldern *Kapazität* und *Effektivität* im Register *Planung* der Arbeitsplatzgruppenkarte und der Arbeitsplatzkarte. Die einzelnen Posten können über einen „Drilldown" betrachtet werden.
- **Zugewiesene Kapazität** - diese Spalte enthält den Gesamtbedarf aller Fertigungsaufträge (außer simulierter und beendeter). Die einzelnen Posten können über einen „Drilldown" betrachtet werden.

> **HINWEIS:** Eingelastete Arbeitsgänge werden automatisch entfernt, wenn die für einen Arbeitsgang benötigte Zeit gebucht und beendet wurde.

- **Rest n. Auftrag verfügbar** - diese Spalte zeigt die Differenz der Werte aus den Spalten *Kapazität* und *Zugewiesene Kapazität*. Ein negativer Wert weist daher darauf hin, dass mehr Kapazität verplant wurde, als theoretisch verfügbar ist. Dies ist nicht möglich, wenn die Ressource als begrenzte Kapazität definiert wurde.

- **Auslastung** – diese Spalte zeigt die Auslastung in Prozent. Ein Wert über 100 bedeutet demnach, dass mehr Kapazität eingeplant wurde, als theoretisch verfügbar ist. Dies ist für begrenzte Kapazitäten wiederum nicht möglich.

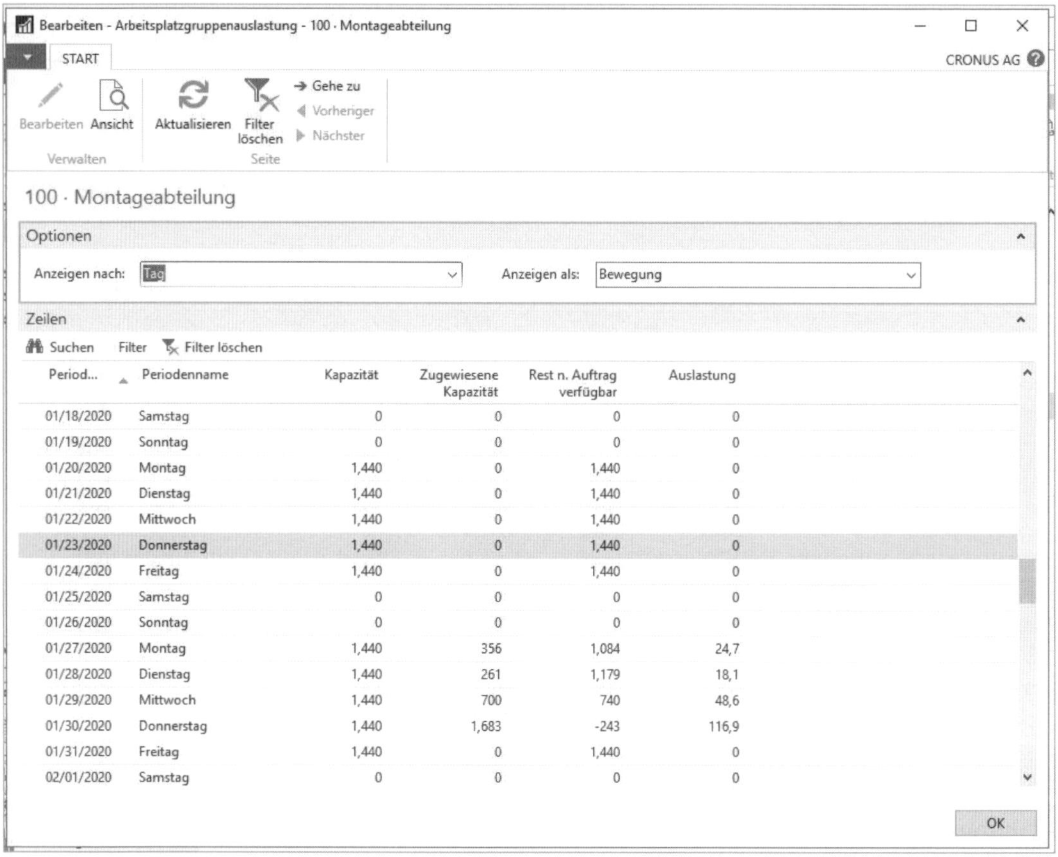

Bild 7.21 Beispiel für die Auslastung einer Arbeitsplatzgruppe

7.2.9.2 Neuterminierung von Fertigungsaufträgen

In den Fenstern mit den Auftragsvorräten (*Arb.Platzgrp.Auftr.Vorr.Übers.* und *Arbeitsplatzauftr.-Vor.-Übers.*) können direkt Änderungen an den Arbeitsgängen durchgeführt werden (siehe Bild 7.22).

Diese Änderungen werden unmittelbar in den verbundenen Fenstern *Arbeitsplatzgruppenauslastung* beziehungsweise *Arbeitsplatzauslastung* berücksichtigt. Dies ermöglicht eine effiziente Erstellung realistischer Produktionspläne. So kann für einen Arbeitsgang eine andere Startzeit eingegeben werden, damit der Kapazitätsbedarf in einer anderen Zeitperiode anfällt und damit ein Kapazitätsausgleich erfolgt.

HINWEIS: Wenn ein Arbeitsgang derart verschoben wird, wird der gesamte Fertigungsauftrag automatisch vollständig neu terminiert.

Über die Schaltfläche *Bedarfsverursacher* im Register *Start* des Menübands kann überprüft werden, ob der entsprechende Arbeitsgang Teil eines Fertigungsauftrags ist, der zum Beispiel mit einem Verkaufsauftrag verbunden ist. In diesem Fall muss eventuell auch der Verkaufsauftrag angepasst werden.

Des Weiteren können Arbeitsgänge von einem Arbeitsplatz zu einem anderen verschoben werden, solange die Arbeitsplätze zur selben Arbeitsplatzgruppe gehören. Dies erfolgt über die Schaltfläche *Verschieben* im Register *Start*.

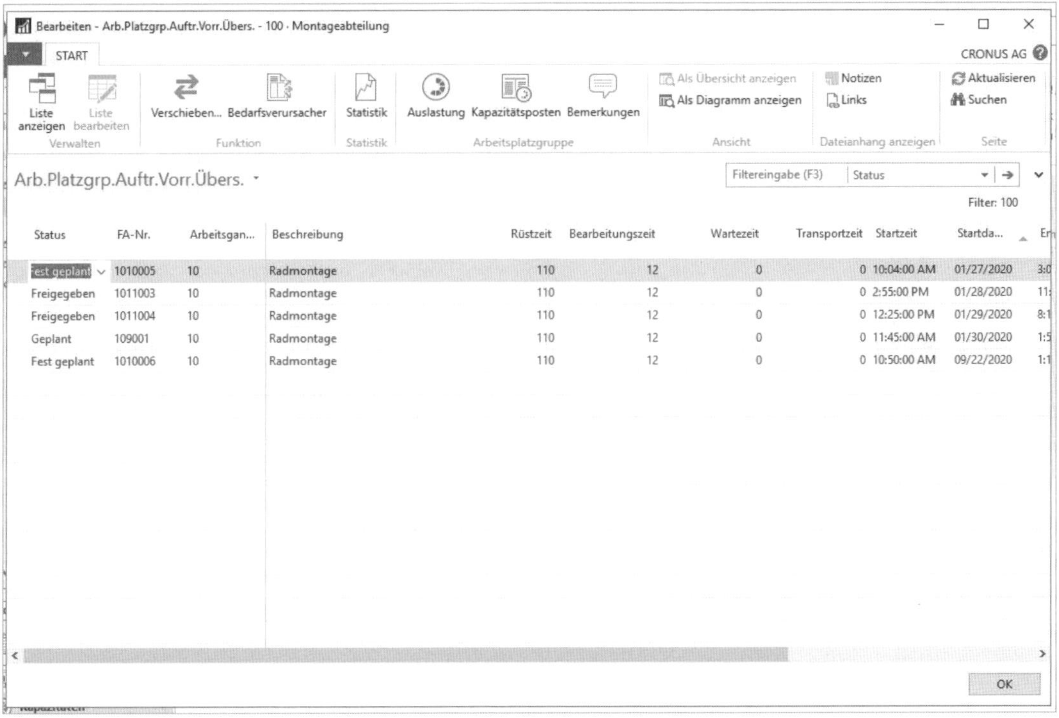

Bild 7.22 Das Fenster „Arb.Platzgrp.Auftr.Vorr.Übers." mit Auftragsvorräten für die Arbeitsplatzgruppc 100

8 Produktionsplanung

In den verschiedenen Abschnitten dieses Kapitels werden Sie alle wesentlichen Funktionen der Produktionsplanung in Dynamics NAV kennenlernen. Sie sollten bereits einen guten Überblick über die Inhalte von Kapitel 7 haben.

In diesem Kapitel werden verschiedene Möglichkeiten aufgezeigt, wie Dynamics NAV die Planungsfunktionen eines Unternehmens bei der Planung der Bedarfsdeckungsaufträge (Fertigungsaufträge, Einkaufsbestellungen oder Umlagerungsaufträge) unterstützt. Es werden die Erstellung von Fertigungsaufträgen direkt aus Verkaufsaufträgen, die erweiterten Möglichkeiten der Auftragsplanung und die umfassende Funktionalität der Produktionsprogrammplanung und Nettobedarfsrechnung ausführlich erläutert.

HINWEIS: Die Beschreibungen in diesem Kapitel zeigen die Arbeit im Windows-Client, wobei sich Abbildungen und Menüoptionen auf die Standardrolle „PRODUKTIONSPLANER“ beziehen.

Entsprechende Berechtigungen vorausgesetzt, können Sie dieses Profil Ihrer Benutzer-ID über die Suche und den Link *Benutzeranpassung* selbst zuordnen oder von Ihrem Systemadministrator zuordnen lassen.

Die beschriebenen Aktionen lassen sich über das Menü *Abteilungen* oder individuell konfigurierte Menüs, aber auch von anderen Rollen im Windows-Client und – mit Einschränkungen – im Webclient oder SharePoint-Client durchführen.

8.1 Überblick

Die zentralen Themen dieses Kapitels sind die Produktionsprogrammplanung und die Nettobedarfsrechnung. Die Aufgabe der Produktionsprogrammplanung ist es, offenen Bedarf (Prognosen und Aufträge) durch zu planende Liefermengen zu decken. Die nachfolgende Nettobedarfsrechnung baut auf der Produktionsprogrammplanung auf und berechnet den gesamten Komponentenbedarf aller geplanten Aufträge. Der englische Fachbegriff für die Produktionsprogrammplanung lautet „Master Production Schedule" (MPS), der für die Nettobedarfsrechnung „Material Requirements Planning" (MRP). Beide zusammen sind wiederum Teil des sogenannten „Manufacturing Resources Planning" (MRP II), welches auch typischerweise von modernen ERP-Systemen unterstützt wird. Eine vereinfachte Übersicht über den MRP II-Prozess finden Sie in Bild 8.1.

8.2 Produktionsprozesse

Produktionsprozesse orientieren sich, wie auch alle anderen Geschäftsprozesse eines Unternehmens, an der Unternehmensstrategie. Grundlegende Entscheidungen über die Gestaltung einer Produktionsumgebung betreffen dabei:

- die Art der Fertigung (z.B. Linien- oder Werkstattfertigung),
- Überlegungen, welche Durchlaufzeiten notwendig sind,
- Grundsatzfragen, mit welchen Lagerbeständen gearbeitet werden soll,
- und zahlreiche andere, aus der Strategie abgeleitete Vorgaben.

Für die operative Umsetzung der Unternehmensstrategie wird üblicherweise ein Businessplan entwickelt, der über einen längeren Zeitraum messbare und damit nachvollziehbare Ziele vorgibt. Dies können zum Beispiel Vorgaben über Umsätze und Produktionsmengen in bestimmten Zeiträumen sein.

8.2.1 Verkaufsplanung

Diese Vorgaben werden nun typischerweise in ein ERP-System übertragen und stellen damit die strategischen und operativen Ziele einer Produktion dar. Dies können zum Beispiel allgemeine Budgetvorgaben, aber auch geplante Verkaufsmengen für einzelne Produktfamilien sein. Dieser Prozessschritt wird in Bild 8.1 als Verkaufsplanung bzw. in der Notation von APICS (The Association for Operations Management, *www.apics.org*) als „Sales & Operations Planning" bezeichnet. In diesem Prozessschritt erfolgt auch eine grundsätzliche Überprüfung der verfügbaren und notwendigen Ressourcen für die Umsetzung der vorgegebenen Verkaufs- und Produktionsmengen.

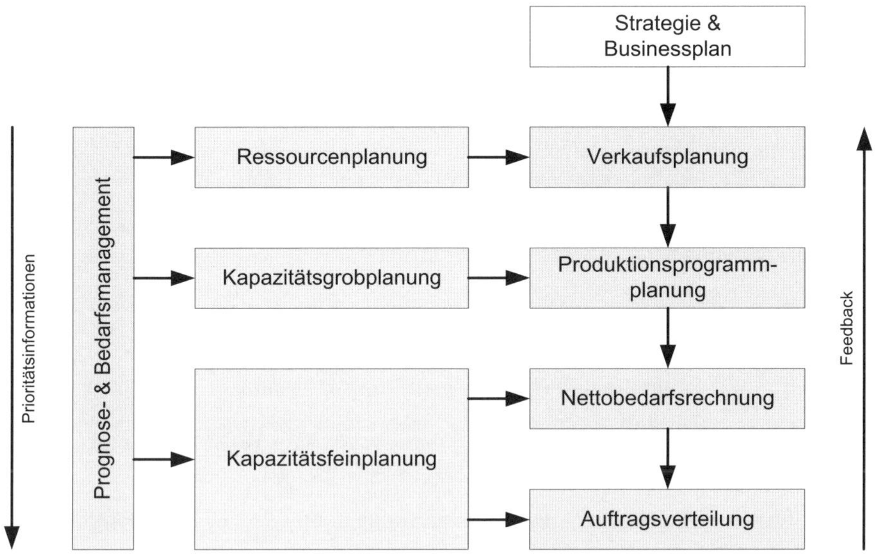

Bild 8.1 Wesentliche Teilprozesse eines MRP II-Systems

8.2.2 Produktionsprogrammplanung

Der nachfolgende Prozess der Produktionsprogrammplanung dient insbesondere dem Abgleich zwischen den Kundenbedarfen, die durch Prognosen und Aufträge definiert sind, und den Liefermöglichkeiten des Unternehmens. Der grundsätzliche Mechanismus der Produktionsprogrammplanung soll nun anhand des folgenden Beispiels dargestellt werden.

Tabelle 8.1 Beispiel eines Produktionsprogramms für einen bestimmten Artikel

Periode		1	2	3	4	5	6	7	8	9
Verkaufsprognose (Input)		20	22	21	25	24	23	21	21	25
Verkaufsaufträge (Input)		19	17	15	11	9	5	2	1	0
Projizierter Lagerbestand	50	31	14	49	24	0	27	6	35	10
Produktionsprogramm (Output)				50			50		50	

Angenommen wird ein Artikel mit Verkaufsprognosen und Verkaufsaufträgen in den einzelnen Zeitperioden (zum Beispiel Wochen). Vorgegeben sind ein bestimmtes Wiederbeschaffungsverfahren und die dafür notwendigen Parameter. Im betrachteten Beispiel ist dies die Methode der festen Bestellmenge mit den Parametern Bestellmenge (Losgröße) und Sicherheitsbestand sowie Angaben über Planungszeitfenster und Durchlaufzeit. Weitere mögliche Wiederbeschaffungsverfahren beispielsweise sind Los-für-Los oder Bestellmenge. Die Planungszeitfenster wurden bereits in Kapitel 7 besprochen und werden im Folgenden mit „Bedarfszeitraum" (hier die Zeitperioden 1 bis 3) und „Planungszeitraum" (hier die Zeitperioden 4 bis 8) bezeichnet (die Bedarfe ab Zeitperiode 9 beruhen nur auf Prognosen und sind daher unkritisch; wie weit eine Planung in die Zukunft berechnet wird, hängt von den Planungsregeln eines Unternehmens ab). Zu Beginn der Planung steht ein bestimmter Lagerbestand zur Verfügung, der in der Berechnung zu berücksichtigen ist (im Beispiel sind dies 50 Stück).

Es wird nun mit dem Arbeitsdatum beginnend für jede betrachtete Zeitperiode ein in die Zukunft projizierter Lagerbestand berechnet. Diese Berechnung erfolgt rollierend, das heißt, wenn die aktuelle Zeitperiode vergangen ist, wird die Woche 2 zur Woche 1 etc.

Dieser in die Zukunft projizierte Lagerbestand berechnet sich innerhalb des „Bedarfszeitraums" folgendermaßen:

```
Lagerbestand einer Zeitperiode = Lagerbestand der Vorperiode + geplante Zugänge –
Kundenaufträge
```

Im „Planungszeitraum" lautet die Berechnungsformel folgendermaßen:

```
Lagerbestand einer Zeitperiode = Lagerbestand der Vorperiode + geplante Zugänge –
(größerer Wert von Verkaufsaufträgen und Verkaufsprognosen)
```

Prognosen, Aufträge und Planungsparameter sind Input in den Prozess, das Produktionsprogramm ist der Output des Prozesses.

HINWEIS: Dynamics NAV unterstützt keine derartigen Planungszeitfenster und verwendet bei der Produktionsprogrammplanung im gesamten betrachteten Zeitraum die Planungsregel für den „Planungszeitraum" .

8.2.3 Nettobedarfsrechnung

Die Nettobedarfsrechnung setzt auf dem Ergebnis der Produktionsprogrammplanung auf und verwendet dieses als Input, um den gesamten Materialbedarf der berechneten Bestellungen zu planen. Das Konzept wurde ab etwa 1960 entwickelt und setzte sich einerseits mit der Verbreitung von Computern und andererseits aufgrund intensiver Promotion durch APICS ab 1972 durch und bildet heute noch – trotz bekannter Schwächen – das Rückgrat der Produktions- und Materialbedarfsplanung.

Schlüsselkonzept ist dabei die gedankliche Trennung der Materialbedarfe in unabhängigen und abhängigen Bedarf. Wenn der Bedarf an den Fertigprodukten bekannt ist, kann der Rohmaterialbedarf bis zur kleinsten Schraube mittels Systemunterstützung über die Fertigungsstückliste und anderen hinterlegten Planungsinformationen automatisch berechnet werden.

Folgende Annahmen werden dabei getroffen:

- Der Bedarf an Fertigprodukten ist deterministisch (vorher bestimmbar) und bekannt.
- Produktionsdurchlaufzeiten sind bekannt und fix.
- Kapazitäten sind unendlich.

Die Grundidee der Nettobedarfsrechnung ist simpel und soll im Folgenden anhand eines Beispiels besprochen werden. Die Stücklisten für das folgende Beispiel sind in Bild 8.2 zu finden. Die Nettobedarfsrechnung erfolgt in fünf Schritten, die rollierend für alle betrachteten Zeitperioden (z. B. Wochen) durchgeführt werden:

- **Netting** – Berechnung des Nettobedarfs, indem vom Bruttobedarf der verfügbare Lagerbestand und eventuell geplante Zugänge durch terminierte Aufträge (in der Notation von APICS „Scheduled Receipts" genannt) abgezogen werden; der Bruttobedarf für Artikel der Stücklistenebene 0 kommt aus der Produktionsprogrammplanung, der für alle anderen Stücklistenebenen ergibt sich aus den Bedarfen vorangegangener Iterationen der Nettobedarfsrechnung oder aus (zusätzlichem) unabhängigem Bedarf für diesen Artikel (zum Beispiel für Serviceersatzteile). Fällt der projizierte Lagerbestand unter 0 bzw. unter den Sicherheitsbestand, besteht Bedarf an diesem Artikel.
- **Lot sizing** – die Nettobedarfe der einzelnen Zeitperioden werden auf der Basis des Wiederbestellverfahrens zu einem Los (Lot) zusammengefasst und ergeben damit die Bestellmenge.
- **Time phasing** – die Berücksichtigung der Durchlaufzeit (Einkauf oder Produktion) ergibt eine zeitliche Verschiebung des Bestelldatums gegenüber dem Bedarfsdatum.
- **BOM explosion**[1] – aufgrund des Bestelldatums, der Losgröße und der Fertigungsstückliste wird der Bruttobedarf für jeden Artikel der nächsten Stücklistenebene berechnet.
- **Iterate** – alle diese Schritte werden so lange wiederholt, bis alle Stücklistenebenen durchlaufen sind.

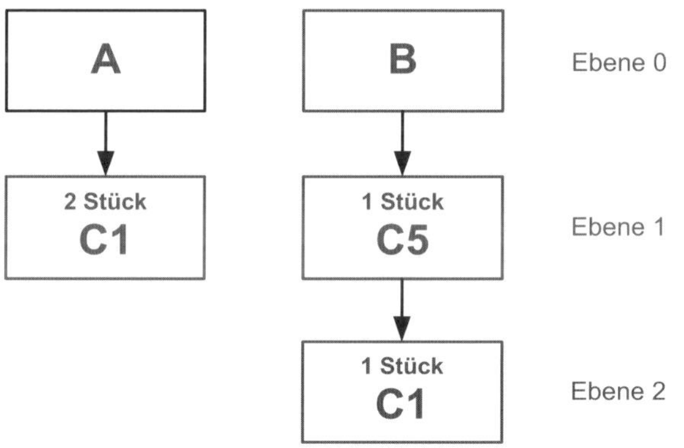

Bild 8.2 Ausschnitt aus einer Fertigungsstückliste zur Erklärung der Nettobedarfsrechnung

Das Konzept soll nun wiederum anhand eines einfachen Beispiels[2] erläutert werden. Die entsprechenden Fertigungsstücklisten sind in Bild 8.2 und der Bruttobedarf für den Artikel A in Tabelle 8.2 dargestellt. Zu Beginn der Zeitperiode 1 (= 1 Woche) ist ein Lagerbestand von 30 Stück verfügbar, das Wiederbestellverfahren lautet „feste Bestellmenge". Die Bestellmenge (Losgröße) wird dabei mit 75 Stück festgelegt und die Durchlaufzeit (Beschaffungszeit) ist eine Woche.

Der erste Schritt ist die Bestimmung des Nettobedarfs. Der verfügbare Lagerbestand von 30 Stück reicht aus, um den Bruttobedarf der ersten Woche zu decken. Es bleiben damit

[1] BOM = Bill of Material (Fertigungsstückliste)

[2] W. J. Hopp, M. L. Spearman: Factory Physics 3e, McGraw-Hill, 2008

15 Stück für die zweite Woche übrig. Mit diesen 15 Stück kann der Bedarf der Woche 2 nicht mehr vollständig gedeckt werden und es entsteht ein Nettobedarf von 5 Stück. Daher ist in der Woche 2 ein Zugang des Artikels A notwendig.

Unter Anwendung der Losgrößenregel ist daher ein Zugang von 75 Stück in der Woche 2 zu planen. Von diesen 75 Stück werden 5 Stück benötigt, um den vollständigen Bedarf für diese Woche zu decken; es bleiben damit noch 70 Stück für die Woche 3 zur Verfügung. Der Bedarf von 50 Stück in der Woche 3 und 10 Stück in der Woche 4 können gedeckt werden. Der Bedarf in der Woche 5 kann mit den verbleibenden 10 Stück nicht mehr gedeckt werden, sodass ein weiterer Zugang von 75 Stück zu planen ist. Die verbleibenden 55 Stück der Woche 5 decken den Bedarf der Woche 6 und es bleiben 25 Stück für die Woche 7 zur Verfügung. In der Woche 7 ist daher wieder ein Zugang des Artikels A von 75 Stück zu planen.

Tabelle 8.2 Einfaches Beispiel einer Nettobedarfsrechnung

Artikel A		1	2	3	4	5	6	7	8
Bruttobedarf (Input)		15	20	50	10	30	30	30	30
Projizierter Lagerbestand	30	15	-5	-	-	-	-	-	-
Nettobedarf			5	50	10	30	30	30	30
Geplanter Zugang			75			75		75	
Geplante Freigabe (Output)		75			75		75		

Diese geplanten Zugänge müssen nun durch Produktions- oder Einkaufsaufträge gedeckt werden. Die Durchlaufzeit (in diesem Fall die Dauer der Produktion, um diesen Artikel herzustellen) von einer Woche dient nun zur Bestimmung des Datums der Freigaben des Auftrags - also jeweils eine Woche früher. Nachdem man den Startzeitpunkt der Aufträge hat, kann man den Bedarf der untergeordneten Komponenten berechnen. Wann immer ein Auftrag für die Fertigung von 75 Stück des Artikels A beginnt, müssen die darin enthaltenen Komponenten verfügbar sein; das sind in diesem Fall 150 Stück des Artikels C1.

In realen Situationen sind nun noch die bereits terminierten Aufträge zu berücksichtigen und ein vollständiges Beispiel könnte folgendermaßen aussehen (siehe Tabelle 8.3): Angenommen wird hier das Wiederbeschaffungsverfahren „Los-für-Los" (über zwei Zeitperioden) und eine Durchlaufzeit von zwei Wochen.

Tabelle 8.3 Erweitertes Beispiel einer Nettobedarfsrechnung

Artikel A		1	2	3	4	5	6	7	8
Bruttobedarf		15	20	50	10	30	30	30	30
Terminierte Aufträge		10	10		100				
Adaptierte terminierte Aufträge			20	100					
Projizierter Lagerbestand	20	5	5	55	45	15	-15	-	-
Nettobedarf							15	30	30
Geplanter Zugang							45		30
Geplante Freigabe (Output)					45		30		

In der ersten Periode stellt das System fest, dass ein verfügbarer Lagerbestand von 20 Stück ausreichend ist. Ein zusätzlicher Eingang durch einen terminierten Auftrag ist eigentlich nicht notwendig. Das System wird daher Vorschläge und Informationen für diese Situation bereitstellen. Da in der Periode 2 nicht genügend Stück des Artikels A verfügbar sind (5+10–20), wird das System vorschlagen, den bestehenden terminierten Auftrag nicht zu löschen, sondern um eine Woche zu verzögern. Ob dieser Vorschlag angenommen wird, liegt in der Verantwortung der Planungsfunktion. Ebenso erkennt das System, dass in der Woche 3 ein Zugang notwendig ist, um den Bruttobedarf zu decken. Eventuell kann der schon terminierte Auftrag für die Woche 4 um eine Woche vorgezogen werden. In der Woche 6 entsteht dann ein Nettobedarf, der durch neue geplante Aufträge zu decken ist. Infolge des Wiederbeschaffungsverfahrens werden die Bedarfe über einen Zeitraum von zwei Wochen zusammengefasst. Da die Durchlaufzeit zwei Wochen beträgt, muss ein Auftrag um diese Zeitspanne früher freigegeben werden.

Tabelle 8.4 Nettobedarfsrechnung für Artikel B

Artikel B		1	2	3	4	5	6	7	8
Bruttobedarf		10	15	10	20	20	15	15	15
Projizierter Lagerbestand	40	30	15	5	-15	-	-	-	-
Nettobedarf					15	20	15	15	15
Geplanter Zugang					35		30		15
Geplante Freigabe			35		30		15		

Analog erfolgt die Berechnung für den Artikel B (siehe Tabelle 8.4). Das Wiederbestellverfahren ist wieder „Los-für-Los" (zwei Wochen), die Durchlaufzeit beträgt zwei Wochen.

Nachdem nun alle Artikel der Stücklistenebene 0 berechnet wurden, folgt die Berechnung der Stücklistenebene 1. Dies soll am Beispiel des Artikels C5 demonstriert werden. Das Wiederbeschaffungsverfahren ist „Los-für-Los" und die Durchlaufzeit beträgt vier Wochen.

Tabelle 8.5 Nettobedarfsrechnung für Artikel C5

Artikel C5		1	2	3	4	5	6	7	8
Bruttobedarf			35		30		15		
Projizierter Lagerbestand	40	40	5	5	-25	-	-	-	-
Nettobedarf					25		15		
Geplanter Zugang		25*	15						
Geplante Freigabe			35		30		15		

Die vom System berechnete Freigabe von 25 Stück in Woche 1 (mit * markiert) führt zu einer Warnmeldung, da die definierte Beschaffungszeit eigentlich vier Wochen beträgt. Ein Planer muss daher geeignete Maßnahmen zur Lösung des Problems ergreifen.

Für den Artikel C5 existiert nur abhängiger Bedarf. Aus der Stückliste in Bild 8.2 ist zu erkennen, dass für die Herstellung des Artikels B jeweils ein Stück des Artikels C5 benötigt wird. Der Bruttobedarf der abhängigen Komponenten ergibt sich daher aus den Bedarfen der übergeordneten Komponenten. Wann immer der Artikel B zu fertigen ist (letzte Zeile der Tabelle 8.4), muss die gleiche Anzahl des Artikels C5 bereitliegen.

Tabelle 8.6 Nettobedarfsrechnung für Artikel C1

Artikel C1		1	2	3	4	5	6	7	8
Bruttobedarf		25	15		90		60		
Projizierter Lagerbestand	40	15	0	0	-90	-	-	-	-
Nettobedarf					90		60		
Geplanter Zugang					90		60		
Geplante Freigabe			90		60				

Da die Beschaffungszeit des Artikels C5 vier Wochen beträgt, hätte der Auftrag von 25 Stück für die Woche 4 bereits eine Woche früher freigegeben werden müssen. Das System plant nun die Freigabe für die aktuelle Woche 1 und gibt eine Warnmeldung für eine Notbestellung aus: Ein Artikel, der normalerweise eine Durchlaufzeit von vier Wochen hat, muss nun innerhalb von drei Wochen beschafft werden. Der Planer kann nun aufgrund der Information geeignete Maßnahmen treffen.

Da der Artikel C1 laut Stückliste sowohl im Artikel A als auch im Artikel C5 verwendet wird, ergibt sich der Bruttobedarf aus den letzten Zeilen der Tabelle 8.3 und der Tabelle 8.5. Zu berücksichtigen ist, dass jeweils zwei Stück des Artikels C1 im Artikel A benötigt werden.

8.2.4 Produktionsplanung mit Dynamics NAV

Ausgangspunkt ist die Erfassung aller unabhängigen Bedarfe. Dies sind Verkaufsaufträge, Verkaufsprognosen und Wiederbeschaffungsaufträge für Lagerartikel (wenn zum Beispiel ein minimaler Lagerbestand unterschritten wurde).

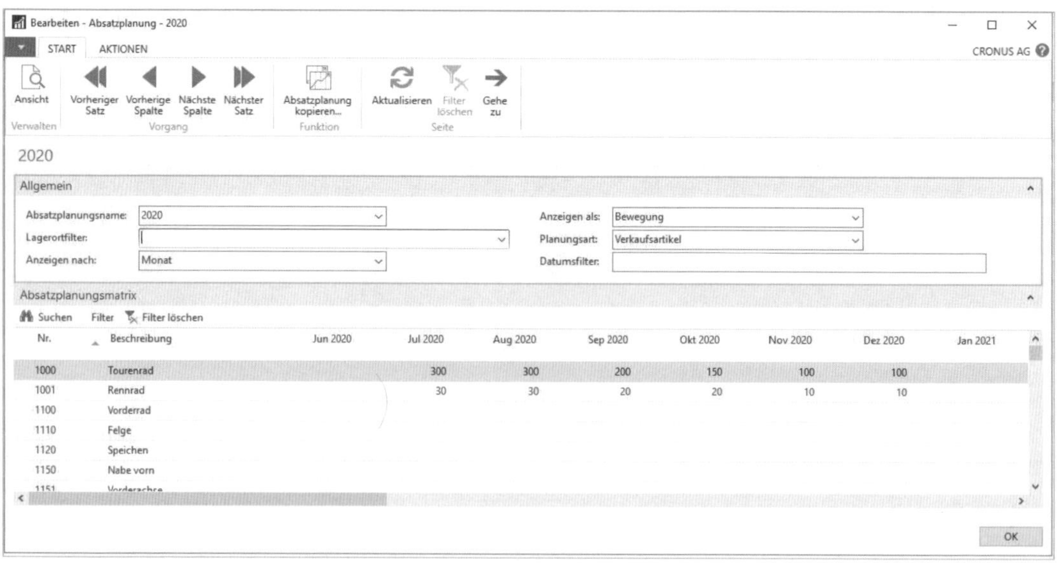

Bild 8.3 Fenster Absatzplanung mit Beispieldaten für das Jahr 2020

Die Absatzplanung in Dynamics NAV entspricht den erwähnten Verkaufsprognosen. Über den Navigationsbereich, Menü *Absatzplanung,* können neue Absatzpläne über die Schaltfläche *Neu* im Register *Start* des Menübands erstellt, oder bestehende Absatzpläne über die Schaltfläche *Absatzplanung bearbeiten* im Register *Start* geändert werden. Die Schaltfläche *Absatzplanung bearbeiten* öffnet das Dialogfeld *Absatzplanung.* Im Register *Allgemein* können verschiedene Parameter und Filter (siehe Bild 8.3) gesetzt werden. Im Register *Absatzplanungsmatrix* wird der entsprechende Absatzplan angezeigt bzw. er kann dort bearbeitet werden. Ein Absatzplan bezieht sich auf bestimmte Zeitperioden, wie zum Beispiel Wochen, Monate etc.

Der gesamte Bedarf an einem Artikel ergibt sich aus dem größeren Wert der Summe aller Mengen aus Verkaufsaufträgen und der Summe aller Mengen aus Verkaufsprognosen innerhalb einer Zeitperiode. Wie an anderer Stelle dargelegt, „konsumieren" Verkaufsaufträge die Verkaufsprognosen im Laufe der Zeit.

HINWEIS: Die Absatzplanung stellt gewissermaßen einen Platzhalter für geplante zukünftige Verkaufsaufträge dar. Ein Verkaufsauftrag reduziert die Verkaufsprognose desselben Artikels um die Auftragsmenge. ■

Grundlage der nachfolgenden Planung sind im Wesentlichen die Angaben in den Registern *Beschaffung* und *Planung* einer Artikelkarte. Insbesondere die Wahl des Wiederbeschaffungsverfahrens bestimmt, wann welche Menge eines Artikels nachzubestellen (Einkauf oder Produktion) ist.

Die Produktionsprogrammplanung und die Nettobedarfsrechnung erfolgen über den Navigationsbereich (Menü *Planungsvorschläge*), der im Menü *Arbeitsscheine* aufgerufen wird. Durch einen Klick auf die Schaltfläche *Vorschlag bearbeiten* im Register *Start* des Menübands wird das Fenster *Planungsvorschlag* aufgerufen. In diesem Fenster wird über die Schaltfläche *Neuplanung berechnen* im Register *Start* des Menübands die Planungsroutine von Dynamics NAV aufgerufen. Die Planung kann für bestimmte Artikel und für ein bestimmtes Zeitfenster durchgeführt werden. Das System wird Vorschläge für Beschaffungsaufträge (Einkauf oder Produktion) erzeugen, die alle vorhandenen Bedarfe und die Planungsparameter aller Artikel berücksichtigen (siehe Bild 8.4). Eventuelle Probleme werden durch Texte im Feld *Warnung* in den erzeugten Planungszeilen angezeigt, sodass ein Planer geeignete Maßnahmen ergreifen kann. Im Planungsvorschlag können die einzelnen Beschaffungsvorschläge bearbeitet und als Einkaufsbestellungen oder Fertigungsaufträge übernommen werden.

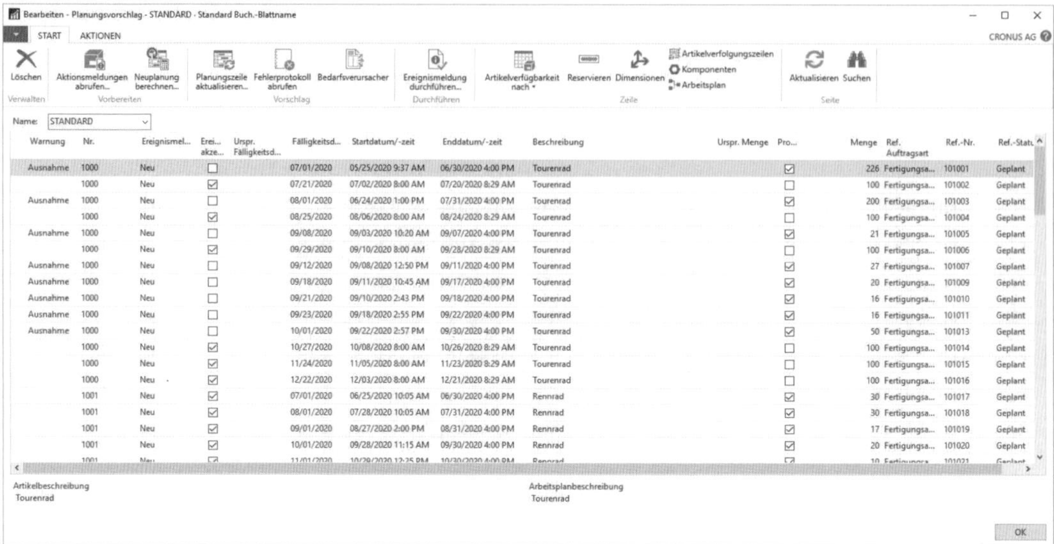

Bild 8.4 Planungsvorschlag mit Daten der CRONUS-Demodatenbank

Zusätzlich wird noch ein ausführliches Protokoll generiert und nach dem Planungslauf angezeigt (siehe Bild 8.5). Dies ermöglicht dem Planer eine Bewertung der berechneten Planungszeilen und eine eventuelle Korrektur von Planungsparametern.

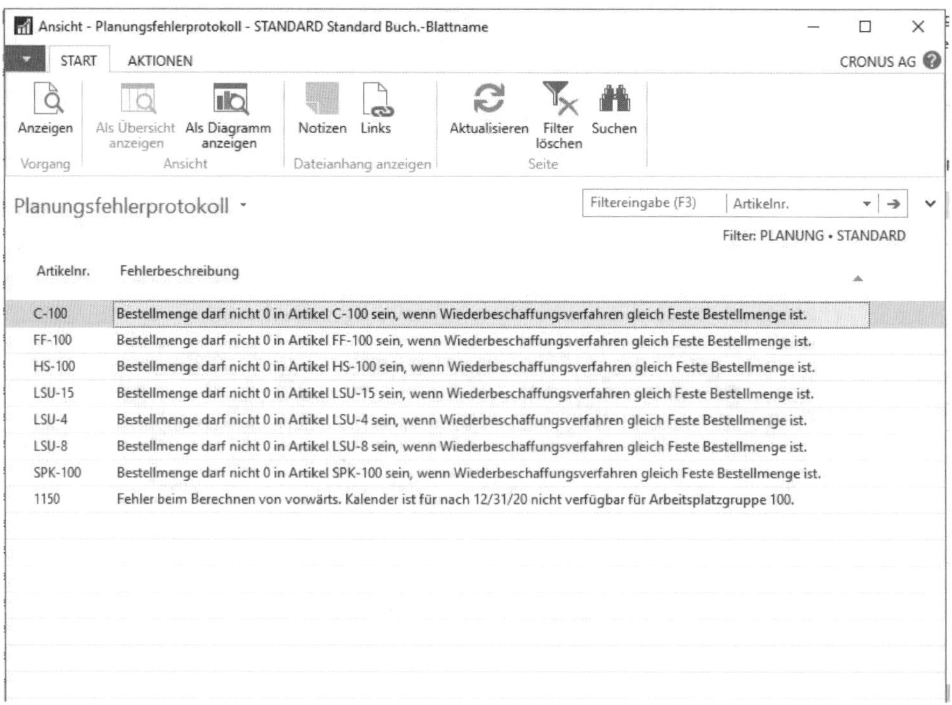

Bild 8.5 Fehlerprotokoll zum Planungsvorschlag mit CRONUS-Demodaten

Neben dieser umfassenden Planungsmethode gibt es in Dynamics NAV noch weitere Möglichkeiten der Planung, die im folgenden Abschnitt besprochen werden. Die gesamten Möglichkeiten der Produktionsprogrammplanung und Nettobedarfsrechnung werden in dem danach folgenden Abschnitt detailliert erläutert.

8.2.4.1 Manuelle Produktionsplanung

Dynamics NAV unterstützt Planer bei der manuellen Produktionsplanung und bietet dafür mit der Funktionalität der Auftragsplanung eine umfassende Funktion für eine effiziente und sichere Planung aller Bedarfsdeckungsaufträge. Dynamics NAV bietet damit auch eine an die Bedürfnisse angepasste und abgestufte Funktionalität der Produktionsplanung unter Berücksichtigung der unterschiedlichen Komplexitätsanforderungen von Unternehmen.

8.2.4.1.1 Überblick

Die Auftragsplanung ist mit dem Verkaufsmodul verbunden, sodass eine prozessorientierte Abwicklung erreicht wird. Die Auftragsplanung ist insbesondere für Unternehmen, die auftragsorientiert produzieren, ein wichtiges Hilfsmittel für die optimale Nutzung der Ressourcen. Ausgangspunkt der Planung sind Kundenaufträge, aber auch alle anderen Bedarfe eines Unternehmens.

Die Auftragsplanung unterstützt den Prozess vom Verkauf zur Produktion folgendermaßen:

- Ein Fertigungsauftrag kann direkt aus einem Verkaufsauftrag heraus erstellt werden.
- Unter Verwendung des Auftragsplanungsvorschlags kann ein Fertigungsauftrag für einzelne Artikel, Verkaufsaufträge oder alle Aufträge erstellt werden.

8.2.4.1.2 Fertigungsaufträge aus Verkaufsaufträgen

Ausgangspunkt der Auftragsplanung sind in diesem Fall Verkaufsaufträge. Mittels der Auftragsplanung werden direkt aus den Verkaufsaufträgen die notwendigen Bedarfsdeckungsaufträge geplant und erzeugt. Diese sind danach mit den Verkaufsaufträgen fest verbunden und für keinen anderen Zweck mehr verwendbar.

8.2.4.1.3 Verkaufsauftragsplanung

Verkaufsaufträge können zur Bearbeitung über den Navigationsbereich (Menü *Verkaufsaufträge*) geöffnet werden. Im Fenster *Verkaufsauftrag* wird über die Schaltfläche *Planung* im Register *Start* des Menübands das Fenster *Verkaufsauftragsplanung* geöffnet.

Über die Schaltfläche *FA erstellen* im Register *Start* des Menübands hat man die Möglichkeit, einen *Artikelauftrag*, das heißt einen Fertigungsauftrag für jede Zeile des Verkaufsauftrags oder einen *Projektauftrag*, also einen Fertigungsauftrag für alle Zeilen des Verkaufsauftrags, zu erstellen. Es empfiehlt sich, im Fenster *Verkaufsauftragsplanung* das Feld *Neuplanung notwendig* einzublenden. Damit neue Aufträge erzeugt werden, muss das Kontrollkästchen *Neuplanung notwendig* aktiviert werden. Das Feld *Planungsstatus* zeigt an, ob der Auftrag bereits geplant wurde, und kann die Werte *Nicht*, *Simuliert*, *Geplant*, *Fest geplant*, *Freigegeben* und *Lager* annehmen.

Das Feld *Geplante Menge* muss bei Bedarf ebenfalls eingeblendet werden und zeigt die Menge des Fertigungsauftrags an (siehe Bild 8.6). Der Fertigungsauftrag ist über das Bedarfsverursachersystem mit dem Verkaufsauftrag verbunden und das Feld *Geplante Menge* zeigt daher die Reservierungsposten an. Wenn ein mit einem Verkaufsauftrag verbundener Fertigungsauftrag vorhanden ist, wird dies auch im Verkaufsauftrag in der entsprechenden Auftragszeile im Feld *Reservierte Menge* angezeigt.

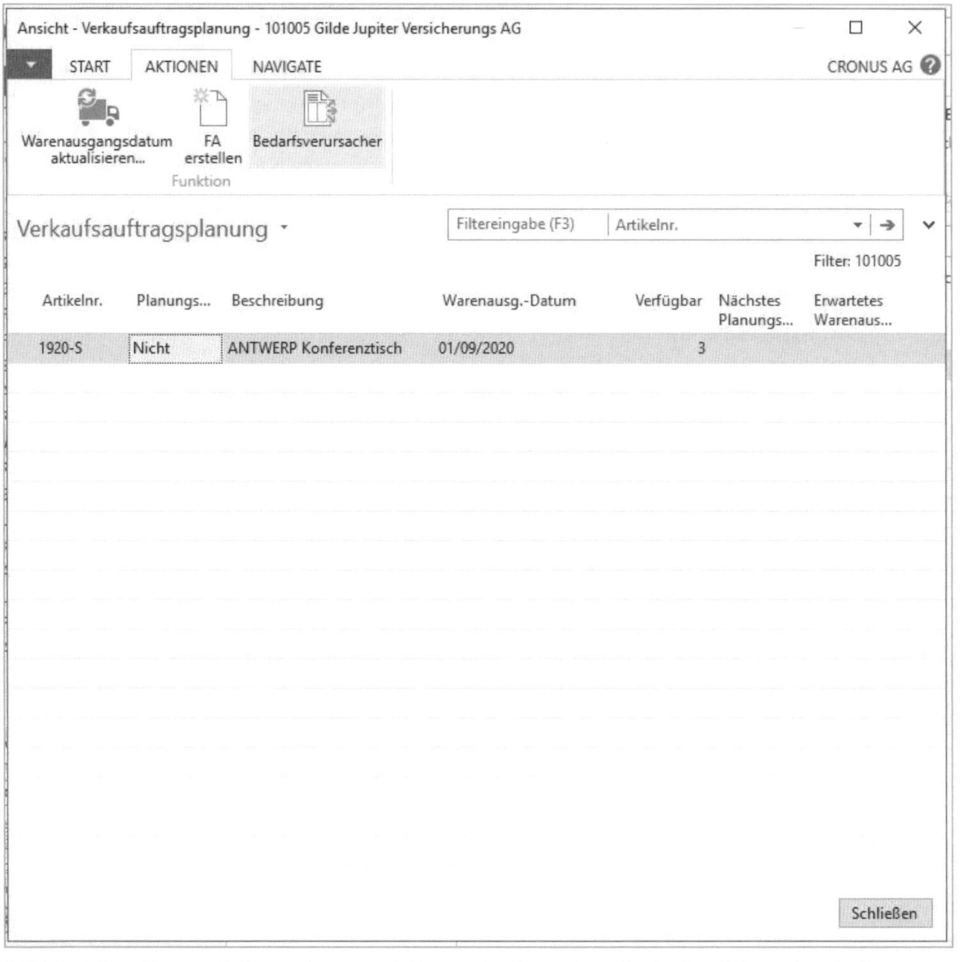

Bild 8.6 Das Fenster Auftragsplanung mit Daten der Demodatenbank. Es wird ein Beschaffungsauftrag für Artikel 1920-S vorgeschlagen.

Reservierung und Bedarfsverursacher

Wird ein Fertigungsauftrag zur Deckung eines Auftrags erzeugt (Artikel nicht auf Lager), ohne dass eine Verbindung zu dem spezifischen Verkaufsauftrag hergestellt wird, kann die Menge des Fertigungsauftrags auch zur Deckung anderer Bedarfe verwendet werden.

Wenn sichergestellt werden soll, dass die Menge des Fertigungsauftrags zur Deckung eines bestimmten Verkaufsauftrags verwendet wird, kann die Menge des Fertigungsauftrags reserviert werden. Dies stellt eine feste Verknüpfung zwischen einem bestimmten Verkaufsauftrag und einem bestimmten Fertigungsauftrag dar. Ebenso können Komponenten, die für die Fertigung des Fertigprodukts benötigt werden, aus dem Lagerbestand oder von einem anderen Fertigungsauftrag reserviert werden. Wie das System Reservierungen vornimmt, wird für jeden Artikel auf der Artikelkarte im Register *Planung* über das Feld *Reservieren* festgelegt. Dieses kann die Werte *Nie*, *Optional* und *Immer* annehmen. Im gleichen Register kann das Feld *Bedarfsverursacherart* die Werte *Keine*, *Nur Bedarfsverursacher* und *Bedarfsverursacher & Ereignismeldung* annehmen.

Ist im Feld *Bedarfsverursacher* der Wert *Keine* ausgewählt, werden trotzdem Bedarfsverursacher dynamisch bei Bedarf erstellt. Daher kann man den Bedarfsverursacher immer vom Verkaufsauftrag oder Fertigungsauftrag aus verfolgen, unabhängig davon, ob eine Reservierung durchgeführt wurde oder nicht. Diese Verbindung kann bei Änderungen gelöscht werden.

In folgenden Fällen werden Aufträge automatisch reserviert und mit ihrer Herkunft verknüpft:

- Bei der Erstellung aus dem Planungsvorschlag.
- Bei Erstellung mittels der Funktion *FA erstellen* im Fenster *Verkaufsauftragsplanung*.

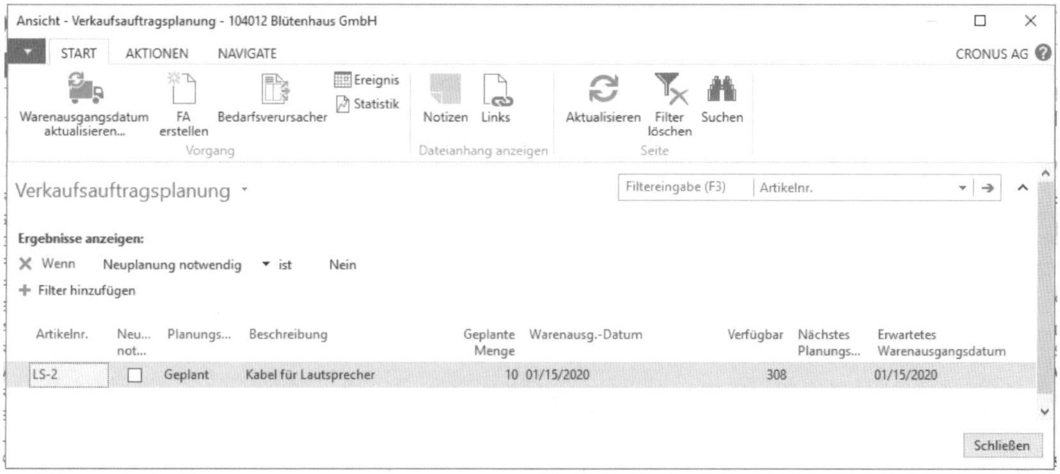

Bild 8.7 Auftragsplanung, nachdem ein Fertigungsauftrag erstellt wurde

Die Verbindung von Fertigungsauftrag und Verkaufsauftrag über das Bedarfsverursachersystem ist von einem Verkaufsauftrag aus über das Register *Zeilen*, die Schaltfläche *Zeile, Funktionen* und die Schaltfläche *Bedarfsverursacher* oder von einem Fertigungsauftrag aus über das Register *Zeilen*, die Schaltfläche *Funktionen* und die Schaltfläche *Bedarfsverursacher* erreichbar. Im ersten Fall wird der verbundene Fertigungsauftrag zur Befriedigung des Bedarfs des Verkaufsauftrags angezeigt. Im zweiten Fall dient der Fertigungsauftrag zur Erfüllung des Bedarfs eines Verkaufsauftrags.

Wichtige Planungsinformation bietet das Feld *Nächstes Planungsdatum* im Fenster *Verkaufsauftragsplanung*. Dieses Feld zeigt das Datum an, an dem der Artikel das nächste Mal in der Planung berücksichtigt wird. Das nächste Planungsdatum errechnet sich aus dem Arbeitsdatum und dem Bestellzyklus. Der Bestellzyklus eines Artikels kann auf der Artikelkarte im Register *Planung* im Feld *Bestellzyklus* festgelegt werden.

Das Feld *Erwartetes Warenausgangsdatum* zeigt das theoretische Lieferdatum an und berechnet sich folgendermaßen:

```
Erwartetes Warenausgangsdatum = Nächstes Planungsdatum + Beschaffungszeit
(Artikelkarte) + Sicherh.-Zuschlag. Besch.-Zt.
```

Das Feld *Sicherh.-Zuschlag. Besch.-Zt.* kann global in der *Produktion Einrichtung* oder individuell für jeden Artikel auf einer eventuell vorhandenen Lagerhaltungsdatenkarte festgelegt werden.

Sobald ein Fertigungsauftrag aus einem Verkaufsauftrag erstellt wurde, wird aus dem erwarteten Warenausgangsdatum das Fälligkeitsdatum des Fertigungsauftrags. Das erwartete Warenausgangsdatum macht daher in einer Auftragsfertigung wenig Sinn (die Beschaffungszeit bezieht sich auf Einkaufsartikel). Es muss zuerst ein Fertigungsauftrag erstellt werden, sodass das System die Dauer für die Produktion des Artikels über den Arbeitsplan berechnen kann. In einer Lagerfertigung zeigen die Felder *Nächstes Planungsdatum* und *Erwartetes Warenausgangsdatum* an, wann ein Artikel produziert wird.

Im Fenster *Verkaufsauftragsplanung* kann über die Schaltfläche *Warenausgangsdatum aktualisieren* im Register *Start* des Menübands das berechnete Warenausgangsdatum in den Verkaufsauftrag übernommen werden.

Infolge der Verbindung zwischen Bedarf (Verkaufsauftrag) und Lieferung (Fertigungsauftrag) kann das System geeignete Meldungen bei Änderung des Fälligkeitsdatums für den Fertigungsauftrag, des Warenausgangsdatums für den Verkaufsauftrag und der Änderungen der Mengen des Verkaufsauftrags erzeugen. Meldungen werden grundsätzlich nur erzeugt, wenn auch eine Neuplanung notwendig wird, sodass entsprechende organisatorische Maßnahmen getroffen werden können.

Anleitung für die Verkaufsauftragsplanung

Erstellen Sie bitte für diese Schritt-für-Schritt-Anleitung zuvor einen Verkaufsauftrag für einen Fertigungsartikel der CRONUS-Demodatenbank (z.B. 100 Stück des Artikels 1000). Gehen Sie anschließend folgendermaßen vor:

1. Wählen Sie in der Suche den Link *Verkaufsaufträge*.
2. Wählen Sie den für dieses Beispiel erstellten Verkaufsauftrag und öffnen Sie diesen zur Bearbeitung.
3. Im Fenster *Verkaufsauftrag* klicken Sie im Register *Start* des Menübands auf die Schaltfläche *Planung*.
4. Klicken Sie im Fenster *Verkaufsauftragsplanung* auf *FA erstellen*.
5. Wählen Sie die Optionen *Fest geplant* und *Artikelauftrag*.
6. Bestätigen Sie mit *OK*.
7. Schließen Sie das Fenster *Verkaufsauftragsplanung*.
8. Markieren Sie im Verkaufsauftrag die Artikelzeile und klicken Sie auf die Schaltfläche *Zeile, Funktionen* und die Schaltfläche *Bedarfsverursacher*, um als Bedarfsverursacher den erzeugten Fertigungsauftrag anzuzeigen.
9. Öffnen Sie danach den erzeugten Fertigungsauftrag und zeigen Sie dort den Bedarfsverursacher an. In diesem Fall wird der Verkaufsauftrag als Bedarfsverursacher angegeben.

8.2.4.1.4 Fertigungsaufträge aus der Auftragsplanung

Die Auftragsplanung ist ein Werkzeug für die manuelle Planung aller Beschaffungs- und Fertigungsaufträge zur Deckung aller Bedarfe eines Unternehmens. Die Auftragsplanung kann anstelle des Planungsvorschlags verwendet werden.

Übersicht

Der Aufruf erfolgt über die Schnellsuche und die Links *Abteilungen/Produktion/Planung* und *Auftragsplanung*. Die Auftragsplanung kann auch aus einem Fertigungsauftrag über die Schaltfläche *Planung* im Register *Start* des Menübands aufgerufen werden. In diesem Fall bezieht sich die Auftragsplanung speziell auf diesen Fertigungsauftrag.

Die Auftragsplanung unterliegt folgenden Einschränkungen (im Gegensatz zu Planungs- und Bestellvorschlag):

- Es werden keine Planungsparameter aus der Artikelkarte oder der Lagerhaltungsdatenkarte berücksichtigt.
- Die Absatzplanung wird nicht berücksichtigt.
- Die Auftragsplanung wird jeweils nur für eine Stücklistenebene durchgeführt.

8.2.4.1.5 Auftragsplanung

Das Fenster *Auftragsplanung* (siehe Bild 8.8) beinhaltet Vorschläge für die Erstellung von Einkaufsbestellungen und Fertigungsaufträgen, die nach Bedarfsfälligkeit sortiert angezeigt werden. Des Weiteren verwendet die Darstellung eine Gruppierungsfunktion zur übersichtlichen Darstellung der erzeugten Bestellvorschläge.

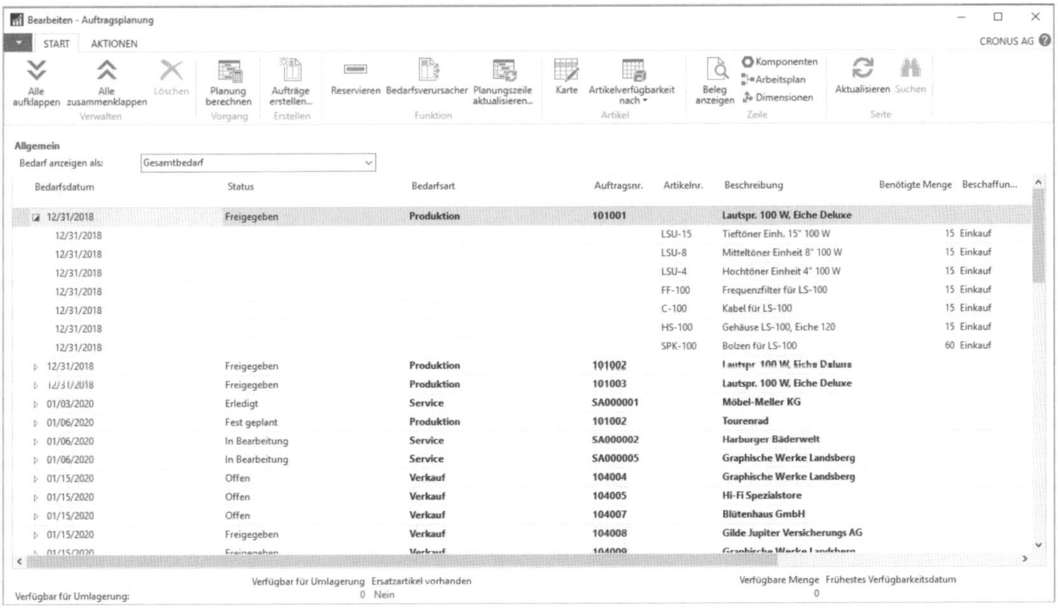

Bild 8.8 Fenster „Auftragsplanung“

Die Durchführung einer Auftragsplanung erfolgt aus dem Fenster *Auftragsplanung* über die Schaltfläche *Planung berechnen* im Register *Start* des Menübands. Die Auftragsplanung sucht nach Aufträgen (Verkauf und Produktion), die geplant werden müssen und erzeugt Vorschläge zur Deckung dieser Bedarfe. Ein Planer kann nun diese Auftragsvorschläge bearbeiten und danach entsprechende Beschaffungsaufträge erstellen. Im Fenster *Auftragsplanung* kann im Feld *Bedarf anzeigen* ein Filter gesetzt werden, sodass entweder der Gesamtbedarf, nur der Fertigungsbedarf oder nur der Verkaufsbedarf eines Unternehmens angezeigt wird.

Im unteren Bereich des Fensters *Auftragsplanung* werden für jede Zeile weitere Zusatzinformationen angezeigt. Dort wird gezeigt, ob Artikel für Umlagerungen oder Ersatzartikel (wird nur für Komponenten von Fertigungsaufträgen angezeigt) verfügbar sind. Das Feld *Verfügbare Menge* zeigt die Gesamtverfügbarkeit des Artikels der aktiven Planungszeile ohne Berücksichtigung der für diese Zeile berechneten Mengen. Dieses Feld wird aus der Artikelverfügbarkeit kopiert. Das Feld *Frühestes Verfügbarkeitsdatum* enthält das Eingangsdatum eines eingehenden Beschaffungsauftrags, mit dem die Bedarfsmenge gedeckt werden kann (ist die eingehende Menge kleiner als die Bedarfsmenge, wird kein Datum angezeigt).

Über das Register *Start* des Menübands und die Schaltflächen *Komponenten* und *Arbeitsplan* können Stückliste und Arbeitsplan für einen bestimmten Auftrag angepasst werden. Diese Anpassungen können über die Schaltfläche *Planungszeile aktualisieren* im Register *Start* wieder rückgängig (!) gemacht werden. Dies gibt dem Planer die Möglichkeit, verschiedene Szenarien zu überprüfen.

Durch einen Klick auf die Schaltfläche *Aufträge erstellen* im Register *Start* des Menübands wird die Funktion *Beschaffungsaufträge erstellen* (siehe Bild 8.9) geöffnet. Im Register *Auftragsplanung* kann angegeben werden, ob ein Auftrag für *Aktive Zeile*, *Aktiver Auftrag* oder *Alle Zeilen* erstellt werden soll. Im Register *Optionen* wird angegeben, wie die verschiedenen Auftragsarten erstellt werden sollen.

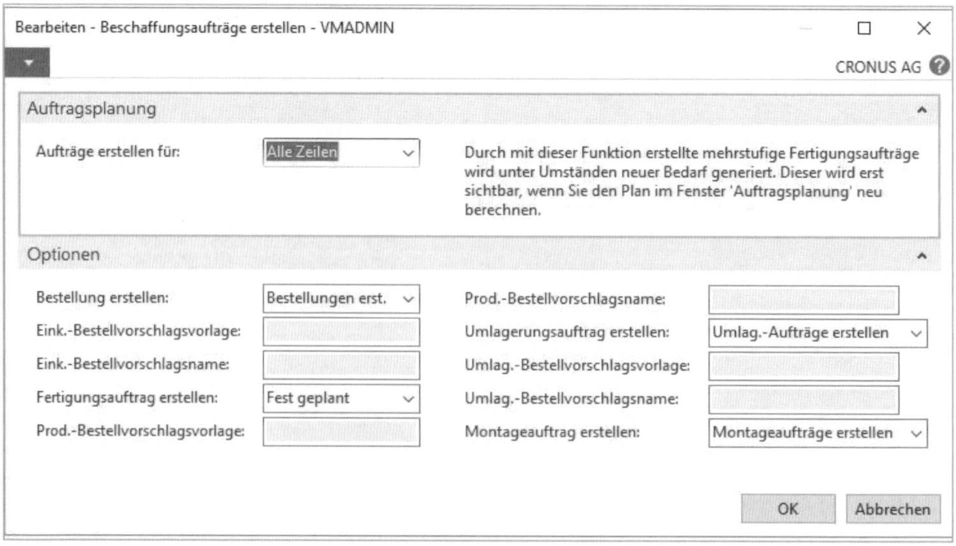

Bild 8.9 Die Funktion „Beschaffungsaufträge erstellen“

Es ist wichtig, zu erkennen, dass nach der Erstellung der Beschaffungsaufträge diese wieder zu neuen Bedarfen führen können, die wiederum zu planen sind. Dies ist zum Beispiel der Fall, wenn ein Fertigungsauftrag erzeugt wurde, der wiederum zu fertigende Komponenten enthält (es wird nur eine Stücklistenebene berücksichtigt). Die Auftragsplanung ist daher so lange neu zu berechnen, bis keine offenen Bedarfe mehr vorhanden sind. Eine Neuplanung kann dazu führen, dass die Mengen einer bereits geplanten und erstellten Bestellung nicht mehr ausreichen. Die Auftragsplanung wird in diesem Fall eine zusätzliche Bestellung für den gleichen Artikel vorschlagen, die bestehende Bestellung wird dabei weder geändert noch gelöscht.

Die Auftragsplanung ist darauf ausgelegt, einen Planer zu unterstützen - nicht aber zu ersetzen. Die Auftragsplanung ist ein einfaches Bedarfsplanungswerkzeug für kleine und mittlere Produktionsbetriebe.

Anleitung für die Auftragsplanung

Bitte stellen Sie sicher, dass für diese Schritt-für-Schritt-Anleitung wenigstens ein fest geplanter Fertigungsauftrag für eine beliebige Menge des Artikels „Tourenrad" vorhanden ist. Anschließend gehen Sie folgendermaßen vor:

1. Wählen Sie in der Suche den Link Auftragsplanung.
2. Wählen Sie im Feld *Bedarf anzeigen* den Eintrag „Gesamtbedarf" .
3. Falls im Fenster *Auftragsplanung* infolge einer früheren Berechnung Planungsvorschläge angezeigt werden, löschen Sie diese. Klappen Sie dazu alle Zeilen auf. In der aktuellen Version können Zeilen nur dann gelöscht werden, wenn sie zum untergeordneten Level einer Zeile gehören oder keine untergeordneten Zeilen einer Zeile mehr existieren. Ob sich eine Zeile löschen lässt, wird durch die aktive oder inaktive Schaltfläche *Löschen* im Menüband angezeigt.
4. Wählen Sie im Feld *Bedarf anzeigen* den Eintrag „Fertigungsbedarf" .
5. Klicken Sie im Register *Start* auf die Schaltfläche *Planung berechnen*. Abhängig von den aktuellen Daten in der CRONUS-Demodatenbank werden nun einige Vorschläge für zu erstellenden Fertigungsaufträge angezeigt.
6. Klicken Sie auf das Aufklappen-Symbol in einer der angezeigten Zeilen, um Details anzuzeigen.

HINWEIS: Die Erstellung von Einkaufsbestellungen ist nur möglich, wenn im Feld *Liefern von* ein Kreditor hinterlegt ist. Dies ist z. B. bei Artikel „Lautspr. 100 W, Eiche Deluxe" nicht der Fall. Um eine Fehlermeldung zu vermeiden, löschen Sie diese Vorschlagszeilen, bevor Sie die Funktion *Aufträge erstellen* aufrufen.

7. Klicken Sie im Register *Start* des Menübands auf die Schaltfläche *Aufträge erstellen*.
8. Wählen Sie im Register *Auftragsplanung* im Feld *Aufträge erstellen* den Eintrag „Alle Zeilen" .
9. Klicken Sie auf *OK*.
10. Wählen Sie im Feld *Bedarf anzeigen* den Eintrag „Fertigungsbedarf" .

11. Klicken Sie auf *Planung berechnen.*
12. Klicken Sie im Register *Start* des Menübands auf die Schaltfläche *Aufträge erstellen.*
13. Klicken Sie auf *OK,* um alle offenen Bedarfe aus Fertigungsaufträgen zu decken.
14. Wiederholen Sie die Schritte 8 bis 14, bis alle Fertigungsbedarfe gedeckt sind.

8.2.4.2 Produktionsprogrammplanung und Nettobedarfsrechnung

Die Produktionsprogrammplanung und die Nettobedarfsrechnung bieten umfassende Planungsroutinen für eine professionelle und bewährte Planung eines Produktionsbetriebs. Für das Verständnis von Produktionsprogrammplanung und Nettobedarfsrechnung ist die Unterscheidung von unabhängigen und abhängigen Bedarf, sowie von Prognose und Auftrag von entscheidender Bedeutung.

8.2.4.2.1 Verkaufsprognosen

Verkaufsprognosen sind die Mengen der einzelnen Artikel, für die zukünftige Verkaufsaufträge erwartet werden, aber noch nicht verfügbar sind. Sie stellen daher einen unabhängigen Bedarf dar, der zusätzlich zu den im System bereits eingepflegten Verkaufsaufträgen (oder anderen Bedarfen) bei der Planung der Fertigungsaufträge berücksichtigt werden muss. Inwieweit Produktionsunternehmen auf der Grundlage von Prognosen arbeiten, ist eine strategische Entscheidung.

Übersicht

Die Absatzplanung ist die Prognose möglicher Verkaufsmengen einzelner Artikel. Prognosen können entweder zu niedrig oder zu hoch ausfallen, das heißt, Prognosen sind mit einer gewissen Unsicherheit behaftet. Absatzpläne für Artikel werden typischerweise (mindestens auf der Ebene von Produktfamilien) im Zuge der Erstellung des Budgets für das kommende Jahr durchgeführt. Abhängig von Produkt und Branche eines Unternehmens werden Absatzpläne für bestimmte Zeiträume erstellt und in bestimmten Zeitabständen einem Review unterzogen.

Typische Fragestellungen dabei sind:

- Was wurde geplant und tatsächlich produziert bzw. verkauft?
- Haben sich die Prognosen für die nahe, mittlere oder ferne Zukunft geändert?
- Müssen Maßnahmen getroffen werden, um auf etwaige Änderungen reagieren zu können?

Prognosen werden nur für unabhängigen Bedarf, das heißt Verkaufsartikel, erstellt. Daraus abgeleiteter abhängiger Bedarf wird über die Nettobedarfsrechnung ermittelt. Die Absatzplanung ist ein Werkzeug der mittel- und langfristigen Ressourcenplanung. Dynamics NAV erstellt in der Produktionsprogrammplanung geplante Fertigungsaufträge, die sowohl auf Bedarf auf Basis der Prognosemengen, als auch auf Basis konkreter Verkaufsaufträge basieren. Die Mengen werden hierbei allerdings nicht zusammengezählt, sondern gemeinsam betrachtet. Sind die Prognosemengen größer als die Verkaufsaufträge, werden Fertigungsaufträge für die Prognosemengen erzeugt. Umgekehrt, wenn die konkreten Verkaufsaufträge größer sind, werden Fertigungsaufträge lediglich zur Deckung dieser Bedarfe generiert. Mit anderen Worten: Konkrete Verkaufsaufträge „konsumieren" die Prognosewerte – Unsicherheit (Prognose) wird im Laufe der Zeit durch Sicherheit (Verkaufsaufträge) ersetzt.

Prognosen werden immer für bestimmte Zeitperioden erstellt. Sollte eine Prognose sich als zu hoch oder zu niedrig erweisen, wird die Differenz nicht in die nächste Zeitperiode übertragen. Dabei geht man von der Annahme aus, dass sich die Unsicherheit nicht auf den Zeitraum der Bestellung, sondern auf die Menge bezieht.

Absatzplan

Im Navigationsbereich wird das Menü *Absatzplanung* für das Anlegen oder die Verwaltung von Absatzplänen geöffnet, Ein Klick auf die Schaltfläche *Absatzplanung bearbeiten* im Register *Start* des Menübands öffnet das Fenster *Absatzplanung*.

Absatzpläne werden manuell nach Artikel eingegeben. Im Register *Allgemein* kann im Feld *Anzeigen nach* der zu betrachtende Zeitraum (Tag, Woche ...) angegeben werden. Über das Feld *Datumsfilter* kann der anzuzeigende Datumsbereich eingegrenzt werden. Ein Absatzplan wird wahlweise für Verkaufsartikel oder Komponentenartikel (Feld *Planungsart*) oder beides angelegt.

Absatzpläne für Verkaufsartikel definieren einen prognostizierten unabhängigen Bedarf. Unabhängiger Bedarf an Artikeln entsteht, wenn diese an Kunden verkauft werden. Dies können auch Komponenten von Verkaufsartikeln sein, wenn diese unabhängig vom Verkaufsartikel verkauft werden. Dies ist dann der Fall, wenn Serviceersatzteile benötigt und verkauft werden. Damit kann auch der unabhängige Bedarf an Komponentenartikel erfasst und damit auch geplant werden. Der Bedarf an Komponentenartikeln wird dann wiederum durch Einkaufsbestellungen oder Fertigungsaufträge befriedigt.

Absatzpläne für Komponentenartikel können dann verwendet werden, wenn der Komponentenbedarf in der Fertigung prognostiziert werden kann. Der Komponentenabsatzplan sollte kleiner oder gleich dem Verkaufsabsatzplan des gleichen Artikels sein. Wenn der Komponentenabsatzplan höher ist als der Verkaufsabsatzplan, behandelt das System die Differenz beider Arten von Absatzplänen als unabhängigen Bedarf.

HINWEIS: Da der Komponentenbedarf üblicherweise über die Nettobedarfsrechnung ermittelt wird, sollte ein Komponentenabsatzplan nur dann ausgeführt werden, wenn dies unbedingt notwendig ist.

Im Feld *Absatzplanungsname* im Register *Allgemein* wird ein Name für den Absatzplan festgelegt. Es können mehrere Absatzpläne für einen Mandanten angelegt werden. So können zum Beispiel Absatzpläne für verschiedene Artikel auch durch verschiedene Personen geführt werden. Über das Feld *Lagerortfilter* kann auch ein Absatzplan für bestimmte Lagerorte erstellt werden.

Im Register *Start* des Menübands kann über die Schaltfläche *Absatzplanung kopieren* ein bestehender Absatzplan kopiert werden. Somit lässt sich aus mehreren Absatzplänen ein gemeinsamer Absatzplan für das Unternehmen erstellen. Das ist deshalb von Bedeutung, da für die Nettobedarfsrechnung nur ein (!) Absatzplan als Inputparameter angegeben werden kann. Dies ist auch sinnvoll, da die Nettobedarfsrechnung den gesamten Ressourcenbedarf eines Unternehmens berechnet und nur so sichergestellt ist, dass alle Abhängigkeiten berücksichtigt werden.

HINWEIS: Im Fenster *Produktion Einrichtung* (Aufruf über die Schnellsuche und den Link *Abteilungen/Produktion/Einrichtung*) kann im Feld *Aktuelle Absatzplanung* ein Standardabsatzplan für die Nettobedarfsrechnung angegeben werden. Dieser Wert ist vor der Berechnung noch änderbar.

Anleitung für die Erstellung eines Absatzplans

Um einen Absatzplan zu erstellen, gehen Sie wie folgt vor:

1. Öffnen Sie die Absatzplanung.
2. Klicken Sie im Register *Start* des Menübands auf die Schaltfläche *Neu*.
3. Geben Sie einen *Absatzplanungsnamen* und eine *Beschreibung* ein.
4. Klicken Sie auf *OK*.
5. Wählen Sie den soeben angelegten Absatzplan aus.
6. Klicken Sie im Register *Start* des Menübands auf *Absatzplanung bearbeiten*.
7. Wählen Sie im Register *Allgemein* im Feld *Anzeigen nach* zum Beispiel die Option *Woche*.
8. Setzen Sie optional im Inforegister *Absatzplanungsmatrix* einen Filter auf die zu bearbeitenden Artikel.
9. Sie können nun die Prognosewerte für die einzelnen Wochen in die angezeigten Felder eingeben.

8.2.4.2.2 Erstellung eines Planungsvorschlags

Die Produktionsprogrammplanung berechnet, wann Verkaufsartikel nachbestellt werden müssen, um Kundenaufträge erfüllen zu können. Dies kann einerseits durch Fertigungsaufträge oder durch Einkaufsbestellungen erfolgen.

Für die Berechnung wird für die betrachteten Zeitperioden (diese sind gleich den Zeitperioden aus dem Absatzplan) der Bruttobedarf aller Verkaufsartikel bestimmt. Der Bruttobedarf ist dabei das Maximum des Werts aus der Absatzplanung (Verkaufsprognosen) und dem Bedarf aus bestehenden Verkaufsaufträgen (Verkaufsaufträge) für eine bestimmte Zeitperiode. Unter Berücksichtigung des prognostizierten Lagerbestands für die betrachtete Zeitperiode und den Planungsparametern der Artikelkarte wird berechnet, ob ein Zugang des Verkaufsartikels für eine bestimmte Zeitperiode notwendig ist. Die Produktionsprogrammplanung wird für alle Artikel berechnet, die über einen Absatzplan verfügen und/oder in einer Verkaufsauftragszeile stehen.

Die Nettobedarfsrechnung baut auf dem Ergebnis der Produktionsprogrammplanung auf und berechnet den Komponentenbedarf für das Produktionsprogramm. Diese Berechnung wird nur für Artikel ausgeführt, die nicht als Artikel der Produktionsprogrammplanung ermittelt wurden.

8.2.4.3 Einstellungen auf der Artikelkarte

Die Angaben im Register *Planung* auf der Artikelkarte haben einen wesentlichen Einfluss auf die Erstellung von Planungsvorschlägen und ergänzen die Angaben im Register *Beschaffung* (siehe Kapitel 7). Die Felder und deren Bedeutung sollen nun im Folgenden beschrieben werden (siehe Bild 8.10). Es ist zu beachten, dass Beschaffungs- und Planungsparameter auch auf einer Lagerhaltungsdatenkarte pro Lagerort und/oder Variante definiert sein können.

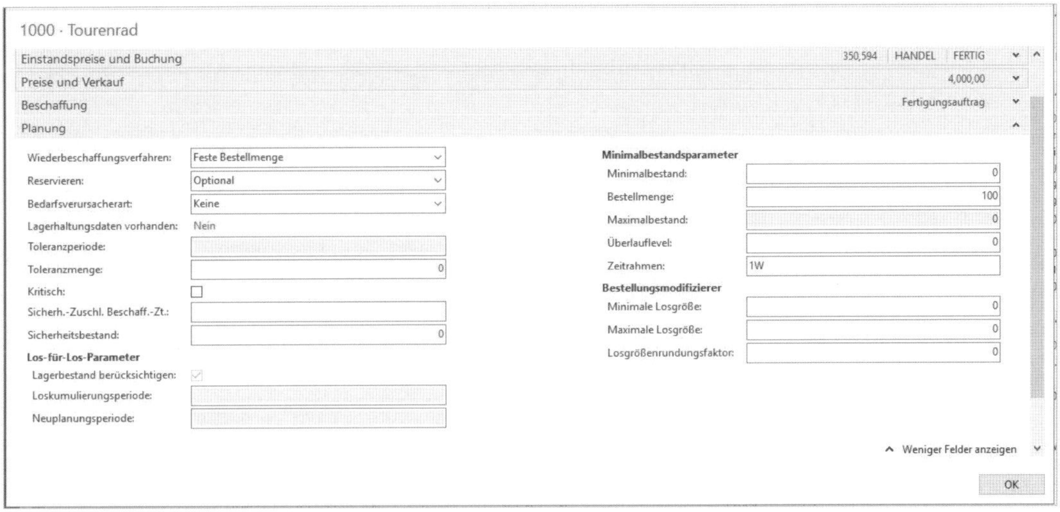

Bild 8.10 Register „Planung“ des Artikels 1000 in der CRONUS-Demodatenbank

- Das Feld **Wiederbeschaffungsverfahren** gibt an, wie bei der Nettobedarfsrechnung Auffüllmengen für einen bestimmten Zeitraum (Bestellzyklus) berechnet werden. Es stehen folgende Optionen zur Verfügung:
  - **Leer** – das Planungssystem berücksichtigt diesen Artikel nicht.
  - **Feste Bestellmenge** – das Planungssystem berücksichtigt die Menge im Feld *Bestellmenge*. Die vorgeschlagene Bestellung enthält entweder die Bestellmenge oder den Nettobedarf, je nachdem, welche Menge größer ist.
  - **Auffüllen auf Maximalbestand** – das Planungssystem verwendet die Menge im Feld *Maximalbestand* als den Wert, bis zu dem der Bestand aufgefüllt werden soll. Die vorgeschlagene Bestellung enthält dann entweder den Maximalbestand (geplanter verfügbarer Bestand) oder den Nettobedarf, je nachdem, welcher größer ist.
  - **Auftragsmenge** – falls nötig, generiert das Planungssystem für jeden Bruttobedarf einen Auftrag. Dieses Prinzip wird zum Beispiel in einer reinen Auftragsfertigung angewendet.
  - **Los-für-Los** – das Planungssystem generiert einen Auftrag mit der Menge, die für die Bedarfsdeckung innerhalb des Bestellzyklus benötigt wird. Es wird für jede Periode ein Nettobedarf berechnet. Sobald der Nettobedarf für den gesamten Bestellzyklus ermittelt wurde, kann diese Menge erhöht werden, um den Sicherheitsbestand oder den Minimalbestand zu sichern. Diese Methode kommt in der Regel in einer Umgebung mit variablem Bedarf zum Einsatz.
  - **Reservieren** – kann die Werte *Nie*, *Optional* oder *Immer* annehmen. Wenn die Nettobedarfsrechnung verwendet wird, muss das Feld die Einstellung *Optional* oder *Immer* aufweisen. Wenn Fertigungsaufträge manuell erstellt werden, gelten die Standardreservierungsregeln.

- Das Feld **Bedarfsverursacherart** gibt an, in welchem Fall Bedarfsverursacherposten erstellt werden. Es sind folgende Optionen verfügbar:
  - **Keine - es werden keine Bedarfsverursacher erstellt.**
  - **Nur Bedarfsverursacher** - Bedarfsverursacher werden in zwei Fällen erstellt, um Angebot und Nachfrage zu verknüpfen: dynamisch, sobald ein Auftrag erstellt wird, der aus einer vorhandenen Bestellung bedient werden kann oder nachdem ein Planungslauf durchgeführt wurde.
  - **Bedarfsverurs. & Ereignismeld.** - dient der Produktionsplanung, bei der zusätzlich Aktionsmeldungen für Planungszwecke erstellt werden.
- Das Feld **Lagerhaltungsdaten vorhanden** wird automatisch eingerichtet und zeigt entweder den Text „Ja" oder „Nein", um daran zu erinnern, dass eventuell bestimmte Felder auf der Lagerhaltungsdatenkarte eingerichtet werden müssen. Über Lagerhaltungskarten kann ein Wiederbeschaffungsverfahren abhängig vom Lagerort angegeben werden. Durch einen Mausklick auf den Link kann die Lagerhaltungsdatenübersicht aufgerufen werden.
- Das Feld **Toleranzperiode** gibt einen Zeitraum an, innerhalb dessen vom Planungssystem nicht vorgeschlagen werden soll, bestehende Beschaffungsaufträge in der Planung vorzuverlegen.
- Das Feld **Toleranzmenge** gibt eine Toleranzmenge an, um unwichtige Änderungsvorschläge für eine vorhandene Lieferung zu sperren, wenn die Menge, um die die geplante Lieferung verändert würde, die Toleranzmenge nicht übersteigt.
- Ist das Kontrollkästchen **Kritisch** aktiviert, berechnet die Anwendung die Verfügbarkeit des Artikels, wenn die Funktion „Lieferterminzusage" aus einem Verkaufsauftrag heraus aktiviert wurde. Dieses Feld hat keine Auswirkung, wenn es für Verkaufsartikel eingerichtet wird.
- Das Feld **Bestellzyklus** enthält eine Zeitspanne, in der Nettobedarfe zu Planungszwecken zusammengefasst werden. Der Bestellzyklus fasst alle Bedarfe im angegebenen Zeitraum zusammen und legt das Fälligkeitsdatum auf das Datum des ersten Bedarfs im betrachteten Zeitraum. Zusätzlich wird der Bestellzyklus für die Generierung von Ereignismeldungen verwendet.
- **Sicherh.-Zuschl. Beschaff.-Zt.** gibt eine Datumsformel an, die als Sicherheitszuschlag (Pufferzeit) auf die Beschaffungszeit addiert werden soll, um Verzögerungen bei der Produktion, der Montage oder im Einkauf abzufangen.
- Das Feld **Sicherheitsbestand** gibt die Menge an, die immer im Lager vorhanden sein muss. Der Sicherheitsbestand sollte immer niedriger als der Minimalbestand sein. Das Planungssystem sorgt durch die Erstellung rückwärtsterminierter Aufträge, dass der Sicherheitsbestand nicht unterschritten wird.
- Folgende Parameter werden nur dann aktiviert, wenn als Wiederbeschaffungsverfahren *Los-für-Los* gewählt wurde:
  - **Lagerbestand berücksichtigen** - wenn dieses Kontrollkästchen aktiviert ist, berücksichtigt das Planungssystem bei der Berechnung der verfügbaren Menge den Wert im Feld *Lagerbestand*. Wenn die Produktionsart *Auftragsfertigung* ist, wird der Lagerbestand nicht (!) berücksichtigt, selbst wenn das Kontrollkästchen *Lagerbestand berücksichtigen* aktiviert ist.

  - **Loskumulierungsperiode** – die Bedarfe in diesem Zeitraum werden zu einem Gesamtbedarf für die Berechnung der Losgröße addiert, d. h. zu einem Beschaffungsauftrag zusammengefasst.
  - **Neuplanungsperiode** – ein Zeitraum, in dem Aufträge immer verschoben, aber nicht gelöscht und wieder neu angelegt werden, wenn Änderungsbedarf besteht.
- Die Felder **Minimalbestandsparameter** bieten verschiedene Optionen in Kombination mit dem gewählten Wiederbeschaffungsverfahren:
  - **Minimalbestand** – wird der in diesem Feld angegebene Lagerbestand unterschritten, wird ein vorwärts terminierter Wiederbeschaffungsauftrag generiert.
  - **Bestellmenge** – gibt eine für alle Bestellvorschläge zu verwendende Standardlosgröße an. Die Anwendung verwendet mindestens diese Menge, obwohl sie die endgültige Bestellmenge erhöhen kann, um zusätzliche Anforderungen zu erfüllen.
  - **Maximalbestand** – zeigt eine Menge an, die Sie als maximalen Lagerbestand verwenden möchten.
  - **Überlauflevel** – gibt eine Menge an, nach der Sie zulassen, dass der voraussichtliche Lagerbestand den Minimalbestand überschreitet, bevor das System vorschlägt, die vorhandenen Beschaffungsaufträge zu vermindern.
  - **Zeitrahmen** – gibt einen Zeitraum an, der den wiederkehrenden Planungszeitraum des Artikels definiert, wenn Sie die Wiederbeschaffungsverfahren *Feste Bestellmenge* oder *Auffüllen auf Maximalbestand* verwenden. Der Zeitrahmen definiert die zeitlichen Abstände, um zu prüfen, ob der voraussichtliche Lagerbestand den Minimalbestand erreicht oder unterschreitet.
- Die Felder **Bestellungsmodifizierer** modifizieren die Bestellmengen in Kombination mit dem gewählten Wiederbeschaffungsverfahren.
  - **Minimale Losgröße** – legt eine minimal erlaubte Menge für eine Vorschlagszeile fest. Verwenden Sie diese Option beispielsweise, wenn der Artikel in einer festen Transporteinheit, etwa einem Container, angeliefert wird, den Sie vollständig ausnutzen möchten.
  - **Maximale Losgröße** – gibt eine maximal erlaubte Menge für eine Vorschlagszeile an. Verwenden Sie diese Option beispielsweise, wenn der Artikel in einer festen Transporteinheit, etwa einem Container, angeliefert wird, den Sie vollständig ausnutzen möchten.
  - **Losgrößenrundungsfaktor** – definiert einen Parameter, der vom Planungssystem verwendet wird, um die Bestellmenge geplanter Beschaffungsaufträge zu ändern. Der Losgrößenrundungsfaktor ist eine ganze Zahl, die die Menge definiert, auf die eine Bestellmenge aufgerundet wird. Die veränderte Bestellmenge ist nun durch den Losgrößenrundungsfaktor teilbar.

HINWEIS: Das Zusammenspiel der oben genannten Parameter kann sehr komplex werden. Weitere Informationen können Sie in der Microsoft-Online-Dokumentation zu Dynamics NAV unter *Design-Details-Supply-Planning* finden. Den vollständigen Link zeigt Bild 8.11.

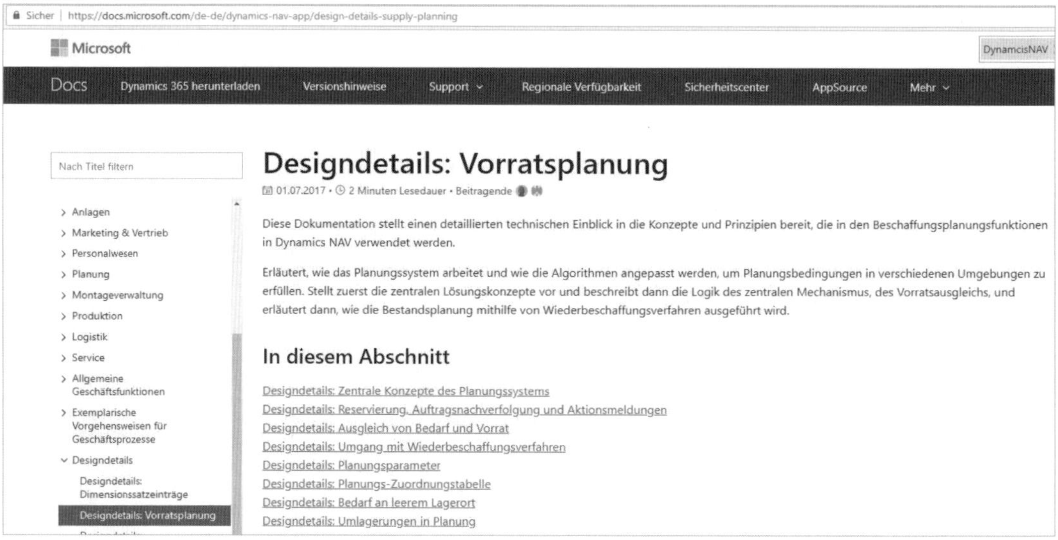

Bild 8.11 Microsoft-Online-Dokumentation zur Vorratsplanung

8.2.5 Methoden der Planung

Die meisten Unternehmen haben einen spezifischen Prozess zur Generierung eines Produktionsplans, der besondere Erfordernisse bezüglich Planungsmethode und -häufigkeit aufweist. Diese Prozesse müssen während der Einrichtung und Implementierung berücksichtigt werden. Der Plan kann auf drei Arten berechnet werden:

- Neuplanung berechnen
- Änderungsplanung berechnen
- Aktionsmeldungen abrufen

Dynamics NAV beinhaltet neben dem Planungssystem auch das so genannte „Dynamic Order Tracking" (dynamische Bedarfsverursacher). Das Bedarfsverursachersystem, das gleichzeitig zum Planungssystem im Planungsfenster die Aktionsmeldungen erzeugt, ist nicht Teil des Planungssystems. Es verbindet – in Echtzeit – Bedarfe und Mengen, die diese decken können, wann immer ein neuer Bedarf oder eine Bedarfsdeckung generiert oder geändert wird.

Wenn ein Benutzer zum Beispiel einen Verkaufsauftrag anlegt oder ändert, wird das Bedarfsverursachersystem (siehe Bild 8.12) sofort eine passende Möglichkeit der Bedarfsdeckung suchen. Dabei kann es sich um Lagerbestand oder einen erwarteten Bestelleingang (Einkauf oder Produktion) handeln. Wenn eine mögliche Quelle für die Bedarfsdeckung gefunden wird, erzeugt das System eine Verbindung zwischen Bedarf und Bedarfsdeckung. Diese kann in den betroffenen Dokumentzeilen angezeigt werden. Wenn keine mögliche Bedarfsdeckung gefunden werden kann, erzeugt das dynamische Bedarfsverursachersystem Ereignismeldungen mit Vorschlägen zur Deckung des Bedarfs im Planungsfenster.

Das dynamische Bedarfsverursachersystem bietet nur ein sehr einfaches Planungssystem, das allerdings der Planungsfunktion und anderen Rollen im Prozess nützliche Dienste leisten kann. Insbesondere kann es als Werkzeug angesehen werden, um zu entscheiden, ob die vorgeschlagenen Bedarfsdeckungsaufträge akzeptiert werden sollen. Von der Verkaufsseite her kann über das Bedarfsverursachersystem festgestellt werden, welche Bestellungen den Bedarf decken und umgekehrt.

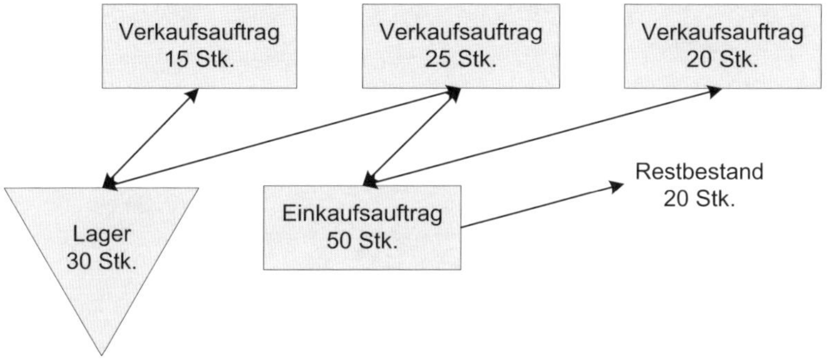

Bild 8.12 Symbolische Darstellung des Bedarfsverursachersystems. Bedarfe werden in der Reihenfolge des Eingangs gedeckt, nicht in der Reihenfolge der Fälligkeit.

In Unternehmen mit einer geringeren Produktkomplexität und Transaktionshäufigkeit kann das dynamische Bedarfsverursachersystem auch als Hauptwerkzeug für die Planung dienen. In Unternehmen mit höherer Komplexität und vielen Transaktionen sollte das Planungssystem verwendet werden, um immer einen aktuellen Plan zur Deckung aller Bedarfe zu haben.

Auf den ersten Blick ist es schwierig, den Unterschied zwischen dem Bedarfsverursacher und dem Planungssystem zu erkennen. Beide zusammen liefern den gesamten Output, d. h. Planungsvorschläge, im Planungsfenster. Der Output wird jedoch auf unterschiedliche Art und Weise generiert.

Das Planungssystem betrachtet alle Bedarfe eines Artikels, indem alle Stücklistenebenen über die Zeit betrachtet werden, während das dynamische Bedarfsverursachersystem nur den Bedarf des auslösenden Auftrags behandelt. Das Planungssystem arbeitet auf der Grundlage einer vom Benutzer aktivierten Stapelverarbeitung, wohingegen das dynamische Bedarfsverursachersystem laufend in Echtzeit Verbindungen erzeugt, wenn der Benutzer Bedarfe oder Bedarfsdeckungsaufträge (Einkauf oder Produktion) im System anlegt.

Wenn Daten eingegeben werden, erzeugt das dynamische Bedarfsverursachersystem auf der Basis von „first-come/first-serve“ Verbindungen zwischen Bedarf und Bedarfsdeckung. Dies kann zu falschen Prioritäten führen, wenn zum Beispiel erst ein Verkaufsauftrag mit einem Lieferdatum im nächsten Monat angelegt wird, wobei der Bedarf dafür mit vorhandenem Lagerbestand gedeckt ist und danach ein Verkaufsauftrag für morgen einen neuen Beschaffungsauftrag erzeugt, um den neuen Bedarf zu decken.

Dieser Zusammenhang wird im Bild 8.13 dargestellt: Zuerst wird der Verkaufsauftrag A mit vier Stück angelegt, wobei der Bedarf aus dem verfügbaren Lagerbestand von fünf Stück gedeckt wird (ein Stück bleibt am Lager verfügbar). Zeitlich später, aber vom Fälligkeitsdatum gesehen früher, wird der Verkaufsauftrag B mit drei Stück angelegt. Dieser Bedarf kann nun nicht mehr vollständig mit dem am Lager noch verfügbaren Stück gedeckt werden. Das Bedarfsverursachersystem erzeugt daher eine Ereignismeldung mit dem Vorschlag, einen Beschaffungsauftrag (Einkauf oder Produktion) über die fehlenden zwei Stück anzulegen. Anzumerken ist auch, dass das dynamische Bedarfsverursachersystem keine Beschaffungsdurchlaufzeiten berücksichtigt.

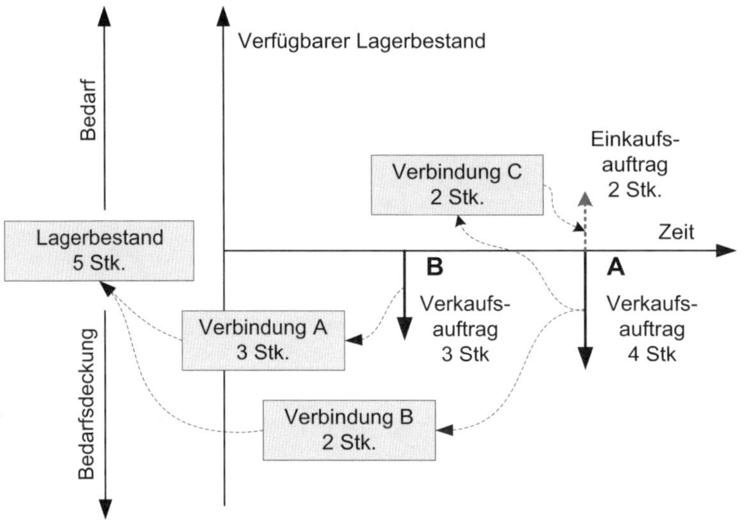

Bild 8.13 Schematische Darstellung des dynamischen Bedarfsverursachersystems

Das Planungssystem dagegen behandelt alle Bedarfe und Bedarfsdeckungsquellen für einen bestimmten Artikel in der Reihenfolge des Fälligkeitsdatums auf der Basis „first-need/first-serve". Es löscht alle Bedarfsverbindungen, die durch das Bedarfsverursachersystem dynamisch angelegt wurden und erzeugt neue Verbindungen entsprechend dem Fälligkeitsdatum. Das Planungssystem gleicht alle Bedarfe mit Bedarfsdeckungsaufträgen aus, sodass nach dem Planungslauf keine offenen Bedarfe vorhanden sind.

In Bild 8.14 ist dieser Sachverhalt dargestellt. Zuerst werden alle Verbindungen des dynamischen Bedarfsverursachersystems (siehe Bild 8.13) gelöscht. Der Verkaufsauftrag B von drei Stück kann mit dem verfügbaren Lagerbestand von fünf Stück gedeckt werden. Für den Verkaufsauftrag A von vier Stück stehen noch zwei Stück aus dem Lager zur Verfügung, die restlichen zwei Stück werden durch einen Einkaufsauftrag gedeckt. Nach dem Planungslauf bleiben keine Ereignismeldungen übrig, da diese durch vorgeschlagene Maßnahmen im Planungsfenster ersetzt wurden.

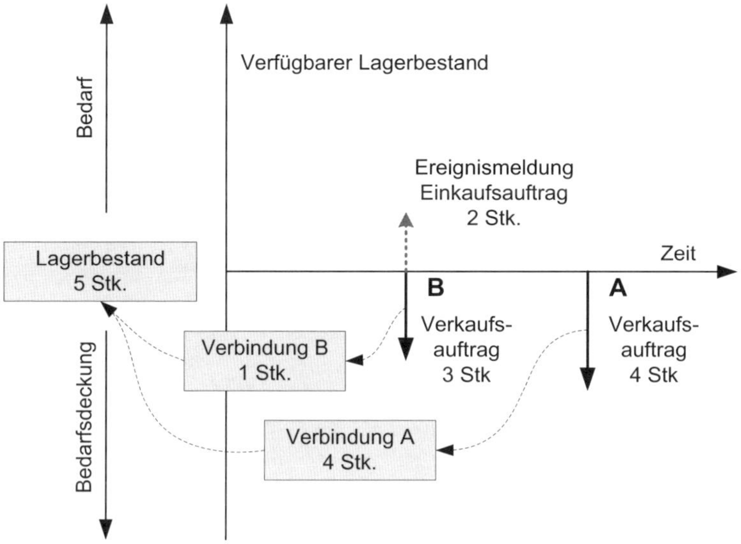

Bild 8.14 Planungssystem

8.2.5.1 Funktion „Neuplanung berechnen“

Diese Funktion führt eine vollständige Neuplanung durch. Alle Artikel in der Datenbank werden neu geplant. Das System erstellt Planungsvorschläge unter der Annahme unendlicher Kapazitäten. Das heißt, Kapazitäten von Arbeitsplatzgruppen und Arbeitsplätzen werden bei der Planung nicht berücksichtigt. Diese Planungsart löscht automatisch geplante Fertigungsaufträge und Bestellvorschläge.

Die Produktionsprogrammplanung und die Nettobedarfsrechnung werden im Planungsvorschlag von Dynamics NAV ausgeführt. Der Aufruf erfolgt über den Navigationsbereich über das Menü *Arbeitsscheine*. Die Schaltfläche *Vorschlag bearbeiten* im Register *Start* des Menübands öffnet das Fenster *Planungsvorschlag*. Dort wird über die Schaltfläche *Neuplanung berechnen* im Register *Start* die Stapelverarbeitung *Planung ber. - Plan.-Vorschlag* (siehe Bild 8.15) aufgerufen.

Im Register *Artikel* kann ein Filter zur Auswahl der Artikel definiert werden, für die die Planung berechnet werden soll. Im Register *Optionen* lässt sich angeben, ob Produktionsprogrammplanung und Nettobedarfsrechnung durchgeführt werden sollen. Beide Berechnungen können auch „gleichzeitig“ ausgeführt werden.

HINWEIS: Das Kontrollkästchen *Prod.-Prog. Pl./Nettob. komb* im Fenster *Produktion Einrichtung* legt fest, ob es zulässig ist, beide Berechnungen gleichzeitig auszuführen.

Der Zeitraum, für den die Planung berechnet werden soll, wird über die Felder *Startdatum* und *Enddatum* festgelegt. Das Planungssystem behandelt jedes Datum vor dem Startdatum folgendermaßen: Jede Lieferung oder jeder Bedarf vor dem Startdatum der Planungsperiode wird als Teil des Lagers oder als offene Bestellung betrachtet. Mit anderen Worten: Es wird angenommen, dass der Plan der Vergangenheit wie geplant ausgeführt wurde.

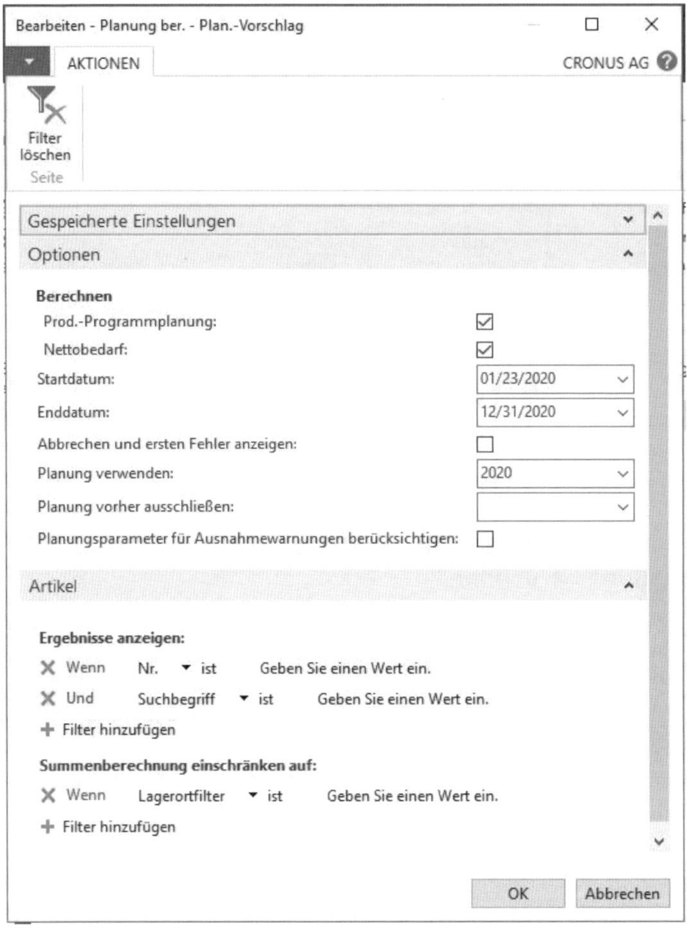

Bild 8.15 Das Dialogfeld der Stapelverarbeitung „Planung ber.-Plan.-Vorschlag“

Ein aktiviertes Kontrollkästchen *Abbrechen und ersten Fehler anzeigen* bewirkt, dass der Planungslauf sofort beim Auftreten eines Fehlers beendet wird. Zugleich wird eine Meldung mit Informationen über den (ersten) Fehler angezeigt. Wenn ein Fehler vorliegt, werden nur die erfolgreich vor dem Fehler abgearbeiteten Planungszeilen in den Planungsvorschlägen angezeigt. Wenn das Feld unmarkiert bleibt, wird die Stapelverarbeitung bis zum Abschluss fortgesetzt, d. h., die Ausführung der Stapelverarbeitung wird durch Fehler nicht abgebrochen. Wenn Fehler vorliegen, zeigt das Programm nach dem Abschluss eine Meldung an, die besagt, wie viele Artikel betroffen sind. Anschließend wird das Dialogfeld *Planungsfehlerprotokoll* geöffnet und weitere Details zu den Fehlern sowie Verknüpfungen zu den betroffenen Artikelkarten angezeigt.

Im Feld *Planung verwenden* muss ein Absatzplan angegeben werden und im Feld *Planung vorher ausschließen* kann ein Datum angegeben werden, vor dem kein Planungsbedarf einbezogen wird.

Der Vorrat an Planungszeilen mit Warnungen wird gemäß den Planungsparametern geändert. Stattdessen wird vom Planungssystem nur eine Beschaffung vorgeschlagen, um die genaue Bedarfsmenge zu decken. Sie können jedoch bestimmte Planungsparameter festlegen, sodass Planungszeilen mit bestimmten Warnungen berücksichtigt werden können. Wenn das Kontrollkästchen *Planungsparameter für Ausnahmewarnungen berücksichtigen* aktiviert ist, berücksichtigen Planungszeilen mit Ausnahmewarnungen die folgenden Planungsparameter auf der Artikel- oder Lagerhaltungsdatenkarte:

Tabelle 8.7 Berücksichtigung der Planungsparameter, wenn „Planungsparameter für Ausnahmewarnungen berücksichtigen" aktiviert ist.

Parametertyp	Wiederbeschaffungsverfahren	Parameter
Minimalbestandsparameter	Feste Bestellmenge	Minimalbestand
		Bestellmenge
	Auffüllen auf Maximalbestand	Minimalbestand
		Maximalbestand

Außerdem werden die folgenden Auftragsmodifikationen berücksichtigt:

- Minimale Losgröße
- Maximale Losgröße
- Losgrößenrundungsfaktor

Wenn das Kontrollkästchen nicht aktiviert ist, werden Planungszeilen mit Ausnahmewarnungen nicht geändert, und nur die genaue Bedarfsmenge wird vorgeschlagen.

Im Planungsfenster selbst werden die berechneten Fertigungs- und Einkaufsaufträge angezeigt. Zusätzlich werden auch Meldungen und Warnungen generiert.

Im Planungsfenster werden folgende Informationen in den einzelnen Feldern angezeigt:

- **Warnung** – in jeder für eine ungewöhnliche Situation erstellten Planungszeile wird eine Warnung in diesem Feld angezeigt, auf die der Anwender klicken kann, um weitere Informationen anzuzeigen.
- **Notfall** – Die Warnung für einen Notfall wird in zwei Situationen angezeigt:
  - Der Lagerbestand ist am geplanten Startdatum negativ.
  - Es sind rückdatierte Beschaffungs- oder Bedarfsereignisse vorhanden.

  Wenn der Lagerbestand eines Artikels am geplanten Startdatum negativ ist, schlägt das Planungssystem einen Notfallbeschaffungsauftrag für den negativen Bestand vor, der am geplanten Startdatum eingeht. Im Warnungstext werden das Startdatum und die Menge der Notfallbestellung angegeben. Belegzeilen mit Fälligkeitsdaten vor dem geplanten Startdatum werden in einem Notfallbeschaffungsauftrag für den Artikel zusammengefasst, der am geplanten Startdatum eingehen soll.

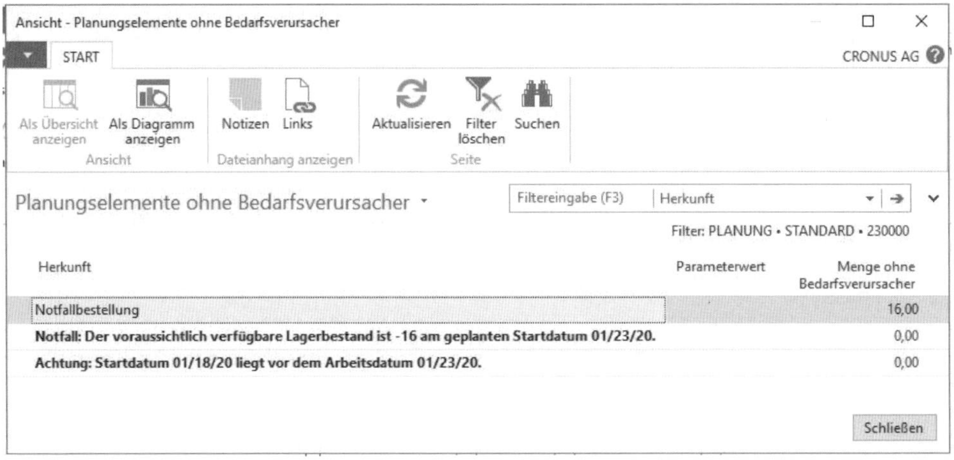

Bild 8.16 Warnung (Notfall) zu einer Zeile des Planungsfensters

Optionen des Feldes *Warnung*:

- **Ausnahme** – die Warnung für eine Ausnahme wird in zwei Situationen angezeigt:
  - Der voraussichtlich verfügbare Lagerbestand entspricht nicht dem Sicherheitsbestand.
  - Der voraussichtliche Lagerbestand liegt unter dem Minimalbestand.

  Wenn der Sicherheitsbestand nicht eingehalten wird, schlägt das Planungssystem einen Notfallbeschaffungsauftrag zum Auffüllen des Sicherheitsbestands zum Datum des Verbrauchs vor. Im Warnungstext werden der Sicherheitsbestand des Artikels und das Datum der Nichteinhaltung angegeben. Wird der Minimalbestand unterschritten, wird – falls noch keine entsprechenden Schritte unternommen wurden – eine neue vorausgeplante Beschaffung vorgeschlagen. Im Warnungstext werden der Minimalbestand und das Datum des Unterschreitens angegeben.
- **Achtung** – die Achtungswarnung wird in zwei Situationen angezeigt:
  - Das geplante Startdatum liegt vor dem Arbeitsdatum.
  - Die Planungszeile schlägt vor, eine freigegebene Bestellung oder einen freigegebenen Fertigungsauftrag zu ändern.
- **Nr.** – Nummer des zu planenden Artikels.
- **Ereignismeldung** – Art der Ereignismeldung.
- **Neu** – Errichten eines neuen Fertigungsauftrags oder Bestellvorschlags.
- **Menge ändern** – die Menge eines bestehenden Fertigungsauftrags oder einer Bestellung ändern.
- **Neu berechnen** – Neuplanung des Fälligkeitsdatums eines bestehenden Fertigungsauftrags oder einer Bestellung.
- **Neu berechnen & Menge ändern** – Neuplanung des Fälligkeitsdatums und Mengenänderung eines bestehenden Fertigungsauftrags oder einer Bestellung.
- **Stornieren** – Stornieren eines bestehenden Fertigungsauftrags oder einer Bestellung.

- **Ereignismeldung akzeptieren** – wenn dieses Kontrollkästchen mit einem Häkchen markiert ist, wird diese Zeile von der Stapelverarbeitung *Ereignismeldung durchführen* berücksichtigt.
- **Urspr. Fälligkeitsdatum** – wenn eine Ereignismeldung eine Neuberechnung vorschlägt, zeigt das Feld das Fälligkeitsdatum im bestehenden Fertigungsauftrag oder in der bestehenden Bestellung an.
- **Fälligkeitsdatum** – dieses Feld enthält das erwartete Lieferdatum der Artikel.
- **Startdatum/-zeit** – zeigt das Startdatum und die Startzeit zusammen an. Wenn man das Datum und die Zeit in diesem Feld erfassen möchte, muss dazwischen ein Leerzeichen oder das Pluszeichen eingegeben werden.
- **Enddatum/-zeit** – analog Startdatum/-zeit.
- **Beschreibung** – beschreibender Text für den Posten; wird automatisch aus der Tabelle *Artikel* übernommen.
- **Urspr. Menge** – wenn eine Ereignismeldung eine Mengenänderung für einen Auftrag vorschlägt, zeigt das Feld die Menge im bestehenden Fertigungsauftrag oder in der bestehenden Bestellung an.
- **Menge** – zeigt die vorgeschlagene Menge für eine Bestellung an.
- **Prod.-Programmplanungsauftrag** – dieses Feld wird aktiviert, wenn die Produktionsprogrammplanung alleine ausgeführt wird, und es zeigt an, dass diese Planungszeile mit einem Verkaufsauftrag oder einem Absatzplan verknüpft ist
- **Ref. Auftragsart** – in diesem Feld wird angezeigt, ob es sich um eine Bestellung, einen Fertigungsauftrag oder um einen Umlagerungsauftrag handelt.
- **Ref.-Nr.** – das Feld zeigt die Nummer des entsprechenden Fertigungsauftrags oder der Bestellung an. Wenn die Zeile neu ist, ist dies die Nummer des Auftrags, wenn die Ereignismeldung ausgeführt wird.
- **Ref.-Status** – das Feld zeigt den Status des Fertigungsauftrags an. Folgende Optionen stehen zur Verfügung: *Geplant*, *Fest geplant* oder *Freigegeben (leer bei Umlagerungsauftrag)*.

8.2.5.2 Funktion „Änderungsplanung berechnen"

Bei einer Änderungsplanung werden nur die Artikel berücksichtigt, die folgende Änderungen erfahren haben:

- Änderungen am Sicherheitsbestand,
- Änderungen an Fertigungsstücklisten, in denen der Artikel verwendet wird,
- Änderungen an Arbeitsplänen, in denen der Artikel verwendet wird,
- bedarfsbeeinflussende Änderungen der Artikelstammdaten (z. B. Sicherheits- oder Minimalbestand),
- ungeplanter Verbrauch, Abweichungen bei der Bestandsaufnahme und ungeplante Bestandsveränderungen,
- andere Wareneingangsmengen als geplant,
- Mengenänderungen in Verkaufsaufträgen, der Absatzplanung oder Bestellungen.

Die Berechnung einer Änderungsplanung erfolgt über das Register *Aktionen* des Menübands und der Schaltfläche *Änderungsplanung berechnen*.

Die Berechnung einer Änderungsplanung ist schneller als die Durchführung einer Neuplanung, weil das System nur die Artikel berücksichtigt, bei denen sich seit dem letzten Planungslauf Änderungen in den Stammdaten oder bei der Bedarfssituation ergeben haben. Die Änderungsplanung löscht lediglich geplante Fertigungsaufträge und Bestellvorschläge, die aufgrund der Änderungen nicht mehr benötigt werden.

8.2.5.3 Funktion „Aktionsmeldungen abrufen"

Diese Funktion (dynamisches Bedarfsverursachersystem) dient als kurzfristiges Planungsinstrument. Es werden Ereignismeldungen erzeugt, die den Benutzer über Änderungen, die seit der letzten Neu- oder Änderungsplanung eingetreten sind, unterrichten.

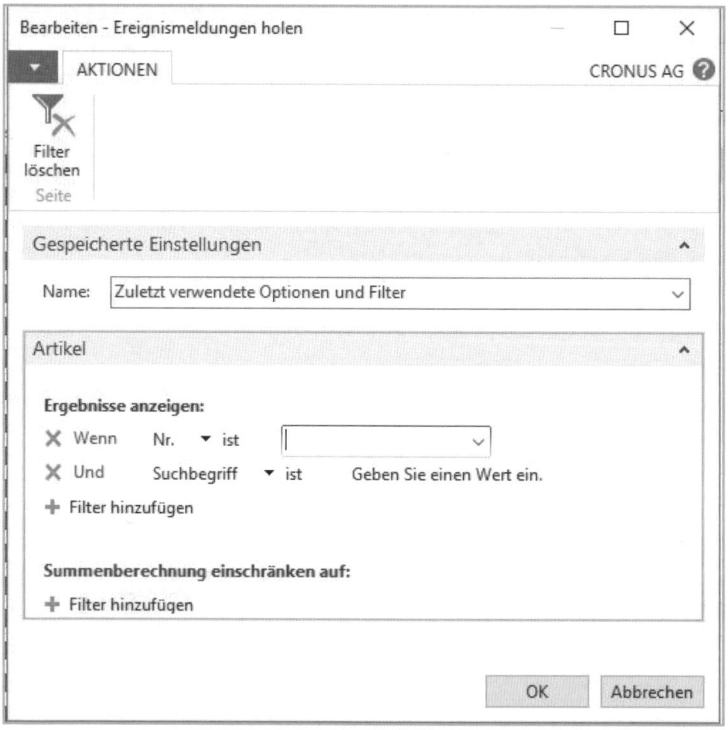

Bild 8.17 Das Dialogfeld „Ereignismeldungen holen"

Das Dialogfeld *Ereignismeldungen holen* wird über die Schaltfläche *Aktionsmeldungen abrufen* im Register *Start* des Fensters *Planungsvorschlag* aufgerufen.

Damit die dynamische Verfolgung durchgeführt und Ereignismeldungen anhand der Funktion *Aktionsmeldungen abrufen* erstellt werden können, muss eine entsprechende Option im Feld *Bedarfsverursacherart* auf der Artikelkarte ausgewählt werden.

Folgende Einstellungen sind für das Feld *Bedarfsverursacherart* auf der Artikelkarte möglich:

- **Keine** – es werden weder dynamische Bedarfsverursacher noch Ereignismeldungen erzeugt; Ereignismeldungen werden nur durch eine Neuplanung oder Änderungsplanung erzeugt, die Funktion *Aktionsmeldungen holen* ist nicht aktiviert.
- **Nur Bedarfsverursacher** – die Anwendung wird für diesen Artikel dynamische Bedarfsverursacher pflegen, aber keine Ereignismeldungen erzeugen. Ereignismeldungen werden nur durch eine Neuplanung oder Änderungsplanung erzeugt, die Funktion *Aktionsmeldungen holen* ist nicht aktiviert.
- **Bedarfsverurs. & Ereignismeld.** – die Anwendung wird dynamische Bedarfsverursacher und Ereignismeldungen für diesen Artikel erzeugen.

8.2.5.4 Produktionsprogrammplanung und Nettobedarfsrechnung

Die folgende Schritt-für-Schritt-Anleitung demonstriert die Reihenfolge der Benutzerinteraktionen in der Anwendung. Zu diesem Zweck wird auf bestehende Daten in der CRONUS-Demodatenbank zugegriffen.

1. Öffnen Sie im Navigationsbereich das Menü *Arbeitsscheine* und das Menü *Planungsvorschläge.*
2. Markieren Sie einen Planungsvorschlag (STANDARD) und klicken Sie im Register *Start* des Menübands auf die Schaltfläche *Vorschlag bearbeiten.*
3. Klicken Sie im Fenster *Planungsvorschlag* im Register *Start* des Menübands auf die Schaltfläche *Neuplanung berechnen.*
4. Im Dialogfeld *Planung ber. - Plan.-Vorschlag* setzen Sie im Register *Optionen* in den Kontrollkästchen *Prod.-Programmplanung* und *Nettobedarf* jeweils ein Häkchen.
5. Setzen Sie das *Startdatum* auf das Arbeitsdatum (23.01.2020) und das *Enddatum* auf den 31.12.2020.
6. Wählen Sie im Feld *Planung verwenden* den Absatzplan „2020“ aus.
7. Setzen Sie im Register *Artikel* einen Filter auf den Artikel 1000 (für diesen Artikel existiert ein Absatzplan).
8. Bestätigen Sie die Berechnung mit *OK* (siehe Bild 8.18).

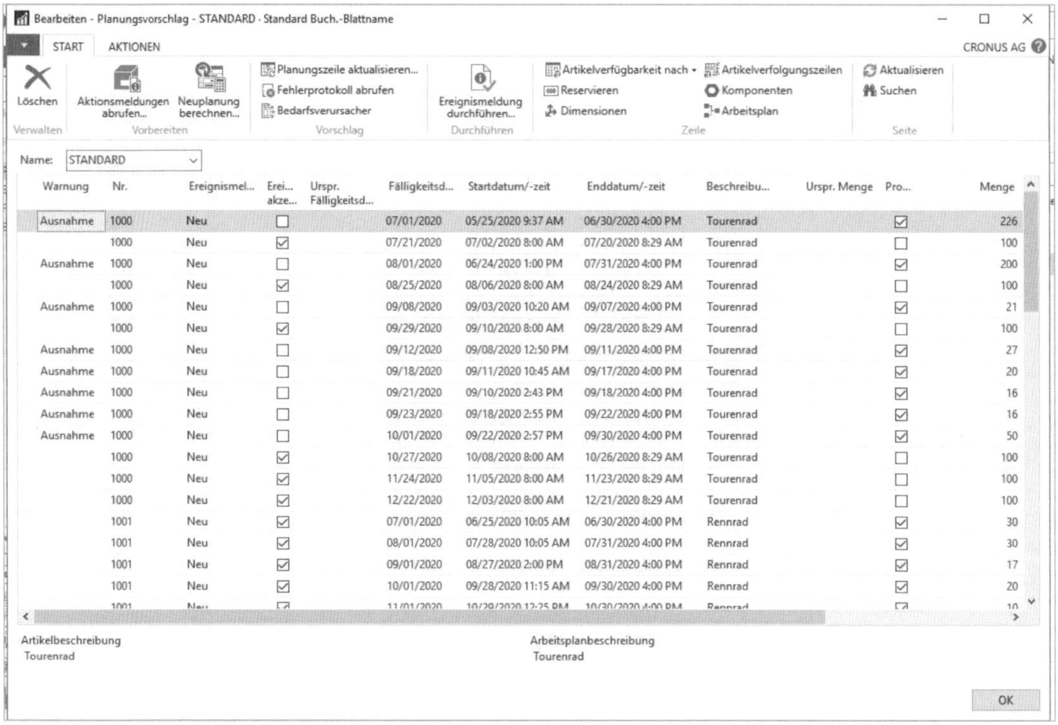

Bild 8.18 Ein mögliches Ergebnis eines Planungslaufes der CRONUS-Demodatenbank

8.2.5.5 Berichte

Hervorzuheben ist der Bericht *Terminabhängige Planung*, der aus dem Rollencenter über das Register *Bericht* des Menübands und der Schaltfläche *Terminabhängige Planung* aufgerufen wird. Dieser Bericht zeigt eine Übersicht aller bekannten Bedarfe und Wareneingänge (Fertigungsaufträge und Bestellungen) für die gewählten Artikel zu einem bestimmten Datum.

Im Bericht werden folgende Felder dargestellt:

- **Bruttobedarf** – dies ist der gesamte unabhängige und abhängige Bedarf für diesen Artikel.
- **Voraussichtliche Zugänge** – dies ist die Summe aus den vorgeschlagenen (geplanten) Wiederbeschaffungsaufträgen (geplante Fertigungsaufträge, Planungsvorschläge und Bestellvorschläge).
- **Geplante Zugänge** – dies ist die Summe aus Wiederbeschaffungsaufträgen. Darin enthalten sind fest geplante und freigegebene Fertigungsaufträge, Einkaufsbestellungen und Umlagerungsaufträge.
- **Vorschau Saldo** – dies zeigt die erwartete Lagerverfügbarkeit an. Diese berechnet sich als Summe des aktuellen Lagerbestands und der geplanten und voraussichtlichen Zugänge.

- **Belegart** – zeigt die Herkunft der Verfügbarkeit.
- **Belegnr.** – zeigt die Nummer des Belegs.

Ebenso kann über die Schnellsuche und den Pfad *Abteilungen/Produktion/Planung/Absatzplanung* (unter der Überschrift *Berichte und Analysen*) eine Übersicht über den Absatzplan und aller Verkaufsaufträge für die gewählten Artikel angezeigt werden.

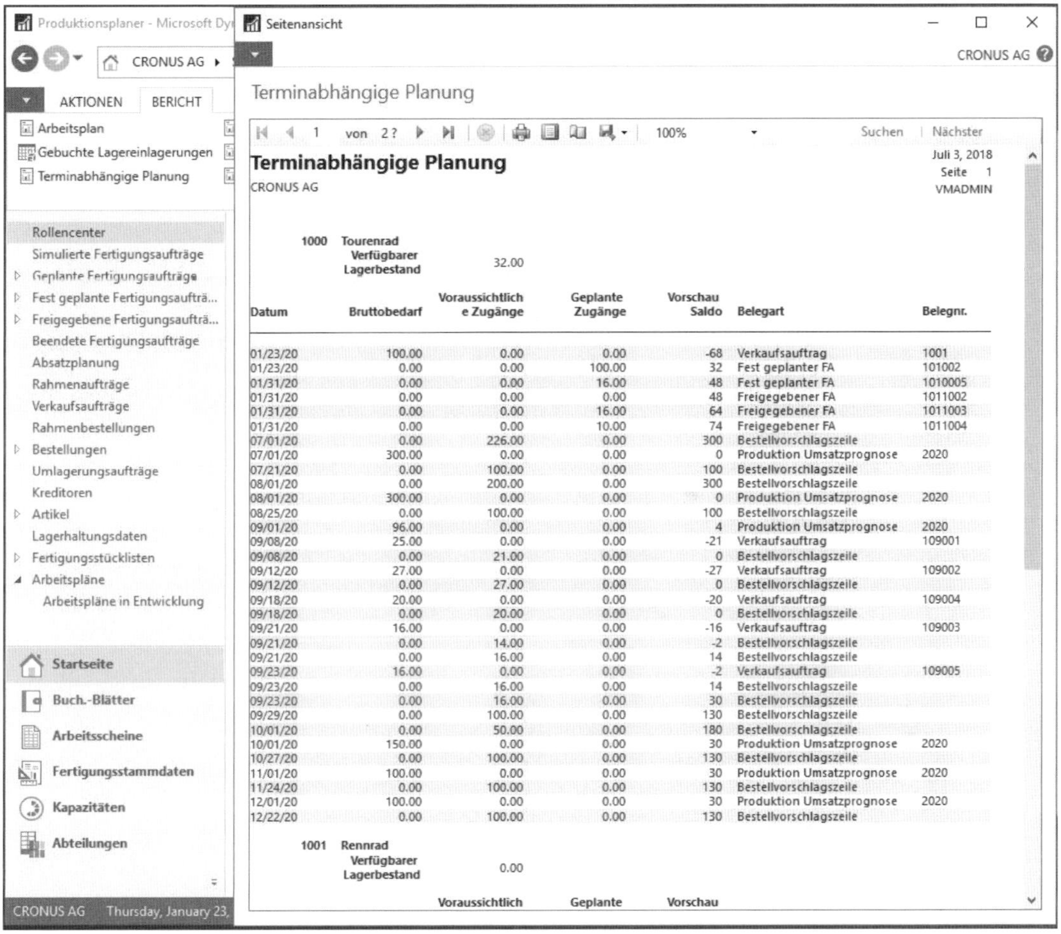

Terminabhängige Planung
CRONUS AG

Juli 3, 2018
Seite 1
VMADMIN

1000 Tourenrad
Verfügbarer Lagerbestand 32.00

Datum	Bruttobedarf	Voraussichtliche Zugänge	Geplante Zugänge	Vorschau Saldo	Belegart	Belegnr.
01/23/20	100.00	0.00	0.00	-68	Verkaufsauftrag	1001
01/23/20	0.00	0.00	100.00	32	Fest geplanter FA	101002
01/31/20	0.00	0.00	16.00	48	Fest geplanter FA	1010005
01/31/20	0.00	0.00	0.00	48	Freigegebener FA	1011002
01/31/20	0.00	0.00	16.00	64	Freigegebener FA	1011003
01/31/20	0.00	0.00	10.00	74	Freigegebener FA	1011004
07/01/20	0.00	226.00	0.00	300	Bestellvorschlagszeile	
07/01/20	300.00	0.00	0.00	0	Produktion Umsatzprognose	2020
07/21/20	0.00	100.00	0.00	100	Bestellvorschlagszeile	
08/01/20	0.00	200.00	0.00	300	Bestellvorschlagszeile	
08/01/20	300.00	0.00	0.00	0	Produktion Umsatzprognose	2020
08/25/20	0.00	100.00	0.00	100	Bestellvorschlagszeile	
09/01/20	96.00	0.00	0.00	4	Produktion Umsatzprognose	2020
09/08/20	25.00	0.00	0.00	-21	Verkaufsauftrag	109001
09/08/20	0.00	21.00	0.00	0	Bestellvorschlagszeile	
09/12/20	27.00	0.00	0.00	-27	Verkaufsauftrag	109002
09/12/20	0.00	27.00	0.00	0	Bestellvorschlagszeile	
09/18/20	20.00	0.00	0.00	-20	Verkaufsauftrag	109004
09/18/20	0.00	20.00	0.00	0	Bestellvorschlagszeile	
09/21/20	16.00	0.00	0.00	-16	Verkaufsauftrag	109003
09/21/20	0.00	14.00	0.00	-2	Bestellvorschlagszeile	
09/21/20	0.00	16.00	0.00	14	Bestellvorschlagszeile	
09/23/20	16.00	0.00	0.00	-2	Verkaufsauftrag	109005
09/23/20	0.00	16.00	0.00	14	Bestellvorschlagszeile	
09/23/20	0.00	16.00	0.00	30	Bestellvorschlagszeile	
09/29/20	0.00	100.00	0.00	130	Bestellvorschlagszeile	
10/01/20	0.00	50.00	0.00	180	Bestellvorschlagszeile	
10/01/20	150.00	0.00	0.00	30	Produktion Umsatzprognose	2020
10/27/20	0.00	100.00	0.00	130	Bestellvorschlagszeile	
11/01/20	100.00	0.00	0.00	30	Produktion Umsatzprognose	2020
11/24/20	0.00	100.00	0.00	130	Bestellvorschlagszeile	
12/01/20	100.00	0.00	0.00	30	Produktion Umsatzprognose	2020
12/22/20	0.00	100.00	0.00	130	Bestellvorschlagszeile	

1001 Rennrad
Verfügbarer Lagerbestand 0.00

Voraussichtlich Geplante Vorschau

Bild 8.19 Bericht Terminabhängige Planung in der Bildschirmausgabe

9 Finanzmanagement

In diesem Kapitel lernen Sie die zentralen Funktionen des Finanzmanagements in Dynamics NAV kennen. Im Zentrum der Betrachtungen steht die Darstellung der Integrationsaspekte, da diese eine wesentliche Voraussetzung für das Gesamtverständnis des Systems bilden.

Ausgehend von Moduleinrichtung und Stammdaten wie Kontenplan, Sachkontenintegration (Buchungsmatrix) und Mehrwertsteuereinrichtung wird die Durchführung von Buchungen in Buchungsblättern erklärt. Ausführungen zur Lagerbewertung bilden den Abschluss des Kapitels.

HINWEIS: Die Beschreibungen in diesem Kapitel zeigen die Arbeit im Windows-Client, wobei sich Abbildungen und Menüoptionen auf die Standardrolle „BUCHHALTER/IN" beziehen. Entsprechende Berechtigungen vorausgesetzt, können Sie dieses Profil über die Suche und den Link *Benutzeranpassung* Ihrer Benutzer-ID selbst zuordnen oder von Ihrem Systemadministrator zuordnen lassen.

Die beschriebenen Aktionen lassen sich auch von anderen Rollen über die Suchfunktion ausführen.

9.1 Überblick

Das Finanzmanagement bildet das zentrale Modul in Dynamics NAV, in dem alle finanzbuchhalterischen Daten zusammenlaufen. Aufgrund der vollständigen Integration von Dynamics NAV wird jeder buchhalterisch relevante Geschäftsfall aus anderen Bereichen direkt in die Finanzbuchhaltung gebucht. Salden und Transaktionen in Sachkonten sind somit stets aktuell.

9.1.1 Finanzmanagement in Dynamics NAV

Kern des Finanzmanagements in Dynamics NAV ist die Verwaltung der Sachkonten im Hauptbuch. Diese werden zur Erstellung von Bilanz und Erfolgsrechnung (Gewinn- und Verlustrechnung) benötigt, unterstützt durch Nebenbücher wie Debitoren, Kreditoren, Anlagen und Materialwirtschaft. Die Nebenbücher enthalten detaillierte Informationen zu Teilen des Hauptbuchs, beispielsweise zu Lagerbewegungen (Artikelposten).

Hierbei wird jede wertmäßige Buchung in Dynamics NAV, sei es eine Verkaufsrechnung, ein Artikelposten oder eine Buchung im Anlagevermögen, parallel zur Transaktion im Nebenbuch auch auf entsprechende Sachkonten im Hauptbuch gebucht. Beim Buchen einer Verkaufsrechnung sind beispielsweise folgende Bereiche betroffen:

- Materialwirtschaft (Wertposten/Artikelposten)
- Debitorenbuchhaltung (Debitorenposten)
- Hauptbuch (Material-, Erlös-, Aufwands-, Debitoren-Sammelkonto)

Neben dem Vorteil stets aktueller Salden im Kontenplan bietet die Finanzintegration in Dynamics NAV die Möglichkeit, Belege quer durch das System zu ihrem Ursprung zurückzuverfolgen.

9.1.2 Zentrale Aufgaben im Finanzmanagement

Die Startseite und das Rollencenter für die Standardrolle „BUCHHALTER/IN" ermöglichen einen direkten Zugriff auf die zentralen Funktionen des Finanzmanagements (siehe Bild 9.1).

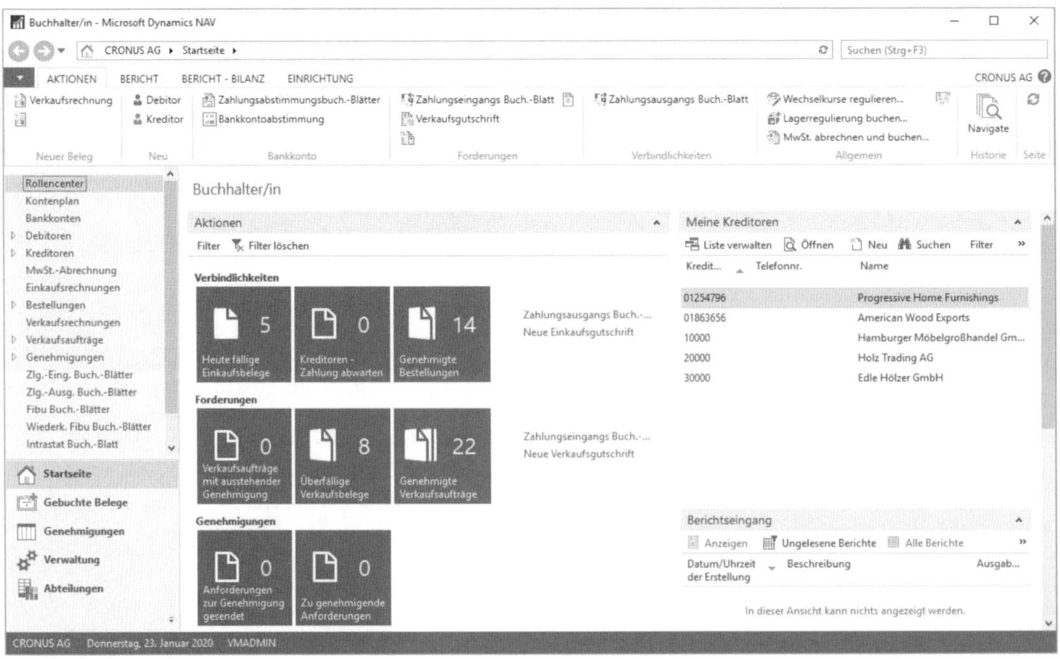

Bild 9.1 Rollencenter mit den zentralen Aufgaben der Standardrolle BUCHHALTER/IN

Die angeführten Hauptaufgaben im Finanzmanagement werden in den folgenden Abschnitten dieses Kapitels erklärt:

- Kontenplan und Bankkonten
- Buchungsgruppen und Buchungsmatrix
- Durchführung von Buchungen
- Lagerbewertung

HINWEIS: Die Verwaltung von Kreditoren und Debitoren wird in Kapitel 5 und 6 erklärt.

9.2 Stammdaten und Einrichtung

Die Sachkonten im Kontenplan bilden als zentraler Stammdatenbereich das Kernelement des Finanzmanagements in Dynamics NAV. Nachdem Konfigurationseinstellungen in vielen anderen Bereichen auf dem Kontenplan aufsetzen, ist die Einrichtung der Sachkonten auch einer der ersten Punkte im Zuge der Einrichtung eines Mandanten.

Die Verwaltung der Sachkonten in Dynamics NAV erfolgt im Kontenplan, wobei der Aufbau und die Struktur des Kontenplans frei wählbar sind. Um unterschiedliche Anforderungen an die Struktur von Berichten im Finanzmanagement wie Bilanz und Gewinn- und Verlustrechnung abzudecken, werden Kontenschemata eingesetzt.

9.2.1 Sachkontenverwaltung

Der Kontenplan wird auf der *Startseite* über die Menüoption *Kontenplan* geöffnet und beinhaltet den Listenplatz zur Verwaltung der Sachkonten (er zeigt einen Überblick der vorhandenen Sachkonten). Detaildaten werden in der zugehörigen Sachkontokarte bearbeitet.

9.2.1.1 Kontenplan

Der Kontenplan enthält nicht nur einen Überblick der wesentlichen Felder der Sachkontenverwaltung, sondern in den Spalten *Bewegung* und *Saldo* gleichzeitig auch eine Anzeige der aktuellen Salden. Im Listenbereich der Seite sind standardmäßig folgende Spalten enthalten:

- **Nr.** (Kontonummer) – eindeutige Kennung (alphanumerisch), wird manuell vergeben.
- **Name** – Kontenbezeichnung
- **GuV/Bilanz** – zur Unterscheidung von Erfolgskonten (Auswahl „GuV“) und Bilanzkonten (Auswahl „Bilanz“)
- **Kontounterkategorie** – zur Gliederung des Kontos für Bilanz bzw. GuV

- **Kontoart** – zur Unterscheidung von Buchungskonten (Auswahl „Konto“) und Gliederungskonten (Summenzeilen, Überschriften)
- **Zusammenzählung** – für Summenzeilen (Definition der enthaltenen Konten zur Summenberechnung)
- **Buchungsart** – Definition für Ertrags- und Aufwandskonten, die festlegt, ob das Konto nur mit einer Buchung im Verkauf oder Einkauf oder mit beiden verwendet wird.
- **Geschäftsbuchungsgruppe** – Vorschlagswert für die Geschäftsbuchungsgruppe bei Auswahl des Kontos in Buchungsblättern
- **Produktbuchungsgruppe** – Vorschlagswert für die Produktbuchungsgruppe
- **Bewegung** – berechnetes Feld zur Anzeige der Bewegungssumme innerhalb des Datumsfilters (Summenberechnung einschränken)
- **Saldo** – berechnetes Feld zur Anzeige des Sachkontosaldos

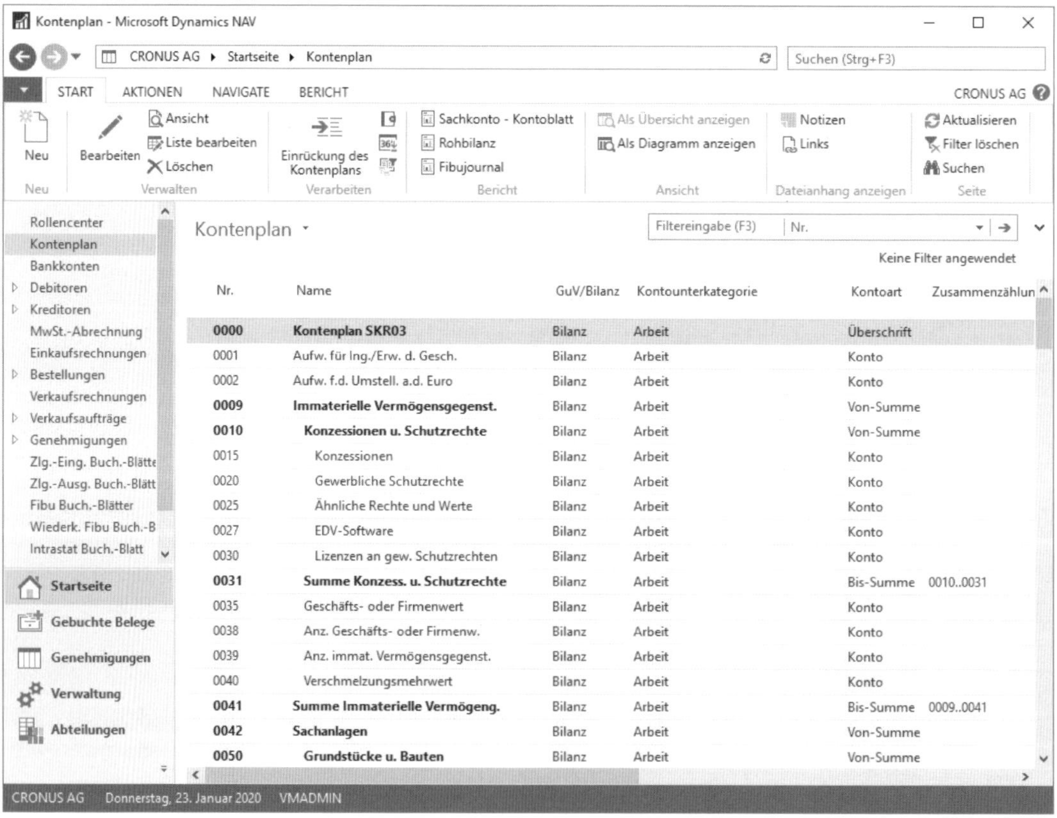

Bild 9.2 Kontenplan

9.2.1.2 Sachkontokarte

Zur Bearbeitung der Detaildaten eines Sachkontos dient die Sachkontokarte, die über einen Doppelklick auf die betroffene Zeile im Kontenplan geöffnet wird. In der Sachkontokarte werden die Daten zum Sachkonto in mehreren Inforegistern verwaltet.

Neben den Feldern, die in den Spalten des Kontenplans angezeigt werden, sind vor allem die Kontrollkästchen *Direkt* und *Gesperrt* von Bedeutung:

- Nur wenn das Kontrollkästchen *Direkt* markiert ist, kann das betroffene Sachkonto auch manuell in Buchungszeilen eingetragen werden. Um die Abstimmung zwischen Hauptbuch und Nebenbüchern zu vereinfachen, sollte es für Sachkonten nicht markiert sein, für die über Integrationseinstellungen (Buchungsgruppen, Buchungsmatrix) Buchungen aus anderen Bereichen automatisch erzeugt werden.
- Für Konten, in denen das Kontrollkästchen *Gesperrt* markiert ist, können keine Transaktionen erfasst und gebucht werden.
- Für Konten, zu denen im Zuge der Erfassung eines Buchungsblatts eine Kontrolle zukünftiger Salden durchgeführt werden soll (beispielsweise Bank- und Kassakonten, siehe den Abschnitt 9.4, „Buchungen im Finanzmanagement“), wird das Kontrollkästchen *Abstimmbar* aktiviert.
- Zur Gliederung der Konten für eine Darstellung auf der Bilanz bzw. GuV sind die Felder *Kontokategorie* und *Kontounterkategorie* von Bedeutung. Die möglichen Kontokategorien werden von Dynamics NAV vorgegeben, die Unterkategorien kann jedoch der Benutzer selbst vergeben.

Die Buchungen zu einem Sachkonto (Sachposten) können im Kontenplan und in der Sachkontokarte über die Schaltfläche *Posten* auf der Registerkarte *Navigate* oder mittels Mausklick auf das berechnete Feld *Saldo* abgefragt werden. Um den Ursprungsbeleg zu einer Buchung zu sehen, lässt sich dann in den Sachposten die Schaltfläche *Navigate* betätigen.

HINWEIS: Um festzustellen, in welchen Einstellungen zur Sachkontenintegration (Buchungsgruppen, Buchungsmatrix – siehe den Abschnitt 9.3, „Integrationseinstellungen“) ein Sachkonto verwendet wird, können Sie die Schaltfläche *Verwendungsübersicht* auf der Registerkarte *Navigate* anklicken. ■

9.2.1.3 Kontenplanstruktur

Neben Buchungskonten, die für die Buchung von Sachposten herangezogen werden können, enthält der Kontenplan in Dynamics NAV auch Gliederungskonten (Behelfskonten), die für eine übersichtliche Gestaltung von Kontenplan und Berichten herangezogen werden. Tabelle 9.1 gibt einen Überblick zur Einrichtung der Sachkonten im Kontenplan.

HINWEIS: Für Gliederungskonten (Überschrift, Summe, Von-Summe und Bis-Summe) hat die Einstellung *GuV/Bilanz* zwar keine steuernde Wirkung, sie sollte aus Gründen der Übersichtlichkeit aber trotzdem entsprechend der einbezogenen Konten gewählt werden. ■

Tabelle 9.1 Gliederung der Sachkonten

Typ	Kontoart	GuV/Bilanz	Erklärung
Bilanzkonto	Konto	Bilanz	Buchungskonto zu Bilanzkonto
Erfolgskonto	Konto	GuV	Buchungskonto zur Gewinn- und Verlustrechnung (Nullstellung zum Geschäftsjahresende)
Überschrift	Überschrift	(Bilanz/GuV)	Textzeile
Summe	Summe	(Bilanz/GuV)	Summe frei definierbarer unterschiedlicher Konten (im Feld *Zusammenzählung* festgelegt)
Von-Summe	Von-Summe	(Bilanz/GuV)	Beginn eines Kontenbereichs, der summiert wird
Bis-Summe	Bis-Summe	(Bilanz/GuV)	Ende eines Kontenbereichs, der summiert wird (Summenbereich wird im Feld *Zusammenzählung* angezeigt)

Für Konten der *Kontoart* „Summe" wird in Form eines Filters im Feld *Zusammenzählung* frei definiert, welche Konten zur Berechnung von *Bewegung* und *Saldo* herangezogen werden.

Im Gegensatz dazu werden für Konten der *Kontoart* „Bis-Summe" bei der Summenberechnung alle Konten des Blocks bis zum davor liegenden Konto „Von-Summe" derselben Ebene berücksichtigt. Die *Zusammenzählung* kann für ein „Bis-Summe" -Konto manuell eingetragen werden, wird aber normalerweise über die Schaltfläche *Einrückung des Kontenplans* auf der Registerkarte *Aktionen* im Menüband automatisch berechnet.

Über die Funktion *Einrückung des Kontenplans* wird die Hierarchie von Kontenblöcken (begrenzt durch die Von-Summe und die Bis-Summe) über eine entsprechende Einrückung in der Spalte *Name* des Kontenplans dargestellt und eine Prüfung der Vollständigkeit zugehöriger Von- und Bis-Summen durchgeführt.

HINWEIS: Eine fehlende Von-Summe kann zu verschobenen Ebenen und damit zu falschen Summenbildungen führen. Wenn Sie ein neues Konto anlegen, sollten Sie auch aus diesem Grund vor dem Verlassen des Kontenplans die Funktion *Einrückung des Kontenplans* aufrufen, um die Struktur zu aktualisieren und die Vollständigkeitsprüfung durchzuführen.

9.2.1.4 Erstellen eines Sachkontos

Um ein neues Sachkonto – beispielsweise ein Buchungskonto, beschränkt auf die wichtigsten Daten – anzulegen, gehen Sie wie folgt vor:

1. Wählen Sie auf der *Startseite* den Listenplatz *Kontenplan*.
2. Betätigen Sie die Schaltfläche *Neu* im Menüband, um die Sachkontokarte im Neuanlagemodus zu öffnen.
3. Tragen Sie die vorgesehene Sachkontonummer im Feld *Nr.* (Inforegister *Allgemein*) des Neuanlagefensters ein.
4. Die Sachkontobezeichnung tragen Sie anschließend im Feld *Name* ein. Der *Name* dient in Großbuchstaben gleichzeitig als Vorschlag für das Feld *Suchbegriff*.

5. Wenn es sich bei dem neuen Konto um ein Erfolgskonto (Nullstellung zum Jahresende) handelt, wählen Sie im Feld *GuV/Bilanz* den Listeneintrag „GuV", für Bilanzkonten wählen Sie „Bilanz" .
6. Im Feld *Kontoart* übernehmen Sie für Buchungskonten den Vorschlag „Konto" .
7. Damit ein Sachkonto manuell in ein Buchungsblatt eingetragen werden kann, belassen Sie auch die Markierung im Kontrollkästchen *Direkt*.
8. Falls keine zusätzlichen Daten zu erfassen sind, können Sie die Sachkontokarte anschließend schließen und im Kontenplan die Einrückung des Kontenplans (Registerkarte *Aktionen*) durchführen.

9.2.2 Bankkonten

Parallel zu Kreditoren und Debitoren werden Bankkonten in Dynamics NAV in einem eigenen Nebenbuch verwaltet. Bei der Buchung auf ein Bankkonto wird daher neben dem Sachposten auch ein eigener Bankposten erzeugt.

Bankkonten werden für den Zahlungsverkehr in Dynamics NAV benötigt und bieten die Möglichkeit zur Bankkontoabstimmung und zur Verwaltung von Schecks. Im Unterschied zu Sachkonten können Bankkonten auch in Fremdwährung geführt werden.

9.2.2.1 Grundlagen zur Bankkontoverwaltung

Die Bankkontenübersicht als Listenplatz zur Verwaltung der Bankkonten wird auf der *Startseite* über die Menüoption *Bankkonten* geöffnet und zeigt einen Überblick der vorhandenen Bankkonten. Zur Bearbeitung der Daten eines Bankkontos dient die Bankkontokarte, die über einen Doppelklick auf die entsprechende Zeile in der Übersicht geöffnet wird.

Jede Bankverbindung ist durch eine eindeutige Identifikation – je nach Nummernserie manuell oder automatisch vergeben – gekennzeichnet, die im Feld *Nr.* angezeigt wird. Die Identifikation muss nicht gleich der Kontonummer sein, die in der Bank für das Konto verwendet wird.

Die Kontonummer wird im Feld *Bankkontonummer* gemeinsam mit der Bankleitzahl im Feld *BLZ* im Inforegister *Allgemein* geführt, *IBAN* und *SWIFT-Code* (= BIC) sind im Inforegister *Transfer* enthalten.

Mit welchem Sachkonto ein Bankkonto verbunden ist, wird über die *Bankkontobuchungsgruppe* im Inforegister *Buchen* bestimmt. Im Feld *Währungscode* wird hier auch festgelegt, in welcher Währung das Bankkonto geführt wird.

HINWEIS: Die Verwaltung der Bankkontobuchungsgruppen, in der jede Bankkontobuchungsgruppe mit Code und zugehöriger Bankkonto *Sachkontonr.* enthalten ist, erfolgt über die Suche und den Link *Bankkontobuchungsgruppen*.

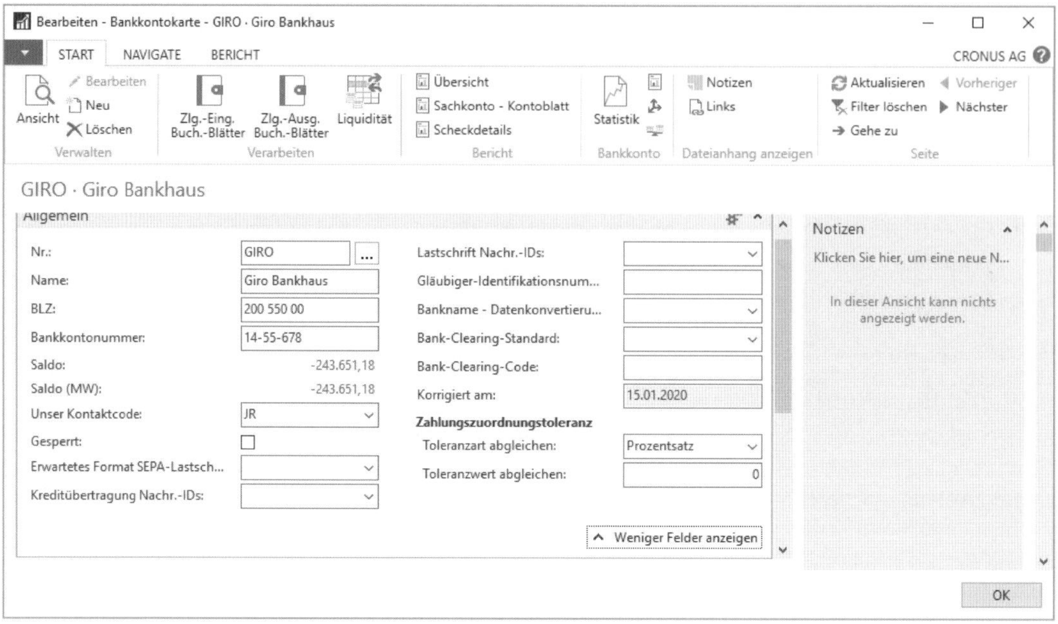

Bild 9.3 Verwaltung eines Bankkontos in der Bankkontokarte

9.2.2.2 Anleitung zum Erstellen eines Bankkontos

Um ein neues Bankkonto anzulegen, gehen Sie wie folgt vor:

- Wählen Sie auf der *Startseite* den Listenplatz *Bankkonten*.
- Betätigen Sie die Schaltfläche *Neu* im Menüband, um die Bankkontokarte im Neuanlagemodus zu öffnen.
- Falls keine automatische Nummernvergabe vorgesehen ist, tragen Sie die Identifikation manuell in das Feld *Nr.* ein.
- Die Kontobezeichnung – beispielsweise eine Kombination von Bankname und Kontonummer – tragen Sie anschließend im Feld *Name* ein. Adresse und Kontoaktdaten erfassen Sie in den dafür vorgesehenen Feldern.
- Die Bankleitzahl geben Sie im Feld *BLZ*, die Kontonummer im Feld *Bankkontonummer* ein. Falls erforderlich, erfassen Sie im Inforegister *Transfer* den *SWIFT-Code* (BIC) und die *IBAN*.
- Im Inforegister *Buchen* wählen Sie die vorgesehene *Bankkontobuchungsgruppe* und – falls das Konto in Fremdwährung geführt wird – den *Währungscode*.
- Falls keine zusätzlichen Daten zu erfassen sind, können Sie die Bankkontokarte anschließend schließen.

HINWEIS: Im Normalfall ist jedes Bankkonto mit einem eigenen Sachkonto verbunden. Vor dem Anlegen eines neuen Bankkontos erfassen Sie daher meist ein neues Sachkonto und eine neue Bankkontobuchungsgruppe.

9.2.3 Dimensionen

Dimensionen wie Kostenstelle oder Kostenträger können bei jeder Buchung von Geschäftsbelegen angegeben werden. Sie stellen damit zusätzlich zum Sachkonto, das je nach Buchung über Buchungseinstellungen bestimmt oder manuell eingetragen wird, eine weitere Gliederungsebene für Sachposten dar und bilden die Basis für aussagekräftige Analysen.

9.2.3.1 Grundlagen zur Dimensionsverwaltung

In Dynamics NAV können beliebig viele *Dimensionen* eingerichtet werden, beispielsweise eine Dimension „Kostenstelle", eine Dimension „Artikelgruppe" und eine Dimension „Kampagne". Für jede Dimension können beliebig viele *Dimensionswerte* - beispielsweise unterschiedliche Kostenstellen - angelegt werden.

Um die Nutzung der Dimensionen zu vereinfachen, können einige Dimensionen besonders definiert werden. Dazu dienen folgende Dimensionsarten:

- **Globale Dimensionen** - zwei globale Dimensionen stehen im gesamten System zur Verfügung und können in allen Abfragen, Berichten und Analysen zu Sachkontenbuchungen als Filter und FlowFilter benutzt werden. Sie werden für die am häufigsten benötigten Dimensionen verwendet.
- **Shortcutdimensionen** - bis zu acht Shortcutdimensionen können in allen Belegzeilen als Spalten direkt eingeblendet und erfasst werden. Die globalen Dimensionen sind identisch mit den ersten zwei Shortcutdimensionen.
- **Budgetdimensionen** - werden in der Budgetierung verwendet.

Die Festlegung von globalen Dimensionen und Shortcutdimensionen erfolgt in der Finanzbuchhaltungs-Einrichtung, wo die dafür bestimmten Dimensionen im Inforegister *Dimensionen* eingetragen werden.

HINWEIS: Im Demomandanten „CRONUS AG" sind die Dimensionen „Abteilung" und „Kostenträger" als globale Dimensionen definiert.

TIPP: Im Hinblick auf Erfassungsaufwand und Übersichtlichkeit sollten Sie möglichst mit einer beschränkten Anzahl an Dimensionen auskommen.

9.2.3.2 Einrichtung von Dimensionen

Die Einrichtung von Dimensionen erfolgt über die Suche und den Link *Dimensionen*. Neben den Spalten *Code* und *Name* enthält die Dimensionsverwaltung auch die Spalten *Code Caption* und *Filter Caption*, in denen die für den Benutzer - beispielsweise als Spaltenüberschrift in Buchungsblattzeilen - sichtbare Feldbezeichnung eingetragen wird.

Dimensionswerte können nach dem Markieren der jeweiligen Dimension in der Dimensionsverwaltung über die Schaltfläche *Dimensionswerte* auf der Registerkarte *Start* angelegt werden. Analog zur Kontenplanstruktur kann auch für Dimensionswerte über die Spalte

Dimensionswertart eine Struktur mit Summen festgelegt werden. Die Schaltfläche *Einrückung der Dimensionswerte* auf der Registerkarte *Aktionen* ermöglicht die Bestimmung der Hierarchie von Blöcken (begrenzt durch die Von-Summe und die Bis-Summe).

Dimensionen und Dimensionswerte können über die Spalte *Gesperrt* für Buchungen gesperrt werden.

Neben dem Aufruf zur Verwaltung der Dimensionswerte wird in der Dimensionsverwaltung eine zweite Aktion häufig benötigt: die Schaltfläche *Tabellenstandarddimensionen* auf der Registerkarte *Start* zur Festlegung von Tabellenvorgabedimensionen. Diese werden verwendet, wenn die Eintragung eines Dimensionswerts für eine Tabelle zwingend vorgeschrieben wird.

HINWEIS: Wenn beispielsweise jede Buchung auf Debitoren die Dimension „Verkäufer" enthalten muss, rufen Sie die Tabellenvorgabedimensionen für die Dimension „VERKÄUFER" auf.

In der Spalte *Tabellen-ID* der Tabellenvorgabedimensionen tragen Sie anschließend den Wert „18" (für die Tabelle *Debitor*) und in der Spalte *Dimensionswertbuchung* die Auswahl „Code notwendig" ein.

Soll die Erfassung einer Dimension nicht für eine gesamte Tabelle, sondern nur für einzelne Werte sichergestellt werden, werden *Vorgabedimensionen* über die Registerkarte *Navigate* in der betroffenen Tabelle definiert. Ein Beispiel dazu finden Sie in der folgenden Schritt-für-Schritt-Anleitung.

9.2.3.3 Einrichten einer Dimension

Um eine neue Dimension mit Dimensionswerten anzulegen, die bei der Buchung auf bestimmte Sachkonten zu erfassen ist, gehen Sie wie folgt vor:

1. Öffnen Sie in der Suche den Link *Dimensionen*.
2. Klicken Sie auf die Schaltfläche *Neu*, um eine neue Zeile zu erfassen.
3. Tragen Sie die Identifikation der neuen Dimension in der Spalte *Code* ein. Vorschlagswerte für die übrigen Spalten werden vom System aus dem *Code* abgeleitet.
4. Zur Festlegung der Dimensionswerte klicken Sie auf die Schaltfläche *Dimensionswerte* auf der Registerkarte *Start*. Im Fenster *Dimensionswerte* erfassen Sie dann eine Zeile mit *Code* und *Name* für jeden Dimensionswert. In der Spalte *Dimensionswertart* wählen Sie „Standard" für Werte, die in Buchungen verwendet werden.
5. Nach Abschluss der Erfassung der Dimensionswerte schließen Sie die Fenster zur Dimensionsverwaltung.
6. Um die Erfassung der neuen Dimension für Buchungen auf bestimmte Sachkonten verpflichtend einzustellen, definieren Sie Vorgabedimensionen für die betroffenen Konten.
7. Öffnen Sie dazu den Kontenplan (Listenplatz *Kontenplan* auf der *Startseite*).
8. Markieren Sie im Kontenplan die betroffenen Konten und wählen Sie auf der Registerkarte *Navigate* im Drop-down-Menü zur Schaltfläche *Dimensionen* den Befehl *Zuordnung für markierte Datensätze* aus.

9. Im Fenster *Vorgabedimensionen* klicken Sie auf die Schaltfläche *Neu*, um eine neue Zeile zu erfassen, und tragen die neue Dimension in der Spalte *Dimensionscode* ein. In der Spalte *Dimensionswertbuchung* wählen Sie den Eintrag „Code notwendig" aus, um die Erfassung eines Dimensionswerts für diese Dimension bei Buchungen auf die markierten Konten zwingend vorzuschreiben. Einen Vorschlagswert für den Dimensionswert können Sie in der Spalte *Dimensionswertcode* eintragen.

HINWEIS: Das Fenster *Vorgabedimensionen* benutzen Sie auch, wenn Sie beispielsweise Artikeln im Artikelstamm den Vorschlagswert zum Kostenträger zuordnen wollen.

9.2.3.4 Dimensionen in Buchungsbelegen

Bei der Erfassung von Belegbuchungen – beispielsweise in Fibu-Buchungsblattzeilen oder in Auftragszeilen – können Dimensionswerte für Shortcutdimensionen direkt in der jeweiligen Spalte eingetragen werden. Globale Dimensionen können zusätzlich im jeweiligen Belegkopf – beispielsweise im Verkaufsauftrag – als Vorschlag für die zugehörigen Zeilen eingetragen werden.

HINWEIS: Die jeweiligen Spalten in den Buchungszeilen müssen Sie bei Bedarf möglicherweise erst über die Konfiguration einblenden.

Im Fenster *Dimensionssatzposten*, das über das Menüband (beispielsweise *Start/Dimensionen* in Fibu-Buchblättern) geöffnet wird, können beim Erfassen von Buchungen auch Dimensionswerte für Dimensionen eingetragen werden, die nicht als Shortcutdimensionen eingerichtet sind. Dimensionswerte werden hier zeilenweise nach Auswahl des entsprechenden Dimensionscodes eingetragen (siehe Bild 9.4).

In Belegen wie Verkaufsaufträgen, in denen Belegzeilen in einem Inforegister *Zeilen* verwaltet werden, wird das Fenster *Belegdimensionen* über den Befehl *Dimensionen* der Schaltfläche *Zeile* im Inforegister geöffnet.

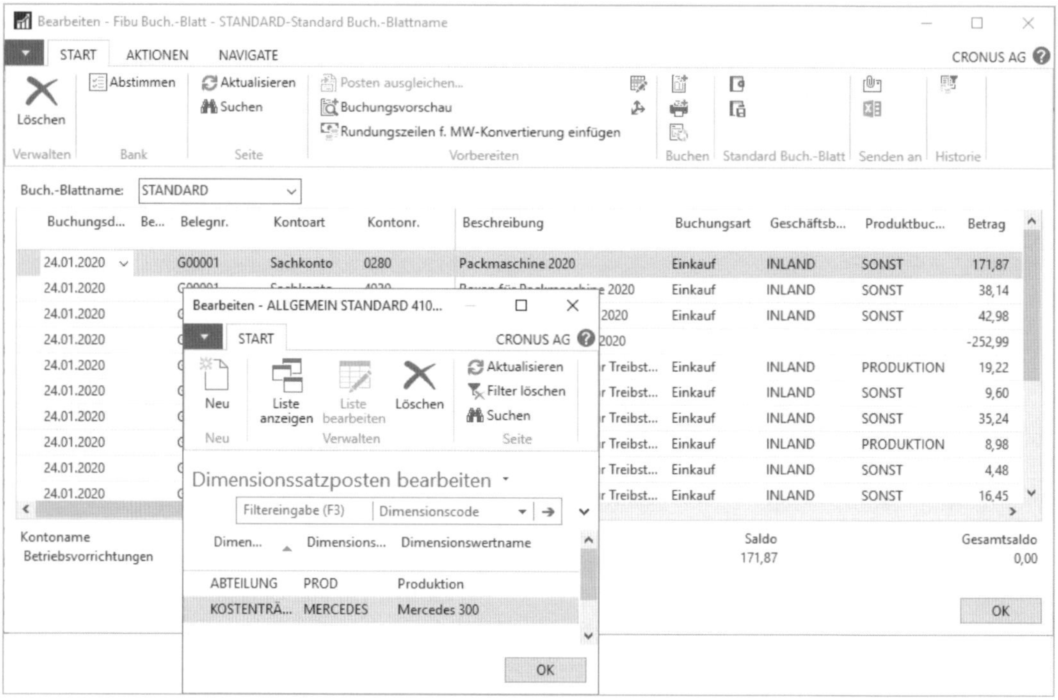

Bild 9.4 Dimensionswerte in Spalten und im Fenster „Dimensionssatzposten bearbeiten" (Fibu-Buchungsblätter)

9.2.4 Weitere Einrichtung

Neben Sachkonten, Bankkonten und Dimensionen sind je nach Anwendung eine Reihe weiterer Einstellungen erforderlich. Hinweise zur Einrichtung von Firmendaten, Nummernserien, Währungen und Buchhaltungsperioden finden Sie in Kapitel 3, Hinweise zu Buchungsmatrix und Sachkontenintegration finden Sie in Abschnitt 9.3, „Integrationseinstellungen" .

9.3 Integrationseinstellungen

Eines der wesentlichen Merkmale einer integrierten Unternehmenslösung besteht darin, dass Geschäftsvorgänge, die in einem Bereich erfasst werden, automatisch auch in allen anderen Unternehmensbereichen zur Verfügung stehen.

So werden beispielsweise mit der Buchung einer Rechnung über die Suche und den Link *Verkaufsrechnungen* nicht nur die benötigten Dokumente erzeugt, durch die Verkaufsbuchung werden parallel auch Sachposten (Sachkontenbuchungen), Mehrwertsteuerposten,

Debitorenposten und Wertposten (Artikel-Wertbuchungen) registriert. Die Buchungen können je nach Geschäftsfall unterschiedlich sein – beispielsweise entfallen Wertposten, wenn die Rechnung keinen Artikel betrifft.

HINWEIS: Buchungsgruppen und Buchungsmatrix werden im Zuge der Mandanteneinrichtung festgelegt. Ungeprüfte Änderungen können zu falschen Buchungen und zu Problemen bei der Abstimmung von Sammelkonten führen, weshalb diese Einstellungen durch entsprechende Berechtigungen geschützt werden sollten. ■

9.3.1 Buchungsgruppen

Die Sachkontenintegration – die Integration des Hauptbuchs im Finanzmanagement mit den übrigen Unternehmensbereichen – stellt ein Kernelement von Dynamics NAV dar. Die Einstellung, wie und auf welche Sachkonten die Buchung von Geschäftsvorgängen erfolgen soll, wird in Dynamics NAV über Buchungsgruppen vorgenommen.

Die Buchungsgruppen können in drei unterschiedliche Arten gegliedert werden:

- Spezielle Buchungsgruppen
- Allgemeine Buchungsgruppen
- MwSt.-Buchungsgruppen

HINWEIS: Zusätzlich zu der hier beschriebenen Sachkontenintegration über allgemeine und spezielle Buchungsgruppen gibt es für die Sachkontenintegration von Projekten und Servicekosten getrennte Einstellungen im jeweiligen Modul. ■

9.3.1.1 Spezielle Buchungsgruppen

Spezielle Buchungsgruppen werden zur Definition der Bilanzkonten für die Buchung von finanzwirksamen Transaktionen in allen Bereichen des Systems herangezogen. Über die Suche kann die Verwaltung folgender spezieller Buchungsgruppen aufgerufen werden:

- Debitorenbuchungsgruppen
- Kreditorenbuchungsgruppen
- Anlagenbuchungsgruppen
- Bankkontobuchungsgruppen
- Lagerbuchungsgruppen

Wie in Kapitel 5 zur Finanzintegration von Kreditoren beschrieben, werden die einzelnen Buchungsgruppen den zugehörigen Stammdatensätzen zugeordnet – die Kreditorenbuchungsgruppe beispielsweise den Kreditoren. Die Sachkonten für die Buchung werden in der Verwaltung der jeweiligen Buchungsgruppe hinterlegt.

Eine Besonderheit bilden die *Lagerbuchungsgruppen*, die den Artikeln im Inforegister *Fakturierung* der Artikelkarte zugeordnet werden. Die Sachkonten für Lagerbuchungsgruppen werden nicht direkt in der Lagerbuchungsgruppe definiert, sondern in Abhängigkeit vom Lagerort in der Lagerbuchungs-Einrichtung (Link *Lagerbuchung Einrichtung*).

9.3.1.2 Allgemeine Buchungsgruppen

Die allgemeinen Buchungsgruppen dienen zur Definition der Erlöskonten in Verkaufsbelegen und der Aufwandskonten in Einkaufsbelegen. Diese können sowohl in Abhängigkeit vom Artikel als auch in Abhängigkeit von Debitor beziehungsweise Kreditor bestimmt werden. Für die Sachkontenermittlung ergibt sich daraus eine Matrix (Buchungsmatrix, im folgenden Abschnitt beschrieben) aus zwei Dimensionen:

- **Geschäftsbuchungsgruppen** - Debitoren, Kreditoren
- **Produktbuchungsgruppen** - Artikel, Ressourcen, Arbeitsplätze (Produktionsbuchungen)

Geschäftsbuchungsgruppen werden über die Suche und den Link *Geschäftsbuchungsgruppen* verwaltet und den einzelnen Debitoren und Kreditoren im Debitoren- beziehungsweise Kreditorenstamm zugeordnet. Bei der Festlegung der Geschäftsbuchungsgruppen wird oft eine regionale Gliederung gewählt, beispielsweise eine Trennung nach Inland, EU und Drittland.

In der Spalte *Vorg.-MwSt.-Geschäftsbuch.Gr.* kann jeder Geschäftsbuchungsgruppe die passende Mehrwertsteuer-Geschäftsbuchungsgruppe zugewiesen werden. Diese wird automatisch in den Debitoren- oder Kreditorenstamm übernommen, wenn die Spalte *Autom. als Standard einfügen* markiert ist.

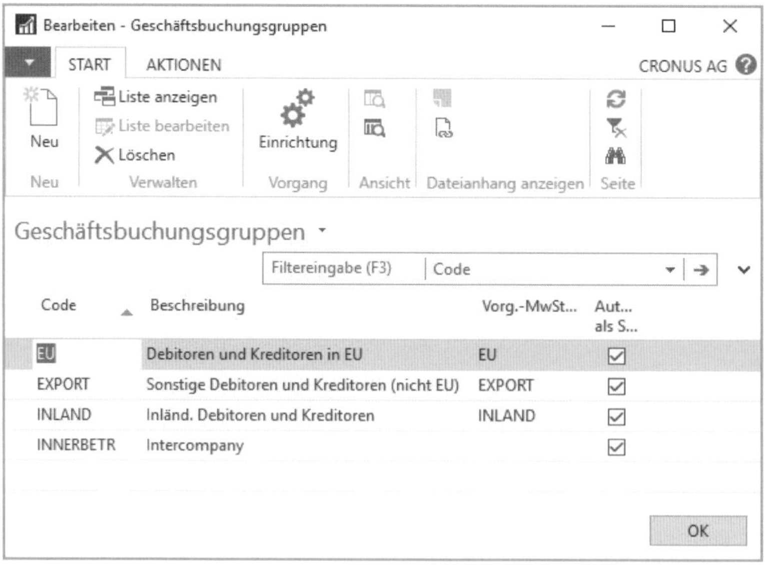

Bild 9.5 Verwalten der Geschäftsbuchungsgruppen

Produktbuchungsgruppen werden über die Suche und den Link *Produktbuchungsgruppen* verwaltet und den einzelnen Artikeln, Ressourcen und Arbeitsplätzen/Arbeitsplatzgruppen zugeordnet.

Die Gliederung der Produktbuchungsgruppen hängt – wie die Gliederung der Geschäftsbuchungsgruppen – davon ab, wie Buchungen zu unterschiedlichen Produkten im Kontenplan unterschieden werden. So kann beispielsweise eine Unterscheidung von Verkaufsware, Dienstleistungen und Rohmaterial erfolgen.

In der Spalte *Vorg.-MwSt.-Produktbuchungsgr.* kann jeder Produktbuchungsgruppe die passende Mehrwertsteuer-Produktbuchungsgruppe für Normalbesteuerung oder ein ermäßigter Steuersatz zugewiesen werden. Diese wird automatisch in den Artikel- oder Ressourcenstamm übernommen, wenn die Spalte *Autom. als Standard einfügen* markiert ist.

9.3.2 Buchungsmatrix

In der Buchungsmatrix, die über die Suche und den Link *Buchungsmatrix Einr.* geöffnet wird, werden die Erfolgskonten für Einkaufs- und Verkaufsbelege in Abhängigkeit von Geschäftsbuchungsgruppe und Produktbuchungsgruppe definiert.

9.3.2.1 Einrichtung der Buchungsmatrix

Indem Sachkonten auf Basis der Kombination von Debitor/Kreditor und Artikel/Ressource hinterlegt werden, kann die Gliederung der Sachkonten – beispielsweise für den Umsatzerlös (der sich aus der *Buchungsart* ergibt) – nach zwei Dimensionen erfolgen:

- Gliederung nach unterschiedlichen Kunden/Lieferanten
- Gliederung nach unterschiedlichen Artikeln/Ressourcen

Neben den Spalten *Warenverkaufskonto* (Erlöskonto) und *Wareneinkaufskonto* (Aufwandskonto) sind in der Buchungsmatrix weitere Spalten für Gutschriften, Rabatte, Materialkosten, Gemeinkosten und Einkaufsabweichungen enthalten.

HINWEIS: Abgesehen von Einkaufs- und Verkaufsbelegen werden in der Buchungsmatrix auch die Sachkonten für Produktionsbuchungen (Material und Kapazität) und Lagerbuchungen über Artikel-Buchungsblätter (beispielsweise Inventurdifferenzen) definiert. Nachdem bei der Buchung dieser Geschäftsvorgänge die Geschäftsbuchungsgruppe meist leer gelassen wird, werden in der Buchungsmatrix auch entsprechende Zeilen mit leerer Geschäftsbuchungsgruppe erfasst.

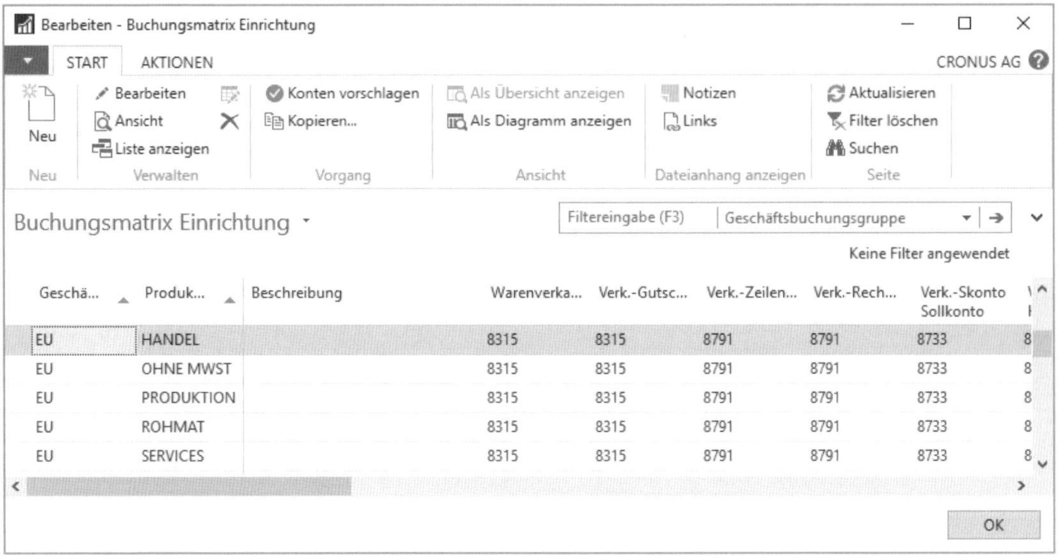

Bild 9.6 Buchungsmatrix zur Hinterlegung der Sachkonten

HINWEIS: In der Buchungsmatrix befindet sich auch im Menüband die Aktion *Konten vorschlagen*. Diese Aktion versucht anhand von bereits angelegten Einrichtungszeilen Sachkonten für neu angelegte Zeilen vorzuschlagen. Nachdem das in der Praxis nicht unbedingt zu dem gewünschten Ergebnis führt, wird geraten, diese Aktion nicht zu verwenden und Sachkonten immer manuell zu hinterlegen.

9.3.2.2 Buchungsvorgänge

Sachposten, die sich aus der Buchungsmatrix oder aus der Kreditoren-/Debitorenbuchungsgruppe ergeben, werden sofort mit der Buchung von Einkaufs-/Verkaufsrechnung registriert.

Buchungen auf die Sachkonten zu Wareneinkauf, (Kreditoren-)Verbindlichkeit und Vorsteuer im Einkauf und Umsatzerlös, (Debitoren-)Forderung und Mehrwertsteuer im Verkauf sind somit unabhängig von der gewählten Einstellung sofort verfügbar und können über das Navigate-Fenster abgefragt werden. Sachposten zur Bestandsveränderung werden hingegen erst im Zuge der Lagerregulierung gebucht (siehe Abschnitt 9.5, „Bestandsbewertung und Lagerregulierung“).

Je nach Einstellung in der Lagereinrichtung werden diese Posten parallel zur Rechnungsbuchung oder im Zuge des Monatsabschlusses durch eine manuell ausgelöste Stapelverarbeitung gebucht.

Unter der Voraussetzung, dass beim Buchen der Lagerregulierung „Pro Posten“ für die *Buchungsmethode* gewählt wird, werden die Sachposten zur Bestandsveränderung mit der ursprünglichen Belegnummer gebucht und können über das Navigate-Fenster abgefragt werden.

> **HINWEIS:** Falls die Sachkontenintegration von Lieferscheinbuchungen in der Lagereinrichtung aktiviert ist, werden die Sachposten zur Lieferscheinbuchung bei der Regulierung der zugehörigen Rechnung aufgelöst.

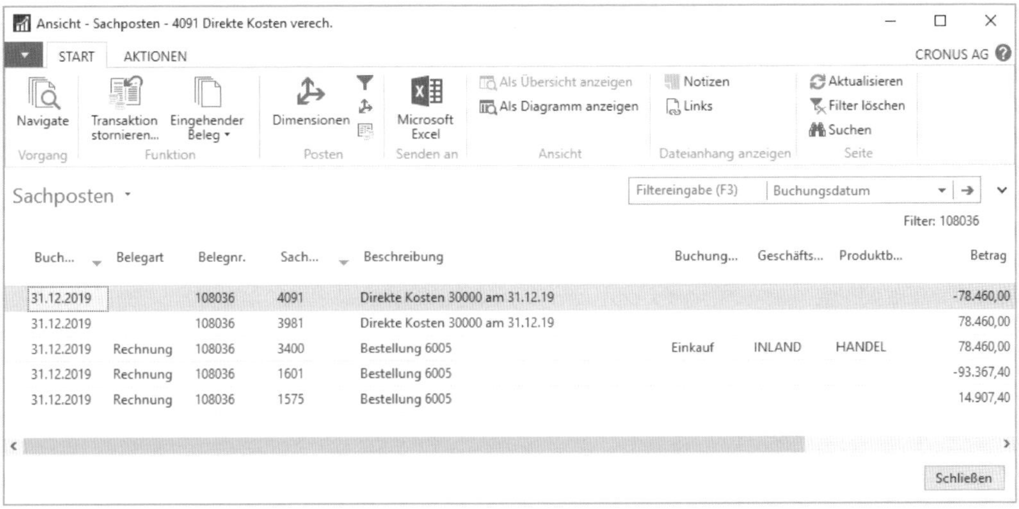

Bild 9.7 Sachposten zu einer Einkaufsrechnung nach Durchführen der Lagerregulierung

Der Wareneinkauf wird beim Buchen von Eingangsrechnungen in der Regel in den Aufwand und im Zuge der Lagerregulierung vom Aufwand in den Bestand gebucht. Die Buchung „*Lagerkonto* gegen *Direkte Kosten Verrechnungskonto*“ in Bild 9.7 wird demnach – mit leerer *Belegart* – durch die Lagerregulierung erstellt.

Bei Preisabweichungen, beispielsweise beim Einkauf von Artikeln mit Standardpreisverfahren, wird im Zuge der Lagerregulierung eine weitere Buchung erzeugt („*Lagerkonto* gegen *Einkaufsabweichungskonto*“).

9.3.3 Steuereinrichtung

Wie die Sachkontenbestimmung für Einkaufs- und Verkaufsbelege ist auch die Mehrwertsteuer von Artikel/Ressource und Debitor/Kreditor abhängig. Die Mehrwertsteuer wird daher in einer Matrix – der MwSt.-Buchungsmatrix – in Abhängigkeit mit der *Buchungsart* (Einkauf/Verkauf) mit zwei Dimensionen definiert:

- **MwSt.-Geschäftsbuchungsgruppen** – Debitoren, Kreditoren
- **MwSt.-Produktbuchungsgruppen** – Artikel, Ressourcen

> **HINWEIS:** In der Verwaltung von Arbeitsplätzen und Arbeitsplatzgruppen der Produktion werden zwar *Produktbuchungsgruppen*, aber keine *MwSt.-Produktbuchungsgruppen* eingetragen, da in der Produktion Sachposten zum Kapazitätsaufwand entstehen, aber kein Einkauf oder Verkauf stattfindet.

Die *MwSt.-Geschäftsbuchungsgruppen* werden Debitoren und Kreditoren, die *MwSt.-Produktbuchungsgruppen* den Artikeln und Ressourcen zugeordnet. In der MwSt.-Buchungsmatrix, die über die Suche und den Link *MwSt.-Buchungsmatrix Einr.* geöffnet wird, wird die Mehrwertsteuer für Einkaufs- und Verkaufsbelege in Abhängigkeit von diesen beiden Gruppenarten eingerichtet.

Neben dem MwSt.-Prozentsatz werden in der MwSt.-Buchungsmatrix auch die Sachkonten für die Umsatzsteuer, die Vorsteuer und die Erwerbssteuer eingetragen sowie die entsprechende *MwSt.-Berechnungsart* (wie „Normale MwSt." und „Erwerbsbesteuerung") festgelegt.

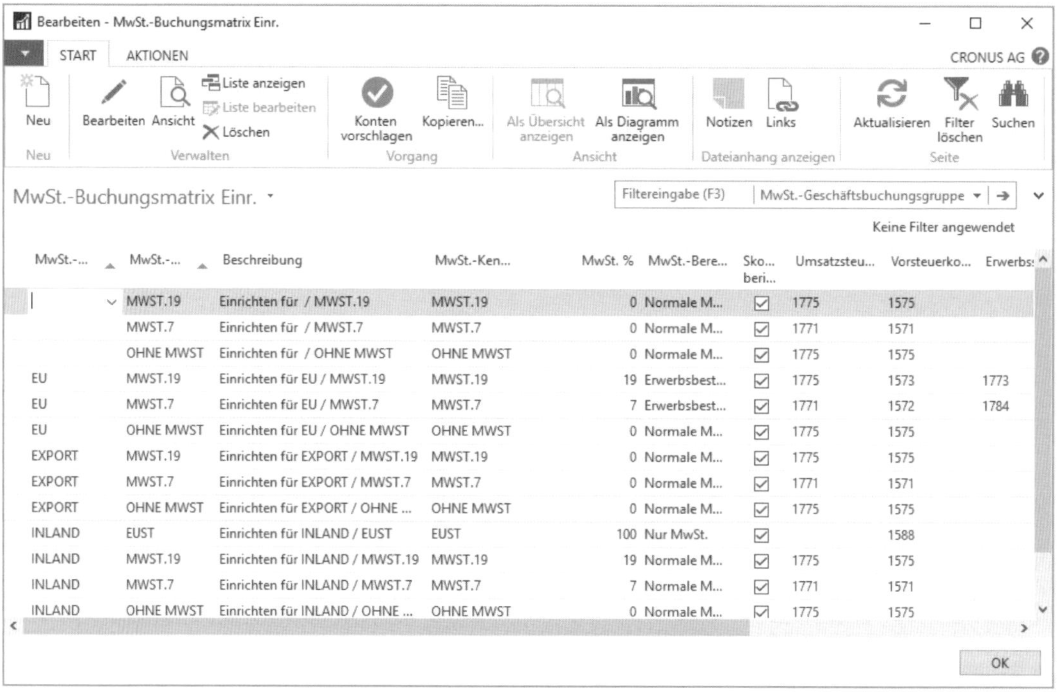

Bild 9.8 MwSt.-Buchungsmatrix zur Einrichtung der Mehrwertsteuerberechnung

9.4 Buchungen im Finanzmanagement

Jeder wertmäßige Geschäftsvorgang wird in Dynamics NAV in Form einer Buchung abgebildet, die sich auf den Sachkonten im Hauptbuch findet. Ein Großteil der Sachkontenbuchungen entsteht nicht im Finanzmanagement selbst, sondern in Bereichen wie Einkauf, Verkauf und Produktion. Geschäftsfälle in diesen Bereichen werden aufgrund der Sachkontenintegration automatisch im Hauptbuch gebucht.

Daneben gibt es aber auch Sachkontenbuchungen, die direkt im Hauptbuch anfallen. Diese Buchungen werden in den Journalen des Finanzmanagements erfasst und gebucht.

9.4.1 Struktur und Einrichtung von Fibu-Buchungsblättern

Fibu-Buchungsblätter werden im Finanzmanagement von Dynamics NAV zur Buchung auf Sachkonten, Debitoren, Kreditoren, Bankkonten und Anlagevermögen benutzt.

Für die unterschiedlichen Buchungsarten stehen unterschiedliche Buchungsblattvorlagen zu Verfügung, die über die Suche und den Link *Fibu Buch.-Blattvorlagen* verwaltet werden.

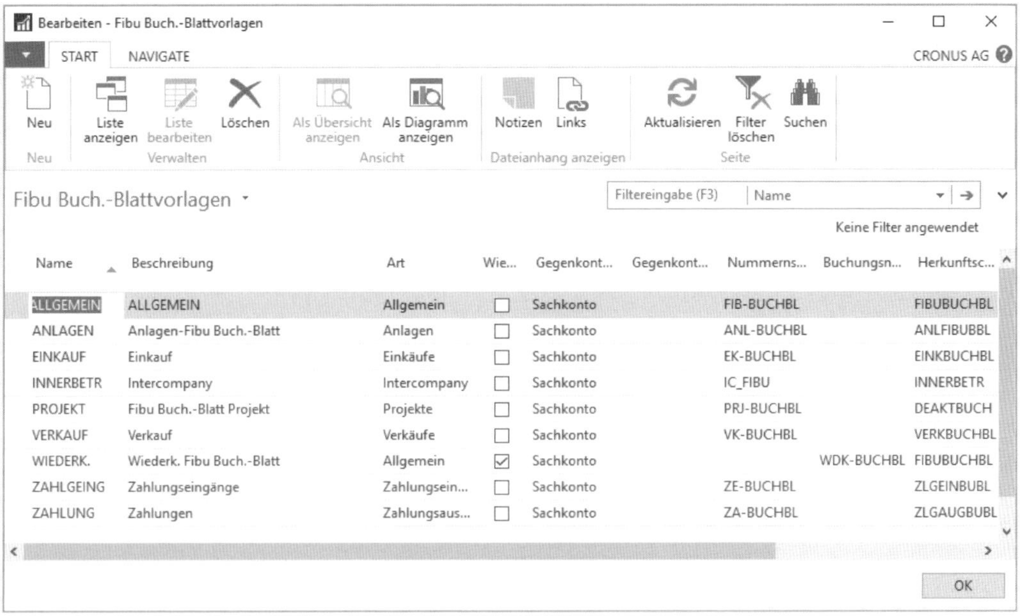

Bild 9.9 Verwaltung der Fibu-Buchungsblattvorlagen

Abhängig von der eingetragenen *Art* wird eine Buchungsblattvorlage in der jeweiligen Menüoption verwendet: Vorlagen der *Art* „Allgemein" beispielsweise für *Fibu Buch.-Blätter* und Vorlagen der *Art* „Zahlungseingänge" für *Zlg.-Eing. Buch.-Blätter*. Buchungsblattvorlagen für wiederkehrende Buchungsblätter werden in der Spalte *Wiederkehrend* markiert.

HINWEIS: Werden zwei Vorlagen zu einer *Art* – beispielsweise „Allgemein" – angelegt, die sich auch durch die Markierung *Wiederkehrend* nicht unterscheiden, erscheint beim Öffnen der zugehörigen Menüoption ein Auswahlfenster, in dem Sie die für die jeweilige Erfassung gewünschte Buchungsblattvorlage wählen können.

Die verschiedenen Buchungsblätter haben einen gemeinsamen Datenaufbau und werden über die gleiche Buchungsroutine gebucht. Unterschiede bestehen in der anderen Anzeige von Spalten (es können unterschiedliche Spalten ein- oder ausgeblendet sein) und in Zusatzfunktionen. So steht der Zahlungsvorschlag nur in den Buchungsblattzeilen der *Zlg.-Ausg. Buch. Blätter* zur Verfügung.

Innerhalb einer Buchungsblattvorlage können mehrere *Buch.-Blattnamen* parallel geführt werden. Dies ist beispielsweise dann erforderlich, wenn mehrere Personen gleichzeitig Buchungen erfassen oder wenn für bestimmte Buchungen - beispielsweise zu einem Bankkonto - eigene Buchungsblätter mit entsprechendem Vorschlagswert für das Gegenkonto erstellt werden sollen.

Buchungsblattnamen werden über die Schaltfläche *Buch.-Blattnamen* auf der Registerkarte *Navigate* in der Verwaltung der Buchungsblattvorlagen angelegt. Im Zuge der Erfassung einer Buchung wird dann der gewünschte Buchungsblattname gewählt, wie weiter unten beschrieben.

9.4.2 Allgemeine Sachkontenbuchung

Die manuelle Erfassung von Sachkontenbuchungen im Finanzmanagement erfolgt im Menü *Startseite* über die Menüoption *Fibu Buch.-Blätter*. Nach Auswahl des zur Erfassung vorgesehenen Buchungsblattnamens werden die Buchungsblattzeilen über die Schaltfläche *Buch.-Blatt bearbeiten* im Menüband geöffnet.

HINWEIS: Wenn Sie über die Suche den Link *Fibu Buch.-Blätter* zum Aufruf des Fibu-Buchungsblatts wählen, werden die Buchungsblattzeilen direkt geöffnet.

Sie können in diesem Fall einen anderen als den vorgeschlagenen Buchungsblattnamen verwenden, indem Sie die entsprechende Wahl im Auswahlfeld *Buch.-Blattname* vornehmen.

9.4.2.1 Einzeilige Buchung

Sachkontenbuchungen werden in Buchungsblattzeilen erfasst, bevor diese gebucht werden können. Im einfachsten Fall einer Erfassung, der einzeiligen Buchung, sind Konto und Gegenkonto in einer Zeile enthalten. Zusätzlich ist zumindest die Eintragung von *Buchungsdatum* und *Betrag* erforderlich.

In der ersten Zeile wird das aktuelle Arbeitsdatum als Vorschlagswert für das *Buchungsdatum* übernommen. Die *Belegnr.* wird aus der Nummernserie des im Feld *Buch.-Blattname* gewählten Buchungsblattnamens eingesetzt und kann auch - falls zulässig - manuell eingetragen werden. Im Buchungsblattnamen können zusätzlich auch *Gegenkontoart* und *Gegenkontonr.* vorbelegt werden.

In den Folgezeilen werden Feldinhalte wie *Buchungsdatum*, *Belegart* und *Kontoart* aus der jeweils vorangehenden Zeile vorgeschlagen. Die Belegnummer wird um den Wert eins erhöht, wenn der Saldo der darüber liegenden Zeilen null ist - was bei einzeiligen Buchungen nicht anders der Fall sein kann.

HINWEIS: Standardmäßig werden in Dynamics NAV Soll- und Habenbuchungen nicht über getrennte Spalten unterschieden, sondern über das Vorzeichen. Wenn Sie einen positiven *Betrag* erfassen, wird das Konto im Soll und das Gegenkonto im Haben gebucht. Bei negativen Beträgen wird das Konto im Haben und das Gegenkonto im Soll gebucht. Normalerweise wird demzufolge immer ein positiver Soll- oder Habenbetrag gebucht. Wollen Sie im Fall einer Stornobuchung einen negativen Soll- oder Habenbetrag buchen, markieren Sie das Kontrollkästchen *Storno* in der Buchungsblattzeile, wie weiter unten beschrieben.

Bei Bedarf sind allerdings auch getrennte Spalten für *Sollbetrag* und *Habenbetrag* möglich. Die Anzeige lässt sich über die Seite *Finanzbuchhaltung Einrichtung* über das Feld *Beträge anzeigen* umstellen.

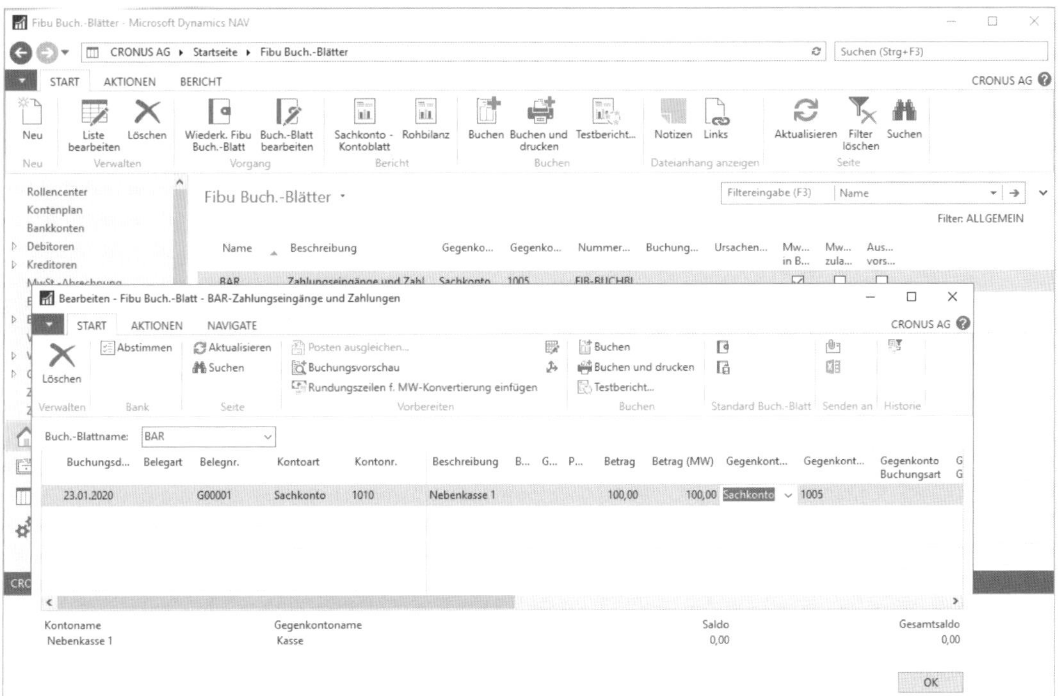

Bild 9.10 Erfassen einer einzeiligen Buchung

Erfasste Zeilen bleiben so lange gespeichert, bis sie gebucht oder gelöscht werden. Ein Fibu-Buchungsblatt wird nach Eintragung aller Zeilen gebucht, indem die Schaltfläche *Buchen* im Menüband betätigt wird. Bei Auswahl der Schaltfläche *Buchen und drucken* wird parallel zur Buchung ein Fibujournal am Windows-Standarddrucker oder dem in der Druckerauswahl zugeordneten Drucker gedruckt. Zur Kontrolle der Erfassung kann vor der Buchung ein Testbericht über die Schaltfläche *Testbericht* auf der Registerkarte *Aktionen* gedruckt werden.

Für die Buchung auf Sachkonten, für die das Kontrollkästchen *Abstimmbar* in den Sachkontenkarten markiert ist (Bank- und Kassakonten), kann über die Schaltfläche *Abstimmen* auf der Registerkarte *Aktionen* ein Fenster geöffnet werden, in dem die zukünftigen Salden dieser Konten nach Buchung des Buchungsblatts angezeigt werden.

Nach Abschluss der Buchung werden die Buchungsblattzeilen automatisch gelöscht, womit die nächste Buchung zum betroffenen Buchungsblattnamen erfasst werden kann.

HINWEIS: Falls in den Buchungsblattzeilen ein Filter benutzt wird, gilt dieser auch für die Buchung. Wird daher beispielsweise die letzte Zeile beim Abruf der Buchung nicht angezeigt, wird diese nicht gebucht und bleibt in den Buchungsblattzeilen erhalten.

9.4.2.2 Anleitung zur einzeiligen Buchung

Um eine einfache einzeilige Buchung zu erfassen und zu buchen, gehen Sie wie folgt vor:

1. Wählen Sie auf der *Startseite* den Listenplatz *Fibu Buch.-Blätter*.
2. Markieren Sie in der Übersicht die Zeile mit dem gewünschten Buchungsblattnamen und betätigen Sie die Schaltfläche *Buch.-Blatt bearbeiten*, um die Buchungsblattzeilen zu öffnen.
3. Wählen Sie *Buchungsdatum*, *Kontonr.*, *Betrag* und *Gegenkontonr.*.
4. Für eine reine Umbuchung zwischen Sachkonten wird für *Kontoart* und *Gegenkontoart* jeweils der Eintrag „Sachkonto" gewählt. Soll auf Debitoren oder Kreditoren gebucht werden, wählen Sie die entsprechende *Belegart* und *Kontoart*. In der Spalte *Kontonr.* tragen Sie die Debitoren- oder Kreditorennummer ein.
5. Die *Beschreibung* wird aus dem Kontonamen vorbelegt und kann mit einem aussagekräftigen Buchungstext überschrieben werden.
6. Wenn Sie eine oder mehrere Dimensionen erfassen wollen, betätigen Sie die Schaltfläche *Dimensionen* zur Anzeige des Belegdimensionen-Fensters (siehe den Abschnitt 9.2, „Stammdaten und Einrichtung"). Shortcutdimensionen können Sie auch in den entsprechenden Spalten der Buchungsblattzeilen eintragen (bei Bedarf einblenden).
7. Bei Bedarf erfassen Sie anschließend weitere Buchungszeilen.
8. Um das Buchungsblatt zu buchen, klicken Sie auf die Schaltfläche *Buchen* auf der Registerkarte *Start*.

HINWEIS: Falls erfasste Buchungsblattzeilen noch nicht gebucht sind, sehen Sie diese Zeilen, wenn Sie den betroffenen Buchungsblattnamen wählen. Je nach Situation können Sie die Zeilen löschen, die Zeilen buchen oder ein anderes Buchungsblatt wählen, um ein leeres Buchungsblatt zu erhalten.

9.4.2.3 Abfrage der Buchung

Sobald ein Buchungsblatt gebucht ist, wird es gelöscht und kann anschließend über die Suche und den Link *Fibujournale* abgefragt werden.

Die Abfrage *Fibujournale* zeigt in der Spalte *Errichtungsdatum* das tatsächliche Datum der Buchung, das mit dem in der Buchungszeile eingetragenen *Buchungsdatum* nicht übereinstimmen muss. Die Spalte *Benutzer-ID* zeigt den Benutzer, der die Buchung durchgeführt hat. Über die Registerkarte *Start* im Menüband können nicht nur die gebuchten *Sachposten*, sondern wie in der Navigate-Abfrage zugehörige Buchungen in Nebenbüchern – beispielsweise *Debitorenposten* oder *Kreditorenposten* – zur Anzeige geöffnet werden.

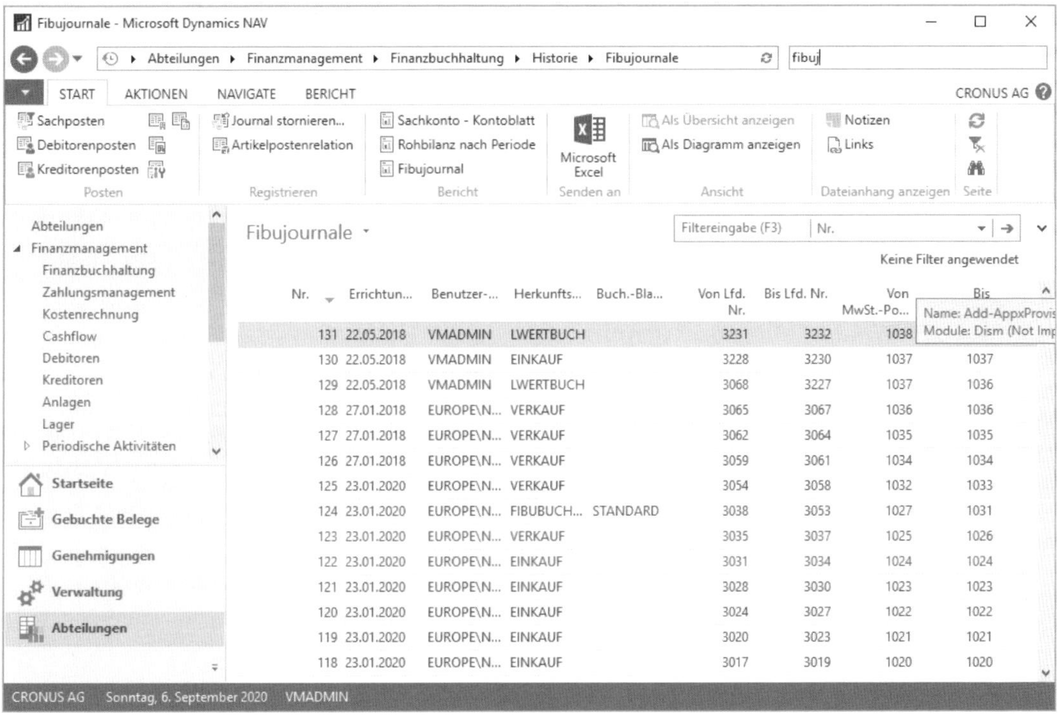

Bild 9.11 Abfrage von Buchungen über den Link „Fibujournale“

> **HINWEIS:** In der Abfrage *Fibujournale* werden zusätzlich zu den Buchungen aus Fibu-Buchungsblättern auch alle finanzwirksamen Buchungen aus anderen Bereichen – beispielsweise Einkauf oder Verkauf – angezeigt. ■

9.4.2.4 Anleitung zur mehrzeiligen Buchung

Im Unterschied zu einzeiligen Buchungen wird bei mehrzeiligen Buchungen das Gegenkonto nicht in der entsprechenden Spalte der Buchungsblattzeilen eingetragen. Stattdessen werden eine oder mehrere Buchungsblattzeilen für die Sollkonten und eine oder mehrere

Zeilen für die Habenkonten separat erfasst. Die Belegnummer aller betroffenen Zeilen ist gleich, vor dem Buchen muss sich der Beleg zu null saldieren.

Um eine mehrzeilige Buchung – beispielsweise mit einer Zeile für die Gegenbuchung – zu erfassen und zu buchen, gehen Sie wie folgt vor:

1. Wählen Sie auf der *Startseite* den Listenplatz *Fibu Buch.-Blätter*.
2. Markieren Sie in der Übersicht die Zeile mit dem gewünschten Buchungsblattnamen und betätigen Sie die Schaltfläche *Buch.-Blatt bearbeiten*, um die Buchungsblattzeilen zu öffnen.
3. Erfassen Sie *Buchungsdatum*, *Kontonr.* und *Betrag* – sowie weitere Spalten je nach Anforderung – wie bei einer einzeiligen Buchung. Die Spalte *Gegenkontonr.* bleibt jedoch leer.
4. Erfassen Sie weitere Zeilen je nach Bedarf, wobei *Belegart* und *Belegnr.* aller betroffenen Zeilen gleich bleiben.
5. In der Zeile für die Gegenbuchung erfassen Sie das Gegenkonto in der Spalte *Kontonr.* und geben in der Spalte *Betrag* den Ausgleichbetrag mit umgekehrten Vorzeichen ein.
6. Im Feld *Saldo* im unteren Fensterteil können Sie kontrollieren, ob der Beleg ausgeglichen ist.
7. Um das Buchungsblatt zu buchen, klicken Sie auf die Schaltfläche *Buchen* im Menüband.

9.4.2.5 Wiederkehrende Buchung

Die Nutzung wiederkehrender Buchungsblätter kann die Erfassung von in regelmäßigen Abständen wiederkehrenden Geschäftsfällen wie Versicherungen, Wartungsgebühren, Mieten oder Abgrenzungen und Rückstellungen vereinfachen.

Wiederkehrende Buchungsblätter können über die Suche und den Link *Wiederk. Buch.-Blätter* geöffnet werden. Im Vergleich zu den Fibu-Buchungsblättern zeigen wiederkehrende Buchungsblätter folgende zusätzlichen Spalten:

- **Wiederholungsart** – „Fix“ für gleichbleibenden Betrag, „Variabel“ für Nullstellung nach Buchung, „Ausgleich“ für Verteilung, wie im Fenster *Verteilungen* definiert.
- **Wiederholungsrate** – Datumsformel für den zeitlichen Abstand der Buchungen („1M“ für monatlich, wobei „1T+1M–1T“ den Monatsletzten berechnet).
- **Ablaufdatum** (letzte Spalte) – Datum zur Begrenzung der Wiederholungen.

Außerdem können in den Spalten *Belegnr.* und *Beschreibung* von wiederkehrenden Buchungsblättern Platzhalter – beispielsweise „%4“ für den Monatsnamen – verwendet werden.

HINWEIS: Die Eintragung der Wiederholungsart „Umgekehrt Fix“, „Umgekehrt Variabel“ und „Umgekehrt Ausgleich“ bewirkt die automatische Buchung eines Gegenpostens am Folgetag.

Weitere Hinweise zu den Funktionen wiederkehrender Buchungsblätter finden Sie in der Dynamics NAV-Hilfe für die betroffenen Felder.

Die weitere Erfassung der Buchungsblattzeilen kann wie für mehrzeilige Buchungen in Fibu-Buchungsblättern erfolgen.

Statt einer mehrzeiligen Erfassung in den Buchungsblattzeilen kann die Eintragung der Gegenkonten aber auch über die Schaltfläche *Verteilungen* im Menüband erfolgen. Dies hat - bei Auswahl der *Wiederholungsart* „Ausgleich" - den Vorteil, dass anstelle eines fixen Betrags im Fenster *Verteilungen* auch eine prozentuale Verteilung über die Spalten *Verteilung %* und *Anzahl Verteilungen* eingetragen werden kann.

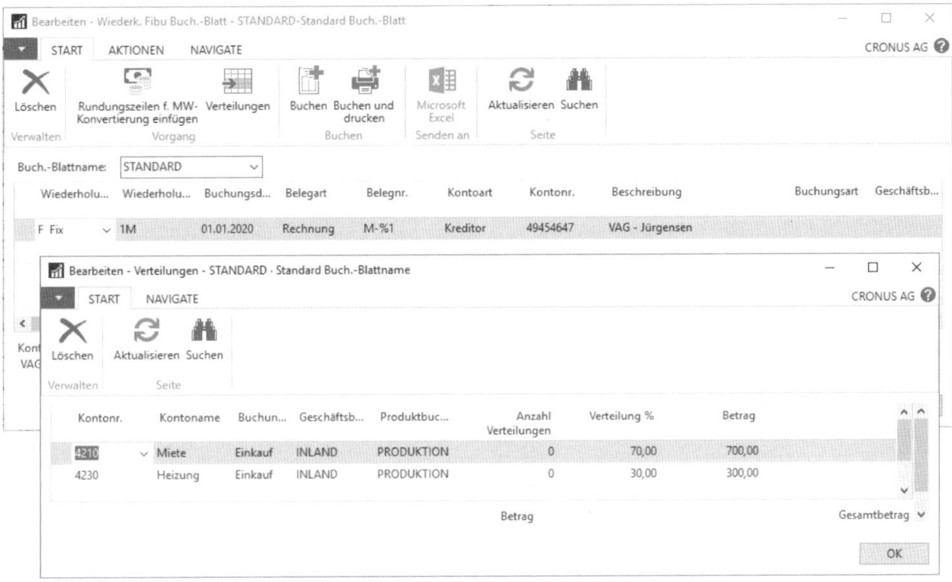

Bild 9.12 Eintragung einer Verteilung für ein wiederkehrendes Buchungsblatt

Um ein wiederkehrendes Buchungsblatt zu buchen, wird wie in Fibu-Buchungsblättern die Schaltfläche *Buchen* im Menüband betätigt. Die Buchung wird aber nur unter folgenden Voraussetzungen durchgeführt:

- Das *Buchungsdatum* der Buchungsblattzeile liegt vor dem aktuellen Arbeitsdatum.
- Das *Buchungsdatum* der Buchungsblattzeile liegt vor dem Ablaufdatum.

Ist eine der beiden Bedingungen nicht erfüllt, wird die Meldung „Es gibt nichts zu buchen" ausgegeben.

Wiederkehrende Buchungsblattzeilen werden nach der Buchung nicht automatisch gelöscht. Es wird jedoch das *Buchungsdatum* der Buchungsblattzeile um die in der *Wiederholungsrate* eingetragene Periode verschoben, womit das Buchungsblatt für die Buchung in der nächsten Periode vorbereitet ist.

HINWEIS: Standard-Buchungsblätter dienen wie wiederkehrende Buchungsblätter zur Unterstützung bei der Erfassung wiederkehrender Buchungen. Sie erlauben aber im Unterschied zu wiederkehrenden Buchungsblättern keine Verwaltung von Wiederholungen und bieten daher primär die Funktion einer Kopiervorlage.

Standard-Buchungsblätter werden nach Erfassung von Fibu-Buchungsblattzeilen über die Schaltfläche *Als Standard Buch.-Blatt speichern* auf der Registerkarte *Aktionen* gespeichert. Um ein Standard-Buchungsblatt später in neue Fibu-Buchungsblattzeilen zu übernehmen, klicken Sie auf die Schaltfläche *Standard Buch.-Blatt abrufen* auf der Registerkarte *Aktionen*. ■

9.4.3 Buchung von Rechnungen

Abhängig vom jeweiligen Geschäftsfall werden Einkaufs- und Verkaufsrechnungen über Einkaufsbestellungen und Verkaufsaufträge oder über die Rechnungserfassung gebucht (siehe Kapitel 5 und 6).

Zusätzlich können Rechnungen aber auch über Fibu-Buchungsblätter gebucht werden, wobei eine Erfassung sowohl in den allgemeinen Buchungsblättern als auch in den dafür vorgesehenen Einkaufs- und Verkaufsbuchungsblättern möglich ist.

9.4.3.1 Einkaufs- und Verkaufsbuchungsblätter

Einkaufs- und Verkaufsbuchungsblätter dienen zur Erfassung von Rechnungen, für die kein Rechnungsdruck aus Dynamics NAV vorgesehen ist. Dies ist beispielsweise dann der Fall, wenn Rechnungen gebucht werden sollen, die ursprünglich entweder manuell oder in einem nicht integrierten Vorsystem - etwa einer fremden Kassenlösung - erstellt und gedruckt worden sind.

Einkaufsbuchungsblätter werden über die Suche und den Link *Einkaufs Buch.-Blätter* geöffnet, Verkaufsbuchungsblätter über den Link *Verkaufs Buch.-Blätter*. Zusätzlich stehen Einkaufsbuchungsblätter auf der Startseite von Benutzerrollen für den Einkauf - beispielsweise „EINKÄUFER“ - und Verkaufsbuchungsblätter auf der Startseite von Benutzerrollen für den Verkauf - beispielsweise „AUFTRAGSVERARBEITUNG“ - zur Verfügung.

9.4.3.2 Kreditoren- und Debitorenposten

Beim Buchen einer Eingangsrechnung wird neben den Sachposten ein Kreditorenposten gebucht, der nach Auswahl des entsprechenden Kreditors über die Schaltfläche *Posten* im Menüband der Kreditorenübersicht abgefragt werden kann.

Der Kreditorenposten zeigt die gebuchte Verbindlichkeit mit *Buchungsdatum*, externer Rechnungsnummer (Spalte *Externe Belegnummer*), *Betrag* und *Währungscode*. Die Spalte *Betrag* beinhaltet dazu ein berechnetes Feld, das die Summe der zugehörigen detaillierten Kreditorenposten berechnet.

Neben gebuchten Rechnungen enthalten Kreditorenposten auch Buchungen der *Belegart* „Zahlung“, „Gutschrift“, „Zinsrechnung“, „Mahnung“ und „Erstattung“ (Rückzahlung).

Detaillierte Kreditorenposten werden in den Kreditorenposten über die Schaltfläche *Detaillierte Kreditorenposten* auf der Registerkarte *Start* aufgerufen. Sie zeigen neben dem ursprünglichen Kreditorenposten, der mit der Rechnung gebucht wird, auch alle Änderungen durch Skonto, Wechselkursregulierung, Rundungs-/Toleranzbuchungen und Postenausgleich.

Wenn eine Zahlung einer Rechnung zugeordnet worden ist, vermindert sich der *Restbetrag* der Rechnung um die Zahlung – vollständig bezahlte Rechnungen weisen einen *Restbetrag* gleich null und kein Häkchen in der Spalte *Offen* auf. Welche Zahlungen einer Rechnung zugeordnet sind, kann nach Markieren des betroffenen Kreditorenpostens über die Schaltfläche *Ausgeglichene Posten* auf der Registerkarte *Start* festgestellt werden.

HINWEIS: Die beschriebenen Funktionen stehen analog auch für Debitorenposten zur Verfügung.

9.4.3.3 Rechnungserfassung in Buchungsblättern

Die Erfassung von Rechnungen in Buchungsblättern entspricht im Wesentlichen der Erfassung allgemeiner Sachkontenbuchungen. Um eine einfache einzeilige Einkaufsrechnung im Einkaufsbuchungsblatt zu erfassen und zu buchen, gehen Sie wie folgt vor:

1. Öffnen Sie über die Suche den Link *Einkaufs Buch.-Blätter.*
2. Falls Sie einen anderen als den vorgeschlagenen Buchungsblattnamen verwenden wollen, treffen Sie die entsprechende Wahl im Auswahlfeld *Buch.-Blattname.*
3. In den Buchungsblattzeilen tragen Sie das *Buchungsdatum*, die *Belegart* „Rechnung“, die *Kontoart* „Kreditor“, die Kontonr. (Kreditorennummer) und den *Betrag* ein.

HINWEIS: Einkaufsrechnungen werden im Haben auf den Kreditor gebucht. Sie sind daher in Buchungsblättern mit einem negativen Betrag zu erfassen, Einkaufsgutschriften (*Belegart* „Gutschrift“) mit einem positiven Betrag.

Verkaufsrechnungen werden im Soll auf den Debitor gebucht und daher mit positivem Betrag erfasst.

4. Die *Beschreibung* wird aus dem Kontonamen vorbelegt und kann mit einem aussagekräftigen Buchungstext überschrieben werden.
5. Für *Gegenkontoart* und *Gegenkontonr.* wählen Sie den passenden Eintrag – meist „Sachkonto“ mit dem entsprechenden Aufwandskonto.
6. Wie bei der Buchung von Rechnungen über Einkaufsbestellungen muss je nach Einrichtung die externe Rechnungsnummer eingetragen werden.
7. Falls nicht bereits in den Buchungsblattzeilen vorhanden, blenden Sie die Spalten *Externe Belegnummer*, *Belegdatum* und *Zlg.-Bedingungscode* ein und tragen die Rechnungsnummer, das Rechnungsdatum und die Zahlungsbedingung ein.
8. Die Spalten *Gegenkonto Buchungsart*, *Gegenkonto Geschäftsbuchungsgr.* und *Gegenkonto Produktbuchungsgr.* werden aus dem Gegenkonto vorbelegt. Sie bestimmen – falls entsprechend eingerichtet – die zugehörigen Gegenkonto-Mehrwertsteuergruppen und damit die Berechnung der Vorsteuer.
9. Um das Buchungsblatt zu buchen, klicken Sie auf die Schaltfläche *Buchen* im Menüband.

HINWEIS: Um den Mehrwertsteuerbetrag vor der Buchung zu sehen, können Sie die Spalten *MwSt.-Betrag* und *Gegenkonto MwSt.-Betrag* einblenden.

9.4.4 Zahlungen und Postenausgleich

Mit dem Buchen der Rechnung entsteht eine offene Kundenforderung oder Lieferantenverbindlichkeit, die über Zahlungen ausgeglichen wird. Die Zuordnung einer Zahlung zur bezahlten Rechnung erfolgt über den Postenausgleich, der je nach *Ausgleichsmethode* im Debitoren- oder Kreditorenstamm explizit angegeben oder automatisch zugewiesen wird.

Die offenen Rechnungen eines Debitors sind in den Debitorenposten als Posten ersichtlich, in denen das Kontrollkästchen *Offen* aktiv und der *Restbetrag* null ist. Durch einen Filter auf die Spalte *Offen* kann eine Übersicht der offenen Debitorenposten angezeigt, offene Rechnungen von Kreditoren können analog in den Kreditorenposten abgefragt werden.

9.4.4.1 Zahlungseingang

Der Eingang von Debitorenzahlungen wird im Zahlungseingangs-Buchungsblatt gebucht, das auf der Startseite über die Menüoption *Zlg.-Eing. Buch.-Blätter* geöffnet wird. Die Buchungsblattzeilen werden nach Auswahl des gewünschten Buchungsblattnamens über die Schaltfläche *Buch.-Blatt bearbeiten* geöffnet.

Die Erfassung des Zahlungseingangs entspricht im Wesentlichen der Erfassung allgemeiner Sachkontenbuchungen, wobei als *Belegart* „Zahlung" und als *Kontoart* „Debitor" vorgeschlagen wird. Der *Betrag* wird für den Zahlungseingang mit negativem Vorzeichen eingegeben. Meist werden für verschiedene Bankkonten unterschiedliche Buchungsblattnamen angelegt, die den jeweiligen Vorschlagswert für *Gegenkontoart* („Bankkonto") und *Gegenkontonr.* enthalten.

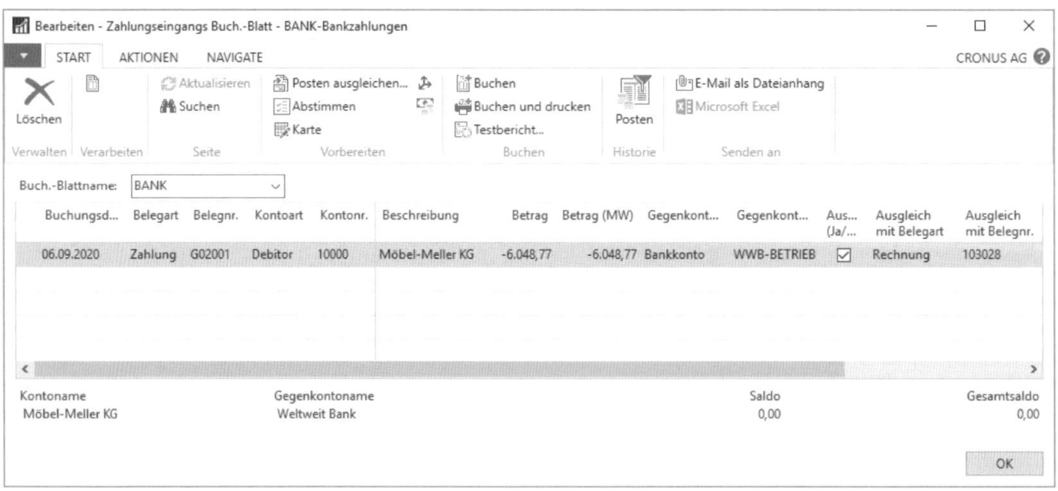

Bild 9.13 Erfassen einer Debitorenzahlung im Zahlungseingangs-Buchungsblatt (mit Postenausgleich)

9.4.4.2 Postenausgleich

Im Vergleich zu allgemeinen Sachkontenbuchungen bietet die Erfassung von Zahlungen eine wesentliche zusätzliche Funktion – den Ausgleich offener Posten. Ein Ausgleich offener Posten kann in gleicher Weise aber auch beim Buchen von Gutschriften durchgeführt werden.

Für den Ausgleich von Rechnungen stehen – nachfolgend am Beispiel der Verkaufsrechnungen gezeigt – folgende Methoden zur Verfügung:

- Eintragen einer auszugleichenden Rechnung in der Zahlungsbuchungsblattzeile.
- Wird nur eine Rechnung – ganz oder teilweise – bezahlt, kann in den Spalten *Ausgleich mit Belegart* und *Ausgleich mit Belegnr.* der Zahlungsbuchungsblattzeile die betroffene Rechnungsnummer eingetragen werden (siehe Bild 9.13).
- Setzen einer *Ausgleichs-ID* im *Debitorenpostenausgleich* zur Zahlungsbuchungsblattzeile.
- Sind mehrere Rechnungen von einer Zahlung betroffen, kann die Schaltfläche *Posten ausgleichen* im Menüband des Zahlungsbuchungsblatts zum Öffnen des Fensters *Debitorenpostenausgleich* aufgerufen werden. Im Debitorenpostenausgleich werden die bezahlten Rechnungen über die Schaltfläche *Ausgleichs-ID setzen* zeilenweise mit einer *Ausgleichs-ID* markiert. Anschließend wird das Ausgleichsfenster geschlossen.
- Nachträglicher Postenausgleich.

  Wird der Postenausgleich nach der Buchung der Zahlung zu einem späteren Zeitpunkt vorgenommen, kann auch in den Debitorenposten die Schaltfläche *Posten ausgleichen* auf der Registerkarte *Start* zum Öffnen des Fensters *Debitorenpostenausgleich* aufgerufen werden. Wie im Zahlungsbuchungsblatt sind die betroffenen Posten zu markieren, wobei im Unterschied zu diesem auch die gebuchte Zahlung markiert und der Ausgleich über die Schaltfläche *Ausgleich buchen* gebucht wird.

Im Zahlungsbuchungsblatt wird der Ausgleich gemeinsam mit der Zahlung beim Buchen des Buchungsblatts gebucht. Sollen Rechnungen nur teilweise ausgeglichen werden, kann der gewünschte Betrag in der Spalte *Ausgleichsbetrag* des Fensters *Debitorenpostenausgleich* eingetragen werden.

TIPP: Wenn Sie im Zahlungsbuchungsblatt einen Ausgleich vornehmen und zuvor in der betroffenen Buchungsblattzeile keinen Betrag eintragen, wird der offene Rechnungsbetrag aus dem Ausgleich automatisch in den Zahlungsbetrag übernommen. Ein eventueller Skonto wird in diesem Vorschlag berücksichtigt.

Falls für den betroffenen Debitor die *Ausgleichsmethode* „Saldomethode" im Debitorenstamm eingetragen ist, wird beim Buchen der Zahlung automatisch die älteste offene Rechnung ausgeglichen, wenn beim Erfassen des Zahlungsbuchungsblatts kein Ausgleich angegeben wird.

HINWEIS: Bei Postenausgleich werden neben dem Skonto auch Skontotoleranz und Zahlungstoleranz aus der Finanzbuchhaltungs-Einrichtung berücksichtigt.

Im Falle von Fremdwährungen werden auch die realisierten Kursdifferenzen entsprechend gebucht.

Ein im Zuge der Zahlung oder nachträglich gebuchter Ausgleich kann aufgehoben werden, indem in den Debitorenposten die Schaltfläche *Ausgleich aufheben* auf der Registerkarte *Start* gewählt wird, um das Fenster *Postenausgleich aufheben* zu öffnen. Nach dem Markieren der betroffenen Ausgleichzeile wird die Schaltfläche *Ausgleich aufheben* betätigt, um den Ausgleich aufzuheben. Wenn ein Posten durch mehrere Ausgleichsposten aufgehoben wird, muss der letzte Ausgleichsposten zuerst aufgehoben werden.

Ursprünglicher Ausgleich und Ausgleichskorrektur werden in den detaillierten Debitorenposten angezeigt. Die betroffene Zahlung kann anschließend einer anderen Rechnung zugeordnet werden.

HINWEIS: Wenn Sie einen Ausgleich aufheben, werden etwaige Sachposten (Skonto, Währungsgewinn/-verlust) des ursprünglichen Ausgleichs aufgehoben, nicht jedoch die Buchung der Zahlung selbst.

Wollen Sie auch die Buchung der Zahlung stornieren, müssen Sie eine entsprechende Stornobuchung in einem Buchungsblatt durchführen. ■

9.4.4.3 Zahlungsausgang und Zahlungsvorschlag

Die Erfassung eines Zahlungsausgangs an einen Kreditor im Zahlungsausgangs-Buchungsblatt, das auf der *Startseite* über die Menüoption *Zlg.-Ausg. Buch.-Blätter* geöffnet wird, entspricht hinsichtlich der Erfassung von Buchungsblattzeilen und der Möglichkeiten zum Postenausgleich dem Zahlungseingang.

Unterschiede bestehen darin, dass im Zahlungsausgangs-Buchungsblatt für die *Kontoart* „Kreditor" vorgeschlagen wird und der Zahlungsbetrag positiv zu erfassen ist. Zusätzlich steht im Zahlungsausgangs-Buchungsblatt die Funktion *Zahlungsvorschlag* zur Verfügung, mit der fällige Kreditorenposten zur Zahlung übernommen werden können.

Der Zahlungsvorschlag wird in den Zahlungsausgangs-Buchungsblattzeilen über die Schaltfläche *Zahlungsvorschlag* abgerufen und schlägt alle Eingangsrechnungen mit einer Fälligkeit bis zu dem im Feld *Letztes Fälligkeitsdatum* des Dialogs eingetragenen Datum vor. Wird das Kontrollkästchen *Skonto finden* im Dialogfeld markiert, wird auch die Skontofrist berücksichtigt. Wenn nur eine Buchungsblattzeile pro Kreditor erstellt werden soll, ist das Kontrollkästchen *Pro Kreditor summieren* zu aktivieren.

Steht nur ein bestimmter Betrag zur Bezahlung von Eingangsrechnungen zur Verfügung, kann dieser im Feld *Verfügbarer Betrag (MW)* des Dialogfelds eingetragen werden. Kreditoren, die eine *Priorität* „1" im Kreditorenstamm eingetragen haben, werden hierbei zuerst vorgeschlagen. Wird das Kontrollkästchen *Kreditorenpriorität verwenden* markiert, werden die Zeilen des Zahlungsvorschlags nach der *Priorität* der Kreditoren sortiert.

Im unteren Teil des Dialogfelds lässt sich ein Filter eintragen, wenn der Zahlungsvorschlag nicht für alle Kreditoren erzeugt werden soll.

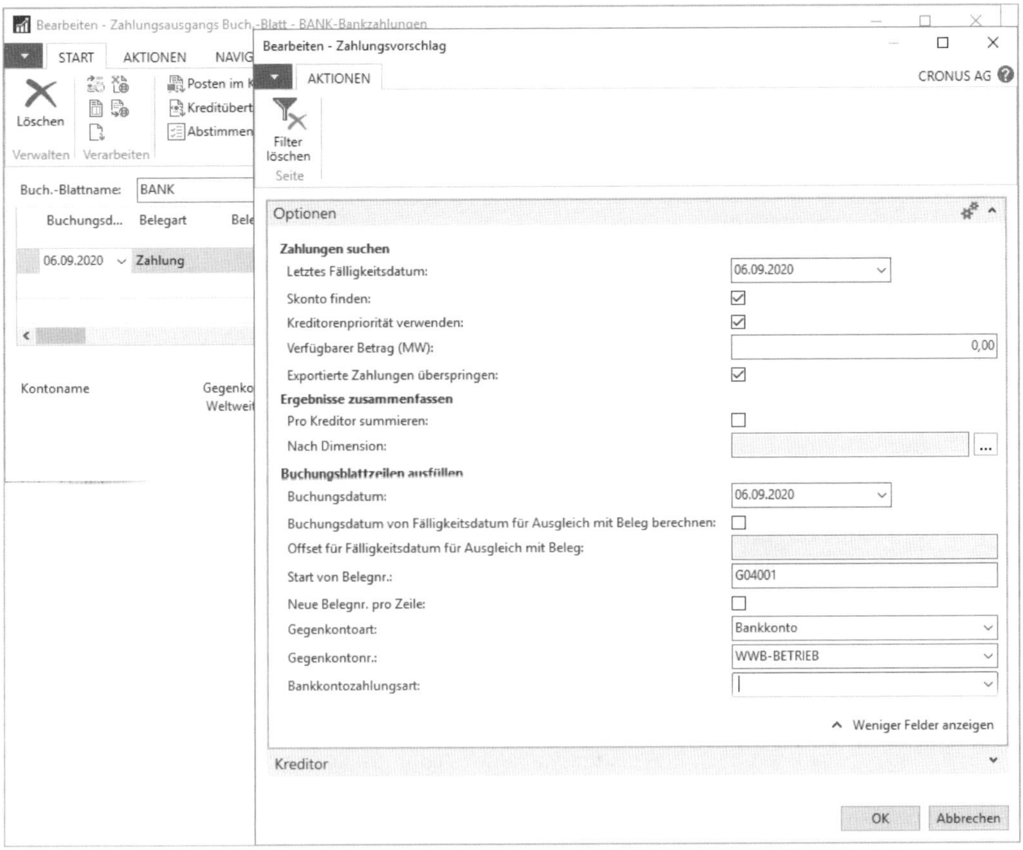

Bild 9.14 Abruf des Zahlungsvorschlags im Zahlungseingangs-Buchungsblatt

Durch den Abruf des Zahlungsvorschlags werden Buchungsblattzeilen mit entsprechendem Postenausgleich erzeugt. Die Buchungsblattzeilen können in weiterer Folge bearbeitet und gebucht werden.

HINWEIS: Wollen Sie einen Kreditorenposten vom Zahlungsvorschlag ausschließen, können Sie in der Spalte *Abwarten* des jeweiligen Kreditorenpostens einen Eintrag – beispielsweise Ihr Kürzel – anbringen.

9.4.4.4 Anleitung zum Zahlungsausgang

Um einen Zahlungsvorschlag zur Zahlung offener Einkaufsrechnungen eines Kreditors zu erhalten und zu buchen, gehen Sie wie folgt vor:

1. Wählen Sie auf der *Startseite* den Listenplatz *Zlg.-Ausg. Buch.-Blätter.*
2. Markieren Sie in der Übersicht die Zeile mit dem gewünschten Buchungsblattnamen und klicken Sie auf die Schaltfläche *Buch.-Blatt bearbeiten*, um die Buchungsblattzeilen zu öffnen.

3. Im Menüband der Buchungsblattzeilen klicken Sie auf die Schaltfläche *Zahlungsvorschlag*.
4. Im Dialogfeld für den Zahlungsvorschlag tragen Sie das *Buchungsdatum* und im Feld *Letztes Fälligkeitsdatum* das Datum ein, bis zu dem zu berücksichtigende Rechnungen fällig sein müssen. Um Skontofristen zu berücksichtigen, aktivieren Sie das Kontrollkästchen *Skonto finden*.
5. Für *Gegenkontoart* und *Gegenkontonr.* wählen Sie das Sachkonto oder Bankkonto, von dem Sie die Zahlung tätigen wollen.
6. Um den Zahlungsvorschlag nur für einen Kreditor zu erzeugen, tragen Sie im Inforegister *Kreditoren* des Dialogfelds einen Filter auf die gewünschte Kreditorennummer (*Nr.*) ein.
7. Nach Betätigen der Schaltfläche *OK* im Dialogfeld werden Buchungsblattzeilen zur Zahlung der offenen Rechnungen erzeugt. Die jeweils zum Ausgleich vorgemerkte Rechnung sehen Sie in der Spalte *Ausgleich mit Belegnr.*.

HINWEIS: Wenn Sie das Kontrollkästchen *Pro Kreditor summieren* im Dialogfeld aktivieren, wird nur eine Buchungsblattzeile für den Kreditor erzeugt. Die zum Ausgleich vorgemerkten Rechnungen sehen Sie in diesem Fall im Fenster *Kreditorenpostenausgleich* (Schaltfläche *Posten ausgleichen*).

8. Das Zahlungsausgangs-Buchungsblatt buchen Sie anschließend über die Schaltfläche *Buchen* im Menüband.

Wenn Sie einzelne Zeilen nicht oder mit einem anderen Betrag buchen wollen, können Sie die entsprechenden Buchungsblattzeilen ändern oder löschen. Die betroffenen Rechnungen werden – falls der Posten nicht auf Abwarten gesetzt wird – im nächsten Zahlungsvorschlag wieder zur Zahlung vorgeschlagen.

9.4.5 Storno- und Korrekturbuchungen

Gebuchte Posten können in Dynamics NAV weder geändert noch gelöscht werden. Um einen fehlerhaften Beleg zu korrigieren, muss eine entsprechende Korrekturbuchung erfasst und gebucht werden.

9.4.5.1 Manueller Storno

Eine Korrekturbuchung wird in einem Buchungsblatt erfasst, indem eine der ursprünglichen Buchung entgegengesetzte Buchungszeile eingetragen wird. Um zwischen Storno und Gutschrift zu unterscheiden, steht das Kontrollkästchen *Storno* in den Buchungsblattzeilen zur Verfügung.

Ist das Kontrollkästchen *Storno* aktiviert, wird ein negativer Soll- oder Habenbetrag gebucht. Dieser gleicht die ursprüngliche Buchung im Soll oder Haben aus („Storno“).

Falls das Kontrollkästchen *Storno* nicht aktiviert ist, wird eine der ursprünglichen Buchung entgegengesetzte Buchung („Gutschrift“) erzeugt. Diese gleicht die ursprüngliche Buchung zwar im Saldo aus, erzeugt aber eine Soll- zur Habenbuchung beziehungsweise eine Haben- zur Sollbuchung.

9.4.5.2 Stornofunktionalität

Die Stornofunktionalität in Dynamics NAV ermöglicht eine einfache Korrektur fehlerhafter Belege im Finanzmanagement. Sie dient zum Storno von Posten aus Buchungsblättern, nicht aber zum Storno von Buchungen aus anderen Bereichen (beispielsweise *Verkaufsrechnungen*). Diese müssen im jeweiligen Bereich korrigiert werden, beispielsweise durch *Verkaufsgutschriften*.

Die Stornierung von Buchungsblattzeilen erfolgt in der Journalabfrage, die einen Überblick aller Buchungen zeigt. Sie wird im Menü *Gebuchte Belege* über den Link *Fibujournale* oder über die Suche und den Link *Fibujournale* geöffnet.

Nach der Markierung des zum Storno vorgesehenen Journals betätigen Sie die Schaltfläche *Journal stornieren*, um das Fenster *Journalbuchungen stornieren* zu öffnen. Dieses Fenster listet alle mit dem jeweiligen Journal verbundenen Buchungen in allen Bereichen auf. Der Storno wird hier über die Schaltfläche *Stornieren* auf der Registerkarte *Start* gebucht.

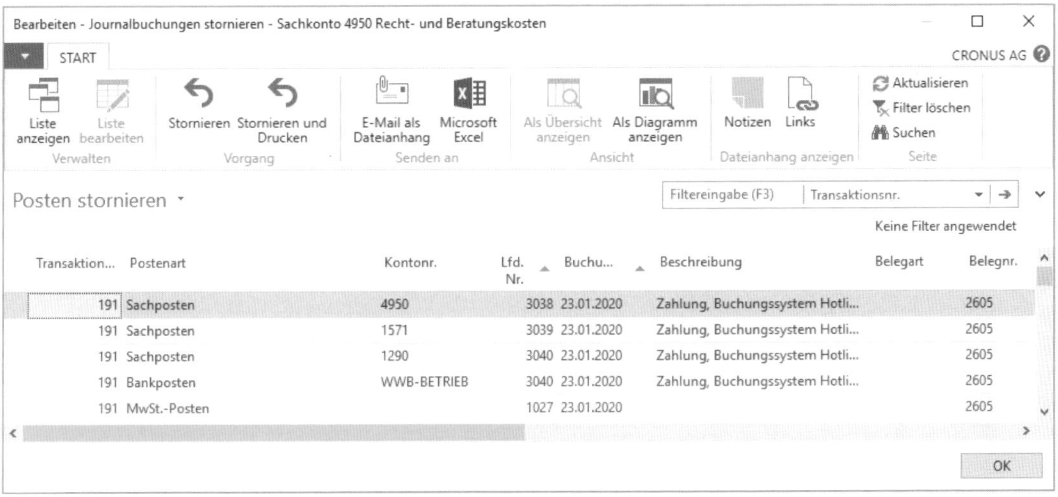

Bild 9.15 Buchen des Stornos im Fenster „Journalbuchungen stornieren“

Die Stornobuchung wird in dasselbe Journal wie die ursprüngliche Buchung gebucht und ist anschließend in der Journalabfrage zu sehen.

Neben der Stornomöglichkeit in der Journalabfrage steht die Stornofunktion auch in der Postenabfrage zur Verfügung – beispielsweise in den Debitorenposten über die Schaltfläche *Transaktion stornieren* auf der Registerkarte *Start*.

HINWEIS: Wenn Debitoren- oder Kreditorenposten nach einem Ausgleich storniert werden sollen, muss vor dem Storno des Postens der Ausgleich aufgehoben werden. ■

9.4.6 Buchungsvorschau

Um zu überprüfen, welche Posten und Belege bei der Buchung erstellt werden, bevor man die tatsächliche Buchung ausführt, steht im Menüband die Aktion *Buchungsvorschau* zur Verfügung. Wählt man die Aktion *Buchungsvorschau*, so öffnet sich ein Fenster, das alle Posten bzw. Belegarten auflistet. Durch Anklicken der Aktion *Zugehörige Posten anzeigen* auf der Registerkarte *Start* des Menübands kann man sich die Details zu der einzelnen Postenart ansehen.

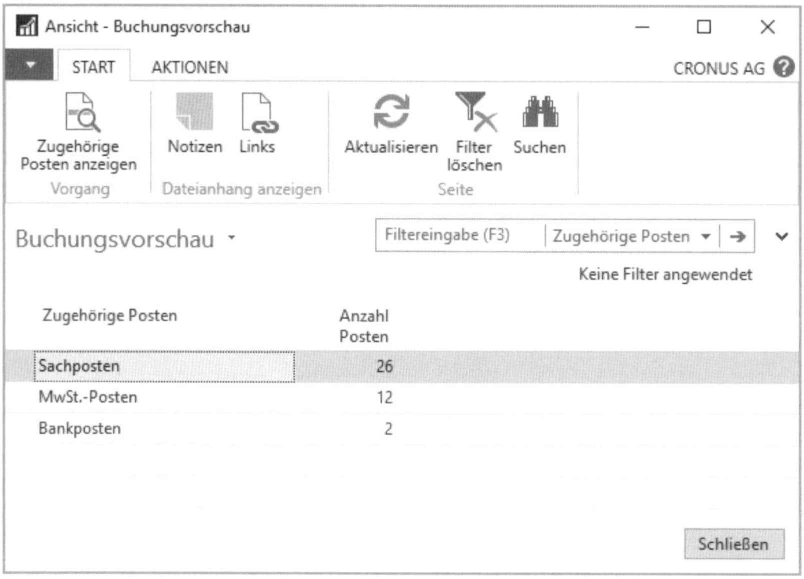

Bild 9.16 Seite „Buchungsvorschau" mit Auflistung von Posten

Die Buchungsvorschau befindet sich in allen Belegen und Buchblättern. Beim Aufruf der Buchungsvorschau werden noch keine gebuchten Belege oder Posten erstellt, sondern es wird lediglich eine Vorschau angezeigt. Schließt man das Fenster, so hat man noch die Möglichkeit, Daten zu ändern, bevor man die tatsächliche Buchung ausführt.

■ 9.5 Bestandsbewertung und Lagerregulierung

Eine der Stärken von Dynamics NAV liegt darin, durch den hohen Integrationsgrad eine exakte Lagerbewertung zu ermöglichen. So werden neben der Bewertung zum Durchschnittspreis oder zum Standardpreis auch die Verfahren FIFO (First In First Out), LIFO (Last In First Out) und Identitätspreis durchgängig unterstützt.

9.5.1 Einstandspreisberechnung

Die Bewertung des Lagers erfolgt – mit Ausnahme des Standardpreisverfahrens – nach einem einfachen Prinzip:

- Zugangswerte werden bei der Buchung bestimmt.
- Abgangswerte ergeben sich aufgrund des zugeordneten Zugangswerts.

Der Wert eines Lagerabgangs kann damit nicht explizit bei der Buchung angegeben werden, sondern ergibt sich aus dem Wert der über die Lagerabgangsmethode (FIFO, LIFO, Durchschnittspreis, Identitätspreis) zugeordneten Zugangsbewegung.

Einen Sonderfall stellt in diesem Zusammenhang die Bewertung zum Standardpreis dar, bei dem der Zugangswert vorab definiert wird und auch für die Zugangsbewegung in der Buchung nicht geändert werden kann.

9.5.1.1 Einstellungen zur Bestandsbewertung

Einstellungen zur Lagerbewertung sind im Artikelstamm enthalten, womit die Bewertungsmethode in Abhängigkeit vom Artikel unterschiedlich gewählt werden kann.

Daneben sind – falls Durchschnittspreise geführt werden – in der Lagereinrichtung die Auswahlfelder *Einst.-Pr.(durchschn.)Ber.-Art* und *Durchschnittskostenperiode* zur Steuerung der Durchschnittspreisberechnung einzustellen.

9.5.1.1.1 Einstellungen im Artikelstamm

Die zentralen Einstellungen zur Bewertung von Artikeln sind im Inforegister *Fakturierung* der Artikelkarte zu finden. Im Feld *Lagerabgangsmethode* wird festgelegt, ob die Bewertung der Abgangsbewegungen nach FIFO, LIFO, Durchschnittspreis oder Standardpreis erfolgt.

Bei Standardpreisverfahren ist der Standardpreis, der zur Bewertung von Lagerzugangsbewegungen herangezogen wird, im Feld *Einstandspreis (fest)* einzutragen.

Für die Bewertungsverfahren FIFO, LIFO und Durchschnittspreis wird der durchschnittliche Einstandspreis (= Lagerwert/Lagermenge) im Feld *Einstandspreis* geführt, das im Zuge der Lagerregulierung – oder beim Buchen einer Eingangsrechnung mit Überschreiten des Nullbestands – automatisch aktualisiert wird. Der im Artikel hinterlegte *Einstandspreis* wird dann für Lagerzugänge über Artikelbuchungsblätter – beispielsweise Inventurdifferenzen – als Vorschlagswert herangezogen.

Der Einstandspreis kann aber auch auf Ebene von Lagerorten und Varianten verwaltet werden. Dazu stehen die Felder *Einstandspreis* und *Einstandspreis (fest)* auch im Inforegister *Fakturierung* der Lagerhaltungsdaten zur Verfügung, die im Artikelstamm über die Schaltfläche *Lagerhaltungsdaten* auf der Registerkarte *Navigate* aufgerufen werden können.

9.5.1.1.2 Lagerabgangsmethoden

Zur Bewertung des Lagerabgangs stehen in Dynamics NAV folgende Lagerabgangsmethoden zur Verfügung:

- **FIFO (First In First Out)** – Lagerabgänge werden wertmäßig dem ältesten Zugang zugeordnet.

- **LIFO (Last In First Out)** – Lagerabgänge werden wertmäßig dem jüngsten Zugang zugeordnet.
- **Ausgewählt (Identitätspreis)** – Zuordnung des Lagerabgangs auf Seriennummernebene (Voraussetzung: Artikelverfolgung ist Seriennummer-spezifisch).
- **Durchschnitt** – Bewertung des Lagerabgangs mit dem durchschnittlichen Einstandspreis zum Abgangsdatum.
- **Standard** – Bewertung zum Standardpreis.

Bei der Lagerabgangsmethode „Standard“ werden Lagerzugänge zum *Einstandspreis (fest)* aus Artikelstamm oder Lagerhaltungsdaten bewertet, womit auch Lagerabgänge mit diesem Einstandspreis gebucht werden. Falls der *Einstandspreis (fest)* im Artikelstamm geändert wird, wird der bestehende Lagerbestand den nachfolgenden Lagerabgängen über das FIFO-Prinzip zugeordnet.

HINWEIS: Soll der neue Standardpreis sofort wirksam werden, können Sie eine Neubewertung des Lagerbestands über ein Neubewertungs-Buchungsblatt buchen.

9.5.1.2 Bewertung der Lagerbewegungen

In Dynamics NAV werden im Rahmen der Lagerführung zwei Buchungstypen unterschieden:

- Artikelposten für Änderungen der Lagermenge
- Wertposten für Änderungen des Lagerwerts

HINWEIS: Wertposten werden auch durch Kapazitätsposten erzeugt, die über Ist-Meldungen des Kapazitätsverbrauchs an Arbeitsplätzen der Produktion gebucht werden (siehe Kapitel 7).

Mit jeder Änderung des Lagerbestands werden daher Artikelposten und Wertposten erzeugt. Im Rahmen der Lagerregulierung werden zu den Wertposten entsprechende Sachposten im Hauptbuch gebucht. Ob hier für Lieferscheine eine vorläufige Bewertung („Soll-Kosten“) auf Interimskonten oder die Änderungen des Lagerwerts erst mit der Rechnung auf Sachkonten gebucht werden, kann über das Kontrollkästchen *Soll-Kosten buchen* in der Lagereinrichtung gesteuert werden.

9.5.1.2.1 Bewertung von Lagerzugängen

Lagerzugänge werden beispielsweise über Einkaufsbestellungen erfasst. Sie werden durch Buchung entsprechender Wertposten zum Lieferschein vorläufig und zur Rechnung endgültig bewertet.

Dazu wird beim Buchen des Lieferscheins neben einem Artikelposten für den Zugang der Menge auch ein Wertposten registriert, in dem der vorläufige Wert („Soll-Kosten“) in der Spalte *Einstandspreis (erwartet)* gebucht wird.

Mit dem Buchen der Rechnung wird ein zweiter Wertposten registriert, der die vorläufige Wertbuchung durch einen entsprechenden negativen *Einstandspreis (erwartet)* aufhebt und den Rechnungswert in der Spalte *Einstandspreis (tatsächl.)* enthält. Dieser Wertposten ist – parallel zum Wertposten der Lieferung – mit dem Artikelposten der Lieferung verknüpft.

Nach Aufruf der Artikelposten – beispielsweise im Artikelstamm über die Schaltfläche *Posten/Posten* auf der Registerkarte *Start* – können die Wertposten zu einem Artikelposten über die Schaltfläche *Wertposten* der Registerkarte *Start* abgefragt werden (siehe Bild 9.17).

Für Buchungen ohne Lieferschein (etwa Artikelbuchungsblätter oder direkte Buchung von Eingangsrechnungen) entfällt der Wertposten zum Lieferschein. In diesem Fall wird nur ein Wertposten mit dem *Einstandspreis (tatsächl.)* gebucht.

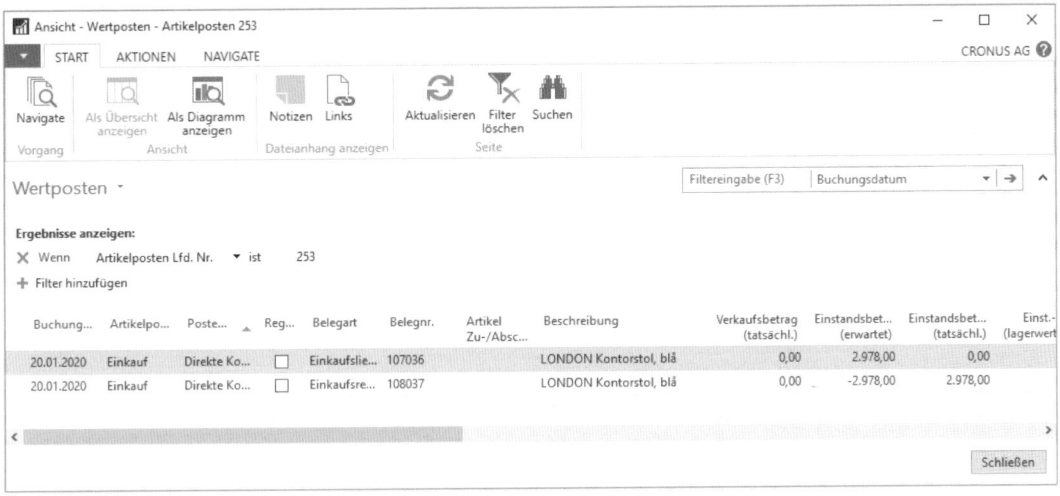

Bild 9.17 Wertposten für Lieferung und Rechnung (nach dem Buchen der Rechnung)

Als Einstandspreis wird für Artikel mit Standardpreisverfahren der *Einstandspreis (fest)* herangezogen. Für die übrigen Bewertungsverfahren wird der in der jeweiligen Buchungszeile eingetragene Einstandspreis gebucht – in Einkaufsbestellungen beispielsweise der Einkaufspreis abzüglich Rabatt und eventuellem Kostenzuschlag.

HINWEIS: Beim Buchen einer Einkaufsrechnung für Artikel mit Standardpreisverfahren wird ein zweiter Wertposten erzeugt. Dieser enthält die Preisabweichung und bildet die Basis für die entsprechende Sachkontenbuchung. ■

9.5.1.2.2 Bewertung von Lagerabgängen

Lagerabgänge werden beispielsweise über Verkaufsaufträge erfasst. Wie bei Lagerzugängen wird bei der Lieferscheinbuchung ein Artikelposten und ein Wertposten mit dem erwarteten Einstandsbetrag, beim Buchen der Rechnung ein Wertposten mit dem tatsächlichen Einstandsbetrag gebucht.

Im Unterschied zum Lagerzugang wird der Wert des Lagerabgangs aber nicht durch die gebuchte Rechnung bestimmt – diese bestimmt den Verkaufserlös –, sondern aufgrund des Werts der Zugangsbuchungen, die den abgehenden Bestand ergeben.

Dazu wird der Lagerwert von Lagerabgängen zum Zeitpunkt der Buchung zunächst – unabhängig von der *Lagerabgangsmethode* des Artikels – aus dem in der Artikelkarte oder den Lagerhaltungsdaten enthaltenen Einstandspreis abgeleitet.

Die tatsächliche Zuordnung der wertbestimmenden Zugangsbewegungen wird durch die *Lagerabgangsmethode* bestimmt und durch die Lagerregulierung berechnet. Der Abgangswert ist daher erst dann in Übereinstimmung mit der *Lagerabgangsmethode* final gültig, wenn die Eingangsrechnungen aller betroffenen Lagerzugänge gebucht sind und die Lagerregulierung durchgeführt worden ist.

In diesem Zusammenhang ist zu beachten, dass beispielsweise durch die Buchung eines Artikel-Zu-/Abschlags der Wert eines Lagerzugangs auch nach dem Buchen der Eingangsrechnung geändert werden kann, wodurch sich der Abgangswert ebenfalls ändert.

9.5.1.2.3 Artikelpostenausgleich

Analog zum Ausgleich von Rechnungen durch Zahlungen bei Debitoren- und Kreditorenposten wird auch für Lagerbewegungen ein Ausgleich gebucht. Dieser Ausgleich stellt die Verknüpfung von Lagerzugängen und Lagerabgängen in Form von Artikelausgleichsposten her.

Der Artikelausgleich beim Buchen eines Lagerabgangs ist abhängig von der Lagerabgangsmethode des betroffenen Artikels:

- Ausgleich des ältesten Zugangs-Artikelpostens bei „FIFO“, „Standard“ und „Durchschnitt“
- Ausgleich des jüngsten Zugangs-Artikelpostens bei „LIFO“

HINWEIS: Für den Wert des Lagerabgangs wird bei der Lagerabgangsmethode „Durchschnitt“ nicht der Wert des ausgeglichenen ältesten Zugangs-Artikelpostens selbst herangezogen, sondern der Durchschnittspreis. Zur korrekten Berechnung des Durchschnittspreises werden zusätzliche Posten in der systeminternen Tabelle *Einst.-Pr. (durchschn.) Regul. Startzeitpunkt* gebucht.

Ein Artikelpostenausgleich kann auch manuell als fester Ausgleich erfasst werden, indem beim Erfassen einer Belegzeile der auszugleichende Artikelposten in der Spalte *Ausgleich mit Lfd. Nr.* oder *Ausgleich mit Artikelposten* eingetragen wird. In diesem Fall werden der Zugang und der Abgang unabhängig von der Lagerabgangsmethode wertmäßig fest miteinander verknüpft. Dies ist oft dann gewünscht, wenn bei einer Gutschrift der ursprüngliche Lagerwert exakt storniert werden soll (vergleiche Kapitel 4).

Um festzustellen, welche Artikelposten miteinander verknüpft sind, kann in den Artikelposten nach dem Markieren der betroffenen Zeile die Schaltfläche *Ausgeglichene Posten* auf der Registerkarte *Start* aufgerufen werden.

9.5.2 Lagerregulierung

Die Lagerregulierung in Dynamics NAV dient zur Ermittlung des exakten Werts von Lagerbestand und Lagerbewegungen. Sie erfolgt in zwei Schritten, die nacheinander ausgeführt werden:

- Regulierung der Einstandspreise (Stapelverarbeitung *Lagerreg. fakt. Einst. Preise*)
- Buchen der Regulierung (Stapelverarbeitung *Lagerregulierung buchen*)

Je nach Einstellung der Lagereinrichtung werden die Stapelverarbeitungen beim Buchen von Lagerbewegungen automatisch ausgeführt oder periodisch – spätestens im Zuge des Monatsabschlusses – manuell abgerufen.

9.5.2.1 Regulierung der Einstandspreise

Die Regulierung der Einstandspreise, die in der Suche über den Link *Lagerreg. fakt. Einst. Preise* aufgerufen wird, dient zur Berechnung des exakten Werts von Abgangsbewegungen aufgrund der *Lagerabgangsmethode* des jeweiligen Artikels.

Voraussetzung für die Regulierung eines Abgangs ist die entsprechende Verknüpfung mit einem Zugang über den Artikelpostenausgleich. Dieser ist beispielsweise nicht möglich, wenn Abgang und Zugang mit unterschiedlichen Lagerortcodes gebucht werden.

Änderungen des Abgangswerts werden als zusätzliche Wertposten in Form von Regulierungswertposten gebucht. Diese haben die gleiche Belegnummer wie der ursprüngliche Beleg und sind in den Wertposten durch eine Markierung in der Spalte *Regulierung* gekennzeichnet (siehe Bild 9.18). Solange die Lagerbuchungsperiode des ursprünglichen Belegs noch offen ist, wird der Regulierungsposten mit dem ursprünglichen Belegdatum gebucht, ansonsten mit dem Startdatum der nächsten offenen Periode.

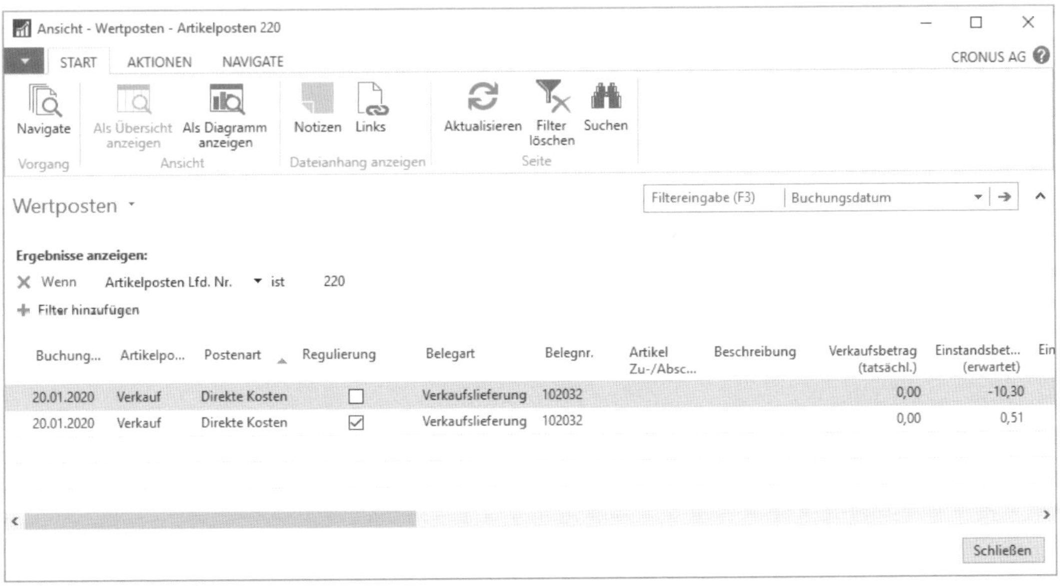

Bild 9.18 Regulierungswertposten zu einer Verkaufsrechnung

HINWEIS: Die Regulierung der Einstandspreise wird automatisch beim Buchen von Lagerbewegungen durchgeführt, wenn dies im Auswahlfeld *Automatische Lagerregulierung* der Lagereinrichtung festgelegt wird.

9.5.2.2 Buchen der Regulierung

Nachdem durch das Berechnen der Einstandspreise exakte Lagerwerte zur Verfügung stehen, werden die Lagertransaktionen mit dem Buchen der Regulierung auf die zutreffenden Bestands- und Verbrauchskonten im Hauptbuch gebucht und Einkaufskonten sowie Interimskonten bereinigt.

9.5.2.2.1 Berechnung der Sachposten

Als Basis für das Buchen der Regulierung werden die Wertposten im Lager herangezogen, die betroffenen Sachkonten werden aus Buchungsmatrix und Lagerbuchungsgruppe/Lagerbuchungs-Einrichtung in Verbindung mit der Buchungsart (siehe den Abschnitt 9.3, „Integrationseinstellungen“) ermittelt.

Der im Hauptbuch gebuchte Wert ergibt sich für jeden Wertposten aus der Differenz zwischen den Spalten *Einstandsbetrag (tatsächl.)* und *Gebuchte Lagerregulierung.* Mit der Buchung der Sachposten wird der gebuchte Betrag in das Feld *Gebuchte Lagerregulierung* des Wertpostens übertragen, womit bei der nächsten Buchung der Lagerregulierung nur eventuell später entstandene Differenzen zwischen den Spalten *Einstandsbetrag (tatsächl.)* und *Gebuchte Lagerregulierung* herangezogen werden.

Die zu einem Wertposten gebuchten Sachposten können im Wertposten über die Schaltfläche *Finanzbuchhaltung* auf der Registerkarte *Navigate* oder umgekehrt im Sachposten über die Aktion *Wertposten* auf der Registerkarte *Start* abgefragt werden.

HINWEIS: In Wertposten zu Lieferscheinen ist der Betrag in der Spalte *Einstandsbetrag (tatsächl.)* gleich null, der Wert der Lieferung ist in der Spalte *Einstandsbetrag (erwartet)* enthalten.

Sollen Lieferscheine automatisch im Hauptbuch gebucht werden, muss das Kontrollkästchen *Soll-Kosten buchen* in der Lagereinrichtung aktiviert sein. In diesem Fall wird für jeden Wertposten auch die Differenz zwischen den Spalten *Einstandsbetrag (erwartet)* und *Auf Sachkonto geb. Soll-Kosten* auf Sachkonten gebucht.

9.5.2.2.2 Ermittlung der Sachkonten

Bei der Buchung einer Einkaufsrechnung wird in Dynamics NAV zunächst sofort auf das *Wareneinkaufskonto* und damit in der Regel in den Aufwand gebucht. Parallel dazu wird mit der Verkaufsrechnung zunächst nur ein Umsatzerlös im *Warenverkaufskonto* gebucht.

Um Bestands- und Verbrauchsbuchungen im Hauptbuch zu erhalten, ist die Lagerregulierung zu buchen. Die betroffenen Sachkonten, die sich aus den Einstellungen zur Sachkontenintegration ergeben (siehe den Abschnitt 9.3, „Integrationseinstellungen“), sind in folgender Tabelle zusammengefasst:

Tabelle 9.2 Sachposten bei Rechnungsbuchung und Lagerregulierung

Geschäftsfall	Buchung	Konto	Gegenkonto
Einkauf (Rechnung)	Rechnung	Wareneinkaufskonto (Buchungsmatrix)	Kreditorensammelkonto (Kreditorenbuchungsgruppe)
	Regulierung	Lagerkonto (Lagerbuchung Einrichtung)	Direkte Kosten Verrech.-Konto (Buchungsmatrix)
Verkauf (Rechnung)	Rechnung	Debitorensammelkonto (Debitorenbuchungsgruppe)	Warenverkaufskonto (Buchungsmatrix)
	Regulierung	Lagerverbrauchskonto (Buchungsmatrix)	Lagerkonto (Lagerbuchung Einrichtung)

HINWEIS: Bei Preisabweichungen, beispielsweise beim Einkauf von Artikeln mit Standardpreisverfahren, wird im Zuge der Lagerregulierung eine weitere Buchung erzeugt („Lagerkonto gegen Einkaufsabweichungskonto“).

Falls die Sachkontenintegration von Lieferscheinbuchungen in der Lagereinrichtung aktiviert ist, wird im Zuge der Lagerregulierung zusätzlich eine Sachkontenbuchung von *Lagerzugangskonto (Interim)* beziehungsweise *Lagerverbrauchskonto (Interim)* in der Buchungsmatrix gegen das *Lagerkonto (Interim)* in der *Lagerbuchung Einrichtung* gebucht.

Die Spalten für die Interimskonten in der Buchungsmatrix werden standardmäßig nicht angezeigt und müssen daher bei Bedarf eingeblendet werden.

9.5.2.2.3 Abruf der Buchung

Das Buchen der Regulierung wird über die Suche und den Link *Lagerreg. buchen* aufgerufen. Wird für die *Buchungsmethode* die Option „Pro Buchungsgruppe“ gewählt, wird nur ein Sachposten pro Buchungsgruppenkombination und Tag erstellt. Um die Regulierung der einzelnen Transaktionen nachvollziehen zu können, wird die Option „Pro Posten“ gewählt.

Zur Durchführung der Buchung wird das Kontrollkästchen *Buchen* aktiviert. Andernfalls würde nur ein Testbericht gedruckt, der die zu buchenden Sachposten zeigt, aber bei Fehlern – beispielsweise fehlende Einrichtung der Buchungsgruppenkombination (Buchungsmatrix) – abgebrochen wird. Um vor dem Buchen der Regulierung einen vollständigen Bericht zu erhalten, der auch fehlerhafte Buchungen zeigt, wählen Sie den Link *Lagereinstandspreise buchen – Test.*

Das Buchen der Lagerregulierung erfolgt automatisch, wenn in der Lagereinrichtung das Kontrollkästchen *Automatische Lagerbuchung* aktiviert ist.

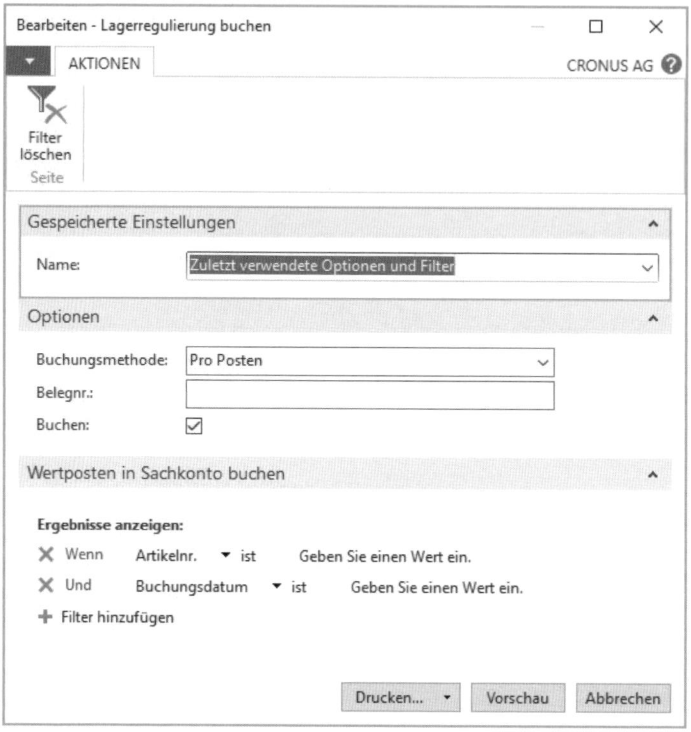

Bild 9.19 Abruf der Lagerregulierungs-Buchung

HINWEIS: Vor dem Buchen der Lagerregulierung sollte eine Regulierung der Einstandspreise stattfinden, um eine exakte Wertermittlung sicherzustellen – entweder automatisch über die entsprechende Einstellung in der Lagereinrichtung oder manuell durch Aufruf der Stapelverarbeitung.

9.6 Auswertungen

Besonders in der Finanzbuchhaltung spielen Auswertungen eine große Rolle. So ist zum Beispiel die Bilanz auch eine Art der Auswertung, die am Geschäftsjahresende erstellt wird. Auch Buchungen aus anderen Modulen wie Einkauf, Verkauf oder Lager erstellen Posten in der Finanzbuchhaltung und fließen daher auch in die entsprechenden Auswertungen ein.

9.6.1 Navigate

Eine einfache Art der Auswertung, die auch sehr gerne für die Suche von Informationen benutzt wird, ist die Navigate-Funktion. Diese Funktion lässt sich direkt über die Suche und den Link *Navigate* aufrufen. Sie befindet sich aber auch im Menüband aller Seiten, die historische Informationen beinalten, wie z. B. gebuchte Belege oder Posten.

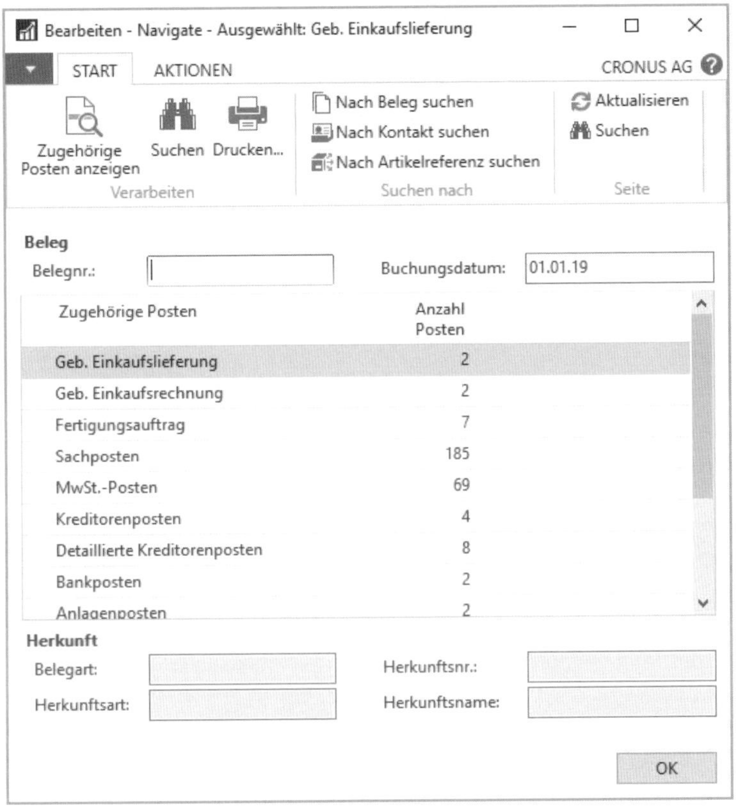

Bild 9.20 „Navigate“ mit Anzeige aller Buchungen vom 01.01.2019

Ruft man das *Navigate*-Fenster über die Suche auf, sind noch keine Daten vorausgefüllt. Man hat hier folgende Möglichkeiten der Suche:

- **Nach Beleg suchen** – diese Suche bietet sich an, wenn man nach einer Belegnummer oder nach Buchungen eines bestimmten Datums suchen möchte.
- **Nach Kontakt suchen** – diese Suche bietet sich an, wenn man Buchungen eines bestimmten Debitors oder Kreditors sucht oder bei einer Kreditorenbuchung nur die externe Belegnummer bekannt ist.
- **Nach Artikelreferenz suchen** – diese Suche bietet sich an, wenn man nach einer bestimmten Serien- oder Chargennummer suchen möchte.

Hat man den Suchgriff eingegeben, kann man über die Aktion *Suchen* des Registers *Start* im Menüband die Suche starten. Werden historische Daten gefunden, werden diese aufgelistet.

Durchsucht werden alle gebuchten Belege und alle Posten. Möchte man Details zu dem Suchergebnis sehen, so markiert man die entsprechende Zeile und wählt die Aktion *Zugehörige Posten anzeigen* auf der Registerkarte *Start* des Menübands.

9.6.2 Ansicht der Posten

Eine weitere Möglichkeit, Daten auszuwerten, ist das Öffnen einer Seite, die Posten enthält, um mittels Filtersetzung die Anzeige auf dieser Seite einzuschränken. Diese gefilterten Zeilen können dann für weitere Auswertungen z. B. nach Excel gesendet werden.

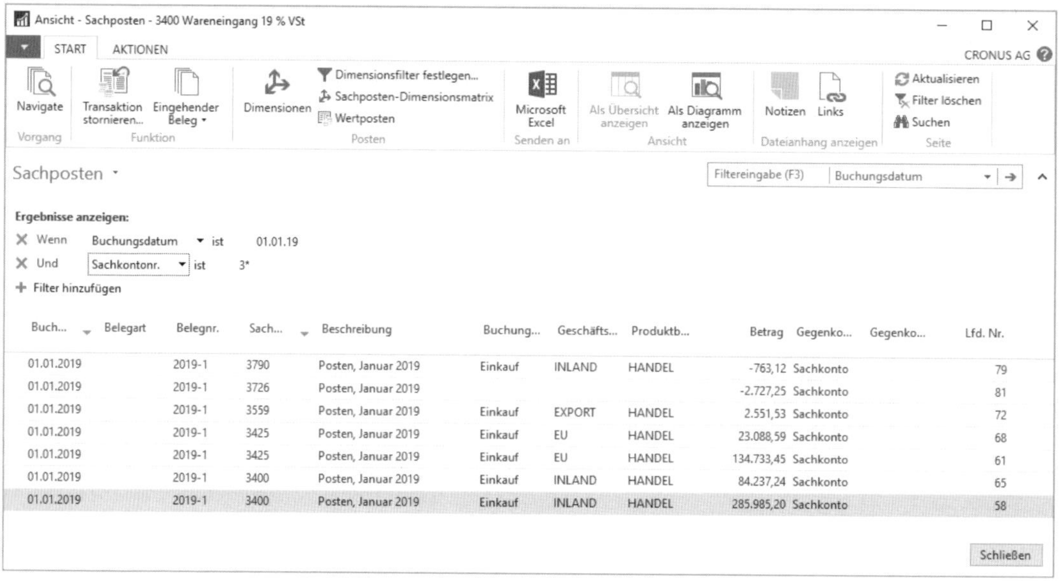

Bild 9.21 Sachposten mit Filter auf Buchungsdatum und Sachkontonummer

Die wichtigsten Posten sind dabei folgende:

- **Sachposten** – beinhalten die Daten der Finanzbuchhaltung und werden vor allem für Auswertungen zum Geschäftserfolg und Jahresabschluss benötigt.
- **MwSt.-Posten** – beinhalten die Daten, die für die Umsatzsteuererklärung und zusammenfassende Meldungen benötigt werden.
- **Debitorenposten** – beinhalten die Daten, die die Basis für den Mahnlauf, Anzeige der offenen Posten und Auswertungen bezüglich Verkäufe benötigt werden.
- **Kreditorenposten** – beinhalten die Daten, die für die Erstellung des Zahlungsvorschlags, Anzeige der offenen Posten und Auswertungen bezüglich Einkäufe benötigt werden.
- **Artikelposten** – beinhalten die Daten, die für die Anzeige der Lagerstände und Berechnung der Inventur benötigt werden.
- **Wertposten** – beinhaltet die Daten, die zur Berechnung des Lagerwertes und der Deckungsbeiträge benötigt werden.

- **Anlagenposten** – beinhaltet die Daten, die zur Berechnung der Abschreibungen und für Auswertungen in der Anlagenbuchhaltung benötigt werden.

HINWEIS: Die Ansicht der Posten kann über die Suche und der Eingabe des jeweiligen Namens aufgerufen werden. Diese Aufzählung beinhaltet nicht alle in Dynamics NAV verfügbaren Posten, sondern nur die am meisten verwendeten.

9.6.3 Berichte

In Dynamics NAV stehen auch eine Vielzahl von vorgefertigten Berichten zur Verfügung, die für Auswertungen in der Finanzbuchhaltung verwendet werden können.

Die dabei am häufigsten zum Einsatz kommenden Berichte sind folgende:

- **Sachkonto - Kontoblatt** – dient zum Drucken eines ausführlichen Rohbilanzberichts für Sachkontosalden.
- **Bilanz** – druckt eine Bilanz anhand der eingerichteten Kontokategorien und Kontounterkategorien.
- **GuV** – druckt eine Gewinn- und Verlustaufstellung anhand der eingerichteten Kontokategorien und Kontounterkategorien.
- **Sachkonto - Summen Saldenliste** – druckt eine Liste der Salden für die gewählte Periode und das gesamte Geschäftsjahr.

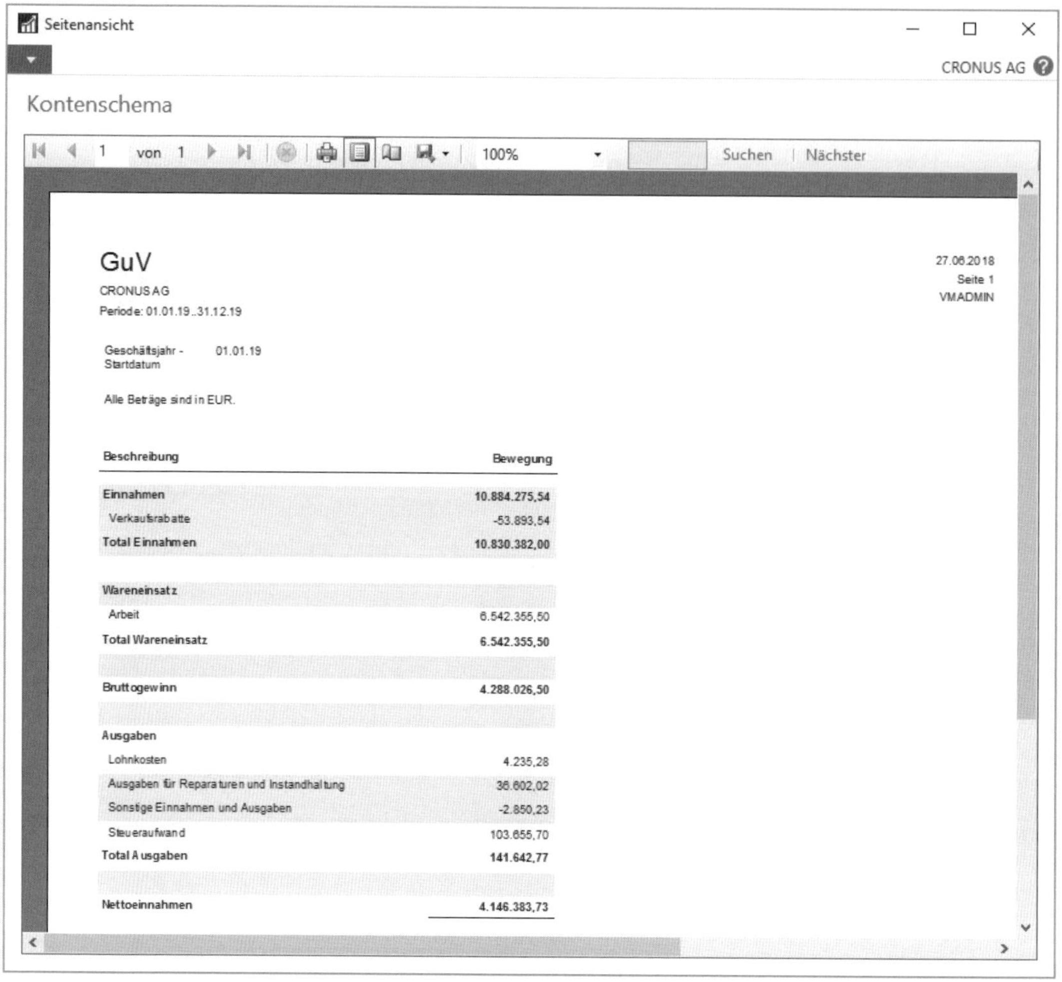

Bild 9.22 Bericht GuV für das Geschäftsjahr 2019

9.6.4 Kontenschema

Das Kontenschema in Dynamics NAV bietet Benutzern die Möglichkeit, sich auf flexible Art und Weise Auswertungen zu erstellen. Die erstellten Schemata können gespeichert und somit beliebig oft aufgerufen werden. Der Benutzer kann hier sowohl die Zeilen als auch die Spalten selbst einrichten. Das Ergebnis stellt eine Matrix mit der Kombination der Zeilen und Spalten dar. Zeilen und Spalten können auch beliebig kombiniert werden.

Der Aufruf eines Kontenschemas erfolgt über die Suche und den Link *Kontenschemata*. Nach Aufruf des Fensters kann man entweder ein neues Kontenschema anlegen oder mittels der Aktion *Kontenschema bearbeiten* im Menüband ein bestehendes anpassen.

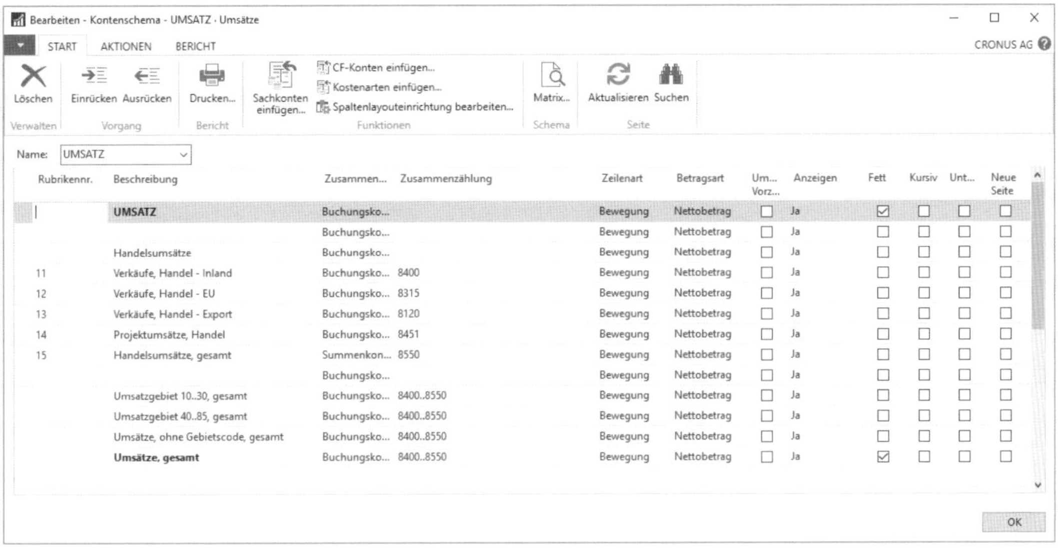

Bild 9.23 Kontenschemazeilen im Bearbeitungsmodus

Folgende Spalten können bei den Kontenschemazeilen eingerichtet werden:

- **Rubrikennr.** – Nummer, die vergeben werden kann und bei der Zusammenzählungsart *Formel* verwendet werden kann.
- **Beschreibung** – Beschreibung der Zeile.
- **Zusammenzählungsart** – gibt die Datenbasis an.
- **Zusammenzählung** – gibt an, welche Basiszeilen summiert werden sollen.
- **Zeilenart** – gibt an, ob man eine Bewegung, Saldo bis Datum oder einen Saldovortrag sehen möchte.
- **Betragsart** – gibt an, ob man einen Nettobetrag, Sollbetrag oder Habenbetrag sehen möchte.
- **Umgekehrtes Vorzeichen anz.** – dreht das Vorzeichen um.
- **Anzeigen** – gibt an, ob diese Zeile angezeigt werden soll.
- **Fett** – gibt an, ob diese Zeile beim Ausdruck fett gedruckt werden soll.
- **Kursiv** – gibt an, ob diese Zeile beim Ausdruck kursiv gedruckt werden soll.
- **Unterstrichen** – gibt an, ob diese Zeile beim Ausdruck unterstrichen gedruckt werden soll.
- **Neue Seite** – gibt an, dass beim Ausdruck mit dieser Zeile eine neue Seite begonnen werden soll.

HINWEIS: Über die Aktion *Sachkonten einfügen* des Menübands können mehrere Sachkontozeilen gleichzeitig in ein Kontenschema geholt werden.

Nachdem man die Zeilen eingerichtet hat, kann man über die Menübandaktion *Spaltenlayouteinrichtung bearbeiten* Spalten für das Kontenschema einrichten.

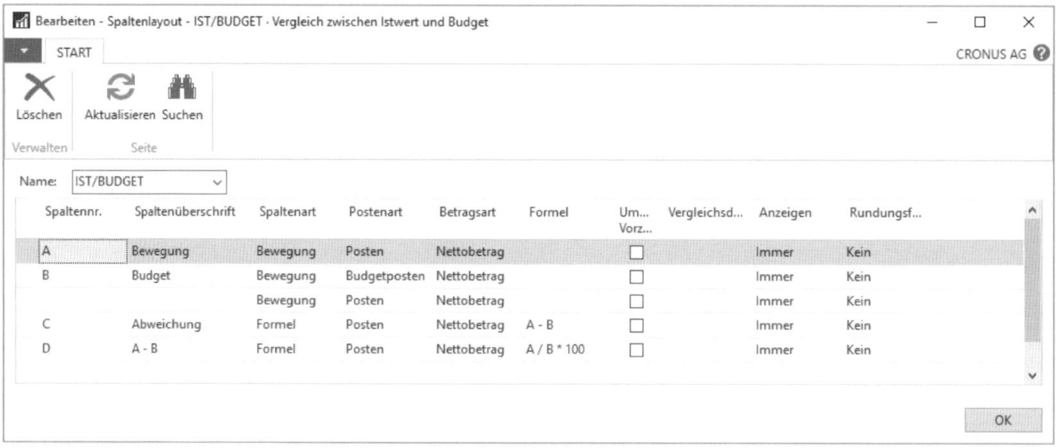

Bild 9.24 Einrichtung der Spalten für ein Kontenschema

Folgende Spalten können beim Spaltenlayout eingerichtet werden:

- **Spaltennr.** – die Spaltennummer kann verwendet werden, wenn man die Spalte in einer Formel verwenden möchte.
- **Spaltenüberschrift** – angezeigte Spaltenüberschrift in der Kontenschemamatrix.
- **Spaltenart** – gibt an, ob die Spalte eine Formel, Bewegung, Saldo bis Datum, Saldovortrag, Jahr bis Datum, den Rest des Geschäftsjahres oder das gesamte Geschäftsjahr anzeigen soll.

HINWEIS: Widersprechen sich Zeilenart und Spaltenart, dann hat die Zeilenart den Vorrang.

- **Postenart** – gibt an, ob es sich um gebuchte oder budgetierte Posten handelt.
- **Betragsart** – gibt an, ob man einen Nettobetrag, Sollbetrag oder Habenbetrag sehen möchte.
- **Formel** – in dieser Spalte kann man eine Formel hinterlegen, die anhand der Spaltennummer von anderen Spalten Werte berechnet.
- **Umgekehrtes Vorzeichen anz.** – dreht das Vorzeichen um.
- **Vergleichsdatumsformel** – ermittelt Werte für den Vergleichszeitraum, der in dieser Spalte angegeben ist.
- **Anzeigen** – gibt an, ob die Spalte angezeigt werden soll.
- **Rundungsfaktor** – gibt an, ob das Ergebnis gerundet werden soll.

Hat man die Spalten eingerichtet, so kann man das Fenster schließen und das Ergebnis mittels der Menübandaktion *Matrix* anzeigen.

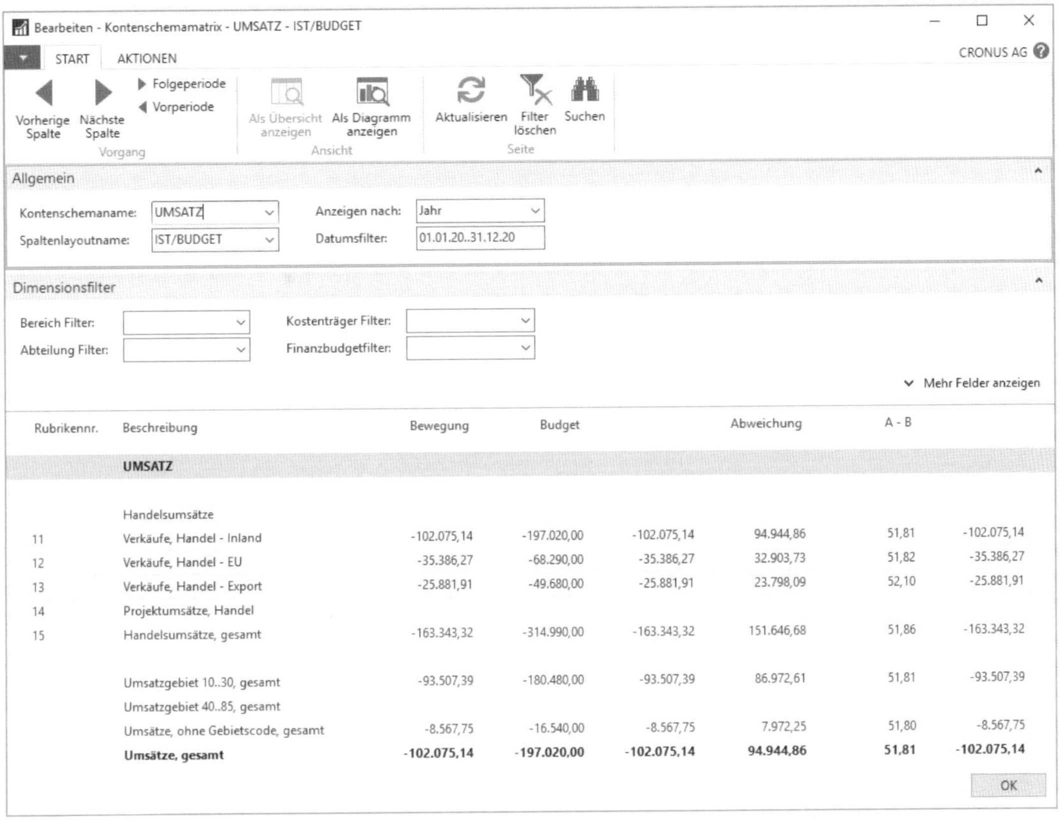

Bild 9.25 Anzeige eines Kontenschemas in der Matrixansicht

In der Matrixansicht lassen sich noch einige Optionen vom Benutzer einstellen:

- **Kontenschemaname** – legt fest, welche Kontenschemazeileneinrichtung angezeigt werden soll.
- **Spaltenlayoutname** – legt fest, welches Spaltenlayout angezeigt werden soll.
- **Anzeigen nach** – legt fest, welche Periodenlänge angezeigt werden soll.
- **Datumsfilter** – legt fest, welcher Datumsbereich angezeigt werden soll.

Die Zahlen in der Matrix stellen ein Ergebnis der eingerichteten Zeilen und Spalten dar. Wird das Ergebnis nicht aus einer Formel berechnet, sondern verweist direkt auf Daten aus der Datenbank, so kann der Benutzer durch Anklicken des Betrags und Nutzung der Drilldown-Funktion Details einsehen.

Diese Matrix kann auch mittels der Aktionen *Drucken* bzw. *In Excel exportieren* des Registers *Aktionen* im Menüband gedruckt bzw. nach Excel exportiert werden.

Index

Symbole

A

B

L

M

N

O

P

R

S

T

U

V

W

Z

HANSER

Eine einheitliche Kommunikations-Infrastruktur schaffen

Hauenherm

Effiziente Kommunikation im Unternehmen: Konzepte & Lösungen mit Microsoft-Plattformen SharePoint 2016, Exchange 2016, MS Office 2016, Skype for Business 2015, Active Directory, Windows Server 2016

542 Seiten. Inklusive E-Book

€ 60,–. ISBN 978-3-446-44681-6

Auch einzeln als E-Book erhältlich

€ 47,99. E-Book-ISBN 978-3-446-44911-4

Dieses Praxisbuch zeigt Ihnen ganz konkret, wie Sie durch eine sinnvolle Integration von SharePoint, Exchange, den Office-Produkten, Skype for Business und Windows Server Ihre Unternehmensprozesse effizienter gestalten.

Sie erfahren, wie Sie typische Anforderungen an Unternehmen ganz ohne Schnittstellenprobleme und Medienbrüche planen und umsetzen. Am Beispiel eines Musterunternehmens lernen Sie eine umfassende Kommunikations-Infrastruktur aufzubauen. Dabei werden sowohl die verschiedenen Unternehmensfunktionen berücksichtigt als auch übergeordnete Themen wie Compliance-Anforderungen und Reporting-Strukturen.

Mehr Informationen finden Sie unter **www.hanser-fachbuch.de**

HANSER

Alles im Griff!

Schneegans, Bujotzek
IT-Providermanagement
Externe Provider optimal steuern
280 Seiten. Inklusive E-Book
€ 46,–. ISBN 978-3-446-45332-6
Auch einzeln als E-Book erhältlich
€ 36,99. E-Book-ISBN 978-3-446-45367-8

Dieses Buch zeigt Ihnen, wie die Steuerung externer Provider im Rahmen von Outsourcing-Projekten in der Praxis gelingt.

Erfahren Sie, welche Rahmenvorgaben, Methoden und Organisation für eine erfolgreiche Zusammenarbeit nötig sind und wie Sie diese anwenden können. Lernen Sie, wie Sie das IT-Providermanagement frühzeitig im Verlauf eines Outsourcing-Projekts planen, aufbauen und in die bestehende Organisation einbetten. Die Autoren vermitteln Ihnen praxiserprobte Vorgehensweisen sowohl im Single- als auch im Multi-Providermanagement auf Basis von anerkannten Standards wie ITIL, COBIT und PRINCE2.

Mehr Informationen finden Sie unter **www.hanser-fachbuch.de**